现代美学的危机与重建

王杰　著

上海人民出版社

献给敬爱的父亲王靖，感谢你给了我生命和直面现实的勇气。

目录

前言:马克思主义美学的当代性

从整个人类社会发展的角度讲,我们正处在一个新时代的转折关口上。关于这个转折的分析,可以将重点放在新技术革命方面,也可以把转型的基本动因归结为以大众为主体的消费文化。从马克思主义美学的角度讲,这个转折点的重要动因还可以是艺术和审美,特别是具有当代性的艺术。艺术中的先锋派以及对新的艺术形式的审美经验,事实上正在悄然地改变世界。艺术中的先锋派和新的审美感受力,或者说对新的"情感结构"的审美感知,正在悄然地改变着人们的审美品位、审美习性和对世界的审美感知方式,从而以"陶冶情操"的方式改变着世界。

在当代社会,《共产党宣言》中最著名的话语已经不是"工人阶级在斗争中失去的不仅是枷锁,他们获得的将是整个世界"。今天,在文化经济时代和消费经济时代,"一切坚固的东西都已经烟消云散了"事实上成为《共产党宣言》中最有影响力的话语。在审美资本主义时代,或者在文化经济时代,友谊、家庭、爱情、信仰、科学甚至文学艺术,都可能成为商品,具有直接的交换价值,从而使其中本来神圣而美好的东西"烟消云散"了。然而,从马克思主义美学的角度看,使"一切坚固的东西烟消云散"的社会力量来自资本所具有的摧枯拉朽的强大冲击力,以及似乎是历史必然性的某种学术逻辑。然而,当代艺术以及审美活动,以其看似无用的情感力量和情感逻辑,却以另外一种方式影响着人类的存在以及人类社会发展,这是今天社会科学理论特别重视的。

在《共产党宣言》的开篇,马克思和恩格斯写到:“一个幽灵,共产主义的幽灵,在欧洲徘徊。旧欧洲的一切势力,教皇和沙皇,梅特涅和基佐,法国的激进派和德国的警察,都为驱除这个幽灵而结成了神圣同盟。”①幽灵是一个没有身体的灵魂,它可能是一个冤屈而死的国王的复仇欲望,就像莎士比亚的《哈姆雷特》中死去的老国王的幽灵一样;也可以是为解决政治纷争而死的美丽皇妃巨大的复仇欲望,就像电影《猫妖传》中的猫妖一样。当然,幽灵还可以是乌托邦的另一种形态,它把一种合理的社会制度、理想的人类存在状态,以幽灵的形式,预先向人们呈现出来,虽然神秘莫测,扑朔迷离,但却是一种挥之不去的存在,一种具有精神力量且对现实有影响力的存在。在马克思主义美学看来,艺术和审美就是这样一种幽灵性的存在。这种存在的哲学特性具有未来性和神秘性,与未来将要发生的事情有着一种内在的联系。在美学方面,这种幽灵性的存在具有感性的形象性和某种程度的恐怖性和怪诞性,或者说,非日常生活性。从《1844 年经济学哲学手稿》到《共产党宣言》和《路易·波拿巴的雾月十八日》以及《政治经济学批判大纲》等著作中,我们都可以看到这种用非日常生活形象表达出来的对未来社会,以及某种更合理的人类存在状态的想象性描述。

在哲学上,马克思最重要的思想是:以往的哲学都是解释世界,问题在于改变世界。在美学上,马克思的这个命题仍然是一个最重要的观念:用艺术和审美来改变世界。对于马克思主义美学而言,我认为在《共产党宣言》四年之前写作的《1844 年经济学哲学手稿》中关于“美的规律”的思想,可以作为当代社会和“新时代”艺术与审美及其人类社会生活关系的基本观念和理论上的核心原则。在《1844 年经济学哲学手稿》中,马克思写道:“……动物只生产自身,而人再生产整个自然界;动物的产品直接属于它的肉体,而人则自由地面对自己的产品。动物只是按照它所属的那个种的尺度和需要来建造,而人却懂得按照任何一个种的尺度来进行生产,并且懂得处处都把内在的尺度运用于对象;因此,人也按照美的规律来构造。因此,正是在改造对象世界中,人才真正地证明自己是类存在物。这种生产是人的能动的类生活。通过这种生产,自然

① 《马克思·恩格斯文集》第 2 卷,人民出版社 2009 年版,第 30 页。

界才表现为他的作品和他的现实。因此,劳动的对象是人的类生活的对象化:人不仅像在意识中那样在精神上使自己二重化,而且能动地、现实地使自己二重化,从而在他所创造的世界中直观自身。”①

在改造世界过程中,人类才能达到自由,真正的自由,或者说自由的最高境界就是“按照美的规律来构造”。然而,正如马克思的政治经济学研究所分析的那样,在现实的社会生活中,按照“美的规律”来构造,事实上是一个漫长的历史渐进发展过程。在这个历史过程中,具体的个人的历史瞬间可以做到“按照美的规律”来构造,对于大多数的社会和历史进程而言,人类的活动还没有达到“按照美的规律来构造”的境界。特别值得注意的是,在艺术的生产和审美的活动中,人们相对较为容易达到这样一种境界。因此,对当代艺术的评价,分析和研究,在马克思主义美学的理论视域中,就具有了一种特别重要的意义:通过情感的力量和审美变形来改变我们所生活的世界。

相比较于欧洲的现代化进程,艺术和审美始终走在中国现代化转型的最前列、发挥着更为重要的作用。这是因为,在中国现代化过程中,艺术和审美从来没有完全形式化,始终是作为人生斗争的一种武器而存在的。不管是五四时期的诗歌、小说,还是美术和音乐,都是如此。例如鲁迅的《野草》把“大革命”失败后,鲁迅内心的苦闷、悲伤乃至绝望,以及绝望中仍然艰难前行的那种人生经历,很真实地呈现给我们。这是鲁迅的人生经历,也是现代化过程中每一个中国人必然要经历的,它具有强烈的悲剧意味。当然,尽管如此,它在形式上却是优美的,能够让人体会和感受到一种世俗生活中的“悲剧性”以及“崇高感”。正是这样一种情感结构,使中国的现代化过程虽然艰苦决绝,但始终没有放弃希望,并且在奋斗和抗争的过程中使人们感受到成为一个真正的人、成为一个精神上和情感上自由的人的那种愉悦。如果说鲁迅的《呐喊》和《野草》是五四时期,中国人民情感结构的一种呈现,那么我认为,冼星海的《黄河大合唱》则可以看作抗日战争时期中国人民情感结构的一种表征和呈现。

1938 年武汉沦陷,诗人光未然带领抗敌演剧队第三队转入吕梁抗日根据地。他们

---

① 《马克思恩格斯选集》第 1 卷,人民出版社 1995 年版,第 46—47 页。

在途中目睹了黄河船夫与狂风恶浪搏斗的情景,聆听了高亢、悠扬的船工号子,深受感动。于是在1939年创作了朗诵诗《黄河吟》,用黄河船夫的形象表征出中华儿女不屈不挠、保家卫国的坚定信念,并且在当年除夕晚会上朗诵。作曲家冼星海听后非常兴奋,当即决定以中华民族的发源地黄河为背景,创作一首《黄河大合唱》。在一座简陋的土窑中,冼星海纵笔疾书,他乐思勃发,仅用六天就完成了创作,半月之内又完成了八个乐章以及全部的伴奏音乐。《黄河大合唱》是中国艺术家用音乐和文学的形式反映中华民族精神和反抗日本法西斯侵略的杰作。正如冼星海所说:"黄河以其英雄的气概出现在亚洲莽原之上,象征着中华民族伟大的精神,古往今来,多少诗人为它赞颂着歌唱着。"这首《黄河大合唱》同样是中华民族精神的象征,激荡着坚强伟大、雄浑悲壮的革命情怀和情感共鸣。该作品诞生之后,很快就传唱全国,成为时代的强音、人民的心声,它用震撼人心的情感力量鼓舞着亿万中华儿女不畏艰难、不怕牺牲、英勇反抗,并最终取得了民族解放和反法西斯战争的胜利。从美学的角度讲,光未然和冼星海创作《黄河大合唱》是"按照美的规律"创作出来的真正的当代艺术,它把人的激情、责任、无畏以及个体牺牲的意义等,与中华民族的文化符号以及历史记忆完美地结合起来,用大合唱这样一种最直接也最大众化的形式实现了时代精神(或者说时代的情感结构)的具体化和艺术性呈现。在当代哲学的意义上说,《黄河大合唱》成为中国社会现代化过程中的一个"事件",它虽然具有某种偶然性,但是,一旦发生,并且具有自己的现实性,就具有了一种强大的力量。从1939年至今,《黄河大合唱》以合唱、音乐史诗、钢琴协奏等不同的音乐形式不断呈现,在文学作品、电影作品和不同的艺术形式中呈现出一种"爆炸性传播",成为中国社会现代化过程的强大情感力量。

为了纪念卡尔·马克思诞辰200周年,纪念马克思恩格斯合作撰写的《共产党宣言》发表170周年,我从近年发表的论文中选出若干论文和访谈,从马克思主义美学的中国化建构、审美资本主义时代美学的性质、马克思主义美学的当代性和有效性、当代艺术批评的责任以及中国艺术表征的当代意义等不同的方面,就马克思主义美学当代问题作出初步的思考,阐释我的立场,以此证明马克思主义美学在当代艺术的生产和消费体制中的强大生命力。

在《共产党宣言》中，马克思和恩格斯表述了一种比资本主义生产方式和社会制度更合理的社会制度在人类历史上出现的可能性。这种可能性的真正实现需要漫长的、充满激情的现实努力。我们认为，从美学的角度，“全世界无产者联合起来！”的口号，在当今时代，也许可以表述为：

全世界热爱艺术的人们联合起来！

第一辑　审美幻象的研究阐释

审美需要的历史内涵及其转化

在现代美学的理论发展中，“审美需要”问题一直被排斥在研究的视野之外。在古希腊哲学中，审美需要是一种世俗性的需要，从属于生理性的需求，与精神的超越性和纯粹性相对立。在柏拉图关于爱情的哲学思考中，这种对立是能够超越并且相互转化的。到了现代社会，在浪漫主义文化和美学理论中，柏拉图的基本思路被颠倒过来并且在某种程度上简单化了。从卢梭开始，审美需要被作为一种自然的需要而与现实功利以及世俗性文化相对立。审美需要成为反对拜物教、反对将人性神圣化的一种激进的文化要求。

浪漫主义美学理论通过对“想象”的深入研究，确立了个体内在世界的自由性和至上性。自弗洛伊德以来，审美需要等于自然性，等于自由的理论公式，以及审美需要与文化压抑的二元对立关系，都得到了“科学的”证明。但是，欲望的自然功利性与审美需要的自由内涵在理论上的矛盾，却是浪漫主义美学思路所无法解决的。这一点，早在近代美学的定型阶段，康德就已经意识到了。康德写道：

> 这个自然的合目的性的超验概念既不是一个自然的概念，也不是一个自由的概念，因为它没有赋予对象（自然）以任何东西，而仅仅是以唯一的样式来表述我们关于自然对象的反身里取得一个相互联系的经验整体时必须怎样地进行，结果是判断力的一个主观的原理（原则），所以我们也会高兴（实际上是摆脱了一个需

要)，好像那是一个有助于我们企图的好机会，我们在那些单是经验的规律里碰到这样一个系统化的统一性：纵然我们一定必然地承认在这样一个统一性面前我们是没有能力把握和证明它的存在的。[1]

康德指出，审美对象是自然和社会之外的另一个世界，审美需要和审美判断则存在于自然的和个体的一侧。在《判断力批判》中，康德从主体方面对审美判断的前提和实质作了系统的清理和理论定位，对审美需要的二重性及理论实质，康德却表示了沉默。在康德之后，叔本华把审美需要看作人的意志的内在要求，即摆脱痛苦、恐惧的要求。让叔本华感到绝望的是，这种需求与人的自然欲望不可避免地联系在一起。欲望既是产生意志的根据，也是意志的最大敌人，由此形成的内在紧张，使人类的彻底拯救几近于不可能。

在当代理论研究中，审美需要是一个虽然十分重要但又没有得到认真研究的理论范畴，在目前的研究中，主要是作为审美心理学的问题来研究的。在马克思主义美学的理论视野中，这种倾斜显然是不合理的。在《政治经济学批判·导言》中，马克思写道：

如果说，生产在外部提供消费的对象是显而易见的，那么，同样显而易见的是，消费在观念上提出生产的对象，把它作为内心的图像、作为需要、作为动力和目的提出来。消费创造出还是在主观形式上的生产对象。没有需要，就没有生产。而消费则把需要再生产出来。[2]

马克思在这里一般性地论述了生产与消费的辩证关系。生产与消费既有同一性，又有差异性，对象性的存在是两者统一的基础。需要和消费是主体与这种对象性存在的关系。马克思认为，消费生产主观形式上的欲望对象，在没有物化和实践以前，欲望对象的塑造主要以人的内在尺度为根据。由于历史的必然要求与这种要求暂时无法实现之间的矛盾，主观视野中的对象必然不同于现实中的直接对象。欲望的无限性与现实的外在性和有限性所构成的矛盾，制约和影响着人类的整个历史。从理论上说，政治经济学以及社会理论主要从物质方面，从对象化存在方面研究了主体以及主体构成的复杂层次；美学以及文化哲学(意识形态理论)则从主体方面，从个体的欲望及其文化转换方面研究现实生活关系与人的理想性存在的矛盾冲突，阐发在社会必然性的沉重压力下，人类内在尺度的存在方式及其文化表征。从这个角度研究和思考美学问题，马克思必然不同于康德的理论视点：把现实的审美需要而不是理想化的想象作为审美心理学研究的中心。

在马克思主义看来，人的存在是一种复杂的社会现象，以单一学科的狭隘视野来分割和限定这种复杂性，其结果只是因为理论表面上的科学性而牺牲掉人文科学的根本目的。从学理上说，心理学研究的一个基本的理论盲点，就在于无法说明人的心理状态与现实生活的密切联系。现代心理学详细地研究了人的心理内容的生理基础方面，以及在心理投射方面的具体机制。但是一个社会和文化史的事实是，文化现象决不是人的生物学内容的直接展开和简单的对象化"在个性心理结构和它的心理生理基础之间存在着一种改造的关系。由于这一关系，它就产生出一种质的特殊性"[3]。当代人文科学的任务，正在于对这种特殊性作出理论上的分析和说明，在美学方面，也就是审美需要问题的理论分析。

一、审美需要：欲望的对象化理论

在马克思主义看来，审美需要并不是一种"遗传上的遍及全人种的定性"，[4]而是具体的现实生活关系在个体心理上的主体性表达，特别重要的是，这种表达是借助一定的意识形态而实现的。马克思很早就注意到欲望的变化与社会变化之间的一致性关系：

> ……财产对人类心灵产生了巨大影响，并唤醒人的性格中的新的因素；财产在英雄时代的野蛮人中已成为强烈的欲望（"booty and beauty"{战利品和美人}）。最古老和较古老习俗都无法抵抗它。[5]

《古代社会》是早期人类学研究的重要著作，摩尔根通过对亲属关系的深入研究，探讨了欲望表达与社会生活的复杂关系。摩尔根的研究成果引起了马克思和恩格斯的强烈兴趣，促使马克思转向从个体与欲望对象的复杂关系的角度，进一步思考了历史唯物主义所提出的理论问题。

欲望与文化、欲望与财产、欲望与美的关系是一个非常复杂的理论问题。通过对人类学文献的广泛研究，马克思再次提出并深入思考了在写作《1844 年经济学哲学手稿》曾经思考过的问题：个体与外在世界的对象化交流关系。在《1844 年经济学哲学手稿》中，马克思讨论了人与自然的分离与人的本质力量对象化之间的辩证关系。马克思指出，人既是自然界的一部分，又是与自然界相分离的，由于是自然界的一部分，因而是感性的和物质性的，由于与自然界相分离，只有在对象化的过程中，才能直观自身的整体性，因而同时又是超感性的。这种辩证关系统一于人的对象化过程，其中基本的规律就是“美的规律”。马克思的深刻之处在于，他不仅敏锐地意识到，由于社会的异化和文化的异化，这种辩证的对象化机制在历史和现实中始终是断裂的，而且努力在现实中发现解决这种矛盾状态的可能性、动因和力量。

在晚年的人类学研究中，借助人类学提供的丰富材料，马克思通过对原始社会后期妇女形象在文化表征方面的变化，重新思考了“感性的、自然的”欲望对象的二重性问题。在马克思看来，正是这种二重性以及由此产生的神秘化，成为人文科学研究中真正棘手的理论难题。在早年撰写的《1844 年经济学哲学手稿》中，马克思是这样提出问题和思考问题的：

> 人作为自然存在物，而且作为有生命的自然存在物，一方面具有自然力、生命力，是能动的自然存在物；这些力量作为天赋和才能、作为欲望存在于人身上；另一方面，人作为自然的、肉体的、感性的、对象性的存在物，和动植物一样，是受动的，受制约和受限制的存在物，也就是说，他的欲望的对象是作为不依赖于他的对象而存在于他之外的；但这些对象是他的需要的对象；是表现和确证他的本质力量所不可缺少的、重要的对象……因此，人作为对象性的、感性的存在物，是一个受动的存在物：因为它感到自己是受动的，所以是一个有激情的存在物。激情、热情是人强烈追求自己的对象的本质力量。[6]

肉体的受动性、欲望对象的异在性，把欲望和欲望对象、内在世界和外在的现实必然地分离开，又神奇地、不可思议地结合在一起，把人的问题转化为神秘的哲学之谜。在

《费尔巴哈论纲》中，马克思进一步指出，真正的哲学必须把人的感性的、肉体的、受动性的方面，作为哲学的基础和前提。

从受动性的角度研究人的存在，人与对象的关系也就不可避免地成为理论的直接对象。马克思认为，人与自然的关系并不是像浪漫主义美学理论所描绘的那样，是一种直接同一的状态，人与自然的分离，人对自然的改造和利用，以及人类组织成社会，必然导致这种直接同一状态的破裂，也就是说，陷入到衰败的和反人性的状态中去。人与自然的联系必须经过对象化（实践）这个中介，人只能把握他自己所创造的对象，这是马克思从维柯那里继承过来并加以阐发的重要观点。马克思比浪漫主义美学和文化理论家们深刻的地方就在于，马克思不是从自然同一性——异化——反异化这种因果性思维的角度理解和把握人与自然的关系。马克思认为，人是社会性的存在物，人只能通过对象化的方式才能实现发展自己和把握现实这两个方面的要求。

因此，问题的关键就在于理论地说明从自然同一性状态到现实中个体的对象化方式之间的转换中介以及具体的机制。在《1844 年经济学哲学手稿》中马克思就已经意识到，这是一个非常庞大的人文科学工程，在用历史唯物主义的观点对问题的所有方面以及不同的对象化机制作出系统的研究之前，对这个问题的研究只能停留在理论假设及其哲学性分析的水平上。马克思转向政治经济学的系统研究，除了现实问题的直接需要以外，还应该看作是对《1844 年经济学哲学手稿》以及《费尔巴哈论纲》中所提出的理论问题的一种阶段性研究和解答。现在看来，马克思的政治经济学研究是现代人文科学研究的一个非常杰出的典范，现代人文科学的几个重要学科，诸如社会学、人类学、美学都从中学到了许多基本的观念和方法，这一点，我们只要举列维-斯特劳斯的人类学研究、丹尼尔・贝尔的社会学研究、阿尔都塞的意识形态研究以及雷蒙德・威廉斯的文学研究、德里达的哲学研究以及接受美学的理论建设就足够了。

在美学方面，关于欲望的对象化机制的理论研究近年来在西方人文科学领域中受到极为高度的重视，这种重视与本雅明、阿多诺、巴赫金等人的研究成果逐渐得到理解是分不开的。本雅明和阿多诺的美学理论研究，通过深入研究欲望与形象之间的关系，找到了分析审美文化以及当代艺术问题的理论方法。巴赫金则通过把马克思的政治经济方法与语言学研究方法结合起来，在极端困难的条件下，探讨了在极度异化的状况中，把握现实的可能性和条件。

现代人文科学的一个核心问题就是交流关系的研究，这个问题的提出，是以现代社会人与自然、个体与社会、人与自己的对象之间的深度断裂和危机为背景的。在马克思主义理论传统中，关于交流问题的理论研究是从关于交换关系的经典性研究开始的。在1847年12月撰写的一则笔记中，马克思明确地指出了交流关系（在经济学中就是交换关系）在政治经济学研究中的关键地位。马克思写道：

> 在大多数政治经济学著作中，几乎只是从个人角度来看待需求。需求的世界历史性发展——它的普遍推广——首先取决于世界各国相互间对产品的了解。如果说，在发展过程中，需求创造贸易，那么，最初的贸易又是由需求创造的。需求是贸易的物质内容——交换对象的总和，用来进行交换和贸易的商品的总和。战争、为了有所发现等等而进行的旅游、使各国人民彼此之间建立联系的一切历史事件，同样是扩大需求——建立世界市场的条件。需求的增长，直接和首先以各国现有的产品相互进行交换为保证。需求渐渐失去了自己的地方性等等，而带有广泛扩展的性质。[7]

马克思的这段论述包含了交换关系理论的几个基本观点：(1)需求是交换关系发展的结果，它以个性的形式，体现着社会性的内容。(2)交换媒介是交换关系的对象性和物质性表征。(3)需求和交换关系都是历史地发展的。(4)交换媒介的抽象化、普遍化，是交换关系的结果，也是个体需要进一步丰富化的必然要求。在我看来，马克思这段话的理论基石仍然是对象化关系的理论，只是在这里，马克思是把对象化活动作为一种社会活动来研究和思考的，这种社会性所包含的理论内容，是马克思关注的核心。

关于审美需要的理论研究，马克思较之于一般的美学家和心理学家深刻的地方正在于这里。马克思认识到，即使在前阶级社会的原始文明中，个体欲望的对象化也是一种异化。这种异化既是个体欲望的某种让渡，也是个体欲望对匮乏性的日常生活的某种超越。在财产关系和阶级关系的阴影还没有渗透和腐蚀这种对象化机制时，这是一种“给人带来满足和乐趣的纽带”。[8]由于马克思没有机会系统地完成他设想中的人类学研究，也由于马克思的后继者们过于简单地继承和阐发了马克思的理论遗产，长期以来，马克思的这一思想事实上被埋没了。一直到 20 世纪 60 年代，列维-斯特劳斯通过人类学的研究，才把马克思的这一思想在一定程度上阐发出来。

如果我们从这个角度研究和理解《1844 年经济学哲学手稿》中马克思关于对象化关系的思想，以及马克思后来表述的意识形态理论，我们就较容易把握它们之间的内在联系。可以说意识形态理论是对象化理论的深化以及历史唯物主义的表达。

二、从自然欲望到审美需要

长期以来，关于审美需要的理论研究基本上是在主体性的角度展开研究，这种研究当然有它的合理性和必然性。这种研究思路长于说明欲望怎样从生理性的需要转化为审美需要，但却无法说明生理需要为什么转化为审美需要以及这种转化对主体的影响，也无力分析扩大需要的根据和可能性。马克思主义关于审美需要的理论从主体与对象、需要与满足的互动性关系入手，通过深入研究主体与对象的复杂关系来深化对主体的研究和思考。

关于主体与对象的审美关系，我们可以从马克思对人与对象的劳动关系的论述中找到分析问题的原则和方法，因为从理论上说，这两种关系之间存在着一种深刻的内在联系。在《1857—1858 年经济学手稿》中，马克思写道：

> 事实上，如果抛掉狭隘的资产阶级形式，那么，财富岂不正是在普遍交换中造成的个人的需要、才能、享用、生产力等等的普遍性吗？财富岂不正是人对自然力——既是通常所谓的“自然力”，又是人本身的自然力——统治的充分发展吗？财富岂不正是人的创造天赋的绝对发挥吗？这种发挥，除了先前的历史发展以外没有任何其他前提，而先前的历史发展使这种全面的发展，即不以旧有的尺度来衡量的人类全部力量的全面发展成为目的本身。在这里，人不是在某一种规定性上再生产自己，而是生产出他的全面性；不是力求停留在某种已经变成的东西上，

而是处在变易的绝对运动之中……因此，一方面，稚气的古代世界显得较为崇高。另一方面，古代世界在人们力图寻求闭锁的状态、形式以及寻求既定的限制的一切方面，确实较为崇高，古代世界提供了从局限的观点来看的满足，而现代则不给予满足；凡是现代以自我满足而出现的地方，它就是鄙俗的。[9]

在马克思的经济学和历史哲学中，“自然力”是一个较为复杂难解的概念。人的身体和内在的欲望作为一种生物现象和生理现象，首先是自然界的一部分。随着分工的发展，主体逐渐地个体化，人的受动性的特点成为本质的特征，个体的自然需要只能从异在的对象上得到满足，这就使自然需要的概念具有了社会的含义和复杂性。当社会通过阻隔和延宕自然需要的满足，从而获取控制和支配主体的权力时，所谓自然需要，事实上就是社会性需要的转化形式了。在马克思的理论框架中，自然力是在交换关系中的自然力，是转化为对象性存在的自然力，因此，这种自然力事实上必然经过社会和文化的编码，处在一定的结构关系中。

自然力、财富以及满足三者所构成的关系在古代世界与现代世界是不同的。在马克思看来，这些问题虽然彼此具有很大的差别以及某种程度的独立性，但是，在这些不同的问题之间却具有某种深刻的内在联系。马克思早年曾经对自己一生的工作做过规划：先用不同的小册子分别研究经济学、道德、法律、政治等等，然后再用一部著作说明整体的联系，但是，“事实上，马克思绝对没有超出他关于政治经济学的第一本‘小册子’”。[10]因此，在整体联系的基础上，对道德、艺术、法律、政治问题作出系统地研究，就成为当代人文科学的一项重要任务。

美学与经济学以及伦理学之间存在着一种深刻的内在联系，这种联系是浪漫主义美学极力遮蔽和否定的。在马克思看来，审美活动通过幻想创造出来的对象物，不仅是欲望的对象化和现实化，而且也是个体社会关系的表征和物化。作为一种理论方法，马克思的政治经济学是从对象化的媒介物、从商品和货币的角度来研究人的欲望以及社会关系的。马克思告诉我们，在现实的历史过程中，欲望的对象化以及个体对媒介物的需要是同一种生产方式的两个不同的侧面，或者是同一种社会关系的两种运行机制。社会生活的复杂性，必然决定着这种生产方式和文化机制的复杂性，在这里，欲望、自然力、自然需要都获得了它的社会—文化内含和历史性。

在著名的《政治经济学批判·导言》中，马克思正是从美学问题，从“美学上的假象”入手开始讨论的。马克思指出，鲁滨逊一类故事所创造的美学上的假象，“实际上，这是对于16世纪以来就作了准备，而在18世纪大踏步走向成熟的‘市民社会’的预感”。[11]马克思分析资本主义的经济规律，其目的就在于通过剖析由一系列复杂的社会现象，对现代资本这种十分神秘的现象作出科学地说明。马克思指出，自16世纪开始发展起来的近代社会，与古代社会相比有一个很大的区别：古代社会是建立在自然共同体基础上的，而近代社会则是建立在货币这种异化的共同体的基础上的。这一重要的区别支配着主体的需要、能力，以及欲望的表达方式等等。马克思写道：

> 因此，货币不仅是致富欲望的一个对象，而且是致富欲望的唯一对象。这种欲望实质上就是万恶的求金欲。致富欲望本身是一种特殊形式的欲望，也就是说，它不同于追求特殊财富的欲望，例如追求服装、武器、首饰、女人、美酒等等的欲望，它只有在一般财富即财富本身个体化为一种特殊物品的时候，也就是说，只有在货币表现在它的第三种规定上的时候，才可能发生。因此，货币不仅是致富欲望的对象，同时也是致富欲望的源泉。贪欲在没有货币的情况下也是可能的；致富欲望本身是一定的社会发展的产物，而不是与历史产物相对立的自然产物……货币本身就是共同体，它不能容忍任何其他共同体凌驾于它之上。但是，这要以交换价值的充分发展，从而以相应的社会组织的充分发展为前提。[12]

因为对形象的欲望与对财富的欲望具有某种历史的共同性，因此，马克思这里提出的分析欲望的理论原则，对于审美需要的理论研究也是有效的。

从自然的欲望过渡到审美需要既是一个社会性的历史过程也是个体性的情感过程。在以往的理论研究中，审美心理学着重研究了问题的个体心理方面，文艺社会学则致力于分析审美需要与日常生活的联系。从学理上说，理论的发展并不是把这两个方面简单地结合起来，而应该通过探讨把这两个方面联系起来的具体环节而实现的。伊格尔顿在1990年出版的《审美意识形态》一书认为，身体是审美意识形态的物质基础，是个体与社会相互联系、相互作用的媒介。根据马克思的著名研究，在资本主义生产方式中，劳动者的身体也已经商品化，或者说，资本主义生产方式就是以劳动者身体的进一步分裂为前提的。分工、交换以及由于交换所刺激并产生出的新的欲望和需要，使身体沿着享受和禁欲两极逐渐分裂，马克思指出，这种分裂过程与身体被从社会有机体中剥离开来的过程是一致的。身体的赤贫和无所依托，以及身体被作为商品出售，是资本主义生产方式得以维持并不断扩大再生产的前提条件。对于主体的分裂以及身体与社会有机体的分离，马克思的态度非常特别：既不采取简单的情感性的拒绝态度，也不简单地为致富欲望所唤起的巨大潜能和无比的创造力喝彩。马克思倾其一生之努力，就在于力求在这之间找到一种平衡，以修复欲望过分膨胀后在主体方面造成的创伤。

阿格尼丝·赫勒在《马克思的需要理论》一书中指出，从主体的角度来理解马克思的思想，需要是一个基本的哲学范畴。她根据对马克思的理解，把需要划分为直接的需要、激进的需要和真实的需要三个不同的层次。在资本主义社会关系和文化结构中，所谓直接的需要也就是致富的欲望，这种需要是一种内在化和主体化了的商品要求，它以自然化的形式，强有力地控制和支配着人们的欲望流动方向和轨迹。在马克思主义理论中，激进的需要是一个较为复杂也十分辩证的概念。所谓激进的需要，一方面指根据人的内在尺度，对"恶"以及历史进步中的悲剧性作出批判和否定，并努力追求审美超越这样一种需要；另一方面也指个体由于受限制、被剥夺以及内在虚弱而表现出来的激情、亢奋以及破坏现实的要求和倾向。激进的需要虽然以幻觉性的存在为其形式，但事实上却是匮乏和空虚的一种情感性表征。

在政治经济学的研究中，马克思研究了资本主义生产方式对主体所形成的约束和压抑，这种压抑最初主要表现为欲望匮乏的空间化形式：诸如机械劳作、饥饿、失业、贫民窟等等，通过把社会问题转化为欲望及其满足能力的关系，从而把个体的社会性恐惧转化为对审美形象的依赖。在审美的领域里，欲望的满足被推向无限遥远的地平线，高悬在非现实性存在的一端，使个体获得一种想象性的满足。这是一种包含着深刻内在矛盾的文化，它把个体的现实存在和欲望的深度满足推向彼此尖锐对立的两极。

20世纪以来，随着生产力以及技术水平的不断发展，人类在生理和空间形式方面的匮乏得到了基本解决或很大程度上的缓解，但令人吃惊的是，人类的恐惧和内在焦虑并没有解除或缓解，而是在某种程度上加深了，在奥斯维辛集中营之后，在性解放和体育狂热退潮之后，人们在历史的河滩上再也拾不到可以珍藏的贝壳或石子了，只留下腐臭的淤泥和刻骨铭心的孤独。在现代社会，自我的不断膨胀和发展，使个体深深地陷入自恋和自我放纵的泥沼而不能自拔，其根源在于对欲望自身的恐惧，以及欲望表达机制方面的严重残疾。恐惧感在20世纪西方文化中成为哲学、社会学、文学、精神分析和人类学的中心概念之一，可以视之为当代文化危机的一种表征。

在马克思的理论视野中，恐惧的内涵不仅指个体对日常生活异化状态的消极体验，而且也指主体对强大而无限的异在对象的消极体验。在量的方面，恐惧以造成肉体方面的深度创伤为标志；在质的方面，主要指剥削和压抑的主体形式，与剥削的生理形式和社会形式相一致。

关于恐惧的产生及其意识形态化，马克思在晚年的人类学笔记中给予了极度的关注。马克思从男女两性关系怎样从自然的关系具体地和历史地转变为社会性关系的过程入手，仔细地研究了与这一转变过程同步的从神话到宗教的意识形态的转变过程。宗教把人们对神、对神圣性存在的敬畏，巧妙地转化为对世俗性权威的敬畏。由于私有制的产生和财产关系的法律化，这两种敬畏也就具有了实质性的区别：前者是丰富的、生动的、可交流性的，后者则是浅薄的、僵硬的和不可交流性的。通过对人类学材料的深入研究，马克思确认这种转变的发生是全方位的，与货币从第二等价形式向第三等价形式的转变，以及与母权制习俗向父权制法律形式的转变相一致。货币以及父权制法律的一个根本特征，就在于把无限性的东西永恒化、固定化和物化，把欲望及其实现分离开来，把实践变成实行。对于个体来说，欲望的对象也就转化为异在的主体，敬畏也就转化为恐惧。

婚姻制度、货币体系和法律规范是对人类身体的外在限制和约束，使欲望的投射机制趋向两个固定的中心。对于单个主体来说，这种规范具有两重性：它一方面扩大了自然主体的欲望，把“自然力”提升到社会性的对象化机制中来；另一方面，它又阻塞和截断了欲望随机流动的渠道和可能，然而，由于人的身体作为一个自然的有机体，必然要求与外在世界进行全面的接触和交流。当个体的欲望在劳动领域、伦理领域以及生理欲望的领域都受到约束、扭曲和抑制时，不同方面的欲望能量就会转化为情感性的要求，从而使审美需要上升为一种基本的需要。

注释：

[1] 康德：《判断力批判》上卷，宗白华译，商务印书馆 1964 年版，第 22 页。

[2] 《马克思恩格斯全集》第 46 卷(上)，人民出版社 1979 年版，第 29 页。

[3] P·布律诺：《心理分析和人类学：个性理论问题》，见《马克思主义对心理分析学说的批评》，金初高译，商务印书馆 1987 年版，第 49 页。

[4] 马斯洛：《人的潜能与价值》，华夏出版社 1987 年版，第 224 页。

[5] 《马克思恩格斯全集》第 45 卷，人民出版社 1985 年版，第 392—393 页。

[6] 《马克思恩格斯全集》第 42 卷，人民出版社 1979 年版，第 167—169 页。

[7] 同上书，第 382 页。

[8] 《马克思恩格斯全集》第 45 卷，人民出版社 1985 年版，第 646 页。

[9] 《马克思恩格斯全集》第 46 卷(上)，人民出版社 1979 年版，第 486—487 页。

[10] 戴维·麦克莱伦：《马克思主义以前的马克思》，李兴国等译，社会科学文献出版社 1992 年版，第 227 页。

[11] 《马克思恩格斯全集》第 46 卷(上)，人民出版社 1979 年版，第 18 页。

[12] 同上书，第 172 页。

审美幻象问题与心理学解释

一、审美幻象问题的产生

远古神话告诉我们，人的幸福和自由只存在于遥远的过去；科学时代的神话则向我们许诺，幸福和自由存在于美好的未来。马克思严肃地指出，一切历史之谜的真正解决只能来自人们现实生活关系的改造。

事实上，在现实生活关系中，人们必定普遍接受来自日常生活经验的基本幻象：过去的历史是苍白、贫乏的，是死亡的象征；未来则是幸福自由的美好寄托。我们看到，在艺术作品中，通过这两组幻象的组合、交接，令人惊异地呈现出某种真正真实的东西。从理论上说，探讨这两组幻象的相互关系以及支配着转换的内在原则，是马克思主义美学的中心任务之一。马克思主义美学认为，死亡与再生、悲痛与愉悦、肉体与灵魂、禁忌与解放之间的对立和神秘化，根源于社会现实将自身神秘化的种种需要。因此，在艺术作品中，两组幻象的关系这一问题就可以抽象表述为：艺术与意识形态的关系。

在现代人文科学领域中，关于审美幻象的理论表达，有许多不尽相同的范畴和概念，例如“虚无”（海德格尔、萨特）、“幻觉”（弗洛伊德、荣格）、“影像”（弗雷泽、柏格森、列维-斯特劳斯）、“一种特殊的意识形态”（阿尔都塞、詹姆逊）等等，现象学、心理学、人类学、语言学以及意识形态理论从各个不同的角度思考了审美幻象及其在现实社会生活中的地位和作用问题。一种较为普遍和流行的看法认为，把理论视野从艺术的真实性问题转向审美幻象领域，是人文科学对现代社会生活丧失自信的一种表现；我看来，这种理论转折是人类对自身命运仍具信念的证明，也是对理想生活的更进一步的追求。正如对宗教偶像的亵渎和玷污曾经是对新生活的一种朦胧的追求一样，关于审美幻象及其变形机制的思考也是一种真理的追求。

在现代社会，特别是广泛应用高科技的后工业化社会，情感交流和审美活动在人们的生活中占据越来越重要的地位。早在20世纪初，瓦尔特·本雅明就曾敏锐地指出，世俗化的美正在取代中世纪的宗教偶像而成为一种新的崇拜的基础；在70年代出版的重要著作中，丹尼尔·贝尔进一步细致地分析了这种文化的社会根源和心理学基础[1]。在现代人文科学研究中，自从胡塞尔对实证主义思潮的内在危机作了深刻的哲学剖析之后，现象学批判所清扫出来的理论空场引起了众多思想家极大的兴趣，雅斯贝尔斯、海德格尔、伽达默尔、萨特、梅洛-庞蒂、列维-斯特劳斯，一直到巴尔特和福柯的后结构主义，都努力填充这个理论空场。然而，实证主义的阴影似乎是现代文化摆脱不掉的羁绊，明智的理论家们早就指出，在人文科学领域，这个幽灵的化身就是康德主义以及各种后康德主义的衍生物。事实上，在美学领域，关于艺术世界自律性的神话正是实证主义文化的一种反面表达。

在《判断力批判》中，当康德把崇高美看成是神秘而又至高至善的精神境界时，当他把审美要求规定为“绝对命令”的时候，实际上他接触到某种他无力回答的非常深刻的东西。然而康德逃避了这些东西，他用纯形式的美把自由问题简单化了。从诺·佛莱开始，现代美学用精心构筑“内在世界”来抵御外在世界的巨大压力和冷酷无情的基本思路，已经变得非常苍白和软弱无力，在现代美学理论的发展过程中，英美新批评的解体是一个重要的转折，自此，理论的前锋从雪莱“诗辩”所提出的总问题中摆脱出来，从致力于论证诗和艺术的“更高一层的真实”转向剖析导致艺术神秘化的文化机制，转向了对审美幻象问题的批判性考察。有趣的是，这种转向的最初动因恰恰是由实证主义思潮在现代思想领域的一个重要产儿——心理学所提供的。

二、弗洛伊德心理学的解释

在20世纪，从某种意义上说，心理学一直是人文科学的前锋，几乎所有的人文科学都或多或少地从心理学研究中寻求灵感和学科发展的动因，令人感到吃惊和困惑的是，以实证原则为基本信条的现代心理学研究始终没有离开过幻觉和幻象这一类研究课题。从弗洛伊德最初的学术思考到荣格关于原始意象的著名研究，一直到拉康关于想象界的系统理论，现代心理学的研究课题经历了一个从主体的幻觉到对象性幻象的转变过程。在这种理论发展的轨迹中，我们可以大致看出心理学研究对审美幻象问题的理论贡献及其局限所在。

1935年，弗洛伊德在《自传研究》的“附录”中写道：“我的兴趣在自然科学、医学和心理治疗方面绕了一个大弯子之后，又回到文化问题上。这是一个在很久以前，在我还是一个考虑问题不够成熟的年轻人的时候，就十分迷恋和感兴趣的问题。”[2]自写作《图腾与禁忌》(1912—1913)开始，弗洛伊德把研究和思考的重心从个体心理转向群体心理，从个体的病理性幻觉转移到病态社会的文化幻象的研究方面来，陆续写出了《一个幻觉的未来》(1927)、《文明及其不满》(1930)、《战争为什么》(1933)和《摩西与一个神教》(1939)等重要著作，对文化的虚幻性和保守性提出了深刻的质疑。“在我们的文明社会中，性欲之间的关系受一种爱欲幻觉或者许多诸如此类幻觉的干扰，难道情况不是这样吗?”[3]这不是阿尔都塞或者福柯的话，而是弗洛伊德所思考和努力解决的问题。与马克思一样，弗洛伊德是20世纪最受误解的思想家之一，在美与爱欲关系的问题上更是如此。

关于美的起源，弗洛伊德的解释是非常简单的。在《文明及其不满》一书中，弗洛伊德把美的起源与人的直立行走联系起来：

> ……性过程的有机周期性确实在持续着，但它对心理的性兴奋的影响似乎已经完全改变了。这种改变似乎是和嗅觉刺激的日益不重要联系着的，因此，月经过程在男人的心理上产生了性兴奋。它(指嗅觉刺激——引者注)的功能被视

觉刺激所代替，视觉刺激能够永久地活动，而不是像嗅觉刺激那样时断时续。月经的禁忌在这个器质性压抑中有它的起源，器质性压抑就像一个屏障，隔断了已被超越的发展阶段；……视觉刺激重要性本身似乎就是人类采取直立方法的结果，这样，以前曾被隐藏着的生殖器就可以被看见了，因此需要加以保护，使他产生一种羞耻感。所以，人的直立姿势代表了文明化这一重大过程的开始。发展的链索就是在那时通过降低嗅觉刺激的重要性和隔离开妇女而由此前进的。[4]

在这一段不受人注意的论述中，弗洛伊德提出了一个与马克思主义相近的观点：文明起源于人类的现实需要。在此基础上，弗洛伊德提出了这样一种假设：把妇女隔离开来的禁忌和遮掩生殖器官的需要是人类创造文明的最初动因，也是美的诞生地。在我看来，这是一个具有震撼力的思想，它提出了一个重要的美学问题：美是一种文化现象而不是一种纯自然的现象。

从现代人文科学的角度讲，弗洛伊德心理学的最重要的意义，就在于对菲勒斯崇拜的深刻批判，在弗洛伊德那里，这一工作的展开是从研究人的生物本能开始的。这种从生理学的角度研究文化问题的方法，包含着极大的理论矛盾和混乱，也是后来精神分析在某种意义上转变成一种现代神话的潜在原因。在大量临床实践的基础上，弗洛伊德提出了性本能的系统理论，把个体精神性疾病的研究深入到人们内在的无意识领域。弗洛伊德指出，“性幻觉”是文化压抑的一种基本形式，对它的批判与对“性”的自然性内容的研究相一致。弗洛姆曾经指出，弗洛伊德的这种理论与马克思对商品拜物教的批判之间存在着某种一致性。[5]弗洛伊德一生最大的理论抱负，是在性观念、性伦理以及精神健康的文化观念之外，为“解放人类的肉体”这一目的寻找一个客观而坚实的理论立足点。然而，令人遗憾的是，弗洛伊德心理学的文化批判意义，特别是在美学上的意义，一直没有得到充分的解释，反而在某种意义上被现代社会的“消费文化”所同化，成为某种虚假性满足的“科学根据”。对此，弗洛伊德本人是有所预感的。早在 1930 年，弗洛伊德就写道：“不幸的是，精神分析对于美比对于大多数的东西说得更少，它从性感领域获得的东西似乎都是很肯定的，对美的爱是一种被禁止目的的感情。

美和吸引力首先是性对象的属性。值得注意的是，生殖器本身，虽然看到它总是令人兴奋的，但是决不会被认为是美的。”[6]在弗洛伊德的理论中，美根源于性(自然)与文化禁忌，某种隔离之间相互作用的关系之中，存在于人类生存的生物因素和文化因素的两极对立之中。在弗洛伊德看来，美以及艺术所创造的幻象具有两个重要的文化功能：其一，激发欲望，在欲望的对象化过程中达到欲望的想象性满足；其二，征服恐惧，在对审美幻象的可望而不可即的追求过程中，传达出对现实文化陈规的否定。这两个方面在弗洛伊德的理论中本来是相互联系的，但在弗洛伊德的通俗化解释中却常常被分离开，并且通过强调性本能的自然性，使弗洛伊德的理论反过来成了菲勒斯崇拜的理论工具。

从最初的理论动因方面看，弗洛伊德的理论带着一定的浪漫主义色彩，这表现在他对无意识、直觉和想象力的强调，同时，我们又应该看到，弗洛伊德的幻觉理论向浪漫主义美学[7]观念提出了深刻的挑战，这种极端矛盾的理论现象，是其深刻内在矛盾的表现。作为一种颇具现代色彩的心理学理论，精神分析对浪漫主义美学观念的冲击主要表现在以下几个方面：首先，精神分析理论深刻解释了关于艺术“天才”的神话；其次，超功利的纯审美状态不再是神圣的和不可置疑的；最后，个体与审美对象之间的辩证关系得到了深入具体的微观研究。

自18世纪上半叶维柯写作《新科学》以来，关于艺术创作和艺术天才之间的神秘关系，获得了较为系统的理论表达，在康德的美学理论中，这一命题进一步表述为相互联系的两个方面：想象力的绝对自由和天才为人类立法。弗洛伊德关于创造艺术的冲动在作家和艺术家心理创伤方面的调节和保护性功能的研究，解除了笼罩在艺术家头上神秘耀眼的灵光圈。从精神分析理论的角度看，虽然艺术创作的冲动来自与力比多相联系的无意识领域，作家的创作活动与白日梦存在着某种相似之处，然而，艺术创造的标志不仅在于无意识原始过程的转换机制(凝聚和替代)，而且也存在于艺术家自身的失控。早在1923年，施特盖特就在弗洛伊德理论的基础上提出了这样的观点：“每一个艺术家都是一种精神病。”[8]

三、对精神分析的评价

用精神分析的方法来分析艺术家和艺术过程,事实上常常受渗透在这个学科中的实证主义原则的消极影响,其理论结论具有较大的片面性,近年来正受到越来越多的批评。艺术家们以及主要从经验角度思考艺术创造问题的理论家特别反对这种方法。然而,事实证明,在揭示作家创作活动和心理动力的微观结构方面,精神分析所作的重要贡献是不容否认的,阿尔都塞、利科、伊格尔顿、詹姆逊等理论家都曾给予很高的评价。事实上,对于艺术创造的心理学研究来说,关于艺术家和精神病的关系问题,至为重要的是找到把幻觉转化为实体性幻象的全部机制,显然,这必然要涉及大量的文化传统和主体幻觉世界之外的内容。在这方面,荣格和拉康的理论做出了很重要的努力,特别是拉康关于想象界和象征界关系的研究,已经大大超越了弗洛伊德的俄狄浦斯情结研究。到目前为止,在精神的正常和非正常状态之间,在艺术家和精神病患者之间,在艺术的幻想和病态的妄想之间究竟存在着一种什么关系,在精神分析理论内容的讨论中仍然没有形成一致性的意见。然而,随着研究的深入,随着作家生前的传记材料不断地被赋予精神分析的解释,随着作家和艺术家的生活及精神世界日益被置放到"被观看"的位置上,在有关艺术创作的精神分析学理论中,正在开始一个新的阶段,它把意识、无意识和前意识因素综合起来,把主体幻觉和文化幻象结合起来,在这一理论视野中,长期悬浮在艺术家头上的灵光圈也就逐渐暗淡下来。在后现代社会,尽管人们仍然承认艺术家的特权,仍然在艺术大师创造的"法则"下审美,但是这种文化上的特权正越来越多地被解释为压迫。[9]

精神分析对现代美学思维的影响还表现在它从一个角度瓦解了康德以及后康德主义关于审美活动超功利无目的的观念和理论。早在17世纪中叶,英国浪漫主义诗人在讨论诗和哲学的关系时,已经提出了"想象力"的概念,经由康德哲学的系统论证,这个概念成为现代美学意识形态的核心范畴。事实上,卡西尔的神话理论、新批评的"文学自律性"原则,贝尔的"有意味的形式",一直到罗兰·巴特的符号学研究,都深深地受着"想象力＝自由"这个康德式公式的影响或支配。

从学理上说,弗洛伊德的心理学理论有能力证明康德的美学结论是一个幻觉。精神分析精细地解剖了人类的心灵,展示了人类内在世界的心理动力:力比多与外在世界的永恒冲突。在精神分析的理论中,美的观念始终与母亲的存在联系在一起的,然而,作为一个文化范畴,母亲也必定依赖于某种外在的东西而存在。我们看到,弗洛伊德关于"俄狄浦斯情结"的分析,荣格关于母系氏族时代所创造的原始意象的考察,拉康提出的以"想象界"为中心的系统理论,都把女性的隐喻作为文化凝聚的中心来展开研究。尽管精神分析也努力揭示性欲和审美满足之间的自然性关系,然而,作为一种人文科学理论,它的重要性在于说明了生理欲望与审美活动的深层联系。"文化是对环境的创造性转变,它刻有心理学等式的印记:母亲＝环境"。[10]对于想象力(人类的母语)＝个体自由这一浪漫主义美学前提来说,精神分析的理论无疑具有强大的解构性力量。康德美学的巨大张力在于把美学问题放在自由和必然、情感欲望和伦理要求、现实世界和艺术世界之间的二元对立关系中来考察,它把审美活动解释为一个纯净的永恒性空间。精神分析理论则相反,它从人的欲望以及欲望对象被隔绝的关系入手,揭示欲望对这种隔绝的破坏,分析了艺术创作和审美活动中剧烈的心理冲突,强调了审美空间的流动性和玷污行为(例如乱伦)的创造性,从个体心理的内部瓦解了关于想象力绝对自律的现代神话。

弗洛伊德开创的精神分析理论强烈冲击了浪漫主义美学的纯净空间,但它本身却不是一种彻底的理论,其中一个特征就在于它的强烈的自然主义倾向。弗洛伊德主义有一个基本的信念,认为人类精神上受奴役是肉体被以某种方式囚禁起来的必然结果,肉体的解放是精神解放的前提。因此,在精神分析理论中,压抑的假设是最为基本的理论前提。作为一种批判理论,精神分析的主要攻击目标是用文化形式伪装起来的压抑机制。关于压抑的理论,弗洛伊德提出了"快乐原则"和"现实原则"二元对立的理论模式。弗洛伊德指出,在个体进入社会以前,他欲望的对象是母亲,由于自然规律在这种关系中起主要作用,所以个体处于一种无压抑的愉悦状态。随着儿童年龄的增长,他的生物本能越来越受文化禁忌的约束。现实原则以及伦理规范的要求就是对“快乐原则”的压抑和否定。弗洛伊德指出，在文明中始终有某种力量把现实原则看作是真实的和必然的。在后期著作中，弗洛伊德希望对这种力量进行深刻的批判和分析。弗洛伊德指出，通过这种批判，可以把“自然的”和“肉体的”东西，也就是真正自由和美好的东西解放出来。在这里，弗洛伊德的理论表现出一种明显的自然主义倾向。

最后，通过分析个体与审美幻象之间相互置换和交流的关系，精神分析理论从个体心理的微观结构方面分析了审美活动的内在心理动因，这样，浪漫主义美学关于个体在审美活动中得到解放的观念，也就受到了认真的质疑。

在浪漫主义美学传统中，关于想象力自由的观念，表现得最为内在、最为深刻的理论就是关于审美活动中解放感问题的理论说明。在浪漫主义美学理论中，审美自由的问题从两个方面得到了论证。一方面，浪漫主义美学把美看作是自由的象征，人类在现实生活中无法获得实现的欲望和要求，在美的绝对自律性形式和结构中都得到表达。为了强调审美对象的自由性特征，浪漫主义美学理论不断地把审美对象的问题形式化、纯净化，最后终于走入了“语言的囚笼”。另一方面，以时间的不可逆转性为基础，浪漫主义美学把现实看作是一个不断衰败和走向堕落的过程。在个体的心理活动中，时间是一个具有过滤功能的屏障，它把过去的现实生活转化为美好的回忆。事实上，这种转化是个体心理自我调节、自我保护的结果，是一种幻觉。浪漫主义美学把这种幻觉作为历史哲学的基础，论证了现实生活的绝对不合理性。在浪漫主义美学中，这两个方面的二元对立以及只有在审美活动中才能得到转换的一系列分析，确立了审美活动解放感的理论论证。例如，在康德的理论中，美的对象是一个超验性的物自体，人们只能通过形式来获得审美活动的解放感。

四、拉康的“镜像阶段”理论

在精神分析理论看来，浪漫主义美学颠倒了个体与审美对象的关系。事实上，审美对象的形成是个体丧失自由感和具体生活内容的结果，审美对象的独立标志着某种恐惧、禁忌和文化压抑的开始。弗洛伊德关于美的起源与人类开始直立行走之间关系的分析已经阐述了这个思想。在这段论述中，弗洛伊德注意到了把具体丰富的关系转化为“看”和“被看”的关系所包含着的压抑性功能。自文艺复兴以来，艺术作品作为一种具有神秘色彩的物品，它对大众所提出的基本要求就是：眼看手不动，这也是所有艺术展览的前提。精神分析理论剖析了包含在这个前提中的深刻的内在矛盾。在精神分析理论中，对观看关系的系统研究是从拉康开始的。

早在 1936 年，拉康就观察到了被他称之为“镜像阶段”的实验事实。拉康把这一现象与弗洛伊德的一些思想联系起来，并且根据人类学提供的资料进行了重新思考和整理，提出了较为系统的理论。拉康指出，婴儿在 6—18 个月时经历了一个可以叫作“镜像阶段”的心理发育阶段。在这个阶段中，婴儿“凝视”镜中自己的“影像”，把自己的身体与现实环境（母亲的身体）区别开来。在这种影像中，母亲的胸脯、指头、脸部都转变成婴儿的直接欲望对象，在个体与母亲分离的过程中形成了对母体（环境）的依恋。拉康的这一研究确立了这样一个心理学事实：视觉性幻象的形成，个体从想象界进入符号界，个体与对象的分离不是把个体带入一个虚构的纯净的空间，而是开始进入流动着的现实世界，拉康写道：

> 这一发展以时间辩证法为基础，对个体的整个形成过程产生不可磨灭的影响。镜像阶段就像一幕戏剧，其内部剧情资料应到自身的准备反应尚不完善的不适应性中去开掘。在由于空间的同体观而陷入错误认识的主体那里，这幕戏剧会引起一系列互相更替的幻象：从关于人体各个个别部分的观念，经过我们称之为“矫形的”完整的影像，直到最后获得自己的与成人影像相同的认识。尽管同时对这一影像还有疏远感，但这种认识一直影响着主体以后的全部心理发展。[11]

拉康指出，审美幻象决不是一个纯净的超验空间，而是充满矛盾和痛苦的心理世界的外在化表现，它是主体内心世界与外在现实世界相互沟通和转化的中介。在“镜像阶段”，想象力空前活跃，充满魅力的幻觉激发了主体的强烈欲望；现实通过符号界进入想象界，与充满魅力的幻想构成冲突，在冲突中形成想象的秩序，这个秩序也就是“美”

和艺术的心理学根源。在这一研究中,拉康指出了一个浪漫主义美学不可能接受的事实:婴儿从想象界进入符号界以反抗压迫为其标志:“象征首先表现为杀人毁物。”[12]梅拉妮·克莱茵在研究中也指出,婴儿的基本能动性在于克服恐惧,而恐惧是由于把欲望的对象划分为好的和坏的而产生的,所有进入幻象结构中的物品,像长毛的动物,各种日常生活用品都是坏的东西,婴儿都要打破、撕碎、毁坏它们。而且以幻象的性质为转移,这种进攻的矛头或指向外部世界,或指向内部世界。[13]

五、心理学研究是有限的

心理学研究所揭示的事实无疑强烈地冲击着把审美对象看作是纯形式、充满自由、和谐的寂静空间的观点。我们应该承认,由于心理学是一门以实证材料为基础的学科,因而为审美幻象的分析提供了一个在美学意识形态之外观察和研究审美现象的角度和立足点,由此得出的美学结论和批评分析也格外强劲有力。在法国美学和文学批评领域,罗兰·巴特是一位极富开创精神的领袖性人物。我认为,巴特的美学思想之所以产生巨大的影响,除了他对艺术现象极为敏锐的观察能力之外,主要还得益于马克思主义和精神分析的影响,这种影响使他在一定程度上摆脱了浪漫主义美学的基本框架。在《S/Z》一书中,巴特用精神分析的方法深入剖析巴尔扎克的小说《萨拉辛》。小说描写雕刻家萨拉辛在意大利陷入对歌唱家赞比奈拉的热恋,最后终因他对美的幻觉而付出生命代价的故事。在拒绝萨拉辛的爱情表白时,赞比奈拉告诉他,“倘若我不是个女人呢?”(在意大利歌剧舞台上女高音的角色由阉男来担任),萨拉辛叫喊起来,“真会开玩笑!你以为你能骗过一个艺术家的眼睛么?”巴特分析了萨拉辛必然陷入毁灭的原因:他把她看作是完美无缺的,他通过爱这个完美的幻象来爱他自己;然而事实上她是有缺陷的,这就证明了萨拉辛对美的看法事实上是一种偏见。萨拉辛对事物的把握仅仅归结为“看”。

在后结构主义美学理论中,有一半以上的主要著作与精神分析和心理学直接相关,巴特、福柯、德勒兹、利奥塔、伊格尔顿、詹姆逊等具有马克思主义美学倾向的思想家都用精神分析的方法写出过重要著作。我认为,这个现象是值得注意和认真研究的。正如我们在以上的分析中所指出的,精神分析理论对于浪漫主义美学意识形态具有很强的解构能力,起码在实证分析和微观剖析方面,精神分析是一种有效的手段和方法。在我看来,这种方法并不具有本体论方面的意义。在弗洛伊德那里,当他试图把精神分析方法上升到哲学高度的时候,他的理论前提中的巨大矛盾已经决定着这种努力必然要失败。在我看来,解决这种矛盾的办法是把现代美学问题置放到历史发展的客观基础上,也就是说,关于现代美学的成功思考应该以马克思主义理论的前提为前提。在后结构主义美学的理论发展中,我们看到这种要求已经不是一个美好的设想和空洞的口号。从学理上说,精神分析理论不可能正视心理学问题与历史的具体关系,正是在这个地方,精神分析为浪漫主义美学留下了一块藏身之地。因此决定了精神分析不可能在本体论意义上解答“美”的问题,因为“美”的秘密从本质上说并不是一个心理学问题。

历史被人们从现实生活中分离出去,成为某种象征和幻象,事实上,这是文化投影的结果,是意识形态对人们与过去现实的关系进行想象性畸变的结果。从文化的整体氛围方面看,浪漫主义美学所流露出的怀旧情结和怀乡病倾向是对这种想象性畸变的认同,而不是对它进行批判。我们看到,弗洛伊德的理论也正是在这里陷入了不可自拔的泥潭。弗洛伊德在讨论俄狄浦斯情结时忽略了历史这个斯芬克斯的存在,然而,正是历史这个怪兽在价值颠倒和转换的过程中神秘地导演了悲剧,并且有力地掩盖了某种东西。在马克思主义看来,一切文化的斯芬克斯都是现实社会的某种置换和转化形态,是历史凝固为寓言的象征物。理论分析的意义就在于,通过分析这些象征和遗迹,从抽象上升到具体,在主体的复杂结构中揭示出社会现实的丰富性内容。因此,审美幻象之谜的真正解答就在于:走向历史。

注释:

[1] 分别见本雅明:《机械复制时代的艺术作品》,贝尔:《资本主义化矛盾》第四章。

[2] [3] [4]　弗洛伊德:《一个幻觉的未来》,杨韶刚译,华夏出版社 1987 年版,第 75、106、39 页。

[5]　见弗洛姆:《在幻象锁链的彼岸》,张燕译,第 2—5 章。湖南人民出版社 1986 年版。

[6]　弗洛伊德:《一种幻想的未来　文明及其不满》,严志军、张沫译,上海人民出版社 2007 年版,第 18—19 页。

[7]　本文在概念上把浪漫主义文学和浪漫主义美学区别开来。浪漫主义美学指一种基本的美学意识形态,涵盖整个资本主义文化时代,它的基本框架在康德美学中得到表征。

[8]　转引自莫林格尔:《精神分析文学批评的回顾》,见《西方学者眼中的西方现代美学》,北京大学出版社 1987 年版,第 324 页。

[9]　这也是人们越来越把巨大的热情投向生前备受压抑和冷落的艺术家的一个原因。

[10]　转引自莫林格尔的论文,见《西方学者眼中的西方现代美学》,第 310 页。

[11]　拉康:《书写》(法文版),第 97 页。

[12]　拉康:《选集》(法文版),第 319 页。

[13]　克莱茵:《心理分析论文集》(英文版),第 230 页。

审美变形:现实关系的审美转换

审美变形问题是现代美学研究的一个重要课题。自康德的《判断力批判》问世以来,审美问题被理论地限定在形式问题的范围内。在康德的理论框架内,审美变形问题被看作形式问题,它的根源和实质只能从心理学的角度去说明。即便从语言学的角度研究和思考审美变形问题,在深入分析语言形式从语境中分离必然产生的抽象和神秘化的根源时,现代美学往往把语言的神秘化作为一种合理的和必然的社会现象而接受下来,例如罗兰·巴特在他的后期著作中就选择了这样的观点作为展开论述的理论前提。[1]

"当现实的语言是自然的时候,它存在于我们的意识之外",帕索里尼的这句名言反映了现代艺术和美学对语言和形式问题的另外一种看法。艺术作品是由作家创作和写出来的,它利用意识形态母胎的材料(包括诸如语言习惯、文化传统、美感形式等等),通过物质性的艺术传达媒介把"自然的"形式和习惯性的语言转化为某种人工制品,某种与日常生活现象相对抗、相冲突的东西。在这里,审美变形不仅仅是一个形式方面的问题,一个风格和技巧等个人性领域的问题,而且是具有丰富社会性内涵的文化问题。在马克思主义美学看来,研究审美变形问题的根本意义,不是说明审美变形在生理学和心理学方面的基础,而在于探询被遮蔽着的现实社会关系怎样在审美变形中得到显现和表征。循着这条道路探索,就有可能说明审美变形批判性作用的真实含义，以及审美变形为未来塑造价值规范的巨大潜力。

一、审美幻象与艺术变形

我认为，马克思主义美学理论的研究对象是审美幻象，它的基本内涵是人们现实的审美关系及其物化形态，在意识形态理论的意义上，审美幻象主要指意识形态的情感性话语实践。

在现代社会特别是“后现代社会”，审美意识形态已经成为一种主流性意识形态和基本的意识形态实践话语，艺术与商品的界限开始模糊了。现代美学理论应该通过改变人们对审美关系的理解而间接地改造现实。在美学领域，马克思关于通过理论改造现实的设想很少听到强有力的现代回声。在马克思主义哲学研究方面，阿尔都塞提出从生产关系再生产的角度研究意识形态问题，把讨论的重心从意识形态的观念方面转移到意识形态的“实践”方面。[2]阿尔都塞的理论工作是富于启发性的，它使我们找到了主流意识形态和特殊意识形态的共同性以及相互冲突的共同领域：话语实践。在意识形态理论的基础上，通过对艺术话语的细致分析，我们就可以在理论上确定艺术作为意识形态的特殊性，从而从关于艺术本质的描述性研究中挣脱出来，走向较为科学的理论形态。在某种意义上说，这也是马克思主义美学和浪漫主义美学相互区别的一个重要标志。在这方面，康德的美学理论也是很典型的，他所思考的是本体性的美学问题，但却采用描述式和举例式的方式来论证。把审美幻象看作是一种物质性的力量和意识形态实践，研究的重心必然从审美主体方面转向主体心理的物化形态，从而有可能把定量研究和实证分析及文化研究结合起来。在实证分析和意识形态研究相统一的基础上，我们就可以通过剖析审美幻象的复杂层次和纠缠的组合进一步深入到社会关系的理论说明。

在古希腊哲学中，审美幻象的神秘性很早就引起了苏格拉底、柏拉图等哲学家的注意；在东方文化中，有许多理论也指出了审美幻象作为特殊的交流媒介的非日常生活性。然而，无论是柏拉图的“洞喻说”，还是老庄的“大象无形”，都只强调审美幻象神秘化的至上性和必要性，事实上把问题推到了不可解决的位置上。自文艺复兴以来，近代美学理论严厉抨击了古典美学在审美幻象问题上的香火气息，把对审美幻象神圣性的论证转到关于审美对象形式问题的理论研究方面来。在康德美学中，审美对象是想象力创造的纯粹而自由的形式，它是主体心理自由的投射和对象化，因而具有超功利的属性，在某种意义上是永恒的。从本体上说，这种理论的基本倾向是指向个体内心世界的，它通过主体意向的向内转来表征个体与现实的某种特殊关系。然而，这种理论指向又决定着个体与现实的这种联系极为脆弱和微妙，容易滑向主体幽闭。

马克思主义美学是在近代美学发生深刻危机的条件下产生和发展的。不容否认，马克思对文学艺术的理解是非常独特的，与浪漫主义美学截然不同，属于不同的意识形态框架。这种区别不仅表现在马克思关于《巴黎的秘密》的批评，对“席勒式”文学倾向的反感，以及在拉萨尔悲剧作品问题上的严肃态度(后来梅林的评论则说明把马克思与近代美学相区别的困难)，而且也表现在他对古希腊悲剧、莎士比亚作品和《唐吉诃德》的精彩分析上。在《政治经济学批判·导言》中，马克思对艺术永恒性的论述显然试图进入审美幻象的深层分析，这种分析触及了历史唯物主义美学的核心范畴。在艰苦的理论生涯中，马克思一再强调，真正的艺术所传达的深刻的悲剧精神，能够把日常生活重压之下潜藏着的东西呈现出来。从理论上说，只有在日常生活条件的流动性和不断发展变化的基础上，审美幻象的永恒性问题才是可能成立的；从审美幻象与日常生活条件的关系方面看，所谓永恒性问题并不存在。在现代社会中，审美关系也与其他社会关系一样，转变成更为简单和尖锐的对立。在《珀歇论自杀》以及后来的政治经济学论述中，马克思指出了现代社会的一个文化现象：审美幻象与日常生活条件的分离及其对立。马克思指出，人们在日常生活中追求幸福，但实质上却是“零割碎剐地在慢性自杀”；相反，在那些自愿选择自杀的人们当中，马克思注意到一种狂欢化的幸福，它是撕破自我欺骗的幻觉和日常生活重压之后所感到的喜悦。在超越悲剧性痛苦的瞬间，人们超越了现实生活中的强制性，克服了恐惧感的压迫，勇敢地正视着美杜莎那可怕的目光。在审美幻象的特殊氛围内，人们不仅可以蔑视世俗的一切权力，亵渎神圣和冒犯禁忌，而且在非常内在和深刻的层面与未来进行某种交流和对话。[3]

事实上，审美幻象和现实生活一样也充满着分裂、对立和冲突。在马克思看来，语言习惯、日常生活规则，以及情感交流的既有模式都属于支配性意识形态的范畴，经过这种意识形态范式的文化整流，现实生活中的冲突和对立被导向某种想象性和谐之中。从马克思主义美学的角度来看艺术的属性，最根本的就是帮助个体打破这种想象性和谐关系。由于意识形态氛围本身是艺术的母胎、武库和"反映"的基本对象，因而审美变形就成为艺术创造的一个基本的条件。我们认为，审美变形是马克思主义美学中的一个基本范畴，它在马克思主义美学范畴关系网中的位置类似于"价值"在马克思主义政治经济学理论中的位置，在更高的理论层次，它们统属于"现实社会关系"这个范畴。经过审美变形，意识形态材料被激活，获得了充满激情的特殊表达。由于审美变形穿透了主体及其对象之间的屏障，在主体方面，内在的欲望获得了具体的投射对象，在对象方面，物质性的材料转变为表征现实关系的形象，从而建立起个体内在欲望与外在现实世界的深层联系。从学理上说，关于审美变形问题的理论研究，不仅要思考审美变形的本质(一般意识形态问题)，而且还应该进一步研究审美变形的具体机制(历史的和文化的研究)，只有后一个方面的深入展开，审美变形问题的研究才能上升到系统的理论思辨的水平。艺术怎样在意识形态的"母胎"和"土壤"中表征出(或者说反映出)现实的社会关系？自马克思在《政治经济学批判·导言》提出了这个非常棘手的理论问题以来，马克思主义美学一直没有停止过对它的研究和思考。列奥塔尔在研究这个问题时，吸取了马克思在讨论审美问题时所引入的时间性和具体性的思想，把时间中的空间关系作为研究审美形象的重要原则。正如米歇尔·福柯在历史哲学的研究中把原级性(Positivity)作为历史学得以存在的先决条件一样，利奥塔把基源性形象作为一切艺术形象和审美变形的本源。利奥塔指出，基源性形象是一切艺术表达的"对象"。由于意识形态问题的特殊性，基源性形象是看不见摸不着的(这一点与"价值"相同)，只有转化为具象性和形式性的形象才可以被感受和把握[4]。在这里，基源性形象就是马克思所说的现实生活关系，从基源性形象到审美对象的转化也就是我们所说的审美变形。

在论述生产方式的历史特征时，马克思用手推磨、风力磨和蒸汽磨为例证，非常简明而准确地指出了三种生产方式的内在联系和基本区别。把马克思的这种方法引入到审美变形问题的理论研究中来,就可以把审美变形问题的哲学研究与狭义的艺术表现手法和修辞学问题区别开来。根据马克思主义意识形态理论的原则,审美变形问题的理论研究可以从两个方面得到具体的实施和展开。首先,研究不同时代艺术与意识形态的共同表征对象——现实生活关系,以及它们表征这个共同对象的不同方式和机制,从理论上讨论艺术与意识形态的一般关系。其次,研究不同时代艺术传达和审美变形的基本媒介,通过对这些物质媒介变形潜力、局限及其特性的分析,实证地研究艺术与意识形态的具体关系。由于意识形态是一种历史现象,审美变形的物质媒介又与生产力的发展密切相关,因而审美变形的研究本质上也是历史性的。

二、审美变形的历史形态

艺术产生于人们把握现实生活关系以及相互沟通的社会性需要,事实上,在它的起源阶段就蕴含着深刻的矛盾:审美交流的社会性、审美符号的规范性与现实关系的流动性、审美体验的个体性之间的矛盾。在原始仪式强大的文化场中,审美活动的内在矛盾是潜在的。随着社会历史的不断发展,审美幻象的二重性由不平衡发展逐渐转化为某种直接对立,当审美关系的这种内部对立被理论地研究和把握时,审美对象的神秘化机制才不再是历史之谜。

个体与现实社会关系的接触和交流充满着矛盾和冲突,审美活动和审美交流也是如此。对个体来说,在交换和交流关系中让渡个体的自我同一性,为意识的独立和精神的发展提供了内在的动因。在个体与环境、自我与他人、内在欲望与欲望投射的对象开始分离的史前文化中,这种分离激发了原始初民探求外在世界的热情和欲望,然而,对于孤立的个体来说,这种分离和物化是一种割舍和缺失,从而产生出某种恐惧。这两个方面决定了原始文化特有的神秘性。在旧石器时代,人们以石头或木料这类经久性的物质媒介来作为投射欲望的对象,把现实的社会关系转化为某种永久性的“图像”(或口传的神话故事),从而征服自然和克服恐惧。人类学的研究材料表明,在原始文化中，图像的基本功能是确立文化凝聚的中心，形成个体对文化中心的环绕和服从。人类最初的图像创造并不是为了满足某种纯审美的需要，那些艰苦卓绝的文化创造和艺术变形，事实上是“自然和社会形式本身”[5]的文化投影，规范和制约着人们的现实生活活动。在人猿相揖别的上古时代，人类之外的自然界是令人恐惧和充满神秘性的，但是，当凶猛的野兽被“画”出来时，人们就可以在某种意义上控制和把握它。

从文化自觉的角度看，对人类自身状况和境遇的关注具有更为重要的意义。事实上，在原始文化中，对死亡的关注与对自然的恐惧密切相关。作为一种自然的而又超自然的特殊现象，死亡在原始人的生活中投下强有力的文化阴影。在生命现象的另一端，存在着一个看不见摸不着的神秘世界，可怖的是，这个神秘的世界与日常生活的现实世界存在着千丝万缕的联系。这个神秘世界之所以恐怖，首先因为生命在那里不再具有肉体性的存在形态。为了超越恐惧，创造坚实的、可见的永久性形象就成为必要的和必然的。在艺术起源和发展的早期阶段，以石头、木料为基本媒介的造型艺术把审美变形的可能性束缚在对象上，表现出拉康所说的“镜像阶段”的突出特征，这种特殊性事实上是马克思所说的生产力获得发展但又发展不充分的历史悲剧在审美关系中的反映。由于以造型艺术的审美变形机制为基础的古典艺术把审美对象置于绝对中心的位置上，随着人们审美需要的个体化和丰富发展，古典的审美关系必然逐渐丧失它的支配性地位。以机械化和工业化生产为条件，文字这种审美变形媒介(象形文字在前印刷阶段可以看作是一种图像)在意识形态的总体结构中逐渐取得主导地位，印刷文本成为人们主要的审美对象。我们认为，东方古典文化中的古典抒情诗歌也许可以称之为是以听觉性隐喻为基础的，它不是通过“看”强化个体对对象的认同和环绕；古典抒情诗通过把个体浸润于神秘的“场”以及审美对象的无限深广来引导审美和谐。因此，从艺术的文化机制方面理解问题，东方古典抒情诗传统与西方的造型艺术传统是基本一致的。

叙事性小说的出现和普及创造了一种新的审美变形模式。小说以社会的分裂和个体的孤独为基础，把审美对象与审美主体的关系颠倒过来，它通过叙述新奇、反常和特殊的故事来挣脱现实世界的束缚和压迫。在近代艺术中，想象取代模仿，成为新的审美变形机制的核心。在石器时代,原始初民的图像创造方式以反映和投射相统一的对象化方式为基础,在叙事性小说中,审美变形机制的这种统一性逐渐分裂而陷入解体。从中世纪后期的狂欢化小说,到浪漫主义时代的内省性小说,再到现代派作品中的反讽性小说,近现代小说通过不断强化心理投射,把审美变形机制推向极端。在剖析和批判日常生活的虚幻性方面,现代小说具有很强的解神秘化能力,它通过把日常生活场景转化为虚构性的幻象,把生活事件转化为语言形式,把日常生活中的矛盾和对立推向极端,在这种转化过程中对现实生活中的深刻矛盾给予某种想象性的解决。在商品拜物教支配日常生活一切领域的条件下,在真诚和善良已经丧失其应有尊严的文化背景中,现代小说的这种审美变形倾向为超越自我和批判现实保留了一种特殊的权利。我们看到,在现实主义小说中,始终存在着超越现代社会文化危机的强有力的努力。现实主义小说通过真实地描写和再现现实生活关系,把反映和投射这两种审美变形机制重新统一起来。现实主义小说把审美对象从主体的内在世界转向外在的对象和别人的生活,个体与审美对象的交流在某种意义上成为个体与社会交流的一种方式。然而,由于书写文本在审美变形方面较为僵硬,在文本和现实生活之间始终存在着难以企及和超越的距离,因而小说较难直接表征现实生活关系,现实主义小说在现实中也较容易滑向自然主义或抽象为理想主义。个体通过审美对象把握现实关系和自身命运的期望仍然极易踏空。

现代小说的最基本的题材是爱情故事,通过表现爱情在现代社会的深刻悲剧性,现代小说传达了人们对现实生活的恐惧以及精神世界的内在深度。[6]小说用文字构筑起一个完整的自足世界,在这个世界中,生活意义的真实与叙事形式的虚幻融合在一起,恰如一块硬币的正反两面。在文字成为审美变形基本媒介的时代,艺术实现了审美变形的自律性,确立了审美文化的基础。

后现代主义艺术在审美变形方面的一个突出特点,在于把个体内在世界的开拓转变为对外在场景的再现和对他人的一瞥。客观性和大众性(普遍传达性)这些以往艺术孜孜追求的目标,在现代摄影和电影技术面前丧失了神奇的魔力。由于影像把审美变形与技术手段的关系直接呈现出来,艺术与社会、艺术与时代的复杂关系也较为清晰起来。因此,影像问题在现代美学的理论研究中具有十分重要的意义。

在石器时代,审美变形的最初动力也是从技术的发展和生产工具的进化中获得的。社会分工的发展,以及精神劳动分化为孤立的个体行为,使审美变形逐渐脱离了它的物质性基础,这种分离为审美变形的独立发展提供了特殊空间;在以影像为中心的后现代艺术中,技术与审美变形重新建立起密切的联系。现代技术使审美变形摆脱了手工操作的生产方式,进入了大规模机械复制的现代化方式。客观性的提高和修辞技巧的丰富为审美变形提供了新的可能性:直接表征处于遮蔽和半遮蔽状态的现实生活关系。在摄影和电影艺术中,审美变形是自我标明和自我呈示的,从而使审美对象处于一种开放性和解神秘化的辩证状况中。在严肃的后现代艺术中,分裂的碎片被组接起来,审美形象的流动性大大强化了艺术的表征能力,艺术不再是一种"石化"的形式或心灵的幻想,它沟通了虚构的世界和日常生活的世界,在这里,物质性素材被转化为精神,从而反映出在思想中难以想象的东西。

由于特殊的历史和文化条件,现代中国美学面对的问题极为特殊。从文化的土壤方面看,古典的、近代的、现代的和后现代的意识形态因素同时共存,构成多层次的复杂的意识形态氛围。因此,在美学问题的研究上,用东方古典美学或西方现代美学的框架和尺度都不能全面说明现代中国文学艺术问题的特殊性和复杂性。在理论上,前者是反历史主义的,后者则是一种学术上的欧洲中心论。在讨论现代中国文学艺术提出的理论问题时,我们应该看到,审美幻象的特殊叠合为审美变形提供了极为丰富的可能性,也为审美变形的理论研究提供了很好的机遇。在这里,现代意识与历史传统相遇,社会生活的深刻悲壮性或悲剧性与审美需求的超越性倾向统一起来;在这里,艺术把有价值的东西凸显或撕毁给人看,而美学理论则有可能再次站在现实的入口处。

三、崇高美学:解剖现实关系

关于现代社会的艺术问题,马克思曾经概括了一个著名公式:资本主义生产方式与某些艺术生产部门相敌对。从马克思的整体思想来理解,这个命题包含着相互联系的两个方面。首先，在现代社会，古典艺术的生产和消费的基础已经被消灭，原有的审美媒介在审美交流的过程中严重磨损，逐渐僵硬，已经无力表征现代的社会生活状况。在一般文化的意义上，古典艺术游离于现代社会意识形态冲突的中心。其次，社会关系的发展变化以及现代生产力所创造的新的审美变形媒介创造了新的审美关系，在此基础上出现了新的艺术生产部门和艺术类型。由于古典艺术作品在现代社会仍然具有审美价值，审美幻象和审美变形的问题就变得非常复杂了，以上两个方面就以某种形式联系起来，成为一个问题的不同方面。在第一个层次上，马克思对现代文化和幻觉性的审美对象提出了深刻的质疑和严厉的批判：在命题的第二个层次上，马克思把审美变形问题与现代社会关系以及现代生产力联系起来，从本体论的高度提出了艺术的现实主义问题。我们看到，在“后现代社会”和当代东方社会，审美变形问题呈现着复杂的层次和丰富的社会政治含义，真实和虚幻的颠倒性关系发展到极端后，逐渐显露出它们的基础和本体，因此，认真研究和阐发马克思命题的第二个方面就具有了更好的条件。

在近代美学的早期阶段，莱辛的《拉奥孔》具有极为重要的意义。莱辛研究了艺术中的时间，分析了审美幻象的流动性问题，把崇高作为近代美学研究的中心。康德则试图把美和崇高的问题统一起来，从学理上说，这是一种极为悖谬的理论努力。事实上，康德的美学，特别是各种后康德学派的美学，在理论的本体上是偏向美的问题和形式问题的。从理论的总体上看，康德的美学框架是一个分裂性的结构。在关于纯粹美的理论分析中，康德美学深化了柏拉图—亚里士多德美学模式提出的问题，但仍然停留在静止和永恒性空间的基础上思考和解决美学问题；在依存美的领域，在美学崇高的范畴里，康德触及“无形式的形式”、个体心灵的内在冲突等重要的命题，注意到时间和流动性在审美活动中的重要意义。这两种美学倾向在康德的理论体系中彼此矛盾，一直没有得到解决。自索绪尔的语言学被广泛地引入现代美学研究以后，康德的形式美学获得了与现代实证科学相适应的“科学的”表达，形式与结构的问题获得了超时空的必然性，“美学崇高”所提出的理论问题却淹没在主体性概念的混乱的沼泽之中。

事实上，对美学崇高的深入思考是马克思理论建设的重要一环，它把社会历史事件的美学意义引入了美学研究。我们看到,马克思关于古希腊悲剧艺术的思考,关于历史悲剧的论述,关于粗俗文学与正统文学相冲突的看法……包含着美学观念深刻而内在的转移。在马克思主义美学的理论发展中,审美对象的神秘魔力以及解神秘化的现实可能性成为理论思考的一个重要核心,艺术所创造的特殊的文化"场"在审美交流中所起的重要作用和复杂的机制得到了研究;分析现实社会关系在审美对象上的投影以及这种投影的政治潜能,成为现代美学积极介入社会的主要途径。相对于以形式问题为基本对象的纯美学理论,这种美学也可以称之为崇高美学。

崇高美学以艺术创造的审美幻象为中介,努力通过理论批评来把握现实生活关系,这就使它必然与浪漫主义美学区别开来。首先,崇高美学着重思考审美幻象的矛盾性和内在冲突性,分析这种冲突与现实生活关系的特殊联系,从学理上说,这种研究必然强调审美幻象的具体性和流动性。其次,崇高美学特别注意研究意识形态转型期的艺术。在意识形态转型期,由于价值观的混乱、文化中心的丧失、审美交流和沟通的渠道受阻等等,个体被推入崩溃和恐惧的深渊中。恐惧感打断了无意识的连续性,社会危机则导致文化传统的强制力陷于崩溃,从审美变形的角度看,正是在这种时候,现实关系容易获得最深刻而全面的表征。

从美学的角度看,崇高美学严肃地提出了一个问题:在现代社会生活的条件下,艺术是否仍然是合理的和可能的?在西方,经过若干次冲击和跳跃,在超级现实主义、行动主义和微小主义已经无力保持文化的先锋性的时候,人们突然发现艺术已经走到了它的文化极限:任何形式和语言表达都是多余的和软弱的。现代生产力把人从必然性的压抑中解放出来,然而,在后现代文化的条件下,人们发现自己陷入了更深刻的恐怖之中。这已经不是对外在自然界的恐怖,而是对人自身的恐惧。人们在个体和文化之外看到一个巨大的空场,一个未知的可能性的领域,在那里,密纳发的猫头鹰将再次起飞。

在东方社会,艺术和文化的现实压力更为巨大,在这里,后现代艺术所提出的问题以更富悲剧意味的形式提出来,这就是第三世界国家艺术的可能性及其存在基础的问题。细心地分析自五四运动以来中国文学艺术的发展,我们看到,中国文学艺术存在某种意义的断裂的特殊状态。在第三世界国家的现代化过程中，古典艺术的基础必然解体；另一方面，西方的文学艺术作为第三世界艺术发展的“他者”，解构了原有的艺术思维惯性及其传达媒介。然而，这个文化上的“他者”并不产生于第三世界国家现实生活的直接矛盾，不是从欲望的中心和最为深层的底部冒出来的东西，从根本上说，西方的文学艺术无力支撑起第三世界国家现代化进程中的全部丰富性。这种双重的困顿和焦虑使第三世界的文学又一次扮演早熟的角色。在审美变形方面，中国现代文学从一开始就以某种悖谬的形式出现：一种语言和形象传达出若干相异甚至对立的声音，表现出某种“后现代性”的特征。

从意识形态理论的角度研究当代中国艺术和审美问题的复杂性，在学理上，不平衡发展的规律具有某种理论的优先性。在审美变形方面，转型期的特征往往表现为审美认同模式的强制力骤减，支配性意识形态把纷繁的变形倾向束扎成型的权威性机制受到强烈怀疑，在亵渎和狂欢中表达出建设未来的某种要求，也许正是在这个意义上，审美变形成为社会发展的先导。在文化的转型期，审美变形往往成为激进的政治要求的一种表达。意大利的文艺复兴，德国“狂飙突进”时期激烈的美学冲突，俄国十月革命前夜在文学、音乐、美术、时装等众多领域所涌现出来的“革命的要求”，20世纪拉美魔幻现实主义对欧洲文化的冲击和挑战，以及中国自五四以来的新文学运动把“地火”引导到地面上来的种种努力，都体现出这种特点。在意识形态的转型期，文学艺术出现许多无法用常规解释的反常现象，在原先的审美认同模式中找不到评介的标准，由此产生出对“他者”的渴望。美学理论有义务引导“他者”的选择以及客位文化的介入方式，因此，当代中国美学必然具有很强的比较性。

在现代中国，文学艺术的发展过程事实上存在着两个彼此矛盾和冲突的“他者”，这就是中国文学艺术自身的传统和西方外来文明的异质性存在。由于时间的过滤，在当代社会生活条件下，古代中国的文学传统已经转变成一种精神性的象征，而现代西方文明则在空间隔离的条件下简单化为世俗性物欲的象征，在这两极之间可以存在着许多交叉和转化的中间形态。文学艺术的存在空间在多种压力的挤压下必然变形，象征之物的叠合也势必导致价值尺度的某种紊乱。这样，随着中国社会现代化过程的展开，客观上必然要求重建审美交流模式，也为一种新的文学脱胎而出提供了文化条件。从这个角度思索和研究审美变形问题，我们也就可以在目前的危机中看到极富创造性的条件和机遇。

在现代西方文明的重压之下，第三世界国家的现代化进程决不可能重演西方文化的发育过程，在审美变形的机制方面，也与西方文化存在着原则性的区别。对于第三世界国家的现实文化来说，因为外部世界（西方文化）和内在空间（古典传统）都不足以依托，也因为遥远的历史和身边的现实同时成为压迫个体的力量，在幻象被撕破之后，人们被迫转过身来，审美交流和深层的沟通的需要只能通过某种现实关系的特殊变形来满足和实现。这是一种经过审美变形又没有完全异化的现实关系，因而是具体的和流动的，其价值取向与社会现实的深层倾向息息相关，蕴含着重建文化平衡的巨大潜能。通过这种特殊的审美幻象，人们不仅实现与历史的交流和对话，从传统中吸取力量和自信，而且还由此进入现实社会关系的审美把握，从而积极地影响现实。在这个意义上，现代美学才真正成为关于未来的伦理学。

注释：

[1] 见 Geoffreg Stricland：《结构主义还是批评主义?》，牛津大学出版社 1981 年版，第四章。

[2] 见路易·阿尔都塞：《意识形态和意识形态的国家机器》，中译见《当代电影》1987 年第 3—4 期。

[3] 马克思这里提出的问题，M.巴赫金作过进一步讨论。巴赫金论述了资本主义的现实关系在文学中的表征方式，分析了这种“狂欢化”所蕴含的深刻悲剧性因素。见《陀思妥耶夫斯基的诗学问题》。

[4] 利奥塔：《话语·形象》（英文版），第 271、278 页。

[5] 马克思把原始神话看作原始意识形态，它以物质性的仪式为基础，是想象化了的社会关系。这个观点与浪漫主义美学把神话看作主体性的想象是根本不同的。

[6] 见罗兰·巴特的《恋人絮语》等。

图像的二重性及其魔力

一、图像的二重性

自19世纪末人类学开始成为一门系统的人文科学以来，关于远古时代原始初民创造艺术的最初动机和文化机制的理论分析，以及原始文化的某种特殊力量，一直萦绕着在日常生活中越来越深地陷入悲剧性情境的现代人。与现代人在现实中不断向物质性的深渊堕落下去相一致，现代人文科学不断地上溯并重新解释人类创造文化的始源，从中寻找某种精神启示。迄今为止，艺术的起源是其中最诱人也最为混乱的理论领域。

审美幻象理论把审美幻象与日常生活的倒置性关系重新颠倒过来。在柏拉图—亚里士多德和康德—海德格尔的美学体系中，审美幻象是一种本源性的存在，艺术作品是日常生活之外的另外世界，因而审美变形的内在机制只能从人类历史的精神活动中去寻找解释。审美幻象理论把审美变形看做个体与他人、人类与他们所处的环境相互沟通的一种基本手段，因此，艺术与社会生活的关系就不再是二元性的，而是三维性的。这样，关于艺术现象的历史考察，最根本的也就是对审美幻象的再现方式历史演变过程的哲学考察，通过福柯称之为知识考古学的分析，找到审美现象不断异化和再生出来的根本原因。从理论的基本线路讲，审美幻象理论通过分析艺术作品，剖析深化了审美体验，深入到活生生的日常生活中去。从隐喻进入换喻，最后达到充满矛盾的现实。这个过程与一般审美过程和艺术创作过程正好相反。

审美交流的基本对象是审美幻象，正如货币是物品交换的基本媒介一样，审美幻象是审美交流的基本中介物，事实上它是人们之间社会关系的产物。从这个意义上说，关于审美活动起源于原始巫术和原始神话的各种理论，事实上程度不同地陷入了视觉性隐喻的泥沼，因为巫术和神话显然是人们社会组织已经形成、交流的基本模式已经固定下来的产物，对于审美体验和审美交流来说，它是结果，是形式，而不是本源和始基。

从现象学的角度看，审美幻象的最直接的表达形式是视觉性形象，在这个意义上一幅动物的岩画，也就代表着、再现着这种动物。因此，在任何种类的艺术作品中，我们都能找到模仿的基因。模仿的审美变形机制是对客观对象的反映（reflection），从原始艺术的大量考古材料来看，对客观对象的模仿还不足以实现人们之间的审美沟通。人类学提供的材料证明，原始人的文化交流不可能以个体的形式单独实现，而必须以某种形式的仪式为其基础。在祭坛上的动物图案和花纹，以及在祭祀前后模仿动物形象和动作的舞蹈，并不是为了模仿某种实体性的动物，事实上这是一种把祭祀活动与日常生活现实分割开的一种方式，它的内在机制是投射性或反思性的（self reflexivity），其价值导向人类自身的现实问题：个体与群体的沟通和交流。列维-斯特劳斯在研究原始文化的交流问题时研究了大量的原始面具作品，他指出，原始物像的神奇魔力来自它所负载的社会功能。他写道：

> 那些戴着出气孔的面具，轮流呈现图腾祖先的几种相貌：时而平静，时而恼怒，时而是人，时而是动物，这些面具引人注目地显示了拆半表现与面具之间的关系。它们的功能是提供一系列中间形式，保证从象征到意义、从神奇到正常、从超自然到社会的转变。它们同时具有掩盖与暴露的功能。但是，当处于暴露时，正是面具通过一种相反的拆半展现为两半部分，而扮演者本人也就在这种拆半表现中分裂，正如我们看到的，拆半表现的目的在于展平并显示面具，以牺牲佩戴它的人。[1]

通过人类学的研究成果我们了解到，作为人类交流沟通的中介，审美幻象从一开始就具有二重性，这种二重性的根源在于审美变形的两重性，从文化认同机制的角度说，这种二重性主要表现为再现媒介的可视性和再现对象的不可视性。

根据拉康的心理学理论，艺术和审美幻象是想象界和象征界相互冲突和转化的产物。想象界是与欲望相联系的完整性和丰富性的世界，从某种意义上说它是深不可测和不可表达的，对于符号界和象征界的存在来说，它充满着差异性及不确定性，因此有着交流和沟通的困难。沟通的前提在于用创造文化的方式为人们提供共同的视点和视觉对象，这种确定性关系的直接结果是生动性和具体性的缺失。从这个角度，拉康正确地指出，看和缺陷是文化创造的最初前提，它提供了文化的认同模式，从而把不可视的想象界、把生命的精微、把语言的丰富内涵转变为某种象征、寓言和隐喻，生命在它的断裂和缺口处呈现出自己的存在并泄露出迷人的光芒。

拉康的理论在现代人类学研究中得到越来越多的支持和证明。美国人类学家惠特尼·戴维斯(Whitney Davis)在研究奥瑞纳期(Aurignacian)初期人类创造形象的发生学机制的基础上，提出了一种关于形象创造的理论，我们认为这种理论在图像的起源这个问题上的若干结论，经过细心的理论推演，可以引申到更为广义的文化研究上来。关于艺术的起源，特别是美术和装饰艺术的起源，在 19 世纪末和 20 世纪初的美学理论中具有十分特殊的意义。在 20 世纪初，发展起了一种以研究艺术形象的产生和演变为基础的图像学研究，把塑造艺术形象的理论问题提高到一个较高的理论层次上。早在 1939 年，潘诺夫斯基在《图像学研究》一书中就为图像学的研究确定了具体的对象和基本的方法。潘诺夫斯基认为，艺术母题世界的自然的题材组成了图像学研究的第一层次，属于前图像志描述阶段，这一阶段的解释基础是实践经验，其修正解释的依据是风格史；图像故事和寓言世界的程式化题材组成了第二个层次，属于图像志的分析阶段，这一阶段的解释基础是原典知识，其修正解释的依据是类型史；象征世界的内在意义组成了图像学研究的第三层次，属于图像学解释阶段，这一阶段的解释基础是综合直觉，其修正解释的依据是一般意义上的文化象征史。[2]潘诺夫斯基的图像学研究在艺术史研究领域积累了大量的资料，并且提供了说明这些资料的理论方法，由于摆脱了单纯的形式分析的方法而注入了文化史的内容，与 20 世纪以来生机勃勃的人类学研究相呼应,艺术史论的研究领域图像学的研究方法在实证研究的层面具有不容忽视的重要性。

从美学理论的角度看,图像学研究主要是一种经验性研究,虽然通过交叉研究的方法,图像学把艺术史和文化史打通,使死去的艺术符号重新恢复它的丰富内容,但是它的研究过分拘泥于文化"成品",忽视艺术的流动性,难以从本体上对艺术现象作出较深刻的理论说明。自1950年代开始,贡布里希把心理学的方法引入图像学研究中,提出了"预成图式—修正"的著名公式,开始从审美关系的角度研究图像问题,艺术图像背后不可视的幻象开始得到认真的研究。在《艺术与幻觉》一书的最后几行,贡布里希写道:

> 在对再现语言的发展进行研究时,我们可能获得了对其他对等语言的表达的一些洞识,实际上,艺术语言的真正令人惊奇的地方不是艺术家能够创造现实的幻象,而是在一位大师的手下这种形象会成为半透明的形象。为了教我们重新了解视觉世界,他向我们提供可以观察不可透视的心灵领域的幻觉,如斐罗斯特拉图斯所说,只要知道如何运用我们的眼睛就行。[3]

关于艺术再现,贡布里希为图像学研究确定了两个基本的前提:首先,贡布里希系统地论证了绘画媒介再现现实时所受的种种限制;其次,绘画艺术表达能力的秘密在于绘画技巧的发展,通过不断地修正传统的预成图式,使作品达到与现实的某种匹配,从而使现实变得透明起来。贡布里希指出,艺术技巧的创新与传统图式的支配性力量之间的辩证冲突,为艺术史的不断发展提供了持续不断的原动力。但是他却没有进一步分析研究是什么原因驱动艺术技巧不断创新,也没有从哲学上探询预成图式的根源(他称之为秩序感),这一切导致了在解释审美幻象怎样从不可视的状态转变为可视状态这一重大问题时,他的论述仍然是模糊的。

惠特尼·戴维斯认为,人类的再现形象的能力远比艺术要古老得多,早在旧石器时代的奥瑞纳期就开始形成了。人类最初的形象创造是以轮廓线为开始的绘画和雕刻活动。再晚一些时候,约在奥瑞纳早期中期(公元前2300—前1700),再现的现象更为普遍地产生出来。到旧石器时代晚期的马格德林期,真正表现人类视觉系统三维空间的客观世界的结构模式开始出现。戴维斯认为,人类最初的再现模式从一开始就表现为两种不同方式的交叉作用,他分别把这两种再现方式称之为身体性再现(somatic representation)和超身体性的再现(extra somatic representation),它们分别依赖于视觉的还原(reduction)和分解(decomposition)。关于人类早期形象创造的类型划分,戴维森提出了这样的模型:

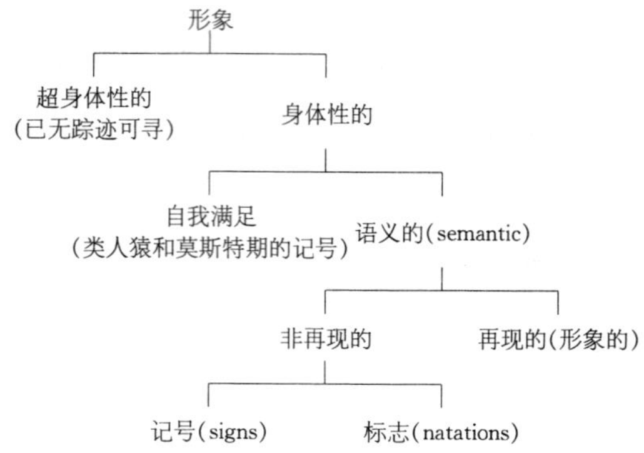

戴维斯认为,超身体性的形象再现因没有留下考古学意义上的对应物而应该存而不论,然而,身体性的再现是可以找到相对应的文化遗迹的,因而,可以据此考察人类塑造形象的能力怎样随着视觉系统的进化而不断发展。戴维斯把形象创造在对象物上的对应物看作人类学研究的对象。他指出,对于原始人来说,不是客体被看作记号,而是记号被看作对象,研究记号在历史上留下的遗迹(工具、装饰、绘画、雕塑),人类学家可以分析和说明形象的起源。通过对奥瑞纳期直到马格德林期旧石器艺术的认真研究,戴维斯作出了两点结论性的意见:第一,不同意那种把"再现"的出现看做是由于人类审美感觉的出现而出现的一种心理能力的观点;第二,再现在技巧方面的进化可以作为人类进化的一种记录。[4]从客观主义科学精神的要求出发,戴维斯把形象的起源划分为两类,只讨论有实证依据的身体性再现,在这个意义上他是正确的,他的结论也是可信的。然而,形象的起源不仅仅是一个实证的问题,也是一个理论的问题,戴维斯也已经意识到超身体性的再现在形象起源中的重要作用。事实上,在原始人把客体和记号区别开来、把记号看做具有某种实在的力量的对象化过程中,正是超身体的再

现才使这种转变成为可能。从人文科学的角度讲,超身体性的再现在形象的起源和创造的过程中具有更为重要的意义,正如在政治经济学研究中,价值的起源和本质在商品交换的发育过程中具有更为重要的地位一样。

事实上,超身体性的再现和不可视幻象是人类创造形象的更为本质的方面,即人类生命活动的社会性。人类创造形象的内在动力除了通过再现对象而获得自己文化上的对象以外,更为深刻而内在的动因是通过这个对象来实现与其他人的对话和交流。从视觉形象的还原和分解这个方面看,通过身体性的再现来摹仿某种物体和对象,用色彩和线条把物体用具体的物象来替代,它的文化前提条件首先是对视点的确定,其次是用表象性符号去疏离物体,从而创造出新的对象和媒介。第一个前提是生理性的,第二个前提是心理性和文化性的。如果说创造和消费形象是人类生命活动的一种方式,那么它的自然性方面就表现为可视性,它的社会性方面就表现为它的不可视性。

二、图像与仪式

视点的固定是形象诞生的第一个历史前提。现代人类学提供的资料表明,类人猿开始发展的视觉系统逐渐产生出一种能力,把充满色彩和三度空间感的客观世界再现为形式性的视觉形象。然而,在类人猿偶尔摆弄色彩和线条的活动中,仍然缺乏把形象作为交流和沟通的中介的文化因素。对黑猩猩语言能力的研究就发现,黑猩猩能够画出某种东西,但却不能通过它而达到普遍的文化认同。简·希尔在《猿与语言》一文中专门谈论到这一点。希尔指出,黑猩猩不仅喜欢颜色,而且表现出对形式某种程度的依从。它们总是把各种图案画在白纸的中心部位,或者在一页纸上画出不同的图案以求图案的平衡对称。黑猩猩反复尝试准确地描绘简单的图案,如圆圈和三角形。科学观察的结果发现,3 岁的黑猩猩可以画一只鸟,并且给出一只鸟的记号。[5]这种在许多美学理论中解释为美感经验和艺术创作冲动的种种行为与艺术行为存在着本质性的差别。由于没有把这种活动纳入特定的时空框架,没有沟通和交流所需要的认同视点，所以它的心理投射是落空的，犹如一颗流星瞬息之间消失在茫茫黑夜之中。这种现象充分说明了这样一个事实：一定的意识形态以及它的认同机制是审美交流活动与偶然的动物行为相区别的根本前提。

对于原始人来说，文化视点的确定首先是为了克服恐惧而不是制造恐惧的结果。在人猿相揖别的上古时代，原始人自身之外的神秘的自然界，是一个巨大的恐惧源泉，原始人努力把这种恐惧通过创造图像的方法转变为自己的对象以便加以控制和把握。作为人类学意义上的文化自觉，对死亡的关注是与对自然的恐惧联系在一起的。死亡作为一种自然又超自然的现象，在原始人的生活中投下巨大而又强有力的文化阴影。在生命的另一端，在死亡之外还存在一个不可视、不可触的神秘世界，可怖的是，这个神秘的世界与日常生活的客观现实之间存在着千丝万缕的联系，处处影响和支配着原始人的生活和观念，使他们的日常生活好像在梦中一般。从某种意义上说，这个不可视的世界是原始人恐惧的根源，因为在那里生命不再具有肉体性的存在形态；在另一个意义上说，这个不可视的世界又是原始人之间相互交流的基础，因为在深层交流过程中，符号的具体性完全融解，成为可以穿透和渗入的东西。人类创造形象的冲动来自这种恐惧和穿透之间形成的转换的关系，图像的创造就是这种转换的最初结果。

近一个世纪以来，对原始艺术的大规模考察和系统研究使我们对原始人创造图像的能力和机制有了一定程度的了解，虽然在原始艺术的解释问题上仍然有许多难以说明的问题，但大体情形基本上是清楚的。考古发掘的材料表明，作为一种文化现象，原始人的图像创造在旧石器时代中晚期才开始出现，准确地说也就是奥瑞纳期到马格德林期的原始文化阶段，这是原始艺术的萌发阶段。在这个阶段，图像的创造主要有两种形式。一种是把图像刻画在洞穴的最深处，在那些没有自然光线和人类难以达到的地方，在那些凸出或有裂纹的岩石上，原始人创造了大量的动物和人物形象。研究者们普遍注意到原始人在绘画地点选择上的文化意味，显然，这些图像只有在举行仪式时才能被看到。在这种很容易产生神秘氛围的特殊场所，确定的视点，以及人群与表象的特殊距离也随着图像的展示而被创造出来。旧石器时代中晚期，原始人创造的另外一种图像是岩凹艺术（sheltcr art），它是通过在岩石和山崖上刻上深痕而创造出来的图像，它们一般都刻在露天和自然光线充足的地方，在日常生活条件下可以直接看到。值得注意的是，在岩凹艺术中，动物形象和人物形象都用比较写实的手法刻画，而在洞穴深处的岩画中，动物形象往往被描绘得栩栩如生，而人物形象却比较粗陋简单。显然，洞穴深处的图像造型不仅规定着接受者与图像的视点和距离，在强有力的审美变形中也把不可视幻象凸显出来。那些受伤的、怀孕的、或俯卧或站立的动物形象，线条洗练、高度抽象而又栩栩如生，从心理学的角度看，这些动物形象实际上是原始人内在欲望的文化投射，以一种压缩和替代的方式在图像中客观化，从而把朦胧的、无意识的欲望转变成一种自觉的对象化的现实追求。通过把个体维系在集体性的、对象化了的欲望对象上，图像创造了个体和欲望对象之间的特殊距离，这种转化以个体欲望受伤害以及受限制为其条件。在人类学研究中把这种文化变形称为“转换—表现”，在心理学上称为压缩(condensation)和置换，在语言学研究中叫做隐喻，在意识形态理论中则称之为意识形态变形或想象性畸变。

关于原始人的图像变形，卡西尔这样写道：

> 这里，心灵的图景不是扩大而是压缩了；打个比方，这个图景被“蒸馏”到只剩下一点。而只有通过这一蒸馏过程才能找到特殊的本质，才能把它提取出来，特殊的本质才会承带上“意蕴”的特定音符。全部的光都被聚集在“意义”的一个焦点，处于语言或神话概念的这些焦点之外的一切都是不可见的。[6]

在这一段论述中，卡西尔指出了一个他没有能力给予充分解释的文化事实：审美变形和意识形态机制的一致性。事实上，这种一致是原始文化的一个重要特征。在人类学家们的著作中，这种一致性则具体表现为图像变形和祭祀仪式的特殊联系。在《文化人类学》一书中，马文·哈里斯写道：

> 绝大多数图画和刻画描绘的是马、骏、猛犸、驯鹿、野山羊、野猪、野牛、长毛犀牛和其他大型的猎物。除了现代人称赞的线条和颜色的意义简练之外，旧石器时代后期的岩洞艺术在表达了个人或文化上的美感冲动的同时，至少还表达了文化上已建立起来的仪式。……它们是表达日常生活中不易表达的情感和情绪的途径。它们传达了一种希图控制和了解不可预测的事件和神秘莫测的力量的意向。

它们把人的意义和价值放到一个冷漠的世界之中,即放到一个没有人自己可辩解其意义和价值的世界之中。他们试图透过常见现象的表面,理解事物真正的、具有普遍性的意义。并且,他们使用幻觉、戏剧性技巧,以及依靠手法的熟练,使人们相信它们的真实性。[7]

图像的创造与原始人特殊文化仪式的联系已经为大量的事实材料证明,现代人类学家们努力证明,这是一种借助图像而实现的转换关系,然而,这种文化转换的内在机制以及它的现实内容,人类学家们则很少谈及。

关于艺术,人类学家所下的定义除了形式和美感之外,还包括游戏以及某种通过图像实现的转换关系。亚历山大·阿兰德给艺术下的定义是:“有着某种形式的游戏,这种形式能够产生美感上成功的转换—表现。”[8]自意大利文艺复兴以来,关于形式和美感,人们已写下无数的文字,然而大多数论述仍然停留在艺术是把内容转变为形式这一知识层次上,事实上,问题的关键不在于是否转换而在于怎样转换,即在于转换过程及其内在的文化机制。哈里斯写道:

艺术的转换—表现是传统的和熟悉的因素的重复,这种重复是不同文化的艺术品之所以有很大区别的原因。例如美洲西北海岸的土著印第安人的雕塑一直注重动物和人的基本线条,用来表现内部和外部的器官。他们的雕塑因此很著名。这些器官以对称方式安排在有限的几何形状中,毛利人的雕塑则正好相反,要求木头的表面要分割成鲜明而又复杂的条纶状和漩涡状装饰。在古代秘鲁的莫奇卡人中,雕塑的原料是陶器,他们的陶罐以其在肖像方面和描绘家庭活动和性行为方面表现现实主义而著称于世。我们还可以确定出不同文化的其他几百种容易识别的和明显的艺术风格。这些风格的连续性和完整性提供了人们理解和热爱艺术的基本背景。[9]

近几十年人类学对史前艺术和原始部落的大规模研究,为我们揭开艺术起源之谜提供了丰富的材料,然而也有一些研究把艺术的起源追溯到动物性的分析,这是我们所不能同意的。首先,关于史前艺术,人类学所提供的材料没有一件是仅仅根据考古学资料和视觉形象就能作出精确的分析和说明的,在这些视觉形象之外的空场沉积着丰富的已经死亡了的话语，从理论上说，这些空场是那些今天看来神秘难解的艺术形象充满力量和活力的现实语境或者说它的意识形态氛围。其次，从方法论的角度讲，把原始艺术归结为无意识的表现或梦境的再现的观点，在理论上已经被证明是错误的。现代心理学的研究表明，无意识的冲动通过形象和符号表现出来时，已经被变形和过滤了，拉普朗施和庞他里在研究无意识系统时特别指出过这一点。因此，关于艺术的起源，应该把形式方面的研究和社会基础方面的研究统一起来。

在政治经济学研究中马克思指出，劳动是一种社会性的活动，是人类同自然界的物质交换，这种交换是通过社会组织和工艺技术而实现的。劳动过程使自然对象获得了价值和使用价值，从而为社会个体之间商品交换提供了前提和尺度。马克思强调指出，商品交换带来的是一种颠倒关系：它使“物质力量具有理智生命，而人的生命则化为愚钝的物质力量”[10]，人们之间的社会性关系在物质对象上的凝结和再现成为进行交换的精确尺度。作为一种交换媒介和交换关系，生产关系不仅支配着人们与自然之间的婚姻交换，在更为深刻而复杂的层面上，还支配和控制着人类内在心理欲求与一般文化符号的价值交换和审美沟通。如果我们从交换关系的角度研究审美和艺术的起源问题，我们就会发现，弄清楚生产关系在意识形态上的投影具有极其重要的理论意义。

除了劳动工具以外，在岩石上刻画的图像是原始人留下的最为古老的文化遗迹。作为一种交流媒介，图像的二重性表现为视点的确定，以及图像和原型[11]之间的相似关系。在文化再生产的过程中，视点的确定是文化认同的基本前提，往往在图像的内容、风格、表现手段等方面得到确定，在具体的文化模式中，图像的特殊风格通过传统的延续而再生产出来。相对于视点的不可选择性而言，图像和原型的关系更为易变和丰富，技术和技巧的不断探索使它处于一种不断发展变化的状态之中。在这个意义上视点是隐喻性的，图像和原型的关系则是换喻性的；前者表现为心理冲动和文化冲动的压缩性表达，后者表现为心理冲动和文化冲动的移位性表达。

在旧石器时代，艺术和技术的发展，图像的创造与劳动工具的创造是联系在一起的。人类学家们发现，在旧石器时代，技术的创新和精湛的技艺被看做是超自然的神力，在今天看来，这种解释是幼稚的，然而，重要的问题在于，为什么原始人对精湛的技艺作出这样的解释？深入研究这个问题，我们可以找到审美变形与意识形态背景的深刻联系。

从理论上说，人与自然的关系不外乎两种基本的关系：一种是反映式的关系，这是一种认识关系，在一般意义上，这种关系具有比较明显的非意识形态倾向；另一种关系是投射性或反思式的关系，它通过主体的对象来确定个体在社会中的关系和位置，通过对象来唤起欲望和投射恐怖，从理论上说，这是一种价值关系，它的存在和特殊性不可能在直接经验中加以把握。马克思的劳动理论指出，这两种关系方式存在着内在的统一性。我们看到，旧石器时代人们创造图像和改进劳动工具之间的一致性关系已经证明这一点。在原始文化中，人类和对象的关系是一种直接同一的关系，在意识形态媒介中，人类具有整体把握世界的基础，反映性机制处于现实世界的一侧，反投射性机制则处于想象界一侧，它们在文化创造的对象物上是融合一体的。然而文化的发展却是以这个统一体的断裂为前提条件的。在研究想象界、象征界和现实界三者之间的关系时，J.哈贝马斯指出，想象界为象征界的子群，象征界又为实在界的子群，三个层次并存于主体之内。这三个层次具有使主体与他者、与世界发生联系的功能，其中任何一个层次内秩序的改变都要影响其他两个层次。但是拉康指出，在这三个层次中最重要的秩序仍是象征界，因为它不仅代表着，而且组织着另外两个秩序。

在原始文化中，象征界的秩序是由仪式来组织和建构的。仪式不仅是图像获得意义的语境，而且是确定视点、再现形式和风格的必要前提。从对旧石器时代的劳动工具、彩陶、洞穴绘画、岩凹画以及巨石结构的广泛研究中我们发现，原始文化的发展经历着从实在界向象征界、从有限的经验世界向永恒的超验世界逐渐过渡的历史趋向。事实上，仪式的产生是人类对死亡感到恐怖的直接结果。从文化的角度讲，对死亡的思考和理解开启了人类对时间和空间的终极意义的思考。死亡是日常生活之外的另外一个世界，从视觉形象的角度讲，它存在于目力所达不到的彼岸世界。在从现实向永恒性的形象转化的过程中，在把超日常生活的体验转化为视觉形象的过程中，仪式把某种秩序赋予了现实和日常生活，由于仪式在文化上创造了特殊的距离，图像在视觉形象的范围内获得了与彼岸世界相重合的神奇魔力。在这里，人类创造文化的反映性机制和投射性机制，第一次发生了分离。

即使在最古老的文化创造遗迹里，我们也能看到人类通过创造投射性对象而把内在的恐惧和欲求让渡出去的文化基因。在原始人的特殊仪式中，投射被推到了人类把握世界链条的另外一极，达到了超越现实存在的想象性征服，个体与日常生活世界的联系被彻底阻断，欲望和恐惧都在这一特殊的文化场中消解、凝聚为隐喻性的图像，这种图像为人们提供了一面镜子，通过观看过程(仪式)来弥合个体与图像的距离。在仪式的特殊氛围中，真实的世界与图像发生交流，人与神、个体与他者也实现了沟通。因此，在原始文化中，创造图像既是对外在对象的恐惧，也是与外在对象的交流。例如，旧石器时代文化中普遍发现的女性裸像，那种笨拙的造型和片面的夸张，既透露出原始初民对女性肉体的恐惧，也表现了他们通过女性身体而激发起的欲望。

反映和投射的分离在原始文化的遗物中留下巨大的痛苦和灾难曾经发生过的种种痕迹。在洞穴岩画中，这种分离借助于洞穴深处极为特殊的自然条件。在露天的条件下，原始初民则通过巨大无比的巨石结构来超越日常生活世界，实现从混沌到有序、从有限到无限的文化转换，从空间观念的变形和时间感的消解这个角度说，这些巨石结构是雕塑而不是建筑。现代人类学的研究发现，巨石结构普遍存在于绝大多数原始文化之中。我们认为，巨石结构之所以能遍布如此广大的地区，与其说是由于新的艺术形式，不如说是由于宗教和埋葬的习俗，巨大的石块是用来标志神圣的地方或者坟墓的。例如英格兰高原上著名的斯通亨奇巨石阵已历经千万年时间的洗刷，至今仍然在沉默中传达一种强大的力量，它辉煌地征服了时间和空间，使我们得以与千万年前的原始初民们交流。

斯通亨奇巨石阵气势雄伟，在很大的广场上放置着许多门希尔式巨石，有的成对地被压上数吨重的石横梁，构成多尔门式巨石结构。它们围绕着放置牺牲的石板大平台形成四个同心圆环。最里面一圈呈不封闭的椭圆形，缺口向东，由门希尔式石柱组成。第二圈由 5 组多尔门式巨石结构组成，呈马蹄形状，开口也是向东。这种巨石结构，横石重 7 吨左右，每组三块巨石重达 40 吨至 50 吨。第三圈与第一圈一样，也是由希尔式石柱圈成一个圆圈。最外一圈是由独石柱围成的，石柱上盖上横梁构成石环。

在这个巨石结构第二圈马蹄形的缺口处，在称之为踵石的地方，在天文学计算夏至的那一天早晨，从这个地方向东望去，正是太阳升起的精确方向，鲜红的太阳在巨石结构中呈现出奇妙的光环。石阵通过它特殊的结构把日常生活中的时间和空间加以变形，把秩序和规范与太阳的运动这类强大的自然力量联系起来，融为一体。通过这种转换，原始人的个体视界与文化规范的视点相互重合。即便在巨石结构已经严重破损和风化的今天，现代人步入这块由巨石围成的空地时，一种庄严肃穆、神圣崇高的感情仍然油然而生。

三、欲望戏剧中视点的位移

仪式确定视点，规定图像和日常生活的距离，它使日常生活获得了意义，把欲望的无序和紊乱、把经验世界的低级卑琐转变为一种秩序、一种美。这种转换以牺牲现实语境的无比丰富性为代价，因此，图像既是把内在的欲望转化为外在秩序的媒介，又是把个体与现实隔离开的屏障。图像的这种二重性在仪式中和仪式外分裂为两种相互冲突的话语，正是这种冲突使图像和隐喻获得了与现实、与欲望重新联系起来的可能性。

关于仪式的研究，人类学家们从它是一种社会组织方式和文化交流的形式方面做出了大量的研究。现代心理学则广泛地研究了仪式在组织心理秩序和处理心理危机过程中的重要作用，在美学和艺术哲学的领域，艺术魅力与仪式之间的特殊关系也越来越成为理论研究的一个中心。旧石器时代的洞穴岩画和巨石结构、古希腊的悲剧、中世纪民间文学中的亵渎行为和狂欢化等历史性课题，被从意识形态的角度重新理解，从诗歌与隐喻的关系到现代电影理论关于银幕与观众关系等理论新课题的开拓，都显露出美学理论正在从褊狭的形式批评走向文化批评和意识形态分析。从仪式的角度去研究和剖析审美变形的内在机制，我们会发现，几乎所有的艺术都与视觉距离有关，而这种距离不仅不是个体情趣的结果，相反，它却隐藏着意识形态机制的强制性力量。

从文化哲学的角度看，美的形象实际上是视觉性的，在艺术起源过程的历史性分析中我们可以看到，这种形象确定了我们与他者、与对象的距离，以及脱离这种语境在沟通方面的不可能性。正是在这个意义上，西方学者认为，拉科斯洞穴天顶上的野牛形象，是后来一切美术形象的原型。[12]马克思主义美学认为，视觉性隐喻的力量在于令人顺从和祷求的意识形态"凝视"，这种力量来自现实生活中特殊的社会关系，真正的艺术敢于回过头来正视它。事实上，只有猜破意识形态的斯芬克斯之谜，人们才可能重建与现实的真正联系。瓦尔特·本雅明曾经写道：

> 只要艺术还是以美的事物为目标，并且无论怎样谦虚地讲，把它再造出来，艺术就以咒语把它从时间的孕育中召唤出来(像浮士德唤出海伦)，在技术生产中已没有这种情形了(美的事物在那里没有立足之地)。……因而，气息的体验就建立在一种客观的或自然的对象与人之间关系的反应的转换上。这种反应在人类的种种关系中是常见的。我们正在看的某人，或感到被人看着的某人，会同样地看我们。感觉我们所看的对象意味着赋予他回过来看我们的能力。这个体验与非意愿记忆的材料是一致的。(顺便说，这些材料非常奇特，它们在试图保留住它们的记忆中的消失。因而，它们为一种气息的概念包含了"对一个距离的奇特表现"，这一指明具有澄清这种现象的仪式性质的优越性。基本的距离是接近不了的：事实上，不可接近正是仪式意象的首要特征。)[13]

本雅明关于非意愿性记忆的概念来自哲学家柏格森和小说家普鲁斯特，主要指一种不受制于实际社会利益的心理反应。在现实生活中，它往往被压到看不见的底层，残存于某种遗物周围的特殊"气息"之中，我们往往会在偶然中与之不期而遇，犹如茫茫夜空中一闪而过的流星一样。本雅明指出，意愿记忆和非意愿记忆的分裂是现代社会日常生活与人类终极追求的目标日益分离甚至背道而驰的结果。美和艺术以那难以用物质力量驱散的神秘的"气息"为依托，默默地承受文化、财富和技术进步创造出来的那些巨大妖魔和怪兽的沉重压力。这种沉重的压力把人变形为动物，内心中充满着对危险和绝望的恐惧。在美的形象中，正如本雅明所指出的"恐惧能使成事不足，败事有余，然而却不失为唯一的希望"[14]。在气息的不可消解性这个意义上，气息成为恐惧和希望的集散地和相互转换的媒介。本雅明认为,气息不受意愿的支配,处于一种偶然的、随机性的状态中,这与无意识领域的非逻辑性和不可规范性相一致。本雅明所说的"气息"实际上存在于实在界和想象界相互交流相互作用的领域,对于可视、可触的象征界和文化符号的领域来说,实在界和想象界所构成的领域才真正是属于人的领域。在远古时代,这个领域由诸神所占据,后来则由各种各样的越轨者和反叛者所僭居,从古到今,它以神奇的方式为人类提供力量和热情,到目前为止,人们能给它的名字除了神、大地、母亲和无限之外,只有一个不确切的字眼:虚空。在过去几个世纪的理论发展中,浪漫主义从几个不同的方面论证了这个虚空的真实性,在马克思主义美学看来,浪漫主义美学把问题颠倒了,从意识形态理论的角度来看,艺术作品中的沉默和空场是意识形态话语冲突的结果,因此,从本质上说并不神秘。在这个意义上,心理学的方法具有重要意义,它可以帮助我们循着空场中的踪迹去寻找意识形态在艺术作品中的投影。拉康写道:

> 无意识的东西是我的历史上所以出现空白遗漏或迷惑莫解的制造者,是应该受检查的首犯。然而,真相是可以恢复的。真相往往被写在另外一些地方,它们是:在种种遗物中,在档案资料中,在语义的演变中,在传统习俗中,甚至在以带有英雄色彩的形式反映我的生平历史的传说中,最后,在某些由于我的历史的伪造者出于同其他人合谋的需要而制造的种种歪曲之处的难以保存下来的痕迹中,在某些经我的解释后其含义可以得到纠正的歪曲传闻中。[15]

从心理学的角度看,艺术所表达的东西存在于个体的无意识和欲望的深处,但是,只有转化为符号性的"物"和形式,才能把这种真实的东西表达出来,因此,从符号和"物"的深层含义的角度看,它具有把具体语境归还给形象的能力,也就是说,文本能够给自己创造语境。

拉康在他的心理学理论中,揭示了人类与外在世界的联系以及相互交流的特殊机制。在指出象征界在人类社会中的重要作用时,拉康特别突出地强调了从想象界过渡到象征界的过程必然要发生危机和缺乏。事实上,拉康的理论揭示了两种空场:一个是不可表达之物、实在界的丰富性和流动性的存在;另一种是符号界想象性富足所伴随着的语境上的虚空。第一种虚空是一种充实性的空场,第二种虚空是前一种空场的文化表达,是一种没有能指性对象的虚空。拉康把前者称为换喻,后者称为隐喻。拉康把隐喻定义为"用一个词来代替另外的东西"(one word for another),他指出,隐喻的所指将依赖于另外的所指,这个所指在文本中代表着某种东西(Phallus),这个固定、坚实的 phallus 最初是原始人所创造的岩画、巨石柱和图腾柱,后来逐渐内化为确定而固定的视点,转化为"一种特殊的观察世界的方式,一种力求社会意义的方式"(巴赫金),简言之,一种意识形态。相对于隐喻的固定性和不变性而言,换喻则是生动的、偶然的和流动的,换喻的解释依赖于把整个文本乃至文本之外的世界联系起来,因此,拉康写道:"换喻来自起源,它使隐喻成为可能。"[16]在史前文化阶段,原始人还没有文字以及规范化的符号系统,仪式在文化中所起的作用是非常重要的。在我们前面的分析中已经指出,仪式具有把文化的投射性机制推向超验境界的能力。在这里,视点的确定成为审美变形的基本前提。事实上在文明发展的史前阶段,由于象征界处于非常低级的初始阶段,抽象和细致的分化还没有充分发展起来,在这一阶段换喻和隐喻是互为前提的。也许正是因为这一点,石器时代的文化遗址,那些生产中的劳动工具、举行祭祀仪式的场所,以及埋葬尸骨的墓地,尽管非常原始却具有无穷的魅力、无限的可解释性,并获得某种纯粹的形式。

对于石器时代的原始人来说,死亡、神圣和不朽是换喻性的,身体和欲望是隐喻性的,在原始文化中,个体和对象关系的这种颠倒是不加任何虚饰和掩盖的。从文化创造的角度看,人类自我意识发展在原始文化中就已经表露出它的悲剧性困境:只是通过自我的投射,通过创造另一个对象,人类才能肯定自身;也就是说,只有借助特定的交流的媒介,通过一个共同的他者,人类之间才能进行深层的交流。这种文化性投射的机制一旦凝固和规范化,交流就会变形和受阻;然而,没有共同的视点和隐喻作为支撑物,交流也决不可能顺利实现。事实上,文化的发展进程,起码在它的初始阶段,是以牺牲换喻的丰富性为前提的。从打制石器到巨石结构,从图腾崇拜到史诗和悲剧的诞生,一直到现代小说叙事结构的内在冲突,艺术一直通过审美变形在两个彼此分离的世界之间寻求某种联系和接触点。历史已经证明,在分裂和对抗的社会中,这是一个不可能彻底解决的历史悖论。

从文化史的角度我们了解到，人类相互沟通的困难决不是后现代主义文化才提出来的文化问题。视觉形象的发展在人类文明起源中的主导地位已经被大量的人类学和现代心理学研究所证明。同时我们又知道，视觉性隐喻从一开始就是以分裂和隔离为特征的。我们认为在古希腊艺术中，女性形象的大量出现也应该从这种交流和沟通的困难方面寻求解释和说明。从心理学上说女性形象的视觉性再现具有两个非常明显的特征：欲望被唤起和深层沟通的困难。在古希腊神话中，所有令人恐惧并且吃人的仙人和妖怪都是女性，这绝不是偶然的。在古希腊神话中，关于女性的神圣性和难以沟通的故事，最为优美动人的，莫过于关于少女卡桑德拉的传说。卡桑德拉是特洛伊城邦的公主，是一位美丽而聪敏过人的姑娘。她在太阳神阿波罗的神庙中担任祭司，心中暗怀着对神的无比热爱，然而当阿波罗向她求欢时，纯洁的姑娘拒绝了他。神严厉地惩罚了卡桑德拉：赋予她以预言的能力，却又使任何人都不相信她。卡桑德拉看到了特洛伊城危险的命运，但是她的预言被人们当做疯话来嘲笑。现实的不公正使卡桑德拉陷入了真正的疯狂。这个悲剧故事事实上是古希腊人对基原性幻象不可传达性的一种思考，它告诉人们，在日常生活世界中，只有肉体的奉献而没有真正的沟通，在非日常生活性的另一种存在中，人们把握住现实却无法与日常生活世界中的人们沟通。在视觉性隐喻占支配地位的神话时代，人们之间的沟通局限在小规模的范围内。随着社会的发展和进步，人们之间的沟通和交流的需要不断增强，仪式的内容也以其他的方式移到祭坛之外，东方的舞蹈、音乐和古希腊的戏剧事实上就是这种需要的产物。戏剧和舞蹈把欲望转化为“戏剧”和观看的对象，这个对象把文化性投射呈现出来，共同的观看对象为观看者之间的交流和沟通提供了共同的媒介。在古代雅典，悲剧演出时，观众通过凝视一个共同的对象，那个支配着悲剧主人公并在人们生活中普遍存在的神秘命运也就被化解了。关于古希腊悲剧的功能，让-皮埃尔·威尔南写道：

> 悲剧远非反映社会现实，而是对现实提出抗议、质疑。因为：在社会的现实和理论中，“人上人”和“人下人”的对立结构，被用来更明确地划分出由法律的总和

而确定的人类生活的特定范围。范围之上与范围之下犹如两条清晰的分界线，只有在勾勒出人类囿于其中的小天地时，才遥相呼应。可是，在索福克勒斯笔下却不然，"人上人"与"人下人"会合了，混同在一个小人物身上，而由于这个人物是人类的典型形象，那么，限制人类生活、明确地限定人类地位的一切界限也就消失了。[17]

古希腊悲剧摹仿现实生活中人物的神秘命运，把一系列逆转和颠倒用特殊的影像和形象再现出来，并通过观看弥合在现实生活中神圣不可混淆的界限。在《俄狄浦斯王》中，观众看到了从神圣的国王到替罪羊的一系列逆转，通过观看，两个分裂和对立的世界变得可以互换，隐喻的世界和真实的世界发生交流。这种交流把文化性投射从象征界扩大到实在界，从文化扩大到实践，视觉性隐喻的一系列二元对立，以及神秘而不可接近的距离，都在艺术变形的强大压力下消散了。

在古希腊，如果说那些庄严的神庙和高大的女神圆雕是隐喻性的艺术表达的话，那么悲剧中主人公的形象则是换喻性的，通过摹仿，悲剧把支配古希腊人自身的意识形态视点凸显出来，神话时代的蒙昧性迷狂在"反看"的力量下陷于瘫痪，文化的坚实性外壳受到震动，禁忌被打开，语境重新恢复了它的流动性和透明性，在这个意义上，古希腊悲剧仍然是古老习俗的再现:死亡就是再生。

我们认为，在西方艺术的发展中，一直到古希腊悲剧的出现，艺术才从神话的"母胎"中彻底脱胎出来，获得了严格意义上的艺术性。从以上的分析我们可以看到，这种艺术性并不是形式方面的简单产物而是意识形态话语激烈冲突的结果。在石器时代，图像的创造和空间的变形虽然已经创造出具有强大文化凝聚力的形式，但是，从意识形态的基本特性方面看，它主要是一种单向性和隐喻性的话语，尽管在图像表达方面存在着内在的矛盾和二重性，但是社会性仪式的巨大强制性湮没了个体的不同要求以及不同话语的声音，它为人们相互理解和相互沟通提供共同的对象和文化支撑物，却没有提供个体发展的文化刺激力。古代神话在现代社会转化为艺术这一现象根源于历史条件的变化，一方面，历史的发展创造了古代神话与现代意识形态方面的差异；另一方面，个体在现代社会陷入极度的分裂和对立之中，从而产生出对原始和谐的需要。

在某种意义上说，古希腊悲剧用神话来反思神话，通过把神话变形为观看对象的方式，把现实生活中的巨大矛盾和冲突用艺术形象呈现出来，正是在这个意义上，马克思把古希腊悲剧艺术看作一种"规范"。古希腊悲剧把神秘命运的颠倒关系展现在人们面前，使人们看到他们现实生活中的深刻矛盾和困境，只有像俄底修斯和浮士德那样不断地把自己转化为他人和另一个自我，才可能真正找到自己。柏拉图曾经以寓言的方式指出，人在现实中被劈裂为两半，只有在爱人身上才能找回自己的另外一半。在个体成为孤独的存在以及社会陷入分裂和对立的历史条件下，人们只能满足于通过创造艺术和审美交流来找到这另一个自己。

注释：

[1] [法]列维-斯特劳斯：《结构人类学》，陆晓禾，黄锡光译，文化艺术出版社 1989 年版，第 103 页。

[2] 见范景中、杨思坚：《贡布里希的图像学研究》，《美术》1990 年第 5 期。

[3] 贡布里希：《艺术与幻觉》，周彦译，湖南人民出版社 1987 年版，第 364—365 页。

[4] 见惠特尼·戴维斯：《形象创造的起源》，美国《现代人类学》1986 年 6 月号。

[5] 见简·希尔：《猿与语言》，英国《人类学年鉴》1978 年第 7 卷。

[6] 卡西尔：《语言与神话》，于晓等译，生活·读书·新知三联书店 1988 年版，第 108 页。

[7] 马文·哈里斯：《文化人类学》，李培茱，高地译，东方出版社 1988 年版，第 360—362 页。

[8] 阿兰德：《艺术动物：艺术的生物性根源探讨》，纽约州加登城 1977 年版，第 39 页。

[9] 哈里斯：《文化人类学》，李培茱，高地译，东方出版社 1988 年版，第 357—358 页。

[10] 《马克思恩格斯全集》第 2 卷，人民出版社 1957 年版，第 79 页。

[11] 这里的原型不是心理学的概念，而是指物像和心像所再现的现实关系。

[12] 麦克斯·拉斐尔：《史前洞窟绘画》，见梅·所罗门编：《马克思主义与艺术》。

[13] 本雅明：《发达资本主义时代的抒情诗人》，张旭东，魏文生译，生活·读书·新知三联书店 1989 年版，第 161—162 页。

[14] 本雅明：《弗·卡夫卡》，见《论卡夫卡》，中国社会科学出版社 1988 年版，第 42 页。

[15] 《拉康选集》(法文版)第 259 页，Paris：Seuil 出版社 1970 年版。

[16] 《拉康文集》(法文版)第 259 页，Paris：Seuil 出版社 1970 年版。

[17] 见《古希腊三大悲剧家研究》，中国社会科学出版社 1986 年版，第 536 页。

影像与基源性幻象

一、影像是什么

早在1930年代,瓦尔特·本雅明就发表了《机械复制时代的艺术作品》的著名论文,本雅明指出,影像的出现使艺术作品成为可以无限复制的,随着艺术作品唯一性和真确性的现实基础陷入彻底解体,艺术作品内部特殊的内在距离也就消失了,影像通过把内心的孤独转化为对他人的一瞥而巧妙地回击了自浪漫主义诗歌兴起以来现代艺术对个体的暴虐。本雅明的合作者,后来成为本雅明遗著的整理者和出版者的特奥多尔·阿多诺不同意本雅明在现代文化问题上的这种乐观态度。阿多诺指出,人们对"米老鼠"等系列卡通形象的极度崇拜,说明现代社会审美幻象的内在距离并未随着工业化进程而消散,它的神秘魔力不是被削弱而是加强了。[1]

后来罗兰·巴特在他的《神话学》和《时装系统》等著作中也扩展了类似的主题。影像在现代文化中的广泛辐射说明一个事实,不可视幻象(社会现实关系)并不是自然地寓于物体或者物体的形式中。从物像到影像的变形显然不是一种模仿,影像不是物像的相似体,确切地说,它既不是复制品的遗迹和影子,也不是原物的幽灵——但是影像与物像的确有惊人的相似之处,在它的周围有一圈难以察觉又似乎是不可穿透的神秘的光环。影像溶解了自艺术产生和存在以来最为尖锐和神圣的对立;艺术与世俗社会的对立。在这个意义上电影成了一种世俗神话。

电影把视野聚集在日常生活之外的特殊场景中，在这个意义上它与现代小说是一致的。夏尔·波德莱尔曾经说过，特殊生活环境中的姿态具有撼人心扉的真实性。在《现代生活的画家》一书中，波德莱尔描绘了日常生活中具有这种真实性的种种场景：风俗速写、记忆的艺术、战争的编年史、隆重典礼和盛大节日、军人、流浪汉、女人、化妆品、车马……本雅明曾经努力探索这些场景真实性的内在秘密，遗憾的是他生前未能完成这项规模庞大的理论工作，特别是没有为他的思想找到一种清晰的理论表达。罗兰·巴特也曾涉及这一问题，后来却失望地转开了，把这个问题看做是一个难以解答的悖论，只是到了晚年才以极大的热情投入到影像审美效应的研究上来。

现在社会日常生活的根本特征在于人和历史的分裂。现代人在与外部环境隔离的车间、办公室、试验室里工作，失去了与自然界、与家庭、与其他人的感性具体的接触。在都市化社会中，众多的人流如平原上的羊群，如无法征服的大海，每个人都成了陌生人，在茫茫人流中对匆匆而过的行人投去一瞥，立即可以体验到刻骨铭心的现代感。现代小说在它的虚构性特征被彻底呈现出来之前，始终顽强地否定这一点，它通过对"家族兴衰史"的不断描绘来说明习俗所造成的人与人的隔阂并不是不可穿透的。从巴尔扎克的《人间喜剧》、托尔斯泰的《战争与和平》和《安娜·卡列尼娜》，到加西亚·马尔克斯的《百年孤独》《霍乱时期的爱情》；从《红楼梦》到《家》和《四世同堂》到《红高粱》和《古船》，现代小说传达出一种普遍的社会性情绪，海德格尔把这种情绪称为"无家可归感"，它的文化前提是固执地认为人先验地就应该有一个"家"。电影通过拍摄孤独的人群，把这个前提摧毁了。本雅明写道：

> 群众性的复制（再生产）和复制品的大量生产是相应的。盛大节日的游行队伍、大型集会，群众性的体育活动，还有战争等，都可以用摄影机拍下来，这样，群众就与自身相遇了。现在也不必再次强调这种拍摄过程涉及的范围大小。总之，这与复制技术以及摄影技术的发展有着极为密切的关系。一般来说，通过机械装置观看群众性的活动场面要比肉眼清楚得多。要想拍摄几十万军队气势磅礴的壮观场面最好俯拍。即使人的眼睛与机器一样具有望远的功能，也不可能把映在

眼里的图像扩大得像拍摄的那样清晰。也就是说，群众性场面与战争场面，在人们活动中最适合机械性的处理。[2]

在现代电影中，由于摄影机的自由移动，视线不再受到约束和限制，影像的蒙太奇剪接具有把画面的意义延伸到画面之外，甚至延伸到日常生活中去的能力。在这个层次上说，影像具有打破叙事结构的封闭性的特殊能力。著名的库里肖夫实验在电影理论发展史上的重要意义，就在于它把电影的"看—被看"的关系在理论上凸显了出来。我们认为，从审美幻象的理论角度看，这种联系是非常重要的，在最本质的意义上也是现代艺术思维的根本所在。从这个意义上说，在现代美学领域中，关于影像的美学思考仍然是非常幼稚的。巴特曾经指出：

无论文本还是影片都尚未问世，有的只是属于语言、故事、诗歌的电影。这种电影非常现代化，已经转换成"运动的影像"语言。因此，毫不奇怪，只有在透彻地分析了电影的全部"内容""深度"和"复杂性"后，电影性才能得到揭示。这种内容是由发生语言的各种财富构成的，我们正是凭借它们才能构造作品并使之完善。电影性与电影不同，就像小说性不同于小说一样。[3]

从某种意义上说，美学与艺术理论的区别就在于它研究审美变形的本体论性质而不是研究审美变形的技巧。电影性是什么，或者说影像是什么？这个问题自 1958 年安德烈·巴赞在他的论文集《电影是什么》中明确提出来以后，一直成为现代美学所面临的重大难题。

造型艺术的审美变形以视觉原理的心理学根据为基础，在这个基础上审美幻象与客观物像的不吻合性主要由文化规范的强制作用而获得保障。诗歌，特别是抒情诗则由语言所蕴涵的隐喻性功能所支撑，它的审美变形原则内在地蕴涵在语言使用的社会性习俗和规范之中。从哲学的角度看，这两种审美变形的内在原则都受视觉性隐喻的支配，也就是主体与对象的对立。艺术作品存在于主体和对象之间不可消弭的距离之间，它通过使主体趋向固定的中心而达到审美和谐。古典美的静穆从实质上说是存在于时间和历史之外的。叙事艺术，特别是现代意义上的小说艺术，通过一系列对立项的转化，把时间和现实关系引入艺术世界的视觉性空间。时间的切入在审美变形方面表现为变形手段的分裂:一方面通过逼真地描绘现实以接近现实关系那不可描绘的幻象,另一方面,现代小说通过对主体心理的深层剖析呈现个体在现实关系的地位来达到同样的目的。这两种倾向的相互撕裂在现代艺术中表现得非常明显,它的结果导致审美幻象失去了自己的主体对象,个体则幽闭在自我中心的恋物癖和自恋主义文化倾向中。本雅明把这种现象称为“气息的消散”,列维-斯特劳斯称之为文化支撑物的丧失,丹尼尔·贝尔则称之为“距离的销蚀”。在现代社会,一方面审美幻象能够逼真地再现客观物像,另一方面,工业化文明又创造出“局外人”(加缪)、“地下室人”(陀思妥耶夫斯基)等具有妄想型心理特征的主体人格。电影正诞生于这种对立两极之间的不毛之地上。

安德烈·巴赞指出,电影影像是一种具有客观性的审美幻象,它和古代埃及的木乃伊和面模造像具有同样的功能:通过保存物像来抵抗时间的压力从而实现永恒。巴赞写道:“摄影与绘画不同,它的独特在于其本质上的客观性。况且,作为摄影机的眼睛的一组透镜代替了人们的眼睛,它的名称就叫‘objectif’。”[4]巴赞指出,摄影镜头在光学性能方面的精确性使人类第一次实现了内在的心像与客观物像的准确整合。这样,通过电影银幕这个“窗户”,观众不仅使外在自然(包括自然环境)和人的身体结合起来,而且使画面和运动结合起来;不仅使个体与他人结合起来,而且使个体与他或她的深层体验结合起来。据此,巴赞作出了现实主义在电影中获得了有史以来的空前胜利的美学结论。从理论上说,巴赞的现实美学具有简单化的特征,这是一种把现代技术和审美经验结合起来而建立的美学理论,它的致命弱点在于没有考虑到意识形态在审美关系中的作用。

让·米特里不同意巴赞关于影像美学性质的这种经验主义解释。米特里指出,物像经过摄影机有选择性的拍摄和光学处理之后,它就具有了某种暗示性的指示性。在他们看来,影像之所以获得这种暗示性和指示性,恰恰是意识形态投影的结果。[5]米特里指出影像决不是客观物像,因为客观物像本身并不具有这种暗示性和指示性;但是,它也不是语言所指的象征体,影像是心理关系的呈现,它是一种心理符号,它与物像的关系不是等同关系,也不是象征关系,而是类似关系。影像的意义产生于影像自身的具体性以及它在特殊语境中的具体关系。米特里写道：

> 电影不是依据随意的抽象的符号进行叙述的那种随意性的语言。影像不仅像单词那样，其本身就是符号，而且也不是任何事物的符号。影像是提示，但不具备任何含义，它需要与其他行为结合在一起才有可能产生意义。[6]

因此，米特里认为，影像与客体的关系实质上是暗示性的，在这个意义上蒙太奇和景深镜头并不冲突，只是电影性的不同表现形态。“表意无论来源于蒙太奇(交替、平行、对比、对立、线性、断续等)还是非蒙太奇(摇镜头、推拉、摄影机运动、景深等)都无关紧要，因为不同的组合段形式只与被展示的事物有关，而并不遵循什么固定的法则……在电影方面，是叙述的材料决定相应的方式。被表现的内容不是抽象的符号，而是具体的事物，因此，这些实物的形式是内容的形式，是物质实体的形式，而物质实体的结构就是表现形式。当然，表现形式可以展示出内容的全部意义，内容则按照人们力求赋予它的意义决定特定的形式。换言之，电影中没有语法，只有修辞。”[7]在米特里的现象美学理论中，影像问题仍然是一个形式问题。我们认为，在这个问题上米特里与巴赞共享着同一个理论前提：电影影像的内在规定在于它是一种运动画面，从本质上说，它是一个自律的世界。这种理论仍然难以说明影像在现代文化中的巨大影响和强大的支配性力量。

克里斯丁·麦茨20世纪60年代以来积极地尝试着把符号学引入电影研究的理论领域，他所提出的“想象的能指”的概念试图说明电影影像非语言表达的特殊性。麦茨认为，影像的具体性使它必然具有丰富的能指，电影技术的一系列特殊性保证了影像在从物像剥离出来的过程中仍然拥有丰富的能指，这种影像与语境不可分割的属性也就是想象性能指的美学内涵。麦茨的想象性能指与巴特文本理论中的“滑动的能指”这一概念大体相近。正如查尔斯·阿尔特曼所指出的，这种文学和电影理论实质上是建立在索绪尔语言学，弗洛伊德、拉康的精神分析理论的框架之上的，它们对这些理论提供的隐喻的依赖胜于对文学和电影本身的依赖。[8]理论与文学艺术现象分离，甚至越是严肃认真的理论离文学艺术现象越远，在现代文化中，理论的这种悲剧有其深刻的社会和文化根源。阿尔都塞解释了马克思早年就已经注意到理论注定只是“被束缚的普罗米修斯”的现象：

> 靠自己的、自我的(技术的)实践，只能产生它所需要的“理论”。这种理论作为一种手段以生产指定它的目的；这种“理论”只不过是对这一目的的反省而已。它在其实现的手段中未经批评的检验，未被认识；也就是说，它是技术实践的目的对其手段所做的反省的副产品。一种不问目的是谁的副产品的“理论”，始终是这一目的的和把这一目的强加于它的现实的囚徒。心理学、社会学、政治学、经济学、艺术等许多学科都是其例。[9]

在马克思主义美学诞生之前，艺术被看作一个独立于日常生活之外的世界，艺术与外在世界的联系始终是一个被悬置的问题，艺术与美学的对立性关系也就成为一种自然而然的文化假定。当电影把形象、形式、叙事性情节转化为影像的时候，这种关系的虚幻性，或者说它的意识形态功能也就暴露出来。影像美学第一次不得不对这样的问题提出严肃的质问：艺术作为审美幻象，它的变形机制、它的虚构性假定，是由于什么或者说为什么而得到保障并不断地维持下去？从理论上说，这些问题也就是意识形态理论问题。

电影的出现把艺术和意识形态的辩证关系充分呈现出来。影像作为一种虚构的审美对象，它的审美距离感来自摄影机的自由运动和观影者的不可移动这种二元关系的确定。这种二元关系把观看行为置于受操纵的、神秘化的和受压抑的窘困地位。对于现实关系来说，这是一个“死位”。观众在黑暗的电影院中，接受从身后投影到银幕上的光学投影，在这个意义上影像与梦境中的幻象是同一的：它以牺牲现实性为代价换取大量而丰富的想象性所指。由摄影机、放映设备和电影院所构成的文化机构，以某种形式恢复了远古祭坛的文化功能：通过特殊的仪式和共同的媒介，把个体的对象化投射强化为同一的和向心的，从而实现文化和社会价值规范的认同。让-路易·博德里在《基本电影机器的意识形态效果》一文中首次提出了这一问题。[10]博德里的研究详细论述了电影怎样把个体纳入观看位置的意识形态功能。然而，从审美变形的角度讲，博德里的理论仍然没有回答在影像创造的世界中，艺术是否有可能存在和怎样存在这样一个十分重要的问题。

由于影像的高度清晰性和逼真性,特别是它具有可以无限复制的特殊性,使它成为现代资本主义社会文化工业的基础,据此,阿多诺等人作出了这样消极的结论:在电影中,真正的艺术死亡了。阿多诺指出,文化工业通过对美和形象的垄断和支配成功地把观众的心理动力引向与社会的"妥协"与"和谐"。然而,事实上影像具有双重功能,"在展示(原始的场景、魅力、奇幻的东西)的同时阻断观看"[11]。麦茨认为,影像所具有的阻断观看和文化认同的能力内在地蕴涵在影像之中。由于摄影机始终是看不见的,所以影像的真实性是建立在这样一个虚构的前提上:影像可以代替真实的物体,它们两者通过摄影机的自动作用而重合起来。在这个意义上,影像通过自我投射把观众带入想象界,想象性所指把个体的对象化投射囚禁在它自身的丰富性之上。但是电影技巧(特写、闪回、推拉、摇镜头、慢镜头、变焦等等)的采用却不断地提醒人们"这不过是场电影",从而揭示出想象性所指的内在匮乏和客观现实的实际上不在场。因此,影像本身就具有从想象界进入实在界的能力。这样,电影把我们与日常生活现实的关系颠倒过来,我们只有通过审美幻象的虚构,才能真正进入现实和理解现实关系。在这个意义上,电影仍然是艺术,而且因为它的大众性以及影像的具体性而成为更强有力的艺术。

在现代社会,在一切交换关系都完全商品化的社会,现实关系被神秘的面纱紧紧包裹着,人们只有通过特殊的审美幻象,才能真正深刻地切入现实,审美幻象已经成了真假孙悟空的对阵,在凡眼人看来,它的真假是不可辨析的。这是自超现实主义、法国新小说、拉美的魔幻现实主义以及 1960 年代意大利的新现实主义电影以来就提出的美学难题。从理论上说,这个问题最终必然导致价值论和伦理学问题。而影像最终将被证明是最具有这种潜力的艺术。拿影片《去年在马里安巴德》来说,从编剧罗伯·格里耶和导演雷乃对基本情节的不同理解,可以看出小说性和电影性所具有的不同力量和意义。

关于《去年在马里安巴德》,罗伯·格里耶认为,整部影片实际上是一个说服人的故事,所有的内容都是由主人公的幻觉和语言创造出来的现实。罗伯·格里耶强调,事实上 X 和 A 去年在马里安德巴的相遇是不存在的,那只不过是心中的幻觉而已。

他认为，用X的语言构成现实的过程就是“说服”，正是由于相遇这件事根本不存在，所以A才无力抵抗X的说服。事实上，罗伯·格里耶所强调的这种语言的现实性和真实性只存在于个体对现实完全无能，存在于内在思念的真实性的状况之下，也就是说，是以个体的彻底孤独为条件的。相反，影像是对他人的一瞥，它从个体的孤立转向外在世界，在这个意义上，它要求某种客观性的存在。雷乃谈到，作为导演，我和编剧罗伯·格里耶的意见并不一致。罗伯·格里耶主张从一开始就不存在马里安巴德之事。与此相反，我的观点是X和A去年在马里安巴德相遇并以此为前提导演这部片子的。我在导演中，女方想拼命地在记忆里抹去过去的经历，而男方却要让它在女方的记忆中清晰地再现出来。[12]

关于现实和未来，电影影像显然能够给我们比小说叙事更为重要的东西，它的特殊魔力除了它的客观性、场景的宏大，以及所具有的“想象性能指”等特征以外，还在于电影的修辞技巧最大限度地利用了现代科学技术在电子、光学、录音技术等多方面的先进成果，事实证明，正是现代科学技术为电影影像提供了足够丰富的修辞技巧，在博德里、麦茨等人的电影理论中，所有这些因素都得到了充分的思考，在影像和现实怎样重建联系这个问题上，虽然后结构主义电影理论广泛思考了影像的自动性和现实关系的不在场之间的特殊关系，但是它仍然用隐喻性和结构性理论来说明问题，并没有找到说明影像神秘性的真正建设性理论。事实上，影像自我解构的能力不可能仅仅来自视像本身，这样，影像所提出的问题就不再是纯粹的美学形式问题了。

二、声像、时间性与现实关系

汉斯立克曾经用形式美学的观点来解释音乐美学问题，他认为音乐是一种最纯粹的形式，因而具有最高的美。显然，汉斯立克的思想来自康德，后来又深刻地影响了列维-斯特劳斯的结构人类学理论。[13]然而，汉斯立克并没有说明严肃音乐与一般的流行音乐以及日常生活的音响之间的差别究竟在什么地方。小溪的流水声、黄莺清晨的轻吟、雪花落地的那种特殊的寂静实际上都是没有内容的，没有白雪飘飘的视觉性场景，它那浸润一切的寂静绝不会有什么美。汉斯立克的美学问题在现代电影影像美学中再次被提出来，不过这次问题被颠倒过来：影像作为一种客观性的形象，事实上只是想象性的能指，需要在更为充实的语境中才能传达出影像作为艺术的力量。自麦茨的符号学走进死胡同以来，视像之外的力量在审美关系中的作用重新引起了美学理论的注意。

从某种意义上说，声音作为审美对象和我们人类的历史一样古老。声音是瞬息即逝的，在录音技术出现以前，人们没有办法把它凝固起来。正是因为声音具有这样一种具体性和时间性，在人们把体验转化为可以离开语境而存在的文化符号时，视觉性隐喻代替了声音和时间。在嵇康把《广陵散》的音乐转化为“手挥五弦，目送归鸿”的诗句时，我们能够体验到“《广陵散》从此绝矣”的悲剧性意味，但永远也听不到《广陵散》具体的音乐美。声音展示了语境的存在和意义。在讨论电影艺术的审美特征时，阿尔特曼指出：

> 像镜子这类视觉隐喻在把握看片经验的复杂性方面是否足够？我认为，我们必须断定的说，不够。……电影依赖声音的反射，就像依赖光的反射一样。如果将电影比作那喀索斯的视镜，那么也必须把它同埃科的声镜联系起来。[14]

埃科和喀索斯的神话故事是古希腊人对卡桑德拉悲剧性命运的另一种变形表达，它告诉人们生活中那些至为重要的东西的不可传达性。埃科是希腊神话故事里众多仙女中的一个，她具有创造言辞的神奇能力，她讲了许多美妙动听的故事，使着了迷的朱诺长时间地坐在一旁倾听。一同倾听的朱庇特忘记了自己的合法妻子，盯着埃科，专注地倾听他的情人讲故事。由于嫉妒，朱诺迁怒于埃科的饶舌，使这位可怜的山林仙女变得只能重复她听到的声音。当埃科遇见那喀索斯时，被他的青春美貌所吸引，她本应该向这位美少年开口求爱，但是喀索斯不对她说话，她就无法开口。喀索斯却迷恋于自己在水中的倒影，根本没有注意埃科的存在。喀索斯的世界分裂为两个相反的形象，他无法在现实世界中找到真正属于他的“另一个自我”，终于忧伤地投水而死。视觉性幻象的真实性和永恒性的特征使喀索斯不愿意转过身来获得埃科的爱，而埃科则因为声音的瞬息即逝而无力改变现实。视像和声像的分离是人类从史前状态进入文明阶段所付出的代价，而艺术则是为赎回被抵押出去的具体语境、时间性和声像而作的艰苦努力。因此，艺术既是把个体与他人联系起来的媒介，也是把文化和现实联系起来的媒介。在前两节的论述中我们已经指出，在造型艺术中，这种媒介是经过审美变形的“图像”；在文字创造的世界中，审美变形则通过偏离于日常生活语言的特殊修辞技巧来实现；在电影的早期阶段，审美变形主要依赖于摄影技术方面的技巧，然而，影像的最大潜力却在于声像和视像的结合，这是由于声音与时间的不可分割的联系所决定的。在电影影像的研究中，爱德华·布兰尼根(Edward Branigan)最近提出一种看法，认为在视像和声像的关系中，声像具有更为本体性的意义，更接近于审美体验的内在本质。

在《电影中的音响和认识论》一文中，布兰尼根从审美媒介的传播方式和渠道的角度论述了视像和声像在认识论意义上的区别。布兰尼根指出，作为审美媒介的视像和声像都是一种波，但它们之间却存在着很大的区别。首先，它们的波长不同，光波的波长相对说来较短，声波的波长相对较长。这一区别导致了审美变形方面的这样一种差别：光线和色彩更多地附着于客体性的物质对象，而声音则根源于人和动物在自然界的运动。我们看到，大部分光线接触到物体的表面就直接折射回来，而声音则来自更为内在的渊源，它们往往与运动有关。其次，从两种波的反射方式来说，光波是直线性的，而声音则更多地偏向于反射性的。在传播过程中声波能转弯、共振、偏振并且弥漫于整个空间，而光波则没有如此丰富的审美变形的可能性。布兰尼根认为，视像和声像的这种区别主要源于它们的传播方式不同，声音的传播需要借助于媒介，而光线和色彩的传播则不一定需要媒介。声音的传播离不开空气和水，声音在媒介体中运动，并且直接触及我们。相反，光的传播不需要媒介，只有在遇到某些物质体时才发生折射。布兰尼根最后作出了这样的结论：在电影中，视像是二维性的，因而可以被永久化和固定化，而声音则是三维性的，因而也是有限的和易逝的。作为审美对象，它们都能通过变形产生出审美效果，但存在着重要的差别。布兰尼根写道：

> 事实上，把声音从声响中分离出来——声响作为一种感觉媒介与其他任何媒介都是相同的一般说来需要更大的努力，因为对于作为生产性而不是占有性的、

> 瞬息即逝的声音这种中间性的媒体来说，从底部上升到表层的过程更为接近它本来面貌；相比之下，光波作为一种受缚于物质对象的媒介，则呈现为永久性的对象。然而矛盾的是，我们感受声音需要自表层深入到渊源的过程——有意识地努力把声音分解为没有关联的声响。在这种语境中，声响就像光线折射出银幕上运动着的画面一样。我们很少注意银幕上呈现出来的道具，作为已经被转变为一种新的空间（以及时间）的影像，我们更注意银幕上移动着的二维形式，然而，在中间性的世界中，形象转化为我们所熟悉的三维对象，折射出新的光线并产生出新的声音。[15]

布兰尼根的“中间性世界”的(middle world)大体相当于我所使用的“审美幻象”的概念内涵。他关于光波和声波的反射方式的分析也接近于我关于不同的媒介在审美变形差异性方面的一些思考。应该承认，在分析的精确性和实证性的方面，布兰尼根的论述是非常有力的，然而，他的理论忽视了一个问题：日常生活现实性和审美变形之间存在着怎样的关系。布兰尼根把意识形态在审美变形方面的投影基本上抹掉了，在他看来，声像和视像的差别仅仅是客体传播媒介的差别，而我认为，从现代美学体系的角度看，更值得注意的地方在于这种自然性差别所具有的文化内涵和社会性的价值意义。在这个意义上，“审美幻象”和“中间性世界”是有一定差别的。首先，审美变形的重要意义在于把反映、折射式的消极接受转变为反弹、投射性的积极的审美过程。艺术史的发展和我们的理论分析都已经证明，经过审美变形，光线、色彩以及物质性的对象也可以获得主体内涵的对象化投射性的效果，以及物体的自然属性所没有的艺术力量，实现这种转变的内在机制显然不能从自然属性方面分析，而应该从文化机制方面进行研究和说明。其次，布兰尼根指出，通过审美媒介这个“中间性世界”，可以把平面性、凝固性（永久性）的空间性形象转变为立体性的、暂时性的时间性形象，然而，布兰尼根没有进一步说明这种空间和时间在“意义”方面的区别，他仅仅指出了差别的存在却毫不关心差别的含义。审美幻象理论则认为，艺术“反映”的对象从一开始就不是自然性的客观存在，而是文化性的社会存在，由于社会生活本身充满着分裂、痛苦、压抑、失望，是一个瞬息万变的具体过程，而文化规范和社会组织在把社会生活本身符号化的过程中,也舍弃了充满生动性的社会内容。在文化符码把审美体验确定在物质对象上时,距离感和神秘性也就被创造出来。社会通过文化这面镜子把个体的对象化投射引导入这个距离所提供的空间之内,在这里,审美幻象的充分弹性和审美变形的无限可能性把真正的现实掩盖起来,把现实矛盾的解决无限地推延下去。正是在这个意义上,马克思主义美学对审美幻象作为一种“中间性世界”提出了最为深刻的质疑。

最后,由于布兰尼根在理论上把中间性世界等同于传播实体的具体折射和反射方式,在现实——中间性世界——新的空间和时间这种单维度的审美交流模式中,意识形态与现实关系的“同谋性关系”(本雅明语),以及这种关系在审美媒介上的投影问题也被取消了。电影如果要想证明自己是一种艺术,并且保持住自古以来艺术所特有的强大力量,就应该在审美变形中折射出文化与现实的特殊关系。在后现代主义文化中,广告、时装、好莱坞歌舞片和关于“西部世界”的神话式的再现,以及以动物形象为主角的系列动画片,尽管也采用了审美变形的手法,创造出一系列美丽动人的形象,但在本质上是一种类像、一种不可穿透的形象。因此,同样是“中间性世界”,同样是审美变形,在真正的艺术和文化工业制造的类像之间,存在着实质性的差别。早在 20 世纪 30 至 40 年代,阿多诺和本雅明就敏锐地注意到这一问题,并指出了它对现代美学的挑战意味,然而,半个世纪过去了,大多数美学仍然停留在形式分析的范围内。

正如货币作为价值符号既可以用于贮藏也可以用于流通一样,审美幻象也存在着两重性和内在分裂。货币只有在流通中才获得自己的本质意义,审美幻象也只有在审美交流中突破主流意识形态在审美变形中的投影才产生艺术特有的力量——真实生动的现实感。布兰尼根认为,声音之所以更有力量就在于它更接近于人的身体,更接近运动的根源。我认为,声像的这种属性使它比单纯的视像更能给我们以现实感,然而,声音本身并不必然保证现实感的产生。事实上,有声片《雨中曲》并不比格里菲斯的默片《党同伐异》更能给我们以艺术的力量和现实感。艺术的真实力量不在于是否变形,也不在于怎样变形,而在于变形以后让我们看到的是什么。

审美幻象作为人和现实相互分离的必要媒介,当它被推向极端时,或者说,当它把现实社会关系变成可以看见、可以被感觉到的特殊力量时,审美幻象必然以某种方式介入现实和改造现实，这就是马克思所理解的现实主义。人们需要审美幻象，因为个体不能在自己的同一状态中认识自我，人们不能在现实的直观中把握现实，这一事实本身有力地说明了主体的贫乏和现实仍然是分裂的和相互敌对的。然而，从辩证法的角度看，生活却正因此而获得了希望。在戈达尔的影片《芳名卡门》中，希望正是来自分裂和对立的极端化。影片表现了一对恋人相互爱慕却无法沟通的悲剧，这种不可沟通终于转化为仇恨和对立。影片告诉我们，在现代社会，爱情也摆脱不了现实关系的投影，正是这对恋人之外的社会性力量使他们最终持枪对立。约瑟夫在绝望中向卡门开枪，自己也被警察（社会关系的代表）所消灭。以下是影片的最后一组镜头：

227. 卡门躺在地上，服务员的手搭在她肩头。

服务员：小姐。（风镐声起）

卡门（抬起头）：当无辜者在一方，而罪人们在另一方时，这叫做什么？

服务员：我不知道，小姐。

卡门：动动脑筋，傻瓜。（风镐声止）

228. 服务员注视着卡门。

服务员：我不知道，小姐。

卡门：如果人们将一切毁坏，一切都已失去，但太阳还在升起，空气依旧清新……（音乐起）

服务员（沉思片刻）：这叫作曙光……

229. 平静的大海，阳光灿烂。

轻微的涛声。

服务员（画外）：……小姐。

字幕。

230. 让-吕克·戈达尔导演。

大海——外景、日。

231. 同 229，平静的大海，阳光灿烂……[16]

在《芳名卡门》中，戈达尔使用了大量的日常生活噪音来渲染和强调在银幕之外还有一个真实而强有力的现实，正是这个银幕之外的不在场，为影像提供了最为生动具体的语境。在最后一组镜头中，无辜的生命正在陌生人手中死去，卡门美丽的肉体正在毁灭，变得那样虚弱，不再令人感到恐惧，这时响起强劲有力的、机械性的风镐声。在这里，声像和视像截然对立，发生了彻底的断裂，在寻找这种断裂的真正原因时，我们突然在一瞥之中看到了现代资本主义的社会现实关系，从那里射出美杜莎令人恐怖的目光。日常生活幻象被撕破之后，生活也就可以理解，或者说成为我们思索的对象了。

作为以复制和还原现实为宗旨的艺术，电影问世以来的历史发展表明，人们试图通过把审美幻象充分客观化和世俗化的方法来把握现实生活关系的愿望仍然落空了。事实上，后现代主义文化氛围下滋生的类像的毒菌正在侵占乃至吞噬人们生存于其间的现实空间。《芳名卡门》把这个严峻的事实本身呈现给我们，以便激发我们舍弃幻象的勇气。[17]斯坦利·卡维尔认为，如果说希腊人通过审美幻象而发现了自我，18世纪和19世纪资产阶级上升时期人们通过审美幻象找到了人类的童年，那么，在电影影像所创造的世界中我们进入了青春期。[18]在电影创造的世界里，相互沟通的愿望被强烈而逼真地唤起，然而又严酷地证明它的虚幻性，身体、形式、美与和谐变成恐怖的根源和对象，幻象彻底破灭之后人们只有一个选择：接受现实本身。卡维尔写道：

> 没有任何东西比知道下述情况更重要：选择一个瞬间就排斥了另一个瞬间，没有一个瞬间能补偿另一个瞬间，一个瞬间的意义就在于它所付出的代价，这就是优雅。除了在青年时代以外，美和意义都是有所失才能得到的。否则的话，一切都会失掉。最后的知识是连那种关于损失的知识也消失，再看世界是否会重新有收获。关于无限可能性的思想，是少年时代的痛苦和安慰。成年的唯一收获，放弃可能性的世界而得到的唯一补偿，是接受现实，从唯一世界的真理中得到痛苦和安慰。这个真理就是，世界是存在的，而我在世界之中。[19]

现代电影通过瞬间和瞬间之间的相互分离，揭示了现代社会在肉体和精神、善良和邪恶、这一个人和那一个人、这一瞬间和那一瞬间之间的彻底断裂。在现代电影中，影像已经不再按抒情性和感伤性的叙事性模式来组接，而是把没有共同之处的、相互之间没有因果联系和情感联系的影像组接在一起。例如，在《芳名卡门》中，存在着三条以上相互没有直接联系的画面系列,他们在影片中的组合必然把现实生活的复杂性和多层次性表征出来,此外,视像和声像的分离更是把影像的断裂性特征清晰地展现出来。在《芳名卡门》中,随着一系列现实的虚构的画面不断展开,影片反复出现一组排演贝多芬弦乐四重奏的场景画面,贝多芬的几首弦乐四重奏在影片的不同场合反复出现。除了语言音乐和自然界的音响之外,《芳名卡门》还伴随着大量日常生活音响,在这里影像呈现出一个分崩离析相互撕裂的世界,一切都因分裂的加剧而趋向对立的两极。在影片中,戈达尔用串行化的方法把这一切组接起来,事实证明,这些都是可以被接受和可以理解的。由于影像把断裂和分离直接呈现给我们,人和他生活于其中的世界的断裂也就通过观看影片画面得到某种程度的弥合,在影像的审美活动中,我们与现实世界发生某种程度的交流。这有一个明显的文化悖论,即这种交流是以承认审美幻象的虚构性和审美变形的合理性为前提和条件的。

在现代美学理论中,承认这个前提和条件也就是承认时间对审美幻象纯粹空间的介入。我们在前两节的研究中已经指出,这也是一切艺术变形媒介呈现出现实生活关系的存在和踪迹的条件。在现代电影中,由于审美变形可能性的极大丰富,审美幻象的复杂机制,它的神秘性和不可穿透的“距离感”都变得简单和清晰起来,在理论上说明审美幻象和社会历史辩证关系的条件更加充分了。1985 年,吉勒·德勒兹出版了《电影 2——时间画面》一书,他认为,影像的美学本质在于它是一种晶状画面,它把特殊的瞬间凝聚、转换、呈现和复制出来,从而把时间性和理论性的内容引入到画面(纯粹的空间)中来。

德勒兹指出,影像寻找的表现对象往往是不合常情的时间,插入到画面中以后,在裂缝的两端产生出三种时间性的画面,并且由此引发出对现实问题的关切和理论问题的思考。

1. 一种纯粹的过去时,不同时代在里面共存。这是一个充满着所有心理回忆的真正的“记忆世界”,画面深入其中找寻着这个或那个区域。在国产片中我们可以举《庭院深深》为例证。

2. 同时存在的现在时的各种瞬间,它打破了将来、现在与过去明显的连续性,而只组成一个唯一的事件,“这就是把世界、人生,或者只是一段生活、一段插曲作为一个独立完整的事件来处理的可能性,它是蕴涵现在的基础”[20]。德勒兹以《去年在马里安巴德》为例说明这类时间性画面,在国产片中我们可以举谢飞的《本命年》为例。

3. 以时间而不是以画面为本体。前与后不再被分开,而构成“在时间中变化的事物的固有性质”。这就是一种生命潜能向另一种生命潜能过渡的变化,它把人物带到越过此处便是另一个人物的极限,它“产生变形”[21]。在《芳名卡门》中我们看到,戈达尔的卡门既不是歌剧《卡门》中的卡门,也不是奥托·普雷明格的影片《卡门·琼斯》中的卡门,更不是一般影片中热情而放荡的坏女人的形象。戈尔达的卡门就是她自己,这是一个知道世界不属于无辜的人但仍在真诚地进入世界的女人,一个已经成熟了的女人。在我所看过的国产片中,虽然很难找到类似《芳名卡门》这样的影片,但我仍然愿意举出周晓文执导的影片《疯狂的代价》为例。《疯狂的代价》中的青青,既不是《边城》中处于天真状态的翠翠,也不是《乡情》中充满美好幻想的翠翠,更不是《牧马人》中那个努力拯救倾斜了的世界的热情女人;她既不是东方的维纳斯,也不是中国的吉卜赛女郎,青青就是她自己,一个无名无姓,借用了别人姓名的女人。

德勒兹认为,对于哲学和美学研究来说,最值得重视的是第三类晶状画面,在这里影像所呈现给我们的是“重新接上的碎块”,时间的介入为把这些碎块重新联系起来提供了重要的文化动因和心理学因素。关于“重新接上的碎块”,德勒兹写道:“(它)既不是确定的组接,又不是随意的分布,而是部分相关联的连续抽签、半意外的组接。”这就是没有共同之处的系列能够在特定的关系中联系起来的方式,对非理性分切的重新衔接。对于电影来说,这就是一系列的画面与声音,是介入叙事过程,而对于思维来说则是概念系列。[22]这样,影片的主要部分或者说它的实质性的意义显然就超过我们在日常生活中所接触的画面、语言和声音;影像通过自动呈现它是“重新接上的碎块”这一审美变形方法,把我们引入了在语言、画面、文化之前的更为内在而深刻的存在状况中去,在这里,影像表现为不可胜数和无法称呼的东西。这些无法用任何语言、图像、声音所完全表达然而在真正具有力度的语言、图像、声音中得到某种表征和传达的东西,事实上就是我们身处于其中现实生活关系,它是自有社会以来无数艺术家努力通过探索审美变形来加以表现的东西。现实生活关系的文化表达和我们人类生活本身一样古老,美杜莎的神话、老子的大道无形的道、柏拉图洞喻说中那来自洞口的光,都是人类自我意识萌发初期对它的感受和思考。艺术的发展历尽痛苦和忧伤,诗人和艺术家在审美变形中经历无数的探索和实验努力接近的这个极限,在电影影像所构筑的晶状画面中以较为清晰的方式表现出来,然而,影像也不能够完全表征不断处于变化和流动关系中的现实生活关系。利奥塔把艺术中的现实生活关系称为基源性幻象,它存在于欲望的真实空间;我们则认为,欲望的空间只是社会性空间的心理对应形态,基源性幻象的真正面目是社会性的现实生活关系,也就是马克思所说的社会关系和交往关系的总和。因为它是社会性的,所以在阶级社会中,它本质上是被掩盖和遮蔽着的。正如我们在第二部分中所指出的,正是社会关系的某种历史发展创造了人们的审美需要,然而又极力破坏和阻止审美变形的文化表达。由此,我们也就可以理解为什么艺术与现实始终处于不平衡状态,并且在资本主义时代转变为相互敌对的关系。

三、审美崇拜解体之后

在电影影像中,审美变形已经达到了这样的程度,在它把审美幻象呈现给我们的时候,连带着把审美幻象的神秘化本性以及主体对象化投射所造成的文化距离一并呈现给我们,因此,这种曾经被人称为"现代神话"的艺术形式蕴含着极其强大的、社会的、伦理的和政治的潜能,这是现代美学理论所不能回避的。关于影像与现实的关系,卡维尔写道:

> 帕诺夫斯基和巴赞都正确地强调,电影不仅仅是描绘或表现现实。但是,电影在银幕上出现在我们面前(至少显然不是让现实和我们同在)。这就使我想到,使电影的物质媒介不同于地球上其他任何东西的地方,就在于它使我们看到并不在场的东西;也就是说,就在于我们和电影表现的东西不在一起;电影命中注定要揭示现实与幻想,不是通过如实表现现实,而是通过放映现实的投影。我曾说过,在这种投影中,现实得到了解放,可以自由地展现自己。[23]

尽管从石器时代人们创造巨石结构以来，艺术的核心功能就在于让我们察觉和感受到现实关系的不在场(不在主流意识形态之中)，社会现实关系一直被神秘的距离所遮蔽，艺术通过意识形态把这种关系重新变成可看的。电影影像的意义就在于它是通过把现实转化为幻象而不是把幻象表现为现实来完成审美变形的，它揭示了人与世界、人与机器、肉体与精神的分裂，但是，它通过“一系列自动世界的投影”(卡维尔)和“精神的自动装置”(德勒兹)而使幻想的世界具体化。在那里，物质素材被奉献给精神，而精神在肉体的废墟中呈现出来，为的是传达出思想所难以想象和完全表达出来的东西。后现代主义文化实践表明，在现代资本主义社会，虽然在大多数情况下电影通过对美、肉体、温情的粗制滥造已经把个体推向了没有依托的深渊，在这里，直觉、爱情，甚至包括孤独都可以不再是真诚和严肃的，但是，在作为艺术的电影中，我们又分明看到，正是断裂和分离，摆脱了日常生活困境，实现了人与人的沟通，审美的和谐以现实的分裂为条件，并且在审美幻象的崇高中得到实现。

在影像所提出的美学问题中，影像的客观化趋向和幻象性表达的对立事实上把审美幻象的悖论性特征与幻象之外的现实存在不可分割地联系起来，这样，关于文学自律性的神话事实上已经不再具有它合理性存在的基础。但是，后现代主义文学的日益勃兴和大众文化消费的进一步商品化，不仅使好莱坞这个“梦幻工厂”经久不衰，而且现代广告、时装、流行音乐、体育运动的商品化和健美运动的风行，都说明幻象的神秘化机制并没有解体，事实上，整个后现代主义文化就是一个把日常生活进一步幻象化的过程。在物理世界已经制造出“隐形飞机”和具有情感反应能力的机器人的时代，幻象与事实、具体的瞬间和一般意义上的瞬间之间的区别就更加难以区分了。随着机械复制技术的发展，独特的场景、内心自我和对他人的一瞥都很难彻底摆脱文化规范的阴影，现代人已经被物质性追求和商品拜物教的狂热拖入一个真正的精神废墟之中。在这种状况下，本雅明的命题就越发显得深刻了：思想在寓言之中犹如物体在废墟之中。在后现代主义文化中，不仅思想变成了空洞，物体可以毁坏，而且人的身体和始终具有距离感的美本身都已成为废墟。在这样的文化和现实条件下，美学不关心伦理和价值问题，只能是对生活本身的背叛。

从美学的角度看,现代社会的伦理和价值问题是以对时间性、声像、语境、欲望的前逻辑思维阶段和前语言表达,以及对换喻的思考作为基础和条件的。充满辩证意味的文化事实是,当审美交流成为一种基本的交流模式时,当审美幻象已经变成像货币一样不仅是欲望的一般对象,而且成为一般的欲望对象时,当美的形象不仅能包装善良、诚实的灵魂和行为,而且也能包装邪恶和腐败的事物和行为时,美也进入了一般性文化交流甚至商品流通的领域。一旦进入商品流通领域,美和审美变形也就会发生异化。正是在这个意义上,美成为一种新的令人恐惧的东西。

从某种意义上说,审美幻象在文化交流中所发生的广泛异化与工业化社会货币和资本从流通领域向日常生活的各个方面全面辐射的情况大体相当。在后现代主义文化中,不仅商品拜物教成为日常生活思维的一种基本原则,而且由于审美幻象的大量复制以及它在满足人们对现实生活困境想象性解决方面的神奇力量,使审美幻象也成为一种文化商品,它的广泛流通性以及对审美需要的虚假性满足使它成为没有深度感和非实在化的空洞符号。正是在这个意义上,法兰克福学派深刻批判了文化工业,哈贝马斯、列维-斯特劳斯、贝尔等人则痛心疾首地指出现代主义艺术的失败。马尔库塞在去世前的一次谈话中曾经指出,现代派艺术已经变成了一种智力上的自淫。[24]审美变形的无限可能性失去文化上的节制之后,已经变成不再具有严肃性和真正力度的东西。然而,作为一种充分磨损了的硬币,审美幻象在流通中仍然被认同和接受,这一事实本身就充满着辩证的含义。尽管最初的呐喊可能会湮没在七嘴八舌的声音、庸俗的胡闹和自以为是的冷嘲热讽之中,但是真正的艺术家即使陷入难以表达的彷徨之中,也会坚定地推开一切简单化和类像化的沉重负荷,继续在审美变形的道路上探索与社会、人生相互沟通的艺术表达。正像货币具有随意购买任何商品的能力一样,真正的艺术家也具有对审美变形进行无限探索的权利。通过对电影影像的初步研究我们可以看到,在后现代主义文化氛围中,在由于电子产品而把一切都变得可以复制和大规模消费的文化模式中,审美变形的原则也变成文化成规和确定的文化程式,在这种条件下艺术家就进入了一种利奥塔称之为无规则的状况中,在这里,审美变形第一次获得了它的真实的辩证含义:它强调通过差异和对立来表达现实生活关系,通过击碎文化成规而为未来制定规则，在这里美学实现了自己的夙愿，真正成了一门关于未来的伦理学。

我们知道，马克思在他进行艰苦卓绝研究工作的晚年曾经以极大的热情投身于人类学研究，思考东方社会是否有可能超越资本主义制度的卡夫丁峡谷，创造一种超越商品拜物教文化的可能性。马克思指出，东方社会生产力相对落后，但是从意识形态理论的角度看，东方社会的文化仍然保持着与社会生活相互沟通的内在联系，这一基础在资本主义文化的分裂性发展中不可避免地丧失了。关于资本主义在文化发展上的失败，丹尼尔·贝尔在《资本主义文化矛盾》一书中作了详尽的分析。关于资本主义文化危机，贝尔提出了一种救治方案，主张修复人与人、人与社会之间相互沟通和联系的基础，我认为，这是马克思关于东方社会理论思考的一种回声。虽然从贝尔到利奥塔等后现代主义思想家们在重建审美幻象和现实的联系方面远不如马克思那样乐观，但是，他们的确重新提出并认真思考了马克思当年提出的问题，并努力从文化自身的角度去寻找可能的出路。

在后现代主义文化理论中，奥斯维辛之后人们怎样才能真诚地生活，以及审美崇拜解体之后艺术的意义存在何处等问题成为思考和阐释的中心。从审美变形的角度讲，现代派艺术的先锋主义运动把审美变形作为向社会挑战的武器，当它把艺术的特殊“距离”彻底消解，把艺术的规则完全抛弃之后，审美变形和社会的联系也就彻底断裂了，后现代主义文化用美貌、肉体、性放纵和体育狂热来填平这个深渊，用廉价的恋旧情怀来重建人们之间不复存在的支持和信任，当人们在对美的崇拜中奉献出自己的全部希望时，它已经把自身的现实性押在赌注上了。除非主体退出关于美和艺术的游戏和仪式，他就不可能重新获得进入现实生活关系的权利。阿多诺曾经指出，在现代社会，艺术只有成为一种反艺术才是真正的艺术，实现它的批判性功能。[25]阿多诺认为，在美已经成为商品的社会，艺术必须解构这种美。这也是阿尔都塞指出的艺术在意识形态中“后退一步”以及福柯所分析的“颠覆性话语”的内在含义。

在后现代主义文化条件下，由于美已成为空洞的东西，审美幻象也就成为一种可以被操纵的压迫力量,这一点在现代影视文化、时装、广告等消费性艺术的“流行性”中得到明显的表现。按照文化发展的一般规律,在有压迫性力量的地方必然出现颠覆和破坏的对抗性力量:

哪里有权力,那里就有阻力。……权力关系的存在依赖于多方的阻力;在权力关系中,在它们充当对手,攻击的目标、支撑物或把柄的角色,这些阻力在权力网络中到处存在。因此,不存在一种大抵制的基地、反叛的始动力、造反的根源或革命者的纯粹法则。相反,却存在着许多阻力,它们各有特点:有些阻力是可能的、必须的,却未必是可信的;另一些则是自发的、野蛮的、孤立的、联合的、猖狂的、暴力的;还有一些是极易于妥协的、热心的或献身的;从定义上说,它们只能存在于权力关系的战略领域。[26]

福柯的观点和原则在政治和经济领域是否正确我们这里暂且存而不论,从艺术和文化的角度看,福柯的论述有某种合理性。从对后现代主义文化的阻力和反抗这方面看,第三世界国家在审美变形方面的混合、倒置和交叉状态,成为对后现代主义文化的强有力的挑战。正是在这个意义上,詹姆逊等西方马克思主义美学家才把超越后现代主义文化的希望寄托在第三世界国家中。詹姆逊指出,在中国等第三世界国家中,审美幻象是寓言式的,审美变形能够穿透意识形态的屏障与现实生活发生多方面的联系。[27]从理论上说,正是这种联系,使审美幻象上升到一个充满力度的高度,并且获得自我否定的能力。

在戈达尔的《芳名卡门》中,影像的叙述方式起源于虚构(拍电影),结束于与现实生活发生联系的边缘性状态中。周晓文的《疯狂的代价》也采用这样的叙述结构,然而它却借助于一个反爱情的故事框架,我认为,这里表现出来的差异是令人深思的。在《疯狂的代价》中,青青具有明显的性冷淡倾向,她与妹妹之间的亲昵关系是一种直接同一的幻觉性状态,正是这种状态把她们姐妹俩与现实世界分离开来。青青的身体具有非常迷人的女性美,但却不属于日常生活,随着影片的展开我们终于看到,正是这种以复仇女神的形式表现出来的悲剧性把我们带入现实关系中。如果说西方的后现代主义文化是一种欲望的放纵和充分表现的话,那么,令人惊异的是,在后现代主义文化影响下的中国文学和电影却常常表现为性冷淡的主题。从理论上说,造成性冷淡的原因往往是身体之外的文化阴影,它是欲望在现实世界受挫后的反面表达。中国文学具有一种非常悠远的淡泊传统,在以田园山水为主题的神韵诗中曾经得到反复的表现和传达。这种冷淡和现实关系的深层联系在我们的文学史研究中还没有引起充分的注意,这是令人遗憾和不安的。在中国现代文学中,性冷淡的主题更是反复出现,并且具有日趋增强的倾向,在我看来,这决不会是一种历史的偶然。本来,中华民族是具有生殖崇拜传统的,辽宁发现的上古文化遗址的大型裸像群、《诗经》中的情歌,以及至今仍然在民间文学中活跃着的性亵渎的传统,都是中华民族文化不可分割的一部分。然而,我们看到,在现代文学中性冷淡却成为一个重要的母题,从鲁迅《野草》中的《过客》《赠爱人》,到《围城》中的方鸿渐、老舍笔下的祥子、《边城》中的翠翠;从《绿化树》中的章炳麟到电影《疯狂的代价》中的青青,这些作品使我们看到,在作品主人公之外,有一种力量强大到足以使他/她放弃欲望和爱情,走上逃避现实或者报复现实的道路。作为性冷淡的反面表达,在中国现代文学和艺术中,大多数热烈的爱情都给主人公带来覆灭的命运,从鲁迅的《伤逝》和阿Q的欲望追求、巴金的《家》,到《被爱情遗忘的角落》和《红高粱》都表现出这样一个共同的主题。在欲望和日常生活现实的重负之间,人们难以找到一种平衡或者暂时的弥合。在这里,人们除了接受现实并付诸行动之外,没有其他更好的选择。艺术使人们明白,爱情只是生活的一种奢侈品。

如果说沈从文笔下的翠翠由于她的天真和纯洁不自觉地给男性的世界(与商业和权力有关)带来打击的话,那么,在《疯狂的代价》中青青的报复和反抗却是积极主动的,甚至带上了一定程度的侵略性。《疯狂的代价》的开头和结尾是同一组展现女性身体美的镜头,伴之以温柔、忧郁的音乐。正是在这两组似乎同一的镜头之间,发生着影片所展示给我们的一系列事件,这样,在意义方面,这两组镜头就存在着明显的差异,它告诉我们,对现实的直观和直觉也是不可信的,《疯狂的代价》通过唤起我们的意识和想象力而进入了我们生活中的现实。如果说浴室的裸体镜头第一次出现时暗暗地迎合了我们的窥视癖的话,那么,在这组镜头第二次出现时,那美丽的肉体尽管仍然朦胧,我们却不再要求它清晰起来,并产生出非常强烈的"现实感"。

在《疯狂的代价》中，青青和妹妹处于一种自我反射的幻觉性关系中，她们的相依为命和相互认同使她们处于一种与外在现实相割裂的封闭性关系中，妹妹被强奸是青青从逃避现实到报复现实的转折。

在某种意义上，被强奸的不仅是青青的妹妹，而且是她自己的幻象和美好寄托的投影，她不能允许命运对她的不公正的打击和摧残。令人吃惊的是，影片告诉我们，幻象一旦破损就不再能够修复，美一旦变成废墟，生活也就被赋予另外一种含义。青青为了修复自己的幻象而付出了全部生活的代价，在这一点上，她的确令人肃然起敬。相比之下，《红高粱》中的"我奶奶"，用自己的双手建构起两个相互分裂的幻象(我爷爷和罗大叔)，尽管热烈而崇高，却把我们的视线引向一个自我封闭的世界。[28]

在我们看来，青青和妹妹的直接关系的破裂和毁灭，在某种程度上象征着中国古典和谐的审美交流方式的自我封闭性必然被打碎，向崇高化和动荡不安、瞬息万变的现实生活空间降落。《疯狂的代价》以浸润着女性温柔美的一组镜头开始，伴随着轻柔、犹豫的音乐声。随着音乐由和谐转向恐怖，画面上切入了侵略者用望远镜窥视的特写镜头，显然他属于另外一个世界，青青和妹妹的世界的虚幻性就在于她们把这一个世界完全忽略了。随着充满着动荡和杀机的音乐声的停止，摄影机切入了日常生活领域。画面上是两条瘦细的小腿，我们听到画面外的青青正在与妹妹讲话。这样的效果同对着空无一物的地方讲话相反，这个场景清晰地展示了姐妹俩的投射性关系，以及我们对这种关系的认同。事实上，这个场景表现出一种亲密，而无需本人在场。这种效果增强了我们对人物的亲密感，因为她们之间无形的而又弥漫各处的存在，使我们在这一情景中同她们之间有着相当于她们之间的那种关系。随着摄影机的后拉，我们看见那两条瘦细的小腿是妹妹在拿大顶倒立着的手臂。这个隐喻清楚地告诉我们，青青和妹妹生活在一个颠倒了的世界中。

从表面上看，青青的性冷淡是因为没有一个热情完美足以唤起她欲望的对象，没有一种更为强大的力量打破青青与妹妹的自我投射关系，使青青的心灵向另一个世界敞开。但是，影片通过许多细节告诉我们，正是现实生活的冷酷促使青青把自己幽闭在一个和谐的世界中。青青的父母很早就弃她们姐妹俩而追求各自的世界，这样，青青不仅对妹妹负起了父亲和母亲的双重责任，而且姐妹俩的心灵也遭受到致命的打击。在青青的心灵中，象征界的秩序陷于一种崩溃状态，这种临界点的状态后来在外在力量的打击下终于化为一种真正的虚无。青青工作的妇产科也是一个强迫青青进一步幽闭自己的外部原因。在接生室里，初生的婴儿还没有建立起与外在世界的现实性关系，他们没有自己的姓名和自我意识，不知道世界已被以某种秩序安排好了，更不会对这种秩序进行反抗。我们看到，这些婴儿从一出生就被抛入了冰冷无情的社会关系中，人们对男女婴儿出生的反应是怎样的截然相反，甚至出现在接生室外殴打医生的暴力场面，在这里流露出来的男性文化对妇女的压迫，只能说明它的非人性的一面及其不合理性。妹妹被坏人强奸，以及随此而来的社会、学校的一系列反应，特别是警察（代表着社会秩序）的冷漠，终于把青青推向了疯狂，成为向压迫她的世界进行报复的复仇女神。在古希腊神话中，复仇女神一旦出现，她们就具有宙斯也不能阻止的权力和力量，她们代表着一种非常古老、已经基本上看不见但仍然强劲有力的声音。影片的结尾是震撼人心的。妹妹已经看见了强奸者，在那目光相遇的一瞬，暴露出许多被现实所遮盖着的东西。妹妹已经被社会改造了，对于侵略者和破坏性力量不再作出反抗性的反应。青青的追击有如飞蛾扑火一般，并且很快成为坏人手中的人质。这里有一个镜头把青青拍得异常地温柔和美丽，在坏人手中她似乎丧失了报复行为的侵略性，成为一个令我们极度怜悯和同情的美丽姑娘。然而，就是这个美丽温柔的姑娘做出了令所有人震惊的举动：她抓住机会把坏蛋踢下了高高的塔楼。只有一个人对这一切无动于衷，妹妹看着这一切，看着姐姐为她而被捕，只是静静地吃着自己的泡泡糖。那个泡泡的破灭解除了青青和妹妹之间的自我投射的封闭性关系。青青不再有妹妹，妹妹也不再需要姐姐，她们都进入了没有人能保护她们的现实关系之中。

青青的命运在某种意义上是中国现代社会的缩影，在理论上可以表述为后现代主义文化影响下的中国社会的前途和命运问题。在后现代主义文化中，由于审美变形处于一种无焦点的散射状态之中，审美幻象和现实的联系也就被割断了。但是，后现代主义文化毕竟创造了以大众性和颠覆性为基础、以影像为中心媒介的审美交流模式。

由于当代中国艺术并没有割断与古典艺术、近代艺术的联系，因此，用这种文化模式来表现当代中国的现实生活，可以获得西方后现代主义文化所没有的历史深度感。以青青这个艺术形象为例，在她身上就叠合着古典的和谐（与妹妹的初始关系）、近代的极端分裂和对立（对强奸者的疯狂报复），以及把中国传统的弱女子形象与复仇女神形象演化为一体的悖论性形象。细细地剖析这一形象的各个层面，以及它们重合在一起的特殊效果，我们就会感到某种特殊的使命和责任。只要在艺术形象中出现古典的、近代的和后现代的诸种幻象的特殊叠合，就一定会在叠合中产生大量的裂痕和差异，从理论上说，我们也就可以从中找到进入现实生活关系而又不迷路的线索。正是由于这一点，我们重新听到了卡桑德拉那充满智慧的声音，虽然这个声音是那样微弱，并且时时为各种时髦的声音所掩盖，但只要我们更为淡泊一些，卡桑德拉的声音也就清晰可辨了。

注释：

[1] 阿多诺的看法见《阿多诺致本雅明》，引自《阿多诺——本雅明面面观》，见《新左派评论》1973 年第 81 号第 79 页。

[2] 本雅明：《机械复制时代的艺术》，转引自岩崎昶《现代电影艺术》，中国电影出版社 1988 年版。

[3] 巴特：《第三涵义——关于爱森斯坦影片中几幅剧照的研究笔记》，译文见《当代电影》1989 年第 2 期。

[4] 巴赞：《电影是什么》，中国电影出版社 1987 年版，第 11 页。

[5] 让·米特里的分析见《符号学的死胡同》，《世界艺术与美学》第 8 辑。

[6] 让·米特里：《影像与心理学问题》，转引自冈田晋：《现代电影与影像问题》，《世界电影》1983 年第 3 期。

[7] 让·米特里：《符号学的死胡同》，《世界艺术与美学》第 8 辑。

[8] 见阿尔特曼：《精神分析与电影：想象的表述》，《当代电影》1989 年第 3 期。

[9] 路易·阿尔都塞：《论马克思》，转引自彼得·吉达尔：《结构—唯物主义电影的理论和定义》，见《结构主义和符号学》，生活·读书·新知三联书店 1987 年版，第 260—262 页。

[10] 见《当代电影》1989 年第 5 期。

[11] 凯瑟琳·克莱芒：《江湖术与歇斯底里患者》，转引自查尔斯·阿尔特曼：《精神分析与电影，想象的表述》，见《当代电影》1989 年第 1 期。

[12] 关于《去年在马里安巴德》编剧导演的不同看法，参见岩崎昶《现代电影艺术》，中国电影出版社 1988

年版,第 26—30 页。

[13] 列维-斯特劳斯说他有三个情人:地质学、马克思和音乐。

[14] 阿尔特曼:《精神分析与电影:想象表达》,载《当代电影》1989 年第 1 期。

[15] 爱德华・布兰尼根:《电影中的音响和认识论》,见《美学与艺术批评》(英文版)1989 年秋季号,第 319 页。

[16] 剧本的译文见《当代电影》1989 年第 3 期。

[17] 该片的基本情节之一是一个借拍摄电影抢劫银行和从事暴力活动的故事。

[18] 卡维尔:《看见的世界——关于电影的本体论思考》,中国电影出版社 1990 年版,第 103 页。

[19] 卡维尔:《看见的世界——关于电影的本体论思考》,中国电影出版社 1990 年版,第 129 页。

[20][21] 德勒兹:《时间画面》第五章,转引自布・阿尔卡拉《借电影谈哲学》,见《世界电影》1990 年第 3 期。

[22] 德勒兹:《时间画面》,午夜出版社 1985 年版,第 265 页。

[23] 卡维尔:《看见的世界》,中国电影出版社 1990 年版,第 179—180 页。

[24] 见《当代文学》(英文版)1981 年 4 月号。

[25] 阿多诺:《美学理论》,Roultdge Kegan Paul 出版公司 1984 年版,第 42、43 页。

[26] 米歇尔・福柯:《性史》,上海科学技术出版社 1989 年版,第 93—94 页。

[27] 詹姆逊:《处于跨国资本主义时代中的第三世界文学》,见《当代电影》1989 年第 6 期。

[28] 关于电影《红高粱》的分析参见王一川所撰的文章,《当代电影》1990 年第 2 期。

两种古典审美变形机制的比较研究

关于审美“图像”的二重性，古希腊哲人在理论上早就作出了概括和说明。柏拉图在《会饮篇》中指出，有两个维纳斯，一个是“天上的”，另一个是“世俗的”。柏拉图赋予纯精神性的维纳斯以绝对的至上性和真理性。在这里，人类的欲望和欲望的对象之间的关系转变为分裂和对立，在人类的欲望和欲望的对象之间存在着一个不可弥合的逗弄人的距离。事实上，艺术正是人类意识到自身的需要和欲求却又无力满足这种需要的历史性悲剧的文化表现。

当马克思把普罗米修斯看作是哲学历书上最高的圣者和殉道者时，他迫切希望在意识形态内部找到一种再生的力量。马克思看到，在充满分裂和对抗性冲突的社会中，盗火者给现实秩序带来的危机恰恰是超越现实内在危机的一种希望。普罗米修斯的受缚、安提戈涅的不幸和卡桑德拉的受辱，已经把人类进入黑暗的世纪、抗争的必要性以及它的代价都明明白白地告诉了我们。在文化中，在充满对抗和冲突的意识形态领域，人类只能通过把自己的对象加以变形，来找到解决现实生活矛盾和冲突的一种方式和途径，这样，审美变形问题从一开始就以某种悖论性形式存在着。

如果我们从意识形态理论的角度来研究古典艺术问题，研究社会仪式在文化发展过程中逐渐解体并主体化的过程，在艺术作品中揭示出艺术话语的社会性和实践性，那么，关于审美关系的研究也就成为分析社会关系的一个角度和进入现实关系的一个缺口。由此,自古以来艺术所传达的神秘话语也就可以解译和理解了。在我看来,现代人类学和心理学是展开这一研究的具体工具。人类的文化创造,从它的肯定方面看,基本的功能是确保生产关系的再生产,由于社会生产力获得一定发展但又发展不充分这一特殊的历史困境,文化必然把个体和现实的关系加以变形,通过把现实关系转变成文化性的隐喻来实现自身的合理化。从理论上说,这种合理化从一开始就必然受到某种亵渎和反抗,因为人类的交流,人类把自身内在世界对象化的媒介体,始终是具体、丰富、生动,充满着偶然性和流动性的。文学艺术对文化肯定性的离心力和偏离作用,就寓居于人类文化活动这种投射机制的内部。

相对于造型艺术中看和反看这两种视觉效果的对立和冲突而言,语言艺术话语的冲突和对立表现为隐喻和换喻的特殊关系。造型艺术起源于洞穴岩画和巨石结构,语言艺术则起源于口传文学。在远古神话时代,这两种艺术表达方式之间存在着某种内在的一致性,通过确定视点而获得一种文化上的超自然力量。由于历史的进步以及"自然共同体"和共同仪式的不断衰败,这种一致性在后来的文化发展中逐渐断裂,并且在工业化社会转化为某种对立。《拉奥孔》一书最早在理论上论证了这种对立,它在资产阶级启蒙时期出现决不是偶然的。事实上,作为对文化肯定性的质疑和偏离,作为对人类内在世界的严肃探索,诗的存在空间是非常狭小的,这种局限迫使审美变形和审美表达能力不断地丰富和发展,终于奇迹般地创造出一种似乎独立于现实之外的"内在空间"。

自柏拉图和亚里士多德以来,古希腊人就把诗歌看作一种神谕,可以传达历史事实和经验材料所不能传达的更为真实深刻的东西。自文艺复兴以来,浪漫主义美学把诗的本质与精神的内在自由联系起来,这种研究在语言表达方面深化了对诗歌特殊性的认识。但是,从诗歌是人们社会关系的一种特殊的物化形式这一点看,浪漫主义美学是一种头足倒置的美学。在谈到商品交换关系早期情况的时候,马克思曾经说过,"他们没有意识到这一点,但是他们这样做了。"把这句话移入审美关系的研究中,我认为仍然是正确的。在人类文明的早期,人们普遍抱着这样一种信念:以诗歌作为媒介,人们可以从日常生活状况中摆脱出来,达到某种深深的交流和沟通。在古典文化氛围里，人们全然不了解这种交流的实质，心甘情愿地跪拜在戴着面具的世俗特权面前。在古代希腊城邦，人们把诗人看作神之子，给他戴上花环，抹上香油，为他塑像。一般个体通过让渡自己的内在世界来进入他人的世界，获得投入一般文化流通过程的权力。

在研究古希腊艺术的独特魅力时，里普斯发现，古希腊神庙建筑石柱的风格能够唤起一种特殊的心理交流，他把这种交流称之为移情。虽然布莱希特、本雅明和阿尔都塞都曾严厉地批评过移情的文化惰性，然而，从历史发展的角度来分析问题，我们认为移情的确是古典艺术最为基本的特征。在《原始思维》一书中，列维-布留尔把移情称之为“表象互渗”，他指出，这是原始思维的一个基本规律；詹·乔·弗雷泽则把广义的移情看作巫术文化的主要特征，列维-斯特劳斯在《野性的思维》中广泛研究了非形式逻辑的逻辑，他指出，野性思维是一种具体性的思维，它能够自动修补原始人内在和外在两个方面所受的心理损伤。列维-斯特劳斯列举大量的人类学材料证明，在文化创造的初始阶段，原始人的移情对象并没有普遍的共同性，不同的民族、不同的部落都有自己的图腾以及标志物。正是由于这种差异，文化传播和交换活动才成为必要的和可能的。事实上，移情作为审美交流的一种古典模式，也经历了从具体到抽象的发展过程，从结构上说，它与商品交换的三种形态具有某种内在的一致性。在政治经济学的研究中马克思指出，第三等价物的出现是交换关系颠倒的结果。货币的形成把这种颠倒固定化，使流通普遍化了，大大地扩展了交换的范围，并且在这种扩大中获得了贮藏、超国界支付的能力。我认为，在审美交流关系的历史演变过程中，事实上也存在一个大体相似的过程，其中具有重要意义的价值颠倒发生在形式(隐喻)的生成以及它的独立化过程中。

旧石器时代的巨石结构，上古时代玛雅文化的神庙祭坛，埃及的金字塔等，原始人创造的这些巨大的、与祭祀仪式联系在一起的“图像”，总是建立在精确的天文学计算的基础上，这个人造“小宇宙”的巨大力量事实上来源于它与大宇宙之间的文化联系。从石器时代创造“图像”的内在机制方面看，唯有借助于茫茫的宇宙，才能摆脱日常生活氛围，赋予“图像”以至高无上的权力，为个体之间的交流提供一个共同的媒介。相比之下，抒情诗歌作为审美变形的一种媒介，没有宇宙空间的广垠作为获得神力的基础。事实上，时间的稍纵即逝和历史的一去不复返为诗歌隐喻在净化和疏离日常生活语境方面提供了另外一个单独个体所无法超越的文化基础。古代的文化告诉人们，只有在人生的尽头，在个体生命的死亡中，才有可能从有限中跃入永恒。

莱辛在他的名著《拉奥孔》中已经指出了诗歌艺术与时间的内在联系，并据此说明了诗歌与古典艺术的区别。从现代人文科学的角度看，莱辛的这种观点存在着明显的欧洲中心论的色彩。这种理论忽视了一个重要的文化事实：在东方的古典艺术存在中，诗歌是基本的艺术传达媒介。因此，在比较美学的意义上重新思考抒情诗和古典造型艺术的关系就具有了重要的理论意义。

诗歌的审美变形材料是语言。语言与社会的关系是现代美学理论中一个非常复杂的理论问题，它的复杂性在于语境的具体性、流动性和语言符号的凝固性和抽象性的矛盾。在我＝你式的对话性关系中，具体语境的丰富性和超语言表达确保了交流的顺利实现。随着人类社会生活领域的逐渐开拓和复杂化，客观上必然产生出扩大交流范围的要求，我＝你的交流模式转化为我＝X（甲、乙、丙、丁……）。在交流关系的 X 一侧，随着人类表达能力的丰富而发展起来，并且创造出包容性很强的文化符号（“等价形式的崇高的无限”马克思语）。现代语言哲学的研究成果表明，这是一个排斥具体语境和时间性的过程，当语言成为一般性的交流符号时，它就脱离了日常生活语境而转化为一种隐喻，诗歌正是在这种转变中获得了自己存在的空间。从马克思主义的角度来看这个问题，现代美学理论的重心并不在于分析日常生活语境被隔离、净化、过滤之后，是什么东西使我＝X 的审美交流关系仍然正常运行，由此可以发现隐蔽在我＝X 交流模式中的意识形态话语。这是一种内在的话语，它存在于风俗、习惯、制度、不成文的规则等实践性力量之中，这种力量可以把作为一种交流媒介的语言转化为一种文化性符号，交流关系的模式也就由我＝X 转变成 X＝我。在这种价值关系颠倒的过程中，X 转变成唯一的符号，“我”却由无数具体的个体来充任。通过这种颠倒，语言有可能在日常生活环境中构筑起一个祭坛，一个自律性的世界。

就像商品交换过程一样，货物流通了，消失了，货币却得以保存下来，但它决不再仅仅作为“物”而存在。语言交流也是如此，无数次交流过程逐渐掏空了它的能指和内涵，转变成某种空洞的“符号”，但是，在这个“符号”中却叠合(凝聚、置换)着语言交流的声音、姿势、场景等等，总之，叠合着那些消失了的东西。事实上，语言转化为隐喻获得神奇的魔力，正是这种关系的产物，价值转换使交换的信物和凭证获得超越时空的一般性力量。在商品交换中，这种转换是由于商品中蕴涵的价值；在视觉性形象的交流方面是由于可视形象中所蕴含的不可视形象；在语言交流的领域，则依赖与语言形式密不可分的语境。在原始文化的初始阶段，交换关系和交换的符号在某种程度上相互重合、彼此交融。交换关系和交流关系的扩大与日常生活空间不断地扩大和拓展相一致，其结果是个体逐渐从“自然共同体”的直接同一状态中分离出来，这样，交换和交流的需要也就随之扩大了。这种扩大在商品交换方面产生了铸币的需要，货币是价值的符号而不是使用价值的符号。在审美交流方面，艺术作品也就是那个神秘虚空(文化场、具体情境)的符号。这种转化在视觉性形象方面是由缩小场景来实现的，在语言艺术方面，则通过把场景内化为隐喻来完成。

维柯在《新科学》中表述了一个对马克思产生了巨大影响的思想：人类只能理解他们自己所创造的对象。在马克思那里，这个思想发展成关于人类与他们创造的文化之间复杂关系的系统研究。马克思格外注意这种对象化关系不可避免的悲剧性命运。在现实关系中，人格与人本身的存在变成一种颠倒性的关系，这就是马克思通过商品拜物教的分析所告诉我们的文化的异化现象。在原始共同体崩溃瓦解之后，人类再也不会齐心协力去建造气势磅礴的巨石结构了，“孤立化的个人”(马克思语)只能从内在世界的完整性方面才能抓住人类在石器时代创造巨石结构所获得的那种交流、同一和永恒感，以及与茫茫大宇宙对话的力量，唯有这最后的一丝纽带使个体在异化了的世界中仍然有可能确证自己进入人类的整体性存在。在这个意义上说，人类对艺术的渴望和他们对货币的渴望存在着某种相似性，只是审美体验具有更大的丰满性和超越日常生活现实的更大的能力。在文化方面意识形态是保证审美交流得以顺利实现的现实语境，一种涵盖文化各个领域的综合性力量。我们认为，正是这种力量的存在支撑着语言隐喻在审美交流的层次上流通。

从意识形态和社会现实的辩证关系的角度来研究审美变形问题，我认为，仅仅看到意识形态在审美关系中的基础性作用，或者只强调审美变形对主流意识形态的颠覆和破坏都是片面的和不科学的。如果我们仅仅从社会和意识形态的一般关系来研究艺术，很容易作出意识形态和艺术在本质上截然对立的二元论观点。我认为，从理论上研究审美变形应该注意审美关系发展过程中两个关键性的颠倒：一个是从我＝X 到 X＝我的意识形态颠倒，另一个是从 X＝我转化成我＝X 的审美变形颠倒。第一种颠倒关系使艺术成为一种抽象的文化符号，第二种颠倒使审美交流重新恢复语境的丰富性，进入我＝你的对话性交流状态。研究第一种颠倒关系有助于解决基础性的理论问题，研究第二种颠倒关系则是思考审美变形特殊性的重要课题。浪漫主义美学的根本错误就在于把后一个问题片面夸大，从而把问题的意识形态方面掩盖起来。

在西方近代哲学传统中，一些深刻的哲学家已经认真思考了意识形态畸变和审美变形关系的一些问题，例如，黑格尔从个体与对象的反思性关系方面思考了艺术与意识形态的关系，费尔巴哈已经意识到对象是个体人格的分裂化表达，里普斯则分析了审美投射的特殊机理——移情问题。然而，由于没有对艺术与意识形态的问题作辩证的理解，这些探讨大多是一些没有果实的花朵。在意识形态理论问题上，简单的对象化理论认为，意识形态的想象性畸变是人们现实生活异化状况的直接反映，正如阿尔都塞在研究中所指出的，这种理论把复杂的意识形式问题简单化了。阿尔都塞认为，意识形态的反映对象不是物理性的现实世界，而是人们的社会关系，社会关系把个体与现实的关系加以扭曲，[1]马克思所说的社会存在和社会意识的一致性是指意识形态必然反映社会关系的要求。由于社会关系是一个充满矛盾和对立的领域，因此，意识形态也充满着对立和冲突。从理论上说，意识形态以人们的社会关系为对象，具有某种相对的独立性，在意识形态内部就充满着各种变形的可能性。艺术的特殊性正存在于这种可能性之中。

如果我们从意识形态理论的角度来研究审美关系的起源，那么，对于以下理论事实就不会感到吃惊了：在文化起源的初始阶段，意识形态和审美变形在内容和形式方面都是一致的，也正是在这个意义上马克思写道：

希腊艺术的前提是希腊神话，也就是已经通过人民的幻想用一种不自觉的艺术方式加工过的自然和社会形式本身。[2]

在远古神话时代，神话是一种具有实践基础的意识形态，艺术的审美变形从神话的想象和幻想为基础。然而，即便是在神话时代，意识形态和艺术的差异已经呈现出来，最初的征兆表现为形象和图像的二重性特征。在讨论原始文化的这种特殊性的时候，列维-斯特劳斯作了一个很贴切的比方：

人们从镜中看到自己的形象似乎离得很近，用手指便能触及。然而，没有比这另一个自我离自己更远了，因为一个模仿得惟妙惟肖的形体完全是从相反方向反映最微小细节的；而且，两个完全相似的形象各自保持着命运给予它们的最初的方向。[3]

人类学的研究成果表明，人类与文化对象的关系从一开始就是一种颠倒性的关系，意识形态是实现这种颠倒的必要媒介（列维-斯特劳斯称之为"文化支撑物"），这种颠倒造成了个体与对象之间的特殊距离，也为人们之间的交流和沟通提供了可能。

随着历史的发展，个体在现实生活中进一步孤立化，图像的二重性逐渐转化为对立和冲突，审美变形问题变得复杂起来。从社会发展的角度看，原始仪式的解体把意识形态内部的冲突和对立关系进一步内在化了。洞穴岩画和巨石结构是原始人群的共同对象，当这个对象转化为架上绘画、小型雕塑和抒情诗歌的时候，个体在日常生活中已经被进一步分割而变得彼此难以交流和沟通了。心理学和人类学的研究成果表明，主体的确立是以主—客体的二元分割和对立为基础的，事实上这种对立正是视觉性隐喻的基本特征。在文学领域，抒情诗把自我进一步内在化，把文学对象进一步从语境中分割出来，主体与现实的对立也就变成了一个难以超越的文化事实。从理论上说，主—客体二元关系的确立把个体之间的交流推移到"他者"的层面上流通，深层心理的内在欲望只能以文化对象物的方式获得表达。由于个体与社会、主体与对象的深刻分离，在主体方面，回归群体、回归欲望渊源的要求也就逐渐强烈了。在文学上，这种转变是以抒情诗的出现为征兆的。在古希腊，随着奴隶社会的出现和发展，抒情诗歌也逐渐发展起来。

萨福在一首两行的短诗中，一连用了四个“带回了”，这种通过审美幻象把个体欲求折向内心的意象，在石器时代和母系神话时代都是不可能的，它用柔肠寸断的诗情，构成一个疏而不漏的无形屏障，割断了个体与现实的关系：

晚星带回了

　　曙光散布出去的一切，

带回了绵羊，带回了山羊，

　　带回了牧童到母亲的身边。[4]

萨福的这首诗在视觉形象和听觉形象两个方面都非常美，“带回了”一词的重复叠用，晚星和曙光、母亲和牧童的对称性关系，为主客体的划分，人与环境的对立性关系提供了一种隐喻化的表述。在抒情诗的纯粹和寂静中，生活和现实关系都获得了一种神圣的秩序。黎明时分，羊群和牧童一批批散布到山坡草地上去，到暮色苍茫的时候他们和羊群从四面八方纷纷回到家中。从哲学理论的角度看，家是主体的诞生地，也是分离、禁忌以及产生交换关系的根源，通过构筑一个家，人们把自己和纷繁的现实世界分割开了。现代精神分析则在家和社会的对立性关系中揭示出文化现象的心理学含义。孩子与母亲分离，以及分离后孩子不断返回妈妈身边的特殊关系，在精神分析研究中具有十分重要的意义。弗洛伊德认为，这种关系在孩子长大后内化为心理关系，这种关系一旦受到破坏就会给主体带来某种危机和压抑。如果我们把精神分析的这个观点扩展到历史分析的研究中去，我们看到，母亲与孩子的关系和权力中心与社会个体的关系具有某种对称性，从理论上说，后一种关系所创造的文化场是由意识形态所创造和维持的。

一个在母亲身边玩耍的孩子，不断地来来去去，跑到远处又跑回来，给妈妈带回一块石子、一张树叶、一段绒线等等，他在这个宁静稳定的中心四周构筑起自己游戏的世界。在这个游戏的世界中，石子、树叶和绒线等都变成隐喻，离开了这个游戏世界的具体氛围，它们就失去了那种热诚和奉献的力量和意义。从文化学的角度看，个体、抒情诗、文化凝聚核心三者的关系与孩子、小石子、母亲三者的关系存在着某种一致性。从这个角度研究抒情诗问题，我们就有理由把研究的重心放在使抒情诗隐喻成为可以理解的具体语境方面。在文化方面，抒情诗是一种隐喻，而且正因为它是隐喻，所以人们一旦进入它的世界也就被同化，被塑造成为某种特定的主体。在古希腊，塞壬女妖的歌声是最初的抒情诗，过路的行人很少能抵御她的诱惑，在这个意义上，一些站在反文化立场上的哲学家把盲眼和耳聋看作一种幸福。然而，在历史发展的艰难历程中，也有一些勇敢的挑战者，他们由聆听塞壬的歌声和正视墨杜萨的目光而获得瞬间的征服和欢乐，在这个意义上说，深刻的美是悲剧性的。俄狄浦斯就是在战胜了斯芬克斯之后而成为盲人的，在这一点上，俄狄浦斯与普罗米修斯不同，他踏上了一条向内回归的道路，他想征服隐喻，最后却成了隐喻的代言人。布鲁姆写道："盲眼的俄狄浦斯代表着人性的完整统一，使人们懂得人生并不能作为一种美学现象而获得充分的理由——即使这个人的一生都献给了美的国度。"[5]阿多诺曾经指出，抒情诗是社会陷入深刻的分裂和对立的产物。他把抒情诗看作是对这种分裂和对立的一种情感性的拒绝。我认为，在抒情诗以隐喻的形式获得了自己的整体性的意义上，阿多诺是正确的。然而，阿多诺没有进一步分析抒情诗与日常生活中的意识形态实践的辩证关系，没有充分研究抒情诗与上古时代神秘祭坛的内在联系，因而把问题简单化了，作出了与马克思基本相反的结论：抒情诗是现代工业化社会的产物。阿多诺的观点与莱辛的观点在本质上是一致的，这种观点的最大缺陷首先表现为不能解释东方社会的古典文学，我认为，从意识形态理论的角度分析抒情诗现象，解剖这种神秘性的美所蕴含的情感性话语实践力量，也许可以深化对问题的理解，对马克思关于资本主义生产方式与诗歌相敌对的观点，以及近现代社会人们普遍向往遥远的过去和纯朴的乡情这种文化现象作出较为系统的理论说明。

在东方，中国晋代诗人陶渊明也是一个俄狄浦斯式的英雄，只是他更为不幸。由于没有王室的血统和特殊的权力，他不可能直接猜破斯芬克斯之谜。他自愿退隐了，不是在神遣和放逐替罪羊的社会压力下，而是慑于纷乱的政治倾轧和对政治权威的恐惧。在弃官归田之后，他写下大量浑身静穆的山水诗，表达了他对宁静和谐的自然环境的感激。事实上，陶渊明把自己投入象征性宁静与和谐的怀抱，再也不愿意转过身子面对现实了。《归鸟》《归田居五首》《归去来兮辞》《桃花源记》等等，这些诗的标题本身就传达了一种回归和向往从本源中吸取力量的强烈意向。然而,事实上,人们决不能从美的幻象、祖先的力量和自然山水的纯净中获得拯救,人类只能在社会历史中获救。陶渊明通过转过身去,把希望投射在自然山水上,用抒情诗的美构筑起一个内在的祭坛。从社会和文化的角度看,这个祭坛为精神的深入发展提供了巨大的空间,但是,另一方面,它也压抑和限制了个体通过与外在世界的竞争,在对抗和冲突中发展自己的可能性。

不容否定,陶渊明的诗中有一种令人窒息的美,它通过疏离现实的日常生活而找到了某种坚定有力的东西。通过转过身去,陶渊明割断了与现实中恩恩怨怨的一切联系。从这个意义上说,这是一个不愿意离开母亲害怕走失了的孩子,他不是怀着巨大的恐惧消极地退回去,而是自觉而忘情地投入那不可分辨的隐喻和虚空。在古代中国,以陶渊明为代表的抒情诗人用隐喻构筑起另外一个文化凝聚的核心,它是生活的一种支撑物。从意识形态理论的角度看,这个隐喻与现实生活中的政治权威可以产生某种文化上的对称性,这也是后代文人不断从陶诗中吸取力量的原因。自唐代以降,陶诗的地位不断上升,从文化的深层方面看,这种现象正是现实社会中政治权威神圣性逐渐衰落的一种结果。从文化史的角度看,中国古代文学中的抒情诗传统,一方面宣泄了在自然条件和沉重的政治生活中郁积起来的心理冲动,起着类似于古希腊悲剧的“净化”作用;另一方面,在更深一层心理意识方面讲,抒情诗通过美丽动人的隐喻和意象来满足审美需要,把痛苦的现实转化为一唱三叹的韵律,使饱尝生活艰辛的人们在情感上有一个依托、一个维系的中心。一个审美乌托邦,从而获得文化凝聚力。在上古时代,如果说祭祀仪式主要与政治和社会生活的重大事件相联系,那么在民间口口相传的民谣和诗歌则与人们的日常生活相联系,成为平民百姓文化凝聚的中心。正是因为抒情诗具有这种文化机制,因而在神话时代的祭祀仪式破碎之后,我们的古人并不感到格外的绝望和彻底的空虚,也不需要宗教来支撑文化的运行。也正因为如此,中国的抒情诗歌传统源远流长,成为古代中国文学发展的主流。

研究美学和文学艺术问题,实际上存在着两种基本的方法和原则:一种是从具体的文学艺术现象的分析研究中概括出共同性和一般性;另一种是从一般性的理论原则推演到具体的艺术活动和审美体验的经验性分析。我认为,科学的研究应该把这两个方面结合起来。在抒情诗和造型艺术的关系这个问题上,仅仅从经验材料或者仅仅从理论原则的角度理解问题都会得出错误的结论。我们这里尝试着用意识形态理论和比较分析的方法,从文化机制方面说明造型艺术和抒情诗歌的共同性和一致性,从审美变形的具体形式和内涵方面说明它们的区别和特殊性,以求在理论上作出一种较为系统的解释。

注释:

[1] 见阿尔都塞:《意识形态和意识形态的国家机器》,《当代电影》1987年第3—4期。

[2] 《马克思恩格斯全集》第46卷(上),人民出版社1979年版,第49页。

[3] 列维-斯特劳斯:《结构人类学》,文化艺术出版社1989年版,第258页。

[4] 《古希腊抒情诗选》,人民文学出版社1988年版,第114页,原诗为两行,中译作四行。

[5] 布鲁姆:《影响的焦虑》,三联书店1989年版,第112页。

余韵：一种优美化的崇高

在我们这个时代，艺术和审美问题已经不再是一种单纯的精神享受或感性娱乐，艺术话语也不仅仅是对西方后殖民主义的美学抵抗，事实上，艺术的意义还涉及审美启蒙以及“未来”价值尺度的重铸。聆听着21世纪的脚步声，人们似乎并没有创世纪的兴奋，更多的却是世纪末的沉重和痛苦；或者躲避崇高，或者退守心灵，寻求一种弥赛亚式的超验拯救，成为一部分知识分子最后的仪式。在文学失去了轰动效应之后，通俗文学、大众电影、流行音乐和体育文化都以僭越者的身份影响和支配着人们的感情和理性。这一次文化转型是以审美原则的某种崩溃为特点的，审美形式的“风筝”被社会进步的风暴吹得几乎断了线，成为与通货膨胀同样严峻的问题。因此，形象的意义以及审美交流的价值指向问题就不可避免地被推到理论思考的前台。

在当代中国的文化语境中，审美交流的性质已经不仅仅是审美启蒙的问题，而是关系到理解的条件以及新文化建设的可能性的问题。近十年来，中国美学界对海德格尔的极度热情，从一个角度说明了理解的危机和文化建设的两难困境。海德格尔提出了存在的本体意义问题，并且以“诗化存在”的方式作出解答。在海德格尔那里，由于把历史问题抽象为“存在问题”，用阐释的策略来解决交流的危机，在尖锐批判以技术理性为基础的哲学模式的同时，也把审美和艺术问题再度神秘化了。在海德格尔那里，对历史进步的深深恐惧，使他退缩到超验性存在的境界。海德格尔后期对老子哲学的热情、对“禅”的高度评价，在抛弃资产阶级上升时期启蒙观念的同时，也深深陷在“解释的循环”的泥沼之中，从而把审美交流的困境高悬在当代哲学思辨的天空上。

在美学理论中，对交流问题的关注事实上是对当代现实困境和文化困境的一种积极努力的思考。特里·伊格尔顿指出：“交流本身在尼采和马克思看来实际上都是意识的同义词，它仅仅是迫于压力才发展成物质生存斗争的组成部分，无论我们今后可能在多大程度上将它阐释为一种能动性，都无法否认这一点。”[1]事实上，仅仅从某种物质生存斗争利益的角度出发去思考和分析审美交流问题，很容易陷入某种理论“盲点”，把审美交流问题简单化和政治化，从而忽视其中的建设性内容。

从唯物主义的角度来看问题，关于审美交流问题的理论研究，最关键的还在于分析和研究审美交流媒介。在后现代主义文化条件下，审美对象的极度膨胀和任意幻化，使交流的媒介与审美交流活动的物质基础的关系变得非常模糊了，而这个问题又是真正彻底的现代美学理论所不能回避的。

一、作为交流媒介的崇高概念

在后现代主义美学的理论视野中，关于审美交流研究的最大难题，是关于无交流对象的交流问题，在理论上，这个问题与崇高范畴相联系。

在近代美学中，康德关于崇高的论述在18世纪启蒙主义思潮中虽然没有处于中心的地位，但是，康德关于崇高的思想却通过尼采、海德格尔以及法兰克福学派而深刻地影响着后现代主义的美学思维。在康德那里，崇高是一个本体性的概念，与“物自体”的概念相联系。关于崇高，康德强调了两点：(1)对象的无限性，也就是无形式的对象；(2)崇高与人的伦理以及人类存在的社会意义相联系，或者说，崇高就是在异化的社会条件下人类深层目的和需要的一种审美表征。在康德看来，崇高是需要激发和唤起的，它并不是一种简单的欲望要求。在这一点上，康德与埃德蒙·伯克(Edmund Burke)不同。伯克着重强调了崇高与力量的联系，处处把崇高与优美，或者说与女性化的圆润柔弱相对照，高扬了一种撒旦式的美。从意识形态理论的角度看，17、18世纪审美趣味从古典和谐向近代崇高的转折，是与社会制度的转型以及在价值关系中强调生产力的要求相一致的。康德则从人类学的角度提出问题和思考问题，他关于崇高的思考显然要较伯克的思想更为深刻。康德意识到，崇高是主体对现实无能为力又仍然向往终极目标的一种表现。由于缺乏足够的现实根据，康德关于崇高的理论思考明显缺乏彻底性和足够的说服力。在《判断力批判》中，康德写道：

……当诸感官在自己面前不再见到任何物时，那不可错认的和不可磨灭的道德观念却仍然留剩下来，这时却更加需要把那无限制的想象力的高扬加以抑制，不让它昂进到激情，这种需要更胜过由于害怕这些诸观念的无力便替它们在形象和幼稚的道具里找帮助。[2]

从学理上说，康德的崇高论包含着深刻的矛盾：个体与“无形式的形式”相互联系的基础和中介究竟是什么？按照康德的解释，无形式的形式仅仅存在于个体的心灵之中，那么它的传达性和交流的可能性就只能是一个神秘的信仰问题而不是一个现实的实践问题了。没有感性形式的存在、不能形象化的对象，只能是一个人类存在视野之外的存在。康德的整个美学理论以主体性的自由为基石，在崇高问题上，他没有办法贯彻到底，只得采取类似于柏拉图对待艺术的态度：在终极意义上肯定而在经验的意义上否定。

自乔治·卢卡奇之后，总体性的概念作为马克思主义哲学的基本范畴已经得到了确立。在我看来，这个范畴事实上是马克思关于“人类也是按照美的规律来生产的”这一命题的哲学化表达。在《1844年经济学哲学手稿》中，马克思特别强调了人类存在的感性丰富性与商品化原则造成的抽象化和片面性之间的对立。商品和货币作为人类存在的颠倒镜像和异化的形式，不仅在个体方面造成了灵魂的枯萎，而且在社会方面造成了种族的某种退化。这是一种把个体从社会的母体中剥离出来的媒介，通过竞争和交换行为巧妙地实现对人类身体的束缚和限制。在欲望的对象化和个体内在要求的表达方面，这种分离表现为形式与内容的分离以及形象与现实生活的断裂。这种分离和断裂最终导致了交流的障碍，其直接后果在个体方面造成了自恋性的人格，在社会方面则演化为不同社会集团的大规模对立和冲突。因此，在马克思主义理论视野中，审美问题始终与政治问题以及伦理问题相联系。作为一个对人类的未来抱着强烈责任感的人文科学家，马克思不仅坚信人与人之间最根本的交流基础始终未曾彻底解体，而且马克思特别强调，社会问题(包括审美问题)的真正解决只有通过发展生产力，通过历史的辩证发展来提高人类存在的质量和内在世界的丰富性才能实现。这种人类只有通过异化才能获得发展的思想和观念，的确包含着浓郁的悲剧性意味和崇高感。马克思曾经引用歌德的诗句说道："既然痛苦是快乐的源泉，那又何必因痛苦而悲伤！"这是一种现实主义的美学要求，它不仅要求正视历史进程中惨淡的人生和淋漓的鲜血，而且要求美学对历史的必然要求在形象方面的呈现给予理论的分析和说明。

康德的崇高，所谓"无形式的形式"，其内涵是主体的伦理观念和自由的意志，因此，这种崇高事实上是以个体与社会的对立为基础的，是主体内在要求的简单投射。与此相比较，马克思主义美学也强调对立以及对"无形式的形式"的把握，但是，在马克思的理论视野中，所谓"无形式的形式"不是主体内在自由的表征，而是现实生活关系的表征，这里的对立也不是简单的二元对立，而是受现实生活关系决定的多层次的对立。现实生活关系是人类文化神秘化的真正根源，从这个意义上来重新理解人与自然的关系，那么，人类的身体以及生产力就不再被看作是与精神、人性，以及社会终极目标相敌对的东西。马克思在《1844年经济学哲学手稿》中就把人类的身体看作是人的整体性和丰富性展开的基础；在《共产党宣言》中，马克思对资本主义生产方式创造的巨大生产力也给予了高度的评价。身体的二重性事实上都是社会关系投影的结果而不是其前提，正如在不同的生产关系中，生产力的性质和作用也分别指向相互对立的价值意义。交换价值始终是以一定的社会关系为基础的，社会关系决定着交换的原则以及价值指向。在资本主义社会，商品的使用价值与价值相分离，货币作为一种价值符号趋向于"等价形式崇高的无限"(马克思语)。在《资本论》中，马克思深刻地分析了货币的形式化过程，分析了商品拜物教的现实根源及其基础。马克思的深刻之处就在于，他不仅从人的自然性和统一性的角度，批判了这种异化状态的不合理性，而且在历史唯物主义的基础上分析了解决分裂和对立状态的可能性：现实关系的改造以及合理化。

理论的价值和意义就在于对现实的矛盾和危机作出思考,探索在现实的矛盾状态中达到合理性存在的条件和可能性。在《1844 年经济学哲学手稿》中,马克思提出了历史进步的两个维度:自然的人化以及社会的自然化。只有这两种尺度的进化达到"和谐"并且统一时,人类才摆脱悖论性生存状态的沼泽,达到幸福的生存。在私有制的条件下,解决问题的方式必然分裂为两种基本的方式:社会性的解决和个人性的解决,而所谓个人性的解决事实上也就是想象性的解决。在现实生活关系中,由于身体的二重性以及意识形态的二重性,所谓想象性解决又可以区分出两种性质截然不同的基本方式。

二、韵:现实关系的优美化

在当代哲学和美学视野中,个体的问题和主体的问题事实上处于理论思考的焦点和中心。这首先是因为,现实关系的改造是一个长期的过程,从马克思主义人类学的角度看,现实生产力的发展仍然不够充分,伦理状态也仍然处在人类历史发展的"低级阶段";其次,在后工业化社会和后现代文化条件下,商品化的原则上升为一般性的、占支配地位的意识形态,商品化的强大现实力量与意识形态的总体化机制相互共振、彼此叠合,有力地消解了理性的启蒙力量以及审美活动的"解放冲动";再次,在现代社会,不仅文化与生产方式之间存在着同构性的关系,而且,在个体的欲望表达机制与现实关系之间,也存在着某种强有力的联系,在大多数情况下,这种联系也是同构性的。当然,正如在社会结构中,生产力始终是最活跃、最革命、包含着丰富可能性的领域,在意识启蒙和新文化的建设中,新的、积极的可能性也始终存在。从理论上说,个体的经验性存在是整个社会的基础,也是包含着丰富可能性和无限创造力的领域。

在现代审美领域,个体的经验性存在事实上是一个非常复杂的问题,其复杂性远远超出近代美学的理论视野。在近代美学中,个体的经验性存在是与精神和伦理观念相对立的,在康德那里,所谓主体问题也就是想象问题,艺术作为想象的物化形态,成为与现实对立的另外一种价值和存在。这样一种理论强调了艺术与意识形态的根本性区别，但是由于忽视了意识的外在性和共同性，因此，关于审美交流的可能性问题，在近代美学的理论视野中是难以证明的。阿尔都塞正确地指出，个体与现实的联系必须经过意识形态这个中介，意识形态的基本机制是想象性畸变，或者说意识形态变形，通过这种变形把个体的自由想象与现实的必然性结合起来。意识形态的对象和内涵是现实生活关系，而它的表现形式和价值指向却又指向优美与和谐。在阶级社会中，意识形态的内容与形式之间的关系必然是分裂甚至对立的。现实生活关系充满着矛盾、对立和痛苦，而意识形态的价值指向却是整个人类和整个社会历史的终极目的：全人类的幸福生活。

对于当代中国的美学思维来说，正确区分两种和谐，或者说正确地分析两种审美意识形态的区别，是创造性理论思维的前提。审美原则作为现代审美文化的内核，在文化的转型和重构的过程中，事实上关系到文化的内在凝聚力及其价值指向。在多元化的文化格局中，一方面是知识爆炸和知识粉尘化，另一方面是古老的文化殿堂残破为废墟，我们从哪里寻找这种凝聚力并上升为一种信念呢？后现代也被称之为怀疑的时代，解构主义的刀锋所至之处，任何理论都失去了应有的光彩。在这种情况下，我们的身体在现实中的“行走”状态也许是真确性的最后依托和根基。问题在于怎样“行走”才能达到优美化？

“韵”是人的一种状态，直接与人的身体相联系，不仅与身体的运动相联系，还是精神活跃的一种表达。在中国文化中，用“韵”作为品评人物的标准早于用来评价文学艺术作品。在中国古典美学中，韵是一种和谐的声音，而和谐的声音必定发自运动着的身体。作为一种表达媒介，声像具有视像所没有的优势和特点。声像是流动性、缠绕性的，而且具有不可模仿、不可复制和不可摧毁的性质。作为传达的媒介，声像并不是人的存在本身，甚至也还不是对现实关系的想象性表达，它的渗透力决定于对现实生活关系的表征程度。韵是一种“远出”的声音，这种表达机制不同于日常生活中环绕自我的表达机制，它通过“远出”的声音以及全方位的回波来超越一维性的时间，通过声音的缠绕和回旋，把不可表达的历史原级性表达为优美的形式。

常规的文化符号以视觉性形象为基础，具有抽象性、普遍性，但却难以表征历史的原级性或者说现实生活关系。在僵硬的文化符号与生动的现实生活之间，存在着一个很大的分裂与鸿沟，这是需要想象来弥合的。表征出现实生活关系的文化符号或审美形式，就具有了“韵”的属性和特点。在这里，幻想性具有重要的意义，个体借助于幻想而达到一种想象中的外在性，从而克服主体的幽闭性状态。在视觉性形象的艺术作品中，这种幻想性主要是通过对摹仿对象的“创造性损伤”来实现的；在叙事性文学作品中，幻象性体现为叙事视点和时态从现在转向过去；在声像类型的艺术作品中，声音的“远出”和回旋为幻想化的表达提供了媒介和空间。在具体的历史和文化语境中，这种“远出”而回旋的声音在价值趋向上存在着两种可能，就像叙事文学中的“过去式”既可以转化为一种怀旧的感伤，也可以“提高想象中某一任务的意义”（马克思语）一样，韵的表达机制既可以用“一唱三叹”的程式，缠绕意识形态镜像的核心隐喻，对现实生活中的矛盾和苦难给予想象性的解决；也可以通过“远出”而打开意识形态镜像中那层层叠叠地积淀着的意义集合，在形象的相互撕裂中穿越幻象的森林，从而感受到来自身体的温暖以及幸福生活的呼唤。如果说回音壁那种回旋的声音往往强化主体自我中心的幻觉的话，那么，空谷里的长啸则把历史深渊中深藏着的东西通过声波的回旋而传达给我们。在建设有中国特色社会主义文化的事业中，我们的社会和我们的身体正横向穿过历史的河流，水流的回波不断告诉我们身体的状态以及生活的意义。这也可以看作是一种音乐，虽然它很难传到我们的耳朵里，因为在大多数情况下，我们的身体与耳朵已经被现实的文化屏障隔离开来了。

三、余韵：聆听世界

在当代中国文学艺术中，对不可言说的存在的感觉已经成为写作的前提，这似乎可以看作是《野草·题辞》中鲁迅那愤世嫉俗情绪的一种回声。例如池莉就在《写作的意义》一文中写道：

> ……谁都没有真正注意我这个新孩子，无论在哪儿，无论和谁在一起，我都被孤独的感觉缠绕着。我一说话回响的总是另一种声音。很快我就变得不爱说话，

即便说话也没有信心。我彻底失去了对说话这种表达方式的信任。剩下来的我与外界的唯一通道就是写作。……

我坚持着自己的撕裂。我像猎犬那样警惕地注视着生活。我反反复复做着一种事情：用汉字在稿子上重建仿真的想象空间。那个在枯燥单调的宿舍出生的小女孩有一支由新的孤独和新的喧哗、新的自卑和新的自豪交织而成的绵长的触角，我努力想用这触角去关照人和物，时间和空间，过去和未来，这么做非常艰难……[3]

写作是对现实生活关系的一种审美表达。写作也是一种实践，是身体在现实中行走和追求的一种特殊方式。海德格尔在他的后期曾长久地迷恋于农妇在乡间泥泞中行走的意象；在鲁迅的《野草》中，也有一个挣扎着要穿越坟场的“过客”形象。泥泞的大地和荒败的坟场，可以说是现实生活关系的一种象征。行走具有一种神奇的力量，它使我们身体的不同器官、我们的感觉和意志、我们的现在和未来重新凝聚在一起，彼此协调起来。在历史中行走，既是对历史的体认，也是对“现在”的超越。从个体方面说，个体想象和历史幻象之间的冲突也只有在实践性活动中才能真正协调起来。1993年韩少功发表《夜行者的话语》，1994年王干发表《优美的告别》、池莉发表《写作的意义》，一个不约而同的倾向就是走出了王国维式的“困守”，打起赤脚踏入历史的河流。在当代中国的现实条件下，历史的河流摧枯拉朽，充满活力。水流是湍急的，河卵石是冰凉的。如果把文学写作比喻为河流中的走动，那么它不仅使我们的身体发热，也使河底的卵石和河中的水流发出声音。摸着石头过河无疑是一种崇高，在这种状况中，未来是深不可测的。在文学写作中，人的身体借助幻象这种“艺术生产工具”或“触角”去接触、抚摸、缠绕、温暖现实乃至“未来”，使外在而冰凉的“他物”转化为为我们而存在的东西。在现实中，不同的个体承受着共同的世界，感受到一种共同的非经验性的东西，因而有可能达到一种深刻的交流。人们用温暖去抵抗外在的压力，用相互关心去穿透物的阻隔和幻象体系的偏执，恢复那似乎已经失落的状态：相互理解、信任以及情感上的支持。

在当代西方文化中，文学艺术的发展活力来自撕裂模仿与对象之间的一致关系，以此获得审美对象与现实之间的最大张力。从古希腊悲剧到后现代的反讽小说，在文学获得最充分的表达自由的时候，同时也陷入了深刻的叙事危机，或者说表征的危机。相对而言，当代中国文学艺术却并没有陷入本体性的表征危机。同样是面对着苦难和难以言说的困惑，中国当代文学艺术仍然呼吸着来自历史最深处的“底气”，并且得到某种表达。这种坚韧多少得益于“韵”这种表达机制。

同样是崇高，甚至同样是崇高所达到的沉静，事实上可以表现为两种不同的境界。汤因比在《历史研究》中写道：“辛劳与困苦中的乐观和沉静有两种形式。一种是防御性的沉静，正像守卫着要塞的部队所表现出来的那种沉静；另一种是忍受痛苦的沉静，正像一个没有设防的城市中的居民所能显示出的那种沉静。”[4]忍受痛苦的沉静根源于精神和情绪的一种回旋。在面对着无限性的外在世界时，真正的善良和为幸福而牺牲的精神，使主体呈现出一种动人的美，它通过想象和精神的力量，使主体与对象之间的关系达到一种特殊的平衡。这当然不是精神暂时屈从现实的那样一种平衡，也不是精神与物质性现实尖锐对立的崇高，而是人类学意义上的价值在个体生命活动中的回旋和展开。人们在历史的必然性过程中受到限制或者说被迫失去的东西，在精神的深度和感受的丰富性方面得到了回报。相对于身体的行走而言，如果历史的幻象是一个外在的负担的话，如果现实的必然性和个体的幻想都成为羁绊行走的绳索的话，那么，明智的生存策略就是从这种幻象的集合体中超逸出来。在外在必然性成为支配性力量的现实条件下，把“远出”和非对称性结合起来是这种超逸的重要条件。从理论上说，仅仅以“韵”为依托来抵御现代文明的压力，很容易滑入古典意识形态的陷阱中去而简单地强调与西方文化的对抗，事实上只能是从价值对立的另外一极，从他者的角度强化了对西方主流文化的认同。因此，余韵就成为当代中国文学艺术的基本表达手段或对象化的机制，没有这种对象化，没有“远出”的声音和非对称性的立场，人们就难以真正穿越形形色色的幻象之林而把握真实的现实。

史铁生的《第一人称》是一篇写得很精致的小说，在一种虚构的半神秘的气氛中，作家熟练地剖开沉积在主体内部的层层幻象，把这些幻象彼此撕裂，甚至互相颠覆，从而呈现出主体的幻觉性状态以及现实的复杂性。但是，这种撕裂并不意味着主体获得拯救。小说告诉我们,只有在主体以他人的幸福存在为目的而投入到现实的行走中去时,他的生活才获得真正的拯救与幸福。

“顺其自然”是一句充满着东方智慧的古训,在《第一人称》中,一个沉浸在自我世界中的年轻姑娘自言自语地说出了这四个字。这句含义丰富却又无法确定其具体含义的话,在“我”的心中撞出一系列丰富、逼真的联想和想象,这些幻象化的生活碎片在“我”的意识河流中随意浮动,像一叶叶反光的树叶,折射出生活的不同色彩和不同可能性,又像深秋旷野中盘旋着的鸽哨声,唤醒了我们对生命本身的思考和热爱。在小说中,“顺其自然”的声音缠绵着现实生活中孤独的主体,引领他在幻象的密林中体味和观照形形色色的生活和自我。按照欲望的表达逻辑,“顺其自然”这个和弦本可以无穷无尽地演化下去,在小说中,这种幻化的逻辑是被一个反自然的现象(一个躺在“林中墓地”中的婴儿)打断的:

>……“顺其自然”,她说这话的语气多么绝望。也许我这人看起来还像善良,但我并没有向那扇小门去,她又不能告诉我到树林里去,“谢谢你了,替我们养大那个孩子”,她无可奈何地想:顺其自然,顺其自然吧。天色越来越暗了,那个孩子还在做着香甜的梦,他会做梦了吗?他能梦见什么?不不!不能这样!我想,无论发生了什么事也不应这样。我下楼。我的心脏多少有点毛病,但下楼无论如何比上楼要好对付一些。十四层歇一歇,七层再歇一歇,到了楼下我觉得心脏除了跳得更活泼一点之外,没有别的变化……[5]

“我”打破幻想而走入现实,通过这种“行走”而与另一个个体相遇并聆听到她的真实声音,以及语言的明确意义。

我认为,对于中国的当代文学艺术来说,情况也大致如此。从幻象中走入现实,聆听自己的脚步声,并且倾心接受他人的询问,这就是通向未来的起点。在理论方面,如果思考与痛苦互为因果,那么写作就是把痛苦转化为思考的媒介。因此,只要我们的痛苦是真实的,理论就有可能是生动而有力的。

注释:

[1] 特里·伊格尔顿:《审美意识形态》,Basil Btackwell 出版社 1990 年版,第 302 页。

[2] 康德:《判断力批判》(上),商务印书馆 1985 年版,第 116 页。

[3] 池莉:《写作的意义》,《文学评论》1994 年第 5 期。

[4] A.J.汤因比:《体验与经验》第 14 页,转引自古茨塔夫·勒内·豪克:《绝望与信心》,中国社会科学出版社 1992 年版,第 80 页。

[5] 史铁生:《第一人称》,《钟山》1993 年第 2 期。

也论“东方情调”的审美意义

近年来，随着中国电影在不同的国际电影节上屡获大奖，怎样看待和评价其中某些具有浓郁“东方情调”风格的作品，就逐渐成为理论界议论较多的话题。在后现代文化和西方后殖民主义文化策略把对抗性的边缘移置为主流性的他者的现实情境中，全面理解“东方情调”的审美意义和文化内涵，就成为一个具有重要现实意义的理论问题。在后殖民主义文化语境中，“东方情调”已经不是一种文学艺术的风格和技巧的问题，而是西方文化的审美对象、欲望的对象和想象中的“他者”。“东方情调”由于它特殊的陌生化魅力和抒情的风格，满足了西方文化在后现代主义焦虑状态中对“他者”的渴望。从现实文化关系的角度看待这种“东方情调”的艺术，我们有理由感到屈辱、压抑和愤怒，因为这种“东方情调”化不仅包含着被猎奇和观淫的因素，而且在很大程度上是以“原始化”为美学变形原则的。因此，有必要在理论上分析这种“东方情调”模式的艺术生产与后殖民主义文化策略的内在联系。另一方面，如果从我们自己的审美关系出发来研究问题，从人类学的角度来理解“东方情调”这种文化现象，分析它的特殊性以及在审美效果方面的其他可能性，也许更有利于理论的建设，也有助于对在国际上获奖的影片作出更为恰当的美学评价。

一、东方情调与东方主义

在殖民主义和后殖民主义的文化语境中，东方情调和东方主义是一对相互联系的概念。东方主义指的是以西方中心论和支配性心态为基础的对待东方文化的一种主体态度。爱德华·赛义德在他的著作中指出，西方学术传统中关于东方文化的研究，从研究机构到出版和教学都渗透着这种主体性态度，而这种态度却是建筑在经济、政治、文化不平等关系的基础之上的。以这种主体性态度为视点，东方文化与西方文化的"差异"也就呈现为一种审美风格，一种"东方情调"。也就是说，"东方情调"是被作为西方文化的"他者"，作为一种特殊的欲望对象而存在并且获得自己的美学定位的。在这个意义上来认识问题和理解问题，我们当然有必要对规范"东方情调"的主体性态度，以及对于这种态度的迎合与迁就持冷静的批判态度。从学理上说，这主要是文学批评和艺术批评的工作，对于理论建设来说，在这种批判性分析的同时，还应该在这种对立性关系中找到解构这种关系的支点，以及东方文化自身的特殊性在当代文化中的建设性价值意义。从美学的角度讲，也就是"东方情调"的另一种审美意义的可能性及其学理根据。我认为，这个问题已经成为中国当代艺术的存在基础这样一个本体性的问题，因为我们面临着艺术话语被完全他者化的窘迫。

关于"东方情调"与西方主流文化的关系，美国学者约翰·卡洛斯·罗这样写道："这样的边缘性和超量的存在得到了占支配地位的意识形态的允许，只要它们维护它们同中心的奇特的关系。如是，它们则可以在维护占支配地位的意识形态中，服务于非常具体的目的，将公众的注意力从该意识形态借以在'增殖'和'发展'中自身再生产的那个基础剩余中转移开来。用这种方式，一个社会可以使得譬如异国异物恐惧(xenophobia)永久存在，通过这种方式，它将其内部矛盾加以投射和转移，使之呈现为'外部'侵略的形式。从异国异物恐惧的粗糙范式中，我们可能发展出对帝国主义的更加特殊的观念，以及对待那些为其相对于社会规范的异体性辩护的少数民族和性别少数的态度。"[1]这段话指出了"东方情调"的基本文化内涵包括如下几个方面：

(1)西方文化的“东方他者”;(2)在西方文化中被置于边缘性位置;(3)西方主体与“东方情调”的欲望关系是恐惧。这三点都是从西方文化的视角来考虑的,在这种“粗糙范式”中显然忽视了“东方情调”审美内涵在另一个维度上的价值指向,以及以“东方情调”为审美特征的艺术与产生它的现实所构成的审美关系。对于中国的美学和艺术批评来说,问题的后一方面是客观存在的,而且应该成为我们观察问题和理解问题的基础。

在后现代主义和后殖民主义文化条件下,中西方文化事实上已经构成一种互为“他者”的结构性关系。从理论研究的角度看,这一结构关系起码包括三个方面的理论内容:(1)作为西方文化“他者”的东方文化;(2)作为东方文化“他者”的西方文化;(3)两种“他者化”机制的共同性及其差异性。在这种结构关系中,理论思考的关键在于确立自己的理论立场和提问方式,这个问题内在地规定着理论本身的地位及其价值趋向。在当前的理论研究和艺术批评中,国内不少论文从西方马克思主义、女性主义、新历史主义等较为激进的学术流派中,获得自己思考问题的角度和理论话语,这就是目前正在讨论的“后现代主义文化”以及“后殖民主义文化”所提出来的理论问题。因为这些学术话语在西方文化中也是处于边缘性的地位,以及与主流文化的对抗性关系中,因此很容易引起国内理论研究的共鸣,也使这些研究获得了较为强劲有力的理论后援。“东方情调”问题就是在这种背景和理论框架中提出来的。

二、韵与寓言:两种对象化方式

在《处于跨国资本主义时代的第三世界文学》这篇产生了广泛影响的论文中,詹姆逊提出了第三世界文学是一种民族寓言的观点,把关于文学形象的分析与第三世界民族的现实境遇直接联系起来。詹姆逊认为,这种民族寓言的文学是当代文学潮流中真正具有生命力、掌握着现实真理的文学。这个理论对于说明第三世界文学与民族命运的关系,特别是与殖民主义文化策略的对抗性关系,应该说是合理而有效的。詹姆逊指出:“我们从一开始就必须注意到一个重要的区别,即所有第三世界的文化都不能被看作人类学所称的独立或自主的文化。相反,这些文化在许多显著的地方处于同第一世界文化帝国主义进行的生死搏斗之中——这种文化搏斗本身反映了这些地区的经济受到资本的不同阶段或有时被委婉地称为现代化的渗透。这说明对第三世界文化的研究必须包括从外部对我们自己(西方马克思主义学术——引者注)重新进行估价(也许我们没有完全意识到这一点),我们是在世界资本主义总体制度里的旧文化基础上强有力地工作着的势力的一部分。"[2]应该说詹姆逊在这里提出的立场和观点都没有错误。那么为什么一些中国学者却从中引申出狭隘的民族主义观念,并且自我认同于对抗性的地位和立场呢?我以为,关键在于对中国文学艺术的美学变形机制及其意义的特殊性还缺乏全面而深刻的研究,从而把复杂的审美关系简单化了。

审美关系是审美交流的基础,它内在地制约着艺术形象的审美意义。所谓"东方情调"问题,一方面反映出西方文化的交流动机和审美需求,另一方面,也与东方民族现实的文化交流动机和审美需求密切相关,忽视或否认后一个方面,势必会导致对文学作品和文学形象的误读。关于"民族寓言"的审美内涵,在《处于跨国资本主义时代的第三世界文学》一文中,詹姆逊从两个角度作了分析。首先,"民族寓言"表征出第三世界民族受压迫、被剥削的现实境遇,詹姆逊以鲁迅的《狂人日记》《药》《阿Q正传》为例说明了这一点。其次,"民族寓言"表现了没有被西方主流文化所同化的异质性因素,这种异质性的文学形象,由于它表现出的古老的风情、顽强的独立性,以及巨大的神秘力量而成为西方文化的"异国异物恐惧"形象。在这里,恐惧感根源于主体的某种缺失和匮乏——集体合作关系的缺失。对此,詹姆逊写道:"这个可怖的'压抑的回归'决定了叙事上的明显文类变化:我们突然不再处于讽刺之中,却在宗教仪式里面。由赛云·马达率领的乞食者和无业游民围住哈基,要他经受一场耻辱和谦卑的宗教仪式,如果他想要摆脱'夏拉'的魔法的话。叙事表达提升到一个新的文类范围,这个范围涉及到古老的势力。它以预言的方式揭示了堕落的现实和乌托邦的毁灭。'布莱希特式'这个词也许不能有力地形容发生在第三世界现实中的这些新的形式。"[3]在我看来,"民族寓言"第二个方面,还应该包括它的形式化规律以及美学方面的特征。这种古老而神秘的强大力量,用仪式化的形式表达了超越现实不合理性的愿望和要求,使遥远的历史要求获得了一种感性的审美形式，这才是东方情调的本土含义。如果我们把国内一些讨论“东方情调”的文章与詹姆逊的本文相比较，则可以看到一种明显的倾向：国内关于“东方情调”的讨论基本上集中在詹姆逊关于“民族寓言”分析的第一方面，然而，这不仅是对詹姆逊的误读，也是对“民族寓言”审美内涵的误读。

在马克思主义理论传统中，瓦尔特·本雅明较早对“寓言”作为一种审美形式的特殊性作了全面分析。在《德国悲剧的起源》《机械复制时代的艺术作品》《讲故事的人》《论弗·卡夫卡》等论文中，本雅明对寓言这个文学批评概念作出了美学上的重新思考和解释。本雅明认为，寓言是神话破损后的产物，随着生产力的发展以及交流过程的日益间接化和复杂化，神话时代那种生产与消费、主体与对象、交流媒介与交流过程的直接统一模式也不可避免地崩溃了，商品拜物教成为一切社会性交流的基础和依托，取代了神话时代以血缘关系为基础的、更为内在、完整也更接近于身体基础的交流纽带。[4]在商品化原则的影响下，文学艺术作为一种基本的交流媒介，与人类的存在状态，与现实生活的丰富内容，以及身体的完整性的关系都变得隔膜而僵硬了。以寓言为特征的文学艺术的重要性就在于，它以“星座化”的方式，保持着感性材料与灵魂之间的全面的联系，这也是普鲁斯特、卡夫卡、波德莱尔真正伟大和不朽的地方。在本雅明看来，所谓寓言也就是人类在私有制社会，特别是在发达资本主义条件下把人类的存在和经验重新凝聚在一起的交流形式。本雅明用星星与“星座”的关系来比喻这种破碎性现象与内在完整性之间的关系。本雅明指出，仪式是寓言的文化基础，其审美特征则表现为“气息”。

本雅明是从肯定的、积极的方面对寓言、韵这些美学概念作出分析和阐述的，他把真正的艺术作为抵抗异化的最后的依托，而没有考虑到艺术本身也会异化，寓言的魅力也会被主流意识形态所窃取和盗用。在后殖民主义文化背景中，这的确是重要的方面。本雅明的同事和合作者阿多诺曾就这一问题向本雅明提出过质疑，阿多诺从批判和解构“文化工业”入手，对寓言异化的可能性和必然性进行了深刻的思考。从根本上说，这两种理论倾向并不是相互排斥的，因为问题本身是辩证的，这也是我在“东方情调”问题上反对简单化倾向的理论根据。在理论上，“东方情调”自身的审美特征，以及后殖民主义文化对它的窃取和盗用,应该是两个不同的概念、两种不同的意义,我们不能因为别人给我们的孩子穿上一件衣服而把自己的孩子给杀了。在当前关于“东方情调”的讨论中,由于对“东方情调”本身的美学特征缺乏足够的理论研究,因而在一些关键性的问题上,不可避免地出现某种模糊和混乱。

本雅明关于寓言的理论研究建筑在三个重要的方法论原则的基础之上:其一是人类学,包括对拯救问题的人类学思考;其次是现象学,特别是关于重建人类生活的整体性的可能及途径的思考;再就是马克思关于价值和交换关系的辩证理论。本雅明的特殊之处在于,他在人类学和心理学所提供的思想资料和理论工具都很简陋粗糙的条件下,排开关于艺术问题的枝节研究和对局部性问题的纠缠,直接面对这样一些本体性的美学问题:在商品生产和市场交换原则占统治地位的条件下,艺术是否仍然可能?在艺术的旧的基础必然趋于瓦解的情况下,艺术将存在于什么样的基础之上?在今天的后现代主义文化讨论中,人们才突然意识到本雅明所提出的问题有多么深刻和重要。关于艺术存在的基础,本雅明写道:“纪念仪式是神灵崇拜的遗迹,或它的世俗化形式……纪念仪式是对体验的补充。在纪念仪式中,我们发现对人类日益增长的异化状态的表达——这种状态把人类的过去当作是没有生活内容的商品。在 19 世纪,寓言抛弃外在的世界,仅仅关注于对内在世界的开拓。遗迹来自被废弃了的东西,纪念仪式来自过去的死亡事件,这是我们在体验中朦胧地感受到的东西。”[5]艺术作为一种特定的文化仪式,通过死亡了的过去和遗物所散发出来的顽固而完整的“气息”,使我们得以与人类的非异化状态进行交流。支撑起这种交流,使这种交流在资本主义文化机制中仍然可能的东西,就是本雅明所说的“星座化”,这是真正的艺术作品的内在特征。在本雅明看来,寓言不是具体的物,正如商品的价值不是它的使用价值一样,它是一种内在的、具有精神属性的东西,但是“星座化”与西方哲学传统所说的精神或观念又并不等同,它不能够脱离肉体、物质而存在,它在肉体、物质的特殊状态中向我们呈现出来。我们知道,灵魂的这种具象性存在方式正是东方文化和中国文化的一个基本特征。区别在于,如果说“星座化”主要是一种偏于视觉性表达机制的对象化方式,那么可以说,中国艺术则主要以“韵”这种偏重于听觉性表达机制的对象化方式来实现的。即使没有西方文化这个主体，千百年来的中国人正是以“韵”这种媒介而与自然、过去，以及他人进行交流和对话的。因此，关于东方情调的理论思考，在我看来，可以分解为两个相对独立的理论问题：(1)东方式的审美交流模式；(2)后殖民主义文化语境中“韵”所产生的审美效果。

三、寻找母亲的仪式

东方的审美交流以一种交感性的形象为基础，用经验性的感性媒介传达超验性的审美体验，较大程度地保持着交流的流动性和混沌性，具有很强的抗异化能力，表现出“韵”的特殊魅力，但在理论上却较难作出系统的说明。钱钟书先生在《管锥编》中征引范温的论述，把韵的解释与声音联系起来，解释为“远出”，在把握韵的存在方式和特征方面，的确是很精当的见解。[6]结合本雅明的论述，我们可以指出，“韵”是一种审美交流媒介，它以整体性和流动性为特征，它的对象化机制是把对象向外推至极端，在主体与对象之间的最大张力性状态中，获得强有力的交流动力。

本雅明关于韵的理论思考主要有三个基本观点：(1)韵是一种与前资本主义生产方式相联系的整体性的艺术和文化的生产方式；(2)韵以主体与对象物之间不可消弭的、神圣的距离为条件；(3)韵是存在的一种特定方式，它的内在本质是人的非异化状态和合理性的存在。本雅明的雄心是对这个问题真正作出历史唯物主义的解释。我们知道，这也是马克思在早期著作和晚年的人类学笔记中表露出来的一个基本的理论目标。在20世纪的人文科学发展中，除了本雅明的论述以外，海德格尔对艺术作品与人的存在的关系的思考，列维—斯特劳斯关于人类交流基础的人类学研究，德里达关于交流媒介流动性的哲学研究，都从建设性的角度深化了对“韵”的理论把握。在“东方情调”的问题上，我认为，最重要的还在于对“韵”的对象化方式作出系统的理论分析，以便从学理上说明“东方情调”的特殊性，以及产生出不同审美意义的根据。在“东方情调”也被囚禁在后殖民主义话语中的历史境遇里，本土艺术与西方文化在对话中表达出自己独立的声音的确十分艰难，在四面楚歌声中，楚霸王果真只有别姬自刎一条路吗?

我们先来看电影《霸王别姬》的"东方情调"问题。在叙事的层面上,《霸王别姬》起码迭合着三种异质同构的叙事话语:中国历史上楚汉相争时楚王项羽与爱妃虞姬的故事;程蝶衣和段小楼这一对师兄弟之间的情感纠葛;以及穿插在电影叙事过程中的京剧《霸王别姬》的片断。电影的叙事把这三个故事迭合起来,在某种意义上说,也就是把历史、现实、虚像三套话语相迭合,这种迭合所产生的特殊张力,把在历史情境和内心抑郁的同时压迫之下,一个生命个体从完整走向崩溃的复杂历程呈现出来,并表现出某种诗意。电影告诉我们,个体在经历了母亲的捐弃、恋人的放逐,以及时代淘汰的打击之后,仍然奇迹般地保持着对纯粹、完美、和谐的执著追求。程蝶衣最后在舞台上拔剑自刎,既是一种假戏真做,又是内心历程的真实必然,使堕落的身体("我早已不是东西了")获得象征性的拯救。程蝶衣的命运是悲剧性的,它以彻底放弃物质性的存在为代价,用最极端的形式,实现了对信念和合理化人生形式的拥有。

从形式上看,《霸王别姬》充满着"东方情调"以及奇观化了的文化材料和现实内容,不仅"霸王别姬"的历史故事已经诗化为"从一而终"的神话,而且从美丽幻象的背后揭示出程式化的京剧在生产、消费等环节中极为原始和生硬的现实性内容,这些无疑都符合西方文化视野中的审美尺码。然而这只是电影《霸王别姬》在现象层次的一层意义,是影片好看和动人的构成因素。支撑着这些因素,使它们获得一种审美完整性并推动叙事不断发展的,是程蝶衣由痛苦走向更大痛苦的心理历程,这是一个主体由心理创伤到身体和心理被彻底分割开来的历程。在程蝶衣那里,这个过程散发出非常浓郁的"东方气息"。在现实的压力下,程蝶衣是退缩和自守的,对于各种各样的打击,他几乎没有直接的反抗,只是把不可能对象化的心理能量,转化为优美纯粹的艺术表演。从风格类型的角度讲,这是陶渊明式的"回归"而不是波德莱尔式的"恶之花"。如果说,波德莱尔的抒情方式,是灵魂在肉体的腐烂中"雾化"为象征性的优美形式,那么,程蝶衣则是借助于仪式化的京剧表演,把身体转化为程式化的身体语言和"远出"的声音,用炉火纯青的境界,创造出神圣而又近在眼前的审美形象。仪式的一个基本功能,就在于能够把日常生活中的事物、关系、状态加以颠倒,从而使现实生活中无法解决的矛盾得到想象性解决，使异化的、破碎性的现象凝聚为一种完美的整体性。现实中的痛苦转化为艺术的优美，现实中缺失的东西也以幻象的形式重新出现。对于程蝶衣来说，最大的缺失就是与母亲的永久性分离，可以说他的一生努力，就是重新创造出一个非世俗化的母亲形象。在程蝶衣那里，京剧被当作寻找母亲的一种仪式，它把因被抛弃和放逐所打碎的现实重新凝聚起来，使人生获得了一种意义。关于程蝶衣的形象设计，作曲家赵季平是这样处理的："程蝶衣的'不疯魔不成活'，他对京剧的迷恋不因时事的变更而改变，这都必须通过音乐来表现。我使用了一把京胡和交响乐队与一组京剧打击乐组乐，以京胡象征程蝶衣对京剧如痴如醉的迷恋，以乐队代表时代的变化，以乐队与京胡的多调碰撞象征程蝶衣与社会的不协调，而打击乐'急急风'与交响乐队的错位，箫的吟唱也大大加强了音乐的张力，'景深'和表现力。"[7]在程蝶衣的形象中，音乐的纯形式特征，追求远离现实的"和谐"的心理指向，都因为京剧这种文化性仪式而获得一种依托。

仪式以特定的文化传统为基础，具有非常内在而强大的力量，然而这种力量却是建立在某种假定性前提之上的。当仪式与以此为基础的形象之间的关系发生错位，那么，它们之间的关系就从一种强有力的凝聚性关系转化为解构性的关系。在电影《霸王别姬》中，程蝶衣与京剧仪式的关系就由于历史条件的变化而发生了巨大的变化。从这个意义上说，这种艺术模式能够表征出现实中某种较为内在的东西。在文化转型的过程中，戏剧成为大众欲望的一种仪式化的投射对象，作为被崇拜的对象，程蝶衣自身由于丧失母亲而形成的心理空场也得到了幻觉性的补偿和修复。在"角儿"的幻觉性状态中，现实的所有分裂、破碎，以及物质化，都被以疯魔为基础的仪式所隔离和超越。程蝶衣在这里找到了内化为母亲形象的自我。这当然是一个悖论性的形象，在程蝶衣那里与在旁观者眼中具有截然不同的意义。对于程蝶衣来说，这个具有神奇魅力的幻象，缝合了自我与和谐的对象，现实与想象之间的矛盾，因而是一种为人生而艺术的追求；在观赏者方面，这种悖论性形象既可以因为这种形象艺术地放大了物体（包括身体）与意义的断裂，从而激发起对现实所缺失的意义的思考，也可以因为这种形象的高度形式化而沉溺在想象性和谐的幻觉性状态中。在仪式的特定范围内，程蝶衣升华为声音或者说和谐的精灵，把仪式之外无情的必然性现实留给我们。

由此可见，关于东方情调的讨论，事实上存在着一个语境问题和主体态度问题。因此，问题的实质也就是，怎样看待我们所身处于其中的现实境遇和文化的价值取向。在理论上证明了现代化进程与资本主义文化意图的某种联系之后，我们是否仍然拥有属于自己的声音？如果有，那么它的日常生活基础以及审美表达机制都亟待作出冷静清晰的理论说明。

在现代化的历史进程中，艺术与历史的关系主要表现为想象和商品的对立性关系。在后现代文化条件下，“形象已经成了商品具体化的最终形式”[8]，在艺术的生产和消费方面，形象的形式和意义都彻底分离。对于第三世界国家的民族文化来说，还伴随着边缘化的沉重压力。这诸种矛盾的相互叠合，构成了诸种意义不同的审美关系。但是，我们也不应该忽视，这诸多的矛盾和不同的审美关系却分享着一个共同的事实：在这种相互撕裂的矛盾关系中，历史的残酷以及想象的软弱无力，都以日常经验的形式直接地呈现给我们。在这种经验事实条件下，积极努力地创造出个体的完整性，就具有了头等重要的意义。在这个意义上，也许我们可以把修复审美幻象、重建完整性的人类身体作为超越现实的第一步，那么，艺术作为寻找母亲的仪式，也就具有了人类学意义上的必要性。在这里，辩证地对待“恶”，或者说历史发展的必然性，正视现实中美杜莎那据说是“石化”一切的目光，也就成为美学变形的一项基本内容。在谈到马克思的美学观时，伊格尔顿指出：“历史怎样才能被转过来反对它本身？对于这个难题，马克思的回答是最大胆的：通过包容性最大的生产，通过忍受它的最残酷无情的青黑色的标记，历史将被转换。在力量疯狂横行的条件下，只有软弱无力才能提供一种人性的形象，但它必须以把自己转向力量，并且把每一种概念的意义加以改变为条件。”[9]在马克思主义美学的理论视野中，通过正视现实，通过把历史和传统的幻象转变成审美对象，那种似乎永久性丧失了的东西，那种对善良的信念以及对和谐的追求就重新获得了感性的具体形式。我以为，这是在“东方情调”的艺术生产类型中可能具有的意义。

注释:

[1] 约翰·卡洛斯·罗:《剩余经济:解构、意识形态和人文科学》,见《最新西方文论选》,漓江出版社 1991 年版,第 538 页。

[2][3] 见《新历史主义与文学批评》,北京大学出版社 1993 年版,第 234、250 页。

[4] 马克思在人类学笔记中称之为"给人带来满足和乐趣的纽带",见《马克思恩格斯全集》第 45 卷,人民出版社 1985 年版,第 646 页。

[5] 《瓦尔特·本雅明文集》,T·W·阿多诺编,法兰克福 Suhrkamp Verlag 出版社 1955 年版,第 487 页,转引自詹姆逊:《马克思主义与形式》,普林斯顿大学出版社 1971 年版,第 73 页。

[6] 见《钱钟书论学文选》第 3 卷,花城出版社 1990 年版,第 130—131 页。

[7] 见《赵季平:黄土地上的放歌者》,《电影艺术》1994 年第 1 期。

[8] 盖伊·狄保德:《景象社会》,转引自詹姆逊:《后现代主义,或后期资本主义的文化逻辑》,见《最新西方文论选》,漓江出版社 1991 年版,第 345 页。

[9] 特里·伊格尔顿:《审美的意识形态》,Basil Blackwell 出版社 1990 年版,第 230 页。

审美幻觉：中西美学的理论与实践

从学理上说，确定现代美学问题必须满足两个条件：其一，与近代美学问题具有本质的不同；其二，涵盖现代美学和艺术的各种基本流向。从目前接触的理论材料来看，现代美学的基本问题既不是关于美的本质的哲学思辨，也不是关于艺术作品的实证分析，而是审美幻觉问题。关于文化幻觉，路易·阿尔都塞提出了一个具有经典性的定义："意识形态是一种'表象'。在这种表象中，个体与其实际生存状况的关系是一种想象关系。"[1]当这种文化幻觉的媒介是美与和谐的审美形象时，我们就称之为审美幻觉。

以下我们打算从理论与实践两个方面比较中西美学的基本特征，并试图确立它们在中西文化中的不同位置。

一、中西美学的基本思路

中西方美学理论的比较研究可以在不同的层次上进行。由于论题的关系，我们这里采用意识形态模式的比较方法，即整体比较中西方前资本主义社会的美学模式。因此，只能说是美学思路的一种比较。

根据阿尔都塞所阐述的马克思主义的意识形态理论，美学思维是受意识形态氛围所控制和支配的。所谓意识形态氛围，即指“一种支配个人心理及社会集团的观念和表象体系”。[2]这种表象体系的基本特征是映照式的，即人们通过意识形态氛围这个“镜像结构”来确定他们与现实的关系以及个体与群体的关系。在阶级社会中，这种表象体系必然发生想象性畸变(imaginary distortion)。由于这种想象性畸变，意识形态并不表现现实的生产关系及其衍生的其他关系；只是充当个体与生产关系(现实)的中介，也就是说表现个体与他们身处其中的现实关系的想象性关系。这种想象性关系的外在方面表现为宗教的、伦理的、法律的、政治的、艺术的等意识形态形式，其内在方面即渗透于日常生活一切方面的“深邃无意识”。

中西古典美学的意识形态氛围以和谐为其主要特征。在社会进入对立的阶级社会以后，以“自然共同体”为基础的神话思维以文化延承的方式大致完整地保存下来，其结果必然是浮悬于社会的分裂和痛苦之上运行。从美学的角度比较这种想象性畸变的不同方式，思考的重心必然从社会分析转到文化分析方面来。

西方美学思想起源于对古老神话世界的蒙昧意识的自觉批判。这种批判的力量最终当然来自社会进步的历史要求，但从美学思维的角度讲，其批判的冲击力很大程度借助与自然科学密切相关的自然哲学。从赫拉克利特、毕达哥拉斯，经过柏拉图和亚里士多德，一直到希腊化时期的伊壁鸠鲁，古希腊美学思维由充满神话时代的隐喻和热情到站在一定距离之外的冷静批判，走上了一条从艺术之外寻求认识审美尺度的道路。

中国的美学思想起源于对殷周神话蒙昧意识的深刻批判。从先秦诸子经汉代的王充，到魏晋的玄学，中国美学传统以自己的方式批判了蒙昧意识和非理性狂热。与古希腊美学不同的是，中国美学思想没有借助自然哲学的武器，可以说中国古典美学是从艺术的内部思考和把握审美尺度和美学问题的。这种情形之所以能够成立主要由于两个原因：其一，中国语言在初始阶段就分化为两种语言，即由巫觋占卜发展起来的上层贵族语言和一般民众的日常生活语言。这两种语言形成的张力为美学理论提供了思维空间。其二，中国上古神语以人与自然(兽)的亲密关系为基础，自然物往往具有神圣的含义，成为天人沟通的工具和媒介。全面分析其中的人类学背景显然超出了本文的论题。这是仅仅指出，这种思维方式在美学上的表现就是用艺术化的思维来思辨艺术，其结果很容易使美学的批判精神被消解掉。

在某种意义上，柏拉图的美学是古希腊美学的一种代表。柏拉图美学的基本特点是用神话来反思和批判神话。在他的美学著作中，充满着形象生动的对话，比喻和隐喻，关于美学问题他没有作出明确的结论，但他对流行艺术的痛恨，对审美幻觉的深刻批判，直到今天都仍然有某种合理性。从这个意义上我们完全可以说“柏拉图的著作与其说是美学著作，不如说是反美学著作”。[3]在柏拉图生活的时代，来自远古神话时代的“幻觉说”(illusionism)是占统治地位的意识形态。作为对这种意识形态的批判，柏拉图提出了著名的“洞喻说”。柏拉图在《理想国》中指出，我们人类生活的现实就像一个黑暗的山洞，人们在洞中面壁而坐，真实和完美的理念就像洞口的光照在人们身上，洞壁上显现出来的各种影子就是人们常说的现实。艺术模仿这些影子，因而与真理隔着三层。[4]据此，柏拉图要把诗人逐出理想国。柏拉图以寓言的形式严厉批判了审美幻觉，是人类自我意识对美和艺术神秘魔力的最初警觉。对审美幻觉的这种否定性批判，后来成为西方美学思想的一个重要传统。然而，在《会饮篇》这一著名对话中，我们又看到关于审美幻觉的另一种态度。在这里，柏拉图把审美的体验置于哲学阶梯的最高阶段，在“美的汪洋大海”的观照中，哲人上升到精神领域的最高境界。[5]在《会饮篇》中，美成为“一种妙不可言的幻象”(a wondrous vision)，通过审美幻觉的神秘仪式，哲人们达到了至真、至善的精神境界。柏拉图理论的这个方面，后来发展成西方美学传统的另外一个重要动因。

中国的庄子名气可能不如柏拉图，但他的确创造了另外一种审美幻觉理论，为中国美学理论的发展提供了某种“规范”。庄子生活于礼崩乐坏的乱世，当时占统治地位的意识形态是耽于世俗享乐的庸俗哲学，神圣遭到亵渎，围绕着艺术作品的神秘韵味被贪欲所销蚀。中国美学在它的发轫期也同样面临着审美幻觉的深刻悖论。我们看到，以老子和庄子为源头的道家美学，也把美划分为两个不同的层次：

天下皆知美之为美，斯恶已。(《老子·二章》)

信言不美，美言不信。(《老子·八十一章》)

大音希声，大象无形。（《老子·四十一章》）

老子提出的问题在庄子那里得到了系统的解决。首先，庄子提出了退化的历史观：

古之人，在混芒之中，与一世而得澹漠焉……当是时也，莫之为而常自然。逮德下衰，及燧人，伏羲始为天下，是故顺而不一。德又下衰，及神农、黄帝始为天下，是故安而不顺，德又下衰，及唐虞始为天下，兴治化之流，澡淳散朴……（《庄子·缮性》）

在这种退化历史观的基础上，庄子把审美理想、审美尺度都归之于远古神话时代的现实存在。在和谐美好的现实存在被破坏之后，这种完美的理想和至高的审美尺度就转化为一种精神性的存在。它把我们与和谐美好的历史联系起来，也使我们在乱世中有理由寄望一个美好的境界。这种精神性存在老子和庄子用了一个概念来表达，这就是"道"。道的含义实际上接近于柏拉图的理念，它们具有共同的功能：

首先，根据完美和谐的理想，对现实中的艺术进行彻底批判；其次，完美和谐的理想为我们在堕落和黑暗之中达到合理的生存境界提供了可能。当然，在庄子的道和柏拉图的理念之间仍然存在着重大的差别。庄子的道是远古时代的现实存在，有其历史的根据。柏拉图的理念不以远古神话为根据，它以理性精神为依据，因而是没有现实根据的。另一方面，庄子的道可以通过"大象""至乐"而直接体验到，而柏拉图的最高的美，则以系统的身体训练和知识训练为基础，只有达到"哲学王"的最高境界才能观察到。柏拉图的美学带有贵族色彩，而老庄的美学思想则颇具大众化特征。

其次，在历史观的基础上，庄子提出了在五声五色扰乱人心的情况下，达到"道"之境界的现实方法——观象。在中国美学理论中，"象"就是一种审美幻觉。早在上古神话时代，天人之沟通、生者与死者的交流、过去与现在的联系、个体与群体的交融就是借"象"来实现和完成的。其实，象就是西方现代美学所讨论的影像。关于影像的特点，让·米特里写道：

影像不仅不像单词那样，其本身就是符号，而且也不是任何事物的符号。影像是提示，但不具备任何含义，它需要与其他行为结合在一起才有可能产生意义。[6]

由于民族的特点,在古代中国文化中,象主要以乐(音乐、舞蹈)的形式表现出来。在《天运》篇中,庄子借黄帝之口论述了《咸池》之乐演奏过程的三种状况,以及与此相联系的三种影像。首先出现的是一种崇高的影像:“……吾惊之以雷霆;其卒无尾,其始无首;一死一生,一偾一起;所常无穷,而一不可待。”在这里,人们感到巨大的压迫和恐惧。在演奏的第二阶段,出现的是另外一种影像:“……变化齐一,不主故常;在谷满谷,在坑满坑;涂却守神,以物为量,其声挥绰,其名高明。”这时的影像“虑之而不能知也,望之而不能见也,逐之而不能及也。”由于影像趋于无限,人的精神也就导向虚静。在演奏的第三阶段,影像达到“道”的境界:“……混逐丛生,林乐而无形;布挥而不曳,幽昏而无声。动于无方,居于窈冥;或谓之死,或谓之生;或谓之实,或谓之荣;行流散徙,不主常声。”在这里,接受者达到一种“听之不闻其声,视之不见其形,充满天地,苞裹六极”的审美境界。在这种状况中,自我暂时隐没,审美主体进入无限而和谐的最高境界。

最后,庄子的审美幻觉理论提出了反美学和反文化的理论立场。庄子是敏锐的,他很早就看到“象”是想象性解决现实矛盾的一种文化手段。然而,在我看来,庄子真正深刻的地方还在于他最早注意到文化的内在矛盾,或者说文化的异化问题。对于文化,特别是程式化的仪式,垄断了政治权威,以及符号化了的审美体验,庄子持一种断然的拒斥态度。庄子深知审美体验与“象”的内在联系;当“象”被割裂出来用文字固定下来的时候,也就丧失了审美体验与“象”的内在完整性。这样,庄子由强调“象”与审美体验的完整性而走上了否认“象”的审美沟通能力,进而否定文化的偏激立场。我们知道,文明的发展以社会分工为基础,而文化的发展和传承则以知识、技术、审美体验的符号化为基础。没有文化的符号化表达,文化的继承与传递,发展与传播都是不可能的。从庄子为后人留下了丰富的思想资料来看,庄子显然深谙这一点。那么,庄子的反文化和反美学立场就只能这样解释:庄子意识到文化垄断和审美幻觉的控制与政治特权之间存在着深刻的联系,却没有能力揭示和说明这种联系,因而庄子美学体现出强烈的忧患意识。这种意识的沉重之处在于,除了审美体验和审美幻觉之外,找不到其他的反抗力量和出路。正是在这一点上,孔子的儒家美学与庄子的道家美学相对立。儒家美学思想注重阐发审美仪式和审美幻觉的巨大社会功能和文化功能，形成了中国美学思想的另外一个传统。

关于审美幻觉的社会和文化功能，孔子说：

> 《诗》可以兴，可以观，可以群，可以怨；迩之事父，远之事君；多识于鸟兽草木之名。
>
> ——《阳货》

孔子的审美幻觉理论，其实质与核心在于象与礼的关系。在中国上古神话中，象是祭神仪式的一个重要组成部分。如果说礼是祭神仪式的规范和形式，那么象就是祭神仪式的内在纽带，是实现天人沟通，从日常生活上升到超越性神圣的桥梁。象在文化中的物化形态就是诗和乐，因此，大凡孔子谈诗、乐的地方，我们都可以从象的角度去理解。从现代美学的角度看，象（影像）是以审美体验为基础的。中国上古文化和神话主要是以祭神（自然神、祖先神、天神）为中心的巫觋文化。在个体心理方面以整体性、直觉性和幻觉性的心理体验为基本特征。随着神权为中心的文化趋于瓦解和破坏，象与审美个体之间的心理学联系也受到强烈的冲击。孔子热心于编修《诗》，常常陶醉于古乐之中，正是因为他清楚地意识到，可以通过诗乐恢复和强化受到破坏了的审美体验的心理基础，以此维系人与人之间日益加剧的分裂和对立，用审美幻觉来增加文化的向心力和凝聚力。由此，我们可以理解孔子对诗乐社会功能的强调。其实，诗的兴、观、群、怨就是个体心理在文化对象上的认同和再生产；"迩之事父，远之事君"指象在社会伦理规范方面的作用；最后，象还可以达到日常生活实用知识的传递这个目的。我们看到，正是因为儒家美学理论重视象在意识形态再生产方面的重要作用，因而在民族文化传统的延续和审美幻觉的文化凝聚力方面，始终保持着独特的优势和文化正统的地位。

现在，我们可以对中西美学的基本思路作一些比较了。

中西美学由两种各自独立的文明孕育和产生，在它们发展的初始阶段就已经表现出各自的特点。然而，中西美学在各自的初始阶段，其理论批判的锋芒所向、思考和讨论的基本美学问题、解决美学问题的思想资料却大致相同，因而从某种意义上说，它们的基本思路和理论结构具有某种共同的特征。原始神话的文化功能以神秘的幻觉和蒙昧意识为基础,古典美学在这种意识形态氛围中产生,尽管由于意识的觉醒而批判和反思神话的蒙昧意识,其理论的核心仍然是和谐意识。[7]在中西美学的初始阶段和谐意识主要表现在关于"大美""至乐"和"绝对美"的理论中,其批判的对象,或者是放纵感官和肉欲的艺术,或者是内容与形式不和谐的美,以及"礼崩乐坏"的不合理社会。

中西美学的基本差别,从经验现象的角度阐述比较容易。抽象到一定的理论高度,特别是抽象到美学基本思路的差别这样的高度则比较困难。在美学理论范围内,古希腊美学理论在自然哲学的理论背景下思考审美幻觉问题,艺术与科学的矛盾是一对基本矛盾,在美学理论上主要表现为哲学和艺术的矛盾。相比之下,中国古代美学理论主要在伦理学和政治哲学的背景上思考审美幻觉问题。其理论上的基本矛盾由礼(社会规范)和乐(审美幻觉)两个方面构成,形成了在意识形态内部思考美学问题的独特传统。由此我们可以引申出中西美学的若干差别。

首先,以柏拉图为代表的古希腊美学理论,在哲学与诗,审美幻觉的肯定和否定等根本问题上,往往在对立的两极中徘徊。形式逻辑的规律使这种徘徊表现为内在而深刻的理论矛盾。因此,从柏拉图到康德,西方的美学体系往往包含着自我解构的潜在可能性。例如,柏拉图的理论在它的嫡传弟子亚里士多德手中就陷于解体,直到文艺复兴时期才得到再生。在中国文化中,礼和乐本是远古神话的不同方面,本质上并不尖锐对立。因而在中国古典美学中,不管是用礼来思辨乐,还是用乐来思辨礼,在理论上都浑然一体,使审美幻觉的批判难以彻底,只有在把艺术与现实联系起来思考的时候,才可能产生出理论上的否定力量。

其次,古希腊美学从自然哲学的角度思考审美幻觉问题,思辨的对象是美的理念,艺术作品的形式,也就是说,偏重于从符号的所指方面分析艺术和审美问题,由此逐步发育起一种审美符号的美学理论。而中国的古典美学,从本质上说是一种影像美学,思考的对象是审美体验,偏重于从能指的角度具体地、辩证地思索艺术问题。因此,在中国古典美学中,从初始阶段对审美幻觉的批判就非常困难。我们看到,站在极端反文化、反美学立场上的庄子也难以找到一种批判审美幻觉的坚实的立足点。西方美学强调反映,其中包含着科学反映的基因。古希腊艺术和美学在伊壁鸠鲁自然哲学的打击下迅速衰落,文艺复兴时期布鲁诺和伽利略对宗教幻觉(以审美幻觉为基础)的批判,其冲击的力量都来自科学。

最后,中国古典美学建立在审美体验的基础上,与艺术有一种天然的、内在的联系。因此,在中国古典美学中,理论与实践是统一的,美学理论与艺术实践相互指导,彼此确证。相反,西方美学与艺术较少对话,各自按自身的内在逻辑发展。

二、中西艺术实践的内在机制

美学与艺术的关系是现代美学研究的一个重要问题。[8]从历史上看,在古典美学阶段,美学理论常常落在艺术发展的后面,往往是事后总结,而且大都是从意识形态的角度抽象和总结艺术现象。在近代美学阶段,理论与艺术相互分离,各自按自身的逻辑向前发展。我们可以看到这样的矛盾现象:批判现实主义作家托尔斯泰在理论上是一个浪漫主义者,现代派作家萨特的文学理论以现实主义为基础。现代美学从原则上说理论充分自觉,进入科学地说明审美和艺术问题的历史阶段,因而美学和艺术的关系也就有必要重新研究和思考了。

古希腊的悲剧艺术和美学都产生于对古希腊神话的批判性反思。古希腊艺人用创造和欣赏戏剧的方式"净化"了对诸神的迷狂性崇拜。我们知道,古希腊悲剧起源于祭酒神仪式,从人类学的角度看,这种仪式旨在创造一个不同于日常生活的幻觉性真实,通过这个"影像"所反映的"现实"。人们从两个方面与意识形态相认同:其一,仪式的参加者与外在世界相隔离,个体与特定的群体相认同;其二,现实在镜中的影像被当作唯一真实的现实来接受。因而个体在审美幻觉中达到与现实的认同。

古希腊悲剧的演出形式从外在的方面确保了这种认同。古希腊悲剧都是在巨大的圆形剧场演出,这种方式从客观上产生了仪式的中心,保证了文化向心力的产生。从主体方面讲,视觉的优势以及观众的不能移动,使审美主体从一开始就注定是被动的。由此决定了审美的距离感和神圣感。如果说神话故事和变形原则为古希腊悲剧提供了丰富多彩的叙述结构，那么模仿就是这种艺术的内在机制。这种机制的全部合理性都建立在这样一种信念的基础上：艺术的镜子能够真实地反映现实的本质。

古希腊悲剧的伟大之处正在于以某种方式打碎这面镜子。例如索福克勒斯的著名悲剧作品《俄狄浦斯王》。从表面上看，它是一个弑父娶母的乱伦故事，是一个异乡人为了争夺政治权力与命运搏斗而惨遭失败的故事，它所传达的表面信息是，与命运搏斗是徒劳的。在俄狄浦斯这个人物形象上，人们观照到神谕的无穷威力和个人的无比渺小。但是，如果我们认真思考全剧，特别是当我们把剧本放到古代雅典社会的意识形态氛围中思考的时候，我们会发现剧本所反映的“现实”与真实的现实存在着某种偏差。我们看到剧本中神秘地支配一切的“命运”，以及惩罚弑父娶母乱伦的根据，都与当时已经死灭了的更古老的神话（母系神话）相联系。在严格完整的叙述结构下面，我们能够听见或者说感受到另外一种声音，从内部破坏了剧作的完整与和谐。

自从王国维提出中国的悲剧意识这个问题以来，中国有没有悲剧一直是中国美学研究的重要课题，悲剧意识是人类自我意识觉醒的必然结果。在中国古代文化中，悲剧意识的审美传达不是借助某种具体实在的视觉形象，而是通过心理实体象（影像）来实现的。“象”可以分为两个层次：一个是可以从日常生活中直接感知的象（幻象），一个是在审美体验中才能把握的“象外之象”，艺术是把这两者联系起来的媒介。从《易经》和《易传》提供的资料来看，其实象就是寓言，这是与古希腊的神话故事不尽相同的。在古希腊文明中，寓言是神话崩陷后的“遗址”。然而，在中国古代文化中，朴实无华、神秘难解、极为雄健深沉的寓言基本上与打卦占卜同时诞生，相反，华丽潇洒、抒情明快的叙事性神话故事则较晚出现。对寓言的把握显然不能通过“看”（看戏剧、看雕塑、看运动会）而只能通过体验，也就是品味。因此，在中国古代审美理论中我们看到“澄怀味象”这样的命题。“味”作为一种审美传达方式起源于上古时期的祭祀仪式。在《乐记》中就明确写道：

> 清庙之瑟，朱弦而疏远，壹唱而三叹，有遗音者矣。大飨之礼，尚玄酒而俎腥鱼，大羹不和，有遗味者矣。
>
> ——《乐本篇》

这里“遗味”就是后来钟嵘所说的“滋味”，司空图所说的“韵味”，其内在属性有三：一是独一无二性（嵇康：“滋味异美，而口辄识也。”）；二是疏离日常生活的距离感和神圣感（老子：“道之出口，淡乎其无味。”这个“无”字就是距离）；三是把过去与现在。从远祖到每一个现实个体联系起来的永恒性（这是祭祖先神的根本目的）。关于韵味，马克思主义美学家瓦尔特·本雅明曾经这样定义：“一定距离之外的独一无二的现象。”本雅明举了自然现象的例子：“倘若你在一个夏日的下午，一边休息着一边放眼看地平线上的一条山脉或者一根在你身上投下绿荫的树枝，你就体验到那峰峦，那树枝的韵味。”[9]这里所说的实际上是中国古代美学家所关注的审美体验的不可传达性。然而，文化毕竟是以传达为基础的，在中国古代文化中，在文化和传达、艺术与审美体验的交流之间存在一种深刻的分裂，由此导致一种非常深沉的悲剧意识，可以说这是中国哲学和艺术精神之魂。在西方文明中，这种意识产生于现代派美学和艺术，而在中国古代美学和艺术中则格外早熟，这一点我想应该从祭祀仪式的垄断和独占方面去理解和解释。

把两个截然不同的世界（人与自然、崇拜不同图腾的氏族、生者与死者的世界）联系起来，相互沟通，是原始初民创造文化的最初动因。文化沟通的渠道在古埃及是关于法老的故事和金字塔，在古希腊是神话传说和祭神仪式，在古代印度是生殖崇拜和死。在中国上古时代，这种沟通主要通过以占卜为中心的祭神仪式来实现。在卜辞基础上产生的象形文字在中国上古时代就成为权威的象征。中国的象形文字其实就是审美幻觉的符号化形式，由于这种符号极为抽象（在甲骨上不可能用拟人化的模仿方法），它的“味”极易在抽象过程中挥发掉，这就形成了中国艺术重体验的表现性机制。

文字的高度抽象性使它易于独占和垄断。在殷代表现为甲骨的垄断，周代表现为青铜器（铭文）的垄断，在后来的封建社会中则主要表现为典籍史书的垄断。相比之下，口头语言没有被神秘化，与“味”的联系没有割断。因此，在中国古代文化中，特别是在上古时代，艺术与“味”的密切关系正是艺术批判机制的一种表现形态。中国古代诗歌中怨的主题与飘逸风格的联系，其秘密也正是在这里。孔子曰，诗可以怨。从文化史的角度看，怨诗传统一方面宣泄了在恶劣的自然条件和沉重的政治生活中郁结起来的忧患意识，起着类似于古希腊悲剧的“净化”作用。另一方面，在更深一层心理意识方面讲，诗通过美丽动人的隐喻和意象来传达怨，把痛苦的现实转化为一唱三叹的韵律，使饱尝生活艰辛的人们在情感上有一个依托、一个维系的中心、一个审美乌托邦，从而获得文化凝聚力。在上古时代，如果说祭祀仪式主要与政治和社会生活的大事相联系，那么流传于民间口头的民谣和诗歌，则与人们的日常生活相联系，成为一般人文化凝聚的中心。正因为怨诗传统具有这种机制，因而在神话时代的祭祀仪式破碎之后，我们的古人并不感到格外的绝望和彻底的空虚，也不需要宗教来支撑文化的运行。也因为如此，中国的怨诗传统源远流长，抒情诗歌非常发达，成为古代中国文学发展的主流。

由此可见，诗、寓言(典故)、体验(味象)三者构成了一个现象环，成为中国艺术实践的基本结构。随着历史的不断发展，意识形态氛围不断更迭，典故的含义在诗和体验两个方面不断积淀，逐渐创造出了丰富灿烂的审美文化。这个由诗—寓言—体验所组成的现象环，从两个方面把心理冲动和社会行为导向审美和谐。一曰发乎情、止乎礼义的诗教传统，一曰澄怀味象(或澄怀观道)的审美接受途径。这两个方面不仅互补，而且在深层心理的意义上相互沟通、融合。

从不同的艺术传达方式到文化认同的不同途径，我们看到中西艺术实践机制的一些重要差别。从艺术的文化载体方面讲，有神话和寓言之别，从艺术传达的方式讲，有再现和表现之别，从审美接受方面讲则有移情和体验之别。这三个方面的差别影响和支配着一系列的具体差别，构成风格迥异的两个艺术世界。

神话和寓言是人类把握世界的两种原始形式。神话是叙事性的，神话的传播与讲故事的人(德高望重的酋长、行吟诗人)相联系，而寓言则偏重于象征性，寓言的意义及其警世作用离不开一定的意识形态氛围，在具体的意识形态氛围中，寓言以口口相传的形式在社会中自行扩散和传播。神话的文化凝聚力指向一个可视的中心(图腾柱、雕塑、圆形广场)，而寓言的文化凝聚力指向不可视的中心(“道”、“天”)。因此，西方的艺术从一开始就强调审美对象的完整、严谨、对称、比例、追求审美对象的完美与和谐，而东方艺术则不在乎审美对象的零碎、片断、不连续性，在意识形态氛围的凝聚力中达到一种内在的、主体性的和谐。在古希腊有雄浑壮观、结构完整的悲剧，完美掌握形式美规律的雕塑；然而在古代中国，一首五言小诗，几笔凝重的文字，或一件威严的青铜器，却产生出绝不亚于古希腊艺术的审美力量。

其次，艺术精神的传递方式。古希腊艺术常用模仿某种情景和行为的方式来传递审美幻觉的力量；相比之下，中国的古代艺术则大都采用高度抽象化、极度寓言性的“象”来规范人们的审美认同。用现代美学的术语来表达，则可以说古希腊开创的是一种再现性的艺术传统，而中国艺术则创造了表现性的艺术传达风格。关于古希腊艺术的再现性模式我们可以用拉康关于镜像阶段的心理学理论来说明。拉康在研究中发现，儿童在6—18个月时经历了一个叫镜像阶段的心理发育阶段。在这个阶段，儿童从镜中观照到自身，肯定并发展了主体性的自我意识。这个阶段的特点是主体的不能移动和视觉的优先发展。从某种意义上说，古希腊人的艺术活动与镜像阶段具有大致相同的特征，他们创造出格外丰富多彩的造型艺术和结构完整的戏剧。中国古代艺术的表现性根源于极端分裂的社会和文化现象。中国的象形文字在文明的起源阶段即与日常生活语言相分裂，与祭祀仪式相联系的音乐舞蹈从起源阶段即划分为界限森严的等级，观“大象”的方法是一种神秘的特权，在艺术传达中则表现为言与意的尖锐矛盾。中国古代艺术在起源阶段就跨过镜像阶段，体现出马克思所说的“早熟的儿童”的某种特征。

最后，在审美接受模式方面也可以看出中西艺术实践的重要差别。艺术接受模式是审美幻觉具体落实的最后环节。布莱希特早就指出，亚里士多德的“净化说”是以移情理论为基础的，我们可以进一步指出，古希腊艺术的审美接受是以审美同情为基础的。在古代希腊社会，在艺术所创造的高贵、完美、永恒的形象面前，个体之间的差别融解了，时间和空间隐退了，人们在审美活动中产生一种神圣庄严的共同意识。在古希腊人那里，艺术与生活是两个彼此区别的世界。相比之下，中国古典艺术较偏向于“味”的体验。韵味的心理基础是审美体验，它不一定需要借助共同的仪式。在夕阳西下的山峦、如钩的残月，在荒草漫漫的古道、历史废墟的陈迹，在春末的落花流水、深秋的雁声落叶上面，我们的祖先体验到无穷的韵味，在历史意识的蒙眬觉醒中达到文化认同。在这里，艺术与日常生活相互区别又彼此沟通，审美幻觉较易于转化为现实生活中的实践性力量。

从以上的分析和比较中我们可以作出两个初步的结论。首先，在现代文化条件下，在现代资本主义文明的巨大压力下，中西美学的比较研究不能离开基本理论问题的思考和探讨。语境问题，解释的循环问题，审美启蒙的解放冲击来自何处的问题，语言的二元分裂问题，审美体验与东方文化的内在关系问题都与中西美学的比较研究密切相关。这里我仅仅尝试从马克思主义的意识形态理论的视角概要地思考两大美学传统的基本特征，无疑是非常初步和很不全面的。其次，中西美学的比较研究既不能以东方美学为尺度，也不能以西方美学为尺度。真正的比较尺度应该以扬弃这两种视角的文化褊狭为前提。我这里提出用现代美学为尺度比较中西方美学和艺术不仅仅是为了超越中西文化的各自偏见，更为重要的是，我们不应该为比较而比较，应该在比较中寻求跨中西美学的共同规律，或者说寻求在两种美学潮流的相互碰撞中建立现代美学的可能性。这，显然需要宏远的文化视野和深刻的理论思考。

注释：

[1] 见《当代电影》1987年第4期，第33页。

[2] 引自《当代电影》1987年第4期，第31页。

[3] 吉尔伯特、库恩：《美学史》上卷，夏乾丰译，上海译文出版社1989年版，第73页。

[4] 见《理想国》卷10，第601页。

[5] 见《柏拉图文艺对话集》，第272页。

[6] 让·米特里：《影像的美学与心理学》，转引自《世界电影》1988年第3期，第83页。

[7] 详见周来祥：《论中国古典学》，齐鲁书社1988年版。

[8] 见阿尔都塞：《一封论艺术的信》。载陆梅林主编：《西方马克思主义美学文选》，漓江出版社1988年版。

[9] 见《西方马克思主义美学文选》，第245页。

文学与鸦片

——审美幻觉批判

文学作品无疑是由人创造的,带着很强的虚构性和假定性,然而,用虚构性原则决不能彻底说明文学作品的艺术性。就像文学中的爱情母题,虽然与本能、无意识和生理规律有着十分重要的联系,但用精神分析的方法始终说明不了性与爱、艺术家与精神病患者,审美想象和审美幻觉之间的实质性区别。在清算了庸俗社会学以后,我们似乎应该反思一下文学批评中的实证主义和自然主义倾向。在我看来,这两种倾向与庸俗社会学是同一层次的问题,不认真反思一下这两种倾向,前者的消极影响就不能彻底清除。

随着精神分析方法向文学和社会生活各个方面的广泛渗透,神秘的性禁忌正在逐渐消解。我们不仅可以讨论文学中的性意识问题,而且也开始讨论性压抑所造成的人格扭曲和文化变态。寻根文学、电影《红高粱》在艺术上的成功似乎说明了些什么。张扬感性,反叛传统的形象成为近年来艺术创作的一个"原型","一无所有"的流浪汉形象风靡全国。这里面蕴含着极其深刻的社会原因和文化原因。当我们在想象中把外在于我们的各种约束和禁锢抛到一边的时候,的确从中感受到一种兴奋、一种解放感。一些文学批评倾向于把这种感觉作为理论建设的基础和前提:"我感觉,故我存在。"在我看来,在批判封建残余和庸俗社会学在文学上的影响时,这种理论态度的确具有摧枯拉朽的力量，但对于理论建设所要求的彻底性来说，就显得苍白了。问题的焦点在于：推掉一切文化的压抑以后，主体应该是一个自然状态的人，还是一个社会的人？审美活动的情感指向是导向诗意化了的乡野民俗或美化了的感性存在，还是导向我们任何时候都不能回避的，充满着痛苦和悲剧性挣扎的现实存在？换言之，是在幻想中离开现实，还是在审美活动中唤起对现实的批判意识，从而更积极地投身于现实的创造和改造？

埃里希·弗洛姆和马尔库塞在他们的著作中多次强调，弗洛伊德关于性和快乐原则的理论已经被现代社会庸俗化了，变成了传播性消费文化的媒介和理论根据，其理论最初所具有的批判锋芒被彻底掩盖起来了。在许多人眼中，不讲性就是压抑，就是精神变态。然而，在现实生活中，色情文学和淫秽录像并没有塑造出健康的人格。因此，在文学上突破性的禁区以后，严肃认真地思考一下其中的理论问题就是十分必要的了。一个十分明显的事实是，对性的强调不一定使我们获得解放感，也不一定导致意识的更新。然而性反应已经是人作为生物体最本能的东西了，它的反应机制已经涵括了植物性神经系统，对感性和直觉的张扬到此已经走到了它的极限。显然问题仍然没有解决。因此，就提出这样一个问题：在近现代哲学和美学传统中，关于感性与理性、个体与社会，酒神精神与日神精神，自然的人与社会的人所作的划分和对立，是否本身就存在着严重的问题？为了反抗文化传统中的保守力量，只有张扬感性这一条路吗？

把人的身体看作是与人的精神相对立的堕落的根源起源于原始社会后期的性禁忌。在古代神话的变形故事中我们看到，人类要满足自己的感性欲望，就必须付出变形为各种动物甚至野兽的沉重代价。在《聊斋志异》的故事中，我们也看到这样的基本原型：漂亮多情的女性或者是各种神仙野兽的变形，或者是某种邪恶巫术的结果。从文艺复兴开始，哲学和艺术就努力破除强加在人身上的这种禁忌，因此产生出一种很强的还原主义的倾向。从薄伽丘到卢梭、到弗洛伊德、到我们自己，一直把没有受到文明的束缚和压抑的自然的人视为审美和人生的理想。由此产生了整个浪漫主义文化，在我们的文坛上也就有了寻根文学，有了《红高粱》。文学通过这种手段拉开了与现实的距离，为文学自身在异化的、冷漠的世界里争到了不断发展的内在活力。从理论上说，“没有压抑的人”“回归到自然状态的人”始终是作为不证自明的公理而被普遍接受的。现代人类学的研究表明，在原始人那里充满着人与自然、与人类自身的极其残酷的斗争，现代人看来极富诗意的古代风俗和物品(例如雕塑、面具)，曾经用于实用的、甚至是充满血腥的目的。另外，现代艺术社会学的研究表明，一种叫做“观淫癖”的审美病症正在我们的文化中广泛地传播开来，性和本能也已经不真实了，成为像鸦片一样可以用来刺激某种幻觉的东西。对于这种现象，一种诊断认为，我们的审美理想是好的，只是由于商业习气对文学的冲击，使本来正确和美好的东西走样了，被歪曲了。然而我认为，问题恐怕出自我们的审美理想本身。那种向往自然的和谐、向往远古的审美意向是我们的文学脱离现实，满足于美妙的幻觉自娱，日益衰竭的根源所在。

只要我们认真地思考一下就可以明白，每一个具体的、个体性的人，在他(她)的肉体存在中都包含着他的精神，感性和理性、肉体和精神、个体和社会本来是密不可分地联系在一起的。分裂的力量来自外在的社会现实。外在世界的对立和冲突在人的内心世界投上阴影，这种阴影给人带来巨大的痛苦，也激发出巨大的力量。当人不能通过内部调整来超越外在世界的对立和冲突时，或者说，当外在世界的压力摧毁了人的身体自身的内在凝聚力时，感性和理性、肉体和精神、存在和想象之间的联系才彻底断裂开，导致病理学上称为“精神分裂症”的一系列症状。不指向具体现实的幻觉，白日梦是其主要特征。可见，对待文学、对待人类的生命存在、对待人类的身体的自然主义态度和理性原则的态度，是同一层次的错误。这种错误基于这样一个共同的前提：我们的生命存在和身体是划分为一系列成组对立的基本范畴的。不同之处在于，自然主义倾向选择了感性的、自然的和谐，理性主义倾向选择了人造的、社会性的和谐。

现代人在精神上的无家可归感，来自人的身体在物质世界的极度异化。在我们今天日常生活的经历中，不仅存在着马克思所说的劳动的异化，而且也存在着身体的异化，包括两性关系的异化。人的身体由爱情的源泉变成复仇的工具，也许是一种比劳动异化更可怕的异化。我不敢断定近几年文学中的自然主义倾向与这种异化状况是否有着必然性的联系，只是十分忧郁地看到，这种异化带来的精神萎缩，正在我们的身体上造成可怕的影响。审美理想的消解和文学的贬值必然会在不久的将来给我们带来严厉的惩罚。没有想象、没有理性和意志的世界将不再是人的世界。

文化在某种意义上实际是我们身体的反映，这一点在体质人类学的研究中已经得到了证明。正像我们的身体不应该分裂为感性的存在和理性的存在一样，我们的文化也不应该趋向各种极端。没有异化的艺术和审美活动的可贵之处就在于：在破碎的世界和异化的生存环境中，艺术构筑起一个完整的、非异化的世界。这是一个想象的世界，一个真实情感的世界，或者说一个真正属于人的世界。在审美体验中，我们超越了自我的日常生活存在和外在世界的压迫，超越了日常生活的虚幻性和个体存在的有限性。在审美活动中，人的创造潜能得到充分的展开，人们在想象中体验到了完整的人类存在。然而，在人类创造的文化中，所有能使我们达到高峰体验状态的途径，往往也可以变成人类自我欺骗、自我麻痹的工具。性爱、宗教、自然山水以及艺术，都是如此。这也许是人类文化发展最富于悲剧性意味的规律：不从具体的、现实的物质材料中抽象出来，使内容变成形式，就不能实现精神的高翔并获得普遍性，然而，形式一旦从内容中独立出来，又为割断形式与具体现实的联系、成为某种虚幻的存在提供了可能性。在这个意义上说，执笔为文是极其危险的，因为谁也无法保证自己的思想和感情不变歪曲和变形。虽然现代解释理论强调读者"误读"的必要性，然而在我看来，细心地把审美想象和审美幻觉区分开来，批判审美幻觉的催眠作用，也许是理论和批评应该正视的严峻问题。

审美想象和审美幻觉的关系是一个极其复杂的理论问题。从审美感觉上说，我们很容易把莫言的《红高粱》与金庸的武侠小说区别开来，把张炜的《古船》与琼瑶的小说区别开来，然而要在理论上严格地区别较好的艺术与较平常的艺术，的确是一件十分困难的工作。从文本的角度讲，也许我们可以说文学高手写出来的作品在结构上往往富于创造性和独特性，然而我们也看到，对大师作品的模仿常常写出十分平庸的读物。现代文学艺术的发展已经证明，任何一种独创性的风格，在被社会接受以后，总是引来大批的模仿者而演变为一种固定的模式，使独创性丧失殆尽。从审美接受的角度讲，《最后一班地铁》唤起想象和情感，《米老鼠和唐老鸭》也唤起想象和情感，好像没有什么不同。在许多观众看来,《黄土地》和《红高粱》不如《少林寺》和《戴勋章的走私犯》那样好看、动人。近年来我们的美学和文艺理论在审美活动的情感性和审美想象的自主性、自律性方面取得了许多成绩,而从哲学的高度思辨审美想象和审美幻觉之间实质性区别的文章则极为罕见。然而不在理论上解决这个问题,怎么可能回答现实提出的一系列尖锐问题呢?我常自问,对这类问题的冷漠和回避,是由于理论家们对现实已丧失了信心,还是由于我们的理论传统中有一种满足于智力游戏的习惯?每当我读鲁迅和青年马克思,总为我们的理论在这方面的软弱而痛苦。从现实生活的角度讲,我们民族目前的境遇是最富于悲剧性意味的,改革和对外开放把中华民族在世界舞台所处的位置鲜明地凸显出来,任何一个人都能感受到其中浓烈的悲剧性意味,但直到现在,我们仍然缺乏震撼人心的悲剧性作品。在我看来,理论和批评对此负有不可推诿的责任。尼采《悲剧的诞生》和瓦尔特·本雅明的《德国悲剧的起源》的确是产生于德国古典悲剧创作的高峰期之后,然而,尼采、本雅明、海德格尔思考的基本问题在康德那里已经提出来了。没有康德哲学,德国悲剧和悲剧理论的繁荣是不可想象的。同样,没有古希腊哲学精神的滋养,古希腊悲剧艺术的繁荣也是不可思议的。理论的最大意义就是向同代人提出问题,刺激文化内驱力重新启动起来,而不是事后作些总结和评论。

审美幻觉和审美想象之间的区别用审美体验的情感性和艺术想象的自律性是难以说明的。审美想象的确是一种虚构,在这一点上与审美幻觉似乎没有什么区别。文学正是因为它是想象性、虚构性的,才有权力要求自律,在异化的世界中成为富于诗意的绿洲。幻想也是虚构和自律的,在异化的、充满痛苦的世界中为软弱的人们提供一种虚幻的满足,成为被压迫生灵苦难的叹息和情感的寄托。也许我们可以说审美幻觉提供的是一种虚幻的和谐,这种和谐是非辩证的,割断了内在世界与外在现实的联系,把人们的希望引向远离现实的遥远天国;而审美想象是一种辩证的和谐,这种和谐充满着痛苦和冲突,把人们的情感导向对现实的批判,使我们在艺术的自律中强烈地感受到现实世界的破碎。因此,从本质上说,文学和艺术是一种痛苦的语言,在这个意义上,悲剧的丧失也就成为一种征兆,表明艺术与外在现实的联系被大大削弱了。

在原型批评大师诺·弗莱看来，悲剧是诸神从完美、自由的境界下降到痛苦的、破碎的现实的产物，因此悲剧是外在的异化世界在文学内宇宙上的投影。像所有浪漫主义文论家一样，弗莱也把人类最自由、最美好、最富于诗意的时代放在人类历史的起点，因此他把文学史描绘为从幸福的、浪漫的喜剧，到痛苦挣扎的悲剧，然后发展到阴冷绝望的反讽这样一个下降的过程。根据文学自律性的原则，喜剧就比悲剧高。这种思想倾向是整个浪漫主义文学运动的理论基础，为有力地抵抗现代商业化社会所带来的异化现象提供了某种依托。然而，这个前提本身是虚幻的。在远古的神话时代，神话传说是一种口传文学，在讲故事的人所担任的角色中，保持着类似于巫师、祭士的功能，他们能把听众的想象指向实际的利益。讲故事的人往往是部落中德高望重的人，他们的故事包含着许多对听众有用的东西。这种对人生有用的经验以及通过故事所体现出来的道德教训和实践性的指导，把前人的经验通过讲故事的形式一代一代地传下来。显然，文学在它的初始阶段并不是自律的，形式和内容之间的深刻内在关系仍然有机地联结着，这就是古代神话具有巨大魅力和文化凝聚力的秘密。然而，作为社会历史过程的分泌物，由于社会环境的极度异化，文学的形式必然厌恶内容，想象必然反抗现实，文学不可避免地要求自律。在我看来，文学转向自律是对社会不合理的一种无声的抗议，仅仅模仿艺术杰作的形式美是无法传达出这种声音的。这样，艺术形式就很容易流为形式主义，艺术想象也就极易变为一种幻象了。

在我看来，审美幻觉和审美想象的共同性在于它们都是以虚构性为基础的，区别在于审美想象的情感导向是指向现实的，这是因为在艺术的纯形式中仍然隐含着与内容的某种联系。文学艺术作品和审美活动是受多元决定所调节的，忽视了文学艺术的审美特征，我们就走上了庸俗社会学和机械唯物主义的道路，忽视了文学艺术与社会现实的内在联系，我们又极易滑向对形式美和感性活力的过分崇拜，陷入审美幻觉的泥沼。在我看来，这一切的根本原因都出自对历史和现实所作的一种浪漫主义的理解：现实是异化的、痛苦的、个人是孤独的，完美的和谐和人类的黄金时代只存在于遥远的过去；现实是没有希望的，或很少希望的，因而人必定转向内在的世界，转向构筑文学的自律世界，以此来抵抗外在世界的无情压力。坦率地说，近十年的美学热和对马克思《巴黎手稿》的浓厚兴趣，都是在这种浪漫主义倾向的思维模式中展开的。正像19世纪法国的浪漫主义既产生了雨果、司汤达的伟大杰作，也孕育出欧仁·苏《巴黎的秘密》之类作品一样，在我们的文学和美学中也存在着把审美活动变成某种幻觉，以及借助审美从现实中一跃而出然后对现实的不合理性进行有力批判这样两种倾向。问题在于后一种倾向太微弱了，理论应该负起某种责任来。文学就像伟大宗教所描绘的彼岸世界一样，虽然很渺茫，但毕竟透露出某种真实的希望。如果通过宗教的透镜，我们在现实中看不到一点希望，转而把自己的全部情感都交给根本不可能实现的宗教许诺上，那么它就已经变成一种鸦片，一种幻觉了。

因此，美不应该使我们陶醉，它应该唤起我们的痛苦。人并没有一个供我们可以退回去的曾经存在的美妙状态，人生下来只有一条路：大胆地往前走，尽管前面仍然是一片黑暗。

第二辑　地方性经验的人类学研究

审美人类学与马克思主义美学的当代发展

20世纪90年代中期以来，一批美学、文化人类学领域的中青年学者对建立审美人类学的可能性与必要性、对其学理基础、学术渊源、学科定义、研究对象与方法进行了论证，基本上搭建起了审美人类学的学科框架[1]，审美人类学已经成为美学发展的若干重要方向之一。但与此同时，审美人类学在学理上仍存在一些亟待解决的问题，其中最重要也是最基本的问题有两个，一是作为一门学科，审美人类学所研究的基本问题是什么？二是作为美学与人类学的交叉学科，如何达成美学与人类学在理论与研究方法上的真正整合？学理问题的明确，决定着学科良性发展的可能性和方向，本文力求进一步深化审美人类学的学理思考，以促进审美人类学的发展。

一、审美人类学与马克思主义美学的历史渊源

审美人类学作为一门新兴的边缘学科，其学理上的合法性很大程度上取决于它与已有学科的成熟的思想理论体系之间的联系，因此，对审美人类学学理渊源的阐释一直是审美人类学的重要话题。在我们的论述中曾提到审美人类学与马克思的美学思想及马克思主义美学家在理论方法上的紧密联系[2]，但却还未系统梳理审美人类学与

马克思主义美学思想两者间存在的渊源关系，这不能不说是审美人类学学理阐释中的重大缺憾。在某种意义上，不仅可以说马克思主义美学思想是审美人类学最重要的学术思想来源，还可以说审美人类学本身就是马克思主义美学这棵参天大树在当代社会文化语境中受多种思潮浸润而催生的一枝新芽。审美人类学与马克思主义美学的渊源应当从马克思本人对浪漫主义美学的批评谈起。

具有系统的学科体系的美学产生于西方。尽管任何概括总难免有失偏颇，尤其对于西方传统美学这一繁复的理论系统更是如此，但我们仍可将鲍姆嘉通到黑格尔的西方美学思想归纳为浪漫主义美学而不失其本旨[3]。当然，这里所说的浪漫主义美学与文学史中所称的浪漫主义文学有重大的区别。我们所说的浪漫主义美学指的是一种基本的美学意识形态，涵盖整个资本主义文化时期，它的基本框架在康德美学中得到体现。康德美学的巨大张力在于把美学问题放在自由与必然、情感欲望与伦理要求、现实世界与艺术世界之间的二元对立的关系中来考察，将艺术与美视为超越人生一系列二元对立的方式，并将这种超越限定在想象的领域而与现实社会历史文化相脱节。这一方面保障了想象性超越不至于受现实社会变动的影响而失掉其作用，从而为康德美学成为一个圆满自足、不易被打破的理论体系创造了条件；另一方面，这也在思想上割断了美与孕育美的社会文化母体之间的脐带，从而使康德美学失掉了与现实相联系的可能性。在康德美学的影响下，经席勒、谢林至黑格尔，将美定义为“理念的感性显现”，已将美作为超现实、超功利的精神状态的观点发挥到极致。而当黑格尔在其《法哲学原理》中宣称其包罗万象的哲学体系已经完备，哲学已经发展到它的顶峰时，西方传统美学也就走到了严重危机状态。

马克思的伟大之处在于，他在浪漫主义审美神话占据着不可动摇的地位时，就已明确指出其虚幻性。在《1844 年经济学哲学手稿》和《德意志意识形态》中，马克思指出，正如宗教并不能真正解决现实的人的问题，而只是人民的鸦片那样，审美虽然能使人们被压抑的潜能得到某种实现，但只是在想象性和意识的层面上得到实现，这是一种虚幻性的实现，它与现实无关。在马克思对浪漫主义美学的批评中，我们过去往往只注意到论说的显在一面，即浪漫主义美学与资本主义生产方式的联系，却忽略了马克思在此处留下的言外之意，味外之旨，那就是，既然浪漫主义美学是西方工业文明的产物，那么，它的哲学基础、理论成果乃至论说方式就与而且只与西方文化的某一发展阶段相联系，并不具有普遍性意义，从而为不同的美学思考和论说方式的出现铺平了道路。同时，马克思的这一论述也暗示了他对某种特定的美学思想的产生与特定文化类型和社会发展阶段间存在的深层联系的关注，在马克思的晚年，他对人类学这门当时新兴学科的极大兴趣更表明他企图寻找对于上层建筑、文化以及审美问题的更复杂的理解和说明[4]。

在马克思之后，通过对人类学材料和理论的借鉴来解决美学问题的趋势一直存在于马克思主义美学界中。从普列汉诺夫在《没有地址的信》中应用大量的原始艺术和考古学材料将艺术和审美心理的起源归于人类的劳动实践的论述到卢卡奇在《审美特性》中大量引用人类学资料，都说明马克思主义美学与人类学的关系日趋紧密，而这一趋势最为明显地表现在当代西方马克思主义美学的理论发展中。在这里要着重加以论述的是现当代马克思主义美学家对马克思提出的商品使用价值理论的深刻思考和在此基础上重视“日常生活”这一概念所产生的重要影响。诚如伊格尔顿在《审美意识形态》一书中指出的那样，马克思在其美学思想中一向重视使用价值和交换价值的概念，他正是通过使用价值的概念解构了唯心主义哲学中居于核心地位的实践和审美之间的二元对立，正是通过对商品的使用价值的肯定，使得实践被包含在审美活动中，从而为人的真正的创造性活动也就是自由的活动或者说真正的艺术活动的出现创造了机会。伊格尔顿认为马克思通过对使用价值的把握将感性与理性重新联系起来，[5]从而为在资本主义社会中被私有制和强制性劳动所分裂的人的身体提供一个重新整合的机会。尽管在资本主义社会中，这种整合事实上是不可能实现的，但使用价值这一概念却使研究者的注意力从产品的生产过程转移到产品的流通、使用和再定义过程，从而为西方马克思主义美学的发展提供了新的思路。美国美学家波林·琼斯在《马克思主义美学——意识解放的日常生活基础》一书中认为，卢卡奇作为第一个系统阐释马克思主义美学体系的思想家，在《历史和阶级意识》中提出了“日常生活”这一重要概念。他系统研究了资本主义社会的日常生活——商品拜物教——以及与日常生活密切联系的直接意识的虚幻性，由此将马克思主义美学研究的重点从商品——艺术产品和由此产生的审美制度、审美规范——的生产转移到商品的流通和使用领域，也就是艺术如何通过人们的现实活动而产生出审美意义的领域。马克思主义美学重视艺术与日常生活的关系，强调艺术所具有的启蒙能力和解放作用的根据及力量最终都产生于现实的日常生活。因此，深入地研究日常生活及日常生活所产生的审美需要，特别是研究作为文化创造者的大众的审美需要及其在不同文化中的不同表达机制，成为当代马克思主义美学的主要发展方向，马克思的许多重要美学观点都可以归结到日常生活的审美研究这一点上来。如马克思关于人的身体是审美活动的物质基础的论述就被伊格尔顿所继承，但是，人的身体并非单纯的肉体性存在，而是在现实历史条件和文化环境下的存在，因此对身体性的关注也就应该进一步推进为对文化塑造下的身体在日常生活中的表现的关注；还有，马克思主义美学所强调的艺术和审美对不合理的现实的改造，也可以通过考察艺术如何在生活中打破日常思维和现实社会结构，冲破意识形态的束缚而达致审美启蒙的目的。

正是在这一基础上，文化人类学与美学尤其是马克思主义美学思想达致了融和的契机。马克思的继承者们从对使用价值的重视发展到对实践这一概念在美学中作用的阐发，进而将实践放置到现实的日常生活中加以考察。以西方马克思主义美学的日常生活概念的进一步研究为基础，促成了人类学与马克思主义美学的结合。从 20 世纪 60 年代起，人类学界掀起了一股理论反思的浪潮，人类学家纷纷转向最具批判性的马克思及后继的马克思主义思想家以寻找新的理论资源，对原有的人类学理论进行反思。其中最具影响力的当推法国人类学家布迪厄和美国人类学家茂林斯，他们借鉴了“实践”和“日常生活”这两个概念，指出作为人的能动性和现实活动的实践对既有的社会文化体系具有继承与服从、破坏与创新的两重性，进而要求人类学者放弃传统的寻找最深层的、不变的社会结构与文化规则的目标，转而研究通过日常生活表现出来的实践与社会文化体系之间复杂的互动关系，他们的理论在人类学界引起重大反响，也成为审美人类学出现的契机[6]。

二、人类学与马克思主义美学理论的深层整合

审美制度这一概念的提出和对此进行的探讨是审美人类学实现人类学与马克思主义美学深层整合的标志和重要成果。

审美制度这一概念与阿尔都塞的意识形态理论有着密切的联系。阿尔都塞最早将意识形态这一概念理论化，指出意识形态是人对自身与现实生存条件之间关系的理解和表述，并将意识形态视为在一定思想体系制约下确立的行为实践与制度——仪式、风俗习惯、教育、宗教、家庭、传媒、文化工业等，艺术与审美活动也包括于其中。从审美人类学角度来考察阿尔都塞的意识形态理论，我们发现正是他进一步揭开了艺术与审美的神秘面纱，彻底打破了艺术与现实生活之间的二元对立关系，将审美从充当艺术与现实的调解人的高高在上的位置拉下来，揭示出艺术与审美并非如浪漫主义美学和在他之前的马克思主义美学诸流派所认为的那样，是独立于现实社会生活的纯洁的产物，相反，在艺术与审美的背后存在着与现实社会生活错综复杂的关系。可以说，阿尔都塞重新拾起了马克思探求美学思想与特定文化之间深层联系的理论火炬，在这一认识基础上，他将审美活动纳入整个社会文化体系中，并在具体的社会文化体系中解释审美的本质，从而将审美研究落实到日常生活这一层面。但是，在如何区分真正的艺术与审美意识形态之间的差别，如何通过对艺术和审美活动的意识形态本质加以深入分析，以找到超越意识形态限制的途径这一重要问题上，阿尔都塞保持了理论上的沉默。这说明了问题的复杂性和寻求其他理论资源的必要性。

从 20 世纪 70 年代起，解释人类学这一学派占据了文化人类学发展的主导地位。以美国人类学家克利福德·格尔茨为主要代表人物的解释人类学强调通过对特定场景下所表现的文化细节的深入观察与分析，也即所谓的“深描”(thick description)[7]来达到对文化内部规则和象征体系的了解。将阿尔都塞的审美意识形态理论与格尔茨等对艺术和审美问题的观点加以比较，会发现两者间存在着相通之处。解释人类学一直将审美和艺术放在文化的整体中加以研究，并始终将其与文化的其他组成部分加以

联系。正如格尔茨所说:“一个人对生活的感知当然表现在生活的各个方面,不仅表现在艺术上,还表现在人们的宗教观、道德观、科学观、商业观、技术观、政治观、娱乐观、法律观念,甚至还表现在他们任何安排日常生活现实生存的方式上。”[8]因此,格尔茨认为艺术和审美观念与日常生活中其他领域的观念有着密切的联系,同为文化的深层法则在不同生活层面的表现。“在一些具体情形下,在我们称之为文化的那种普通的符号形式中的亲本参与体是可能渗入我们称之为艺术的那种实体的。因之艺术的理论同时亦即文化的理论,它不是一个自治的领域。如果它是一种符号学的艺术理论,它必须探寻社会生活的符号意蕴,而不是那些臆造的二元论的、转换的、平行的或同一的世界。”[9]格尔茨强调,对艺术的审美意蕴的探求应当深入现实社会生活的具体的和为数众多的方方面面中。

当然,在阿尔都塞保持理论沉默的地方,格尔茨也未能说出更多的东西,但是解释人类学强调对文化的符号与象征体系的考察却为审美人类学提供了新的思路。审美人类学认为“对关于美学进行探讨的学问我们可以称之为符号学,也就是去研究符号的意义的学科。这种学科我们不能用一般的科学诸如逻辑和数学之类去对它诠释,而只能是以社会性的学科诸如历史和人类学去研究”。[10]对审美问题的研究可以转换为对审美符号的研究,从而把美学研究“引入一种符号和象征的自然史的疆域,一种以意义为传媒的文化人类学的领地。这些符号和象征,这些意义的媒介,在社会生活中或社会的一个部分里扮演着自己的角色,而且在事实上是它们给社会注入生命。在这儿,意义也是源于使用而起,或更确切地说,是从使用中产生的”[11]。

在解释人类学看来,主体对外在世界是通过运用一系列的符号体系来加以把握和认识的,也就是说人的文化关系和对文化关系的表达都是通过符号象征体系来处理的,人的审美关系作为整体文化关系的组成部分之一也是如此。文化实际上就是体现在符号意义中的结构,文化作为一种意义模式通过符号在历史上代代相传,其传承的观念体现在象征形式中,符号体系通过象征形式传递意义,达致人与人的交流,并发展出人生知识和生命态度。艺术是这一符号体系中的重要组成部分,但是,在大多数人类文化中,其他的符号体系组成部分与艺术一样发挥着传递审美意义的功能。因此,审美意识形态也是表现为一系列的文化符号而发挥着作用，它表现在社会生活的诸多方面，并不仅仅局限在艺术领域。审美人类学认为，通过将审美意识形态符号化，可以将其从较为抽象的层面具体化为较具体的层面。通过观察审美符号在不同的文化语境中的不同表现，我们就可以运用解释人类学倡导的“深描”方法对其内在规律加以阐释。此外，审美意识形态的符号化也可以帮助我们对审美与艺术在文化体系中的位置有更好的了解。人类学认为文化可以分为技术的、制度的、精神与信仰的三个层次，对艺术和审美活动，传统的美学研究注重的往往是精神层次上的问题，将审美和艺术活动视为人的单纯的精神领域的活动来加以考察研究；而传统的文化人类学对艺术和审美的研究刚好处于另一个极端，即注重艺术和审美活动的物质基础和技术条件。审美人类学则侧重对处于两者间的审美与艺术的制度层面加以研究，即通过对审美与艺术符号在文化语境中的具体表现来找出在其背后隐藏着的被社会约定俗成的一套规则与禁忌。

何谓审美制度，应该说这还是美学研究中的一个新名词。审美人类学认为审美制度是文化体系中隐在的一套规则和禁忌，包括文化对成员的审美需要所体现的具体形式，也即社会文化对审美对象的选择和限定；包括了成员的审美能力在不同文化中和文化的不同语境中所表现出的发展方向和实质；当然还包括了受不同的审美需要和审美能力限制所产生的特定文化的审美交流机制。此外，审美制度也体现在物质和环境的范畴上，包括了文化所给予的艺术创造的技术手段和历史形成的社会对艺术所持的接受态度和审美氛围。“深描”的方法对具体观察人们在日常生活中的实践活动及其影响具有明显的方法论意义，但更重要的是“审美制度”这一概念的提出。在马克思看来，真正的审美与艺术活动始终具有重大的积极意义，是超越现实制约的重要手段。审美制度包括了审美意识形态的内容，但又超越了后者的局限。在布迪厄等人看来，人的自由活动和规则制约之间存在一种“中介”(agency)，这种中介包括了人的选择、思考、策略和谋划，凭借中介的作用，人可以利用社会空间的缝隙实现自己的目的，甚至对社会规则加以改造，布迪厄将这种创造性行为称为具有“艺术意味”的行为。当然，他是在比喻的层面上使用这个词的，但我们相信审美制度正是社会文化体系中“中介”的重要表现,不同的审美制度体现了不同社会文化体系的弹性和活力。

在审美制度中,尽管审美需要是人的本质属性,但是它在人类生活中的表现却是受文化制约的,不同的文化有不同的审美需要,并由此决定了审美能力的发展方向和审美交流、审美表达的具体途径。在经济全球化的今天,无论是占据着主导地位的西方文明还是处于发展阶段的非西方文明,文化传统都面临着自身发展的严重问题。人类学家萨林斯在《甜蜜的悲哀》一书中通过对咖啡和茶在原产地都不放糖,而传入西方后却与糖不可分离这一文化细节的揭示,指出了受到西方文化传统的制约而形成的审美需要,具有着不同于其他文化传统的特点[12]。他的论述给我们以启示:审美人类学当前的重要任务应当是通过田野调查方法深入了解并分析中华本土文化尤其是其中的底层文化和边缘文化所具有的不同于西方文明的审美需要,找出其特征所在,进而在理论上加以说明,以便超越美学思想中西方中心话语的思路,为消除审美意识形态对人的真正的审美需要的蒙蔽,从而实现马克思主义美学所重视的审美启蒙的目的找到新的、更具建设性的路径。

三、对马克思主义美学基本问题的当代回答

审美人类学的这一理论目标实际上正与马克思主义美学的实践性要求相合拍。马克思把介入实际的社会发展进程从而达到改造世界的目的作为其哲学思想与其他哲学思想的本质区别之一。在这一天才的审美理想的指引下,马克思对浪漫主义美学的基本问题提出了质疑,浪漫主义美学将美学的基本问题界定在论证和解释审美的神圣性、非功利性、超越现实性之上,马克思对审美神话的解构同时也使浪漫主义美学的基本问题失去了意义。在 1857 年写成的《〈政治经济学批判〉导言》中,马克思从分析古希腊神话的永恒魅力着手,提出了美学的基本问题应当是研究艺术的永恒魅力的社会根源、艺术和美的创造与现实社会生活的联系、审美在社会历史发展进程中起到的积极作用等问题。在人类进入后现代社会,全球化趋势不可阻挡的今天,这一问题甚至显得更为复杂和尖锐。马克思提出的美学基本问题可深化为以下问题:艺术创造和

审美活动如何使现代科技导致的社会变迁不至于与人类伟大的历史文化传统相分离。如何在人类文明进程新的发展阶段对这一问题作出自己的回答，正是审美人类学的基本任务，也就是说，审美人类学是对马克思主义美学基本问题在全球化时代的深化和进一步解答的尝试。

当然作为一门新兴学科，审美人类学对此问题作出完满回答的时机尚未成熟。但田野始终是审美人类学学者获得灵感的源泉，对艺术和审美在日常生活中的作用和具体发生途径的研究始终是解决问题的方向，鲜活的文化事象已给我们以极大的启示。作为审美人类学课题组田野调查项目的组成部分，我一直对广西阳朔县漓江畔一个有七百余年历史的古镇——福利镇进行过追踪调查，以期对当地文化传承过程有所了解。在一次当地民间节日——“五月八”——庆典中，一幅活动场景给作者以极大的文化震撼：走在整个巡游队伍最前面的一队游行者，身穿印有“新科电器”字样的广告衫，手持“牌灯”（为巡游队伍和供奉神灵开路照明之用的长方形玻璃匣灯），灯匣的一面绘有“祖国统一”“和平稳定”“科技进步”“少生优生”等政府倡导的政策标语，另一面则绘有西王母、孙悟空、秦琼、郑成功、天师等当地民间神灵谱系中的各路神仙。事后，我得知这次活动乃至牌灯的制作完全是民间自发的行为，当地政府并未给参与者任何限制，而广告衫则是活动的民间组织者向当地的企业拉赞助时获得的赞助品的一部分。实际上，就在巡游队伍的两侧，很多企业包括新科电器在当地的代销处纷纷挂起条幅，进行产品的促销活动。

这不起眼的一幕给我以重要的启迪，以广告衫为象征的现代商业文化、以标语为象征的意识形态主旋律文化和以神灵谱系为象征的民间传统文化在这一队虔诚而兴奋的活动者身上如此和谐地统一在一起。在这里，现代商业文化并不像某些学者认为的那样，对民间传统文化起到的仅仅是破坏作用，相反，正是现代商业文化给民间传统文化的演示提供了舞台和空间（除了经济的因素外，可想而知，在极度政治化的年代，这样的活动是不被允许的）。此次庆典主要供祭的对象是两位在当地享有最高地位的神灵——天后和颍考叔，天后即妈祖，天后的职责就是保证风调雨顺，也兼管求子和生育；颍考叔在《左传》中有记载，为春秋时郑国大臣，使郑庄公与其母和好相会，被认为是掌管小孩健康和前途的神灵，同时也是忠孝的象征。从这两位神灵的选择上，不难发现以天后为象征的汉族民间信仰和以颍考叔（仅仅是儒家经典中的历史人物，还未发现在其他地方有奉其为神灵的信仰）为象征的上层儒家思想的结合（在民间以一种更为温馨的形式来促成这宗结合——称他们为公公婆婆，为一对恩爱夫妻）。而在放花炮、供放求子纸鞋、舞板凳龙等祭祀形式中还可看到百越文化底蕴的影响。意识形态主旋律文化常常被民间文化所借用以增强自身的合法性，但我们看到的是一种有选择的借用，在街道两旁贴着老百姓自己创作的标语："向颍考叔学习忠心爱国的精神！""向婆婆学习尊老爱幼的精神！"而牌灯上所绘的口号从和平稳定到祖国统一再到发展科技、少生优生等等也无不与民众现实生活相关，从形式和内容上都可见到主旋律文化与民间传统相符的部分被整合进民间价值体系中。这整个庆典活动本身也构成一个象征体系在起作用：商业文化作为民众活动的物质基础，主旋律文化被视为民众生活和活动的保障，其与民间价值体系相关相符的部分也被整合进民间文化传统中，但作为民众生活和活动基础的仍是传统的精神文化层面，无论从原有的神灵信仰还是从被整合的主旋律文化来看，都体现了三个层次：风调雨顺与和平稳定，强调了人与自然的和谐；颍考叔的忠孝和祖国统一、发展科技等思想，强调人与社会层面的和谐；而少生优生与求子等习俗，体现着人自身和谐的愿望。三个层次的愿望将人与自然、人与社会、人自身相统一，并使参与者摆脱现实对人的绝对控制而看到天与人、历史与现实、现在与未来、此岸世界与彼岸世界的本质联系。在这一意义与行动相联系的过程中，体现了人们凭借民间智慧的力量构建起内涵丰富的、灵活的象征符号体系的能力。类似的象征符号体系正是阿尔都塞、布迪厄等提出的中介的体现，凭借对象征符号体系的不断改造和赋予新意，人们保持了对社会现实的适应能力，通过对庆典活动的观察，我们发现庆典本身就是民间工艺和民间歌舞艺术的展演，但在展演的审美目的背后却隐含着三个层次的愿望，审美需要与功利的、伦理的、宗教的、意识形态的需求相结合相共存，正符合结构主义人类学家列维-斯特劳斯所倡导的整体把握世界的野性思维的要求，这一特征的当代体现，体现出野性思维与理性思维的和谐共存。这种不同思维方式的共存使得西南文化具有与众不同的特点。

野性思维与理性思维的和谐共存对人类而言具有重大的意义。列维-斯特劳斯在《野性的思维》一书中着重指出，野性的思维是人类共有的普遍精神，而理性的思维才是近代西方文明特有的产物。但是，野性的思维也并不缺乏理性、推理能力和创造新事物的智慧，它同样是人类有效把握世界的方式，并且野性的思维在人类历史进程的最关键时代——新石器时代——创造了"具体性的科学"，从中诞生出满足人类基本生存需要并至今仍作为文明基础的各种文明技艺，如农业、畜牧、制陶、纺织、食物的保存加工等。在肯定野性思维的科学与实用作用的同时，列维-斯特劳斯还预言最现代化的科学精神必定会与野性思维相交汇并恢复野性思维的原则和合理性。在对审美的研究方面，列维-斯特劳斯对野性思维即具体性思维与人类审美感觉对世界的把握和理解方式上的一致很感兴趣，并认为野性思维天然地具有美学价值。实际上，他认为野性思维与理性思维作为人类思维的两种并行形式分别对应于艺术和科学这两种人类感知和把握世界的方式。在理性思维占据主导地位的现代社会里，野性思维以艺术和审美活动为栖居地而存在着。列维-斯特劳斯推崇野性思维在人类历史进步上起到的巨大作用，并认为野性思维是人类原初和共同的思维形态，理性思维要获得"生活的睿智"必须要以野性思维为中介。因此，他极力强调艺术与野性思维间的天然联系，认为原始艺术之所以成为唯一不衰落的艺术，就在于它是对"绝对存在物"的表现，而不像现代艺术那样过分重视技巧和艺术家个人的目的，这所谓的绝对存在物在他看来就是人与自然的直接联系，他主张艺术的前途在于"重新去接触自然，获得自然的原始状况"[13]。尽管格尔茨被视为后结构主义者，但他对斯特劳斯的这一论断却抱赞同的态度，他说道："如果人类保持这种介于原始状态下的懒散和受自身固有的特性激励而进行的探索活动之间的中间状态(即野性思维与理性思维方式的中间状态——作者注)，而不是由于不恰当的偶然性，受了机械的文明、无休止的野心、傲慢和利己主义的影响而抛弃它，会更好一些。然而，他的确抛弃了它。社会改革的任务是要使我们重新返回这一中间状态，然而，并不是通过将我们拽回到新石器时代，而是通过向我们展示人类的成果、社会的优雅中存留的令人激动的零散观点，将我们推向一个理性的未来，在那里甚至可以更完整地实现其理想——注重自我与普遍同情之间的平衡。这是……

向人类发展的进程,被卢梭称为‘完美’的更高的思考能力的逐渐展露过程。”[14]野性思维与理性思维的结合在西南各民族文化中仍以一种较和谐的方式而存在着,这种存在的基础是什么?应该说找出这一基础正是审美人类学的学术使命。

在西南民族的一系列民俗行为系统中,现实功利目的、审美目的、信仰目的往往三位一体地存在于一种行为中,功利性的一面使民俗行为能面对现实而保持一种开放性,信仰的层面使其保持与历史传统和文化固有规则的联系,而审美和艺术则在两者间保持一种张力和平衡,并使民俗行为笼罩上一层诱人的光环,从而使民俗行为系统具有一种生生不息的特点。正是由于有了这层神秘的光环,感性与理性相交融的审美活动才能以民俗行为系统为基础而延续。在对本民族文化传统加以妥善保存和延续的同时,又能对新的技术和文化内容加以改造性地吸收。在这些未得到主流美学界重视的现实审美制度和审美活动当中,我们看到了解决全球化时代马克思主义美学基本问题的途径。

注释:

[1] 王杰、海力波:《审美人类学:研究方法与学科意义》,《民族艺术》2000 年第 3 期。覃德清:《审美人类学:价值取向与方法抉择》,《民族艺术》1999 年第 3 期。

[2][4] 王杰、海力波:《马克思的审美人类学思想》,《广西师范大学学报》2000 年第 4 期。

[3] 王杰:《审美幻象问题与心理学解释》,载《马克思主义与现代美学问题》,人民文学出版社 2000 年版,第 33—34 页。

[5] 特里·伊格尔顿:《审美意识形态》,王杰、傅德根、麦永雄译,广西师范大学出版社 2001 年版,第 196—200 页。

[6] 见纳日碧力戈等:《人类学理论的新格局》,社会科学文献出版社 2001 年版。

[7] 见克利福德·格尔茨:《染描:迈向文化的阐释理论》《文化的解释》,纳日碧力戈译,上海人民出版社 1999 年版。

[8][9][10][11] 克利福德·格尔茨:《地方性知识》,王海龙、张家瑄译,中央编译出版社 2000 年版,第 124、141、154、154 页。

[12] 马歇尔·萨林斯:《甜蜜的悲哀》,王铭铭、胡宗泽译,三联书店 2000 年版,第 69 页。

[13] 列维-斯特劳斯:《结构人类学》第 2 卷,上海译文出版社 1999 年版,第 309 页。

[14] 克利福德·格尔茨:《文化的解释》,纳日碧力戈译,上海人民出版社 1999 年版,第 411 页。

审美人类学的学理基础与实践精神

美学作为一门“感性”之学，一直关注世界上各民族的审美感知的生成及其特质，而人类学研究人的体质和文化，也离不开人的感性因素。人类按照美的规律来创造文化，人类学在区域开发与文化建设过程中，推行指导变迁的理论，所遵循的最高原则是美学原则，让人充分体验到感性之美与精神之美，由“悦耳悦目”，而“悦心悦意”，最终臻至“悦志悦神”的境界。

一、审美人类学研究的理论渊源

在文化人类学看来，所谓文化，也就是人类为了适应自然生态环境、适应社会演进以期实现身心和谐而创造出来的文明成果。人类为从自然中获得生存必需的资源，发明了一整套的技术手段以控制自然，更会通过各种途径促使人的心灵与自然之间建立起相互依存的关系，从而发明出一整套的社会规范和悦人身心的精神文化系列。尽管不同民族和文化中其精神价值规范表现形式千差万别，但是，其核心也仍然离不开抚慰人的心灵，提高人的生存质量这一终极目标。所以，按照人类学文化整体观来展开一个新的思辨空间，可以发现，作为审美文化核心的文学艺术，在本质上是相互渗透的人类文化浑融体中的一个侧面。诸如维柯的《新科学》、温克尔曼的《古代艺术史》、格罗塞的《艺术的起源》、康德的《判断力批判》、席勒的《审美教育书简》、普列汉诺夫的《没有地址的信》等美学经典著作,包含着大量的人类学素材和观点。而人类学家所从事的田野观察和民族志记录,始终注意到被观察对象的心灵世界和精神境况。从马林诺夫斯基到博厄斯,从列维-斯特劳斯的结构主义到当代此伏彼起的人类学各种思潮,都不乏有关文学艺术和人的感性世界的独到见解。国外人类学领域对异民族民间艺术的深入研究,积累了大量资料,逐步形成一种学术传统,促使审美人类学(Aesthetic Anthropology)研究取得一系列的研究成果,作为一门综合性的美学与人类学的交叉学科,逐步走向成熟[1]。

中国民族学、人类学领域有关文学艺术和审美习俗的研究,也具有源远流长的历史。中国民族学的开创者蔡元培先生留学德国期间,广泛研修哲学、文学、文明史和人类学,曾撰写《美术的起源》等文章,他还倡导建立美术博物馆,主张以美育代替宗教。毕生致力于人类学调查和研究的凌纯声先生,在其代表作《松花江下游的赫哲族》《湘西苗族调查报告》《中国边疆民族与环太平洋文化》《畲民图腾文化研究》等著作中,不乏对民族民间艺术的热切关注[2]。知名人类学家林耀华先生以小说体裁写成他的成名作《金翼》[3]。林惠祥《文化人类学》中,列专章讨论原始艺术问题,认为"生活余暇,原始人也发挥其审美性而生出艺术来",分析了原始人的人体装饰、器物装饰、绘画雕刻,以及舞蹈、诗歌和音乐[4]。岑家梧的《史前艺术史》《图腾艺术史》《中国艺术论集》,堪称中国人类学家研究初民艺术和审美特质的典范之作。而近年来费孝通先生提出的"各美其美,美人之美、美美与共,天下大同"的文化共处原则以及文化向"艺术的境界发展"的更高层次的文化转向[5],更是为人类学与美学的深度汇融,提供了新的契机。在这里,美已经成为文化最根本特点的象征。费孝通先生注重的是各文化不同特点的保持,而审美人类学则在对各民族、各文化深入了解的基础上,强调对"大同之美"的体认。所谓的"大同之美"也就是人类文化进化的普遍标准,审美人类学认为这一标准应当在人类各文化的艺术和审美表现领域中寻找。

实际上,中外美学研究对人类学材料的引用以及对人类学学术理念的认同,早已形成一种学术传统,而中外人类学界历来注重调查对象的娱乐习俗、审美创造以及实现精神愉悦的方式和途径。中外美学史和人类学史上彼此之间在材料和研究路向的相互采借和相互交融,构成审美人类学深厚的学术渊源。

在经济和文化全球化的今天,人类面临着与以往任何一个时代都不同的问题和困境,由于西方文明发展起来的现代科技在某些方面已超出了本身所能控制的程度,人类迷惑于现代科技带来的短期利益,一些后发展的国家和民族在迫不及待地学习现代科技的同时,也毫无保留地接受了西方文明的精神和价值规范,造成原有文化传统的丧失和残缺。当人们终于认识到现代科技并不能解决发展中国家的所有问题,却发现西方文明既不能提供有效的补救措施,而原可作为思想和行动资源的本土文化传统也早已畸变、扭曲乃至丧失殆尽。西方文明无力解决本身造成的问题,这已成为思想界的共识。有鉴于此,美学和人类学研究需要站在人类文明史的高度上反观有史以来人类物质文化的创造和艺术创造,探讨如何引导并且保证社会变迁不至于与人类伟大的历史文化传统相分离。

答案必须建立在人类学对人类文化形态充分了解和深入认识的基础上,尤其对西方工业化文明以外的各种原生态文化应当予以公正的评价和足够的重视。实际上,通过对非西方文化的调查了解,人类学家已经证实很多被美学家视为公理的概念如审美的无功利性、艺术活动与人类其他活动相分离、美仅仅与人的精神活动相关等,只是西方近代文化的产物,也只在西方文化的范围内才是有效的,而在人类文明的整体视野内,对艺术和美的理解、审美体验和美的创造方式还存在着各种不同的回答。因此,一些人类学家已经向美学家发出劝告,如文化相对主义的创始人,美国人类学家赫斯科维茨就曾认为美学研究缺乏一种"交叉文化的多维性(Cross-cultural Dimension),因此有必要使美学理论的基础更加扩大化,以打破贯穿在美学中的受一种文化束缚的局限性"[6]。这种"交叉文化的多维性"也正是审美人类学寻求的学术视野,为了解答马克思主义美学当代问题,就必须尊重文化差异,了解不同文化传统中美的理解和美的创造、欣赏方式,并从中提炼出有益于当代社会发展的因素。具体来讲,也就是要"在不同民族文学(艺术)生产方式的比较研究的基础上,通过对艺术品(文本)的产生和交流方式的具体研究,探讨现实的审美关系,探索审美需要—文化书写—文本书写三者之间复杂的转换关系，阐释少数民族文化中积极健康的审美交流方式，从而为超越以工具理性为基础的现代艺术生产方式和审美交流方式提供可资借鉴的文化资源和学理根据”[7]。

二、审美人类学研究的逻辑起点

马克思认为，理论的作用不仅仅是认识世界，重要的是改造世界。马克思视此为自己与其他哲学家的根本区别。人类学强调身体力行开展田野作业的实证精神，为人们“认识世界”提供了有力的武器，而美学的浪漫主义情怀，则为“改造世界”指明了更为符合人的本性的更高层次的发展方向。审美人类学作为早已客观存在于美学研究领域的人类学探求指向，同人类学学科史上渊源深远的美学旨趣的化合创生的逻辑延伸，责无旁贷地需要担当起“认识世界”和“改造世界”的历史重任，并以此作为研究的出发点和落脚点。对于以中国学术资源为基础的审美人类学研究的理论提升，首先必须解决的前提，是对审美人类学基本概念、研究对象、研究方法、理论旨趣和学术规范作出明确概括。

众所周知，任何一门学科如果没有深厚的学术渊源和自己的研究理念，就无法真正确立起来，如果不能解决学科发展过程中的某些困境和社会现实中的某些问题，也就难以获得源源不断的生机活力。审美人类学是古往今来中外美学界和人类学界自觉或不自觉的共同学术追求发展到一定阶段之后应运而生的逻辑结果，它既是美学自身发展需要不断超越、不断摆脱困境的自我调节的历史必然性的反映，也是人类学发展到20世纪中后期需要向更高层次转化的趋势。所以，审美人类学的基本概念同美学和人类学原有的有关人的审美创造、审美感知、审美能力、审美体验和精神愉悦的实现路径等概念和范畴紧密相关。审美人类学的研究对象的核心层次是特定区域族群的审美实践和审美文化的创造性成果。世界上各个区域的所有人类群体，无不生发并传承着自成一体的使身心得以平衡和愉悦的娱乐方式。人类和动物的根本区别就是人类拥有发达的感知外界神经，人类能够自觉地调节身心，借助舞蹈、歌咏、音乐，还有虔诚的宗教崇拜，获得心境的安详和愉悦的审美体验。此中蕴含的审美价值和生存智慧，有时会被外在相对滞后的经济状况所暂时遮蔽，但只要在现代的躁动不安而忙忙碌碌中静思回观，就会领会到美的创造和美的体验正是人类生存所真正需要的内在的东西。因此，揭开特定区域族群文化中被遮蔽的审美感知方式，激扬符合美的规律的文化创造原则，建构充溢审美氛围的生存环境，就成为审美人类学研究的重要任务。

传统美学研究主要运用形而上学抽象思辨的学术探求方式，而审美文化研究力图把哲学层面的美学研究向形而下的具体层面靠拢。前者的抽象玄虚与后者所导致美学的泛化已经引起学术界的警惕。相对而言，审美人类学更为强调规范化的人类学研究方法的采借，强调关注社会现实而不失学术研究的独立性，注重第一手资料的搜集，也要在资料积累到一定程度之后，努力探寻规律性认识。人类学经过一百多年的发展，形成的一整套学术理念和方法论体系，可为保证审美人类学研究方法的有效性、学术品格的纯正性、学术脉络的清晰度以及学术生命力的持久性，提供学科理论及方法的有力支撑。20 世纪 80 年代以来，一些轰动一时的学术思潮之所以无疾而终，究其原因，主要在于学科根基飘浮不定，学科方法论资源的深厚度与规范性不足。审美人类学将研究的根基建立在扎实而规范化的区域文化调查的基础之上，一方面承接美学学科领域的审美人类学资源，另一方面，充分借鉴传统人类学的文化整体观、跨文化比较、主位客位转换、动态演化与文化相对论视角等学术理念和研究方法，使之成为审美人类学方法论体系的有机组成部分。在这个意义上说，审美人类学就不仅是美学界面对学术转型和学术困境的自我调节和在原有研究领域基础上的自我拓展，还是学术渊源与知识结构的重新组合，是冲破学科壁垒，由美学和人类学研究者取长补短而携手共进的一种新的尝试。因此，有效地开展审美人类学研究，需要兼备基本的美学训练和人类学知识系统的训练，需要深谙美学的旨趣和人类学的传统规范。

审美人类学的知识背景要求的严格程度和它的理论价值是相辅相成的。在当今知识迅速增长、学科边界日趋模糊的时代，传统学科内部的修修补补与自我拓殖，不足以酝酿出富有强劲生命活力的学术新质。文学研究与美学研究在某种程度上出现的边缘化倾向，主要缘于自身学术更新、学术重组与学术创造能力有待提高。引进西方的话语不足以解释具有独特文化渊源的中国文明传统的现代演进路向,数千年文化的承继性和中国56个民族文化之间的差异性,使得来自西方的现代性或者后现代性理论的直接借用,面临极大的困难,始终摆脱不了削足适履和方枘圆凿的难堪境地。将西方学者开出的"灵丹妙药",运用于研究中国各区域和众多族群的审美实践,中国的学术只能相对于西方而存在,实际上陷入了头足倒置的误区。因此,中国美学研究的根基在中国各区域各民族的审美实践以及相应的审美文化的载体,审美人类学研究的逻辑起点是深入调查现实当中真实存在的审美文化现象,通过细致描绘审美文化的传承形态,提升出立足于中国区域民族审美文化的理性认识,进而激扬符合审美规律的文化习俗,抑制反美学社会因素的滋生蔓延,提升民族文化品位,从而实现审美人类学学术价值与社会效应的和谐统一。

三、审美人类学与文化人类学理论方法的契合

审美人类学力图超越二元对立的西方美学、哲学体系,在宏阔的多元文化背景下,贴近人类审美感性活动,同时与具体文化情景相适应,使美学研究从想象性的精神活动变为作用于社会现实生活的实践活动。对马克思主义美学基本问题的继承使审美人类学与传统美学研究相区别,也使它不同于西方人类学界研究非西方文化中审美现象的美学人类学(the Anthropology of Aasthetics)和国内以探寻美和具体艺术样式的起源为主要内容的艺术人类学,从而体现出独特的学术理路。

审美人类学对文化人类学理论方法的认同,体现在由表及里、由浅入深的两个层面上。

首先,将美和艺术放在文化的结构体系中,并始终将其与文化的其他组成部分加以联系而进行研究。在某种意义上说,正是人类学的这种整体研究法为美学与人类学的联姻创造了条件。马克思的重要美学贡献就在于揭示审美活动和艺术创造与现实生活的联系,把美作为现实社会文化的重要组成部分之一,并从艺术生产方式和审美意识形态两个方面对美与现实社会生活的关系进行研究。西方马克思主义美学家伊

格尔顿就此提出了以身体话语为中心的美学理论，视身体为精神、伦理和情感活动的载体，认为身体决定着情感话语的活动方向和强度，使美学恢复了其原有的感性学的面目。但是，人的身体并非单纯的肉体性存在，而是现实历史中的物质性存在，因此，对身体性的关注也就应该更进一步地推进为对日常生活的关注，美学研究也就相应地从艺术和审美活动扩大到日常生活，探讨不同的日常生活如何产生出不同的文化需要和审美需要的问题，也就是将对美的研究放到对文化的整体研究的背景下[8]。这不可避免地与人类学，尤其与人类学最新的研究方法——深度阐释法——相联系。当代人类学在社会科学界最有影响的代表人物，美国人类学家格尔茨(Clifford Geertz)继列维-斯特劳斯之后，提出不同于抽象的文化深层结构分析，也不同于制度性素材堆砌的民族志方法，即“深厚的描述”(thick description)方法。他将注意力放在通常被忽视的表层的现实生活和作为它的基础的生物和物质的必要因素上，通过对生活细节的微观的描述，进行文化的广泛的阐释和抽象的分析，其目的是“从细小但编织得非常缜密的事实中推出大结论；通过把那些概括文化对于建构集体生活的作用的泛论贯彻到与复杂的细节相结合中，来支持这些立论广泛的观点”，从而达到“理解他人的理解”的目的，实现对文化的观念世界、文化成员的观念世界、观察者的观念世界之间的异同的理解，获得对不同的文化解释体系的转祥与贯通[9]。这种深度阐释方法对文化的符号层面——艺术、宗教、意识形态等——尤其具有很强的解释力，使我们注意到在上层建筑的领域，文化的固有符号和意义系统、作为文化拥有者的社会成员经过自己的理解和改造而拥有的符号和意义系统、人类学家等文化的研究者通过主位、客位的观察而拥有的符号和意义系统间的微妙差异，以及正是通过难以觉察的差异表现出的文化的特性和意义。

西方马克思主义美学中的审美意识形态理论也正是侧重于审美与审美意识形态、主流意识形态之间的微妙关系，并力图从艺术与意识形态间的裂缝中找到美和社会发展的机遇。审美人类学和审美意识形态理论两者都从生活的原生形态着手，都有着相同的学术和现实目的，“观察社会行动的符号层面——艺术、宗教、意识形态、科学、法律、常识——不是逃脱现实社会的困境，寻求六根清净的最高境界，而是投身于这些困境中去”[10]，而前者无疑可为后者提供更具操作性的手段。

其次，体现在对文化人类学理论成果的吸收上。人类学作为对人类文化最具包容性和前瞻性的学科，其理论成果对其他社会科学和人文学科往往也具有启发性。考古资料证明人类最早的艺术产生于旧石器时代晚期，基本与现代人类的出现同时，因此，艺术创造与审美能力不再是某种依附于巫术或其他活动的奢侈品，而是在人类形成的关键时期，与语言、工具的复杂化等同时出现的另一种重要能力。一部分美学家据此提出人的真正特质应该是审美和艺术，这一大胆的观点仍在争论中，但艺术创造和审美能力在人类形成过程中所起的作用应当比我们现在所猜测的要大得多，这一点当无疑义。审美人类学的任务包括具体研究人类早期的艺术才能与人类的形象创造力、利用形象来表现事物与抽象的观念，并通过这种活动来表达情感、探索未知世界、与他人沟通的能力等。审美人类学认为，艺术能力可能大大提高当时人类的视觉定位、双手并用能力、空间、时间、观察认识能力，并创造出符号表达和抽象思维能力，从而创造出人类早期文化的决定性的、非语言的、适应性的符号化能力，为语言的出现、工具制造技能的提高创造条件。

近年来，台湾地区人类学家李亦园提出中国传统文化“三层次均衡和谐说”，认为中国传统文化无论在精英文化还是民间文化的层面都以人与自然、人与自我、人与社会的均衡和谐为最完善的理想境界，以“致中和”为人与文化发展的最终目标[11]。这是从中国本土材料出发而建构的较完整的人类学理论。它虽未直接涉及中国传统艺术与审美问题，但却为我们提供了一个整体上理解中国文化精神的理论依据，从而使我们能将中国美学的特点放到中国文化的整体特点中去认识。

第三，基于文化相对论立场对东西方文化传统的兼容，通过对不同文化形态的深入研究来达到对人类不同区域族群文化的相互理解与和谐共存，是人类学研究的最终目标。在社会发展普遍规律的研究上，张光直提出，以中国为代表的“连续性”宇宙观和文明发展道路，不同于以西方文明的“破裂性”宇宙观和文明发展道路，从而为我们重新审视人类文明发展的一般规律提供了不同以往的视角[12]。列维-斯特劳斯和张光直都对艺术和审美活动在人类发展道路上所起的作用十分重视，审美人类学从他们的理论中获得一些极有价值的启示。列维-斯特劳斯对野性思维即具体性思维与人类审美感觉对世界的把握和理解方式上的一致很感兴趣，并认为野性思维天然地具有美学价值。实际上，他认为野性思维与理性思维作为人类思维的两种并行形式分别对应于艺术和科学两种人类感知世界的方式。在理性思维占据主导地位的现代社会里，野性思维以艺术和审美活动为避难所而存在着。张光直则认为在连续性的文明发展道路中，艺术起着沟通人与万物、神灵世界与现实世界的作用，与此相反，在破裂性的文明发展道路中，艺术属于人所创造出的人工环境的一部分，其作用是将人与原始的自然环境相分离。

在新的人类思维和文化发展规律的观照下，东西方美学体现了各自所属的文明发展道路的特点，同样，东西方美学的特征都可在文化的背景下得到很好的解释。东方美学中审美思想与具体艺术实践活动血脉相连，美与伦理、宗教、政治等其他思想范畴间的互通互渗，重视感性的具体经验等思维特征更能体现人类审美思维的普遍特点；而东方美学那种体现在对文学、艺术、人生经验的具体描述中，注重“因物缘情”“灵性抒发”的片断式的阐释方式也更具有开放性和灵活性，更适合对现实的审美感悟的及时和真实的表述，也与人们现实的审美感受过程更为契合。从某种意义上说，以二元对立为哲学基础、以抽象思辨为思维方式、以想象性活动为内容、以建构形而上的美学思想体系为目标的西方美学再也不能代表美学发展的方向，也不应该被视为最能表达人类审美经验的内容和特点的唯一思想体式。与此相反，曾被视为幼稚、不成熟的东方美学以其注重人与自然和谐关系的哲学基础、感性体悟的思维方式、将审美指向艺术和人生实践活动为内容、把保持对多变的艺术和现实生活的敏锐观察和解释批判能力作为目的的特点，更符合人类学和美学发展的方向。

在传统的人类学理论中，美与艺术往往被视为某种经济和社会组织形态的衍生物或文化的花边而存在，这是传统人类学理论中一种虽未明言但却挥之不去的倾向，恰恰在这一点上，审美人类学为我们提供了不同的视角。审美人类学赞同格尔茨的一个著名观点：人类的共性恰恰就表现在文化的多样性之中，那么，对文化而言，正如历史所证明的那样，能够对不可捉摸的、不断变化的未来保持适应性的文化,也往往能具有较强的生命力,这种适应性表现在对不同环境所持有的探索态度和对不同文化的开放程度上。对任何一种文化而言,保持开放兼容心态与对现存秩序及其传统的尊重态度,都是必不可少的,实际上这也构成了文化的上层建筑的两大主题,在宗教、道德规范等方面主要体现了稳定性的因素,而探索和开放态度主要体现在艺术和审美领域。艺术总是文化中最能接受新的体验、新的主张的一个领域,它能使人们在一个受保护和控制的范围内去进行新的和可变的尝试,作为文化的先区者走在演进道路的最前面,为政治、社会、道德、宗教等方面的变化提供经验。在伟大艺术的内部,蕴含着文化的创新和探索的渴望,当面临新的环境挑战时,人们可在艺术中汲取创新的活力和勇气,去应付不可预知的未来。因此,创新在艺术中所占的地位和艺术在文化中所占的地位可作为审美人类学独有的文化进步评判标准,为审美人类学对美的研究、对人类文明进程的研究和美与艺术在现实生活中的作用等问题的研究提供新的角度。

四、审美人类学介入现实的实践途径

审美人类学离不开对民众现实生活的感悟和参与,它必须从日常生活中寻找资料,其研究成果最终也应该应用于现实社会生活中。审美人类学之所以在世纪之交的中国需要再度阐扬,缘自中国各区域各民族丰富多彩的文化事象为审美人类学研究者提供了理论阐释的广阔空间,美学研究者自觉或不自觉地对人类学材料的关注与人类学领域对审美文化习俗的调查和研究,为审美人类学从潜在的自发研究转变为自觉的理论总结,积累了深厚的学术基础和文化底蕴,而人类学经世致用的学术传统以及积极介入现实的指导变迁理论,还有当今急剧变迁的区域民族文化,促使我们去探究各族群文化的内在逻辑和文化更新机制,引导新时期的社会改革与文化建设的发展路向,使之更能体现美的规律和美的原则。

审美人类学以实践美学的理性,介入当下中国学术现状与特定区域、特定民族的社会现实生活之中。在审美人类学的观点看来,“中国文学”“中国美学”“中国艺术”

“中国文化”这些人们习以为常的词汇，实际上是形而上的高度虚拟的概念，中国文学、美学和文化的研究，需要实现从笼统的自上而下的演绎法到自下而上的归纳法的根本转变。因为“中国”的内涵和外延，包括中国境内各个区域迥然不同的文化，包括56个民族相互区别的文化创造与传承模式，相互间的差异是十分明显的，各自独特的艺术成就和审美价值的实现方式，不应该由于人口的多少和经济实力的强弱作为影响价值判断的指针。汉族文学是中国文学的主流和主体，但是，汉族文学不等同于中国文学，中国少数民族的“三大史诗”，即藏族的长达一百五十万行的《格萨尔王传》、蒙古族的长达二十多万行的《江格尔》、柯尔克孜族的《玛纳斯》，其艺术成就和审美价值，将之置于世界文学史上，都毫不逊色，理应拥有一席之地。但是，许多冠以《中国文学史》《中国美学史》的著作，对包括“三大史诗”在内的55个少数民族的文学精品以及许多“活态”的审美经典著作，只字未提，对少数民族当中传承的行之有效的心灵愉悦方式熟视无睹。尚未摸清中国各区域各民族的文学与美学家底，而试图构筑理论体系只能是以偏概全。

美学研究回归到“感性之学”的原点，就有必要参照社会现实外在客体对人的视觉和听觉等感官所产生的影响，研究人类生存境况的困顿如何造成美的失落，而在文化建设和旅游开发中，如何尽可能地渗透美的要素，使周遭的环境，更为赏心悦目。随着现代科技的发展，高楼大厦可以在相对短的时间内建成，社会生活中纯正而高雅的审美趣味的养成，需要长时间的熏陶，而全民族审美文化品位的提升，甚至需要付出几代人的艰苦努力。文学艺术在民众中的传播，满足人的物质文化需求的同时，满足更高层次的精神生活的需求，是未来文化演化的正确方向。费孝通先生指出：

> 我认为文化的高层次应该是艺术的层次，这是我对生活的一种感悟，但再进一步我就说不出来了，因为我自己在这方面的感觉也还没达到很深的程度。我所致力的还只是要帮助老百姓吃饱穿暖，不要让他们饥了寒了，这一点我可以体会得到。但再高一层次的要求，也就是美好的生活，这是高层次的超过一般的物质的生活，也是人类今后前进的方向，我就说不清楚了。但我能感觉得到，所以把它讲出来，而且把它抓住，尽力推动人类的文化向更高的层次发展，也就是向艺术的境界发展。

从费先生的这段话，我们发现审美人类学介入人民大众美好生活的建设的路径及其广阔的前景。文学艺术的起源本来就是和原始初民的社会生活融为一体的，而社会分工的精细化导致文人阶层的出现，诗人、作家、艺术家应运而生，由此造就了一座座文学艺术的高峰。当代社会生活中艺术与日常生活的某种断裂，促使人们重新省思文学艺术的原初形态及其同社会生活水乳交融的密切关系。在当代中国的社会和文化条件下，促使"生活艺术化""艺术生活化"，既是文学艺术创作复兴之路，也是审美人类学大有用武之地的广阔舞台。

五、余论

对客观存在于美学和人类学发展史上各个时期的审美人类学学术资源进行系统梳理，并且结合当前美学和人类学研究的实际情形进行新的阐发，需要美学与人类学界有志于此的学人通力合作，共同促使立足于21世纪中国区域族群审美文化研究的审美人类学的基本概念和理论方法，得以更为清晰而准确地阐明，这确实还需要经过一个渐进式的较长的过程。1998年以来，我着力于文艺学与少数民族文学、美学与人类学的沟通、交融和科际整合，在珠江流域中上游的桂北—漓江流域、桂中—柳江流域、桂西—红水河流域，开展摸底式的调查，初步建立起若干调查基地，试图以审美人类学的理念和方法，介入当地的精神文明建设、文化建设和旅游开发，收到初步的成效，发表了若干论文，深感中国区域民族文化资源的浩博精深[13]。在中国各民族的一系列民俗文化系统中，现实功利目的、审美目的、信仰目的往往相互交织着存在于一个统一体中。功利性的一面使民俗文化行为能面对现实而保持一种开放性，信仰的层面使其保持与历史传统和文化固有规则的联系，而审美和艺术则在两者间保持一种张力和平衡，并使民俗文化行为笼罩上一层美丽的光环，展示出一种生生不息的生命活力。正是由于有了这层神秘的光环，野性与理性相交融的审美活动才能以民俗行为系统为基础而延续。"探究处于众多个案中的一项个别案例，洞识众多不同世界中的一个世界所取得的成就，就能发现这些成果虽小却来之不易。而倘若没有这样的志向，客观性就会成为虚妄的借口，宽容就会成为虚设的伪装”[14]。在中国这片古老而神奇的土地上，正在经历深刻的社会变革，社会主义市场经济理论模式的成功实践，使中国文化特别是审美文化处于极为复杂的活跃状态中，有一种难以言传的神韵在飘渺流淌，对它的捕捉，已超出了现有单一学科研究的范围。审美人类学理论期望将现代科学精神与人类的感悟力相结合，对“四时行焉，万物生焉”中蕴藏的“天地间大美”保持谦恭的态度，用心灵和行动加以体悟。

注释：

[1] 见 Culture/Contexture: Explorations in Anthropology and Liter ary Studies, edited by E. Valentine and M. Peck, University Of Califomia Pless, 1996. Beauty in Context—Towards an Anthropology Approach Aestheties, by Wilfried Van Danme, E.J. Brill Leiden New York Koln. 1996.

[2] 见王建民《中国民族学史》有关凌纯声的章节，有关岑家梧的章节，云南教育出版社 1997 年版。

[3] 林耀华：《金翼：中国家族制度的社会学研究》，庄孔韶、林宗成译，三联书店 1989 年版。

[4] 林惠祥：《文化人类学·序》，商务印书馆 1991 年版，第 1 页。

[5] 费孝通：《更高层次的文化走向》，《民族艺术》1999 年第 4 期，第 15 页。

[6] 转引自朱狄：《原始文化研究》，三联书店 1988 年版，第 781 页。

[7] 见王杰、海力波：《审美人类学：研究方法与学科意义》，《民族艺术》2000 年第 3 期。

[8] 王杰：《马克思主义对现代西方美学思潮的影响》，载《马克思主义与现代美学问题》，人民文学出版社 2000 年版，第 227—242 页。

[9][10] 克利福德·格尔茨：《文化的解释》，纳日碧力戈等译，上海人民出版社 1999 年版，第 31、34 页。

[11] 李亦园：《传统文化的三层次和谐》，载《人类的视野》，上海文艺出版社 1996 年版。

[12] 张光直：《连续与破裂：一个文明起源新说的草稿》，载《中国青铜时代》，三联书店 1999 年版。

[13] 覃德清：《审美人类学：价值取向与方法抉择》，《民族艺术》1999 年第 3 期；王杰、海力波：《马克思的审美人类学思想》，《广西师范大学学报》2000 年第 4 期；王杰、海力波：《列维-斯特劳斯与审美人类学》，《东方丛刊》2001 年第 2 辑；张利群：《论民族审美人类学领域的开拓和扩展》，《广西民族研究》2001 年第 2 期；覃德清：《恬淡劲健的人生，人类文明的范本——红水河流域人文资源的审美人类学调查与研究》，载《红水河文化研究》，广西人民出版社 2001 年版；覃德清：《激扬民族潜能，共创和乐美境——论 21 世纪壮族地区精神文明建设与可持续发展战略》，《广西民族研究》2000 年第 4 期；《东方丛刊》（广西师范大学中文系主办）2001 年第 2 辑、第 4 辑“审美人类学”专栏。

[14] 〔美〕克利福德·格尔茨：《地方性知识》，第 16 页。

审美人类学的研究方法与学科意义

尽管审美人类学这一名称仍很少为学者们使用，但近年来学术界出现一种倾向，企图把美学与文化人类学结合起来，以找出美学新的研究方向与内容，不少学者也都在自觉或不自觉地从事着这一领域的研究。在本文中，我们将探讨审美人类学作为一个学科的可能性，它的研究方法和学科意义，提出初步的看法，以就教于学术界的专家学者们。

一、审美人类学的可能性

1. 从美学研究的危机谈起

是否有必要开展审美人类学研究还应当从当代美学面临的危机谈起。美学面临的危机在中国学术界是一个既重要又沉重的话题。在中国现代化进程中，从王国维开始直到现在，美学都与社会发展、社会现代化进程直接相关，并承受着西方强势话语的压力，是学者们对中国命运思考的折射。随着中国社会的变化发展，从 20 世纪 80 年代后期开始，就有学者讨论美学的危机，这表现在：(1)80 年代以后，美学话语在学理层面出现某种断裂，一方面倾向于大众化的“审美文化”，另一方面退守体现人文精神的文学批评。在某种意义上，80 年代后期开始出现的审美文化研究，正是美学自身深刻危机的表现。80年代后期以来，中国美学界在美学理论重大问题的研究方面似乎丧失了自信，这也可能是因为中国美学长期以来与社会问题有联系，而让学者们感到沉重，不约而同地转向审美文化研究。作为学术话语，审美文化研究最基本的内涵就是美学的世俗化、日常生活化，即把美学研究与现实的大众文化、现实的消费文化相结合，这使得美学从文化边缘向文化中心过渡。美学现在确实成为社会的中心话语之一，但就在关于美和美学的一片众声喧哗中，美学自身的活力萎缩了。其实，美学从产生到发展的很长一段时期内，一直是一种边缘话语，一直是与社会物质领域的现代化进程相对立的文化力量。[1]以德国古典美学为例，从温克尔曼到莱辛，到康德、席勒、黑格尔都有一种很强的乌托邦精神，这是美学能对社会进行清醒反思与批评的基础。一旦美学的立场与物质性的要求、社会主流愿望相共鸣，它的批判力，它那不同于现实话语的超越性也就丧失了。因此，美学与意识形态的关系问题就成为很多理论家思考的重要问题。(2)美学的语言学转向。这也是学术界多次讨论的问题，但却是一个迟到的问题。西方美学已经历了语言学转向这一过程，历史不会重复，中西方美学在语言学转向方面的学术背景与目的都是不相同的。在我们看来，当代中国美学的语言学转向并不能看作美学的实质性发展，它恰恰暴露了美学自身危机的一个方面，即美学转向或变成文学批评。美学应包括文学批评，美学与文学批评有内在的联系，但文学批评只能是美学的组成部分和功能之一，而非全部。当然，美学的语言学转向是有其合理性的。传统美学是黑格尔时代美学的继承与发展，它具有浓厚的形而上学色彩，思辨性很强，语言学转向使美学能借鉴现代语言学系统的理论和方法，增强其实证性和可操作性，更好地把握与辨析一些抽象的理论问题。但是，语言学转向最基本的理论资源来自索绪尔和雅各布逊的语言学，其理论框架是二元对立，它作为一种哲学方法论，在后结构主义兴起后，已经受到深刻的批评[2]。如果美学仅限于叙事学，仅限于对文学作品叙事结构的分析，显然大大缩小了其研究的范围，对自然美、社会美以及其他美学方面就会丧失分析能力。(3)美学研究的心理学转向。它对美学的发展产生了很大动力，把美学从形而上学的纯粹的理论思辨中解脱出来，使美学与人的审美经验，现实生活经验建立起联系。但心理学美学所吸收的弗洛伊德的精神分析、马斯洛的需求层次论、拉康的心理学方法等在西方学术界也走向了某种危机。西方心理学的学术资源是西方社会文化心理，20 世纪西方社会文化心理的最基本特点是个人主义和自恋倾向。西方文化的自恋性从古希腊开始，发展至 20 世纪，已趋登峰造极。物极必反，这是一个规律。1986 年詹姆逊在《跨国资本主义时代的第三世界文学》一文中指出，在后现代文化条件下，西方心理学、美学、文化哲学的学术动力已面临枯竭，需要从第三世界国家的文化中寻找新的文化动因[3]，这一观点在西方和中国的学术界都引起了巨大反响。西方美学的心理学派中，最富于成果和生命力的是精神分析的方法和理论。在精神分析理论中，自恋性是与俄狄浦斯情结相联系的，这种自恋性或者说对自我的高度关注，是西方文化自文艺复兴以来不断发展的巨大的内在动力，尤其在自恋文化被精神分析理论指明和系统化后，它成为 20 世纪西方文化得到繁荣发展的基础之一。但正如伊格尔顿在《美学意识形态》中所指出的：俄狄浦斯情结已走向苍白，丧失了文化的内驱力[4]。自恋文化发展到今天，已丧失了往更高层次发展的能力，对西方心理学而言，找不到走出自恋性文化的学术资源和理论方法。西方心理学自身尚存在危机，建立在心理学基础上的中国心理学美学自然也存在着学理上的危机。

中国美学的理论框架来自西方，在消化、容纳中国的学术资源时，这种学术话语体系与中国话语系统发生冲突，来自西方的各种理论之间也具有相斥性。由此提出了如何有效利用中国的学术资源的问题，这就需要认真研究中国经验的人类学阐释问题。中国美学的理论根基，应该建立在中国经验的文化人类学解释的基础上，这包括中国特有的生产方式、生活方式、社会组织制度，以及由此制约的心理习惯和审美习俗，这些都决定着中国人的思维方式、情感特征和表达方式。当代西方学者也认识到了这一点，并开始对东方和中国文化加以异乎寻常的关注。佳亚特里·斯皮瓦克 1992 年发表《论艾柯》一文，认为西方哲学、美学、心理学的自恋情结已走向极端，建议转向对东方文化的研究，以寻找文化发展的新模式。她认为西方文化以喀索斯（古希腊神话中的美少年，因迷恋自己在水中的倒影，而变成水仙花，喻指自恋性，与视觉思维相联系）为象征，东方文化则具有与西方文化不同的心理特点，以艾柯（古希腊神话中喀索斯的情人，求爱被拒绝后化为山谷中的回声，喻指恋他性，与听觉思维相联系）为象征，东方文化所表现出来的兼爱、利他、含蓄、流动性等特点，正是西方文化走出以主客体二元划分为基础，以自我为中心的文化发展模式的一个重要参照系。[5]在这样一个学术背景下，作为中国学者应当妥善地利用中国特有的学术资源，包括典籍中的大传统，也包括长期被忽视的存在于民间的小传统，以图在理论上有所贡献。我们不应仅局限在搜集、整理自身学术资源的水平上，还应当以此为基础，去作出理论阐发，这样才能发展中国美学，并在世界学术界发出自己的声音。

2. 美学与人类学的联系

美学与人类学有着漫长的、相互联系的历史。可以这样说，美学在其发育的早期阶段，就与人类学有着一种内在的联系。美学与人类学的联系早在浪漫主义文学运动时已经存在。人类学与浪漫主义文学运动、浪漫主义美学运动有很深的联系。例如英国湖畔派诗人华兹华斯、柯勒律治的文论中都提出了一个很重要的思想：诗歌应当到民俗中、到乡间去寻找已经逝去或模糊的传统，把这些传统找出来，用文学的方式加以表现，才是真正的、最好的诗歌。他们的观点与人类学观点不谋而合，到乡间去寻找已经消逝的文化传统，正是人类学的田野作业强调的。维柯的《新科学》既是一部美学著作，也是一部人类学著作，是美学与人类学融为一体的著作。在该书中，维柯提出一个曾对马克思《人类学笔记》产生重要影响的观点：诗是人类的母语。维柯所讲的诗是广义的诗，在人类早期指神话，在浪漫主义时期是艺术，它表达着人类最基本的要求、欲望，是人与人之间进行深刻交流的媒介，人可以通过诗这种母语，超越种族、阶级、时代的界限进行交流。浪漫主义文学运动和美学运动在研究对象上与人类学有许多共同之处：它们都对原始社会、原始文明（主要是神话）抱有巨大的兴趣，都对社会进步后乡村民俗中仍以某种形式保存的远古神话的残留抱有巨大兴趣，这体现了两者有着共同的理念。

在德国古典美学阶段，美学与人类学曾处于“热恋”关系。德国古典美学从温克尔曼开始，到黑格尔、费尔巴哈，是美学最辉煌的时期之一。这一时期美学之所以取得很高的成就，原因之一就是美学吸取了当时人类学研究提供的资料和思想资源，在一些伟大的美学家身上和著作里都可找到这种影响。康德的哲学、美学思考都建立在人类学之上，康德认为哲学的基本问题是人是什么？这同时也是一个地道的人类学问题。但康德与文化人类学家不同，他没有对某个种族、文化进行具体的研究，而是从哲学的角度进行探讨，开了哲学人类学的先河。费希特的哲学讨论了自我与非我的关系，即主体性与他者的关系，认为自我与非我是一种辩证的关系，人通过非我来发展自我。20世纪文化人类学研究的一个重要问题是讨论不同民族文化自我的形成、发展问题，从中隐约可以看到费希特的影子。黑格尔《美学》用历史主义的方法讨论了主体与对象(环境)的关系，先后有环境压倒主体、主体与环境相平衡、主体压倒环境三种关系。主体与环境的关系问题在当代美学中又被再度提出，80年代以来，西方有学者建议把黑格尔主体与环境关系的理论称为人类学的美学，认为他所讨论的人与环境的关系，正是人类所面临的最基本的问题。黑格尔之后的现代主义艺术思潮和美学思潮，其特征是以主体为中心，人的存在和利益压倒环境，这种人类中心论正是19—20世纪美学中占支配地位的理论倾向。但西方美学界近年来又出现了环境美学，力图打破人与环境相对抗的文化僵局和理论困境。黑格尔的思想从康德那里延续下来，对人与外在环境的关系进行了深入的思考，他提出的三种关系模式在某种意义上包括了人类文化的基本类型，直到今天，他的观点对美学研究和文化人类学研究都还具有一定的指导意义。可以这样说，在德国古典美学时期，美学事实上走在了人类学的前面，美学以哲学人类学或审美人类学的形态引导着当时人类的整个精神世界，引导着人类学。

20世纪的美学和人类学关系变得更为复杂、丰富。两者的关系从美学影响人类学研究到人类学发展影响美学研究，从一方受另一方影响变为相互影响。这种影响在以下学者身上体现得较为明显：如诺·弗莱的文学理论和美学理论很大程度上以文化人类学为基础，他的原型批评理论在西方文学批评史上是一个重要转折，是西方批评理论从文学内部文本研究向文化研究转折的标志。在原型批评理论和实践中有大量人类学的方法、理论、材料，它的方法论基础就是人类学。还有，在20世纪上半叶，英国文学批评中就出现了直接以人类学命名的文学批评学派也称剑桥学派。该学派用人类学的资料来解释文学作品，进行比较研究，在对古希腊戏剧等方面的研究上有很多实证成果。此外萨特的美学、文学理论也受人类学的影响很大。20世纪上半叶人类学在法国得到蓬勃发展，出现涂尔干、莫斯等有重要影响的学者、学派。对萨特影响最大的是人类学关于个体和他所创造的文化对象之间复杂的辩证关系。萨特早期所作的《影像论》就具有很强的人类学色彩，他把人所创造的审美对象称为影像，就人与影像的复杂关系提出一系列重要而有影响的意见。有一点值得注意，列维-斯特劳斯与萨特一直存在着对话性的关系，萨特的思想中一直有列维-斯特劳斯的影子。列维-斯特劳斯《野性的思维》最后一章就是与萨特的对话。在列维-斯特劳斯结构主义的影响下，在20世纪60年代以巴黎为中心形成了文化人类学结构主义学派，其影响延续至今。与列维-斯特劳斯同时的马克思主义理论家阿尔都塞对美学和人类学两个领域都产生了重要的影响。在阿尔都塞学派的形成过程中有两个现象值得注意，一是阿尔都塞五人小组中就有两人是人类学家，可见阿尔都塞的理论与人类学的密切联系。其二，是阿尔都塞的意识形态理论特别强调仪式的作用，从主体的生产和再生产的角度开展对认同的研究，认为主体的再生产通过认同机制而实现，阿尔都塞曾引用帕斯卡尔的话："对待上帝，一跪下就是承认"[6]，来说明认同具有的巨大力量。意识形态的力量来源于社会性的仪式，通过仪式而产生个体的文化认同。如果说阿尔都塞的理论与文化人类学理论有什么不同的话，那么可以说阿尔都塞侧重对现代社会中仪式作用的研究，而人类学侧重研究古代社会的仪式。审美活动在远古社会中与一定仪式相联系，那么在现代社会的审美活动有没有一种"无形的祭坛"存在着？也就是说审美活动是如何被文化常规所约定俗成的？阿尔都塞的审美意识形态理论开创了研究这一现象的道路和方法。

精神分析美学与人类学也一直存在着密切联系，前者讨论个体自我，而后者讨论社会自我或文化自我。精神分析理论的发展遵循从个体的心理情感的研究走向普遍性的社会心理情感研究的轨道。弗洛伊德早期研究个体的精神障碍，但他的晚期著作明显地转向了对普遍性心理现象的研究，可视为重要的人类学著作，弗洛伊德对图腾、禁忌、宗教等文化现象提出的观点已成为人类学的经典理论。在他之后，荣格对无意识的研究，更是大量使用了人类学的方法和材料。拉康的精神分析理论之所以得到重大发展，影响远远超出了精神分析和心理学的范围，主要受益于两个方面的重要影响：

一个是语言学的影响,这一点已为大家所熟悉;另一个是人类学的影响,这是国内学术界没有注意的,其实,人类学理论和方法对拉康精神分析的影响丝毫不亚于语言学。拉康对隐喻和换喻的著名研究一方面来自语言学,另一方面来自人类学,或者说他的表述方式借用一些语言学的概念系统,但内容方面却来自人类学。法国在 90 年代初出版了 B.西律尼尔克的人类学著作《感情粮食》就提出了情感人类学的概念。这本著作通过人类学材料和精神分析证明人类情感的人类学基础,它能通过基因遗传延续,并对后代产生重要的影响。从理论内涵上说,情感人类学与审美人类学存在着许多共同之处。[7]实际上当代的人类学研究早已不满足于对原始民族和远古文化遗存的研究,而发展到对人的重要的精神品质进行人类学的研究。此外,M.巴赫金的美学和诗学也明显受人类学的影响,他关于陀思妥耶夫斯基的著作和分析拉伯雷《巨人传》的著作都大量使用了人类学方法和材料。他的美学和诗学与以往的美学理论不同,关注民间、关注普通人、关注仪式、关注人的身体,这些也都是人类学研究的基本对象。

3. 审美人类学研究的学理基础

审美人类学研究的学理基础首先是现实提出的要求,其次是学理上的根据。现实的要求是推动理论发展的重要原因。首先,后殖民主义文化理论引发出问题和理论机遇。后殖民主义理论产生于西方学术界,对中国学术界和美学研究已经产生了强有力的挑战。很多西方学者意识到中国的学术资源还未充分阐发和理论化,有着极广阔的发展余地。后现代、后殖民主义、西方马克思主义理论家纷纷关注中国,关注中国的人类学、美学资源,力图做出学术上的概括,我们中国学者应该做什么?应该怎么做?这是当代中国美学应该思考并作出回答的。其次,关于中国民间文化资源如何开发利用的问题。对民族民间审美文化资源的理论阐释,是进行开发利用的基础。我们已经开始认识到民族民间文化资源具有极大的商业价值和文化价值,并试图对此进行挖掘,但如果这种挖掘和利用没有充分的实证调查和理论研究作为基础,就有可能导致对资源的破坏。如某省举办的国际民歌节,投入大量的资金、人力,但结果却未尽如人意,在举办时间、方式、群众参与等方面都有不少缺憾,这有一个是否符合文化习惯和人类学规律的问题。任何文化都具有强大的强制性力量,少数民族文化和民间文化作为活的文化，其传统与现代生活的结合方式是一个需要认真研究的问题，由于各种文化小传统自身的特殊性，这种结合方式可以有许多模式，理论研究的价值和意义就是探讨其中能够闪光的结合方式。最后，关于东方文化的表达机制问题，在今天这个问题已经变得十分重要了，斯皮瓦克就曾提出并强调这一问题。人对同一现实生活的体验，受不同文化教育的人，处于不同文化背景中的人其欲望的表达方式是不同的。每一个民族都有自己独特的审美表达方式，不加以认真的研究，就会形成误解，如南宁国际民歌节期间壮族导游的服饰绚烂多彩，采用大红色基调，让一些导游小姐感到别扭，因为在壮族文化中，只有出嫁才着这样的服装。其实，壮族传统审美习惯倾向于蓝、灰、黑等色，这些艳丽的服饰只能说是“伪壮族服饰”。审美表达机制的研究已成为美学的重要课题，对东西方，对不同民族间的审美表达媒介与审美表达的不同机制的研究，必将推动对美学基本问题的研究，也有利于加深对东方美学问题的理解和把握。

从学理上考虑，这也是美学和人类学自身发展的要求。西方美学自身有两个重要的基础：一是以视觉思维、造型艺术为基础，强调主客体划分、感性和理性划分、艺术与现实生活相区别的美学理论；其次，西方美学具有较强的欧洲中心论和与此相伴随的男性中心论色彩。当代美学必须超越这两点才能得到发展，审美人类学恰好为这种超越提供了可能。人类学非常关注母系文化，进入男权社会后，母系文化被压入文化边缘和无意识状态，但仍以艺术变形的方式加以表达。审美最主要的形式即视觉和听觉，相对于其他感觉方式而言，听觉是最精神化和超肉体性的，然而，长期以来美学在音乐性形象的研究方面未得到应有的发展。人类学在研究原始文化、民族文化时通过少数民族艺术的调查可搜集到大量原生态的音像资料，这些资料对美学的学科发展，对研究音乐性形象的审美表达机制，建立一种超越主客体对立，超越理性与感性截然划分的理论框架提供了学术资源。另一方面从人类学的角度看，以往的人类学偏重于对人类生活物质化层面的研究，今天的人类学则需要对人类精神领域作更多的探索，否则人类学无法进入到当代人文科学前沿开展富于建设性的学术对话，无法进入存在着种族危机、生态危机、信仰危机时代有关人类文化价值的深层次讨论。这些讨论与对话往往涉及人的精神、情感、想象、幻想等高层次品质，但这些品质对个人和社会集团行为的影响的研究目前还不够。人类学是研究人性的科学,人性的最高体现,一是伦理,一是审美,而这两方面的研究都有待加强。因此,人类学也需要往美学、审美的方向发展。

二、审美人类学的研究方法

简单地说,审美人类学应该是一门用人类学的方法和概念系统来研究和阐释美学问题和审美现象的理论。因此,审美人类学的研究应当是在田野调查基础上,比较分析不同种族、民族在审美习惯、审美制度、审美传统方面的区别与联系。在目前的学术背景下,主要研究各少数民族活跃的审美文化。

在方法上,我们认为审美人类学应加强实证研究。美学擅长对人类最精微、复杂、微妙的情感和思想作出研究、评价,传统美学的弱点在于缺乏实证基础,与此相应,人类学却擅长对人类社会的基础和物质文化等方面作出研究,有一整套田野调查、实证分析的具体研究方法。在审美人类学研究中,人类学方法是重要的基础,通过这种跨学科的研究,引入实证方法来改造美学中的唯心主义色彩和形而上学倾向。

此外,在方法论上还应坚持多元化的方法论原则,把人类学、精神分析、经验美学、审美意识形态理论等多种方法结合起来,在某种基础上统一起来、协调起来。没有方法的多元化不行,只有方法多样而没有统一的目标和效果,没有不同方法之间的协调也是不行的。

从学科性质上看,审美人类学应属于人类学的分支学科,但如简单定性为人类学,由于人类学存在着一整套成熟的、学院性很强的规范,很可能会用某些僵化的规范来拒斥有价值的东西。因此,为了学科的发展,应将审美人类学定性为复合性交叉学科,类似于西方学术界的文化研究。然而审美人类学研究又不同于西方的文化研究,区别在于审美人类学以经济全球化时代弱小民族和少数民族的审美体验和文化实践为基础,在不同民族文学(艺术)生产方式的比较研究的基础上,通过对艺术品(文本)的产生和交流方式的具体研究,探讨现实的审美关系,探索审美需要—文化书写—文本书写三者之间复杂的转换关系，阐释少数民族文化中积极健康的审美交流方式，从而为超越以工具理性为基础的现代艺术生产方式和审美交流方式提供可资借鉴的文化资源和学理根据。在研究的初期阶段，我们认为，审美意识形态和文学（艺术）生产方式这两个观念在把人类学、精神分析和美学的方法结合起来的过程中具有十分重要的意义。

对于中国西南山区的少数民族而言，古朴的野性思维、典雅规范的古典文化、条分缕析的现代化原则是以一种叠合和互相容纳的形式共存的。1986 年参加在广西三江县举行的三月三国际民歌节上，作者就为侗、苗、瑶姑娘身着民族服装，手持重新装饰过的折叠花伞载歌载舞的场面感到惊奇，现代工艺生产的折叠花伞与古朴的野性文化很好地融合在一起。在这里，野性与现代性并不截然对立。这样的例证可以举出很多，问题在于怎样作出理论上的说明。

在理论上，审美意识形态是社会现代化进程中的伴生现象，其中的标志之一是审美和艺术的专业化和独立化[8]。在中国西南山区，出现了一种既不是现代意义上的审美意识形态，也不是口传文明中的神话，而是一种这两者的意义都能显现的另一种文化样式。在我们看来，对这种文化样式的研究和说明在理论和实践方面都具有重要的意义。用一般人类学的方法显然不能完全说明这种现象，只能是在审美意识形态的理论框架里用人类学的方法，也就是说，在后现代文化的参照下用人类学的方法作出实际的研究。马克思早就指出，人体解剖对于猴体解剖是一把钥匙[9]。在对待当代中国西南少数民族文化现象和审美活动的研究方面也是如此。

三、审美人类学的学科意义

对于中国的人文科学和美学研究而言，整整一个世纪主要是以西方（包括苏联）美学的理论与方法作为“拿来”和借鉴的对象，这是必然的，也是必要的，然而，在后殖民主义和经济全球化的现实条件下，简单地引进或拒绝西方各种理论已经被事实证明是错误和有害的。在与西方思想和学术对话的时候，由于某种不平等的学术关系，我们不容易正视自己的弱点和不足，而且在中国人文科学和美学研究比较薄弱的一些地方，西方学术界和美学界自身也陷入某种困厄，例如关于音乐性形象的审美机理的研究，关于积极、健康的审美交流模式的研究，都需要拓宽研究领域，挖掘新的学术资源。审美人类学的研究，可以帮助我们从另外一种立场和眼光来理解和认识我们自己。在这一点上巴赫金的对话理论是十分富于启发性的，巴赫金曾经写道："理解者针对他想创造性加以理解的东西而保持外位性，时间上、空间上、文化上的外位性，对理解来说是件了不起的事……在文化领域中，外位性是理解的最强大的推动力。"[10]对于理论形态的中国美学而言，西南少数民族的审美活动无疑具有这样一种文化上和理解上的"外位性"。我们认为，在当前的学术语境中，开展审美人类学研究，具有以下几个方面的价值和意义：

1. 把少数民族文化传统中的美学资源引入美学研究中来。以往的美学基本上是西方美学加上一些中国居主流地位的汉民族美学，少数民族美学从未成为美学研究的主体，面对着精英艺术、美学与大众化艺术、美学的深深裂痕，引入少数民族美学可使美学发展不那么偏激，也有利于美学研究开拓一些新的领域。

2. 对社会和文化发展过程中的重要问题进行研究，以便从学术的角度作出解释并提出建议。自从中央和国务院作出西部大开发的战略决策以来，西南地区的经济、文化问题引起了各界人士的高度重视。由于少数民族地区经济和文化发展的不平衡现象显得较为突出，怎样发展的问题就自然而然提出来了。云南的丽江[11]、昆明，广西的南北钦防都走出了自己的发展道路，认真研究和说明其中的学理依据，探讨审美文化在区域经济发展中的地位和作用，也许是当代美学参与社会发展的一种方式和途径。

3. 审美人类学研究可丰富发展西方学者提出的"弱小者话语"理论的研究。西方学者从80年代后期提出该理论，着重研究黑人、女性等弱势群体的话语，并以压迫——反抗的模式作为理论的核心。中国少数民族文化资源、文化类型要远比西方黑人、妇女亚文化丰富，在审美上也更富于积极意义。通过对中国各民族共生、文化上互相影响渗透的研究，找到比弱小者话语更复杂、更辩证的模式，这是审美人类学应该努力奋斗的一个目标。

注释：

[1] 丹尼尔·贝尔:《资本主义文化矛盾》,三联书店 1989 年版。

[2] 关于索绪尔语言学与二元对立概念框架的关系见《Untxet——后结构主义文选·导言》。

[3] 詹明信:《晚期资本主义的文化逻辑》,三联书店 1997 年版,第 516—546 页。

[4] 见特里·伊格尔顿:《美学意识形态》,广西师范大学出版社 1997 年版。

[5] 佳亚特里·斯皮瓦克:《论艾柯》,*New Literary History* 1993 年第 1 期。

[6] 路易·阿尔都塞:《意识形态和意识形态的国家机器》,《当代电影》1987 年第 3—4 期。

[7] 见《国外社会科学》1994 年第 3 期上的介绍。

[8] 见特里·伊格尔顿《美学意识形态》,广西师范大学出版社,1997 年版,第十四章。

[9] 《马克思恩格斯选集》第 2 卷,人民出版社 1995 年版,第 23 页。

[10] 《巴赫金全集》第 4 卷,河北教育出版社 1998 年版,第 363—371 页。

[11] 关于云南丽江文化建设与社会发展的关系见[白族]景宜:《节日与生存》,作家出版社 2000 年版。

马克思的审美人类学思想

人类学的总体目标应当是把对人的精神现象的研究和对人的物质存在、生理基础的研究加以统一，使人文科学的研究能建立在实证的基础上，以驳斥人文科学是伪科学的某种观点。而当代人类学的一个重要发展方向则是由研究未被现代文明改造过的原始文化而转向对现代社会和现代文明的研究。新兴的教育人类学、都市人类学、环境人类学、文学人类学、审美人类学等人类学分支学科都与现代社会生活和现代人的思想情感相联系。今天仍需要传统意义上的人类学研究，但更需要学者用人类学方法来研究当代的文化现象，这会产生很多新鲜的学术话题。

在对理论问题进行新的阐发的同时，我们也不能忽略学科的学理基础，在美学研究领域更是如此。马克思的思想与美学、人类学有着密切的联系，本文试图阐释马克思独具特色的审美人类学思想，这一尝试能否被认可，还有待于学术界的检验。

一、马克思主义与人类学理论的区别和联系

众所周知，马克思、恩格斯都对摩尔根《古代社会》的出版感到十分兴奋，他们认为该书是对历史唯物主义（一种对人类社会发展抽象程度非常高的哲学理论）的强有力的实证说明，在此之前，历史唯物主义主要侧重于学理方面的论证和政治经济学方面

的论证,而缺乏实证基础方面的系统论证。历史唯物主义与摩尔根的人类学理论具有很大相似性和内在联系。两者都侧重从人类生活的物质存在和技术进步的方面去说明人类社会的起源和发展,都很注意人类社会的物质基础,认为所有文化现象和社会制度都建立在一定的物质基础之上。摩尔根受资本主义上升时期启蒙主义思潮影响,侧重于从技术进步方面说明人类社会的发展,认为技术进步推动生产力发展,从而导致生产关系变化,进而推动社会制度的改造。这正好与历史唯物主义的观点不谋而合。

尽管有着以上的相同之处,在马克思的历史唯物主义与摩尔根的人类学理论之间仍存在着很大的不同之处。在马克思晚年所做的《人类学笔记》中,既有对摩尔根的肯定又有对他的某些观点的批评。本文以为,马克思主义与人类学存在着以下三方面的区别:

首先,人类学作为一种实证科学,十分重视田野调查和实证材料的比较研究,相比之下,马克思主义具有较强的理论性和思辨色彩。注重实证材料既有优点也有缺点,田野调查资料不可能做到绝对真实、客观,由于主、客观方面的原因,人类学家可能受到不够真实的田野调查资料的蒙蔽;并且,当研究者的研究视野和理论水准对现象无法解释时,往往容易阉割、扭曲实证材料,这是一些人类学家自觉、不自觉做的。马克思主义则具有较强的思辨性,较强调对学理问题的把握,对于现代学术研究这是很重要的。

其次,从研究思路来看,文化人类学着重对异质文化的比较研究,而马克思主义则侧重于过去与现实,古代社会与现代社会的比较研究,这是一种基本思路的区别。作为理论的根本特征而言,人类学根基在于实证主义思潮,与自然科学方法论联系在一起,和资本主义社会现代化进程联系在一起,因此大多数人类学理论是肯定现实制度和社会的现代化进程的。而马克思主义则是批判现实和扬弃社会的现代化进程的,这是因为马克思主义从诞生之日起,就与现代化理论、实证主义的思潮相对立、相批判。

第三,在方法上,马克思主义以经济学或政治经济学为最重要的方法论基础,而文化人类学以文化理论和文化哲学为基础。在方法论和研究侧重点上,马克思主义侧重对社会物质基础、经济关系、生产方式方面的研究并推及、阐发至上层建筑和意识形态领域。而文化人类学则侧重从文化差异性、文化的不同制度的区别上着手，追溯差异的根源直至物质基础。在西方哲学传统中，如果说马克思继承了德、法哲学的唯理论传统，文化人类学则继承了英国哲学的经验论传统。

二、马克思主义美学与艺术人类学的区别和联系

马克思主义美学与马克思主义审美人类学关系更为密切，后者虽受人类学很大影响，借用了其很多方法、资料，但它的传统、根基还在马克思主义美学上。

(一) 两者的联系

首先，马克思主义美学或马克思主义的艺术哲学是一种人类学意义上的美学，这一点有许多学者指出过[1]。它表现在：(1)马克思认为人的想象、情感是一种人类学意义的人类特性，马克思认为“激情、想象是人的本质存在”(《1844年经济学哲学手稿》)，这一点在马克思之前尚未有人认识到。(2)在《人类学笔记》中，马克思强调人的潜能、能力的全面发挥，在马克思心目中始终有一个“理想的人”的模式存在，这是一种哲学人类学的思想。

其次，马克思主义美学在发展过程中始终以人类学提供的材料来阐发论证其理论。不仅马克思如此，其后继者也如此，如拉法格关于艺术的起源问题的讨论所用的材料都来自人类学，普列汉诺夫《没有地址的信》中大量引用人类学材料，乔治·卢卡奇的重要美学著作《审美特性》也大量引用人类学材料，本雅明的神话理论对卡夫卡、波德莱尔的解释不同于他人，就在于他借用了神话学、人类学的观念方法，这也是他的理论能穿透那一个时代的重要原因。此外，在西方被誉为“文化研究之父”的著名学者雷蒙德·威廉斯在他的文化研究中也大量使用了文化人类学材料。

第三，换一个角度来讲，人类学的许多重要思想和理论都源于马克思主义，这在20世纪表现得尤为明显。列维-斯特劳斯的结构主义人类学，怀特的新进化论，马文·哈里斯的文化唯物主义，受阿尔都塞影响的解释人类学等等，都受到马克思学说的深远

影响,在西方还出现了马克思主义人类学学派。

第四,两者的研究领域越来越接近。如当代人类学的一个重要分支象征人类学,与马克思主义美学在研究对象上就有很大的重合性。象征人类学认为任何文化要具有普遍性,都要把具体的物象转化为象征,这是人类文化创造上最普遍的行动,象征人类学就是研究文化中的象征的产生、作用、意义和彼此关系,也就是研究文化的象征系统。而马克思主义美学认为对象要成为审美对象,就必须从审美物象转变为象征,因为不具有象征性就不具有普遍性,也就不具备审美价值,马克思主义美学研究审美意识形态其实就是对审美象征系统的研究。可以说这两门不同的学科走到了一起。

(二) 两者的区别

马克思主义美学与艺术人类学的不同之处,在于马克思主义美学有更强的抽象性,更多的本体论色彩。

马克思主义美学与其他美学不同之处在于其不仅要认识世界,还要求改造世界,在认识审美现象的同时,还要改造旧的审美关系,创造新的审美关系,以审美的眼光来建设新世界,这是由马克思主义的性质决定的。而人类学则注重从旁观者角度进行客观研究。

三、马克思审美人类学思想的主要观点

马克思有关审美人类学思想的主要观点有以下三方面的内容是值得进一步注意和研究的,这些思想和理论在现代美学的理论框架中具有新的意义和价值。

(一) 马克思关于人的身体与审美需要的关系的思想和理论

审美需要这个概念是美学理论中应该研究但事实上研究得不够的问题,除马克思主义外,心理学曾对审美需要的问题做过一定程度的研究,但马克思的研究与此不同,在我看来,马克思的有关思想具有人类学的意义,具体而言主要包括以下四层含义:

一是身体作为审美活动的物质基础的思想。这是马克思在《1844 年经济学哲学手稿》中提出的一个思想,伊格尔顿在《审美意识形态》中作了重要的论述。今天人类学

努力把研究人的精神活动与研究人类社会物质活动之间存在的屏障打通,马克思的这一思想是这种跨学科研究的一个体现,这对美学研究意义重大。长期以来,美学是一个没有物质基础的学科,在今天的后现代理论以及当代马克思主义美学理论中,对身体与人的情感的关系以及身体与人的审美活动的关系作了很好的论述,这些思想都在不同程度上来自马克思。

二是马克思在《1844年经济学哲学手稿》中提出现代化进程对人的身体的约束或者说人的身体在现代化进程中发生异化的思想。伊格尔顿对此作了进一步的阐发:审美需要并不是生理需要,而是文化需要。对审美对象的强烈需求是与人的身体在现代化进程中受到异化和被约束相联系的,理论上可以说审美需要是与人自身的某种匮乏相联系的。而匮乏则是社会的结果,并不是自然现象。因此,可以说审美需要并不是培养出来的,需要培养的是人的审美能力。生活在一定社会关系中的人自然具有一定的审美需要,他具有什么样的感受能力,就要求用相应的审美对象来满足他的审美需要。

三是人的潜能的充分实现的思想。这是马克思在《1844年经济学哲学手稿》和其他著作中一再表达的重要思想,也就是审美人类学的思想。它与启蒙主义、德国古典美学的思想一脉相承,认为在审美活动中人的潜能得到了某种想象性的实现。马克思与启蒙主义、尼采、叔本华等哲学家的共同之处在于他们都认为在艺术、审美活动中人的潜能得到充分、自由的实现,但马克思的不同之处在于他清醒地认识到这种实现是想象性、幻觉性的实现,不是真正的实现。审美活动中人的潜能的实现是虚幻的,因此,马克思常常把审美与宗教相提并论,在马克思的著作中对审美既有肯定的,又有否定的,而以否定居多。当然,正如马克思从未否定过真正伟大的宗教在历史中的作用那样,他也从未否定过伟大艺术的意义。

四是马克思在《1844年经济学哲学手稿》中提出的"美的规律"的思想和理论。关于"美的规律",马克思提出"两个尺度"的理论,即对于人的对象,不仅要用"物"的尺度、现实的尺度去把握和评价,而且还要用人的尺度、内在的尺度去把握和评价。只有当两个尺度相吻合、相统一时,这个对象才是符合美的规律的。这一思想是马克思的审美人类学的重要内容,马克思对人的存在、人的意义的理解,要求不仅用外在的"物"的尺度如效率、金钱、权力等可测量的外在尺度来测量,还要求用人的尺度即符合人性、符合人的最高伦理、人的理想的尺度来要求对象,当这两者相统一时,才是真正的人,才符合"美的规律"。在马克思之前,莱辛已使用"美的规律"的概念,但莱辛主要讲的是形式美的规律,马克思却从作为人的人类学角度,即如何才是符合人性的存在的角度提出问题和思考问题。

(二) 马克思对古希腊神话的永恒魅力这一问题的思考

古希腊神话的永恒魅力问题并不是马克思最早提出的,浪漫主义美学在此之前就提出过这个问题,但它在马克思理论框架中具有了与以往不同的意义。浪漫主义美学认为人类在原始社会阶段是正常、自由、和谐的,因此,这一时代的文明创造也是正常、和谐、美好的,可以给处于异化状态的现代人带来美的享受,因而具有永恒的魅力。这种观点实际上并不是马克思主义的观点,马克思主义并不认为原始社会是一个最美好、完善的社会。我认为,马克思针对古希腊神话的永恒魅力问题提出了几点重要思想。

首先,在马克思的理论框架中,古希腊神话是一个复合性文本或者说多重话语相叠合的文本,这在他的《人类学笔记》中多次提到[2]。当时,以摩尔根为代表的一批人类学家根据神话谱系推论古代社会,与之相比马克思对古代神话的辨析更细致、更辩证,马克思认为在古希腊神话中至少叠合着父权制神话和母权制神话的不同形象和声音。古希腊的优秀艺术能把这两种声音同时传达出来,古希腊悲剧往往是这两种声音最深刻、内在冲突最激烈的表现。

其次,马克思对古希腊神话永恒魅力的解释与历史背景相联系。马克思的神话理论的独特之处在于他把神话这种符号系统表现出来的美与具体的审美关系,与一定的历史阶段相联系,这是马克思神话学理论的一个重要思想。马克思不是单纯就神话研究神话,他认为神话的意义一定要和现实相结合才能呈现出来,古希腊神话的永恒魅力在不同历史阶段有不同的意义,它不是静态的,而是动态的表现,应该在具体的生产关系、交往关系、审美关系的语境中把握其魅力。实际上,马克思的神话理论是与其意识形态理论紧密相联的,可以说是意识形态理论的一种形态。美与具体历史相联系的思想,还表现在《路易・波拿巴的雾月十八日》中,马克思用幽默的口吻谈到,同样是资产阶级上升时期创造的审美对象,在资产阶级取得政权后,其审美意义也会发生改变,而且是实质性的改变。

第三,马克思还提到神话学的辩证问题,即神话现象或者说情感性意识形态的神秘性和解神秘性的辩证关系问题。神秘性和解神秘性的问题一向为神话学所关注,20世纪60年代以来,随着审美意识形态成为主流意识形态,艺术和审美现象本身被神秘化和神话化,人文科学转向侧重于对神话的解神秘性的研究。我认为,对神秘性和解神秘性之间的辩证关系的研究实际就是马克思在《政治经济学批判・导言》中谈到的古希腊神话是神秘性的,并把神秘性作为永恒的和最高权威,但它不是艺术。古希腊艺术是以神话为材料,或者借用马克思的话,是以神话为"土壤""母胎""武库",将其加以处理,使它变得具有解神秘的色彩,呈现出它隐含的本真意义。马克思在《政治经济学批判・导言》中给自己提出了任务:(1)说明和解释古希腊神话的原始形态以及为何具有解神秘性,即促使现代人感受它的艺术价值和永恒魅力的问题。(2)以莎士比亚为代表的近代古典艺术的神秘性和解神秘性的问题,即它所具有的无比魅力和起到何种价值和作用的问题。(3)我认为马克思的思想中还存在着第三点,即不同于古希腊和古典时代的现代艺术用古代神话的素材将之与现代生活经验结合起来,重新表达出一种新的不同于以往的审美价值的问题。这应该是一个更复杂的问题。马克思主义的审美人类学应对以上不同的审美关系及其意义作出自己的解释。现在,学术界对前两个问题的研究较多,而忽略了对第三个方面的研究。当前马克思主义审美人类学应加以努力的方向是对卡夫卡、乔伊斯、魔幻现实主义的神话回归作出解释,即神话以现代形态重新出现以及它们与古典神话在审美魅力和艺术力量上的不同之处作出解释。神秘性和解神秘性的关系实际上也就是艺术与意识形态的关系。关于解神秘性的力量很多神话学理论通过对神话本身的复杂性、悖论性的形象进行分析和论述,以说明其艺术的价值和魅力,而马克思主义神话学则把解神秘性的力量最终追溯至现实关系的复杂性和具体性,这是其独特之处。

第四，马克思在《政治经济学批判·导言》中提出了审美转换的重要概念。马克思在思考神话或者说意识形态与艺术、审美启蒙三者间具有什么样的关系时，他认为存在着从神话转化为艺术，又从艺术转化为接受者的审美体验，进而取得审美启蒙的效果的过程，两个转化过程的联系环节都是“审美转换”。“审美转换”既是一个美学概念，也是一个人类学的重要概念。文化人类学家哈里斯在思考为什么同一社会发展历史阶段的不同人群其艺术表达各不相同的问题时，也使用了“转换”概念，认为它包含了审美传统和现实材料两个方面。审美转换是这两个方面同时作用，共同创造出来的对象，面对同样的现实材料，在不同的审美传统条件下会导致不一样的审美体验，而这种审美传统在马克思看来就是一定的意识形态。

（三）审美活动与历史进步的关系

马克思的人类学与一般的文化人类学的不同之处在于后者侧重于材料的搜集、整理和客观描述，而马克思的所有思考都围绕着如何使人类社会从资本主义生产力方式中走出来，超越剥削、压迫、阶级社会的对立这一中心问题。马克思主义审美人类学的一个重要成就是，理论地提出审美活动与历史进步之间关系的问题，这是马克思主义美学与一般美学的不同之处。

在现象上，我们不难体会到，当现代人欣赏古希腊神话、原始民族文化、原始民族艺术时，总能感受到强烈的不同于现实社会以金钱、效率为唯一尺度的某种合理性；一个事件经过一段历史时间后以文学、艺术形式加以重新表达，会变得美好而给我们带来美感；为什么在艺术表达中越孤独就越具有普遍性，越有个性、唯一性、不可重复性就越具有普遍性呢？这些现象都是审美人类学的难题，许多理论在这里被难倒了，但马克思主义具有解释的能力。马克思在解释审美活动时提出了一个重要概念：“价值颠倒”。在《人类学笔记》和《政治经济学批判》中这是一个经常使用的观念。马克思在讨论原始文化、讨论交换关系的发展时，注意到这样的现象：在一定的巫术圈内现实的价值关系会产生一种颠倒，一系列在日常生活中处于合理状态的关系在特殊的文化机制中会发生一种颠倒，在神话解体后的社会发展中，这也是审美活动中的特殊现象。马克思认为，这一现象是人类社会即使在最痛苦、最黑暗的社会中仍然存在希望的证据。艺术或审美是人类社会的特殊领域,它保存了人类社会最有价值、最符合人性的习惯、理想、价值,它通过颠倒日常生活的某些方面来超越现实,实现它的神秘化、实现艺术的特殊性,对这些价值加以保护,艺术也因此得以存在。可以说,艺术存在本身就是社会仍然存在不合理性的一种表现形式,正如罗兰·巴特指出的那样,正是因为社会存在着分裂、压迫才需要神话。艺术通过价值颠倒,或者说陌生化的手法来实现它的自我保护,来传达和延续人类文明中最符合人性的东西。人们在现实生活中有很多的合理要求,虽然被压抑至潜意识的层次,被排斥出日常生活和一般的文化中,但仍保留在艺术中。

"价值颠倒"概念在《1844年经济学哲学手稿》《资本论》《人类学笔记》中被大量使用,在马克思那里最典型的形式表现在商品交换中。继马克思之后,弗·詹姆逊继承并发展了"价值颠倒"这一概念,他在《布莱希特的方法》《政治无意识》《时间的种子》等著作中提出了"文学生产方式"的概念,考查马克思关于审美活动价值颠倒问题与历史进步的关系。价值颠倒使人们从面向过去变为面向未来。人的心理活动一般都是面向过去,大部分艺术也往往使人转向过去,而真正的艺术使我们正视现实,面向未来,从更理想、更合理的存在这个立场上审视现实,从而使我们能够充满激情地去改造现实。

四、马克思的理论方法对人类学研究的方法论意义

在20世纪人文科学的发展中,马克思的理论方法与人类学方法存在着互动的关系,双方相互影响,如列维-斯特劳斯在关于亲属制度的研究中将不同部落间用妇女作为交换媒介来达到彼此联合的观点就是从马克思那里继承而来。再如德里达关于文字的研究,具有普遍的符号学意义,德里达在这方面的研究实际上也是一种人类学意义上的研究,他坦率承认他关于文字作用的研究受到马克思关于货币研究的影响。此外,拉康的心理学与人类学的关系也非常密切,他的精神分析理论与人类学具有互动的关系,拉康的心理学中提出的"剩余快感"("剩余想象")的概念与马克思的剩余价值

理论存在着血缘关系。列维-斯特劳斯神话理论中提出的“神话素”概念，德里达在《马克思的幽灵》一书中提出的“意识形态素”的概念，都根源于马克思的意识形态理论。我认为，马克思对“商品拜物教”的研究对神话学、人类学都具有重要意义，马克思关于货币、交换关系的研究也具有人类学方法论的一般意义和普遍性。今天的审美人类学应当把这些方法和概念吸收进自己的框架系统中去。

注释：

[1] 见S.S.柏拉威尔：《马克思与世界文学》，豪克：《绝望与信心》等。

[2] 马克思晚年所做的人类学笔记亦称为“民族学笔记”，指马克思1879年至1881年期间所做的马·柯瓦列夫斯基的《公社土地占有制，其解体的原因、进程和结果》摘要、路·摩尔根的《古代社会》摘要、亨·梅思的《古代法制史讲演录》摘要、约·拉柏克的《文明的起源和人类的原始状态》的摘要等，见《马克思恩格斯全集》第45卷，人民出版社1985年版。

列维-斯特劳斯与审美人类学

列维-斯特劳斯与审美人类学有什么样的联系，这大概是一个很少有人考虑的问题。列维-斯特劳斯作为结构主义大师、结构主义人类学的创始者，在世界学术界享有崇高的声誉，其研究与艺术的密切关系也引起了学术界的广泛注意，但审美人类学作为一门新兴的边缘学科在国内学术界仍鲜为人知。我们最近发表过几篇文章阐发审美人类学的学科性质、意义、研究对象及研究方法，[1]但在本文开头，仍有必要简要介绍审美人类学的基本学术理念和思路，以利于论题的展开。

一、问题的提出

审美人类学是一门用人类学的方法和概念系统来研究和阐释美学问题和审美现象的学科。人类学在大多数人眼中是侧重研究人的体质、物质生活和社会生活制度等方面的学科。它以注重客观性、注重操作性、极强的田野调查和实证研究为特征。而美学在很大程度上恰恰正与人类学相反，它以注重思辨、注重逻辑、关注人的精神世界中最空灵玄妙且难以言说的部分为特征。审美人类学力图打破两门学科间的壁垒，以人类社会文化的大量材料来充实美学对人类精神领域的思考，使抽象的思辨建立在实证的基础上。同时，把美学研究引入人类学领域中，使人类学研究从形而下的层次上升到形而上的层次来。在20世纪下半叶的学术发展中，列维-斯特劳斯的研究是两门学科实现沟通的一个较为突出的例证。他对人类学材料进行了独到的理论分析，他对艺术的浓厚兴趣使得他把人类学研究从物质文化领域发展到精神文化领域。结构主义研究喜欢使用"共时性"与"历时性"的双重分析方法。如果说在"共时性"——美学与人类学两个学科的交融上斯特劳斯起了重要作用，那么，他在"历时性"——学术思想的继往开来方面起到的作用就更大了。斯特劳斯的理论一头与萨特的存在主义相连，另一头与以德里达为代表的解构主义相连。他对原始艺术、原始文明的推崇，以及对现代文明的批判，成为解构主义、文化多元主义等众多思潮的思想来源之一。

审美人类学研究可从两个方面加以展开，一是研究人类学与美学共同关注的对象，从中作出哲学上、理论上的概括。二是对已有所成就的人类学家、美学家用审美人类学的概念系统对之重新解读，这样可以使我们为审美人类学的学理机制和理论框架提供有价值的学术资源和启迪。列维-斯特劳斯是一个重要的个案，通过对他的研究，可以使我们明确美学与人类学交叉的必要性、必然性，明确审美人类学的发展方向与途径。

二、列维-斯特劳斯的生平、性格与学术渊源

1. 生平与性格

列维-斯特劳斯是一位典型的学者。他1908年出生于一个有犹太血统的画家家庭，受父母的影响，从小掌握了绘画的基本技巧，还曾学习作曲、写过交响乐，打算做一名作曲家、戏剧家。他还很喜爱文学，在文学上有着不同寻常的天赋。早在童年时代，他就能背诵名著《堂吉诃德》，成年后每年都要重读巴尔扎克的作品，晚年还曾经尝试小说创作。对文学的酷爱，使他的著作具备了优美的文风。他的人类学考察笔记《忧郁的热带》就因行文流畅、风格典雅而差一点获得法国最高文学奖龚古尔文学奖。斯特劳斯对文学艺术始终保持浓厚的兴趣，但他曾戏称自己一生最衷情的有三个情人：马克思主义、音乐和地质学。这三门学科看似没有关联，但马克思主义能从纷繁复杂

的人类生活中归纳出最基本的规律即物质生产决定着社会生活的其他方面，音乐凭借七个音符进行无穷尽的排列组合而产生不同的乐曲，地质学研究静态的层层累积的地质结构可以了解动态的地球的历史。我们不难发现，从复杂的具体现象背后抽象归纳出隐藏着的本质规律，正是这三门学科的共同特点，也正是斯特劳斯结构主义研究最擅长的事。斯特劳斯的著作中常以音乐和地质学为例，而在他的思想深处，则不难发现马克思的影响。一般而言，德国思想家往往以擅长于抽象思辨、逻辑归纳，建立庞大的体系而著称，法国思想家则多以思维的活跃灵动、气势宏阔而不拘泥小节见长。斯特劳斯能够建立起结构主义思想体系，除了他本身擅长理论概括外，还与他受到与德国古典哲学有很深渊源的马克思主义的影响有关。

与大多数法国知识分子一样，青年时期的斯特劳斯对政治非常热心，大学时代曾任国会议员秘书，还企图进入政界。但中年后他潜心从事学术研究，与现实政治活动自觉保持距离，以避免影响其学术研究，这使他能对现代文明的重大问题进行冷静思考，实际上是对现实政治和社会生活更深的关注。

斯特劳斯对政治的热情持续得不长。1934 年他赴巴西某大学任教，在此期间对人类学产生了浓厚兴趣，并在巴西进行了他一生中唯一的一次田野调查，使他得以写出著名的《忧郁的热带》一书，从而奠定了他在人类学界的地位。第二次世界大战时，斯特劳斯流亡美国，结识了著名结构主义语言学家雅各布森。战后，他返回法国，一直从事学术研究工作，1973 年当选为法兰西院士。与其简单的生平相反，斯特劳斯留下的著作十分丰富，有《亲属关系的基本结构》(1949)、《种族与历史》(1952)、《忧郁的热带》(1955)、《结构人类学》第 1 卷(1958)、《今日的图腾崇拜》(1962)、《野性的思维》(1962)、《神话学》1—4 卷(1964—1971)、《面具的奥秘》(1975)、《广阔的视野》(1993)、《确定的语言》(1984)、《嫉妒的制陶女》(1985)、《象征与双关》(1989)、《猞猁的故事》(1991)、《看、听、读》(1993)等。

如果用一句话来概括列维-斯特劳斯的性格，我们可以称他为具有美学气质和修养的人类学家。他虽然一直走在学术的前沿，但与大多数思想家具有激进的特征相反，他没有激进的特征。他力图用一种冷静科学的态度来对待生活与学术。他骨子里仍是卢梭主义者即浪漫主义者，对社会的物质现代化进程持批评态度。他对早已消逝的原始文明的推崇，对人类的童年生活时代的留恋，使他曾自嘲地说自己与堂吉诃德十分相似，都力图把早已消逝的传统带到现实中来。

2. 学术渊源

列维-斯特劳斯是一位承前启后的学者。他的思想不仅在人类学领域，而且在整个西方学术界、思想界都产生了深刻的影响。

当斯特劳斯发表他第一本有影响的人类学著作《忧郁的热带》时，他在书中一开头就声明自己厌恶旅行和田野调查，他更愿意通过已有的资料进行理论的概括。这在当时的人类学界掀起了轩然大波。从20世纪初到50年代，人类学学者们进行了大量的田野调查工作，搜集了大量资料。在当时的人类学界占主导地位的是美国历史学派。该学派的特点是重资料收集，轻理论归纳。借用该学派代表人士博厄斯的话来讲："资料本身会说话。"他主张把对现象或资料的搜集分类当作研究的最终成果而不是研究的出发点。在这种主张的影响下，当时的人类学界缺乏理论的提出而被视为主要从事资料搜集的二流学科。这种状况直到斯特劳斯的出现才发生转变。他指出："大约从一世纪半以前开始，到现在已收集起来大量的民族学研究资料。根据这些资料，民族学家们可以继续进行数百年以至数千年的研究……在这些资料里，可以有长久的取之不尽、用之不竭的科学研究源泉。"[2]他的一系列理论著作如《野性的思维》《结构人类学》《神话学》等标志着人类学从注重田野调查、对实证材料的收集和整理转向理论分析和概括。以列维-斯特劳斯为标志的这一转折为他赢得了极高的声誉。当代美国著名的人类学家格尔茨称列维-斯特劳斯"使人类学得到一种理性的训练。他使人类学成为理论的、理性的、哲理的，他把人类学与世界的理性大潮联系了起来，他使人类学脱离了手工艺的模式。他使人类学摆脱了经验论的数据收集式的事务，并且将法国的理性，也就是通常所说的理性特色引入了人类学……从列维-斯特劳斯以来，人类学家们才认识到他们应该去思索，这的确是前所未有的情况"[3]。而法国当代著名人类学家和社会学家布迪厄也赞誉列维-斯特劳斯"为一门社会科学第一次赢得了尊敬，实际上是成了占统治地位的学科"[4]。一旦人类学开始自觉意识到人类学应该解决什么问题(以列维-斯特劳斯为重要标志),本学科有何作用与意义时,人类学与美学之间人为划分的界限就被打破了,人类学与美学开始相互吸引。当美学在讲到艺术和审美的起源时,一定会涉及大量人类学的材料。在此,有一点必须加以澄清,即艺术的概念并非自古就有的。现代意义上的美和艺术都应该在文艺复兴后才产生。我们今天当作艺术来欣赏的前现代社会艺术在当时并非按照今天的艺术概念加以创造,也不是按照今天的审美标准来欣赏。今人与古人创造、使用这些产品的态度是不同的。美学要对前现代社会的艺术加以正确理解,势必要利用人类学对人类历史和不同文化发展进程的深刻了解。利用的程度要比我们想象的大得多。反之,人类学并非单纯学术研究,而被称为最富于人道主义的学科,绝大部分人类学家对以往文明的研究实际上都曲折地反映了对现实的思考、批判和否定。这种思考需要哲学的指导。美学长期以来一直作为一种社会批判话语而存在,随着美学对当代社会发展的影响日渐明显,人类学也需要美学的指导。任何文化都有一个最重要的基础即人对现实的体验,任何文化都是根据人在现实生活中具体的感受和体验而创造的。美学(Aesthetic)实际就是"感性学"之意,美学也是对人类的感性经验作出分析,它与人类学都研究人的具体经验和具体经验如何转化为文化。

斯特劳斯不仅是一位人类学家,还是一位哲学家、思想家。他的思想还受到马克思、波德莱尔、卢梭、巴尔扎克、康德、塞万提斯、夏多布里昂、普鲁斯特等人的影响,从中可以看出,斯特劳斯与浪漫主义文学和美学有着很深的联系。波德莱尔、卢梭、康德、夏多布里昂、普鲁斯特都是在文学艺术上非常强调形式的,而且达到非常高的审美境界的作家与思想家。列维-斯特劳斯的人类学著作中对自然,对原始文化和人与自然和谐相处的状态那种挥之不去的依恋、怀旧、感伤的情结,无疑与卢梭等人的浪漫主义审美情怀相仿。至于斯特劳斯与结构主义语言学家索绪尔、雅各布森的密切联系更是众所周知,他曾与雅各布森合作,用后者的语言学理论分析了波德莱尔的诗篇《猫》,列维-斯特劳斯对文学作品的个案研究很少,因此,他的这一研究成果无疑是非常有价值的。此外,法国著名哲学家梅洛·庞蒂对列维-斯特劳斯也很有影响,庞蒂通常被称为存在主义者,实际上他在法国哲学传统中是较早地对交流理论作深入分析的学者,他的最大贡献是对审美知觉的研究。列维-斯特劳斯对庞蒂深怀敬意,在《野性的思维》献辞中称该书就是献给他的。

列维-斯特劳斯在同书中曾声称"人类学实际是心理学"。在心理学领域对他启发最大的首推弗洛伊德。弗洛伊德对人的无意识领域的研究推动他去寻找不同种族、文化的人们思维背后的普遍规律。但弗洛伊德侧重对个体人格与个体无意识的研究,而斯特劳斯侧重研究集体无意识领域和不同民族文化的特殊性即文化性格。他企图把心理学研究实证化,不是把作为个体的人而是把文化作为研究对象,同时也希望使人类学研究深入到集体无意识领域。他的这一构想对审美人类学无疑具有方法论上的指导意义,审美人类学也正希望把人类学研究拓展到心理的精神的层面,把抽象思辨为主的美学建立在坚实的文化基础上。

研究列维-斯特劳斯的学术渊源,最重要的还是把握他与萨特和德里达的关系。他与萨特在学术上是论战与对话的关系。萨特的存在主义强调主体性、人的主观能动性和精神自由,而列维-斯特劳斯批评的正是这一点。他认为对现实不能以主观态度,而应用科学、冷静的态度来对待。通过对萨特理论的论述,他提出一个重要问题:萨特的理论,事实上是列维-斯特劳斯生活时代的神话。在列维-斯特劳斯看来不是真正的哲学,而是那个时代的主流意识形态。真正的哲学应是对这一理论的超越。可以说是列维-斯特劳斯使法国思想界从热衷于主体和对主体的分析,转向对人的文化现象的比较实证的研究。结构主义在和萨特相比较的意义上,可称为人文主义中的科学主义。从存在主义发展到结构主义时间不长,又到了解构主义时代、新历史主义时代。斯特劳斯着重讲人类的基本结构、共性的、不变的东西,而新历史主义、解构主义则开始超越他,认为历史是流动的、发展变化的,认为企图从文化中找出某种占主宰地位的核心观念也是徒劳无益的,文化是无中心的,多元构成的。但是,尽管德里达等人以列维-斯特劳斯的结构主义人类学为解构的对象开始了解构主义时代,但从他们的理论中仍看得见列维-斯特劳斯的身影。德里达对西方形而上学和理性主义传统也就是"逻各斯中心主义"的批判,对西方文化中心论即"白色神话"的批判,实际上都可溯源自结构主义人类学。正是列维-斯特劳斯首次把非西方文化、原始文化的价值发掘出来，并以此为武器对现代社会、西方文化进行了批判。这一点在列维-斯特劳斯的《野性的思维》中表现得最为系统和鲜明。

三、《野性的思维》的概念和思想

《野性的思维》在列维-斯特劳斯的著作中占有中心位置，是其思想的完整和纲要性的概括，与他的其他人类学研究形成理论概括与具体材料的关系。该书的核心是对原始思维特性所进行的分析。当时的人类学界对原始思维抱有深深的歧视。进化学派代表弗雷泽认为人类思维经历了“巫术—宗教—科学”三个阶段，原始思维仍停留在最低级的巫术阶段。社会学派列维-布留尔在其《原始思维》一书中称原始思维与现代思维存在着质的差别，后者是逻辑思维，前者是“前逻辑思维”，倾向于认为世间万物存在着神秘的联系即受到“互渗律”的影响。功能学派马林诺夫斯基认为原始人的思维重心是繁殖和食物的基本需求的满足。列维-斯特劳斯否定了上述看法。他认为原始思维与现代思维没有本质的区别，在结构上都以二元对立为基本结构，都以将世界进行分类从而产生秩序和安全感作为思维的基本要求和思维活动的基础。列维-斯特劳斯认为巫术与科学是本质相同的思维过程，代表着科学思维的两种模式：“其中一个大致对应着知觉和想象的层面，另一个则离开知觉和想象的层面。似乎通过两条不同的途径都可以得到作为一切科学的——不论是新石器时代的或是近代的——对象的那些必要联系：这两条途径中的一条紧邻着感性直观，另一条则远离着感性直观。”[5]列维-斯特劳斯以此为基本思路，提出了以下重要概念：

1. 具体性的科学

列维-斯特劳斯认为人类学的研究对象应该是具体的人的感性经验和生活中具体的活动。在社会的现代化阶段，自然科学甚至哲学中存在着很大弊病，不研究具体的、感性的经验，而是以某种概念，以某种被划分开的感觉经验为基础。但斯特劳斯认为具体性的科学应是对事物整体性的、感性的把握。这样的科学是非常重要的，我们对事物的纯理性的，或者说不全面的把握，在他看来和以这种认识方式为基础的文化一样是病态、不自然的。因此，列维-斯特劳斯很注重原始社会、自然、野性等概念。与其他人相反，在他的理论中这些都是值得肯定的概念。在他看来，文化有两种，一种是现代社会工业文明，以理性和概念来把握世界。另一种是自然形态的文化，以具体性的科学为基础，以感性、全面的方式把握世界。这正是原始文化的特征。为此，他在书中提出了"敲敲打打"这个概念来说明原始文化的特征。在他看来，原始工匠工作时，从身边的自然界广泛地选取适用的材料和工具，他对工具和劳动对象的把握都是全面的、非特殊化的。这种以具体性的科学，用完整的、全面的方式来把握对象的能力正是原始社会的特点，也应当是所有文明的基础。一旦缺乏这种能力，人与社会都会有不平衡感。可悲的是，现代文明恰恰缺乏这种能力。现代工业化社会的一个基本要求就是分工合作，这就导致了人的专业化，每个人都是"专家"，只能用特殊的工具去解决一方面的问题。人的整体性被破坏，现代社会的种种弊病也由此产生。

2. 转换系统的概念

列维-斯特劳斯认为马克思主义关于上层建筑的理论存在着缺憾。他认为文化或者说上层建筑有着自己的一套逻辑规则，这是与物质生产领域的逻辑规则不一样的。《野性的思维》一书的目的就是要探索原始社会或者说未进入现代社会之前一种原生态的、比较完整的文明如何在文化创造中获得内在的系统。他的一个重要观点就是认为"原始"时代的文明并不落后、简单，而是非常复杂、精致、严谨的，有自己的内在逻辑和原则。在研究过程中，他发现"转换"这个概念具有重大意义。原始文化的一个特点是用具体材料、形象来表达，没有很多抽象的概念和原则。各具体形象之间的意义如何联系起来，具体形象与其抽象意义如何联系起来，就存在着一个符号转换的问题。每一种文化都面临着一系列的符号转换问题，也都有一套约定俗成的规范和转换系统。这种转换系统实际就是原始文化的逻辑。阐明这种逻辑就是写作《野性的思维》的目的。列维-斯特劳斯认为消除人与自然的对立，是文化最基本的要求。他用了大量篇幅来说明原始社会中各种物象包括动植物与文化之间的复杂关系，以及原始人如何把自然界中动植物按照与他自身的关系，赋予一定的文化意义。

3. 对仪式的研究

列维-斯特劳斯非常重视对社会仪式的研究。他认为不同的仪式有不同的作用。仪式的一个重要功能是把人与自然划分开来,把日常生活现象与具有超自然力量的神秘现象区别开来。也就是说仪式能使日常生活的现象具有超自然的力量、永恒的力量、最高的精神力量。仪式是对自然时间的一种重新体验和表达。按其与自然时间的关系,可把仪式分为三种类型,分别对应着过去、现在和未来。列维-斯特劳斯尤其重视与过去的联系,努力寻找一种特殊的机制,通过某种转换,我们能把过去与未来以某种形式联系起来。仪式在过去、现在与未来之间,三者可以通过仪式而互相转化。列维-斯特劳斯从而提出了可逆的时间这一重要概念。他通过对不同类型的仪式的研究,找到了仪式与体验的内在联系。对仪式与时间关系的研究,使他进入了哲学的领域。对什么是历史、人类日常生活与历史的关系如何等问题,列维-斯特劳斯通过对仪式的研究,通过仪式对不同时间的处理方式,作出富于辩证色彩的分析,并对历史哲学具有了不同于哲学家的发言权。

4. 文化相对主义的概念

列维-斯特劳斯相信任何文化都有相对独立的符号转换系统,但系统背后的结构也就是文化的组织原则却是相似的。因此,他认为文化间没有高低,只有不同。他的理论与文化相对主义存在共同的旨趣,但他本人对后来出现的第三世界理论和后殖民主义理论持谨慎态度。他认为这些理论要求别人对其持平等尊重的态度,但在很多方面却未给予别人同样的平等、尊重,这仍然不是真正的平等。列维-斯特劳斯的这些思想是值得我们认真思考的。

四、列维-斯特劳斯与现代生活

列维-斯特劳斯对野性思维的研究仍然是为了给现代文明提供借鉴。列维-斯特劳斯虽然是一位现代人,但他努力使自己通过研究而达到原始文化的立场和观点,然后从这种立场和观点出发来看现代文明。这是他的基本立场。他对现代文明基本上持批判的态度，认为现代科学和认知方式是狭隘的、不合理的、扭曲的。他对现代艺术总体上也持排斥的态度。他在《野性的思维》最后一章大量涉及文学艺术的内容。他认为艺术是感性的，感性经验是人的最直接的现实经验的基础。艺术是把抽象的、符号化的文化与人的感性的现实生活联系起来的中介部分。任何文化都不能离开艺术。原始时代的艺术不是简单表述美和审美愉悦，而是努力从整体上把握世界，传达对生产、对日常生活、对社会有用的经验和知识，所以，原始艺术与整个社会生活、整个文化联系在一起，而不仅仅让人得到一种超功利的、纯粹的审美愉悦。现代艺术最大的失误就是割断了艺术与文化之根的联系，只是为形式而形式，为快感而快感，为美而美，失去了艺术应有的、最重要的文化功能。

出于对现代文明的不满，斯特劳斯作为一名人类学家，把眼光投向原始文化，希望从中找到对现代文化建设有用的东西。他在《结构人类学》第一卷“遥远的目光”中解释了自己的思想。人是不能在自己身上找到发展的动力和力量的，只能通过与别人的交往来认识和超越自己。文化也是如此，只有发现不同的文化并以此为镜像来加深对自己的认识，才能找到超越本身文化局限的途径。人类学正是为现代文明找到了原始文化这一真正的他者，并力图用原始文化的眼光来看待现代文明，也就是用他者的目光看自我。斯特劳斯把人与自然的关系当作一以贯之研究的问题。他认为人本身是大自然的一部分，但人又必须超越自然，为此而创造了文化。原始文化和东方文化较好地保持着同自然的联系、保持着与古代文化的优良传统的联系，而西方现代文化在使人从自然中脱离出来后，越来越远离自然。这正是西方文化、现代文化的不足之处。列维-斯特劳斯希望西方文明能从东方文化中吸取有益的成分，恢复人与自然和传统的联系。这也正是他在晚年关注日本文化与中国文化的重要原因。

五、列维-斯特劳斯给审美人类学的启示

在 20 世纪人类学和美学发展的过程中，列维-斯特劳斯处于一个十分特殊的位置。他从人类学、哲学和美学的角度所提出的问题明显超越了 20 世纪所能解决的范

围，但却引起了热烈的反应和广泛的影响，成为激发美学和人类学进一步发展的重要动因。认真地研究其中的学理价值和思想意义，我们以为至少有以下几点值得注意。

首先，对整体性的关注是审美人类学不应忽视的。当代美学面临着危机，表现在对大量现实生活中的审美现象不能做出满意的解释上。不能否认这与美学专注于理论思辨而忽视了与现实生活的联系，割裂了对具体事物的感知和认识有关。因此，重新恢复美学面向感性存在的本来面目，并通过人类学研究来深化对生活、历史、文化的感知也就极有必要了。

其次，人类学中的转换的概念与美学的陌生化、审美变形等概念在内涵上其实是一致的。转换这一概念早在 16 世纪丢勒和 18 世纪歌德那里已经谈到，但系统地用人类学材料加以充分论述的首先是列维-斯特劳斯。在这一点，美学应向人类学学习，如果把审美变形、陌生化概念加以具体化、系统化的研究，可以使美学研究更进一步。

第三，列维-斯特劳斯神话学研究与审美研究有内在的联系。斯特劳斯神话学的特点就是对形式的强调。他提出"神话素"这个重要概念，认为若干神话素的不同排列组合组成无穷的神话系统，如同七个音符组成音乐，因此，他着重整理神话，把神话内在的东西加以提炼。在他看来，神话中这些内在的东西与审美形式相一致，所有的神话都符合审美要求，应当把握神话背后形式化的东西。在这一点上，他的神话研究与美学研究相一致，美学感兴趣的也是所有艺术现象背后内在的形式化的东西。

第四，仪式的研究与美的产生。列维-斯特劳斯把社会生活的本质概括为一系列的二元对立，世俗与神圣的对立是其中一项重要的对立。人们只有通过仪式才能摆脱日常生活的羁绊进入神圣的领域、精神的领域，因此，仪式是与精神文化的创造相联系的。它不仅体现在宗教生活中也体现在美的创造和欣赏的过程中，这一过程中的超功利、超理性的态度与宗教活动中通过仪式进入的迷狂状态有一定的相似之处。艺术创作及其消费过程都需要有仪式，只不过被内化而未引起注意，这也是审美人类学亟待研究的课题。

第五，对待东方文化的态度引人深思。列维-斯特劳斯关注、关爱原始文化、东方文化，但他的目的是为了促进西方文化的发展而非为后进民族的进步提供帮助。尽管他力图理解这些文化，用这些文化的视角来看问题，最终仍只能把它们视为他者，视为一种遥远的目光，因此，也就不可能真正地理解和体悟东方文化、原始文化的精髓。作为古老中国的人类学和美学工作者，应该在思维上自觉地形成一种新的方法和观念，以西方文化为镜固然可以促进我们认识和反省一些问题，但不能仅仅停留在这样的层次上，因为这仍然是以二元对立为框架来思考问题的。如何把我们的研究深入下去，还需要进一步的思考。

第六，列维-斯特劳斯对艺术与文化的思考与审美人类学研究有密切关联。他对艺术与文化之根关系的思想确实是天才的论断，但作为人类学家，列维-斯特劳斯对艺术的研究主要是为了找出艺术作品背后隐含的二元对立的结构关系，从而证明他对人类思维本质的推断是正确的。他未能总结出艺术作品给人带来美感的本质因素是什么，这些因素与他所找到的结构有什么关系。他也未能进一步说明真正优秀的艺术是如何把古代传统中的优秀成分用现代形式加以延续、表达、再现的。尽管他对这些问题也具有浓厚的兴趣，但由于这些问题偏离了他的理论目的，因此其研究重心从未转到这些方面。

第七，列维-斯特劳斯关于艺术的文化之根学说还为今天我们的研究带来了新的研究课题：文本书写与文化书写的关系。这两种书写在时空中同时进行，有时是一致的，有时是有距离的，甚至是矛盾的，有时要经过转换，但任何文本书写背后一定有文化书写，文化是一种无形的力量影响着文学家、艺术家。当代人自觉不自觉地受着意识形态的支配。当代艺术哲学关于艺术对象的研究表明艺术的对象不仅仅是我们看得见的现实生活，还有看不见的形象。实际上任何艺术表达，最终都是表达看不见的形象。这种看不见的形象可从心理学、马克思主义美学和人类学等不同的角度加以理解，虽然表述方式不同，但都表明了文本书写和文化书写事实上是联系在一起的。审美人类学研究就是要把没有文字或难以用文字书写的东西表达出来。

曾经有人提出质疑，认为列维-斯特劳斯研究的只是文化的共性，但对各类文化中最精微的部分，即具有最高审美价值的部分却未能加以研究和说明。[6]这不能不说是列维-斯特劳斯研究的一个弱点，也是他作为一名人类学家难以避免的弱点。人类学研究方法侧重分析文化的基本运作机制、制度与传统,通过实证研究而加以归纳。其实,任何文化都是金字塔形的,在它的顶层是最精致的文化要求即审美的最高境界,现有的人类学方法还没有足够的能力对此加以把握和说明,而这恰恰是美学的专长,因此,美学与人类学确定存在着互补的必要。审美人类学的任务,就是要找到每一种文化的最高审美境界和文化境界,努力把文化传统与现代社会发展结合起来,用现代方式把文化传统表现出来,达到一个更高的境界。这正是我们当前要做的工作。

注释:

[1] 见覃德清:《审美人类学:价值取向与方法抉择》,《民族艺术》1999年第3期;王杰、海力波:《审美人类学的学科性质、意义与方法》,《民族艺术》2000年第3期;王杰、海力波:《马克思的审美人类学思想》,《广西师范大学学报》2000年第4期。

[2] 列维-斯特劳斯:《民族学者的责任》,《民族译丛》1979年第4期。

[3] 理查德・汉德勒:《克利福特・格尔茨访谈录》,《国外社会科学》1996年第1期。

[4] 布迪厄:《文化资本与社会炼金术》,包亚明译,上海人民出版社1997年版,第5页。

[5] 列维-斯特劳斯:《野性的思维》,李幼蒸译,商务印书馆1987年版,第20页。

[6] 迪迪埃・埃里蓬:《今昔纵横谈》,袁文强译,北京大学出版社1997年版,第149页。

本雅明艺术人类学思想评析

自从马克思提出资本主义生产方式与艺术生产相敌对的著名论断以来，在马克思主义美学传统中寻找理解和说明艺术的基础一直是一个十分困难的问题。不解决这个问题，我们的艺术哲学就必然潜伏着十分深刻的危机。马克思生前通过深入研究政治经济学，雄辩地说明了这样一个事实：随着资本增值原则渗透到社会生活的各个角落，现代社会的日常生活已经全面异化了，因而也就是不真实的。本雅明认为，尽管这是令人痛苦的事实，然而我们对现代艺术与古代艺术的现代魅力的理解，最终都必然归入到对这个基本事实的思考上来。

在现代马克思主义美学阵营中，本雅明受到严重的误解，相当大一部分马克思主义理论家视之为非马克思主义的。然而，本雅明通过他为数不多的著作，在艺术人类学的高度上，分析了现代社会在审美体验方面的根本变化，以及由此产生的重新理解历史的可能性和重新唤起人类对合理的人类生活的真正希望。因此，在研究现代马克思主义美学的历史发展及其内在活力时，我们不应该忽视本雅明做出的重要贡献。

初看起来，本雅明的艺术哲学由两个十分相悖的主题构成：一个是对远古神话世界充满忧郁的怀念；一个是对现代技术进步为艺术变革所提供的力量给予热情洋溢的歌颂。根据前者，本雅明对机械复制时代造成的审美体验的瓦解和崩溃进行了猛烈的批判；根据后者，本雅明对现代技术影响下产生的艺术形式所蕴含的巨大潜力给予了热烈的肯定。这种矛盾在本雅明看来是由于现代艺术在形式和内容关系上的鲜明断裂造成的。

本雅明思考艺术问题的角度在我看来可以称为艺术人类学。这种理论视角的独特性在于把艺术形式问题重新放到人类在历史发展过程中的存在状况中去考察。的确,把人类存在的外在方式(主要表现为物质生产方式)和内在方式(本雅明认为在工业化社会以前主要以宗教的形式表现出来,在现代社会则以艺术的形式表现出来)统一起来,通过分析艺术的存在方式来全面说明人类合理化存在的可能性,一直是本雅明最雄心勃勃的努力(在马克思青年时代的笔记中我们也看到这样的计划)。这种努力希望说明人类合理存在最根本的东西,以及这种东西在我们的文化中是以怎样的形式表达出来的。在本雅明看来,这种最根本的东西就是人类创造潜能的充分发挥。由于人类在物质生产方面的匮乏,由于人类文化的全面异化,人类存在的真实愿望主要在艺术中(先是文化上的神话,后是以现代技术为基础的艺术)表达出来。

本雅明以寓言批评的模式著称于世。其实,本雅明所说的寓言也就是人类学家所说的神话。与一般的文化人类学家所不同的是,本雅明把神话不仅仅看作是远古洪荒时代人类文化的原始形式,本雅明把在宗教中以消极形式表达出来的希望以及在前工业化社会的艺术中所体现出来的寓言色彩都看作是破损了的神话。本雅明所理解的神话与原型批评(例如N.佛莱)的理解也不相同,他不是把神话看作一个拒斥外在存在的纯粹的文学宇宙,而是一个只存在于历史过程中并且只有在历史中才能理解的一种人类存在方式。

本雅明认为,以工业文明的兴起为标志,可以把人类的存在状况划分为前后两个具有本质区别的阶段(前者称为前资本主义文明,后者称为资本主义文明),前者虽然已经有分工和压迫,但通过神话和文化媒介把这种人与人的关系转化为人与自然的关系。似乎不是社会力量在压迫我们,造成我们悲惨命运的只是神秘的“命运”,是人在其面前无能为力的自然界。献祭的典仪在实现这种转变过程中起着决定性的作用。现代文化人类学认为,典仪是任何远古神话都具有的基本的文化组织形式。本雅明十分敏锐地指出,在神话的物质基础消失以后的很长一个时期,献祭的典仪功能仍然在艺术作品的审美作用中保持着。在《机械复制时代的艺术作品》中本雅明写道:“我们知道,最早的艺术作品是起源于一种仪式的——起初是魔法仪式,尔后是宗教仪式。与其气息有关的艺术作品的存在,从来就不能完全与其仪式的功能分开,这一点是很有意思的。换言之,‘真确的’艺术作品的举世无双的价值的基础,是仪式,是它的原始的使用价值的所在。这种仪式的基础,尽管是很久以前的,但作为改作俗用的仪式,哪怕是在对美的崇拜的最亵渎的形式中,也依然是可辨识的。”[1]

神话死亡后,艺术就诞生了,就像维纳斯诞生的传说所描述的那样。为了说明这种以对“美的崇拜”为特征的艺术作品,本雅明引入了“气息”和“体验”这两个在他的理论体系中具有重要地位的概念。本雅明是在无意识的层面上对体验作出分析的,他写道:“记忆锻造了传统的链条,使过去的事情能够一代一代地传下去。”[2]正是这种使过去和现在联系起来形成一个整体的东西,成为体验的基础。在体验中,对象的刺激产生出想象力极度地活跃,由想象所浸润的对象成为一种神秘的独一无二的形象。由于无意识领域的积极作用,使人的内在空间越来越扩大,并且是充分自律的,因此,也就从内在的途径达到了人类的合理化存在。本雅明举了一个例子来说明:“以上根据历史文物(指古代的艺术作品——引者注)提出的气息的概念,可以根据自然物体进行有益的说明。我们将后者的气息解释为一定距离之外的独一无二的现象。倘若你在一个夏日的下午,一边休息着一边放眼看地平线上的一条山脉或者一根在你身上投下绿荫的树枝,你就体验到那峰峦、那树枝的气息。”[3]在本雅明看来,这种审美体验使我们把目光从破碎的现实中移开,从现在移向过去,从外部世界移向内部世界,从而克服现实世界的压迫。

然而,本雅明最独到的地方,在于他在最世俗化了的艺术作品中也发现了献祭仪式的影子,从而在人类学的意义上说明了艺术形式能够独立存在的根据。本雅明写道:“纪念仪式是对神圣的崇拜的遗俗经世化而演变来的……纪念仪式是对体验的补充。在纪念仪式中我们发现对人类存在日益增长的异化状况的表达——异化的人类存在把他们的过去看作是没有生活内容的东西。在19世纪,寓言抛弃外在的世界,仅仅关注于对内在世界的开拓。遗物来自被废弃了的东西,纪念仪式来自死亡了的过去，这是我们在体验中朦胧地感受到的东西。”[4]本雅明认为，艺术是一种纪念仪式。过去的存在已经死亡了，然而这种存在在诸神的悲剧性毁灭中转化为一种仪式或一种形式，我们至今仍然能够从中辨认出曾经存在过的世界的丰富意义。古代有一种习俗，主人和客人分别时，把一块陶片破成两瓣，各人把它当作信物保存，无论经历多么漫长的时间，他们的后代都可以凭此相认，视为知己。在这里，内容与形式的分离，人类存在与它的意义之间的分离和断裂，用人类学的语言说也就是祭典仪式的独立化，这是把过去、现在和未来联系起来的关键性因素。本雅明认为，在人类告别神话那种天真烂漫的时代以后，艺术作品就起着这种把过去、现在和未来联系起来的功能，在艺术形式这种似乎是最空洞虚无的“纯形式”中，我们可以随意装入我们自己的存在体验，因而借助艺术的这种形式化了的符号，我们就可以在现实中达到丰富的、具体的真实存在。就像在任何毁坏了的物品或物质领域的废墟里我们能想见它们完好时曾经是怎样的那样，在思想的领域中，或者说在精神的领域中，我们通过形式化了的符号（本雅明称为寓言）而体验到人类曾经达到的，最有价值的高峰体验状态。

在本雅明看来，浸润着审美对象的那种神秘的“气息”那种可以体验到却难以言说，有意识的捕捉往往无效，然而常常在无意间启开无意识的大门，把过去、现在和未来融合在一起，把个体提升到整个人类理想存在状况的东西，也就是与原始社会那种神圣的祭祀一样的东西。在远古的神话时代，对于人类的生存世界来说，神话中的大神或英雄似乎具有无所不能的神秘能力。然而，正如文化人类学研究所表明的，神话的绚丽多彩和巨大的内凝力，正是人类自身力量的亢奋和表达。在古希腊的悲剧中，神的世界的悲剧性毁灭，恰恰“净化”了人的现实存在，使人类在节日般的欢乐中获得面对残酷的现实，勇敢地追求未来的力量和勇气。现实的堕落和我们在日常生活中的麻木状态，使悲剧艺术对我们更显得无比的珍贵。

在现代社会，不仅神话丧失了，连悲剧艺术也丧失了，个体成了孤独的存在，只有在深层的潜意识中我们才发现自己与别人的联系。因此，本雅明特别喜爱普鲁斯特的小说，因为普鲁斯特的小说为现代人找到了开启无意识大门的独特途径。在《追忆逝水年华》中有这样一段描写，非常鲜明生动地描绘了我们每个人都曾有过但不一定在意的体验:“……这已经是好多年以前的事了,除了构成当时的活动场所的一切和我每晚睡觉前的这些事情之外,孔布莱就没有一样东西还存在于我的记忆之中了。有一年冬天,一天,我从外面回到家里,母亲看到我冷,就叫人倒了一杯热茶给我,起先我拒绝了,我向来没有饮茶的习惯,后来不知道为什么,我又改变了主意。她叫人拿来一块小小的,圆形的,叫作小玛德兰的蛋糕,这蛋糕好像是从扇贝形的刻槽模子里倒出来的。过了一会儿,我机械地——由于被忧郁而沉闷的日子和第二天暗淡的背景所压抑,感到困顿——送了一匙茶到唇边,茶里泡着一块玛德兰蛋糕。可是正当这第一口蛋糕接触到我的上颚时,我不禁颤栗了一下,发现自己心里仿佛有什么事突如其来。一阵美妙的快感弥漫到全身,使我超脱了一切,我遍寻不着这究竟是什么原因。它立刻使我感到生活中的沧桑于我漠然,一切忧患于我无伤,生命的短促非常虚幻,一种稀有的感觉,就像爱情那样涌起,洋溢在我心中:也许可以说这种感觉并不在心中,它就是我。于是我不再感到自己平庸、猥琐,无意义了。这阵强烈的喜悦从哪里来的呢?我感到这阵喜悦跟这茶和蛋糕的味道有关,不过喜悦大大超过了这个味道,大约也不是同样性质。它是从哪儿来的?有什么意义呢?我该怎样才能领会它,了解它呢!……在人已逝去、旧物废圮之后,往昔的一切都已不复存在,只剩下最柔弱但最富有生命力,最非物质但却最持久,最流连不已的香气和味道,它们像灵魂一样,仍然长久地保存下来,好叫人在一切残存的痕迹上思索、等待、期望;在它们那细致到几乎不可捉摸的点点滴滴上毫无怯意地引起无尽的回忆。”[5]在本雅明看来,在艺术中我们也获得类似于玛德兰蛋糕在普鲁斯特心中引起的体验,艺术哲学的任务就是要回答普鲁斯特在这里提出的问题。这实际上也是海德格尔和加达默尔的艺术哲学试图思考和解决的问题。在我看来,本雅明解决问题的理论框架是马克思主义的,因为本雅明始终把艺术作品作为一种社会现象来理解,着重说明艺术作品存在的人类学根据。如果说在法兰克福学派中阿多诺和马尔库塞主要以艺术真实为参考系,对日常生活和文化工业的虚幻性进行了彻底的批判,那么可以说本雅明偏重于以现代生活的颓废性、破碎性为参考系,对说明艺术存在的基础和艺术作品的实质做出了非常富于创造性的贡献。

从方法论的角度讲,本雅明的艺术人类学主要是把艺术作品放到整个人类社会的历史过程中去理解，不仅深刻地分析了艺术怎样从孕育它的母体中独立出来，内容怎样转变为形式，以及艺术作品中所存在的祭祀性的因素，从而说明了艺术形式并不仅仅是空洞的形式，它与社会历史，与人类的存在和命运有着十分深刻的联系。在这种分析过程中，本雅明把马克思对商品所作的杰出分析引入到艺术现象的研究中来。本雅明认为，艺术也是跟商品类似的一种“物”，在它里面凝结着人类的社会关系，人的感情和意识被转移到了它的里面。艺术哲学的任务，就是融化锁闭在艺术作品这个物里面的凝结人与人之间关系的意识，使艺术突破意识形态对它的约束，成为表达人类最基本的欲望和需要的手段。在这里，发现艺术交换的基本特征——祭祀的仪式化——是十分重要的一环。这样本雅明就把艺术的生产和艺术的消费统一起来了。特别是通过对体验和“气息”的分析，对艺术消费的人类学基础——人类创造潜能的充分发挥——及其满足方式的分析，应该说都是马克思主义美学史上实质性的进步。本雅明提出，对艺术现象的分析不能简单地采用 19 世纪通常采用的理性的分析方法，也不能孤立地使用心理学的方法和实证主义的各种方法，特别是关于艺术作品存在基础的思考，必须采用在历史唯物主义基础上形成的独特的研究艺术的方法，也就是我们在本文中称之为艺术人类学的方法。

如果我们从这种艺术人类学的角度来理解本雅明的艺术哲学，那么存在于他的理论中的许多矛盾现象就可以得到说明了。长期以来，本雅明理论中的这些矛盾一直受到一些马克思主义理论家的非议，即使在西方马克思主义阵营中，本雅明的思想也受到许多误解。阿多诺、哈贝马斯、詹姆逊这些本雅明著作的整理出版者和本雅明思想的阐发者都曾指出，本雅明在对待现代技术、“气息”的问题上存在着严重的矛盾态度，也就是说，他们没有发现本雅明思想中最深刻的内在联系。阿多诺认为，本雅明提出的现代技术从根本上变革了艺术作品赖以存在的基础的看法与他关于“气息”是前工业化社会艺术的基本特征的结论是矛盾的。阿多诺认为，“气息”仍然是现代流行艺术的基本特征。在 1936 年写给本雅明的信中他写道：“如果存在着什么的确具有气息性质的事物，那么电影在极端的和非常惊人的程度上正拥有着这种性质。”[6]他引用人们对米老鼠形象的崇拜来反对本雅明的观点。哈贝马斯也强调了本雅明在心理上对“气息”的矛盾态度。他认为，虽然本雅明认为“气息”的艺术不适合于当代大众的要求，但他仍然主张“气息”唤醒大众意识的性质实质上包含着进步的方面。哈贝马斯这样写道：“由于过去了的现在的体验需要再被充满，并且因为这一体验被锁闭在艺术作品中，气息的非辩证的瓦解将意味着这一体验的丧失。”[7]詹姆逊在他的名著《马克思主义与形式》一书中则这样写道：“但是，虽然在文化的领域内历史无疑能够表现出在一种既定的艺术中特殊的进步和作为整体的经济的一般发展之间存在着平行的关系，然而，弄清楚在技术的进步和艺术作品之间可以有任何作用，只是没有‘间接的’政治影响之间的关系是十分困难的。”[8]我认为在本雅明的理论体系中并不存在这样尖锐的矛盾，要说明这一点，我们就必须认真地分析一下本雅明关于艺术在现代社会中的作用以及它的存在基础这一问题的看法。

本雅明对前工业化社会的艺术所持的观点往往被描述为“怀乡病”、主观主义的和反历史主义，与此相反，本雅明对现代社会艺术作品所持的观点常常被批评为带着技术决定论的色彩。本雅明认为，现代艺术工业化带来了都市文化的一部分。都市文化的一个最基本的特征就是个体与群体之间的内在联系被切断了，意识和无意识也分离了，因而过去和现在的历史统一性也随之消散，人成了在茫茫世界中相互隔绝的一个个“片断”，在心理上和文化上表现出极度的焦虑和不安。本雅明这样描写那些在大都市的街道上匆匆而过的人群：“社会中各阶级和阶层成百上千的人们相互挤过；他们难道不都是人，不都是有着同样的特征和潜能，同样对追求幸福感兴趣的人类中的一员吗？……然而，他们相互奔过，就好像他们彼此毫无共同之处或彼此在任何方面都没有联系一样。……甚至兄弟之间也无暇看上一眼。”[9]在这种状况下，艺术作品那种能够使人从中把过去和现在联系起来的“气息”，以及对“气息”的体验都归于瓦解和丧失了，艺术作品一直依靠着的基础——神话世界的祭祀仪式也瓦解和消散了。在本雅明看来，这就出现了技术发展的两种新的可能性：一种可能是在外在的、理性的、物质性文明的压迫下，内在的、感性的、人类学意义上的世界被彻底消解掉，人堕为物的附属物（马尔库塞后来在《单向度的人》中描写了这种状况）。此外还有另一种可能，在技术进步的基础上创造的新艺术（例如电影），在更大众化的、不再神秘的基础上重新建构人类对合理化存在的体验，从而产生出具有神话般的内凝力，然而却没有任何超验色彩和贵族化倾向的艺术。在本雅明看来，我们已经可以从机械复制时代的艺术作品中看到后一种可能性得以实现的一丝曙光和希望。

即使在最保守的马克思主义美学家看来，本雅明关于在现代社会中体验的失落，艺术作品中“气息”的消散所作的分析都是非常重要和令人信服的。本雅明认为，在现代工业化社会中，由于人类在各个方面的充分异化，个体的存在从一般的人类存在以及从人类社会的整个历史过程中异化出来，个体不再能利用过去先辈们所建立的知识和技艺来体验眼前的生活。像神话传说那样的艺术体验已经不复存在了，代之而起的是，操着“孤独的语言”、描写没有普遍性故事的小说。在本雅明看来，这种小说没有文化上的内在凝聚力。本雅明在《讲故事的人：对尼古拉·列斯科夫作品的见解》中把传统的“讲故事的人”与现代的小说作家作了一个深刻的比较。本雅明指出，在传统的讲故事的人的角色中，保持着远古神话时代类似巫师、祭师的功能，他们能把听众的想象指向实际的利益。他们的故事就像部落中德高望重的老人所讲的故事一样，包含着许多对听众有用的东西。这种对人生有用的体验，或者是存在于故事所体现出来的道德教训中；或者存在于故事所寓意的实践性指导中，或者通过谚语或格言的形式传达出来。通过这种寓言性的故事，讲故事的人把过去与现在，一般与特殊，个体与群体整合起来。本雅明指出，这种寓言性故事的基本特征是始终伴随着想象力的活跃，从故事接受者的角度讲，基本的特征是对“气息”的体验。然而现代工业化社会的艺术，在本雅明看来已经意识形态化了，新闻、广告这些传播媒介向艺术形式渗透，特别是现代艺术在生产技术上的标准化和没有限制的复制，使现代艺术尽管追求神话时代的“故事”的那种文化内凝力和向心力，甚至通过模仿神话来获得文化原型所具有的神秘力量(例如卡夫卡的小说)，然而艺术中的“气息”和对“气息”的体验仍然不可避免地丧失了。

早在20世纪初，电影艺术还处于不受重视的早期发展的时候，电影作为20世纪的“世俗神话”的巨大力量还没有表现出来的时候，本雅明就以诗人的敏感和哲人的先知感向我们提出了理解电影的特殊性在现代艺术理论研究中的极端重要性。电影与以往的艺术在生产上不同的地方，首先就在于它是可以精确复制，反复放映的一种艺术形式。这种形式瓦解了以往艺术作品的“气息”，因为它从根本上瓦解了艺术作品的独一无二性和想象力无节制的漫游，体验也就因此而丧失了。电影的蒙太奇技术使接受者不能像面对一幅油画那样细细地品味，在想象的王国中任意地遨游。在电影中，我们的移情、想象和意识都不断被跳动着的画面所截断。在审美经验也已经被意识形态化的现代社会(广告、时装和流行艺术所支配着的“审美消费”)，这种蒙太奇技术有效地对流行的意识形态进行了解构，使我们从那种甜甜的、迷幻幻的、附庸风雅和追求高贵的审美状态中解脱出来。由于蒙太奇技术，在电影的欣赏中我们感到痛苦和吃力(本雅明称之为震惊)，从而为某种新的、进步意识的苏醒提供了可能性。

在《机械复制时代的艺术作品》一书中本雅明写道：“在漫长的历史时期里，人类的感知方式，是随着人类的整个生存方式的改变而改变的。人类感知的组织方式，这一认识所赖以完成的手段，不仅是由自然所决定的，而且也是由历史状况所决定的。”[10]电影的出现，在某种意义上与人类在现代社会的感知方式相一致。电影机通过那不断变换焦距的镜头，把人类生活中最隐秘的角落和最细致入微的细节都以巨大鲜明的银幕形象展现在我们面前。在电影机面前，现代人不仅在肉体上赤身裸体，在精神上也无遮无盖了。本雅明这样写道：“在摄影机的巧妙的指导下，通过接近我们周围的事物，通过将焦点集中于熟知对象的隐蔽的细节，通过探索平凡的环境，电影一方面扩大了我们对统治着我们生活的必然性的理解，另一方面，它没法使我们确信，存在着一个巨大的和意料之外的行为领域。”“电影宛如那些深刻的变化，这种变化，在个体的尺度上，为喧嚣的都市的街头上的人们所体验，在历史的尺度上，为每一个当前的公民所体验。”[11]这无疑是一种新的体验，一种不同于“气息”体验的体验，这种体验不像工业化以前的艺术体验那样以美、和谐和神圣的纯洁为特征，在这种体验中，孤独的异化感、焦虑和反理想化倾向成为基本的特征。在本雅明看来，如果说以审美崇拜为基础的甜美的审美体验把接受者的情感导向遥远的过去，导向对潜意识中人类曾经有过的“快乐节日"的回忆，那么，有理由可以相信，随着现代技术的发展，随着外部世界的不断开拓，人们在对现实的痛苦体验中（现代派艺术渲染了这种体验）会导致意识的苏醒，从而建立一种超越异化状况的文化。因为随着生态危机的加剧，核战争威胁的增长和宇航事业的发达，使人类有可能意识到，作为一种生命种族的共同性，在茫茫宇宙中的共同命运，以及历史和现实在最深刻意义上的统一性，一句话，个体存在的人类学根据总是共同的、一致的。以现代工艺技术为基础的现代艺术用感性的、大众化的方式向我们呈现了这一点，因而也就成为新文化建设的先锋力量。这种新的文化在人与自然、个体与社会、人与人之间，将创造出一种崭新的文化交换方式。本雅明在本世纪初对这种崭新的文化交换方式还很难作出全面预言和分析的情况下，从艺术人类学的角度作了深刻的研究，他确立的两点至今仍然是有深刻意义的：（1）这是一种不再具有神秘色彩的艺术；（2）这种艺术仍然具有古典艺术作品的那种独一无二的"气息"。

坦率地说，本雅明在他的艺术哲学中扮演了人类命运的先知的角色。在任何文化中先知的预言者都是一个悲剧性的角色。本雅明思考的问题太深刻，充满着深邃的智慧，用一般的理性范畴很难完全准确地把握和表达它，只得借助一些带有神秘的语言（例如"气息"），这一切使本雅明的理论本身也染上了寓言的色彩，使我们难以准确地分析它。因为这一点，他的理论是神秘主义的和主观主义的，然而他的理论从某种意义上说又是彻底的历史唯物主义的。本雅明这种双向思维的辩证法，以及他所处的理论高度，都使他的艺术哲学越来越引起现代理论家们的浓厚兴趣。在这种理论面前，简单地评析或大胆地结论都既与之无伤，也与之无益。然而，理论不应该放弃自己的武器，这就是我写这篇文字的原因。

注释：

[1] 见《文艺理论译丛》第3辑，第120页。

[2] 本雅明：《文集》（2卷集）第1卷，法兰克福1955年版，第429页。

[3] 见《艺术理论译丛》第3辑,第119页。

[4] 《本雅明文集》第1卷,第487页。

[5] 普鲁斯特:《追忆逝水年华》,译文见《世界文学》1988年第2期,第118—119页。

[6] 转引自波林·琼森:《马克思主义美学——意识解放的日常生活基础》,纽约1984年版,第51页。

[7] 同上书,第65页。

[8] 詹姆逊:《马克思主义与形式》,普林斯顿大学出版社1971年版,第81页。

[9] 本雅明:《论波德莱尔的某些主题》见《启示》,伦敦1970年版,第189页。

[10] 见《文艺理论译丛》第3辑,第118页。

[11] 见《启示》第238页。

民歌与当代大众文化

——全球化语境中民族文化认同的危机及其重构

一、“重新复写”民歌的南宁模式

南宁国际民歌艺术节的文化基础是中国南方少数民族文化,特别是作为农业文明文化象征形态的歌圩。歌圩是原始文化遗留下来的一种世俗化的文化形式,在原始社会祭神仪式解体和消亡后,由于歌圩的存在,民歌与祭神仪式的深层的文化联系得以保存下来,即便在当代社会,歌圩作为壮民族的文化仪式,其对于调解族群中的人际关系,强化民族认同,实现跨社会阶层的交流和沟通的机制仍然发挥作用。南宁国际民歌艺术节为了适应大规模文化节庆运作的要求,将原来每年农历三月三举行的传统民歌节改在秋高气爽的秋季举办,直接目的是避开春季多雨寒冷的天气。从文化生产和传播的角度看,这一改变是意味深长并且影响深远的,说明民歌已经脱离其自然和文化的基础,成为某种符号性的文化。[1]

南宁国际民歌艺术节在运作模式上采用都市大众文化主会场与乡野歌圩分会场捆绑式的形式来解决乡野民歌与当代大众文化相冲突的矛盾,即一方面保留“歌圩”的文化功能,保留民歌的乡野形式,发挥其民族认同机制;另一方面又凸显都市大众文化的拜物教效应和文化产业化作用。从几年来的实践情况看,作为南宁国际民歌艺术节分会场的一系列“仿歌圩”活动，因为脱离了支撑着“歌圩”的文化基础，演变成为一种主要是表演性的民歌演艺活动，民歌的文化认同功能被大大削弱了，在某些特殊的情况下甚至成为民族认同危机的表征（在2004年南宁国际民歌艺术节期间，黑衣壮村民组织和表演的节目“壮家敬酒歌”在表演上获得了成功，但却使一部分演员丧失了文化自信心，表现为宁愿去广东打工也不愿学习音乐并继续演唱黑衣壮民歌）。与此同时，民间的“歌圩”仍然以它自己的方式存在，按自己的文化逻辑去发展，在时间上和空间上都与南宁国际民歌艺术节拉开了一个很大的距离，客观上成为南宁国际民歌艺术节的文化“他者”。例如2001年南宁国际民歌艺术节开幕式晚会“大地飞歌”的序歌《山歌年年唱春光》就是直接从田野民歌中挑选并改编的作品，形式上是黑衣壮的山歌，但在内容上已经加入了许多现代元素。再例如，2004年南宁国际民歌艺术节期间的“东南亚国际时装秀”的开场节目《壮家敬酒歌》，亦直接由广西那坡县城厢镇弄文屯的农民姑娘李丽娜主唱。虽然《壮家敬酒歌》也是经过现代文化改造的，但这却是一次由村民自愿参加，主动参与编导活动的演出，村民们是把演出作为塑造族群形象的重要活动来参与的。[2]在南宁国际民歌艺术节的跟踪调查过程中，我们发现一个有趣的现象：南宁国际民歌艺术节在用现代大众文化模式来改造传统民歌的时候，使原本危机重重，濒临消亡的山歌和民间舞蹈被重新激活，原始形态的民歌意识被重新唤醒，以流行文化“他者”的形式与南宁国际民歌艺术节平行发展。在理论上我们可以把这种现象看作是南宁国际民歌艺术节发展起来的文化模式的一部分。即将传统民歌与当代大众文化既“共振”，又互为他者，彼此解构的文化模式，看作一种新型的大众文化模式，并称之为“南宁模式”。经过当代大众文化改造的民歌与原生态民歌两者互为“他者”，在文化全球化的语境下形成当代中国民歌艺术的文化场域。

民歌作为原始神话时代的一种文化形式，它的社会基础已被现代工业化社会的发展所冲垮，按照雷蒙德·威廉斯的分类，属于文化构成中“剩余文化”的部分。[3]由于特有的文化机制和审美特性，民歌传承和延续着原始文化的表达机制，以及个体与他人交流的直接性，在现代文化语境中成为一种重要的文化资源。也许正是因为民歌的这个性质和特点，自现代化进程以来，民歌与社会现代化发展构成了一种十分特殊的矛盾关系。在西方现代化进程的早期阶段,华兹华斯、柯勒律治等诗人就已经发现了民歌的特殊魅力,以及对现代化进程的抵抗力量,他们都自觉地在诗歌写作中加入民歌的元素,使其达到对工业化社会的“陌生化效果”。也许正是在这个意义上,马克思在《资本论》中分析资本主义生产方式与某些艺术部门相敌对时,特别提到了诗歌。[4]在社会的现代化进程中,民歌所包含着的“乡愁的理念”可以成为孤独的人群的情感依托,以及都市中异化存在的解毒剂,在某种意义上成为现代人情感上的精神家园。自20世纪下半叶以来,我们可以看到,在音乐方面现代人从原始艺术和少数民族艺术中获得了大量的灵感和艺术创作的新元素,“野性思维”及其表达方式成为抵御现代化压力的强大文化力量。例如在美国文化中,黑人音乐和少数民族音乐的元素和旋律为现代文化提供了一个多元化发展的广阔空间。

在中国,民歌和民族音乐在现代化的进程中一直是一种十分显性的文化基因,与现代化和全球化构成复杂的冲突。在这种复杂的构成中,政治力量、经济力量、民族情感、主流文化和边缘文化的力量相互交织、彼此冲突,形成十分复杂的文化结构,这是我们在分析当代中国民族艺术这个复杂的文化文本时应该十分细心辨识和区分的。

南宁国际民歌艺术节从1999年在中国的西南边陲城市南宁创办,它的背景是中国现代化进程的深入发展,开始实施西部大开发战略,广西相应地提出了建设联结中国西南部地区与太平洋距离最短的“西南大通道”。南宁国际民歌艺术节是以为南宁造势为目标设计和创办的,因此南宁国际民歌艺术节从开始就是一种政府行为,负荷着十分重要的社会功能。在符号体系的构成和表征机制方面,南宁国际民歌艺术节把政治话语、经济发展的要求、少数民族文化的审美元素等多种要素融合为一种混合体,它的文化基础是现代都市大众文化的表达机制和现代传媒技术的强大文化聚合力。在这样一种新的文化模式中,传统民歌和少数民族民歌获得了新的生命力,具有了不同于以往的价值与意义,经过几年的发展,南宁国际民歌艺术节已经形成将古老与现代、经典与时尚融为一体的文化风格。这种风格以混杂和拼贴为特征,实现了对民歌的“改造”或者“重新书写”。我们以南宁民歌节的标志性歌曲之一《大地飞歌》(郑南词，徐沛东曲）为例作简要的分析。

踏平了山路唱山歌，/撒开了渔网唱渔歌，/唱起了牧歌牛羊多，/多过了天上星星座座。/牡丹开了唱花歌，/荔枝红了唱甜歌，/唱起了欢歌情谊长，/长过刘三姐门前那条河。/……/唱过老歌唱新歌，/唱过情歌唱喜歌，/唱出今朝的好心情，/好歌越唱大路越宽阔。

从歌词上分析，这首歌把“歌”作为主体，通过想象使现实中难以实现的愿望在激情中以抒情和优美的形式得以表达。在我看来，这首歌的基础是想象和幻想，与一般的想象和幻想不同，《大地飞歌》借用了传统民歌的仪式化力量和其中的文化逻辑，把想象性的因果关系作为具有现实力量的文化逻辑。然而与古代神话的文化逻辑有所不同，《大地飞歌》的文化逻辑是以歌唱者为中心，用优美化的形象来重新阐释现实的日常生活，因此审美的逻辑是其中的基本逻辑。而在原始文化中，神秘的自然和威力无穷的“他者”是想象和幻想的中心和目标，原始初民们通过“神话”和“野性的思维”与超验的“他者”对话。[5]在《大地飞歌》中，大地因“我”而“飞歌”，呈现出来的是世俗性的欲望和世俗性的美。通过表达符号的置换和表征逻辑的改造，民歌与现代大众文化就以杂糅的形式结合起来。自1999年第一届南宁国际民歌艺术节以来，每年的民歌节开幕式晚会都演唱这首《大地飞歌》，分别呈现过《大地飞歌》的“民族版”“摇滚版”“青春版”等等。在文化关系上，这些不同版本的《大地飞歌》与黑衣壮少女们演唱的原生态山歌《山歌年年唱春光》以及与广西少数民族文化符号的多重组合，在现代大众文化所营造的氛围内构成了十分生动而丰富的文化关系，少数民族原生态民歌也就镶嵌到当代大众文化的体系中去了。在这里，传统民歌与现代化的日常生活似乎是相互融合的，民歌形态的复杂性，民歌所传递的爱情、友谊、勤劳和善良等价值，以民歌新唱的形式唱出来，也就是说，用激情和幻想加现代传媒技术的形式呈现出来，从而使日常生活本身包括少数民族族群的日常生活都发生了变化，呈现出另外一种意义。由此我们得以看到，以现代大众文化为基础改造过的民歌，在其文化结构、审美特征和社会功能等方面都发生了很大的变化。值得注意的是，这种变化的原因和依据都是非审美的。

表 1　原始民歌、传统民歌、后现代大众文化民歌的价值特征及其认同模式

模式要素	主　体	想　象	他　者	文化的价值	文化认同功能
神话(仪式)	神秘而万能的主体	恐怖的形式,神圣的情感	神秘而狰狞的自然	使用价值是	消解自我以实现认同(崇拜)
传统民歌(以黑衣壮山歌为例)	以宗族关系为基础的集体性主体	美的形式、自由而神圣的情感	距离之外的对象	交换价值	自我与对象认同(审美)
杂糅形态的民歌(以《大地飞歌》)为例	现代社会中孤独的个体	美的形式、世俗化的情感	个体欲望的优美化投射	剩余价值	认同危机(崇高)

二、作为文化资源的民歌文化

南宁国际民歌艺术节以现代传媒技术和都市大众文化为基础,将传统的壮民族“三月三歌圩”改造为“展示民族文化,促进经济发展”的文化产业平台,由此产生的变化无疑是巨大而深刻的,简单地站在“非物质文化遗产的保护”的角度进行批评恐怕是不妥当的,应该从审美关系发展变化的内在要求以及发展变化的规律,去分析和评价这样一个文化现象。

南宁国际民歌艺术节举办 7 年来已确立了某种文化品牌的地位,为我们研究和考察在现代化的进程中,欠发达地区的少数民族艺术与都市大众文化的复杂关系提供了一个个案,帮助我们分析和理解民歌这种古老的艺术形式在当代社会生活中变化和变迁的多种可能性以及意义。在南宁国际民歌艺术节举办的头两年,《刘三姐》和壮族山歌都是开幕式晚会最基本的民族音乐元素,例如在 2001 年南宁国际民歌艺术节开幕式晚会上,作为整场晚会的序曲,黑衣壮姑娘演唱的无伴奏合唱《山歌年年唱春光》,以其古朴、清新、富有神秘色彩的音乐风格打动了现场的观众和电视机前的观众,也成功地把黑衣壮山歌作为一种民族文化元素融入南宁国际民歌艺术节的符号系统中来。[6]值得注意的是,从此以后,黑衣壮的服饰和音乐,经过某种形式的符号化,迅速成为南宁国际民歌艺术节的基本文化元素。黑衣壮山歌也从一种壮民族文化的“活化石”转变成少数民族区域社会发展变迁的一种文化资源,为广西的文化“古朴化”和社会经济发展注入了一股力量。

黑衣壮的山歌从古老的农耕文明进入南宁国际民歌艺术节这个国际化的文化体系,包含了政府和民间两个方面同样十分强烈的功利性要求和愿望。在政府方面,广西那坡县人民政府把黑衣壮作为该县的文化品牌来积极地推动,在黑衣壮山歌走进南宁国际民歌艺术节的过程中发挥了十分重要的作用。那坡县是中越边境的一个县,那坡是音译,指田在山坡上的地方。那坡县到 2003 年全县人年均收入不足 2 000 元,是典型的经济欠发达地区。县内黑衣壮大约有 5 万人,散居在该县自然条件最为恶劣的石漠化严重的大石山区。这里的自然资源十分贫乏,自然生态严重石漠化,相对封闭的环境保存着壮民族相对完整的原始信仰、文化制度、蓝靛染织技术,以及风格特殊的多声部山歌。2004 年我曾两次到那坡县城厢镇弄文屯等村寨进行田野调查,在调查中我们注意到,随着公路的开通,电视和 VCD 设备的普及,以及手机信号覆盖黑衣壮族群生活居住地,都市大众文化和现代生活方式也涌进了曾经十分平静的黑衣壮族群的日常生活中,由此唤醒了黑衣壮族群对现代化的强烈向往和渴望。黑衣壮山歌走进南宁国际民歌艺术节,强化了这种向往和渴望,使黑衣壮族群和那坡县政府看到一种新的可能性:通过黑衣壮文化品牌的提升,牵引和带动民族文化旅游业的发展,从而提高经济收入和社会现代化的步伐。因此,在一段时间内,黑衣壮族群积极主动地发展黑衣壮山歌文化,并努力将黑衣壮山歌推向文化市场。从我们调查的材料可以证明,在社会的现代化过程中,特别是在全球化的强大压力下,黑衣壮族群原有的文化制度及其民族认同机制受到强烈冲击而趋向弱化;黑衣壮山歌在南宁国际民歌艺术节唱响后,民族艺术的现代审美价值使黑衣壮文化的认同机制复杂化。一方面,这种变化反过来强化了黑衣壮族群原来已经逐渐消解的民族认同机制,在一定程度上推动了黑衣壮社会以“他者”的形态加入到现代化甚至全球化的格局中去;另一方面,由于黑衣壮文化的现代化和“他者化”是通过大众文化机制来实现的,因而成为混杂着大众文化成分的“杂糅”文化,对于黑衣壮族群的民族认同势必造成混乱和危机。

由于艺术的特殊性,也由于民族艺术在全球化文化版图中特殊的审美价值,黑衣壮山歌纳入现代大众文化格局中去所产生的牵引和提升的作用是巨大的。通过调查我们发现,黑衣壮族群普遍抱有很强烈的现代化要求和渴望,同时也非常执著地坚持本民族文化的传统。这两种看起来矛盾甚至相反的要求和愿望得以结合在一起,关键在于黑衣壮传统文化模式的变形及现代改造的可能性。黑衣壮村民自觉吸取了现代文化机制中对他们而言有益和有用的东西,利用"现代"文化机制来发展自己的族群文化认同。调查中我们发现,在那坡县当地民间自制的山歌光盘十分畅销。通过现代传媒这个有效工具,山歌得以更快、更好地传播。另一个例子就是2004年的南宁国际民歌艺术节上的黑衣壮山歌演出。与2001年"大地飞歌"开幕式上黑衣壮山歌是政府行为不同,2004年南宁国际民歌艺术节期间"东南亚国际时装秀"上的黑衣壮山歌表演完全是黑衣壮群众自己的行为,既没有得到政府的投资,也不是由政府组织的。也就是说,黑衣壮村民已经认识到了打造黑衣壮文化品牌对于自己族群的现代化具有重要的作用,因而他们放下手中的工作和学业,从打工工地或高校回到山寨排练,四面八方的乡亲送来黑衣壮服装和银饰,将一群黑衣壮少女送到南宁国际民歌艺术节这样一个舞台上展示自己的形象,发出自己的声音,这里面体现出来的民族自觉意识应该引起我们的重视。当然,这种希望通过山歌来改变整个族群社会历史境遇的愿望是建立在对现代化、对都市文化十分天真理解的基础上的,因而具有很强烈的悲剧性意味。从社会发展和文化变迁的角度看,这一事件所包含的信息是复杂而深刻的,它告诉我们一个明确的信息:在文化现代化和全球化的条件下,古朴的少数民族文化已经成为一种文化资源,它以奇异风格的"他者"身份被吸纳到当代审美文化的再生产过程中去,服务于政治权力和经济权力的运作,对这种文化资源的投资与运作不仅仅关系到文化丰富性的问题,而且关系到该族群文化表征机制的命运,也就是说,这种文化资源的开发是有风险的。怎样解决社会发展的这种辩证矛盾是需要认真研究的,少数民族的文化的现代改造,在少数民族文化进一步形式化和审美化的同时,也在现代社会和现代技术的条件下重塑了民族文化的认同符号和认同机制。问题的关键也许在于这种"重塑"和"改造"的价值指向。在全球化的条件下,黑衣壮文化是通过其自身文化符号的形式化并与现代传媒技术相结合而得以实现的,因此,文化形象和文化表征与其社会基础的关系,必然受到冲击,黑衣壮文化在其转变为"大众文化对象"的过程中,若其主体仍然是集体性的主体,并且将文化形象变迁作为民族认同机制的调整,其审美价值就有可能仍然指向“交换(交流)价值”。[7]

表 2　审美认同与文化模式关系对照图

模式要素	主　体	文化形式	具象呈现	文化认同功能
大众文化生产模式Ⅰ	经济权力、政治话语和大众文化三者结合	以“剩余文化”形式呈现的现代民歌	民歌节中的《大地飞歌》	个体与流行文化认同
大众文化生产模式Ⅱ	现代社会中的审美主体	以“剩余文化”形式呈现的传统民歌	黑衣壮:《山歌年年唱春光》(2001 年民歌节开幕式晚会)	个体与流行文化认同
变迁中的族群文化生产模式	经济不平衡发展格局中的黑衣族群	以“边缘文化”形式呈现的传统民歌	黑衣壮:《壮家敬酒歌》(2004 年民歌节东南亚时装秀晚会)	个体与族群发展新形象认同

从黑衣壮山歌这个例证我们可以看到,现代化的进程以及文化全球化的压力对于少数民族族群产生的作用是多重的,其中包括瓦解民族文化的传统机制的作用,在文化没有充分自觉并且找到自己的发展方式时,破坏和解构表现得十分突出;但这种发展变化也包含着对现代技术、传媒手段的利用和改造,借用现代传媒的手段来实现族群文化的传播与认同。同时我们应该充分注意到另一种十分重要的现象,就是力图用山歌这种充满激情和幻想的文化形式去改造和影响外在于他们的现实。在这种机制中,山歌和民族艺术不管形式上怎样纯粹,它都与现实的目的性以及来自现实的要求联系在一起,在文化表达和审美认同机制上,与浪漫主义诗歌运动以来,民歌被形式化和自律性文化机制是完全不同的。

三、认同的危机和危机中的认同

南宁国际民歌艺术节的一个成功之处在于,主办者对民歌的内容和形式都持较为宽容的态度,积极推动不同形态民歌的共存,传统民歌、原生态民歌、民歌新唱、都市大众的新民歌等都在民歌节的舞台上展示自己,寻找并唤起知音。经过 7 年的发展,南宁国际民歌艺术节逐渐形成自己的风格和模式。民歌节的舞台上用壮语和其他少数民族语言演唱民歌,在演唱者的主体方面,是族群意识自觉的一种表现,在受众方面,是产生强烈陌生化效果和审美风格多样化的一种手段。这种古朴而神秘的风格对于都市中的个体而言，无疑是新奇的审美对象，在欣赏到异族情调的同时，也确证并且肯定了自己的文化优越感。但是，对于类似黑衣壮的少数民族族群而言，这种用民族语言的演唱和展示却伴随着程度不一的文化创伤，“他者”的文化身份使他们在感受成功的同时，也强烈地感受到现实关系的不平等和文化他者化的沉重压力。在现实的发展中我们不无忧虑地看到，黑衣壮山歌成功地登上南宁国际民歌艺术节的舞台之后，作为一种古朴而充满神秘感的文化，黑衣壮山歌文化迅速被符号化和形式化，成为文化全球化条件下日益富于个性化的文化符号系统中的一部分，但是黑衣壮族群所企望的改变生活条件和融入现代化进程的要求却并没有出现。现实残酷地证明：山歌中的春光灿烂和现实生活之间的联系仍然是断裂的，经济的发展和社会的现代化并不是“按照美的规律”来发展和实践的。

从理论上说，广西那坡县黑衣壮的山歌及与其相联系的审美文化的“他者化”是全球化语境中少数民族文化的一个象征，它告诉我们，仅仅作为“他者”而呈现和展示只能是软弱的和悲剧性的，南宁国际民歌节的意义在于，通过民歌新唱或者说把民歌与现代大众文化结合起来的方式，把全球化条件下民歌这种剩余文化转化为当下性的文化表述和文化书写，通过文化符号与现实情境的不断相互作用，打开象征形象的封闭性，使情感成为流动的，并且与现实生活中当代中国复杂的生活经验结合起来。

《大地飞歌》从歌词到旋律都可以看作是对“刘三姐”文化的一种重新书写，在这一过程中，以唱山歌为基础的文化被置换到现代都市大众文化的基础之上，其旋律及意义也都发生了相应的变化。在我看来，正是因为发生了这种置换和变化，《大地飞歌》在南宁国际民歌艺术节上演唱后，才得以在全国各地迅速传唱开来。在历届的南宁国际民歌艺术节的开幕式晚会上，组委会和导演精心安排了民族版、摇滚版、世界版、青春版等不同版本、不同形态的《大地飞歌》，通过《大地飞歌》这根主线，把西北民歌、西南民歌、美声唱法的民歌、国外的民歌与当下歌坛最时尚的流行歌手唱的民歌或流行歌曲拼接在一起，形成一个后现代主义风格的文化景观。[8]

在文化全球化的条件下，民歌得以跨族群传播，民歌的审美符号与其赖以发生作用的艺术生产方式被割裂开来，成为一种普遍性的文化符号。民歌作为一种审美符号，以其文化个性和独特的审美风格，成为文化全球化体系中的一部分。正是在文化全球化条件下，充满个性、差异性的民歌文化，当其丧失文化根基和文化自我的时候，也就必然以“他者”的形式对主流文化领导权的确认和臣服。

当文化上的差异和个性已经成为文化全球化趋势的一个组成部分的时候，仅仅从文化表征系统的角度看，民族认同和审美抵抗的可能性都消融在现代文化十分强大的帝国系统中。从理论上说，只有现实的具体经验，以及这种经验的审美转化，才能将被大众文化和主流媒体“挪用”和整合的“民族文化”重新激活，成为对当下现实生活经验的审美表达。以此为媒介的文化认同，才真正具有审美抵抗的意义，并唤醒和激发出文化自我意识的觉醒与重建。

在文化全球化的条件下，《刘三姐》的流传以及不断变异的命运是具有代表性和普遍意义的，由此产生的问题是，这种高度符号化的山歌和民歌能够承载起现代化压力下少数民族族群的日常生活体验和真实欲望的表达吗？从我们在田野调查中了解到的情况看，在广西少数民族中仍然承载着重要文化功能的“三月三歌圩”上，并没有演唱雷振邦和乔羽给予审美定型的《刘三姐》。可见，在某种意义上，当代少数民族的审美经验及审美表达与电影《刘三姐》为代表的流行性的民族审美符号之间存在着文化断裂和文化距离。南宁国际民歌艺术节的特殊作用和意义就在于，通过创造一种文化模式，把现代大众文化与传统民间文化在空间上并置和交叉，在文化的拼贴和“杂糅”中为不同文化的交流和新文化的发展提供可能。

在全球化的条件下，广西作为中国西南经济欠发达省份面临着经济和社会发展的巨大压力，随着全球性经济结构的调整，随着文化产业在国民经济产值中所占比例的不断上升，也随着文化关系对社会影响力的不断扩大，少数民族文化的审美价值和社会作用也在不断地提高，这就使少数民族文化的保护、研究和展示逐渐成为当代社会生活中的重要事件和重要内容。在我看来，少数民族文化逐渐引起关注有十分复杂的原因：(1)经济和文化上居优势地位的国家和民族，把少数民族文化作为自身文化的"他者",在对文化差异的欣赏和观看过程中,处于优势地位的国家和民族把"异质性恐惧"投射出来,加以对象化,从而获得激发文化的向心力;(2)对于中国这样的发展中国家而言,全球化的巨大压力势必激发民族主义情绪的高扬,这种文化力量需要在一定的审美符号上对象化,民歌以及民族艺术因为其文化个性以及源自农业社会的文化特殊性,再度成为文化之战中的一个中心;(3)在我看来非常重要的一个方面是,从少数民族族群内部而言,民歌及民族艺术由于其文化特性可以与现代文化以及现代传媒技术相结合,迅速融入全球化的体制中去,因而对民歌和民族艺术表现出蓬勃高涨的热情。也许主要是这三个方面力量的共同作用,促进了当代民族文化的发展,也包括南宁国际民歌艺术节的迅速发展。从理论上说这里面的关键因素在于社会主义初级阶段艺术生产方式所提供的制度保证。由于制度方面和审美关系方面的原因,在文化全球化的条件和压力下,看似彼此矛盾、对立的文化因素得以结合并协调起来,并且在不同的现实经验的结合中呈现出不同的意义。

在以信息化技术为基础的文化全球化的条件下,想象和幻想沟通不同文化的阻隔,超越日常生活现实,从习惯性的文化立场中游离出来的重要机制,具有重要的人类学的价值和意义。民歌因为它的自然文化基础,始终建立在集体性的想象和幻想的基础之上,因此,当民歌在社会主义初级阶段艺术生产方式的基础上与现代信息技术、传媒手段、现代大众文化形式相结合起来的时候,就有可能把想象和幻想转换成一种新的文化形式:一种与现实的欲望和要求相联系的想象和幻想,从而成为一种现实的文化生产力。

参考文献:

〔1〕 王杰:《寻找母亲的仪式——南宁国际民歌艺术节的审美人类学考察》,广西师范大学出版社 2003 年版。
〔2〕 黄端:《"黑衣壮"亮相 T 台》,《南方周末》2004 年 11 月 11 日。
〔3〕 特里·伊格尔顿:《再论基础和上层建筑》,张丽芬译,载《马克思主义美学研究》,广西师范大学出版社 2001 年第 5 辑。

〔4〕《马克思恩格斯全集》,第26卷第1册,人民出版社1972年版。
〔5〕列维·斯特劳斯:《野性的思维》,商务印书馆1987年版。
〔6〕王杰:《朴素而神圣的美——黑衣壮审美文化的审美人类学考察》,广西师范大学出版社2005年版。
〔7〕向丽:《交换与社会叙事——关于两种神话叙事及其审美交流问题研究》,载《马克思主义美学研究》,广西师范大学出版社2004年版。
〔8〕佳亚特里·斯皮瓦克:《论艾柯》,载《马克思主义美学研究》,广西师范大学出版社2005年版。

大地飞歌：民族审美经验的研究方法及其理论意义
——王杰博士访谈录

廖明君（以下简称“廖”）：王杰教授，学术界注意到近年来您在积极推动从美学和人类学的角度对少数民族艺术的研究，广西师范大学出版社出版了“审美人类学丛书”，其中您主编的《寻找母亲的仪式——南宁国际民歌艺术节的审美人类学考察》以及《朴素而神圣的美——黑衣壮文化的审美人类学研究》让人感到新鲜，你们这种用审美人类学的方法研究民族艺术的做法引起了我的兴趣。审美人类学是一门什么样的学科，美学研究为什么要进行人类学转向，这种研究理念和方法对于民族艺术的研究有什么价值和意义，你的研究工作下一步有什么设想和计划？希望您能谈谈。

王　杰（以下简称“王”）：我与同事们对少数民族艺术的关注最初产生于广西师范大学国家文科基地中国语言文学点学科建设的需要。也就是说，在1997年左右，在国家文科基地建设的过程中，我们努力将西南地区丰富的少数民族文化的资源优势转化和提升为学科建设的资源，以便形成广西师范大学中文系作为国家文科基地的学科优势和学科特色。经过几年的发展，这种工作从一种外在和被动的要求，已经转化为内在而自觉的努力。在田野调查和学科建设中，我们的思想和研究方向都发生了很大的变化。到现在为止，应该说审美人类学还只是中文学科、美学学科和人类学学科一个初步的交叉形态，需要研究和解决的问题很多，但是令人欣喜的是这种学科交叉的生命力及其理念的魅力已经初步显示出来了。

简单地说，我所理解的审美人类学主要是以民族审美经验和艺术活动为研究对象，用人类学的方法和理念，改造传统美学，使其成为现代形态人文科学，目的在于恢复美学对当代现实的解释力，激活对现实矛盾思考和批判的能力。当然对于当代中国美学的责任和使命，我们只是从我们自己的条件和立场出发，努力从少数民族艺术和审美经验的角度进入问题。

廖：我注意到您使用"恢复""解释力""激活""思考和批判的能力"等判断，这是不是意味着您认为当代中国美学在对当代现实的思考和解释方面存在着某种不足和薄弱？

王：是的。美学这个学科在中国有一个很好的传统，就是始终没有彻底学院化。它通过批判性地思考大众所熟悉的"公共媒介"来获得自己的话语权，当然中国也有形式研究的美学，但始终成为不了主流。这大约与儒家文化有关，在近几十年，则与马克思主义传统有关。艺术和审美经验是个大众化的话题，也是个体验经验与意识形态的结合部，在这里形成了认同、反抗、异化和陌生化等等构成的复杂的"多元决定"关系。因此，艺术和审美经验一直是思考、解释、批判现实的矛盾性以及不合理性的最佳角度和进入方式。然而，在国内美学界，近十余年来，面对现实重大理论问题的意识相对薄弱了，不像我们五六十年代和七八十年代美学大讨论那样富于现实关怀的激情。通过这几年的研究和思考，我认为民族艺术，特别是少数民族的艺术和审美经验是当代美学理论研究与现实的生活和社会发展建立起某种理论关系的对象和媒介。

廖：你能否用您主编的关于南宁国际民歌艺术节的这本研究文集来具体说明这种理论关系呢？而且，我对您使用的书名"寻找母亲的仪式"有点困惑不解，因为，在人类学的理论术语中，还没有指认过这样一种"仪式"。

王："寻找母亲的仪式"是我使用的一个比喻性的概念。我们知道，仪式是人类学十分重视的社会现象，它的原生形态存在于原始神话时代和未开化社会的社会和文化生活中，其基本功能是强制性的认同，包括身份的认同和文化的认同。在现代社会，原始文化仪式以各种变体的形式广泛存在于各种社会组织和文化形式中，在美学方面，罗兰·巴特的《神话学》、伊芙特·皮洛的《世俗神话》、布迪厄的艺术场域理论都有所涉及。在西方马克思主义美学传统中，瓦·本雅明、阿多诺、路易·阿尔都塞都曾分析过仪式与审美活动的关系。阿多诺十分深刻地把审美仪式主观化和内在化的过程与社会的现代化过程联系起来，分析了审美活动的意识形态效果。在撰写《审美幻象研究——现代美学导论》时我注意到在一部分中国现代的文学作品中，存在着母亲象征性缺失的现象，我感到这是具有文化意味的。在全球化的语境和条件下，这种意味逐渐明显化。母亲的形象是与情感、想象、文化之根联系在一起的。寻找母亲的仪式就是当代大众用想象性投射的方式建构并且认同于一个公共的情感家园。在全球化的巨大压力下，民歌丰厚的文化内蕴使它成为孤独个体的象征性母亲。民歌节通过大众化的审美仪式，为缺乏安全感和文化寻根渴望的大众提供了一个表达的对象和方式。南宁国际民歌艺术节的主题歌名为《大地飞歌》，这里的"大地"就是母亲形象的一种隐喻性的表达。

廖：南宁国际民歌艺术节到今年已经是第七个年头了，从去年开始，南宁国际民歌艺术节与中国-东盟博览会同时举行，成为一个引人注目的现象。在这里，"文化搭台，经济唱戏"的策略得到了很好地实现，现在南宁这个城市已开始融入世界经济体系中去。在南宁崛起和走向世界的过程中，应该说南宁国际民歌艺术节起到了十分重要的作用。但是在学术界，特别是在民族艺术研究领域，对南宁国际民歌艺术节的批评一直不绝于耳，请问您是怎样看待和评价这种现象的？

王：我主要从事美学的教学和研究。对我来说，关于民族艺术的研究仅仅是这几年的事情，应该说，在这个方面我没有多少发言权。但是我想说，在全球化的条件下，民族艺术和民族文学的概念发生了很大的变化，相对于"世界文学"和"世界艺术"的发展，相对于文化全球化和文化帝国主义的形成和发展，整个中国的文学艺术都已经民族化了，弗雷德里克·詹姆逊等西方学者用"民族寓言"来表证和概括中国的现当代文学艺术，强调了"民族寓言"的政治作用。我赞同詹姆逊等西方学者关于"民族寓言"以及中国现当代文学艺术社会功能的分析和评价，在此基础上，我更关心的是在全球化的条件下和中国社会现代化的进程中，民族艺术的复杂性和多义性，而这种复杂性和多义性的基础正是民族的审美经验。在审美经验中，除了对审美对象，对现实社会存在和社会矛盾的感受和体验以外，文化记忆和个人经历的记忆也起着十分重要的作用。民歌作为一种较为特殊的文化形式，与民族的历史、民族的深层记忆保持着一种天然的内在联系。民歌能够在谈情说爱的过程中，复制和传达这一个民族和族群感知世界和解释世界的方法和原则。在文化全球化的压力下，民歌既为大众喜闻乐唱又在不经意中唤起人们对文化身份的辨析和焦虑。

我认为，审美经验并不是一个明晰的和自觉的社会现象，具有很强的主观性和情感性，与混沌而不确定的欲望直接联系。审美经验价值指向的确定最根本的还在于现实的制约，包括主体的立场、现实关系的复杂矛盾，以及历史和族群的深层记忆。事实上，同一个审美对象，可以产生出不同的审美场域、不同的欲望投射，也就是说产生出不同的审美经验。例如南宁国际民歌艺术节的开幕式晚会，从审美对象的构成来说就是十分复杂和矛盾的，有国内不同民族、不同时代的民歌，有国外的民歌和民族舞蹈，有原生态的山歌，有经过流行歌手演绎的各种“民歌新唱”，还有后现代风格的伴舞，再加上现代光电手段的处理和“加工”等，由此构成的“民歌”的确不是民俗学和人类学意义上的民歌了。但是，如果我们承认民歌是一种以民族歌曲为媒介的审美意识形态，那么我们可以说乡村中古朴的山歌和南宁国际民歌艺术节舞台上的“民歌新唱”都是审美意识形态。社会的发展变迁不仅导致民歌的形式和内容都有所变化，而且社会条件、文化语境包括仪式的方式和功能等方面都发生了很大的变化，因此，不能用同一种标准和研究方法去对待它们。只要把这个问题解决了，在我看来，根本的分歧和对立就不存在了。

廖：近几十年，马克思主义对意识形态问题的研究重心正在从政治意识形态转向审美意识形态，其中的原因在于审美话语对人们现实生活和价值判断的影响越来越大。随着文化产业兴起并且在GDP中所占份额迅速提升，审美问题，以及审美话语中的矛盾和冲突就具有了越来越重要的社会意义。对于中国西部的区域文化而言，在全球化的趋势和压力下，对民族艺术审美价值的重新解读的确越来越重要了，您以及同仁们开展的审美人类学研究在这方面是怎样考虑的？

王：审美人类学作为美学现代形态的一种转型和建设，主要有这样几个考虑：首先，美学作为一门传统人文科学，长于思辨和批判性的理论思考，但是对于审美经验的具体研究而言，则相对薄弱或者长期遭到忽视。而对于美学的研究而言，离开对具体语境中审美经验的深入研究，审美活动的丰富性和价值意义是无法真正确定的。此外，没有对具体审美经验的研究和分析，美学不可能与现实建立联系，更不用说发挥自己的作用了。在对南宁国际民歌艺术节的田野调查和对广西那坡县城厢镇弄文屯黑衣壮民歌文化的田野调查过程中，我深刻地感受到这一点。其次，是对民族审美经验的理论解释。对于当代中国美学研究而言，这是一个十分迫切的课题。毫无疑问，中国已经进入全球化的进程中。现实的情况是，由于传媒技术的特殊性及其迅速发展，文化全球化的速度可能会走得更快。在中越边境的那坡县黑衣壮族群居住地的调查中我吃惊地看到，与用黄泥巴糊墙的干栏住房并存的是接收卫星电视讯号的巨大锅状天线。可见在经济全球化远远没有触及的大石山区，文化全球化的过程已经迅速展开了，由此带来大量的社会问题、文化问题和心理问题。去年南宁国际民歌艺术节期间，"东南亚国际时装秀"的表演由黑衣壮山歌《壮族敬酒歌》拉开序幕。在十分后现代的演出现场，当我忙着给来自山寨的黑衣壮姑娘们拍照时，千里之外山寨里的电话就打到了我的手机上。村民们在直播电视中看到我在镜头中走来走去，直接打电话给我。你可以想见，在陈旧的干栏式木楼的火塘边，村民们一边看自己的女儿在国际性舞台上与全中国顶尖名模同台演出，一边在昏暗的灯光下砍猪菜或喝酒，耳边不时传来的是一板之隔的楼下牛吃草发出的铃声。这些村民的审美经验自然不同于民歌节各表演现场的追星族和来南宁从事商贸活动各类人员的审美经验。问题的关键是，我们的美学研究和艺术研究者并不了解这些人，特别是黑衣壮村民们的所感所思，仅仅从自己的审美经验出发去分析和解释这种审美现象和艺术活动，其中的理论误差必然很大。最后，理论建设和理论创新的可能性。西方学者已经指出，文化的全球化事实上也就是文化的殖民化。事实上，在文化全球化的过程中，对强势文化压力的反抗和挪用也在悄然兴起，并有星火燎原之势，理论的责任是及时地跟进并作出理论上的概括。因为中国西部少数民族的审美经验到目前为止仍然处在西方学者和国内主流学术的视野以外，其理论上的盲点为新的理论创新和理论建设提供了可能，对此我们应该有所自觉、有所努力。在我看来，中国西部民族审美经验包含的矛盾和所起的作用是目前所有国内外的美学和艺术理论不能完全解释的，而现实的发展又十分迫切地需要正确的理论去说明和指导。在我看来，南宁国际民歌艺术节的艰难起步，已经引起了广西经济和社会文化的新一轮发展，那坡县黑衣壮山歌文化的发现和初步阐释，也引起了黑衣壮族群在现代化发展过程中某种方向性的改变和调整。审美文化，或者说审美意识形态正在成为中国西部社会发展的重要牵动力。对这些问题的深入研究将丰富和推动美学基本理论的发展。

廖：您说的这些是有道理的，但实践起来恐怕不容易。请谈谈你们的做法。在我看来民族审美经验的研究因为主观性太强而不容易进行人类学的调查和理论上的分析。西方学术界关于审美经验的研究常常引入精神分析的方法而不是人类学的方法，对此您是怎样考虑的呢？

王：我认为，用人类学的方法对民族审美经验进行研究不仅是可行的，而且是必要的。在西方学术界，用心理学的方法研究审美经验有很长的历史，孕育出十分重要的美学理论，例如格式塔美学、精神分析美学等，在用人类学的理论和方法研究审美经验方面也做了不少工作，例如，美国学者埃伦·迪萨纳亚克的《审美的人》和范·丹姆的《语境中的美——走向审美人类学》等，在西方马克思主义美学传统中，乔治·卢卡奇的《审美特性》和雷蒙德·威廉斯的《漫长的革命》都有所涉及和阐发。我们想做的仅仅是，在国内外学者已有研究成果的基础上，引进田野调查的方法，对民族地区急剧变化着的审美经验进行一定程度的实证调查研究，在田野调查中发现问题和研究问题。我们课题组已连续六年对南宁国际民歌艺术节进行田野调查，对那坡县城厢镇弄文屯审美文化的田野调查从 2002 年元旦到现在，不定期有人下去，课题组部分同仁与村民们建立了良好的关系，逐步积累了一些资料，相应的研究正逐渐开展起来。海力波老师的博士论文就主要以对弄文屯的田野调查为基础，范秀娟老师的毕业论文也是直接研究黑衣壮的审美文化和审美经验。我希望经过几年的努力，在南宁国际民歌艺术节和黑衣壮审美文化两个个案的研究上能做到调查比较系统完整，分析较为深入，在此基础上作出关于民族审美经验和民族艺术的审美人类学阐释。

我认为，西方的精神分析理论和方法在审美经验和大众艺术现象的深度解释方面是十分成功的，但是几乎没有考虑不同民族、不同族群审美经验的差异性，而在文化全球化的条件下，这种差异性具有十分重要的理论意义和现实意义。我想，这就是审美人类学存在的空间。令人高兴的是广西师范大学和广西教育学院最近先后成立了"审美人类学研究中心"，"审美人类学丛书"第一批 5 本也已经出版。我相信只要方法正确，又有一批志同道合者共同努力，审美人类学的研究会取得实质性的进展的。

廖：恩格斯曾经说过，社会的需要会比十所大学更能推进科学技术的发展。在人文社会科学的研究方面，情况也应该是如此。当代社会发展已经证明，社会的需要会推动一流大学和一流学科的产生，同时，一流大学和一流学科的发展又会极大地推动某一地区、某一领域社会和文化的发展。审美人类学的发展除了现实动因的刺激之外，还有没有自己的动因和推动力呢？

王：学科的健康发展需要许许多多的条件，机构、人员和经费只是最基本的。去年我看到一个报道，"文化研究"的发源地英国的伯明翰大学在不久前关闭了在五六十年代曾经十分著名的"伯明翰大学当代文化研究中心"，但是我们看到，在与美国、英国、澳大利亚一些著名大学类似的研究中心早已发展起来，推动着文化研究的不断发展。对于一个好的学科发展状态而言，优秀的制度保障是非常重要的，有一流的学术平台才可能形成一流的学术团队并做出高水平的研究成果，这也是我转到南京大学继续审美人类学研究的原因。

在我看来，"大地飞歌"，既是生活厚重而又充满激情的一种表征，也是情感和精神升华的一个象征，它的基础是在泥泞的大地上的艰苦跋涉和劳作。令人欣慰的是，当歌声飞扬起来的时候，泥泞的大地也就具有了诗意。艺术家的责任是表达和强化这种"诗意"，理论家的责任是解释并且守护这种"诗意"。

略论民族艺术在当代文明冲突下的作用

在经济全球化的强大压力下,文化全球化也已经成为我们现实生活中不争的事实。对于当代中国的文化现状和文化发展而言,全球化问题的讨论,首先是文化领导权的问题。其次是新文化建设的基础和模式问题,最后,还有一个理论与实践的关系问题,只有成为无数普通劳动者、普通文化消费者的文化实践,理论的力量才是强有力的和有效的。本文试图从艺术这种最大众化的文化形式的分析入手,从民族艺术在中西方文明冲突中的作用这一具体视角,用马克思主义的意识形态理论对以上问题作出初步的分析。

一、从南宁国际民歌艺术节看民族艺术的内在矛盾

民歌是前工业化时代人民群众的文化创造,是最为大众化的,也最具本土化特征的艺术形式,在经济和文化全球化的条件下,民歌这种古朴而且稳定性较强的艺术形式也发生了许多变化,其中的意义变迁是值得哲学和美学研究认真对待的。在全球化的影响和压力下,民族艺术发生着什么样的变化,怎样分析和评价这种变化?这种变化对新文化建设有什么意义?这不仅是一个美学问题,同时也是一个哲学问题。我想先讨论一个身边的例子:南宁国际民歌艺术节。

广西的民歌节原来是一个以交流和展示民歌，特别是少数民族民歌节为主要目的的民间性艺术活动，由各县轮流主办，在其发展和演变过程中，国际化和全球化的色彩逐渐增加。在20世纪80年代和90年代，西方对中国南方民歌的兴趣主要是学术兴趣，民歌节作为少数民族文化传承的典型机制受到西方学术界的重视。1986年农历三月初三，我曾参加在广西侗族自治县举办的国际民歌节，当时的演出和参赛者全都是来自各县的民歌手，民歌节的主会场在一块收割了水稻的农田上，歌手的服饰和民歌节的组织形式都是与传统的歌墟活动相一致的，在民歌节的开幕式上，除了唱民歌外，还有带宗教色彩的抢花炮和场面宏大的芦笙舞。到了傍晚，漫山遍野是自发的对歌情爱活动，让人感受到民歌的深厚文化基础和社会底层劳动者强健的生命力。自1999年起，广西的民歌节改由南宁政府主办，举办的时间也从每年春季的三月初三改到了凉爽而干燥的11月中旬。南宁市人民政府把南宁国际民歌艺术节作为打造城市新形象的一个举措，投入了大量的资金，请来国内著名的导演、国内外一流歌唱家，灯光和音响也从香港运来。南宁国际民歌艺术节按照明星化和流行文化的形式重新演绎和阐释了国内外的众多民歌，开幕式由中央电视台现场直播，使民歌演唱这种传统的文化形式具有了全新的意义，或说具有了现代意义。南宁市人民政府显然不是在纯粹艺术活动和民俗学活动意义上投入巨资来举办南宁国际民歌艺术节的，其直接的动机还是政治上和经济上的考虑。值得注意的是，民歌这种朴实而原始的文化形式，在激光射灯、焰火、浓烈的民族化服饰和现代化舞美设计的烘托下，脱离了民歌原生态的文化语境，成为对于少数民族群众来说高度“陌生化”了的“他者”，因而其意义和作用也发生了某种形式的变化。民歌或山歌从民间娱乐的文化形式转变成社会发展的一种力量，从与现代化进程相抵触的力量转变为促进现代化进程的一种力量。另一方面，对于西方学者和旅游者来说，这种具有浓烈异国情调的艺术最大程度满足了他们对异在他者的渴望，在激活其想象力的同时，暗含着对其自身民族和文化优越感的肯定。在我看来，南宁国际民歌艺术节的举办，把张艺谋、陈凯歌电影所提及的“东方情调”的审美意义问题再次提出来了。“东方情调”的审美意义事实上是不确定的，在不同的语境条件下，“东方情调”风格的艺术作品呈现出不同的意义，因此，理解“东方情调”艺术作品或者说民族艺术审美意义的关键，还在于对这类作品生产方式、存在特征以及内在矛盾的研究和分析。

南宁国际民歌艺术节的特点，是把前现代社会基础上产生的民歌直接置于文化全球化的机制中，在这样的机制和条件下，以前工业化社会为基础的民歌呈现出的意义是很值得分析的。南宁国际民歌艺术节采纳和挪用西方现代大众艺术的机制和手段是十分明显的。2001 年南宁国际民歌艺术节开幕式晚会上，专程从美国来的空气供应站乐队演唱了奥斯卡电影《人鬼情未了》主题曲《不变的旋律》和《没有爱在身边》，受到了歌迷们的热烈欢迎。在演出后，空气供应站歌手这样评论了南宁国际民歌艺术节的开幕式："参加这次民歌节就像参加'格莱美'，中国式的'格莱美'！这么大型的晚会办得这么好，不管是在中国还是在美国举行，都会受到同样的欢迎。"在组织形式和技术手段的运用方面，南宁国际民歌艺术节的确做到了国内一流并且与西方类似的艺术节接轨，也因此带动了经济和旅游业发展的正面效益。然而，在文化和审美效果方面，事实上情况要复杂得多。一方面，我们看到，在现代大众文化的形式和背景下，民歌和少数民族的文化得以用新的形式表达，从而呈现出新的意义，在一定程度上推动了少数民族文化的更新和发展；另一方面，我们也看到，南宁国际民歌艺术节以及类似的文化活动，破坏和冲击了民歌以及少数民族文化的原生态基础。现代大众文化形式和技术媒介裹携着西方后殖民主义文化的泡沫和泥沙，对接受者的价值规范和文化信仰都产生了极大的冲击和挤压，以技术中心论、经济中心论和明星崇拜为基础的审美文化对当代中国社会和文化建设所产生的不良影响不容忽视。

在我看来，经过三年的发展，南宁国际民歌艺术节已经成为西南地区民族文化展示的一个盛会，也正成为探索和推动少数民族文化走向现代化的一种强有力的动因和机制。在当代社会发展中，文化的力量正在显示其越来越重要的作用。而在跨国经济合作日趋普遍、网络经济不断发展的社会条件下，具有个性的文化是当代人立足的根基，也是发展多样化文化的基础。民族文化是一个民族长期积淀凝结而成的，是一个民族的文化之根。没有文化之根的个体，也许可以成为一个技术工作者，但是决不会在文化的传承与发展上有所贡献，不会成为优秀的作家、艺术家、建筑设计大师，以及优秀的企业家。民族文化的基因具有强大的延续能力和表达能力，是当代人进行文化创造的基础之一。在保护和阐发少数民族文化中具有现代意义和现代美这一方面，南宁国际民歌艺术节给我们许多有益的启示。在我看来，南宁国际民歌艺术节的价值和意义在于：它通过一系列手段和机制，成功地凸显出民族文化的现代美：通过民歌新唱等形式，激活了民族文化传统中积极强健的基因，使民歌显现出现代美。从田野调查的情况我们看到，在南宁国际民歌节的舞台上，民歌和少数民族文化等前工业社会的文化形式与现代流行音乐和大众文化之间有一种复杂的互动关系，现代音乐和现代大众文化与民歌等传统文化既有矛盾和对立的一面，也有互补和共鸣的一面。这种作用还通过各种媒体的作用传播到少数民族的日常生活活动中。在民间的歌墟和歌场中，伴随着收音机、音响等现代技术的出现，迪斯科和摇滚音乐的节奏等现代流行音乐的形式进入民歌的传唱中，使民歌的内容和形式都出现了新的发展和变化。而且因为民歌与旅游的密切关系，全球化的进程在一定程度上刺激了青少年一代传唱和学唱民歌的热情，事实上也有利于传统文化的保护和传承。

另一方面，我们也看到，文化形式包括传媒以及现代音像技术并不是纯粹的形式，而是包含着价值观念和政治代码的形式，这种价值观念和政治密码事实上是意识形态的一种体现，即一种权力关系的体现。“审美制度”和艺术生产方式等概念也许有助于研究和说明审美和艺术背后的“power”。在现实的社会中，人与自然、人与人之间并不是直接发生联系的，而是在一定的社会关系、一定制度的基础上发生联系和互相作用的。对于审美活动而言也是如此。这种共同的东西也许就是“power”，它也支配着审美和艺术，也正因为如此，审美本身也存在着内在矛盾和冲突。审美和艺术的异化现象最直接的体现就是在当代大众文化中存在着强烈的肉体化、肉欲化的单向度发展趋势。它恰恰说明了一个悲剧，那就是人的工作、人的精神活动与他的感性活动和肉体存在相分离甚至对立，也就是人的感性活动与理性活动相脱节，这恰恰是审美现代性的表现。在马克思看来，伴随着资本主义商品化大生产，出现了现代性的弊端，那就是精神与物质的分离，这种分离有其合理性，可以在一定历史阶段使物质生产和精神生产都更有活力，但最终会造成社会与人性的分裂。大众文化虽然给人们带来了数量上无比丰富的感性享受，但却并非真正的审美满足，比如，在流行音乐中，大多有极端化的爱情情节，这种极端化的、不现实的对人类情感和激情的表现甚至可以达到一种宗教狂热的程度。

我认为，艺术后面的“power”是一种以情感话语为形式的意识形态，事实上是包含着价值立场和评价倾向的。西方现代流行艺术本身及其机制包含着西方某种价值观和意识形态倾向，因此，在与中国少数民族民歌这样的艺术形式相结合时，必然产生价值观和意识形态倾向的冲突。这种冲突大体上可以归结为两种表现形式，一种是外在的，一种是内在的，所谓外在的是指艺术与其他社会意识形态的冲突，所谓内在的则是指艺术内部情感话语的对立和冲突。前者我们可以举张艺谋的获奖电影《大红灯笼高高挂》为例，后者我们可以以在2001年南宁国际民歌艺术节开幕式上由壮族歌手演唱的那坡县黑衣壮族山歌《山歌年年唱春光》为例。《山歌年年唱春光》是一首由广西那坡县原生态的山歌加工整理成的歌曲，由那坡县壮族歌手用壮语演唱。在南宁民歌节的开幕式上，以无伴奏合唱形式表演，其中的领唱者黄春燕是广西歌舞团的专业演员，是一名在那坡长大的黑衣壮后代。这首歌以层次丰富、旋律优美和浓重的大石山气息打动了时髦的歌迷和广大听众。歌手们身着自己织布制成的民族服装，用黑衣壮的方言演唱，使歌声充满了神奇的魅力，从音乐学的角度讲，《山歌年年唱春光》并不符合现有的音乐规程，但却表现出新奇的美。这首歌的纯粹地方性使它不可摹仿也不可能流行，在文化全球化的背景下，它的唯一性和丰富的审美魅力使它产生了广泛的影响，这支小合唱队在南宁民歌节获得成功后被邀请到中央电视台和美国演出。从美学的角度看，《山歌年年唱春光》表达了在极端恶劣和严酷的自然条件下，黑衣壮人民健康奋发的心态和对现实不公正现象的大胆抗争。这种不借助灯光、焰火，不借助伴奏和伴舞的演唱，有效地解构了南宁民歌节开幕式上的后现代主义奢华，成为一种内在而又是最有力的文化反抗和文化表达。民歌，特别是少数民族的民歌，作为社会底层人民对强大的压迫性力量的反抗和超越的文化形式，在南方少数民族地区十分盛行，用唱山歌的形式骂人是一种常见的表达方式。对不合理现象的愤怒可以因为歌唱这样一种非现实性因素而转换，成为一种曲折表达反抗情绪的形式。在中国南方，刘三姐唱山歌骂地主的模式其实具有普遍的意义。如果说对于工业化社会的个体而言，梦和幻想是表达对现实的反抗和超越的一种形式的话，那么在中国西南地区，民歌演唱也是如此。在民间的歌墟和歌场上，在南宁国际民歌艺术节的表演舞台上，民歌的全球化魅力和现代化机制的本土化运用事实上是融合在一起的，它的矛盾性也是它充满活力的根源。

二、民族艺术的生产方式

关于马克思主义文艺生产论，国内学术界曾经进行过广泛的讨论，在当时的条件下把马克思主义文艺生产论表述为以下几个方面的内容：(1)文艺生产作为精神生产同物质生产的关系，其中包含着物质生产与精神生产(包括艺术生产)之间的作用与反作用，文艺生产等某些精神生产领域的发展与物质生产的发展之间的不平衡关系、精神生产与物质之间的关系应历史地、具体地而不能抽象地去把握等内容；(2)文艺生产在精神生产领域内部同其他精神生产领域的相互关系，包括既相互独立又相互影响，既有相同的规律又有各自不同的规律，等等；(3)文艺生产作为一种特殊的精神生产所具有的特殊的本质规定，对此，马克思主义经典著作家们着重强调了艺术想象和幻想对自然和社会生活进行加工、运用美的规律来创造、富有激情等独具的特征。[1]现在看来，这种表述仍然停留在较为表层的归纳阶段，没有在学理的层面抓住根本的问题并展开系统的分析。

艺术生产方式的概念事实上就是日常生活和主流意识形态转变为审美意识形态的文化机制。如果说在政治经济学领域，生产方式是生产力和生产关系的统一，那么可以说，在意识形态领域，文艺生产方式是艺术表现能力与审美关系的统一。在艺术的表现能力这个范畴中，有一个技术的问题和媒介的问题，这是艺术形象和文学修辞的基础。艺术与意识形态的区别，就在于艺术表现能力和艺术表达媒介对审美关系的两种不同的处理方式：陌生化或者类同化。前者以艺术生产力与审美关系的矛盾关系为基础，后者则倾向于弥合这样一种矛盾。在艺术生产方式的概念系统中，审美关系与审美的意识形态在概念内涵方面基本上是一致的。从理论上说,审美意识形态概念不应该等同于艺术的概念。艺术是用审美的方式对意识形态进行质疑,或拉开一定距离审视,而审美意识形态则是用审美的形式和话语表达主流意识形态或非主流意识形态的要求,或者说,是现实生活关系在审美维度上的存在形式,在这个意义上说,审美意识形态就是现实的审美关系。在艺术生产方式中,现实的审美关系具有十分重要的作用,一方面,它规定着审美意义的价值指向和价值尺度,另一方面,它又是把艺术媒介、主体的内在要求,以及来自现实生活的要求,或者说新的价值等诸因素统一的框架。没有审美,一切审美活动都无从谈起。因此,把艺术与意识形态简单对立起来的观点是错误的。马克思曾经说过资本主义生产方式与某些艺术生产部门相敌对,在我看来,马克思的意思一方面是指资本主义生产方式与古典社会的艺术生产方式相敌对;另一方面,则指资本主义社会中物质资料的生产方式与精神生产方式,特别是文学艺术的生产方式相敌对。马克思并没有简单地作出结论说艺术与意识形态相敌对。艺术与意识形态,特别是艺术与审美意识形态的复杂关系,是当代马克思主义美学研究的一个重要课题。

在社会主义条件下,艺术与意识形态的关系,包括艺术与审美关系的辩证关系,无疑已经发生了重要变化,这是理论研究应该作出解答的。关于社会主义的文化,特别是社会主义的文学艺术,维护和促进社会主义经济基础的发展是它最基本的要求。在文学艺术方面,经过浪漫主义文学运动和现代派文学阶段,文学形象和现实生活体验之间的联系断裂了,形成了保守主义和激进主义二元对立的格局,文学的世界也分裂为古典的、符号化了的过去与激进的、情感化的当下体验之间的对立。如果说伽达默尔、列维-斯特劳斯、海德格尔等美学家已经明确意识到艺术形象与现代生活体验直接联系起来的重要性和必要性的话,那么我们可以说,社会主义艺术生产方式不仅提出了这种要求,而且实践了这种要求。通过审美转换这个范畴,中国马克思主义美学把形式和现实内容、符号与现实生活体验结合起来了。审美转换不仅只有从现实内容升华或提升到艺术形式这样一种通常的方式,而且还包括从艺术象征、艺术形式怎样与现实的、生动的审美体验建立起有机联系这样一种方式。对于当代中国民族艺术的生产和再生产而言,传统民族艺术的符号系统和文化表达机制与西方现代文化的符号系统和文化表达机制的碰撞和摩擦过程中实际上正在产生出一种新的文化,这种文化能够使在全球化条件下发展中国家少数民族人民的日常生活体验得到一种表达。多种文化符号系统和艺术形式彼此冲突与交融,其意义最终还是决定于这些文化符号和艺术形式怎样与现实生活经验相联系。因此,对于当代中国民族艺术的生产和再生产而言,日常生活的概念以及具体的审美经验具有十分重要的意义。从南宁国际民歌艺术节的实际情况来看,在全球化的影响和文化表达机制的作用下,少数民族的传统文化形式和艺术形式要与当代现实生活经验相结合,成功地表达当代中国少数民族的生存困境和文化要求实际上是一个十分困难的任务,对文化组织机构以及艺术创作和表演人员都提出了很高的要求,这种要求,实际上也就是在全球化语境下民族艺术的生产方式的基本要求,其理论内涵主要包括三个方面,其一,要有一种把西方现代化艺术生产方式、少数民族传统艺术形式与当代生活经验结合在一起的日常生活形式,例如南宁国际民歌艺术节。日常生活是艺术生产资料、生产力、生产关系协调和统一的基础。其次,在全球化的语境和条件下,西方现代文化的不同层面与中国当代文化、少数民族文化形成多层面多维度的矛盾关系,在这种关系中,矛盾的主导方面和主导倾向决定于艺术生产者的价值立场和文化倾向。从目前的艺术生产实践看,真正把握住当代社会生活中少数民族个体的现实境遇和对未来要求的艺术作品并不多见。其中的重要因素在于需要寻找到一个超越文化霸权和民族主义立场的文化支点,这种支点显然不可能直接来自现实的各种文化形式,而必须建立在新文化形式创造的基础上。我认为,黑衣壮的演员在南宁国际民歌艺术节上演唱的歌曲《山歌年年唱春光》可以看作是这种新文化创造的一个例证。在这种新文化形式中,文明的冲突成为新文化创造的动力和契机。最后,文化生产者在现实强大压力下激发出来的巨大创造力和激情是创造新的文化形式或者说新的审美意识形态的动力,这种激情只有与现代文化媒介、现代艺术生产方式相一致的时候,才能发挥出积极的效力和影响,简单的民族主义情绪并不能实现对现实艺术生产方式的超越。

三、审美意识形态:重新思考基础与上层建筑

在理论上,有关审美意识形态的复杂性和特殊性问题,事实上已成为当代马克思主义美学理论的中心问题。经过布拉格学派、法兰克福学派、阿尔都塞学派以及英国马克思主义美学学派的发展,经过众多学者和思想家从不同角度对问题的思考,审美意识形态的多层次性及其与现实生活的多重关系等理论问题都得到了较为充分的论证和说明。然而,西方马克思主义美学各流派对审美意识形态问题的研究,主要侧重于审美意识形态与占统治地位的支配性意识形态的共谋关系,强调了审美意识形态与资本主义生产关系的内在一致性。它虽然也深入研究了审美启蒙意识在异化的社会生活条件下产生的条件和可能性等十分重要的问题,从美学角度批判了现代性与资本主义的文化制度,但在严格的意义上,对审美意识形态的积极作用及其中所包含的创造未来的可能性还研究不够。在这方面,中国马克思主义美学是有所贡献的。

社会主义文学生产方式的出现,是20世纪马克思主义美学和文艺理论史上具有重要意义的现象。社会主义文学生产方式决定着与此相应的审美意识形态的性质和特征。弗·詹姆逊在《时间的种子》一书中以苏联文学现象为例证,说明社会主义文学生产方式的特征在于对未来性的把握和表现。相比之下,在中国新民主主义革命时期,秧歌、二人转、民歌等下里巴人的艺术形式,呈现出一种直接表达情感、代表作性的审美体验模式。在这些艺术形式中,当下的艺术体验就直接体现了人与人之间的一种新型关系。这种新型关系经过艺术提炼,成为人们现实生活关系更理想、更强烈的表达,成为未来生活的“原型”。在这里,艺术与生活的关系不再是分裂和对立的,艺术和审美体验成了未来生活的“预演”;审美和艺术的核心机制不是将个体从日常生活中“震惊”和“断裂”出来的“陌生化”,而是把情感和朦胧的理想放大、显影的“典型化”。从学理上说,这种“典型化”与亚里士多德式“典型化”存在着区别,这种区别就在于,后者是以历史的或然性为基础的,而前者却是以历史必然性为基础的。在社会主义文学生产方式的基础上,现实美以及对现实美的体验从可能变成了现实。

中国的美学问题在两个方面都具有重要的理论意义：首先，当代中国的社会结构和意识形态结构非常特殊，不仅多种生产方式相互碰撞或彼此重叠，而且在意识形态方面似乎汇集了所有艺术生产方式和形象话语，构成了一个巨大的反应堆和试验场。在现代传播媒介的帮助下，西方艺术舞台上刚刚出现的艺术创新，用不了多久就有可能融入到中国的艺术生产过程中去。而其他的艺术话语因为仍然具有现实基础而保持着生命力。这种多话语共存以及不同形象体系彼此叠合的状态，极大地刺激了中国文学艺术的创造力，也向美学理论提出了寻求内在统一性的要求。其次，中国艺术表达机制的特殊性，在多重话语叠合与碰撞的状态中显示了它的特殊优势，即以碎片表征整体、以虚静表征生活的本质、以余音绕梁的缠绵托起历史的沉重和生命的悲剧性。从理论上说，中国文化传统中以交感为特征的审美模式、以韵为内核的艺术表达机制，有可能改变沉陷在肉体化感知模式中的现代西方文化的价值导向。

对于文学艺术来说，表征社会主义生产方式的要求，表征先进文化的前进方向，积极促进人的全面发展，既是社会的现实要求，也是“美的规律”的要求。因为在全球化的社会、文化条件下，对“未来”的感受和思考已成为一个全球性的问题。在把审美与现实生活对立起来的西方现代文化中，审美的乌托邦不具有现实的必然性，现实的审美文化又不具有伦理的合理性。而相比之下，社会主义初级阶段的中国文学艺术因其来自现实的要求，正如毛泽东在《在延安文艺座谈会上的讲话》所说，是对现实生活的“更高，更强烈，更有集中性，更典型，更丰富，更理想，因此，更带普遍性”的表达，是一种来自现实又高于现实的表达，因而是一种可以实现的未来。由于社会主义文学生产方式的这种特点，对于这类文学艺术现象的审美接受便具有更大的激情，而且可以转化为改造社会、创造未来的现实行动。

在这种条件下，审美意识形态的作用和意义问题就需要进一步研究和思考了。路易·阿尔都塞曾经用“多元决定”和“半自律性”等概念分析和论述意识形态的作用，分析了上层建筑与经济基础的复杂的辩证关系。阿尔都塞认为，在经济基础与艺术等意识形态现象之间，存在一个十分广阔也十分复杂的领域，当代马克思主义的任务是对这种复杂机制作出深入的研究和说明。特里·伊格尔顿在《审美意识形态》和《再论基础和上层建筑》等著作和论文中则讨论了文化与人性的关系，他以身体作为文化创造的物质基础，分析了审美和伦理的人类学基础。他指出，只有超越直接功利需要创造的文化才是真正意义上的文化。中国的马克思主义美学由于同时反对帝国主义、封建主义和国内的官僚资本主义的特殊情形所迫，十分重视和强调审美意识形态在社会发展和新文化建设中的积极作用，毛泽东文艺思想和美学思想就是一个突出的例证。

在全球化的条件下，对于第三世界国家和人民来说，经济发展和文化方面不仅是存在着巨大的差距问题，事实还是一个压迫和被压迫的关系问题，这种多重压力的情况在经济落后的少数民族地区更为突出和尖锐。近年来我和课题组的同志们对广西少数民族文化发展和审美活动的状况做了初步的田野调查，我们发现，对于中国南方少数民族而言，现实的巨大压力不是简单转化为生存的焦虑，少数民族地区的人民并没有陷入简单的二元对立性思维方式中，反对社会的发展和经济的进步，相反，他们渴望尽快实现现代化。随着旅游产业的开发和发展，少数民族文化在融入全球化的过程中恰恰因为其本土化属性和唯一性的特点而具有了重要的意义。南宁国际民歌艺术节和云南丽江的社会和文化发展就是突出的例证。这其中有许多值得在理论上认真总结和概括的东西。根据初步的研究，我们认为，在全球化的条件和背景下，不同文化之间明显存在着冲突的一面，同时也存在着相互依赖的共生性一面。从美学的角度看，在文明的冲突和全球化的巨大压力下，民族艺术的特殊作用主要有以下几个方面：

首先，少数民族艺术以农耕文明为基础，这是一种艺术与现实生活经验密切联系的文化模式，审美价值还未从政治价值、经济价值中分裂出来，其艺术符号和象征体系的基础与艺术生产过程和使用过程都是有机联系的，其价值意义和审美意义也是复杂的和多义的。虽然社会的现代化进程，包括文化的现代化进程是历史必然趋势，在全球化的条件下，民族艺术的文化基础中消极和落后的因素会受到冲击和破坏，但是，前工业化社会的文化模式中不乏对于后现代困境中的当代文化具有重要启发的文化模式，例如中国南方多种少数民族文化和谐共存的模式，再例如广西壮族用对歌的调侃来消解文化或政治方面的压迫性力量的文化机制，就是富于启发性和建设性的。因此，在全球化的条件下，少数民族艺术不是一个简单的“他者”，而是一种重要的文化资源和社会资源,是新文化建设不可忽视的一个方面。具有重要实用价值的民族艺术,把艺术作为抵御现实压力、改造社会包括改造主体自身的一种方式和手段,而且由于少数民族地区一般经济相对落后,生产和科学技术的水平不高,因此与经济全球化并不构成简单的对立和冲突的关系。在文明冲突的条件下,民族艺术可以起到新文化建设的"母胎"一样的作用。

其次,民族艺术作为一种个性鲜明的艺术形式,同时又是大众化的文化形式,在保护文化的多样性方面具有不可替代的重要作用。艺术是文化中一种十分特殊的形式,艺术的多样性和特殊性不是简单受经济基础的决定和支配,艺术的形式有其人类学的基础,具有较强的稳定性,在全球化的条件下,外来的经济、文化等各方面的压力,事实上会刺激民族艺术朝着更加个性鲜明的方向发展,因此,在社会的发展过程中,民族艺术可以起到实现民族文化的生产和再生产的作用。民族文化的生产和再生产是通过民族个体来实现的,在全球化的语境和条件下,民族个体既要避免陷入狭隘民族主义的困境,又要尽可能弱化全球化压力所带来的社会伤害和文化伤害,其行为模式是具有选择性的。在我看来,民族艺术由于艺术自身的特殊性,有可能作为一种价值中立的非功利文化形式发展和传播,通过民族艺术的隐秘机制来实现民族个体的文化认同和文化创造事实上是有效的。民族艺术作为一种文化形式其意义是两重性的:一方面,艺术语言是人类交流的基本语言,它具有比语言文字、法律、宗教更为内在和普遍的传达能力,在这个意义上,民族艺术语言是全球化的,民族艺术创造的富于个性美的艺术是全人类的共同财富;另一方面,民族艺术又是某一民族专有的文化财富,其中的文化信息是其他民族个体难以完全感受和掌握的。因此,在全球化的条件下,民族艺术得以在一种新的基础上发展。

最后,民族艺术是一种大众化的文化形式,与特定区域人民大众的日常生活经验具有天然的联系,这种文化模式对于抵御全球化的强大压力和消极影响具有十分重要的作用。艺术是所有意识形态形式中最敏感的形式。艺术的幻想性和情感性使艺术具有超越现实的能力,成为将现在与未来联系起来的一个中介。在社会主义艺术生产方式的基础上,民族艺术作为具有广泛的群众基础的意识形式,在某种意义上是少数民族群众生存斗争的一种方式和一种武器。民族艺术这种大众文化无论在社会基础、美学性质、表达机制方面,还是其社会效果和社会意义方面都不同于以都市文化和现代传媒技术为基础的现代大众文化。应该承认,到目前为止对于民族艺术这种大众文化形式的美学研究是很不充分的。在全球化的条件下,西方大众文化机制与民族艺术的碰撞,既有矛盾和对立的一面,也有互补和相互结合的可能性。如果我们站在平民化而不是贵族化的立场上看问题,西方的大众文化是一种包含着未来文化可能性的新的文化形式,它以现代技术为条件,以普通劳动者的日常生活经验为基础,对精英文化和主流意识形态具较强的解构能力。民族艺术与西方现代大众文化机制的结合,在不同的生产方式基础上是有所不同甚至可能是截然相反的。在我看来,在社会主义艺术生产方式的条件下,民族艺术有可能发挥审美意识形态在社会转型和发展中的积极作用,成为少数民族地区经济、社会、文化发展的一种牵引性的力量,成为社会发展的先导或者说是一种预演,如果事实证明确实如此的话,我们希望通过自己的研究为广西的社会发展,特别是少数民族的发展贡献一分力量。

参考文献:

〔1〕 陆梅林等:《马克思主义文艺学大辞典》,河南人民出版社 1994 年版。

第三辑　寻找母亲的仪式

没有梦想就没有未来

——论“中国梦”的美学维度及文学批评家的任务

一、“中国梦”的美学维度

2014年9月,我去了一趟延安,在延安的九天里,我们参观了凤凰山、杨家岭、清凉山、枣园、王家坪等当时中央最高领导人生活和工作的地方,去了南泥湾和黄河的壶口瀑布,对“延安精神”、对延安在那一个特定历史阶段的特殊文化、对中国社会在现代化过程中革命激情与社会发展的关系等问题和现象有了更深入更具体的了解和思考。在延安展览馆里,一个低矮的炕桌吸引了我并深深地震撼了我,讲解员告诉我们,当年毛泽东就在这个老乡家的普通炕桌上,写出了对中国社会影响巨大的诗篇《沁园春·雪》。

1935年底,红军经过长征到达陕北不久,北平爆发了“一二·九”学生爱国反日运动。12月17日至25日,中共中央在陕北瓦窑堡举行了政治局扩大会议,形成《中央关于军事战略问题的决议》和《中共中央关于目前政治形势与党的任务决议》,提出抗日民族统一战线的政策。中国社会一个新的转折悄然降临。虽然处在十分艰苦的条件下,但新的希望出现了,毛泽东以卓越诗人加政治家的敏锐感受到这种新的希望。在陕北一个小村庄的农民家中,在一个普通的小炕桌上,毛泽东写下了他一生中最优秀的诗篇《沁园春 · 雪》。

北国风光，千里冰封，万里雪飘。
望长城内外，惟余莽莽；
大河上下，顿失滔滔。
山舞银蛇，原驰蜡象，欲与天公试比高。
须晴日，看红装素裹，分外妖娆。

江山如此多娇，引无数英雄竞折腰。
惜秦皇汉武，略输文采；
唐宗宋祖，稍逊风骚。
一代天骄，成吉思汗，只识弯弓射大雕。
俱往矣，数风流人物，还看今朝。

关于毛泽东的这首词，已有许多学者写过很多的文字，我想强调的是，浪漫主义的情感冲动和社会主义的理想信念是这首词"情感结构"的重要因素。"俱往矣，数风流人物，还看今朝"不仅有一种浪漫主义的崇高感，还有一种超越历史的价值优越感。从这首词所体现的思想和情感来看，毛泽东美学思想是包含着浓厚的浪漫主义文化因素的。美国学者罗斯 · 特里尔在《毛泽东传》中写道："《雪》是一首地道的民族主义的诗词，是中国壮丽的山河使毛泽东产生了如此坚强的信念：现在的中国比 4 000 年历史上任何一个时期都更加辉煌灿烂。毛泽东是在努力团结所有人以结成抗日统一战线的时候写下这首词的。他的英雄主义之梦在把中国作为最高事业的时候，是在中国自成吉思汗以来所面临的危险比任何时候都严重的时刻产生的。"

在我看来，毛泽东的这首词已经包含着我们今天"中国梦"理念的基本因素，这就是以民族复兴为目标的民族主义，以现代化的社会为基础的现实主义，和以社会主义为目标的理想社会的冲动。在中国现代社会发展的不同的历史阶段，这三种文化基因在"情感机构"中的关系并不相同，但深层结构是相同的和稳定的。这是中国共产党能够建立"抗日民族统一战线""打倒蒋介石，解放全中国"和"坚持改革开放的中国特色社会主义”等不同形式的社会共同体和阶段性政治策略的共同基础。初看起来,“中国梦”似乎是一个简单的政治口号,但是如果我们从整个中华民族近现代以来的发展历程来看,就会发现“中国梦”是一个内涵十分丰富的概念,是一个有中国特色的意识形态现象。从理论上说“中国梦”主要有三个维度:

(1)“中国梦”是中华民族伟大复兴的必然诉求,这是自近代以来中华民族的最深切的要求和理想。1895 年是中国近现代历史上十分重要的一年,这一年中日海战以北洋海军的惨败为结局。这一仗把中华民族对世界以及对自己的认识彻底改变了。从此以后“救亡图存”“改变自己”成为中华民族的基本共识。“南洋公学”也就是上海交通大学的前身就是在“甲午海战”惨败后的第二年由当时的清政府创办的,其目的就是为中国社会的强大和振兴培养管理人才、法律人才、外语及人文学科的人才。历史证明,无论是清朝政府还是 1911 年辛亥革命后的国民政府都没有能力改变中国半封建半殖民地社会被动挨打的局面,民族屈辱的历史直到 1949 年中华人民共和国的成立才真正得到改变。中华民族的复兴需要一系列的条件,在很长一个历史阶段我们把物质层面的进步和强大放在首要的位置。例如孙中山在给当年的上海交通大学的题词就是“强国强种”四个字。现在看来,仅仅是物质文明层面的强大并不能直接带来中华民族的复兴。只有社会主义才能救中国,这是中国的社会现实特殊性和文化特殊性所决定的。经过一百多年的艰苦奋斗,中国的社会面貌和经济生产能力都发生了巨大的变化,以大学为例,我们有了自己的世界一流大学,有了许多原来难以想象的成就,中华民族的伟大复兴成为可能,或者说正在开始变成现实。从理论上说,这是“中国梦”的现实基础和社会基础。

(2)中国特色的社会主义现代化,也就是中国特色的现代化过程,是“中国梦”的第二个理论维度。现代化是一个复杂的现象,也是一个充满矛盾和痛苦的过程。中国特色的社会主义现代化是一个不同于西方现代化的具有特殊性的现代化历程,这种特殊性是由历史规定的,也是由文化规定的,我们既要充分尊重整个中国近现代的历史,也要充分发挥中国文化包括中国传统文化在社会现代化过程中的积极作用。正是在这个意义上,马克思主义与儒家思想以及佛教文化的结合具有重要作用。新的东西与传统的东西的结合,现代化与中国传统文化的结合就可能产生出不同于西方现代化的东西。这就是"中国道路"或者说"中国经验",马克思主义的中国化也是以此为基础的。但是我们应该清醒地看到,我们是从半封建半殖民地的社会跨越到社会主义社会的,并且是在经历了"文化大革命"的错误之后开始中国特色社会主义现代化建设的,事实上,其中的理论问题十分复杂,有许多问题还需要进一步的深入研究。关于中国特色的现代化我们可以从社会学、经济学、政治学等不同的角度作出解读和阐释,这方面的研究已经不少,本文主要从美学的角度做一点阐述。从美学的角度看,社会的现代化过程就是一个"现代悲剧"的现象,为了发展和进步,人们必然要忍受现实经验的分裂,忍受"恶"的暴力和残忍。对于人来说,既需要发展又需要批判资本主义生产方式带来的痛苦,就必须从伦理精神的维度对悲剧历史过程作出思考和阐释。从文献上看,马克思、恩格斯对悲剧的阐释主要来自两处,一是《〈黑格尔法哲学批判〉导言》。马克思指出"当旧制度还是有史以来就存在的世界权力,自由反而是个人突然产生的想法的时候,简言之,当旧制度本身还相信而且也应当相信自己的合理性的时候,它的历史是悲剧性的。当旧制度作为现存的世界制度同新生的世界斗争的时候,旧制度犯的是世界历史性错误,而不是个人的错误。因而旧制度的灭亡也是悲剧性的"。另一处是源于马克思和恩格斯在与社会主义理论家及剧作家拉萨尔讨论关于《济金根》的悲剧性的表达时,恩格斯在给拉萨尔的信中明确地将悲剧因素视为"历史的必然要求和这个要求实际上不可能实现之间的悲剧性的冲突",而不是作为骑士起义领导人的济金根在智力上和伦理上存有"过失",或者"在实现目的的方法上实行了狡诈"。马克思在致拉萨尔的信中使用了"现代悲剧"这个美学概念。现代历史的悲剧在于历史自身就是合理与不合理的两面之间的同一体,是新与旧、进步与落后二律背反的矛盾统一体。另外,"历史不过是追求着自己的目的的人的活动而已",人作为历史的主体,正是历史悲剧性的承担者。因此,在马克思主义的视域里现代悲剧并不只是某种革命和历史的抽象,而恰恰是饱含人性和人生伦理价值意义的。历史不是神秘的"命运",也不是高高在上的理性和"上帝",而是相互交错互为作用的多重现实关系,它规定了历史和主体的有限性。但现代悲剧之所以是悲剧,还在于它是一种"必然",它总是指向合理、进步、肯定的一方，历史总是从“恶”的一面前进，人性也总是在否定性的、有限性的一面得以超越。应该看到，威廉斯和伊格尔顿等人的悲剧观也正是在马克思、恩格斯的现代悲剧理论框架下加以展开的。马克思主义的现代悲剧意识可以予人以现实清醒感，它使得任何单向的价值判断都成为一种肤浅。此外，现实中的苦难与超越又分明是人的主体性的明证，对于物质时代人的“溃败”，特别是对于后现代时代里过于浅表的“快乐主义”来说，这无疑是一种反省与批判。但是，始终须要强调的是，马克思主义美学的批判不是高屋建瓴式的道德批判，而是人伦意义上的“尘世”的悲悯，因为悲剧的苦难与抗争是历史人群中每一个人的“恶”与善。由于中国现代化进程偏向于物质主义和“进步主义”一侧，在中国的现代化过程中，“恶”和非人性的一些观念被误认为是好的和有用的东西，在价值观念上存在着严重的混乱和偏差。因而一百多年来，虽然一方面中国社会经历着最具有悲剧意味的社会过程，也不乏深刻的悲剧性作品，但在理论上，我们却鲜有关于悲剧、悲剧性和悲剧观念的深入讨论。这个现象应该引起当代学者的足够重视和深思！

(3) “中国梦”的第三个理论维度，我以为是“社会主义目标”，或者说社会主义理想。在马克思主义传统中有一个重要的概念叫“乌托邦”，这是一种对人类理想社会的追求，向往的文化驱动力，它涉及终极关怀，涉及形而上的精神层面，它的最根本规定是社会主义。有没有这样一种关怀和目标，生活的意义就会有所不同。在“乌托邦”与“中国梦”，或者说在“乌托邦”与中国特色社会主义文化建设的关系方面，哲学社会科学工作者还有大量的理论工作要做，因为在这个方面存在许多理论上的误解和混乱。如果不能澄清这种误解和混乱，对“中国梦”所做的理解就会流于表面，“中国梦”具有的强大文化力量也不能充分发挥出来。

马克思主义思想确实是一个丰富的矿藏，马克思主义美学也确实可以为当代社会和艺术提供一种批判性反思。但它绝不是万能的，也不是唯一的。特别是对于我们身处的这个时代和我们自身的文化传统而言，马克思主义美学最有意义的恰恰是我们人人都可以感同身受的那一部分价值，而不是外在于我们的生活、传统、情感的抽象绝对的理性，以及对于现实和芸芸众生的审判式的、抽离的目光。

马克思主义之前的哲学,从柏拉图到费尔巴哈,都是指向一种理性的沉思,而马克思主义却引入了一个关于“未来”的尺度。历史不是某种抽象,而是可以经由主体的实践不断改变的具体过程。所以马克思有精辟的名言:“哲学家们只是用不同的方式解释世界,而问题在于改变世界。”然而,以“人的解放和自由全面发展”为理想目标和价值尺度,并指向“每个人的自由全面的发展”的共产主义理想既是对资本主义社会现实有限性的超越,又没有落入简单的空想或幻想,它始终是一个在现实世界里实践和“改变世界”的过程。这个过程包括相反相成的两个路向,一是向前的未来的维度,一是向后的批判的维度。因此,马克思主义在未来的维度里并没有像他们所批判的空想社会主义家们那样,“替未来设计公共厨房”,确立一个精确的“蓝图”式的预言,而是以现实为基础,并积极地、有意识地参加到对社会进行革命改造的历史进程中来,从而与浪漫主义的、抽象的乌托邦幻想区别开来。正是在这种意义上,布洛赫曾将这一过程称为“具体的乌托邦”;詹姆逊也认为马克思主义是一种“乌托邦计划”,在把对“未来”的信念肯定为“事物本身的性质”与“深层存在的可能性和潜力”的前提下,詹姆逊还创造性地继承了马克思主义的历史辩证法,发展出了一套批判地与现实保持距离的否定的乌托邦意识形态理论。同样是出于对“未来”意义的积极肯定,伊格尔顿则更明确地指出,马克思主义与其说是发展了一种“唯物主义”,还不如说是发展了一种“伦理的”或者“乌托邦”的社会主义理论。

德国哲学家雅斯贝尔斯 20 世纪 30 年代的作品《时代的精神状况》中对现代人的非精神化的生活样态曾做了如下描述:“终于这样的时代到了:个人直接的现实的周围世界中不再有任何东西是由这个个人为了他自己的目的而制造、规划或形成的了。每一样东西都应一时的需要而来,然后被用完,然后被扔掉。就连住所本身也是机器的产物。环境变得非精神化了。白天的工作自行其是,不再组合到工人的生活要素中去——所有这一切,可以说,使人失去了他自己的世界。人就是这样地被抛入了漂流不定的状态之中,失去了对于连接过去与未来的历史延续性的一切感觉,人不能保持其为人。这种生活秩序的普遍化将导致这样的后果,即把现实世界中的现实的人的生活变成单纯的履行能力。”雅斯贝尔斯所描述的 20 世纪 30 年代的欧洲情景也是今天我们每一个人正在切身感受的。马克思主义,或者马克思主义美学对于现实的贡献就在于,它指出这种悲剧性,并指向了一个可能的更美好的世界。而这也正是在一个对未来普遍充满焦虑感的时代,马克思主义美学重新成为公共话语的可能性所在。

我认为,关于"中国梦"的内涵应该从这三个方面去理解。这三个方面是互相联系缺一不可的,而第三个维度是核心、是根本。这就是为什么习近平总书记强调坚持学习马克思主义的重要原因。作为一个马克思主义者,要有勇气坚持马克思主义,也要有足够的智慧在全球化的条件下创造性地发展马克思主义的美学和文学批评。

二、一个例证:关于电影《百合》(英文名 Lost)的分析

把周晓文最近的作品《百合》与"中国梦"联系在一起在许多人看来似乎有点不可思议,但是在文学批评的根本意义上,我认为《百合》是一部与"中国梦"有内在联系的作品。

电影《百合》英文片名是 Lost,意为失去、迷失、崩溃等等。电影用接近纪实风格的手法,再现和表征出当代中国社会底层人们的命运、情感和现实相处方式,描述了一个农村姑娘"梦想"崩溃的过程。影片主角王百合是一个来自陕北山区的农村姑娘,父亲已经不在,母亲因为她是个女孩而仇恨她,小小年纪只身来到深圳打工。她的梦想和愿望是凭着自己的努力能开一个拉面馆(因为她有很好的拉面手艺)和做一个城里人。虽然她付出自己的全部善良和最大的努力,却始终接近不了自己的梦想,相反离这个原本并不"遥远"的梦想渐行渐远,最终被现代都市残酷的生活浊流所吞没。

百合本来是一个优秀的打工妹,她的悲剧性命运起源于她天真无知的爱情。她爱上了一个叫龙仔的香港的卡车司机,她按自己家乡的民俗对待这个恋人,虽然对龙仔一无所知,仅凭感情上的相悦而把身体交给了这个都市里的陌生人。不仅怀上了龙仔的孩子,而且让龙仔在自己身上文上一条龙,作为类似于奴隶的徽记。然而在孩子快要出生时,龙仔却失踪了,而且再也没有回来。

百合千辛万苦把孩子生下来,但孤身一人带着孩子使她作为劳动力的价值全部丧

尽。她不仅无法回到原来的工厂去打工，也难以在餐馆做一个女招待，甚至想出卖自己的身体都因拖着孩子而不被接受。命运几乎把百合逼到了绝境。然而更可怕的事情接着出现了，孩子被发现患有严重的先天性心脏病，如果得不到及时的医治随时有可能死去。在为孩子筹集高达八万元的手术费的挣扎过程中，百合经历了当代中国都市底层的各种丑恶的势力，经历了种种欺骗、冷漠和无助的挣扎，但她始终保有一颗来自陕北山区农村姑娘的朴实、善良和宽容，在绝境中始终满怀希望地追着自己的梦想。

电影《百合》让我们看到，作为一个仍然受乡规民约和朴实民风支配和影响的陕北姑娘，事实上她与现代化程度很高的都市之间存在着一个巨大的鸿沟。百合的悲剧在于看不到这个鸿沟的存在，她努力按自己的价值观和处世方式对待这个处处是陷阱和唯利是图的神秘世界，结果是始终进入不了这个世界，不仅成不了一个“城里人”，而且养不活自己和她心爱的孩子。生了一个儿子曾经是百合的骄傲，而且在她心中，儿子的存在是她和龙仔曾经的爱情和婚姻关系的证据。但无论她怎么勤劳和顽强，却挣不脱无形的命运在她身上的重重束缚。同时我们也看到，正是在与这种悲剧性命运的抗争中，现代都市人最缺乏的东西在百合那里仍然保持着：善良、信任他人、宽恕以及对生活始终抱着热情和希望的“童心”，等等。这一切使她的形象向我们呈现出一种人性美，一种理想的“光”。电影中有这样一组镜头：为了给孩子做手术筹集八万元治疗费，百合参加一个大老板选“老婆”的竞聘，因为她的纯朴和秀美而被选中。在大老板得知这么一个天真朴实的姑娘还拖着一个年幼的孩子时，有“处女癖”的老板自然不干了，但他显然是被百合打动了，给了百合一个月的工资5 000元。虽然自己正处于万般困难之中，连吃饭都是问题，但百合还是悄悄地从门缝中把这5 000元送回去了。在这个过程中，没有挣扎，也没有犹豫，只有一种乡村姑娘的羞涩。从这里，我们能感受到一种近乎神圣的庄严，这是现代社会早已失去却是最需要的人性之“光”。在百合的形象中，我们看到希望，看到美好，看到乌托邦的存在，虽然它存在的方式是那么的稀薄和脆弱，而且是一种情感性的，非物质性的存在，但百合的形象告诉我们，在现代生活中乌托邦并没有死，它以一种幽灵般的形式，或者说是“韵”的方式在人们意想不到的地方呈现给我们，以悲剧的形式打动着我们、召唤着我们。

电影的开头部分是具有象征意味的:在现代都市拥挤着许多大卡车的道路上,一个身材俏美,衣着单薄的年轻姑娘孤身一人挺着大肚子在这冷漠的都市钢铁堡垒的森林中穿行和寻找,在这个世界中她显得那么弱小和无助,也显得那么不和谐,一辆辆卡车像是会移动的巨石,对于这种寻找和呼唤没有一丝的怜悯和回应……

电影的结尾设计了三种结局来回应这个象征性画面。女作家在采访过程中被百合的人生态度深深打动了,决定用百合真实的故事向社会寻求帮助。三个月后,她成功地筹到了为百合孩子做手术的八万元医疗费回到深圳。然而女作家是在监狱里与百合见面的,这个帮助来得太晚了。百合参加了贩毒而获刑,现实以它无情的铁拳把百合彻底打垮了。她哭着说:"我曾经有一个梦想,开一个拉面馆,挣很多的钱,然后做一个城里人。现在我的梦想是上诉让他们枪毙我,我希望孩子长大后不知道有我这样一个母亲……"

第二种结局是以百合屈从现实而结束的。三个月后,女作家再次来到深圳,在一个豪华的院落找到正在服侍年迈丈夫的百合。这时的百合已经是不再有乌托邦冲动的百合,也是不再具有"韵"之美的百合。她告诉作家,只有牺牲自己、改变自己,才能找到现实中的出路。百合成为了一个"城里人",但我们要问的是,这个柔顺的少妇是那个从陕北高原上走出来的百合吗?

电影的第三种结局是悲剧性的。三个月后,女作家来到深圳,带着对百合来说十分重要的好消息:已经有网站筹集到八万元的捐赠。电话中百合冷冷地说孩子已经死了,她不需要这笔钱了,然后电话也中断了。留给我们的是无边的想象和思考。

《百合》是一部内涵复杂的电影,它让我们思考这样一个问题:什么样的梦才是我们自己的梦?在中国,怎样的梦才是值得我们追求并努力实现的呢?

三、文学批评家的任务

1942年5月,在抗日战争的最艰苦阶段,毛泽东同志在延安主持召开了关于文艺问题的座谈会并发表了影响深远的《在延安文艺座谈会上的讲话》。七十一年来,关于对《讲话》的理解和阐释一直是中国马克思主义文艺理论充满活力的文献。事实上,以

《在延安文艺座谈会上的讲话》为核心文本，中国马克思主义文艺理论形成了自己的理论模式，虽然这个理论模式带有某种理论上早熟的痕迹，但是它重要的学术价值和关键性的历史作用是不可否认的。

2008年，在美国的次贷危机引发的金融危机发生不久，英国著名的马克思文艺理论家特里·伊格尔顿以访谈的形式回顾了自己的文学批评生涯以及马克思主义文学批评的当代发展等一系列问题。这一组系列访谈于2009年由维索(Verso)书局出版，书名为《批评家的任务》(*The task of the critic*)。特里·伊格尔顿指出，批评家的任务就是服务于人民大众的文化解放。在社会发展的重要关头讨论文学问题是马克思主义文学理论和文学批评的重要特点，文学批评应该是时代的良知，可以把历史事件与文学所包含和体现的人性融合在一起，对现实作出更深刻也更有远见的分析和评价。

批评家的任务不仅仅是让文学作品的审美形式更清晰地呈现出来，批评家的任务应该通过对文学作品“审美形式”的分析和把握，通过强化广大人民大众审美经验中积极的审美意义，达到引导和激励广大人民大众的文化自觉和文化解放的目标，这是马克思主义文学批评和文学批评家最重要的任务和责任。在《瓦尔特·本雅明:或走向革命批评》一书中，特里·伊格尔顿这样写道:“马克思主义批评家的首要任务是积极投身并帮助指导大众的文化解放。”其实，早在1942年毛泽东在著名的《在延安文艺座谈会上的讲话》中就曾认真深入地讨论了这一问题。毛泽东在《讲话》中开宗明义地指出:“什么是我们的问题中心呢？我以为，我们的问题基本上是一个为群众的问题和一个如何为群众的问题。”这其实是一个十分困难的任务，因为涉及对文学艺术相关问题的理解和新的态度。在许多自命清高的文化人那里，文学和批评家的任务在于“审美娱乐”和“精神拯救”。《讲话》事实上是从完全不同的价值框架下提出问题和要求的，在我看来，《讲话》的重要性在于它把文学艺术的有关问题从一般的“文学原理”和“美学原理”的关于文学形式的分析和讨论提升到社会的发展和民族救亡的历史高度，将文学艺术是否有利于广大人民群众的文化解放看作最为关键的意义，批评家和文学家的任务就是投身并且促进这种文化的自觉和文化的解放。因此，用康德式的“审美无功利”以及“为艺术而艺术”的美学理念和学术立场，是无法真正理解《讲话》以及它在学术上和在中国现代社会发展史上的价值和意义的。

文学艺术是一种文化形式,这种文化形式在文化领导权的形成和确立的过程中具有十分重要的作用。毛泽东在《讲话》中提出的思想和观点与雷蒙德·威廉斯在20世纪60年代提出的思想是一致的,都是在“革命的文化理论”的意义上思考问题和讨论问题。我们知道,从威廉斯到伊格尔顿,英国的马克思主义文学批评家们把马克思主义文学批评与英国文学的研究紧密结合起来,形成了马克思主义文学批评和文化理论的“英国学派”和“英国理论”,并具有了重要的国际影响,成了继“法兰克福学派”“阿尔都塞学派”之后最重要的马克思主义文学批评学派。在我看来,英国马克思主义理论的成功之处在于:面对现实的重大问题,用自己做得到的方式投身到广大人民大众的文化解放的事业中去,做一个“共同经验”的参与者,同时又具有足够的专业修养和能力,使问题的表达达到文学艺术应有的“美学”高度。作为今天从事美学和文学批评的理论工作者,通过我们的阐释和批评来推动中华民族的复兴和社会主义事业的发展无疑是有意义的,这应该是我们全部工作的价值所在。

美学与跨学科研究:论新人文学科与当代美学研究

——为纪念林焕平教授100周年而作[1]

一、重新思考现代性

自2008年美国发生次贷危机以来,资本主义生产方式的合理性,或者说学术界通常称为“现代性”问题的合理性再次受到人们的普遍关注和学术界的深刻怀疑。奥巴马政府为解决次贷危机引发的社会问题所做的努力到目前为止,成效甚微。在某种程度上说明了危机的深刻性。这次经济危机的发生,表面上看是金融体系的问题,其实是制度问题,在更深刻的层面涉及人性问题,因为在理论上合理的制度内,经济体系的运作引发系统而全面的经济和社会问题就值得重新反思了。人性的根据、人性的基本要求与现代性的关系,人性异化的原因以及解决异化的可能及途径等问题再次成为人文学科关注的中心。

在中国,伦理危机和价值危机同样深刻而严重。举一个我亲身经历的例子。2011年上半年一个周末的晚上,我乘虹桥枢纽4路车回家,途中上来六七位学生模样的青年男女,他们一路在车上大声议论不久前因过劳而病死的白领青年,当时媒体正广泛讨论这一现象,在谈到他们心目中理想的工作时,几位女青年不约而同地大声喊出“被包养!”。在人群密集的公共场合,青年女性(我判断她们是在校研究生)群体坦然地宣称，可见当代中国价值危机是何等严重！在我们把成功等同于金钱和货币的数字时，在我们把弱小者的痛苦和不幸看作仅仅是他们自己不努力的结果时，以“现代性”为基础的价值观完全倾斜了。

现代性的危机无疑是全球性的。在目前的语境下，重温马克思在19世纪中叶写作的《1844年经济学哲学手稿》看来并不是不合时宜的。在《1844年经济学哲学手稿》中，马克思写道：

> 货币是一种外在的，并非从作为人的和作为社会的人类社会产生的，能够把观念变成现实而把现实变成纯观念的普遍手段和能力，它把人和自然界的现实的本质力量变成纯抽象的观念，并因此而变成不完善性和充满痛苦的幻象；另一方面，同样地把现实的不完善性和幻象，个人的实际上无力的、只在个人想象中存在的本质力量，变成现实的本质力量的能力。因此，仅仅按照这个规定，货币就已经是个性的普遍颠倒，它把个性变成它们的对立物，赋予个性以与它们的特性相矛盾的特性。
>
> 其次，对于个人和那些以独立本质自居的，社会的和其他的联系，货币也是作为这种起颠倒作用的力量出现的。它把坚贞变成背叛，把爱变成恨，把恨变成爱，把德行变成恶行，把恶行变成德行，把奴隶变成主人，把主人变成奴隶，把愚蠢变成明智，把明智变成愚蠢。
>
> 因为货币作为现存和起作用的价值概念把一切事物都混淆了、替换了，所以它是一切事物的普遍的混淆和替换，从而是颠倒的世界，是一切自然的品质和人的品质的混淆和替换。[2]

美学当然不可能真正解决现代性的问题。但是，作为一种文化现象，审美经验和审美活动事实上一直是对功利主义价值观和对人性片面理解的有力抵抗。审美活动和审美经验作为一种感性的活动和经验，一方面与人类个体经验的完整性相联系；另一方面，又因为与人性、与人性中、与动物性不同的那种本质性因素的积极作用，审美活动和审美经验始终具有超越现实的不合理性这样一个十分重要的方面。在审美活动和审美经验中朦胧地感受到的自由是审美活动抵御异化的基础，也是审美活动和审美经验与人性相联系的证据。问题在于,我们怎样认识和说明审美活动和审美经验中存在的“自由感”。我认为,以审美人类学方法和理念与精神分析方法上的结合也许是推进当代美学研究的一个有效的方法和可能的途径。在《1844 年经济学哲学手稿》中,马克思曾经把“美的规律”与人的本质属性联系在一起,在以往的研究中,我们止步于证明人的本质属性是“自由”,而“自由”显然与审美活动以及审美经验有十分内在的联系。问题在于这种联系是怎样发生的?为什么人类活动的“内在尺度”和“外在尺度”在现代化的社会生活中会必然性地分裂,甚至对立?在什么样的条件下,这两种尺度可以重新达到统一和协调呢?这是当代人文学科应该研究和解决的问题。

关于美的规律,马克思在《1844 年经济学哲学手稿》中写道:

通过实践创造对象世界,改造无机界,人证明自己是有意识的类存在物,就是说是这样一种存在物,它把类看作自己的本质,或者说把自身看作类存在物。诚然,动物也生产。它为自己营造巢穴或住所,如蜜蜂、海狸、蚂蚁等。但是,动物只生产它自己或它的幼仔所直接需要的东西;动物的生产是片面的,而人的生产是全面的;动物只是在直接的肉体需要的支配下生产,而人甚至不受肉体需要的影响也进行生产,并且只有不受这种需要的影响才进行真正的生产;动物只生产自身,而人再生产整个自然界;动物的产品直接属于它的肉体,而人则自由地面对自己的产品。动物只是按照它所属的那个种的尺度和需要来建造,而人懂得按照任何一个种的尺度来进行生产,并且懂得处处都把内在的尺度运用于对象;因此,人也按照美的规律来构造。

因此,正是在改造对象世界中,人才真正地证明自己是类存在物。这种生产是人的能动的类生活。通过这种生产,自然界才表现为它的作品和它的现实。因此,劳动的对象是人的类生活的对象化:人不仅像在意识中那样在精神上使自己二重化,而且能动地、现实地使自己二重化,从而在它所创造的世界中直观自身。因此,异化劳动从人那里夺去了它的生产的对象,也就从人那里夺去了它的类生活,即它的现实的类对象性,把人对动物所具有的优点变成缺点,因为从人那里夺走了他的无机的身体即自然界。[3]

结合马克思关于“美的规律”的思想来思考“现代性问题”，除了对“异化现象”的批判和质疑之外，对人的二重性以及对现代社会生活的重新研究和思考，恐怕具有格外重要的意义。马克思《1844 年经济学哲学手稿》在人的本性问题上对费尔巴哈的发展很重要的就是把人性问题和人的本质问题放到具体的社会关系中和人的历史发展过程中去分析和把握。在这个意义上，马克思认为劳动的异化把人对动物所具有的优点变成缺点。在资本主义生产方式的条件下，人的劳动和对象化活动呈现出两种对立的状态，一种是异化劳动，一种是按“美的规律”来构型。我以为，马克思关于“美的规律”的思想对于我们研究和理解人性具有重要的意义。马克思认为，从理想的意义上来说，人类是懂得并且能够按照“美的规律”来进行生产和社会活动的。“美的规律”的基础是某种人类学意义上的原则或者说能力，这是一种十分复杂的原则或者能力，这是人类在漫长的进化过程中形成的内在的心理机制和心理能力。在审美活动中，通过感受和体验“审美形式”，人通过“有音乐感的耳朵，能感受形式美的眼睛，总之，那些能成为人的享受的感受，即确证自己是人的本质力量的感觉”[4]，也就是说，即便在异化的社会生活条件下，在审美活动和审美经验中，人按照“美的规律”实现对象化，人性得到某种程度的表达和确证。

值得特别注意的是，马克思与康德式的浪漫主义美学家不同，马克思始终没有把社会发展的价值目标转向“过去”，没有简单地赋予“过去”以理想的乌托邦性质。马克思在《1844 年经济学哲学手稿》以及其后的一系列理论著作中，始终把资本主义生产方式带来的巨大进步看作人类走向更合理社会的必要条件和基础。没有这个基础，包括人的特殊能力“懂得按任何一个种的尺度来进行生产，并且懂得处处都把内在的尺度运用于对象”[5]是不可能充分发展起来的。在具体的历史情境中，人必然悲剧性地“二重化”。资本主义的特殊性在于它把这种二重化推向极致，它使人和人的生产活动都走向了自己的反面。“美的规律”的存在正是从人类学意义上证明了资本主义生产方式或者说异化劳动的不合理性。据此我们可以作出一个推论：如果“美的规律”是符合人性和人类本质特性的，那么共产主义社会就必然是合理的和必定会实现的。

因此，我认为，马克思在《1844 年经济学哲学手稿》中通过以“美的规律”为核心概念的有关思想，从人类学的意义上批判了资本主义制度、资本主义生产方式的不合理性，也是在人类学的意义上论证了资本主义生产方式必然被一种更合理更符合人性的生产方式所取代。在可能的合理社会中，人与自然的关系是按照“美的规律”来构造或者说来具体实现的。因此，美不仅仅是理想，美是“未来”的提前实现，或者说“想象性”实现。

二、我们应该怎样思考未来？

这个问题也许应该表述为：在全球化的条件下，在金融危机和恐怖袭击的阴影中，审美是否能够表征出未来？如果能够，怎样表征未来？在资本主义生产方式上升时期，瓦尔特·本雅明曾经深入研究审美或者艺术表征出社会主义未来的特殊方式：星座化。这是一种通过转向过去，转向前工业化社会的生活方式和文化形态的方式来否定现实并且重新建立过去、现实与未来之间联系的方式。波德莱尔的诗和卡夫卡的小说是这种表征方式的典型。在我们这个时代，特别是在当代中国，简单的向后转并不一定产生星座化的效果，反而很容易与民族主义情绪产生共振，从而阻塞通向未来的可能性。近年来，在对儒家文化的简单化理解中，在大量古装影视作品中，我们看到的是精神上和审美能力方面的退化。在后现代的文化景观中，简单地向后转，包括神话化和民间化，事实上都仍然穿透不了意识形态的幻象，仍然不是真正的审美对象。例如，曾经拍出《黄土地》《霸王别姬》《边走边唱》等优秀电影的著名导演陈凯歌，在拍摄《赵氏孤儿》这个历史题材时却遭受惨重的失败。虽然陈凯歌努力用现代的悲剧观念重新演绎《赵氏孤儿》这个历史题材，但是十分遗憾并没有达到“星座化”的效果。

关于未来的思考从“美的规律”的角度看，有两个东西是重要的，一个是技术的进步，另一个是人性所代表的未来的东西，然而最重要的是这两方面的结合，它的可能性及其表达机制。

在现代思想家中，马克思对于现代性以及科学技术的态度是最为辩证的，马克思从人的对象化机制的二重性和历史辩证法的角度，在批判资本主义生产方式和技术中心主义不合理的同时，亦清醒地看到科学技术对于社会进步以及未来社会可能性之间的内在联系。在当代社会，随着新媒体的发展和科学技术的不断进步，一种新的"星座化"的方式以及新的思考和把握未来的方式成为可能。在近年的电影《阿凡达》《盗梦空间》《源代码》等电影中，我们感受到这样一种新的审美效果。这是一种新的审美经验。

例如不久前刚上映的美国电影《源代码》。这是一部科幻电影，在科学发现的基础上，叙述了一个关于当代人生存在多种可能性世界的寓言故事。在影片的最后，在爱和伟大人性力量的作用下，不可能的奇迹发生了：主人翁获得了新生和幸福的爱情。在影片中，主人翁是一个在阿富汗战场上牺牲的美国空军飞行员，他牺牲后仍然短暂存活的脑电波被科学地利用，以阻止对美国本土的恐怖袭击。在多次穿梭于现实空间与未来可能空间的过程中，他不仅帮助阻止了一场恐怖袭击，而且重新创造了自己新的生命并获得了幸福的爱情。从常识角度讲，这是一个不可思议的故事，但影片告诉我们，这一切都是非常可能的，因为它是以现代自然科学的发现为基础的。随着科学技术的发展，以往认为完全不可能的世界向我们打开了，一种新的，有希望的未来成为可能。在这里，科学与人性不再是对立的，科学成为人性获得实现的基础。在《1844年经济学哲学手稿》中我们可以读到这样一段话，马克思指出了科学在现代化进程中的二重性，以及它对于人类自由和解放的重要意义：

> ……然而，自然科学却通过工业日益在实践上进入人的生活，改造人的生活，并为人的解放做准备，尽管它不得不直接地使非人化充分发展。工业是自然界对人，因而也是自然科学对人的现实的历史关系。因此，如果把工业看成人的本质力量的公开的展示，那么自然界的人的本质，或者人的自然的本质，也就可以理解了；因此，自然科学将抛弃它的抽象物质的方向，或者更确切地说，是抛弃唯心主义方向，从而成为人的科学的基础，正像它现在已经——尽管以异化的形式——成了真正人的生活的基础一样；说生活还有别的什么基础，科学还有别的什么基础——这根本就是谎言。[6]

以科学为基础的审美对象不同于以"过去"的经验和知识为基础的审美对象，事实上它以现代性的方式来超越现代性的不合理性。这里面的关键因素，一个是自然科学对现实生活的不断发现包括对现实的新的可能性的探索和发现；其次，非常重要的是人性的善良、美好以及利他主义的性质。

不久前我读了陈继明发表在2011年《人民文学》第9期上的中篇小说《北京和尚》。小说真实地描写了当代中国社会现象：寺庙这样的宗教净土也被严重地商品化了，小说为我们展现了一幅宗教神权与社会各种权力所组成的"世俗佛教"的景象。在这样一个"和谐社会"中，北京和尚可乘与民间俗世美女红芳演绎了一段可圈可点的爱情故事。故事告诉我们，即使在似乎令人绝望的现实环境中，真正的善良、关爱、心心相通，以及为了他人的愉快而担当重负的利他主义都以某种美好而动人的方式存在着。在最世俗化的情景中，按"美的规律"来构造生活，或者说因为美而塑造了一种全新的生活都是可能的，而且是美好的。在我看来，可乘的心路历程以及他的人生道路，都证明了人性的善良、美好以及利他主义的性质。与《北京和尚》大体相同的是贾樟柯的电影《三峡好人》。这两部作品都通过一些生活在当代中国社会底层的人们，在艰难中、在世俗的偏见中，由出自内心深处的选择以及相应的担当所体现出来的人性的光辉。

关于审美活动和审美经验中的人性因素，以及人性中的美好和善良，哲学家们曾经用不同的方式给予证明，事实上，更为重要的也许是实证科学的证明。当代实证科学的发展至少从三个方面可以证明人性与动物性的区别，以及人性与美好、善良、同情心和对他人的爱的内在关系。这些学科是：

1. 心理学；

2. 生物进化论；

3. 人类学，包括文化人类学和审美人类学。

这些学科的研究成果为我们思考和把握未来提供了重要的实证科学的基础。

以审美人类学为例，这是近年来在国内学术界得到一定发展的一个研究方向。审美人类学将当代人类学的研究方法和研究成果引入到美学研究中来，在我看来，一个重要的作用是用许多实证的材料和案例证明了"美的规律"的存在，以及它的当代存在形式。我希望积极推进审美人类学和文化人类学的研究和学科建设，以开拓当代马克思主义美学的研究空间。

三、从当代美学研究看新人文学科的几个特点

在知识经济时代和互联网时代，在文化冲突不断，伦理危机和生态危机日益严重的当今社会，美学研究，或者说整个人文学科研究最为关键的问题是怎样把握现实关系，把握住拉康理论所说的“真实”。这是人文学科的难题，也是当代美学研究的难题。当代美学研究只有走出康德美学的理论范式，才有可能把握住现实生活关系，从而具有与现实对话的能力。关于这种新的人文学科的研究范式，马克思在《路易·波拿马的雾月十八日》中曾有过一段很精彩的论述：

> 19世纪的社会革命不能从过去，而只能从未来汲取自己的诗情。它在破除一切对过去的迷信以前，是不能开始实现自己的任务的。从前的革命需要回忆过去的历史事件，为的是向自己隐瞒自己的内容。19世纪的革命一定要让死人去埋葬他们的死人，为的是自己能弄清自己的内容。从前是辞藻胜于内容，现在是内容胜于辞藻。[7]

马克思这里讲的“19世纪革命”意指社会主义革命。经历一百多年的发展，社会主义已经从空想变成现实运动。虽然社会主义在现实的发展中产生了许多重大的变故，出现了许多新的现象和新的因素，在问题的关键点上，马克思当年的描述仍然是最重要的区别。马克思在这里提出了一种新的社会变革范式，在我看来也是新人文学科范式的基本规定。这种面向未来的美学和人文学科研究，也就是我所理解的新人文学科研究范式大体上应该具有以下几个方面的特征：

首先，新人文学科研究和当代美学研究以跨学科研究方法为基本方法，在美学和人文学科问题研究中引入实证科学乃至自然科学的方法，诸如数量统计与分析、田野调查、精神分析方法和自然科学研究中的新方法，把人文学科的问题与自然科学和社会科学的方法尽可能结合起来，从而探讨审美、伦理、信仰等重大文化问题的自然科学

和社会科学基础。

其次,新人文学科研究和当代美学研究具有强烈的问题意识和当代意识,对社会转型过程中提出的一系列重大社会问题和文化问题做出及时深入的研究,从学理的层面研究现实的危机以及走出危机的可能性及途径。在现代性危机造成的理论困境中,重新根据现实的内在要求提出问题并上升到学理化的表达是当代人文学科的一个基本任务。在我看来,怎样通过审美的方式和理论批判的方式把握"真实"是当代人文学科的基本问题之一。

第三,高度重视对自然科学的新进展以及"科学文化"的研究。在传统人文学科研究中,人文学科对自然科学研究方法和研究成果是排斥的,这是因为自然科学在很长一段时间内主要以物质世界的规律为研究对象,因而与人的问题、人性的问题有一个很大的距离有关,也与传统人文学科的理性主义传统有关。人文学科是以人为研究对象的学科,离开了对与人有关的问题研究,人文学科将丧失其基本意义。在当代自然科学发展中,随着技术的进步,特别是脑科学的发展和人类的发展,人类对人的存在及其情感和心理问题有了越来越多的深入的实证研究。这是新人文学科和当代美学的重要基础。

第四,重新开展对人性问题的研究和探讨。由于意识形态方面的原因,也由于研究水平和研究能力上的局限,人性问题曾经被认为是不可证实也不可证伪的伪问题。随着进化论研究的进展,随着脑科学和生命科学的发展,也包括人类学研究的发展,人性的理论研究重新成为当代人文学科的重大问题,正引起自然学科、社会科学和人文学科研究者的共同关注。新人文学科研究和当代美学研究应该及时调整研究策略,更新研究方法,以便具有能力在当代学术语境中展开对人性问题的积极研究,从而对现代性困境提出新的解决方案和策略。

我们正生活在一个特殊的时代,在人类具有足够的能力毁灭地球的条件下,在社会财富的分配不公平已经超过了人类承受的能力和实际的需要的条件下,在关于人类未来的愿景再一次暗淡下来的历史时期,人类按照"美的规律"来塑造自己的生活,或者说按照审美经验的启示来解释并改造世界是不是可能的和必要的呢？如果答案是肯定的，那么我们就有理由期望一种新的人文学科研究。

注释：

[1] 林焕平教授(1912—2002)是广西师范大学教授，著名作家，文艺理论家，教育家，也是我硕士研究生导师之一，也是我从事马克思主义美学和文艺理论研究的启蒙者之一。林焕平先生在中国马克思主义美学发展中做出过贡献，谨以向林焕平先生致敬。

[2] 《马克思恩格斯文集》第1卷，人民出版社2009年版，第247页。

[3] 同上书，第162—163页。

[4] 同上书，第191页。

[5] 同上书，第163页。

[6] 同上书，第193页。

[7] 《马克思恩格斯文集》第2卷，人民出版社2009年版，第473页。

中国悲剧观念:理论传统及其当代意义

在中国美学百余年来的发展地形图中,马克思主义美学是其中最引人注目,也最复杂多元的一条主脉。自20世纪二三十年代由瞿秋白、鲁迅、冯雪峰等人对苏联现实主义文论的引入,再经1942年毛泽东《在延安文艺座谈会上的讲话》对新民主主义革命中“文化领导权”问题的确立,从而标志着具有中国特殊风格的中国马克思主义美学的正式形成以来,中国马克思主义美学一路经过了新民主主义革命、新中国成立、文化大革命、改革开放等四个重要的历史阶段,并形成了颇具影响力的实践美学、审美意识形态理论、人民美学等重要的美学流派。进入90年代后,马克思主义美学又进一步拓展到中国社会文化生活的更多领域,形成后实践美学、审美文化研究、生态美学、审美人类学、文学人类学等诸多分支。此外,更重要的是,作为一种审美意识形态话语理论,在近一个世纪以来,马克思主义美学在中国整个现代化进程中都扮演着重要的角色,它不仅直接参与了社会革命和中国社会主义建设的进程,更是在时代转型和思想震荡与变革之际,为改革的深入与主流意识形态的价值重构提供了丰富的思想文化资源,一度成为现代“启蒙”和历史批判的公共话语。

但是,进入20世纪90年代以来,马克思主义美学以及整个中国美学,事实上也是所有人文学科领域的这种社会参与和现实介入的公共话语热情都仿佛一去不复返了。在充满“主义”之争的喧嚣和表面繁荣之下,美学话语更多地成了消隐于书斋的学者们的喃喃自语。马克思主义美学研究,则要么自囿于理论科学主义的教条固步自封,要么纷纷远离传统意义上的马克思主义,成为“没有马克思的马克思主义美学”以及以各种文化理论形式出现的美学。与此同时,我们也看到,正是自 20 世纪末以来,伴随着全球技术时代到来的日常生活审美化的潮流,不仅带来了艺术和审美方式的深刻变化,也在某种程度上加深、加剧了社会整体的后现代和全球资本化的历史进程。已有学者指出,一个“审美资本主义”[1]的时代正在悄悄来临。因此,在物质丰盈与精神虚无的后现代生存图景中,传统的人性和文化正经历着怎样丰富而深刻的痛苦?艺术该如何表征现代性的悲剧现实及其复杂矛盾?“美”作为一种文化内驱力,是否依然具有形而上的超越意义?以上种种现象和问题都表明,事实上,我们身处的这个时代比以往任何一个时代都更急切地需要真正意义上的美学,特别是作为一种历史文化批判的马克思主义美学对现实作出理论的阐释与回应。

一、马克思主义美学与中国文化传统

马克思主义美学要走出纯学术的象牙塔,重返文化批判与现实反思的公共话语空间,在现有的历史条件下,该怎样既忠实于马克思主义的思想原则,同时又能真正切入到中国当下复杂的悲剧性现实之中?作为一种“舶来”的理论,马克思主义美学在中国的发展足以表明其自身强劲的理论生命力,以至于一部中国当代美学史,几乎就是一部中国化的马克思主义美学史。马克思主义美学与中国美学原本是建立在两种不同文明之上的美学传统,但凡一种外来理论,如若找不到与中国文化传统和现实审美经验之间内在的精神契合点和哲学表达的学理依据,那么就很容易成为东西方美学术语与概念的简单比附或拼合,或者,仅仅会是如很多人比较褊狭地认为的那样,将马克思主义美学的中国化视为只是主流意识形态简单表达的结果。

事实上,如果回溯到中国马克思主义美学产生的具体历史语境,会发现,马克思主义美学的中国化并不是马克思美学理论的中国化,而是自 1942 年毛泽东在《讲话》中就已经确立了的模式:马克思主义基本原理与中国的民间文化模式和中国人具体的审美经验的结合。[2]这种审美经验和艺术实践不是来自远离工人运动实践的书斋案头，而是来自活生生的具体革命实践；不是个体的自由情感的表达，而是社会和大众的共同经验和普遍情感的表征；不是偶然的个体性的撕裂与对抗，而是一般性的“历史的必然要求”的传达。所以，正是在这个意义上，有人将马克思主义美学称为一种“人民美学”。但是，和那种民粹主义的身份立场认同和对抗模式不一样，《讲话》所确立的美学模式不是以边缘对抗主流，而是以对底层审美经验的认同来服务于主流意识形态的改造，服务于社会变迁和社会变革的需求。正是这种既不同于苏联本质主义反映论、认识论美学模式，又不同于以文化、意识形态、政治批判为中心的西方马克思主义美学模式的马克思主义美学中国化，为我们提供了一个思考马克思主义美学与现实之间关系的新途径，那就是，中国的文化传统和审美经验与马克思主义思想之间的本质关联。

现在回过头来看马克思主义美学中国化的路程，不难看出，实际上无论是早期马克思主义者救亡图存的理论引入，还是“左联”时期的美学“革命”，毛泽东的意识形态改造，甚至到解放初期“美学大讨论”以及 80 年代“美学热”中学院派知识分子对“实践美学”和重读《1844 年经济学哲学手稿》的热情，尽管时代各异，具体的情形也十分不同，但对于革命、政治与文学艺术之间的现实关联的热情，其实都是与中国人“经世致用”的文化传统分不开的。马克思主义，以及马克思主义美学的中国化实际上就是经典马克思主义理论中的“实践”原则与中国文化中的现实精神以及“载道”“通变”的知识传统内在契合的结果。循此思路，我们可以接下去思考的是：在一个“后革命”“后启蒙”的时代，在历史行进到现代化进程已充分发展的 21 世纪，中国有没有既表征着“历史意识”，又属于我们自己文化传统的“地方性知识”或“共同文化”可以成为马克思主义美学的现实根基呢？特别是，有没有可以与马克思主义自身的理论基础和阐释机制产生内在联系的文化传统？

按照刘纲纪先生的理解，马克思主义美学的理论基础有两个直接相关联的特点：“第一，它是以马克思主义哲学所讲的实践(首先是物质生产实践)为理论基础的……第二，马克思主义美学是和马克思主义的科学社会主义共产主义理论及其实现不能分离的。”[3]这正是马克思主义及马克思主义美学理论最大的魅力所在，即，它是在实践的过程中，对现有文明不断作出批判性的“扬弃”，并指向新文明类型之可能的面向未来的理论体系。这种建立在批判基础之上的未来，本身也包含着对既存现实关系的破坏与颠覆。因此，从政治经济学与历史唯物主义出发，马克思把资本主义理解为是一种流动的现代性，并指出资本主义总是处于革命和动荡之中，并最终走向灭亡的宿命。历史的阶段性或过程性的悲剧无可避免，而且总会在不断自我“异化”的过程中螺旋向前。这种历史的悲剧意识也决定了人们与现实之间的局限性关系，但最终却指向一种超越现实的努力。

马克思主义思想中这种历史悲剧的内在超越理念对于中国文化的“情感结构”来说是有说服力和亲和力的。中国是一个没有宗教传统的国度，但却不乏内在超越(宗教的超越是外在超越，即在自身和现世之外悬设一个神主)的信念。在传统的文化心理结构中，一方面是中庸、乐生、忧患的现实精神；一方面则是“生生之谓易”的发展理念和“天人合一”的时空宇宙模式。如果说，马克思主义最初被引入国门时是伴随着“十月革命”的背景，因而自然地突出了其摧毁旧世界的革命“暴力”，而在被主流意识形态化的过程中又不断地被强调了其政治功利性的“权力”，以及一种天真的革命浪漫主义式的未来承诺的话，那么，在一个“后革命”“后启蒙”的时代，如果能够吸收并重新激活那些在中国现代化进程中日益消失了的传统形而上理念，或者结合中国文化传统中的某些因素来进行文化批判与建设，马克思主义美学话语的公共空间将会开阔很多，对现实的接应能力也会强大很多。譬如说，除却那种既肯定“此岸世界”，又强调以“修身养性”和“自强不息”来提升自我并兼济天下的儒家精英理念，在中国民间文化传统中更具有草根性，同时在当下也更具现实活力的佛教文化思想也不容忽视。佛教哲学的两极正是处于否定与肯定之间，以“苦谛”为基础的现世观似乎是一种彻底的悲观主义，但另一方面，在“缘起”“业报”“轮回”等理念中又将宇宙万物置于现实世界错综复杂的各种相关条件之中，生、住、异、灭，形成一个不断变异、流转、运动、发展的过程。故此，有学者把佛学之美归结为是一种“生成的动力学”(dynamics of becoming)[4]。至于大乘佛教借鉴“般若无知”的知识论，讲求“不畏生死”“不求解脱”，积极入世的人生观，以及万物皆有佛性、“众生平等”的共同理想，则更是直接予人以一种道德形而上的力量。中国民间佛教理念的这种现实的悲剧感与超越性无疑和马克思主义富于内在超越性的历史悲剧意识是存在着某种内在的精神契合性的。

近些年来，学术界其实已有不少呼声，认为中国化的马克思主义不仅要“切中中国的现实”，而且要结合中国的传统思想，特别是中国传统思想中“以儒道禅为主体的智慧”[5]。确实，马克思主义美学思想要想真正成为与中国当代社会的文化心理、情感结构内外兼容的思想和文化资源，就要更多地与中国民间性、大众性的情感形式，与日常的共同文化和审美经验相结合。这种“化合”的过程，对于马克思主义美学自身理论建设而言也将是一种丰富和发展。

二、关于中国悲剧观念

以马克思主义美学的历史悲剧理论切入中国文化艺术的现实，其中必然会遭遇的一个问题就是中国的悲剧观念。无须讳言，这里似乎有一个公认的前提，那就是，中国不仅文艺中少有悲剧这种艺术形式，中国文化和中国人的精神结构里也缺乏悲剧性和悲剧感，因此，关于中国的悲剧观念问题似乎最终只会是一个“伪命题”。关于中国没有悲剧的提法，早在王国维、朱光潜、鲁迅等学者那里就已有过充分的论述。西方学者雅斯贝尔斯更是在他的《悲剧的超越》中认为中国人只具有一种“悲剧前知识”，因为在中国文化里，“所有的痛苦、不幸和罪恶都只是暂时的、毫无必要出现的扰乱。世界的运行没有恐怖、拒绝或辩护——没有控诉，只有哀叹。人们不会因绝望而精神分裂：他安详宁静地忍受折磨，甚至对死亡也毫无惊惧；没有无望的郁结，没有阴郁的受挫感，一切都基本上是明朗、美好和真实的”[6]。苏珊·朗格在其《情感与形式》中也有类似的说法：“悲剧是一种成熟的艺术形式，这种形式不是世界各地都有的。悲剧概念要求一种个性感(a sense of individuality)，这是某些宗教和某些文化——甚至是高度文化——所未曾孕育的。”[7]确实，作为艺术之“冠冕”的悲剧，不仅是西方艺术的最高艺术形式，也往往是人们掌握世界、思考人生的重要方式和范畴。因此，在西方，无论是作为艺术形式的悲剧创作，还是有关悲剧的哲学与美学论述都特别成熟。虽然，从古希腊的神人一体，到亚里士多德对伟人或高尚之人的行动的摹仿，再至自文艺复兴以后越来越多地面向大众和普通人的悲剧，直至 19 世纪、20 世纪以来，以对整个人类的生命、存在、意义等内在冲突发问的现代悲剧的产生，悲剧在西方的演进和发展也经历了诸多变化，但是，受形而上学哲学传统的影响，尽管悲剧的形式以及关于悲剧的思考都发生了重大的改变，悲剧对精神的高贵性和人的神性方面的强调却从未改变。相比之下，中国虽也有“苦戏”“怨戏”“悲情戏”的传统，而且，中国文化中也具有浓郁的悲剧意识和悲哀的底色，但常常被认为这只是建立在现实匮乏或对生活不满的客观基础之上的悲剧意识，尚未上升到对人类存在的整体追问和自我主体性价值的严肃思考，所谓“有悲剧意识，但少悲剧精神”[8]，故此，还算不上是真正的悲剧观念。

然而，事实是否果真如此呢？究竟何谓悲剧？使悲剧成其为悲剧的到底是什么？我们这个时代是否还有悲剧观念？和中国无悲剧论相关的另一个命题是西方的“悲剧衰亡论”，它也许可以从反面为我们提供理解中国悲剧的新路径。“悲剧衰亡”论最早是尼采 1872 年在《悲剧的诞生》中提出来的，他认为欧里庇得斯将酒神从悲剧中赶走从而导致了古希腊悲剧的衰亡，因为支撑着整个悲剧大厦的神秘主义非理性基础被理性主义所代替。事实上，这种衰亡在黑格尔的“终结论”中就已经开始了。围绕着黑格尔和尼采的这种“悲剧衰亡论”，西方整个 20 世纪长期以来展开了热烈的讨论。其中最著名的两次分别是 20 世纪 60 年代在斯坦纳的《悲剧之死》(1961)和威廉斯的《现代悲剧》(1966)之间，以及 90 年代以后，围绕着《悲剧之死》第三次出版(1996)与伊格尔顿的《甜蜜的暴力》(2003)之间的争论。

威廉斯最大的贡献在于提出“革命悲剧”的理念，从而将那种被视为真理系统和永恒抽象的神学或悲剧哲学推至具体的历史文化变迁的“情感结构”之中，并将之拉至日常生活活生生的经验层面。在他看来，首先，悲剧意义总是受到文化和历史的双重限定，因而悲剧不是先前那种特殊的、永久的既存事实，而是不断变化的“一系列经验、习俗和制度”[9]，是一种我们每一个人都正感受和经历着的“经验形式”[10]。其次，任何“革命”，无论是资产阶级革命，还是社会主义革命，都是“深层的悲剧性无序状况必不可少的运动”。革命是一个复杂的过程，不是进步的直线上升与必胜信念的宏大叙事。

正是沿着威廉斯“革命悲剧”的思路，伊格尔顿在《甜蜜的暴力——悲剧的观念》中进一步揭示现代性的悲剧性，即在于现代性是一个悲剧性与进步性张力共存的进程，是一个复杂的有机混合体，而不是那种单线发展的“斯坦纳主义的最纯粹本质”[11]。

此外，也是沿着威廉斯的悲剧世俗化的思路，并出于对斯坦纳的现代性令悲剧走向没落的观点的反驳，伊格尔顿提出了一个全新的悲剧概念：悲剧的观念。这是与传统的严格“以许多种区别而定”的悲剧概念不同的审视现代性的新视点，是根据维特根斯坦的“家族相似”原理，对传统悲剧概念的一种更为灵活宽泛的理解。在日益流动、无序、日常的现代社会，悲剧观念不再是案头剧和舞台表演的形式，而是成为了“现代主义”，成为了“一种成熟哲学”，“一种形而上的人道主义”[12]，以及反思现代性的“文化批判形式”。但是，和传统悲剧一定要涉及灾难性的逆转，悲剧英雄一定要是贵族，悲剧一定要有毁灭性的结局、一定要涉及命运、净化、道德缺陷、众神等理念不一样，在伊格尔顿这里，悲剧所呈现出来的深度和严肃性并不是来自绝对纯粹的精神性和价值抽象，不光是“文化价值观和历史主体性”，而恰好是来自“最名副其实的唯物论”[13]——身体，一个自然与文化、善与恶共存的混合物。通过耶稣受难时“痛苦的身体”和担负着共同体的罪恶却被人们所排斥的神圣又可怕的“替罪羊”形象，悲剧产生意义的机制被描绘为这样一种积极的苦难方式：痛苦的身体以自然性、肉体性的生命之力抵抗着苦难的束缚，在经历一场类似于人类学通过仪式般的“象征性的死亡”之后重新激发出主体性，并最终获取绝对的自由。因此，悲剧的美学效果是崇高，但这种崇高和康德式的主客体撕裂，最终统一于想象性的自由意志不一样，崇高不是来自理性道德的框架，而是始终与自然的肉身欲望扭结在一起。因此，悲剧的崇高，不仅是主体意志的伟大，更是作为感性生命的卑微的展现，是一种“尘世的崇高”。

从威廉斯作为不断变化的“习俗、制度”和“一场经验”的悲剧观念，到伊格尔顿伦理学意义上的“尘世的崇高”的悲剧观念，回过头来反观中国的悲剧观念，会发现关于中国有无悲剧观念的很多争端并不成立，因为在很大程度上，他们用以评判的标准正是左派批评家们所极力反驳的那个带有意识形态色彩的纯粹抽象的悲剧传统。这些观点的基本判断不外乎这样几种：(1)悲剧是人类绝对精神的体现，现实人生的悲剧性感受是不构成悲剧的;(2)构成悲剧的行为必须是伟大的行为,通过英雄式的抗争甚至是个体的毁灭,将人的主体性力量发挥到极致;(3)悲剧的快感源于最高级的崇高感,即所谓"悲剧是崇高最高最深刻的一种"[14],这种崇高一方面是人的最高意志或理性的体现,另一方面又要求我们抛弃意志的利害关系,以便成为纯粹的审美知觉。这样的标准之下,中国的悲剧观念就荡然无存了,因为无论是老子哲学的顺应天然,还是儒家的礼乐秩序、佛教的去执忘我,以及中国文化里过于直接的道德教化意识,过于现实的人生态度,过于稳态的人伦色彩,都会成为消弭苦难和矛盾的力量,使中国的悲剧最终指向平静、安稳、圆满。但是,威廉斯和伊格尔顿关于日常生活的悲剧观念却提醒我们,悲剧往往就是我们人人都可能身处其中的感官化、肉体化的苦难,无视这种悲剧性苦难,就是对历史内容的抽空。

另外,伊格尔顿的"尘世的崇高"更要求我们不得不重新去审视那些由小人物、失败者组成的,也许还充满了玩笑、幽默、宽恕、隐忍的人生。中国式的悲剧里,少有力与力的冲突,少有一悲到底、知其不可而为之的英雄,以及如同真理探寻一般对命运的好奇与求索。例如,和西方悲剧中的"命运"不同,在中国的悲剧观念里起着支配作用的更多是"命"。虽然,这两种似乎都是被外加于人身上的关于世界的最后的原因或理由,但"命运"更像是一种不可逆违的、外界强制的必然性。而对于中国人来说,虽然"命"是"善则予之吉,恶则加之凶"的天道,但又有"天难谌,命靡常"的另一种开脱。正如前所述,中国人的时空观念里,存在着一种生生不已的圆形循环的运动模式。事实上这也是为什么佛教的轮回说可以和中国人的文化心理立刻契合的原因所在。这一可变(所谓"时来运转")但又始终能维系整体意义上的循环稳定的"命",使得中国人将"安"作为人生幸福的栖所,因此重人伦礼序,知天乐命。这一点伊格尔顿也感受到了,他认为在中国的悲剧观念里,"有一种与受到某种权力控制的普遍和谐有关的幻想,虽然这种权力的配置往往高深莫测,但是却可以证明其使得人类社会秩序合法化的合理性"[15]。

不过,这种似乎安然、稳态,世俗的"合理性",往往正是以对人生苦难的深切体验和感知为基础的,其内里常常暗涌或奔突着一种黑色精灵一般的生命之力和情感之力。这种悲剧形态在中国的文学艺术作品中有着丰富的表现。如鲁迅的《野草》,所谓绝望之于虚妄,正与希望相同,生命之力并不在于惨淡淋漓的鲜血,而是在“明暗之间”的徘徊,在“无物之阵”的荷戟独彷徨,但最终的精神指向却是绝望之中的希望,黑暗之中的光明。再如一个非常有意思的当代作品——陈继明的中篇小说《北京和尚》。在这里,物欲横流的现代大都市“北京”与一心向佛,但事实上却在俗世中“处处染尘埃”的年轻和尚可乘,小说标题中这两个“异质”形象的组合,自身就如同一道禅语,表明日常人生的混杂丰富。可乘经历了剃度出家、还俗娶妻,开“般若素食”饭馆、断指忏悔等诸多尘世的“劫场”,他并不是清心寡欲的圣僧,而是一个凡俗卑微的“肉体”之人。然而,其内心念念不忘的信仰却又总使他的生命始终散发着一种淡淡的人性光芒。作为僧人的可乘打坐时的感受奇特而又真切,他觉得“打坐其实是一种战斗的姿态,入静是向混乱无序的思想宣战。进一步说,出家人其实是战士,软弱的战士,静的战士,空的战士,自取失败的战士”[16],正是这融合了丰富的“肉身性”的体验提醒我们,其实芸芸众生都是这样的“战士”,都是默默承受生活艰难和精神之痛,但又指向生活和希望之意义的“尘世的悲剧”。这种悲剧依旧呈现出一种人性的崇高感,但不是“最高最深刻”的那种崇高,而是世俗化、优美化崇高的混合体。

三、马克思主义美学成为公共话语的可能性

21 世纪,美学何为? 实际上,在西方,早自 20 世纪 60 年代后期以来,随着后现代主义、解构主义思潮,以及文化研究的兴起,美学研究渐渐从对现代主义艺术的“纯粹性”的研究,转向了广泛社会参与和批判的政治社会美学研究。阶级、身份、性别、族裔以及艺术生产与消费等问题,逐渐代替了昔日关于美的形式、审美经验、美的普遍性等问题而成为美学研究的主要论域。在这场由学院书斋的纯粹艺术研究延伸到社会政治公共话语领域的美学研究的历史性转向中,以审美意识形态研究见长的马克思主义美学研究可谓是其先锋和主力。但是,随着“审美资本主义”成为一种全球化的现象,美学与消费主义、大众文化、文化产业的兴起紧密关联起来,艺术和审美日趋走向消费化、商品化、资本化

的道路。对于很多“后学”研究者们来说,这种消费时代或全球化时代的审美“奇观”是令人欢欣鼓舞的。这里有一段对这样一种“美学设计时代”的到来的赞词:

“不管传统美学的持守者们姿态如何,经济领域的美学设计都一定会成长壮大成另一种与时代相呼应的‘美学’。与传统美学仅止于‘思辨的美学’不同,这种美学不仅是思想的、诗意的,尤其是实战的。它所成长的空间不仅是思想的空间、文化的空间,尤其是经济的空间。”[17]

这种把美学直接当作了资本驱动力,或者是与科学技术一样的“生产力”的经济主义美学,不仅是对传统审美主义的威胁,实际上也是对所有作为哲学反思和文化批判的美学传统的解构。与这种赤裸裸的市场主义美学或者说审美资本主义并行的,是日渐成为显学的文化研究对美学阵地的占领与僭越,它们以政治实用主义和社会功能主义的方式形成与这个时代同构的风景,而思辨的、审美救赎的美学则逐渐淡出公众视野,这其中自然也包括马克思主义美学。尽管西方有布鲁姆和美学“右翼”对后现代主义、文化研究等“非美学”表示义愤,斥责文学批评如今已被“文化批评”所取代:“这是一种由伪马克思主义、伪女性主义以及各种法国/海德格尔式的时髦东西所组成的奇观。西方经典已被各种诸如此类的十字军运动所代替,如后殖民主义、多元文化主义、族裔研究,以及各种关于性倾向的奇谈怪论。”[18]但是,确确实实,无论是西方,还是在中国,美学都正面临着自身的问题。这些年来,无论是“回到康德”[19]的主张,还是呼吁建构一种无差异的“全球美学”[20],事实上都表明美学在这样一个多变的时代,对自身所面临的问题和困境正努力做出回答和探索。当然,也有学者直接呼吁,要回到马克思主义,因为只有它才是既面对艺术,又面对全社会发展的,无论是对于艺术还是社会,马克思主义都具有极好的批判性反思能力[21]。还有类似的观念认为,中国美学要寻求发展,就需要马克思主义为其奠立哲学基础,因为,没有哪一种哲学像马克思主义哲学那样,“不仅为科学地探讨感性与理性、人和自然的关系,审美活动与其他生命活动的关系提供了基本的理论依据,而且为这些关系的实际解决开辟了道路”[22]。

马克思主义思想确实是一个丰富的矿藏,马克思主义美学也确实可以为社会和艺术提供一种批判性反思。但它绝不是万能的,也不是唯一的。特别是对于我们身处的这个时代和我们自身的文化传统而言,马克思主义美学最有意义的补充恰恰是我们人人都可以感同身受的那一部分价值,而不是外在于我们的生活、传统、情感的抽象绝对的理性,以及对于现实和芸芸众生的审视的、抽离的目光。因此,如果一定要思考马克思主义美学在未来能给我们带来什么,或者,要探讨马克思主义美学重返公共话语空间的可能性,本人觉得,最值得关注的依然来自构成马克思主义历史悲剧哲学的相反相成的两个方面:

其一,从伦理精神的维度,对悲剧信仰的强调。马克思、恩格斯对悲剧的阐释主要来自两处。一是《〈黑格尔法哲学批判〉导言》,认为“当旧制度还是有史以来就存在的世界权力,自由反而是个人突然产生的想法的时候,简言之,当旧制度本身还相信而且也应当相信自己的合理性的时候,它的历史是悲剧性的。当旧制度作为现存的世界制度同新生的世界进行斗争的时候,旧制度犯的是世界历史性的错误,而不是个人的错误。因而旧制度的灭亡也是悲剧性的”[23]。另一处是源于和剧作家拉萨尔讨论济金根的悲剧性,恩格斯明确地将悲剧因素视为“历史的必然要求和这个要求的实际上不可能实现之间的悲剧性的冲突”[24],而不是作为骑士起义领导人的济金根在智力上和伦理上存有“过失”。在这里,一方面是关于历史的悲剧。历史的悲剧在于历史自身就是合理与不合理的两面之间的同一体,是新与旧,进步与落后二律背反的自身批判。另外,人作为历史的主体,正是历史悲剧性的承担者。因此,在马克思主义的历史悲剧里并不只是某种革命和历史的抽象,而恰恰是饱含人性和人生的伦理价值意义的。历史不是神秘的命运,也不是高高在上的理性和上帝,而是相互交错互为作用的多重现实关系,它规定了历史和主体的有限性。但悲剧之所以是悲剧,还在于它是一种“必然”,它总是指向合理、进步、肯定的一方。历史总是从“恶”的一面前进,人性也总是在否定性的、有限性的一面得以超越。事实上,威廉斯和伊格尔顿的悲剧观也正是在马克思、恩格斯的历史悲剧理论框架下加以展开的。马克思主义的历史悲剧意识可以予人以彻底的现实清醒感,它使得任何单向的价值判断都成为肤浅的。此外,现实中的苦难与超越又分明是人的主体性的明证,对于物质时代人的“溃败”,特别是对于后现代时代里过于浅表的“快乐主义”来说,这无疑是一种反省与批判。但是,始终值得强调的是，马克思主义美学的批判不是高屋建瓴的道德批判，而是人伦意义上的“尘世”的悲悯，因为悲剧的苦难与超越是历史人群中每一个人的恶与善。

其二，从发展的角度，提供未来的价值指向。马克思主义之前的哲学，从柏拉图到费尔巴哈，都是指向一种理性的沉思，而马克思主义却引入了一个未来的尺度。历史不是某种抽象，而是可以经由主体的实践不断改变的具体过程。所以马克思有精辟的名言：“哲学家们只是用不同的方式解释世界，问题在于改变世界。”然而，以“人的解放和自由全面发展”为理想目标和价值尺度，并指向“每个人的自由全面的发展”的共产主义理想既是对有限性的超越，又没有落入简单的审美乌托邦。它始终是一个在现实世界里实践和“改变世界”的过程。这个过程包括相反相成的两个路向，一是向前的未来的维度，一是向后的批判的维度。因此，马克思主义在未来的维度里并没有像他们所批判的空想社会主义家们那样，“替未来设计公共厨房”，确立一个精确的“蓝图”式的预言，而是以现实为基础，并积极地、有意识地参加到对社会进行革命改造的历史进程中来，从而与旧的、抽象的乌托邦幻想区别开来。正是在这种意义上，布洛赫曾将这一过程称为“具体的乌托邦”；詹姆逊也认为马克思主义是一种“乌托邦计划”，在把对“未来”的信仰肯定为“事物本身的性质”与“深层存在的可能性和潜力”[25]的前提下，詹姆逊还创造性地继承马克思主义的历史辩证法，发展出了一套批判地与现实保持距离的否定的乌托邦意识形态理论。同样是出于对未来意义的积极肯定，伊格尔顿则更明确地指出，马克思主义与其说是发展了一种“唯物主义”，还不如说是发展了一种“伦理的”或者“乌托邦”的社会主义理论。[26]

雅斯贝尔斯在20世纪30年代的作品《时代的精神状况》中对现代人的非精神化的生活样态曾做了如下描述：“终于这样的时代到了：个人直接的现实的周围世界中不再有任何东西是由这个个人为了他自己的目的而制造、规划或形成的了。每一样东西都应一时的需要而来，然后被用完，然后被扔掉。就连住所本身也是机器的产物。环境变得非精神化了。白天的工作自行其是，不再组合到工人的生活要素中去——所有这一切，可以说，使人失去了他自己的世界。人就是这样地被抛入了漂流不定的状态之中，失去了对于连接过去与未来的历史延续性的一切感觉，人不能保持其为人。这种生活秩序的普遍化将导致这样的后果,即把现实世界中的现实的人的生活变成单纯的履行能力。"[27]雅斯贝尔斯所描述的30年代的情景也是今天我们每一个人正在感受的悲剧性情景。马克思主义,或者马克思主义美学对于未来的贡献就在于,它指出这种悲剧性,并指向了一个可能的更好的世界。而这也正是在一个对未来普遍充满焦虑感的时代,马克思主义美学重新成为公共话语的可能性所在。

结语

在中国迅速"全球化"的具体语境中,我认为"中国悲剧观念"对于马克思主义与未来的关系的思考是可以做出自己的贡献的。"中国悲剧观念"首先是建立在中国社会现代化过程的审美经验基础上的。正如特里·伊格尔顿指出的,这是20世纪最大的悲剧性现象和悲剧性事件。这种悲剧观念在鲁迅的作品中得到了很好的表征,是一种绝望中的希望,是放弃中的坚守,是世俗中的崇高,或者以优美的形式而体现出来的崇高。在陈凯歌的电影《霸王别姬》,在莫言的小说《蛙》和《酒国》等作品中,我们都能够感受到这种东方风格的悲剧性,或者说,中国的悲剧观念。令人遗憾的是,中国的理论家们一直没有对"中国悲剧观念"作出系统的理论说明和美学论证。

在中国文化传统中,儒家文化的悲剧性观念得到了学术界的认识和重视,值得注意的是,佛教文化与现代日常生活的结合正在形成一种重要的文化力量。2012年11月,我到台湾成功大学出席第十届亚洲新人文联网会议,会议期间访问了"佛光山",看到了世俗化的宗教文化对现代化过程中的中国的巨大影响力。这种影响成了中国现代化的一个重要特征。我曾经用"优美化的崇高"来概括本文所讨论的这种不同于西方悲剧观念的中国式悲剧观念[28]。中国悲剧观念是中国文化传统与中国现代化过程中的悲剧性现象相结合的结果,它本身就是一个十分矛盾的现象。对这个复杂现象的审美经验,是我们在似乎令人绝望的现实生活中仍然保持住善良、正义和良知的现实基础;而对这个复杂现象的理论说明,也许是中国马克思主义美学走出"阿尔都塞学派"的阴影,重新成为公共话语的一个契机。

2011年《人民文学》发表的小说《北京和尚》,也许可以成为我们较全面地理解“中国悲剧观念”的一个例证。小说以现代化中国的过度商业化和社会生活中存在的道德危机为背景,以一个年轻和尚与一个妓女的爱情故事为线索,叙述了一个中国式的“浮士德”的情感漂泊和精神寄托“现实化”的过程。在这个故事中,悲剧性的冲突不在于主体世界的分裂,也不根源于魔鬼的巨大创造力和对纯粹美的追求之间的巨大张力。《北京和尚》的悲剧性在于:“好人”和“神圣者”在物欲横流的现实生活中处处碰壁,在“失败”和退让的过程中达到平静与和谐的生存状态的悲悯和悲壮。小说通过隐喻告诉我们,未来或彼岸不是神圣化的“永恒的女性”,而是带着缺陷和世俗性的“麻脸观音”。而这也表明,现实的具体性和人类学意义上的人性的相结合,不仅是可能的,而且是必然的。马克思主义美学的重要性就在于,在审美现代性、悲剧观念、世俗性崇高等成为全球性现象和全球性问题的条件下,马克思主义美学有可能对这种陷于深刻伦理危机和价值危机的现象作出理论的阐释。

与中国迅速地现代化的过程相联系,中国悲剧观念已成为中国式审美现代性的核心概念之一,这个概念的物质基础是当代中国的审美经验和审美关系,它的文化表达机制是一种以“音像”特征为基础的“回旋”,而不是以“视像”为特征的距离感和神圣化。在西方当代艺术碎片化的后现代场景中,当代中国文学艺术最优秀的作品仍然是“余音绕梁,三日不绝”,这就是我们可以对未来抱有信心的根据。我相信,通过对“中国悲剧观念”的深入研究和阐释,中国的马克思主义美学将得到进一步的发展。

注释:

[1] 奥利维耶·阿苏利:《审美资本主义》,黄琰译,华东师范大学出版社2013年版。

[2] 王杰:《中国马克思主义美学的基本问题与理论模式》,《文艺研究》2008年第1期。

[3] 刘纲纪:《马克思主义美学在当代》,《马克思主义美学研究》2007年第1期。

[4] 彭彤:《佛教与中国美学之特征》,《宗教学研究》2003年第12期。

[5] 彭富春:《论中国化的马克思主义哲学和美学》,《湖北大学学报》(哲学社会科学版)2010年第7期。

[6] [德]卡尔·雅斯贝尔斯:《悲剧的超越》,亦春译,工人出版社1988年版,第13页。

[7] [美]苏珊·朗格:《情感与形式》,刘大基、傅志强译,中国社会科学出版社1986年版,第386—387页。
[8] 王富仁:《悲剧意识与悲剧精神》(上),《江苏社会科学》2001年第1期。
[9] [英]雷蒙德·威廉斯:《现代悲剧》,丁尔苏译,译林出版社2007年版,第37页。
[10] 同上书,第24页。
[11] [英]特里·伊格尔顿:《悲剧、希望与乐观主义》,许娇娜译,《马克思主义美学研究》2008年第2期。
[12] [英]特里·伊格尔顿:《甜蜜的暴力——悲剧的观念》,方杰、方宸译,南京大学出版社2007年版,第21页。
[13] 同上书,第9页。
[14] [俄]车尔尼雪夫斯基:《艺术与现实的审美关系》,周扬译,人民文学出版社1979年版,第21页。
[15] [英]特里·伊格尔顿:《甜蜜的暴力——悲剧的观念》,方杰、方宸译,南京大学出版社2007年版,第76页。
[16] 陈继明:《有些羞愧》,《小说选刊》2011年第11期。
[17] 吴兴明:《消费时代或全球化:重振美学的一线生机》,《当代文坛》2004年第6期。
[18] [美]哈罗德·布鲁姆:《西方正典——伟大作家和不朽作品》,江宁康译,译林出版社2005年版,第2页。
[19] 周宪:《美学的危机或复兴?》,《文艺研究》2011年第11期。
[20] 陈望衡:《"全球美学"与中国美学——中国美学如何与世界接轨》,《学术月刊》2011年第8期。
[21] 高建平:《后文化研究时代的美学》,《美育学刊》2011年第4期。
[22] 阎国忠:《中国美学缺少什么》,《学术月刊》2010年第1期。
[23] 《马克思恩格斯选集》第1卷,人民出版社1995年版,第5页。
[24] 《马克思恩格斯选集》第4卷,人民出版社1995年版,第560页。
[25] [美]弗雷德里克·詹姆逊:《乌托邦作为方法或未来的用途》,王逢振译,《马克思主义与现实》2007年第5期。
[26] [英]特里·伊格尔顿:《马克思主义与社会主义》,王朝元译,《马克思主义美学研究》第6辑。
[27] [德]卡尔·雅斯贝尔斯:《时代的精神状况》,王德峰译,上海译文出版社2005年版,第11页。
[28] 王杰:《审美幻象研究:现代美学导论》,北京大学出版社2012年版,第229—239页。

全球化时代文化多样性的意义

我们正处在全球化的时代。在关于全球化的理论争论中,有一个问题逐渐凸显:文化多样性以及文化在社会的全球化运动过程中起一种什么样的作用?我认为这个问题在理论上具有重要的意义。这是因为,文化作为一种生活方式和具有物质基础的社会性力量,在当代社会经济、政治、社会发展与变迁中的地位和作用变得日益突出,全球化越是发展就越是凸显文化的重要性。而随着全球化进程的加速,各国家之间、民族之间、不同地区之间的各种文化的接触和碰撞也将不同文化如何相处、文化多样性的意义等问题提出来了。在我看来,在文化研究的诸多理论问题中,文化多样性的意义是一个突出的现象,是当代文化理论研究面临的关键性问题之一。

我们今天仍然处在因美国次贷危机引发的全球性经济危机的阴影之中,对此,经济学家普遍感到束手无策,而对这个问题的思考涉及人类的未来这样一个重大问题,我们是不是应该调整一下思路呢?本文就是从文化的角度作出一种思考。联合国教科文组织第31届大会于2001年11月2日在巴黎通过的《联合国教科文组织文化多样性宣言》第一条指出:"文化在不同的时代和不同的地方采取了多样化的表现形式,这种文化多样性体现在组成人类的群体和社会特征的独特性和多元性,作为一种交流、创新和创造的源泉,文化多样性对于人类就像生物多样性对于自然界一样是必不可少的,从这个意义上说,文化多样性是人类的共同遗产,应该为了当今和未来时代人类的利益而予以承认和肯定。"《宣言》还进一步指出,文化多样性也是发展的动力之一,它不仅是促进经济增长的因素,而且还是个人和群体享有更加令人满意的智力,情感和道德精神生活的手段。由此可见文化多样性在当代社会中的重要意义,它涉及人类社会的发展和进步。在当代社会结构和社会关系中,文化多样性的意义问题是一个十分复杂而矛盾的现象,不同的理论角度和不同的研究方法可以作出十分不同的理论解释。但是,如果试图对这种意义作出一种普遍意义的解释,而且是与全球化运动的未来发展相联系起来考察的话,那么文化多样性的意义就不是一个"仁者见仁、智者见智"的问题了,而是一个涉及关于对现实的理解和对未来的选择这样一个十分重要的问题了,因此,对文化多样性意义的讨论事实上也是对不同现代化道路的可能性和现实性的探索。

关于全球化的性质,目前有几种代表性的理论:(1)全球化就是美国化;(2)全球化就是现代化;(3)全球化是以技术进步为基础的社会进步;(4)文化的全球化,等等。这些关于全球化的理论涉及政治、经济、文化等诸多方面,正如英国学者米特尔曼所言"全球化的概念是相互渗透的,包括经济、政治、文化、意识形态等"[1]。因此,任何单一的理解全球化的概念都是片面的,它是一个历史过程,反映了20世纪下半叶以来世界经济、政治、文化和社会特征。如果我们把生产方式的结构与文化多样性相互联系来考察全球化问题,那么毫无疑问存在着两种意义上的全球化:一种是以资本主义生产方式为基础的全球化,也就是学术上通常所说的现代性意义上的全球化。关于这种全球化在学术上已有大量的著述证明其正确性、必然性和种种特征。另一种是以超越资本主义生产方式的不合理性为基础的全球化,这也是一种现实的运动。这种运动既存在于资本主义生产方式的矛盾性结构中,更重要的是存在于文化的维度上,指反对资本主义的各种文化现象及其现实运动,例如现代艺术中的激进艺术的许多活动,文学中的世界文学趋向等等。在理论上,可以把这一类现象表述为审美现代性。对于第二种全球化运动的可能性、现实性及其理论证明是一个十分重大的理论难题,本文以中国经验的个案材料为基础,试图在理论上说明,文化多样性的意义可以成为在理论上研究和说明这个重大问题的关键点之一。

一、全球化时代文化多样性的形式

文化是当代生活中使用频率很高，但又是很难定义的一个词，不同的学者有不同的理解，据有关学者统计，关于“文化”有 160 多种定义，可见其复杂性。关于文化的实质和意义，英国学者雷蒙德·威廉斯的观点比较具有代表性。他在《文化与社会》中指出，“文化”最初是指“培养自然的成长”，此后类推为人类训练的过程。到了 18 世纪至 19 世纪初期，“文化”已经有四个基本的含义：“心灵的普遍状态或习惯”“整个社会里知识发展的普遍状态”“各种艺术的普遍状态”“文化是一种物质、知识与精神构成的整个生活方式”。并指出，“‘文化’一词含义的发展，记录了人类对社会、经济以及政治生活中这些历史变迁所引起的一系列重要而持续的反应”[2]。随后威廉斯在《漫长的革命》(1961)中对文化的观念作了进一步发挥：“文化是对一种特殊生活方式的描绘，这种生活方式表达某些意义和价值，但不只是经由艺术和学问，而且也通过体制和日常行为。依据这样一个定义，文化分析就是对暗含和显现于一种特殊生活方式即一种特殊文化之意义和价值的澄清。”[3]在《文化分析》中，威廉斯归纳了文化的三种定义，进一步强调了文化作为特殊的生活方式的含义：“文化一般有三种定义。首先是‘理想的’文化定义，根据这个定义，就某些绝对或普遍价值而言，文化是人类完善的一种状态或过程。”“其次是‘文献式’文化定义，根据这个定义，文化是知性和想象作品的整体，这些作品以不同的方式详细地记录了人类的思想和经验。”“最后是文化的‘社会’定义，根据这个定义，文化是对一种特殊生活方式的描述，这种描述不仅表现艺术和学问中的某些价值和意义，而且也表现制度和日常行为中的某些价值和意义。”[4]从威廉斯对文化的理解和定义可以看出，文化是一个复数概念，是指不同民族以及这些民族不同时期的一种“独特的生活方式”。

与威廉斯从人类学的意义上把文化的实质理解为“一种独特的生活方式”不同，特里·伊格尔顿更强调了文化的美学意义。他在《文化的观念》中写道：“文化作为一种有特色的生活方式这个观点的起源，与对于受压迫的异国社会的浪漫主义的反殖民主义倾向紧密联系在一起。”[5]这种独特生活方式的文化的人类学意义正是随着19世纪殖民主义的到来才开始占据支配地位的，它具有文化还原论的色彩，它忽视了文化是“需要一定的社会条件，而这些条件可能关系到国家，文化还会具有政治的维度”[6]，结果遮蔽了文化本身的批判性。因此，伊格尔顿是反对威廉斯将文化的概念复数化，因为那样“不那么容易与保持其积极的职责相容”[7]。而且“将人的生活世界定义为一种文化，这冒着使它相对化的危险”[8]。在伊格尔顿看来，文化不再是对一个人是什么的描述，而是对一个人可能是什么或过去是什么的描述，应该包含一个切实可行的未来，而文化因此可以成为一种形式的内在批判，“通过用现在所产生的标准来衡量现在，以判断现在之不足。在这种意义上，文化还可以统一事实与价值，既作为对现实的说明又作为对理想的预示”[9]。这样，他对文化的理解是：“文化这个词，通常被认为指称一种社会，实际上却是想象该社会的一种标准化方式。它还可以是按照他人的模型想象自己的社会条件的一种方式，要么是历史上的丛林人，要么是政治上的未来。”[10]我以为，在我们理解和阐释文化多样性的意义时，伊格尔顿的观点具有特别的重要性。

如果说雷蒙德·威廉斯强调了文化的人类学意义，伊格尔顿则强调了文化的审美人类学意义，那么托尼·本尼特则强调了文化的政治和社会实践意义。本尼特关于文化的观念不再停留在理论的层面，而是注重从实践的层面，结合具体的文化政策和治理性来理解。正如他在评价威廉斯的文化定义时指出，虽然威廉斯把文化的定义从利维斯精英主义的统治中解放出来，但又把“文化构建为一个优越的位置，让文化评判目前的经济、社会和政治秩序在道德和美学上的不足……这一切付出的代价是重复康德文化批评的深层结构的倾向，高估了文化的作用，相应地低估了有组织的政治的意义。”[11]本尼特的目的是：“将文化作为一种生活方式的概念与它通过在文化研究中的运用所积累起来的抵抗的资格分离开来，并且将它与那些既重视不可避免进入到文化领域机构中的管理成分、又强调伴随它而来的改革规划的文化观念相联系起来。”[12]在本尼特看来，如何组织和使用文化资源的方式在一定程度上建构了人们的生活方式，在这个意义上，文化应该被看作既是政府统治的工具又是统治的对象，文化和政府在同样程度上既在同一方又是对立面。

因此,文化事实上是与社会现代化同构的,是一种治理性和习惯(habit)相结合的构成性存在。由于习惯以文化经验和审美经验为基础,因此,以文化差异性为基础,构成了不同的文化现代性和审美现代性,它们都以现代性的治理性为基础,但又表现为十分不同的文化形态并且具有十分不同的社会意义和文化意义。按照马克思主义文化理论的分类原则,在全球化时代,文化多样性主要表现为以下四种形式:

1. 区域性和地方性的文化。区域性和地方性是一个与全球化相对立又密切结合的概念。这是一个以人类学为基础的概念,在政治上,全球化与地方性文化的关系一般表现为殖民主义与反殖民主义两种文化力量的矛盾与斗争。在中国经验中,后殖民主义的文化现象与十分复杂的民族主义情绪相联系,这是一种多义的和复杂的文化现象和文化生态。简单的文化相对性理论是不能说明其中的复杂性和矛盾性的。在美学的维度上,有许多事实可以证明,在全球化的压力和冲击下,地方性审美经验呈现一种“被撕裂”的现象。因此引发了十分强烈的反对全球化的情绪[13]。

2. 物质性和非物质性文化遗产。在全球化的条件下,物质性文化遗产和非物质性文化遗产表现出十分明显的多重价值和多种文化意义。作为一种对于人类文化具有一般意义的物质性文化遗产和非物质性文化遗产,首先具有对人类社会的普遍价值和意义,就像马克思一百多年前在谈论古希腊神话具有永恒魅力时所说的,是一种人类文化的普遍价值,而且在某种意义上是高不可及的范本[14]。物质性文化遗产和非物质性文化遗产都是前资本主义生产方式的文化遗迹,表征和传达着某种不同于资本主义生产方式的价值观念和文化理念,由于历史的作用,文化遗产往往能以残缺和废墟化的形式,将文化中最为内在的精神理念保持和传承下来。这种最内在的精神理念往往与人性在不同文化模式中的表达模式有关。例如作为世界物质性文化遗产的南京明孝陵就是中国人信仰、人观、生死观念的再现和表达。作为一种文化遗产,朱元璋本身的历史和他作为个人存在的意义相比较而言,已不重要了。其次,物质性和非物质性文化遗产,也就是雷蒙德·威廉斯所说的“剩余文化”。在全球化条件下,这种“剩余文化”往往被纳入现代文化的生产和再生产的机制中去,在具体的生产过程中作为一种文化符号和文化原料,可以与具体的文化产品发生无数的组合,形成不同的价值和意义。在陈凯歌拍摄的电影《霸王别姬》中，我们看到京剧这种非物质文化遗产在不同的历史语境下呈现出十分不同的文化意义和审美意义。第三，物质性和非物质性文化遗产作为某种文化典型的代表，往往较为集中地保留和传承着不同文化的文化基因和文化密码。不同的文化遗产的多样性、丰富性的文化基因和文化密码为新的文化创造，为抵抗简单以经济和技术为基础的全球化，超越这种全球化的平面性和单一化，无疑是十分重要和非常珍贵的，当然这需要做十分困难的“深度阐释”。

3. 以新技术为基础的新型文化。正如马克思曾经很好地描述的，技术的进步和发展既是资本主义生产方式高速发展的动力，也是资本主义生产方式的解构和破坏性力量。对于全球化运动而言，情况也是如此。互联网和新媒体的迅速发展一方面加快了全球化的进程和全球化渗透的范围和领域，另一方面互联网技术和新媒体也正在成为不同于一般意义全球化的另外一种文化形式和文化力量[15]。例如汶川地震中，中国网民所表现出来的无私奉献和强烈的人类同情心和责任感就明显超越了发展主义的文化逻辑。以技术为基础的文化发展在全球化过程中愈来愈清晰的一种声音是对科学文化的反思和批判。科学技术进步的强大力量为发展主义提供了社会的和文化的基础，但是科学技术片面发展所呈现的非人性甚至反人性一面正在全球化过程中呈现出来。对科学文化的研究正在成为一种新的文化，这种文化正在成为文化多样性中十分重要的一个方面。例如科技伦理学，生命现象学研究所做出的理论分析和现实中绿色和平组织从事的文化运动。

4. 以抵抗全球化压力为基础的激进文化。对于后发展的民族和地区而言，全球化是一种强大的压力，在政治经济文化等方面必然引起本土化的反抗和抵制。这种激进文化的基础是民族主义。在当代社会生活条件下，民族主义是一个十分复杂的现象，可以向不同的方向发展，呈现出不同的意义，例如中国新儒家文化的发展就有这样一个社会和文化背景。在我看来更值得注意的是激进文化中那种反对资本主义生产方式的不合理性，努力利用现代技术和现代管理方式提供的新的可能性实现社会生产方式的跨越式发展的可能性问题，也就是马克思在 19 世纪末思考的跨越资本主义生产方式的“卡夫丁峡谷”的可能性问题。事实上，这是一种带有乌托邦色彩的文化，这在不同的国家和区域或隐或显地存在着，对这种激进文化的研究和引导事实上是当代中国文化建设非常重要的组成部分。

特别值得注意的是，在当代文化格局中，这四种文化形式很少是以单纯的形态存在，而是在不同的社会关系和文化条件下产生不同形式的多重组合，从而形成十分丰富复杂的文化形态和文化生态，由此产生的意义也是复杂的、多样的和具体的。我们需要从具体的分析中掌握新的文化产生的条件和可能性。这种新的代表着文化未来发展的可能性的文化意义是我们特别应该重视的研究对象。

二、从两个个案看全球化时代文化多样性问题

在全球化的条件下，不同于欧美文化模式的审美经验方式和文化认同模式都发生了重要的变化，由此提出了一个重要的理论问题：在全球化的进程中，在艺术和审美的维度，文化多样性有什么特殊的价值和意义，对于地方性文化和地方性审美经验而言，哪一些经验和价值是普遍性的，哪一些经验和价值是特殊性和地方性的？这些特殊性和地方性文化在什么意义上具有一般性的价值和意义。在前几年的研究工作中，我对中国广西那坡县黑衣壮的民歌文化和审美文化做了持续性的田野调查，形成了一些初步的看法和结论，可以作为我们研究和思考文化多样性意义的一个具体个案。

黑衣壮是世居在中国与越南接壤的广西那坡县境内的一个壮族支系，因为过去长期以来身穿自己染制的黑色土布衣服而得名。由于他们长期生活在大石山区，自然条件十分恶劣，环境封闭，社会发展相对落后，长期不为世人所知。在全球化的条件下，现代经济和传媒文化逐步渗透到黑衣壮地区，黑衣壮也逐步为外界所知。黑衣壮的独特的族群服饰和山歌文化引起了一些学者的注意，在当地政府的支持和帮助下，黑衣壮文化在短短几年内迅速成为广西继“刘三姐”之后的一个文化品牌，先后登上南宁国际民歌艺术节和各类大型艺术活动的舞台，并成为全国非物质性文化遗产[16]。黑衣壮这种地方性文化的特殊性、审美价值和文化价值都是不言而喻的。

从文化作为一种符号系统的角度看，黑衣壮的山歌文化实现了跨越“卡夫丁峡谷”

的飞跃，不仅实现了与当代大众文化的结合，并以一种十分特殊的形式实现了某种意义的产业化，而且从黑衣壮族群的教育、经济和社会发展在一定程度上开始融入现代化进程等角度来看，黑衣壮山歌通过南宁国际民歌艺术节与全球化现象的结合都是一个有参考价值的个案。但是，我们也应该看到，黑衣壮文化的发展和"进入现代化"都是在当地政府的积极投入和政策支持下实现的。这是一种在整体的结构中将个别地区迅速提升和发展的成功个案，而地方政府是这种发展的重要基础。作为一个前工业化文明的少数民族族群，黑衣壮至今也没有发展起现代工业，但是黑衣壮山歌文化却明显带动了当地的社会和文化发展。这个事实告诉我们，在当代社会和经济结构中，文化可以是社会发展的引领性力量。当然，如果社会的发展和进步不能迅速地跟进的话，也会造成"地方性审美经验"被撕裂这样一种不合理的社会现象和文化现象，由此呈现出一种十分复杂的文化意义。

关于文化多样性的意义，我还想再举一个例子说明它的复杂性和多义性。2008 年上半年我在英国曼彻斯特大学艺术、历史与文化学院做高级研究学者。在曼彻斯特期间有幸认识了德国青年艺术家汤玛士·雅可比，他的一组关于中国题材的绘画作品从形式到内容都吸引了我。在展画的前言中，雅可比写道：

> 2005 年秋，通过中德艺术家交流计划，我初次来到福州。我的福州朋友把我带到一个他们称为"德园"的地方，我被那里带有欧洲风格的建筑景观所震惊。据说那里 19 世纪外国人居住以及工作的地方：包括商业特区、办公楼、大使馆、学校、教堂、医院以及花园等，显示了当时欧洲人在那里生活的社会结构以及对于该城市的重要性。如今，我们只能看见少量的旧房舍以及残存的痕迹。中国城市的巨大转变带来一种建筑知识与传统的失落，把先前历史的存在抹去了，但这种残存建筑的存在却提供了先前历史的经验。关于我们所处社会的历史定位问题，只是被简单地在特意选择的地图、照片、书籍以及博物馆展览中有所展示。我的取名为《德园》的中式挂轴试图以记录的方法来把"人类学的现场"转化到我的作品中。拓印刻在石头上的书画一直是中国的传统，在这里成为引起一种意识的材

料，这就是历史本身以及依托于历史的物质文化。历史是活的记忆的过程，对我而言，她塑造与追溯人类的思想、激情以及行为，从而有利于确定我们自己在世界中的位置。

《德园》是一组以中式挂轴的形式呈现的作品，作者努力用最朴实、最中国式、最物质性的方式来呈现和再现对现实的感悟和对历史记忆的追溯。这一组作品的创作时间大约从 2005 年持续到 2008 年，创作的手段主要有两种：一种是用中国传统的拓印石刻的方式拓印历史的遗迹以及现实中残存的物品，以这种方式把过去和当下联系起来，也把西方当代艺术与中国传统文化结合起来；另一种创作手法是将历史遗迹中的砖瓦等建筑材料研磨成粉制的颜料，通过大写意的刷涂，形成某种简单的审美形式。这些作品以其特有的质感和"空虚"，向我们呈现出历史中某种深沉并且仍然在向我们不断言说的东西。

中国的现代化过程不同于德国，这是一个不争的历史事实，因而中国人和艺术家解读历史的"视角"，或者说对历史的选择也不同于德国的人民和艺术家，这是可以理解和应该尊重的。我想，雅可比用他的一系列作品向我们提出来的问题是：人们对历史和生活的感受是否会因为现实的利益而遮蔽一些东西呢？如果存在着这样一种现象，那我们是否可以或者说怎么样用艺术的语言去恢复历史本身，或者说去激活历史的记忆呢？在我看来，德国艺术家眼中的中国文化以及历史是十分复杂的，在他的艺术表达中，不同文化的结合以及对现实和历史的表征，从而呈现出一种新的意义。关于中国的现代化、关于中国现实中的各种社会现象和文化现象，不同的社会群体和社会集团自然有不同的看法和意见，在目前和今后很长一段时间内，这种分歧都会存在和持续。雅可比这一组艺术创作用最物质性的材料和质朴的艺术语言来实践意识形态和文化观念上的分歧，这种努力建立在严谨思考和推理的基础之上，无疑富于创造性和现实的文化意义。

拓印是一种十分古老也完全中国化的复制艺术作品的技术，它的基础在于中国石刻艺术的发达以及中国特殊的艺术观念。在古代中国，汉代的砖石画像、魏晋的石碑刻、唐宋的摩崖佛像石刻都是中国古代艺术史中十分重要的一部分，拓印是复制石画像和石碑刻、摩崖石刻的基本手段，也是将非艺术性的石画像、石碑刻、摩崖石刻等转变成艺术作品的基本手段。

在中国文化中，那些石画像、石碑刻、摩崖石刻等原本是具有重要的社会功能和文化功能的，不是随便可以用来欣赏的审美对象，只有拓印并且装裱之后，这些或神圣，或威严的法器才成为艺术作品和审美对象。以汉代画像为例，它就不是为了审美的目的而创造的，把它们看作艺术作品其实是后来的事。在1980年出土的一块画像石上的“题记”中就明确刻着这样的文字，说明这些石画像的特殊作用，并警告所有的不敬之人：

> 唯诸观者，深加哀怜，寿如金石，子孙万年。牧马牛羊诸僮，皆良家子，来如堂宅，但观耳，无得刻画，令人寿；无为贼祸，乱及子孙。明语贤人四海士，唯省此书，无忽矣！[17]

这样类似“神谕”的文字告诉我们，石画像是神圣而威力无边的，这种神力在拓印和装裱之后自然就消失了。因此拓印也是一种艺术再创造，它使“神迹”转变成了审美对象。

石头应是自然材料中相当坚硬的物质材料了，但时间和历史仍然会作用于石像、石刻，使其呈现出历史的沧桑，并向我们言说某种“存在”。因此在中国文化中，拓印就成为一种手法，它是在我们和历史之间的一个中介，一个翻译者，一个传达者，它使历史的无言变得可以聆听，这也是中国古话中“金石有声”的一个含义。雅可比采用拓印的方式，但拓印的不是汉画像、石刻等艺术作品，而是去拓印日常生活中的物品和遗迹，这就使他的拓印不同于一般的复制而成了一种艺术创作。

雅可比的拓印包括当年福州“德园”院子门楼上“德园”两个字的拓印，“德园”建筑墙面的拓印、搓衣板的拓印、院内人们留言的拓印，以及各种动物的拓印等等。通过对历史残存物品的拓印，雅可比将这些已经被历史过程淹没和冲刷掉的“存在”以形象的方式重新呈现在我们面前，给观众带来视觉上的冲击和心理上的悬念：这些是什么？

这些东西与中国的过去和现在是一种什么样的关系？在中国的福州，“德园”于2007年已被拆毁，没有列入福州市的历史文化保护的范围。雅可比对“德园”感兴趣自然首先是因为这里曾经是德国人居住、生活和工作过的地方。其次,也许还因为“德园”以一种特殊的方式表征和呈现了中国近代以来现代化进程的特殊性和复杂性。可以同样说明问题的是雅可比《德园》系列的另一幅作品,这幅作品源于对一件木制日常生活用品的拓印。搓衣板是中国社会现代化之前大部分中国家庭中都有的日常生活用具,用于搓洗衣物,它是与汉画石像、碑刻等完全不同的日常生活用品。随着洗衣机的普及搓衣板已退出中国人的日常生活,仅仅在语言遗迹等文化形式中残存。雅可比对历史残存物的“拓印”类似于人类学家的“田野调查”,可以把失落了的过去的“存在”和被尘封的“记忆”重新呈现在我们面前,成为我们思考、反思中国现代化的一个标本和参照。

在美学上我更感兴趣的是雅可比 2007 年至 2008 年创作的仍然题名为《德园》的作品。这也是一个系列,但作品不是具象式的拓印,而是用中式挂幅,用来自中国历史遗址的破砖碎瓦研磨成粉作为作品的颜料,用类似于泼墨的大写意的方式所创作的作品,这一组作品所营造的意境以现代艺术语言的形式,把古老中国文化中那种“丰富性的简朴”和“空白性的丰盈”很好地呈现和展示出来了。在这种用既不是自然的又不是人工的颜料写意性涂抹的构图中,我感受到了这位艺术家对中国历史和文化的独特理解以及独具个人风格的艺术“再现”。

作为一个中国学者,此前我的确看不懂西方绘画中的简约主义,那种用十分简单的色块构图创作的美术作品。看不懂的原因是多方面的,也许是我的艺术修养还不够,也许是因为我们不具有这种艺术语言和艺术形式的经验基础。但雅可比的作品《德园一号》(2007)却让我沉思良久并感受到某种东西。在这幅作品中,所有的“中国元素”都经过了创造性转换,或者说所有的艺术符号和语言都被思想的批判所仔细地洗刷,只留下了似乎纯粹但却充盈着韵味和意义的简单形式,就像电影已经结束但仍然持续着的音乐,纯粹而又意味深长……

作为一个德国艺术家,雅可比对中国在现代化过程中对某些特殊的文化遗迹的处理方式并不认同,他希望用自己的艺术把这种文化遗迹转变成文化遗产。他坚持认为在全球化的今天,这种遗产是具有价值和意义的。作为学者我理解并且认同雅可比的努力,他的艺术作品的价值也正在这里。虽然福州市的"德园"作为一个历史遗迹不能像上海的外滩那样得到保护并且融入中国社会的发展。但是雅可比的艺术做到了这一点,他的艺术使这种特殊的文化得以保存,并且以自己的方式与我们交流与对话,启示我们从不同的角度去理解我们的过去、现在和未来。

三、全球化条件下文化多样性的矛盾结构

在全球化的条件下,文化多样性的问题也就不再是地方性和区域性的问题,而成为某种具有普遍意义的问题,在理论上,文化多样性呈现十分复杂的矛盾结构。这是一个动态的结构,因此,其意义也呈现多变性和不确定性。如果把过去、现在、未来三个维度同时加以考虑,研究和说明文化多样性的内在性结构关系,有可能超越文化相对主义的理论框架,在较为深刻的理论层面上,有可能呈现出文化多样性最为重要的本质规定。我们先从文化多样性的内在矛盾入手,在文化多样性现象的内部,事实上存在着三种基本的矛盾关系:

1. 地方主义和民族主义要求与全球化的趋势和要求的矛盾。这个矛盾的实质事实上就是文化差异性和文化普遍性的矛盾。当代文化理论研究已经证明,文化的丰富性和文化的差异性与自然界物种的丰富性和差异性一样,是系统进化的结果。文化就是生存方式,每一种文化都有自己存在的土壤和存在的合理性,用欧洲中心论的标准和尺度来衡量其他地方文化事实是殖民主义文化观念的体现,在理论上是错误的。正像不能根据 GDP 的水平和技术水平来评价文化的价值一样,我们也不能用某种所谓的"高级文化"去衡量和评价其他文化。文化问题涉及每一个民族的核心价值,对于个人而言,涉及每一个人的尊严,这是应该得到尊重并鼓励充分发展的。正如马克思在谈到共产主义观念时曾经谈到的那样,每个人的充分自由发展是一切人充分自由发展的条件一样,每一种文化的充分自由地发展,也是世界不断进步,不断向更合理更美好的方向发展的基本条件。

2. 生态危机、伦理危机与全球化的基础也就是发展主义的要求相矛盾。全球化是

建立在经济和技术不断进步的基础上的。在资本主义生产方式的基础上，这种不断进步的要求形成了一种阿里夫·德里克称之为“发展主义”的意识形态和文化观念[18]。在“发展主义”的驱动下，人类社会在外在方面正在形成日益严重的生态危机，在内在方面则蔓延出以享乐主义为基础的伦理危机。这两种危机的发展已经严重地影响人类社会本身的存在了。科学技术进步的至上性正在引起严肃知识分子越来越深刻的质疑。保护和促进文化多样性事实上是对发展主义的最好的调整。以科技和市场经济为驱动的全球化的发展，把人类的生存和发展问题以十分尖锐的形式提了出来，对自然资源的过度开发，自然环境的日益恶化已经严重威胁着人类自身的生存。

3. 全球化与世界主义的矛盾。其实质是资本主义生产方式与超越资本主义生产方式的社会诉求之间的矛盾。文化全球化是以文化产业化的形式来实现的，文化的产业化是一种十分矛盾的当代文化现象。随着大众文化的发展，文化已经成为一种可以产生巨大利润并且拉动 GDP 发展的产业，这是一种审美原则与经济原则相结合的现象，使日常生活也直接成为审美对象。审美活动的批判性，审美对象的理想性和超越性使文化多样性恰恰成为全球化的一部分或者说一个方面。但是艺术和审美作为人类掌握世界的一种基本方式，总是可以通过创造新的表达方式来表征现实以及现实生活关系。表达人在现实的重压下的倔强和信念，这是生活真正有意义的东西，也是文化多样性在与受到质疑和批判时可能呈现出来的意义。例如美国电影《阿凡达》对科学文化的质疑和批判，中国电影《三峡好人》对发展主义的质疑时所呈现出来的意义。

全球化是一个深刻的社会运动，它本身就是一个辩证的过程。在这个过程中随着全球一体化程度的提高，文化多样性的价值和意义也越来越凸显。在理论上，许多理论家认为文化多样性是作为全球化的对立现象而存在的，从中国经验提供的材料上看，这是一个过程的两个不同的方面。因此，它们具有大致相同的内在结构，这种结构在根本的意义上是受资本主义生产方式支配和影响的。但是由于文化的特殊性和复杂性，文化多样性问题本身也呈现出一个十分特殊而复杂的矛盾结构，因此其意义也就具有超越资本主义生产方式的各种因素。当代文化理论的一个重要任务，就是对文化多样性的复杂意义作出理论上的解释和阐释。

四、全球化条件下文化多样性的意义

文化差异与丰富的审美经验和日常生活经验相联系，它保持着我们文化上的个性和人格上的特殊性。在文化方面，全球化过程的一个重要特征是它可以把文化差异性有效地纳入全球化的机制中去，成为文化丰富性的一种表征，但是却有效地消解了文化多样性中潜在包含着的文化抵制和文化反抗的含义。全球化过程的这种巨大包容力和文化同化力类似于资本主义文化对激进的先锋艺术的包容和同化能力。这是现代性的巨大力量，也是现代化过程的必然现象和必须面对的事实。按着阿里夫·德里克的说法，这也是一种“多元的现代性”，“它意味着全球多元文化主义，它将文化具体化，目的是为了使文化和政治上的不一致可以被管理；也就是说在全球范围内实现多样性管理”[19]。在当今世界，文化多样性已经成为后现代文化景观的一部分，本土化的努力在全球化运动“他者化”的机制中成为全球化运动不可分割的一部分，这是文化多样性这种“特殊的共同性”的第一层意义。在这个意义上，文化差异性和文化多样性在不同民族不同文化的交流中可以互相补充、互相促进，共同推动一个多样化的世界向前发展。值得注意的是，从文化现象性的角度研究问题，我们可以发现在文化现代性内部包含着一种深刻的内在矛盾：现代性的必然性、合理性以及对一般意义现代性的否定和批判。无论从理论还是从现实的情况看，现代性都不等于全球化，全球化过程中所包含的剥削、压迫、不公正和不平等现象理应受到深刻的质疑和批判。文化现代性的一个重要理论目标就是对资本主义生产方式所带来的不合理性的批判。在早期马克思主义理论阶段，把生产力的不断发展看作超越资本主义生产方式的基础和可能性。在科学技术本身也可能迷失方向的当代社会，当代马克思主义者把超越资本主义生产方式，也就是超越简单地全球化的希望转向文化，转向人性和人的内在世界。因为人是世界的主体，也是改造世界的主体，人的内在的善良、同情、对自由的追求以及面对巨大挑战的勇气是人的本质属性，也是人类社会不断进步的动力。对人性与伦理关系的研究可以打开我们对曾经锁闭的理想世界的新的希望。

事实上,“特殊的共同性”有两个重要的基础:一是现代性的共同性,另一个是人性的共同性,把两种全球化区别开来的应该是人性的共同性。在资本主义生产方式中,这两种文化力量是相互矛盾的,在简单现代化的过程中,我们处处看到对人的伤害,对情感等人情化世界的伤害。马克思当年把这种矛盾表述为资本主义生产方式与文学艺术的矛盾性[20]。特里·伊格尔顿在他近年来的著作中多次指出,社会主义的目标可以通过对艺术和文学的分析,从人性与伦理的关系中找到根据和学理依据。我认为在当代社会十分复杂多样化的格局中,事实上已经产生一种新的基础,在这个新的基础上,人性的共同性和现代性的共同性这两种现代化社会最重要的文化力量可以协调起来,由此改变全球化的目标和性质。当然,到目前为止,这仍然是一个理想,仍然是一种理论上的研究。但是应该承认,广西那坡县黑衣壮文化成功走上南宁国际民歌艺术节的个案,德国艺术家雅可比的“拓印中国”的绘画艺术等现象的存在证明了这种理想的现实性。

注释:

[1] 杨龙芳:《西方全球化学术思潮的历史审视》,见俞可平、黄为平主编:《全球化的悖论》,中央编译出版社 1998 年版,第 200 页。

[2] 雷蒙德·威廉斯:《文化与社会》,吴松江、张文定译,北京大学出版社 1991 年版,第 18—19 页。

[3] Raymond Williams, *The Long Revolution*, London: Chatto & Windus, 1961, p.41.

[4] 雷蒙德·威廉斯:《文化分析》,见罗钢、刘象愚主编:《文化研究读本》,中国社会科学出版社 2000 年版,第 125 页。

[5] 特里·伊格尔顿:《文化的观念》,方杰译,南京大学出版社 2003 年版,第 14 页。

[6] 同上书,第 11 页。

[7] 同上书,第 16 页。

[8] 同上书,第 29 页。

[9] 同上书,第 24 页。

[10] 同上书,第 28 页。

[11] 托尼·本尼特:《文化与社会》,王杰等译,广西师范大学出版社 2007 年版,第 17 页。

[12] 同上书,第 127 页。

[13] 王杰:《地方性审美经验与文化认同》,《文艺研究》2010 年第 9 期。

[14] 《马克思恩格斯文集》第 8 卷,人民出版社 2009 年版,第 35 页。
[15] 约翰·B.汤普森:《媒体新视界》,载王杰主编:《马克思主义美学研究》第 12 卷第 1 期,中央编译出版社 2009 年版。
[16] 王杰:《地方性审美经验与文化认同》,《文艺研究》2010 年第 9 期。
[17] 张道一:《汉画故事》,重庆大学出版社 2006 年版,第 5 页。
[18] 阿里夫·德里克:《关于后革命马克思主义的思考》,载王杰主编:《马克思主义美学研究》第 11 卷第 1 期,中央编译出版社 2008 年版,第 54 页。
[19] 阿里夫·德里克:《我们认知方式:全球化——普遍主义的终结?》,载王杰主编:《马克思主义美学研究》第 13 卷第 1 期,中央编译出版社 2010 年版,第 138—139 页。
[20] 《马克思恩格斯文集》第 8 卷,人民出版社 2009 年版,第 34 页。

乡愁乌托邦:乌托邦的中国形式及其审美表达

王 杰

2015年末,冯小刚主演的类型电影《老炮儿》在中国学术界引起广泛讨论,一些学者把《老炮儿》与乌托邦联系起来,认为《老炮儿》反映了当代中国社会的乌托邦想象。[1]"聚义厅"是中国当代社会的乌托邦形象吗?如果说在历史的某一阶段林冲"逼上梁山"所向往的"聚义厅"曾经是中国社会的乌托邦形象的话[2],那么在今天它仍然如此吗?我认为,在中国社会的现代化过程中,乌托邦的中国形式是一个很有意义的理论问题。

1516年,英国人文主义者托马斯·莫尔写作并且发表了他的重要著作《乌托邦》,完整的书名为《关于最完美的国家制度和乌托邦新岛的既有益又有趣的金书》。莫尔根据古希腊语的词根创造了utopia这个词,指一个尚不存在于现实的、但可能存在的理想化和完美的地方。根据乌托邦的这一个特殊的性质,莫尔在书中对英国当时正在经历的资本主义原始积累时期的社会制度和政治状况进行了深刻的批判,并且对财产关系、生产方式、城乡关系、社会福利,学术研究与体力劳动的关系等若干现代社会制度的关键理念作了一种最符合人性的"完美的"描述。从此,乌托邦成为了一个关于未来社会制度和人类合理生存状态的重要概念,也成为了一个现代社会精神家园的核心概念。在西欧资本主义制度发展的早期阶段,乌托邦成为"空想社会主义"的代名词,在马克思主义诞生之后,《乌托邦》以来的思想传统,成为马克思主义的重要思想来源。1880年,为了回答现实中的许多理论问题,恩格斯写作并且发表了《社会主义从空想到科学的发展》,分析并说明了以马克思主义为基础的科学社会主义与乌托邦社会主义的区别和联系。恩格斯指出,历史唯物主义和“剩余价值理论”的发现和创立,使乌托邦理想转变成一种现实的运动,这就是现代社会主义运动。1917年,在列宁、托洛茨基等布尔什维克的领导下,俄国“十月革命”取得胜利,人类历史上第一个社会主义制度的国家形态在苏联创立。第二次世界大战之后,随着冷战的发展,反乌托邦(敌托邦)系列作品的出版,乌托邦似乎成了一个贬义词,与“左”派幼稚病和不切实际的空想相联系。

1989年,苏联解体、柏林墙被推倒,全球范围社会主义运动和马克思主义都陷入低潮,社会主义和共产主义似乎又重新以幽灵的形态存在,乌托邦的概念重新在人文学科中被反复讨论。在德国纳粹兴起之后,布洛赫曾深入讨论了“希望哲学”,把社会主义运动称为“具体的乌托邦”,近年来美国学者詹姆逊亦不断讨论“乌托邦”问题,他指出并论证了在哲学上“未来”概念的重要性,将乌托邦看作“事物本身的性质”,以及“深层存在的可能性和潜力”。乌托邦问题的讨论重新在哲学人类学的意义上被不断地讨论和使用。

今天我们讨论乌托邦的时候,不能绕开恩格斯1880年出版的重要著作《社会主义从空想到科学的发展》。在《社会主义从空想到科学的发展》一书中,恩格斯写道:“一旦社会占有了生产资料,商品生产就将被消除,而产品对生产者的统治也将随之消除。社会生产内部的无政府状态将为有计划的自觉的组织所代替。个体生存斗争停止了。于是,人在一定意义上才最终脱离了动物界,从动物的生存条件进入真正人的生存条件。……只有从这时起,人们才完全自觉地自己创造自己的历史;只有从这时起,由人们使之起作用的社会原因才大部分并且越来越多地达到他们所预期的结果。这是人类从必然王国进入自由王国的飞跃。”从现在我们对资本主义制度的了解和对人性的研究来看,随着生产资料公有化之后,并不是全部问题都会迎刃而解。历史已经证明,人类社会从必然王国向自由王国的飞跃是一个十分漫长的历史过程。在确立了这一历史事实之后,对乌托邦的追求是否仍然存在就成为一个迫切而重要的理论问题被提出来了。在当代社会,乌托邦以什么样的形态存在?乌托邦是否仍然具有价值和意义?乌托邦自身的不断变化是否说明它仍然是一个精神上的理念而不是现实的社会生活运动呢?本文以中国现代历史发展过程中乌托邦的存在方式及意义为对象,试图说明乌托邦在当代的合理性及其意义,并进而说明它的中国式审美表达的方式。

乌托邦冲动与中国的现代性问题

1894年,中日海军在中国黄海展开激战,北洋水师战败。次年,中国被迫签订《马关条约》。当年,清朝政府创办北洋公学(今天津大学),1896年,南洋公学(今上海交通大学)由清朝政府创办,1897年,求是书院(今浙江大学)在杭州创办。与现代高等教育几乎同时启动的是中国社会的现代化进程。2016年是上海交通大学建校120周年,我在一篇论文中指出了一个现象:这所创办之初将培养目标定位为培养治国人才、管理人才和外语人才的大学,后来转向一所工程科学占绝对优势的学校。我认为这个历史的征象可以看作中国社会现代化的一个缩影:把科学主义("科学救国")作为现代化的最重要基础。这个转变及其现实意味值得中国人文科学学者深刻的反思。[3]

"甲午战争"失败之后20年即1915年,《新青年》在北京创办,新文化运动成为中国社会启蒙和实现社会转型的强有力的推动者。通过《新青年》的介绍,作为科学社会主义重要基础的马克思主义开始进入中国,乌托邦的概念和理念开始进入中国文化。在现代社会,乌托邦主要是与社会主义的观念和理想密切联系起来的。随着白话文运动和新文学运动的发展,中国文学艺术发生了重大的变化,在变化中形成了自己的新传统。文学和艺术作为文化的核心,也作为社会理想的载体,在中国社会的现代化过程中扮演和发挥了十分重要的作用。对于文学与艺术在中国社会现代化过程中所发挥的作用,目前我们的研究仍然是不够的,文学和艺术必须被放置于社会的历史进程中作跨学科的研究,才有可能得以阐明。对于现代中国文学传统而言,乌托邦是一个重要的概念,这也许是与欧洲文学传统有所不同的。20世纪以降,欧洲文学是现代主义逐渐兴起和发展并占主导地位的时期，“陌生化”“抽象化”成为表达文学艺术在美学上基本风格的核心概念，对未来社会的想象也从乌托邦转向了敌托邦，从对不合理社会现实的批判转向对科学至上的批判，以及对科学与现代专制制度的结合这样一种可能的社会形态的批判。在中国，随着新文化运动的发展，以白话文为基础的新文学迅速出现，并形成了自己的传统，其核心理念是不同形态的乌托邦。从美学的角度看，“典型化”的现实主义表现方法和“余韵化”的抒情性表现方法成为两种最主要的审美表达机制。[4]受欧洲文学传统和美学思想的影响，也包括受到苏联美学和文艺理论的影响，我们曾经在很长一个时期里把这两种表达机制和表现方法表述为现实主义和浪漫主义，对于以科学社会主义为基本理念的文学传统，我们表述为革命的“现实主义”和革命的“浪漫主义”。自改革开放以来，这种美学和文学理论受到质疑和抛弃，代之以西方引进的各种形式的现代主义和形式主义的美学及文学理论。在这种理论倾向和理论思潮中，乌托邦冲动被描述为一种破坏性的力量和文化冲动，例如，关于 1980 年代中国文学艺术中先锋派运动的理论解释。一些学者把对社会主义运动发展过程中的不合理现象的批判和质疑，当作对乌托邦冲动和社会主义运动本身的批判和质疑。在我看来，这是一种对中国当代先锋派运动的误读。[5]

随着中国新文化运动的展开和持续发展，文学艺术中对现代性问题的美学表达以及对现代性困境的反思就是一个最为核心的问题。值得特别关注的是，由于“甲午海战”失败的巨大影响，中国知识界在中国现代化早期几乎全面接受了进化论，包括对乌托邦的简单化理解，此后对马克思主义的接受也都受到这种文化阴影的巨大影响。在中国现代化进程的早期阶段，乌托邦冲动释放出巨大的文化力量，鲁迅、巴金、茅盾、老舍、曹禺、沈从文、聂耳、冼星海、徐悲鸿、张大千、齐白石等一大批文学艺术家横空出世、星光灿烂、气象万千，呈现出磅礴的气势。一个关于美好新世界愿景的乌托邦冲动就是这种文学艺术高峰突然出现的文化动因。当新文化运动释放出来的巨大力量与广大人民大众翻身做主人的强烈愿望结合在一起，并且形成相互支持、互相强化的共振机制时，中国社会爆发出巨大的社会力量。抗日战争的胜利、新中国的成立、抗美援朝战争的胜利，以及后来的“大跃进”和“文化大革命”都是这种巨大社会力量的表现形式。如果从乌托邦冲动的发展逻辑方面思考这些现象，我们应该看到，在这种文化和社会现象中贯穿着一个内在逻辑，这是当代人文学者应该认真面对和反思的。

由于"甲午海战"失败的巨大冲击，使中国社会对乌托邦的接受进入了"工具理性"的狭隘渠道，文化系统中的平衡和调整机制被打破，从而导致了乌托邦理念的变异，也导致了中国社会主义事业在"文化大革命"期间遭到严重挫折。关于乌托邦冲动与中国现代性关系问题有两个基本命题：

第一，正如毛泽东所指出的，在经历了"甲午海战"的失败之后，事实证明"只有社会主义能够救中国"，半封建半殖民地的中国需要社会主义。从马克思主义传入中国，到中华人民共和国的成立只有不到半个世纪的时间。中国农耕社会的社会组织方式与社会主义理念的结合，创造了一种中国特色的社会主义，乌托邦冲动是它的核心理念。

第二，中国"文化大革命"的失败，以及中国改革开放和市场经济的发展过程已经证明，只有美好的愿望和主观能动性的巨大努力，中国社会不可能简单地跨越资本主义生产方式的"卡夫丁峡谷"，以市场经济为主要特征的社会主义初级阶段将是一个痛苦而漫长的时期，因此，乌托邦冲动以另一种形式在文学艺术上得到顽强的表征，这是中国特色审美现代性的另外一个方面。在美学理论上，我认为这也许是更为重要的方面。

这两个理论事实是我们讨论中国审美现代性的前提。它的第一个理论推论就是：中国的审美现代性是一个充满悲剧性的理论概念，或者说，中国现代悲剧观念是中国美学研究必须解答的理论问题。在理论上，"现代悲剧观念"是乌托邦冲动的美学形式，恩格斯将其表述为"历史的必然要求与这种要求暂时不可能实现"的悲剧性冲突，西方学者将其概括为"历史悲剧"[6]。

"现代悲剧"这一概念是马克思在 1859 年 4 月 19 日致拉萨尔的信中首先提出来的，在这个概念中，乌托邦不再是一个空想，而是有现实基础的社会运动，是现代历史发展的一种美学现象，马克思写道："第二，你所构想的冲突不仅是悲剧性的，而且是使 1848—1849 年的革命政党必然灭亡的悲剧性的冲突。因此我只能完全赞同把这个冲突当作一部现代悲剧的中心点……因此，如果你不想把这种冲突简单地化为《葛兹·

冯·伯利欣根》中所描写的冲突——而你也没有打算这样做——那么,济金根和胡登就必然要覆灭,因为他们自以为是革命者(对于葛兹就不能这样说),而且他们完全像1830年的有教养的波兰贵族那样,一方面使自己变成当代思想的传播者,另一方面又在实际上代表着反动阶级的利益。革命中的这些贵族代表——在他们的统一和自由的口号后面一直还隐藏着旧日的皇权和强权的梦想——不应当像在你的剧本中那样占去全部注意力,农民和城市革命分子的代表(特别是农民的代表)倒是应当构成十分重要的积极的背景。这样,你就能够在更高得多的程度上用最朴素的形式恰恰把最现代的思想表现出来,而现在除了宗教自由以外,实际上,市民的统一就是你的主要思想。这样,你就得更加莎士比亚化,而我认为,你的最大缺点就是席勒式地把个人变成时代精神的单纯的传声筒。"马克思在这里表述的思想后来在1966年雷蒙德·威廉斯的《现代悲剧》一书中作了很好的系统阐释,据此,威廉斯解释了欧洲现代派文学的审美意义和社会意义。

由于中国现代化的特殊性,在中国,"现代悲剧"以更为复杂的形式存在。如果说在马克思和威廉斯的观念中"现代悲剧"就是社会主义目标与历史必然要求之间的巨大矛盾用适当的艺术形式加以表述和呈现的话,那么在中国,乌托邦的内涵和形式都具有了更多的复杂性和中国特征。在内涵方面,中国式社会主义的要求,也就是乌托邦冲动必须跨越生产力十分落后的状况,实现生产方式跳跃式发展的巨大历史挑战;在文化形式方面,乌托邦冲动的中国形式就是一个中国现代美学的理论问题,这自然是用康德的美学模式不能完全说明的理论现象。从中国现代美学发展的历史过程我们可以看到,有中国特色的"表达形式",或者说具有民族风格的表述形式一直是许多美学论争的实质和关键所在。在人类学意义上,用什么样的文化形式来表达"现代悲剧"的中国内涵是中国文化实现创造性发展的关键。

重叠着的"乡愁":分裂的乌托邦

在中国文化中有一个很重要的命题和观念叫"身土不二",指的是人存在于他所生活的身体、环境、文化的相互协调一致的状态中，在这种状态中人才能达到幸福而合理的存在。这种文化观念的根源是农耕文化，在医学(中医)、文学和哲学等文化形式中都具有十分重要的影响或者说表现形式。随着中国社会现代化进程的发展，人口流动提速，竞争指数提升以及西方文化的全面引进，医学、建筑、服装、饮食以及文学艺术表达方式的欧洲化，对中国文化和中国人的生命存在都产生了某种焦虑和深刻的危机。这种焦虑和危机也投射到乌托邦的理念和相应的文学艺术形象上，在我看来这就是中国新文学运动以来乡土文学传统中十分突出的“乡愁”理念及其文学艺术表达。

从“身土不二”的观念着眼，来自俄苏文学传统中的批判现实主义在中国新文化运动中虽然也有十分强大的力量，在中国社会的现代化过程中曾经发挥过十分重要的作用，但是，从乌托邦的中国形式或中国化表达这个意义上说，关于“典型化”的美学及其传统与更深层次的中国经验还是有某些距离。“典型化”的美学传统以及用物质和技术上的“进步”理解现代化过程的观念，是“文化大革命”期间“三突出美学”和“红色美学”的学理基础，它的合理部分和历史缺陷都是我们应该深入研究的问题，但这个问题不在本篇论文的论述范围之内。[7]

从托马斯·莫尔开始，文学就是表达乌托邦理念的最重要的手段。也正是在这个意义上，马克思和恩格斯对拉萨尔的剧本《济金根》给予高度的重视，这也是 1942 年毛泽东主持召开延安文艺座谈会和 2014 年习近平主持召开文艺座谈会的基本原因。乌托邦规定着一个社会、一个民族，甚至整个世界的目标和未来，在哲学上和美学上，它也规定着当代人生和人们日常生活的意义。

关于在现代化过程中“身土不二”的“乡愁”情怀，我们可以以中国现代艺术家和艺术教育家李叔同的作品为例加以阐释。李叔同是南洋公学早期的学生，他是中国最早从事艺术教育，实践以“美育代宗教”理念的人，也是中国话剧最早的推动者，他创作的歌曲《送别》在中国现代化的过程中产生着持久的影响。在我看来，这首《送别》把中国现代化过程中的“乡愁”理念作了一定程度的美学的表达，也可以说是美学“定型”。如果说《送别》里有一个“感觉结构”的话，这个“感觉结构”的核心理念就是“乡愁”。在中国社会现代化的早期阶段，在美学上曾经围绕“乡愁”派文学产生过一场学术论争，李叔同、沈从文、朱光潜这些与英国湖畔派诗人有着相类似的“感觉结构”的诗人和艺术家曾经遭到以左联为代表的美学家和文学批评家的激烈批评。这场争论的影响至今仍然存在。在思考和讨论中国新文化运动中的乌托邦问题时，或者说在研究中国文化的再创造这个命题时，我认为“乡愁”是一个应该重新认真思考的概念。

“乡愁”一词在 M.H.艾布拉姆斯的《文学术语词典》和托尼·本尼特主编的《新关键词》中均没有收录。在中国文化中“乡愁”是一种特殊的感觉结构，指“身土不二”被打破之后对失去了的美好的田园般的过去的回忆和向往。“乡愁”与中国古典美学中的“韵”或“神韵”有着某种“家族相似”的关系，但是又有所不同。“乡愁”是中国社会进入现代化以后才出现的文化和审美现象，它与现代都市的出现、与现代工业的出现相联系，也包括与现代人际关系的冷漠甚至相互对立相联系。“乡愁”不同于简单的“怀旧”和“怀乡病”，它具有一种将“过去”乌托邦化的强烈的情感色彩。也许正是因为这种将充满痛苦的现实通过转向过去、转向美好的田园而实现的优美化，“乡愁”成为中国现代化过程中乌托邦冲动的一种具有悲剧意味的美学形式。在中国文学史上，较早对“乡愁”作出表征的是鲁迅的《故乡》，另一位对“乡愁”理念作出重要表达的是著名文学家沈从文。

自 1980 年代以来，“乡愁”的理念随着寻根文学，新乡土文学以及先锋派文学得到了进一步的丰富和发展，成为当代中国社会抵御现代化痛苦和巨大压力的文化依托，或者说一个情感乌托邦。因此，今天在我们重新思考和研究乌托邦与中国社会现代化关系的时候，我们应该思考和研究这样的问题：在全球化的进程中，对于不同的民族和不同的文明类型而言，在乌托邦的表达形式上是否会有不同？对于中国的文学艺术而言，“乌托邦冲动”的审美表达形式是什么，它的美学和文化机制是怎么样的呢？

按照马克思 1859 年致拉萨尔的信中的观点，体现着现代悲剧观念的文学和艺术作品不能停留在歌德的作品《葛兹·冯·伯利欣根》所表达的“感觉结构”的水平上，应该把未来的社会主义革命的“感觉结构”用文学的形象表征出来。因此，在马克思的悲剧美学思想中，未来社会的可能性应该以“莎士比亚化”的艺术形式表达出来，用当代美学的术语来表述就是：要把更美好社会的乌托邦冲动用丰满的形象表征出来，成为一个可以感知的对象。显然,这是一个非常高也非常难的美学要求。把马克思的理论要求放到中国现代化过程的历史语境来考察,我们会发现,如果仅仅满足马克思所提出的美学要求是不够的,很有可能仍然陷入"席勒式"的表达模式之中。只有把现代悲剧观念的理论要求与中国的文化语境较好地结合,用中国文化的美学机制才可能在文学艺术作品中表征出"未来"中国社会关系的"感觉结构"。

在关于中国文学艺术与乌托邦关系的研究中,我们会发现一个有趣的现象,这就是在中国传统文化中缺乏关于"未来"的文学描述。自 20 世纪初期新文学运动以来,中国几乎没有出现过类似于莫尔的《乌托邦》、托玛索·康帕内拉的《太阳城》、威廉·莫里斯的《乌有乡消息》、路易斯的《寂静的星球》那样的著作,也没有产生过类似阿道司·赫胥黎的《美丽新世界》、乔治·奥威尔的《1984》那样的作品。在中国现代文学和当代文学的发展中,科幻文学一直是一个发展不起来的文学类型。难道是中国社会 20 世纪以来缺乏乌托邦冲动吗?答案显然是否定的。我们在中国现代政治和文学作品中能够强烈地感受到乌托邦冲动的强大力量。可能的答案也许是:乌托邦冲动在中国文学和艺术中用另外的方式和途径来实现自己的表征,"乡愁"就是这样的文学和美学的形式。

与欧洲乌托邦文学的基本逻辑是指向"未来"不同,中国乡土文学传统和批判现实主义文学传统中的"乡愁"都是指向"过去"的。这大约与中国文化和哲学中祖先崇拜的神话思维有关。在中国文化中,包括中国哲学和中国文学中,"完美"的世界、完美的社会只存在于遥远的"过去"。随着礼崩乐坏时代的开始,中国人心中的乌托邦就与"过去"的存在相联系。因此我们看到,甲午战争失败之后的新文化运动,一方面人们对孔孟之道和封建礼教进行了异常猛烈的批判,另一方面中国神话和中国歌谣传统的研究也在早期新文化运动的精英们那里开启。鲁迅、闻一多、周作人、郭沫若等文学家也是中国最早的神话学研究学者。在 20 世纪三四十年代的延安,以毛泽东为首的文化精英也把文学艺术的民族形式提到非常高的地位。"山药蛋派"的乡土文学和秧歌、民歌等文化形式都成为文学表征"未来""感觉结构"的重要形式。延安时期用"过去"来表征"未来"的文学作品的突出例子有毛泽东的诗词《沁园春·雪》和光未然作词、冼星海作曲的《黄河大合唱》等。我曾经分析过《沁园春·雪》中的强烈的情感冲动以及这种冲动与中国革命和中国社会现代化的关系。[8]在《黄河大合唱》中所有的形象和意象均来自农耕文明，来自中华文明的物质基础，与工业化和市场经济完全没有关系，但是《黄河大合唱》的确表征出“未来”的“感觉结构”，给人以强大的精神和情感力量。

毛泽东的《沁园春·雪》抒发了毛泽东在红军长征刚到达陕北，中国革命虽然在最艰难困苦的时刻，但是曙光已经初现时的心情，它所表达的“感觉结构”后来成为新中国建立和发展的事实。光未然和冼星海的《黄河大合唱》则在中国抗日战争最为艰苦的时期，一气呵成地创作出来，其中所表达的“感觉结构”已经成为当时中国许多革命者的共同情感，或者说共同的心声，其中的乌托邦冲动成为人民大众勇敢面对现实中艰难困苦的情感力量，成为“团结人民、动员人民、打击敌人、消灭敌人”的强有力的武器。如果说《沁园春·雪》与《黄河大合唱》都是在现实中因艰难困苦而眺望远方，理想冲动成为其中的强大力量的话，那么，李叔同的《送别》中所表述的“离愁别绪”，以及这种淡淡的忧伤所表达和描绘的“乡愁式乌托邦”则更接近于现代化过程中普通人的日常生活和普通人的“感觉结构”，因此它也流传更广，传唱更为持久。《送别》写于 1905 年的日本，“甲午战争”已过去 10 年，距《新青年》创刊恰好也是 10 年。《送别》上承中国诗歌中的人生感伤的抒情传统，下启中国文学艺术中乡愁理念的乌托邦想象，是一个很值得认真分析的文化文本。

李叔同的这首《送别》在文学史上被关注得不是很多，也许因为这是首歌，原曲的作者是英国的奥德维，李叔同仅仅是填词而已。但是，100 多年过去之后，这首歌仍然在老百姓中传唱，仍然呼应着现代化过程中人们的“感觉结构”，因此有必要加以分析。

《送别》大量使用了中国古典诗歌中的语言和意象，诉说了人与人之间的离愁别绪，给人强烈的古典美学意境，但是，一句“知交半零落”透露出强烈的现代气息，表达了现代人在都市、工业化氛围中特有的孤独和冷寂，也正是因为如此，古典友谊的种种意向也就具有了接近于完美的意义，成为了异国他乡漂泊者心中的乌托邦。当然，这只是一种情感乌托邦。在中国，对于现代社会中孤独的个体而言，“甲午战争”不仅是国家的一次战争失败，它意味着在世界范围内已经广泛发展了现代化的格局中，中国的社会结构、价值观念、信仰体系都从根本上受到了冲击和撼动,原来足以安居乐业的整个社会系统包括物质和文化方面都陷入了深刻的危机之中。向外展望,努力"脱亚入欧"的日本正是欺压我们的敌人,因此不可能成为中华民族的"未来"。在这样一种让人近乎绝望的情境中,故乡的山川,拂柳、残阳、芳草、笛声、古道等正可以成为心灵的慰藉和情感的依托。也许正是在这种心态中,李叔同写下了《送别》,把中国社会被迫进入现代化进程之后的"感觉结构"表征了出来。我们注意到,在中国社会现代化的过程中,以"送别"为主题的歌曲后来反复出现,可以证明李叔同对现代化进程中中国人的"感觉结构"的把握基本准确。

李叔同的《送别》中的主题和意象——乡愁乌托邦——在整个中国现当代文学和艺术的发展过程中始终存在,从鲁迅的《故乡》和《野草》,到沈从文的《边城》,再到汪曾祺的《受戒》、陈忠实的《白鹿原》、贾平凹的《废都》,等等,一直到当代电影周晓文导演的《二嫫》和《百合》、魏德圣的《海角七号》、侯孝贤的《刺客聂隐娘》和毕赣的《路边的野餐》,都将对"过去"的美好的想象性表达作为在苦难中创造辉煌的中国人的"感觉结构"和"情感结构"。但是,这个"感觉结构"的核心内涵不再是中国古代社会的"天"或祖先崇拜的神明,其内涵是作为乌托邦的"社会主义"理念。正如马克思在分析东方社会跨越资本主义生产方式"卡夫丁峡谷"的可能性时曾经指出的,东方社会以血缘关系为基础的公社的组织形式和文化,可以与资本主义生产方式创造的现代技术和现代管理相结合,从而在新的历史层面上实现社会现代化的非西方方式的发展。[9]

情感乌托邦的中国形式

乌托邦的核心理念是社会主义。从莫尔写作《乌托邦》至今整整500年,人类用文学艺术的形式表征了多种形态的乌托邦,人类也以社会组织的形式实践了多种形式的乌托邦。从理论上,乌托邦是人类本质欲望的一种表述,因此,它一方面与人类社会的物质存在和产生方式相联系,另一方面又与人的内在驱动,或者说人性的状态、人的存在状态相联系。因此,对乌托邦的分析既是对社会与"未来"关系的分析,也是对人的内在世界和存在状况的分析。由于中国社会现代化的特殊性,在物质存在和社会条件方面规定着中国现代化过程中的乌托邦表达必然是悲剧性的,在理论上也就是马克思和恩格斯所指出的历史的必然要求和这种要求暂时不能实现的悲剧性的冲突。在中国,乌托邦冲动就是在"甲午战争"失败后,历史和情感上所凸显的"只有社会主义能够救中国"这样一种十分强烈的要求和愿望。这种愿望和要求是现实的和社会的条件所造成的,同时,我们也应该实事求是地看到,在一个生产力十分落后的半封建半殖民地社会,实现社会主义的愿望必然十分艰难,不可避免地伴随着巨大的牺牲和不可避免的挫折。这种具有乌托邦力量的悲剧性,或者说悲剧性艺术表达中的乌托邦冲动是从"甲午战争"至今中国文学艺术以及美学的基本主题。

反观自王国维以来的中国美学史我们应该看到,用欧洲的美学理论很难完全解释中国文学艺术中的悲剧性问题,哪怕是雷蒙德·威廉斯的《现代悲剧》和特里·伊格尔顿的《甜蜜的暴力——关于悲剧的观念》都不能完全解答中国文学表达和美学表征中的悲剧性或者说乌托邦存在的方式问题。本文尝试提出一种以中国文化特殊性为基础的关于中国现代悲剧观念的理论解释。我们知道,整个西方悲剧模式是在古希腊奠定的,这种悲剧模式的核心是不可妥协的冲突,在冲突中通过牺牲(半人半神的替罪羊)实现情感的净化作用,城邦公民得以实现文化上和心理上的认同。如果说在古希腊悲剧和欧洲的现代悲剧中"冲突的视觉化展示"是其文化表达的关键机制的话,那么,也许在中国现代社会的文学艺术作品中"冲突的优美化和音乐化呈现"是中国文化对悲剧观念的表达机制。在中国文化传统中,音乐具有神圣而重大的社会功能,是实现文化认同的关键性文化机制。中国的第一部美学著作《乐论》论述了音乐的等级与礼制的关系,论述了最神圣的音乐与世俗性音乐的区别,论证了音乐在天人合一仪式过程中的重要作用。音乐的回旋和不断地重复,保证了仪式所需要的中心点和对这个中心点的无条件认同。在中国古代文化中,神圣性是通过"初始性"和"纯粹性"而获得的。作为祖先崇拜的文化,中国哲学把"一"和"太极"作为最高的神性。因此,"回归"是中国文化获得表达的最基本机制。在这个意义上,我们可以理解和解释为什么在中国社会的现代化过程中,"乡愁"会成为一个基本的主题并且具有了乌托邦的意义。我们看到，在中国的现当代文学艺术和美学中，乌托邦的审美表达成为一个十分复杂、表面上充满混乱的问题域，因此，一种结合具体的历史语境对作品的审美意义和社会意义作出解释和评价的艺术批评及美学就成为必要了。我们以管虎的电影《老炮儿》(2015)和毕赣的电影《路边野餐》(2016)中，两首以"乡愁"为主题的歌曲的艺术呈现来具体说明这一点。

管虎的《老炮儿》被评论家认为表达了当代中国的乌托邦冲动。电影叙述了一个外号"六爷"的中年男子因为寻找在感情上失去了的儿子历尽艰辛，最后拼死一搏并悲壮死去的故事。在这个末路英雄去找自己的老情人的时候，电影通过收音机传出来歌曲《花房姑娘》，与电影画面形成了一种声像蒙太奇，把六爷定格在曾经有理想、有追求，为了乌托邦可以放弃爱情但是已力不能及的悲壮形象上。《花房姑娘》是摇滚歌手崔健创作并演唱的歌曲，歌曲本身是改革开放的中国社会乌托邦冲动的一种表征。汉语是多意的，在诗和词中更是如此。因此，《花房姑娘》中那个像鲁迅《过客》中形象的青年，那个心中念念不忘远方和"大海的方向"的青年人，他心中的乌托邦既可能是太平洋彼岸的美国，也可以是个抽象的"美好未来"，当然还可以是"我曾经拥有的美好生活"，等等。每个人在自己的人生处境中对这首歌会听出自己不同的意义。

值得注重的是，在电影《老炮儿》中，六爷是个北京胡同里的混混，年轻时因打架斗殴而坐牢，它的"乡愁"是黑社会团体的"侠义"。电影《老炮儿》把这种封建文化中的"侠义"的所谓"正义"作为当代社会的乌托邦，在我看来在价值观念上是混乱和错误的。正是在这个意义上，电影《老炮儿》像马克思当年批评过的拉萨尔一样，没有把当代社会的社会关系、当代社会必然的社会走向等"艺术真实"地表现出来。这部电影获得巨大的票房和许多学者的高度评价，只能说明当代艺术的美学意义并不是以不证自明的方式向我们呈现出来。[10]

我们再来看毕赣导演的电影《路边野餐》。这也是一部关于"寻找"的电影。乡村小镇上的医生陈升同时也是业余诗人。与电影《老炮儿》中的六爷一样，他也曾经做过牢。从牢房里出来后他在贵州与广西、湖南三省交界处的侗族山区县城当一名医生，在他的哥哥把侄儿卫卫送走之后，他也开始了自己的"寻找"。他的寻找包括侄儿卫卫、同事年轻时吹芦笙的恋人,无意中还遇到了很像自己妻子的女子洋洋。在电影中,这个满脑子诗句的陌生人在当代中国乡村和小镇四处闲逛、游走,似乎有目的,又好像没有明确的目的。他所面对的是一个他不能完全理解的世界,这是一个对他没有感情的世界,但是他仍然坚持着注定没有希望的寻找。在漫长的"寻找"过程中,业余诗人陈升对他遇到的每一个人,每一件事都付出真挚的爱。在这种闲逛式的"寻找"的过程中,他遇到一位酷似自己年轻妻子的女子洋洋,于是他停下来,主动唱了一首他称为"儿歌"的台湾校园歌曲《小茉莉》。《小茉莉》本来是一首单纯、安详的歌曲,但是在《路边野餐》中通过两种截然不同的方式的演唱,从而形成一种很有表现力的声像蒙太奇,在一个清冷、陌生、人与他人相互难以理解的现代化进程中的当代农村景象中,它划破了沉重的现实和幻象,把人性中仍然温暖和美好的一面闪现出来。虽然仿佛是一闪而过,但是电影《路边野餐》毕竟把一种在沉重而寂静的生活中仍然活跃着的希望和人性的温暖表现出来了,这种希望虽然微弱,但是,正如歌词所言"太阳出来了我会来探望你",也就是说,它有一种必然性的力量。

电影《路边的野餐》用纪实性很强的长镜头,配以"寻找者"内心不断独白的诗句,构成一种很有新意的声像蒙太奇,这种声像蒙太奇把当代中国社会生存的多层次性、多语境共生的状况很好地表现出来。在这种多重叠合的现实语境中,《小茉莉》由一个乐感不佳、嗓音沙哑的中年男子吃力地唱出来,其中生命的执着、普通人的真挚和善良深深地打动了作为观影者的我们。关于乌托邦,从社会制度的角度去思考和讨论无疑是重要的和必要的,但是,电影《路边野餐》的观影经验给我的感受是:在这个科学技术已经十分发达的时代,在这个奢侈和时尚主导着人们情感、媒体和娱乐工业塑造着人们的生活方式和"感觉结构"的时代,"儿歌式"的简单和纯洁的生活,或者说纯洁而简单地感知现实的方式仍然是美好的和富于希望的,它打动了我们,也悄然地改变着我们的"感觉结构"。

通过以上分析,我们可以初步得出以下结论:

第一,由于具体的历史原因,中国的现代化过程有其十分特殊的方式和路径,我们应该承认并且重视这种特殊性,并作出理论上的解释。这种特殊性的一种表现方式就是，在中国的现代化过程中，乌托邦往往以“乡愁”的形式，以回旋性回归作为它的表达机制来获得其表达。这种美学表达机制存在于多语境叠合的复杂现实中，因此其审美意义和社会意义都是流动的，其价值意义需要当代美学和当代批评根据具体的语境加以确定和彰明。这对当代美学和艺术批评提出了很高的理论要求。

第二，在当代社会，由于叙事、图像、旋律等都已经高度符号化，中国文学艺术以“乡愁”为基本理念的“回旋式”的表达机制存在着巨大的不确定性。事实证明，只有当我们将唯物主义的历史观、对当代社会的政治经济学批判，以及对现代科学技术为艺术所提供的新的表现能力这三者同时引入当代美学研究和当代艺术批评时，我们才能对当代中国文学艺术滑动的审美意义进行真正的理论把握。这就要求当代美学和当代艺术批评突破学科的限制，开展跨学科的研究和理论的阐释。

第三，在现代化过程中，中国文学艺术中的乌托邦表达是一个十分复杂的社会和文化现象，我们不应该根据一种现象或者某一现象的某一个方面就轻率地作出结论。如果从当代美学的角度看，对“乡愁乌托邦”为基本内容的文学艺术表征的审美意义和社会价值存在着大量的误解，有必要加以重新研究和评价。这种乌托邦的表达方式与中国文化的美学表达机制密切相关。对这种表达机制的深入研究有助于理解中国的审美现代性。

第四，在理论上，我个人主张用“余韵”来概括和描述这种中国化的情感乌托邦表达机制。这种机制的形式是中国文化在现代化过程中实现再创造，寻找自己新的呈现方式的一种形态。对这种文化—美学机制的研究仅仅用美学和艺术史的方法是不够的，应该积极引进社会学、人类学、心理学和认知科学的研究方法开展跨学科的研究，以便较为准确地捕捉并描述这种多语境叠合下审美意义不断滑动的艺术现象，从而真正解释我们当代生存的意义。从我自己的研究来说，审美人类学的研究方法对于在理论上解释这种现象和这种表达机制，都是有价值和意义的。

注释：

[1] 见张旭东：《〈老炮儿〉：理想与激情的栖息之所》，《文学报》2016年1月14日，第18版。

[2] 在学理上,《水浒传》中的“聚义厅”不是乌托邦在中国的符号化表达。乌托邦不仅仅是一个理想的地方,它还有一个十分重要的学理规定,即乌托邦是与社会主义理念直接联系的,没有这一内涵,就不是乌托邦。

[3] 见王杰:《美学的跨学科研究》,上海交通大学“科学主义与人文主义的冲突与对话国际学术研讨会”会议论文,2016 年 5 月。

[4] “余韵”是我提出的美学概念,见王杰:《审美幻象研究——现代美学导论》,北京大学出版社 2012 年版。

[5] 见王杰:《重提先锋性——关于当代中国文学的语境问题及其意义解读》,《马克思主义美学研究》第 19 卷第 1 期。

[6] 见柏拉威尔:《马克思与世界文学》,读书·生活·新知三联书店 1980 年版。

[7] 关于中国现当代文学表达机制问题,见王杰:《中国马克思主义美学的问题与理论》,《文艺研究》2008 年第 1 期。

[8] 见王杰:《没有梦想就没有未来——“中国梦”的美学维度及文学批评家的任务》,《马克思主义美学研究》第 17 卷第 2 期。

[9] 见凯文·安德森:*Marx at the Margins—on Nationalism, Ethnicity, and Non-Western Societies*, The University of Chicago Press, 2010。

[10] 电影《老炮儿》是当代文化的一个标本,它以票房上的巨大成功为标志,但是在表征的“感觉结构”方面却是一种散发着陈腐气息的封建文化,迎合了当代中国社会的某种大众心理,是一个值得剖析的文化个案。

革命与乡愁——文化记忆与中国审美现代性的情感结构

在中国现当代艺术中,苦难意识一直是十分凸显的特征。从鲁迅的小说集《呐喊》《彷徨》到散文集《野草》,从巴金的"激流三部曲"《家》《春》《秋》到陈忠实的《白鹿原》,从李叔同的《送别》到沈从文的《边城》,再到史铁生的《我与地坛》;从冼星海的《黄河大合唱》到音乐舞蹈史诗《东方红》和《长征组歌》;从电影《春蚕》到《英雄儿女》,从《霸王别姬》到《百合》和《芳华》……在某种意义上,整个中国文学艺术的现当代发展史,无论在主题、表达方式,还是美学风格,苦难以及对苦难的艺术表达都是中国文学艺术的一个基本特征。我们认为,自新文化运动以降,中国艺术的审美现代性已经逐渐形成了自己的文化结构和表达逻辑,对中国审美现代性的研究和思考,将有助于我们对中国当代文学艺术的美学风格,作出更为深入的理论阐释。

1991 年美国马克思主义文学理论家和文化理论家弗雷德里克·詹姆逊在《跨国资本主义时代的第三世界文学》一文中,通过对鲁迅小说的阐释,将第三世界国家的文学艺术风格,例如中国文学的美学风格概括为"民族寓言"。他指出现当代的中国文学艺术事实上是整个民族奋发图强,努力改变被压迫、受欺凌的悲惨命运的寓言化表达,或者说象征性表达。在 1995 年,我曾在《审美幻象研究——现代美学导论》中将中国现当代文学艺术的美学风格表述为"余韵"。2016 年,我在论文《乡愁乌托邦:乌托邦的中国化表达》中对这个问题又从现代悲剧观念的角度作出进一步的论述。下面,我继续沿着这个学理路径对此问题展开分析。

一、电影《芳华》中的“乡愁”与悲剧观念

2017 年冬季,冯小刚导演的电影《芳华》在中国社会产生了强烈而广泛的影响。有趣的是出现了评价截然相反的情况,对《芳华》的评价产生出十分明显的“感受性的分歧”。在某种意义上,这种现象正是当代中国社会多语境叠合状况的一个较好的案例,是用审美人类学的方法阐释当代艺术作品在审美意义方面呈现滑动性的一个标本。电影《芳华》起首和结尾处的伴音都是另外一部拍摄于 20 世纪 80 年代的电影《小花》的插曲。电影通过这种方式,把当代人的观影经验与过去的某种历史记忆或者文化记忆联系起来。我们先来看这首歌名叫《绒花》的歌曲的歌词。

《绒花》

世上有朵美丽的花,
那是青春吐芳华,
铮铮硬骨绽花开,
粒粒鲜血染红它,
啊—啊—
绒花,绒花
啊—啊—
一路芬芳满山崖。
……

《绒花》是电影《小花》插曲。在电影中,伴随《绒花》的电影画面是:解放军战士身负重伤,游击队员抬担架上山,陡峭的山崖上,为了保持担架的平衡,在前面抬担架的女游击队员用膝盖触山路跪着抬担架上山崖。汗流淌下来了,血流出来了,女游击队员倔强地一步一步地将担架平稳地抬上山顶,送去战地医院抢救。在这里,战胜人间

的艰难困苦，牺牲以及奉献，与青春绽放芳华是同一过程。在苦难、沉重和悲苦中，爱情的力量和革命的理想释放出巨大的能量。我们看到，正因为苦难催开的花朵格外美丽，特别“英雄”，因此，“一路芬芳满山崖”。在电影《小花》的这个场景里面，无疑有一种十分强烈的革命浪漫主义情怀。

电影《芳华》从《小花》插曲《绒花》开始，又以《绒花》为结束曲，在某种意义上来说，《绒花》中包含着导演对《芳华》的艺术理念和美学定位。

从美学的角度看，电影《芳华》是一种以“乡愁”为基本美学风格的作品，从现代悲剧观念的角度看，电影《芳华》通过中国人民解放军某军区文工团文艺女兵的青春故事，叙述了在整个社会都遗弃和否定乌托邦的语境中(市场经济和消费主义时代)，乌托邦的存在方式及其意义。

从审美人类学的角度看，电影《芳华》有两个现象值得注意：其一，在情境和场景的设计上，《芳华》将军区文工团的大门作为一个主要的关键场景或者说道具。在电影中，正是这个大门把部队文工团的世界与不断发展变化、熙熙攘攘、充满着混乱、矛盾、痛苦、甚至残酷的战争的外部世界清晰地分割开来。在《芳华》中我们看到，在文工团的大门之内，有美丽少女的身体，秀美矫健的大腿，优美的音乐和动人的舞蹈，再加上少女怀春的浪漫等等，整个就是一个现代社会的桃花源，一个人为构建起来的祥和美好的乌托邦世界。在电影《芳华》中，从何小萍来到部队文工团、到毛泽东逝世时庄严静穆的灵堂，再到何小萍依依不舍地告别刘峰，一直到最后，刘峰从海南商战的失败中拖着一身的疲惫和落魄，再次从军区文工团的大门外进入这个曾经辉煌一时的“文化遗址”时，军区文工团的大门始终默默地站立在那里，是所有重大事件和关键情节发展的见证。在电影《芳华》中，文工团大门这个建筑物构筑起一个现代祭坛，把整个部队文工团作为一个特别的文化景观、一个乌托邦的载体，把充满芳华的青春，视觉性地理想化和神圣化了。

其二，电影《芳华》的伴音和配音主要是中国社会现代化过程中不同时期的革命歌曲。按照这些歌曲在电影中出现的顺序，它们分别是：《中国人民解放军进行曲》、电影《小花》插曲《绒花》《草原女民兵》《毛主席的战士最听党的话》《沂蒙颂》《洗衣歌》《绣金匾》《英雄赞歌》《驼铃》等。另一方面，电影《芳华》的配乐，除了作曲家自己创作的配乐之外，主要选用了中国现代化过程中抒情性很强的几首老歌，包括邓丽君唱的抒情歌曲，李叔同创作的《送别》，流行歌曲《浓情万缕》，以及《夏日里最后一朵玫瑰》、柴可夫斯基、巴赫等外国的乐曲。在《芳华》中，音乐和歌曲是整个电影重要的表征媒介。从审美感知的角度讲，《芳华》的声像蒙太奇成为激活和唤醒观影者文化记忆和历史记忆的主要方式。

电影《芳华》的题材是中国现代化过程中，在文化方面的一个特殊现象——部队文艺工作团。本文以为，中国审美现代性的一个重要特征，是文艺的功能和作用与社会的意识形态功能始终处于十分紧密的关系中，且文艺在中国社会现代化过程中发挥着十分关键的作用。而在中国的审美现代性的情感结构中，悲剧观念又具有特别重要的地位。电影《芳华》以"文革"后期至中国全面进入市场经济这一社会历史转型期为背景，以三个文艺女兵的爱情故事为叙事线索，比较生动地把中国社会现代化进程中的两个基本主题"革命"与"乡愁"，包括红色乌托邦与乡愁乌托邦的复杂关系形象地呈现了出来。在电影的叙事方面，何小萍、萧穗子、林丁丁代表了中国社会转型过程中的三种爱情模式：自我牺牲型、现实主义型、自恋功利型。刘锋的悲剧性在于，他作为一个红色乌托邦的现实存在的形象或者说代表，却因为贪婪美貌深深地爱上虚荣、世俗和极度自恋的独唱演员林丁丁。因此，上演了一场从全团最为耀眼的"英雄"和"好人"，转变为自己的反面，即"犯严重错误的坏人"的悲剧。刘锋人生轨迹的悲剧转折点，在于"触摸"了美人林丁丁。尽管林丁丁是一个常被现实中有特权的人物摸和抱的并不干净的美人，但是当刘峰满怀了纯洁爱情去拥抱林丁丁时，却使自己瞬间转变成一个"不洁之人"，一个现实中各种不合理现象的"替罪羊"。与刘峰的人生轨迹相反，何小萍因为父亲是个被判刑的劳改犯，从小在继父家就没有感受到一点人间的温暖和关怀。她充满着倔强的自卑，这使她忧郁而又极度勤奋，用牺牲和放弃，谨慎地维护着自己十分脆弱的尊严。从加入文工团的第一刻起，在这个充满着社会偏见和文艺兵特有的矫情的封闭空间里，何小萍始终就是一个异在者，一个"局外人"，一个非我族类的存在。在排练舞蹈《沂蒙颂》时，何小萍悲剧性地被全团放逐和羞辱。

从传统价值观的角度看，何小萍和刘峰所体现的或者说践行的正直、善良、乐于助人、牺牲自己而成全他人等等，都是一种积极价值。然而，在中国社会的转型过程中，也就是现代化过程中，这些价值都失效了。虽然理论上，它们仍然是人类的理想和更优秀的人生目标的标准，但是，在现实的、具体的日常生活中都失去了应有的作用，成为异类的存在，成为打上引号的存在。因此，生活呈现出了它冷酷而真实的一面。在电影《芳华》中，部队文工团的大门被表征为一个仪式性的象征物，从何小萍入伍成为一个文艺女兵，到何小萍在这个有哨兵对进入者敬礼的象征之物前与刘峰惜别，从毛泽东逝世、文工团大门被布置成灵堂到文艺团被解散后若干年，刘峰拖着残疾的身躯来这里怀旧，在人去楼空的废墟中找到何小萍破碎的影像等等，正是这个文工团的大门，把部队文艺工作团这样一个乌托邦世界，一个青春和美丽绽放芳华的世界，与外面充满着争斗、战争、流血和肮脏的世界分别开来。电影通过将何小萍和刘峰放逐出文工团，把中国社会进入现代化的悲剧性，用电影叙事的形式展现给我们。

在美学上特别值得注意的是，电影《芳华》大量使用红色乌托邦的歌曲，通过这些包含着丰富红色基因的"老歌"的回旋性表达和声像蒙太奇的创造，有效地将沉重的历史和丰富的文化记忆激活，成为新的审美意义的重要因素。例如"何小萍受辱，刘峰起身相助"这一场。在这里，现实和历史事实正好颠倒了。《沂蒙颂》是以真实故事改编成艺术作品的，反映的是解放战争初期，山东革命老区的年轻妇女，在山上遇到在战场上身负重伤的解放军战士，这名战士因失血过多，生命垂危。年轻妇女解开衣襟挤出乳汁抢救伤员。这个故事在1973年被中央芭蕾舞团改编为四场芭蕾舞剧《沂蒙颂》。1975年，八一电影制片厂根据同一题材拍摄成电影《沂蒙颂》。歌曲《沂蒙颂》就是对那一段历史遗迹，那个特殊年代才有的感人的军民鱼水关系的浓缩化、象征化和符号化的表达。

沂蒙颂

蒙山高，沂水长
军民心向共产党，心向共产党
红心迎朝阳，迎朝阳

炉中火放红光

我为亲人熬鸡汤

续一把蒙山柴，炉火更旺

添一瓢沂河水，情深谊长

愿亲人早日养好伤

为人民求解放

重返前方，重返前方

在电影《芳华》中，《沂蒙颂》优美的旋律加上精心编排的舞蹈，色彩鲜艳的演出服，创造出一个新的审美幻象。首先，给人青春和美好的印象。然而，与这段优美的旋律相联系的，是何小萍的男舞伴当众拒绝合作，而且公然羞辱何小萍。如果我们了解《沂蒙颂》来源于一个真实的故事，是一个老区的年轻妇女，把战场上负伤的战士当作自己的亲人，奉献出自己的一切，以及其中传达出的十分动人的爱和勇敢的力量，那么对比就会更为鲜明。因为对何小萍进行羞辱的理由正好就是：她来自底层，身上有底层人民的味道——因为劳作而流汗。在这个时候，刘峰站了出来。虽然他有十分严重的腰部伤病，难以完成节目所要求的托举女演员的动作，但是，他还是挺身而出，给了何小萍在苦难生涯中的一个支撑。正是这种担当和奉献，在心静如水的何小萍胸中激荡起了爱情的火花。后来，在何小萍已经成为一个重病人的情况下，当她再次听到《沂蒙颂》的旋律，才会情不自禁地在月光下独舞，显露出优美的舞姿、流畅舒展的动作，以及满脸的幸福和满足。令人遗憾的是，曲终之后，何小萍和其他人一样，又回到那个被污辱、受歧视、弱者的诉求无处申诉的悲惨世界，一个没有乌托邦，没有激情，以及理想和青春难以绽放芳华的市场经济社会。

二、文化记忆与审美现代性

在中国，当代艺术是一个复杂的符号系统，优秀的创作能够找到一种方式把历史和文化记忆中复杂的文化密码重新激活、在当代语境中生成新的审美意义，从而成为某种美学革命和社会变迁的先导。在此前撰写的一篇论文中,我把中国审美现代性的情感结构表述为一种有两个内核驱动的动态双螺旋结构,其审美意义则由具体的语境所制约并决定。这两个关键的内核分别是“红色乌托邦”和“乡愁乌托邦”,它们在中国社会现代化过程中几乎同时产生,但是,在文化的性质和情感的导向方面又存在巨大的差别。红色乌托邦和乡愁乌托邦组成一个双螺旋结构,形成了一个巨大的、充满张力的情感空间,成为中国社会在漫长的现代化的艰苦磨难中,能够有所支撑,不息追求,并且不畏任何牺牲和艰难困苦在情感方面和精神信念方面的根据所在。这种以双螺旋为特点的深层情感结构,产生出一种以中国传统文化中的“天行健”般崇高为内涵的精神上和情感上的力量,这也是解释中国现代化社会过程中若干奇迹事件的文化逻辑。[1]

关于中国社会现代化的特殊性,李泽厚表述为“救亡与启蒙的双重变奏”。把中华民族的救亡图强纳入中国社会现代化的特殊性当中,无疑是正确的。从一个半世纪中国社会现代化的发展过程来看,特别是结合近四十年来中国社会改革开放的经验和教训来反思中国社会的现代性,我认为,社会主义目标是一个重要的存在维度,理论上的表述也即是乌托邦的存在。1516 年,在英国开始现代化进程的早期阶段,英国大法官、著名的人文主义学者托马斯·莫尔出版《乌托邦》一书,开启了现代性中一个重要维度的研究和讨论:社会主义社会,作为一种更合理,更符合人性的社会制度的可能性问题。1844 年,马克思在巴黎这座 19 世纪资本主义的都城,写下了著名的《1844 年经济学哲学手稿》。在《手稿》中,马克思深入分析了资本主义生产方式所导致的人性异化及其灾难,讨论了走出异化,在符合人性的意义上进行人类活动和生产的可能性问题。马克思在《1844 年经济学哲学手稿》中开启从哲学人类学的意义上思考人类走出异化状况的可能性问题,这一思路及其理论方法,在今天的人文学科研究中仍然具有十分重要的意义。2012 年,上海交通大学美学与批评理论研究所、《马克思主义美学研究》编辑部与英国曼彻斯特大学人文学院联合举办了主题为“马克思主义与人道主义”的国际研讨会,同名会议论文集由中央编译出版社于 2013 年出版。作为这次会议的直接成果,由部分参会者撰写的著作 *For Humanism-Exploration in theory and politics*

于2017年由英国Pluto Press出版社出版,把在当代学术语境中重新思考人道主义、人性、人类解放的可能性等至关重要的问题严肃认真地提出来了。[2]我认为从马克思主义的角度思考中国社会的现代性,以及审美现代性,在理论上包括三个基本的维度:(1)关于资本主义生产方式的历史必然性,包括资本主义生产方式的巨大创造力、人性异化的必然性、"恶"的历史作用,以及现代悲剧诞生的社会基础等内容;(2)乌托邦或者说社会主义目标的历史必然性,以及这种必然性在很长一个历史阶段里暂时不可能实现的必然性,包括现代悲剧的艺术呈现和现实实践的方式,等等;(3)传统文化、历史记忆作为一种文化符号系统,在当代文化中传承、呈现和再创造,等等。关于中国社会现代性的理论特质的把握,我的一个基本观点是:作为一个后发展的第三世界国家,作为一个在历史上曾经创造了十分辉煌灿烂的古代文化和历史奇迹的文明古国,文化系统中仍然保留着十分强健的"自强不息"的基因。这种文化基因不是简单以"剩余文化"的形式存在于当代中国审美现代性的情感结构中,而是以乡愁乌托邦的形式,积极地参与到中国社会和中国文化的现代化转型的过程中来。我认为,把过去的历史记忆,文化的传统以及中国文化对待人生悲剧的独特理念,在当代社会和文化语境中重新激活,使之成为一种抵制资本主义现代化的强大冲击力,缓解社会转型过程中的巨大痛苦的文化形式,用一种女性化的方式,一种优美而哀伤的情感结构,一种抒情而缠绵的审美话语,去探索一种不仅仅是个体性的自我拯救,而是整个民族的伟大复兴文化形式,这是中国社会现代性的一个突出特征。在理论上,我们倾向于把中国的审美现代性与英国的审美现代性作一个比较,这种比较的基础就是在人类学的意义上这两个国家的社会历史和文化是存在着明显的差异的。

在人类历史上,英国虽然不是文明古国,在人类历史的轴心时代,英伦三岛还处在某种蒙昧的状态中。但是,在现代化的过程中,英国却一跃成为一个最为重要的国家。英国不仅是文艺复兴的重镇,也是现代资本主义制度的开创者和奠基者。"光荣革命""宪章运动"都在历史上产生了至关重要的影响。英国是现代大学制度的开创者之一,是现代经济学、科学技术的奠基者。牛顿、达尔文、亚当·斯密、托马斯·莫尔、霍布斯、莎士比亚、大卫·休谟等都对现代社会的发展和变化产生了十分关键的影响。包括马克思和恩格斯的理论研究，也是在英国完成并成功地向全世界传播的。从理论上说，将英国的审美现代性与中国的审美现代性作出一个比较分析，无疑是十分有意义的。

从比较文化学的角度讲，中国审美现代性的特殊性，主要有这样三个方面：

首先，英国虽然经过文艺复兴运动和宗教改革，但是在社会的现代化进程中，基督教和天主教仍然具有十分广泛而强大的影响力，宗教信仰还在不同程度支撑着人们的精神世界。在英国的现代化进程中，宗教人类学始终是文学艺术的重要背景和支撑。相比较而言，中国社会在自己的发展过程中，现代生产方式和现代社会的各种制度和文化是以暴力介入的形式进入中国社会和中国文化的。从鸦片战争到甲午战争，中华文明和中华帝国被已经工业化的帝国主义列强一次又一次地强暴和欺凌，然而，面对强大而不可抗拒的现代化压力、中华文化从来没有陷入彻底的崩溃，没有完全彻底地绝望，一种悲悯而倔强的精神和情感力量始终缠绕在中华民族有血性、有良知、敢于担当的人们的思想和行为之中，这种我们称之为“悲剧人文主义”的悲剧观念，其现实的基础是第三世界国家和民族现代化过程的悲剧性，其文化基因则是中国传统文化中“士不可不弘毅”“士可杀不可辱”“只可寸寸折，不可绕指柔”的那种悲剧性的崇高精神。在李叔同的《送别》、鲁迅的《野草》、毛泽东的《沁园春・雪》、冼星海的《黄河大合唱》、陈忠实的《白鹿原》以及电影《黄土地》《刺客聂隐娘》《百合》等优秀的作品中这种精神和文化始终存在。这是中华民族以艺术的形式，呈现出来的人道主义和精神可能达到的境界之证明。

其次，在英国社会的现代化过程中，工业革命对历史的改变，是社会现代化过程的基本标志。英国工业革命的基础是市场经济的发展和科学技术的进步。我们看到，经济学、物理学、生物学，在英国早期资本主义社会的发展中始终是处于核心地位和起着引领作用的学科。在中国，社会的现代化进程是从文学艺术和文化改造开始的。纵观中国社会的现代化进程，文学艺术始终引领社会变革和发展，始终是处于核心地位和起到引领作用的学科。文学艺术始终引领社会变革和发展，这是一个十分突出的现象。从新文化运动的爆发，经过抗战时期在延安召开的“文艺座谈会”，抗美援朝时期的文艺工作团的作用,从大跃进时期的"新民歌运动"到改革开放初期文学艺术的"爆炸式"出现,一直到最近中华民族的伟大复兴的"中国梦",我们看到中国社会的重大发展,一方面文艺成为社会变革的预演,另一方面,文学艺术提供了社会在转型过程中十分重要的价值规范,或者说精神的脊梁。

第三,有关英国社会的现代化进程,恩格斯在《英国工人阶段状况》,马克思在《1844年经济学哲学手稿》《资本论》第一至第三卷都有详细而深入的论述。在英国社会的现代化过程中,个人主义、现实至上的原则以及对物质享受的追求是英国社会和文化的主要特征。相比较而言,中国社会的现代化过程,由于巨大的战争创伤和文化创伤,在近邻日本已经成功地实现现代化的条件下,中国处在现实无比沉重、往事不堪回首的状况中,因此挣扎着走出围墙,把全部希望寄托于未来,就成为中国社会现代化过程中又一个突出的特点。正是由于这一个契机,红色乌托邦在中国迅速传播,并且产生了强大而持续的影响,也正是在这个意义上,对中国文化传统的坚守和对资本主义生产方式的批判,使中华文化在20世纪,生长出一种我们称之为"乡愁乌托邦"的文化形式和审美现代性的一种模式。从李叔同的《送别》、鲁迅的《故乡》、沈从文的《边城》到陈忠实的《白鹿原》、史铁生的《我与地坛》到电影《黄土地》《三峡好人》《香魂女》和周晓文的《二嫫》与《百合》,一直到我们正在分析的冯小刚的电影《芳华》。我们认为,在中国审美现代性的情感结构中,红色乌托邦和乡愁乌托邦以一种"双螺旋结构"的方式组合在一起,两者互相缠绕,相互补充,有时也呈现出相互矛盾和冲突,使乌托邦的空间成为一个动态的空间,一个具有相对自主能力的动态空间,成为一个与现实语境可以达到交流与转化的生动的乌托邦,一个具有人性和具体感性的乌托邦,从而具有十分强大的力量。

在电影《芳华》中,如果说文艺女兵的青春芳华是乡愁乌托邦,那么,部队文工团则是一个巨大的红色乌托邦的机器,如果说少女暗恋是乡愁乌托邦,那么,"活雷锋"的弗洛伊德版的爱恋,则是一个扭曲了的红色乌托邦,如果说歌曲《绒花》《送别》《沂蒙颂》《夏日最后一朵玫瑰》是乡愁乌托邦,那么,《草原女民兵》《洗衣歌》《绣金匾》《英雄赞歌》《送战友》则是红色乌托邦的艺术表达。在电影《芳华》中,这两种乌托邦与不同的影像叙事组成不同的声像蒙太奇，有效地把那一个具体语境中十分复杂的现实生活要素呈现出来。

在电影《芳华》中，我们可以观察到对刘峰这样一个具体历史语境中的典型人物的批判性嘲弄。刘峰是那个集体，那个时代的优秀者和“老实人”，但是在现实的社会生活关系中，他却合情合理地成了“不洁者”和“替罪羊”，成了被放逐的对象。这是一个红色乌托邦占主导地位的时代，乌托邦本身被质疑和放逐的悲剧。从历史的角度看，这里面的悲剧观念是一种值得深入剖析的典型个案。

三、悲剧人文主义的当代重建

关于悲剧人文主义的理解，我们倾向于以卡尔·马克思的两个论述为基础，一个是关于“现代悲剧”的，另一个则是马克思关于“美的规律”的理论表述，我们认为，这两个理论规定制约着我们对马克思主义视域下的现代悲剧人文主义的理解。

在《1844年经济学哲学手稿》中，马克思谈到他对符合于人性的未来社会的理解，并对人的自由和解放在什么意义上才能真正得以实现等一系列问题，作出了哲学人类学意义上的论述。马克思写道：

> 诚然，动物也生产。它为自己营造巢穴或住所，如蜜蜂，海狸，蚂蚁等。但是，动物只生产它自己或它的幼仔所直接需要的东西；动物的生产是片面的，而人的生产是全面的；动物只是在直接的肉体需要的支配下生产，而人甚至不受肉体需要的影响也进行生产，并且只有不受这种需要的影响才进行真正的生产；动物只生产自身，而人再生产整个自然界；动物的产品直接属于它的肉体，而人则自由地面对自己的产品。动物只是按照它所属的那个种的制度和需要来建造，而人懂得按照任何一个种的尺度来进行生产，并且懂得处处都把内在的尺度运用于对象；因此，人也按照美的规律来构造。[3]

“美的规律”的存在告诉我们，人类只有在真正按着美的规律来塑造自己的对象，包括塑造自己的生活时，他或者他们才在真正意义上获得解放。正是在这个意义上，我不同意电影《芳华》的编剧和导演的理论基点。冯小刚和严歌苓在理论上认为,在尘世间和现代社会,雷锋的存在是不可能的,一定是某种“假”和“伪装”的产物。在特殊的语境和条件下,能否“按照美的规律”来进行自己作为一个人的有尊严的活动,这正是哲学人类学意义上的一个真正达到“自由”和解放境界的人的判定标准。这样的人不仅高于动物,而且高于有权有势或拥有美貌的人,也是人之为人有意义和真正闪光的地方。在电影《芳华》中,刘峰和何小萍基本是这样的人,但是,他们均被自己的亲人、战友和貌似高尚的人们所抛弃或者驱逐。在他们仍然充满着爱心对待这个世界、对待他们身边的人与事件时,他们胸中的那份情感、那个“情感结构”就是悲剧人文主义的。马克思关于悲剧人文主义的理论规定是在1859年致拉萨尔的信中提出来的。拉萨尔是国际共产主义运动的领导人之一,为了表达他的革命理念,也为了传播他自己很看重的悲剧观念,他创作了悲剧作品《弗兰茨·冯·济金根》。关于这部作品引起的理论问题,马克思写道:“你所构想的冲突不仅是悲剧性的,而且是使1848—1849年的革命政党必然灭亡的悲剧性的冲突。因此我只能完全赞成把这个冲突当作一部现代悲剧的中心点。但是我问自己:你所探讨的主题是否适合于表现这种冲突?……这样,你就能够在更高得多的程度上用最朴素的形式恰恰把最现代的思想表现出来,而现在除宗教自由以外,实际上,市民的统一就是你的主要思想。这样你得更加莎士比亚化,而我认为,你的最大缺点就是席勒式地把个人变成时代精神的单纯的传声筒。”[4]在这封信中,马克思提出了他对“现代悲剧”的理解,也就是历史的必然要求与这种要求暂时不可能实现的悲剧性矛盾。马克思还对这种现代悲剧的象征方式,提出了自己的意见。我们认为,因为审美经验本身包含着生命和生活中十分复杂而丰富的悲剧性矛盾,只要艺术家勇敢地面对自己的内心世界,真诚地面对自己所生活的世界,从当代的现实生活世界的审美经验的感性材料出发作出直觉表述,不受某种先入为主的时代精神或意识形态的制约和影响,就有可能用最朴素的形式,表征出最当代的思想,表征出具有当代审美意义的悲剧人文主义精神。

我们先来看看为什么冯小刚仍是某种精神的传声筒。我们仍然以舞蹈《沂蒙颂》为例。在电影《芳华》中,文工团排演舞蹈《沂蒙颂》的镜头多次出现,基本上涵盖了何小萍充满悲剧色彩的人生。

第一次，在排练厅排练舞蹈《沂蒙颂》。这是一组男女两个演员成对演出的一个节目，需要每组一对的两个青年男女的密切配合，以及情感上的融合与交流。然而，何小萍遭到的是消极的抵抗。导演发现了这个与整个节目主旨完全相反的现象，批评了男演员，在遭到男演员拒绝后，他命令其他男演员更替，结果亦遭到拒绝。在部队文艺工作团，拒绝命令是个重大事件，然而，整个节目的男演员不仅没有丝毫的纪律观念，而且用嘲笑回应文工团的队长。这个事件对于何小萍无疑是个灾难性的打击。这时，腰部有伤病的退役演员刘峰主动提出担任何小萍的搭档，表面上是挽救和支持出个节目排练和上演，实际上是强有力地支撑起何小萍脆弱的心灵和情感世界。

第二次，歌曲《沂蒙颂》再次响起，是休息时间，在空无一人的排练厅。刘峰和何小萍两人口中哼着歌曲《沂蒙颂》排练舞蹈，在托举何小萍瘦小的身躯时，刘峰跌倒，但他仍然坚持排练下去。

歌曲《沂蒙颂》第三次响起时，已经是刘峰和何小萍分别被逐出军区文工团之后，在经历战场的生死考验之后，在刘峰身负重伤仍然挺身而出掩护战友之后，在何小萍在战地医院精心护理重伤员、用情感和爱心鼓励生命垂危的小战士、在空袭来临时用自己的身体掩护这名重伤员之后，此时《沂蒙颂》的歌曲和舞蹈再次出现在电影的镜头里。这次是一次正式的演出。地点是刘峰和何小萍十分热爱、经常演出的军区大礼堂，只是这次演出，演员中既没有刘峰也没有何小萍。舞台上的演出美轮美奂、青春飞扬，女演员美丽、深情，男演员英俊挺拔，是一场内容和形式都到达到了完美的演出。然而，舞台下面的战斗英雄和负伤人员不为所动，一脸漠然，有的甚至打起了瞌睡。

“……愿亲人，早日养好伤，为人民追求解放，重返前方啊重返前方……”

然而歌曲的旋律深深地触动了已经是精神科病人的何小萍，她在乐曲声中缓缓起身来到礼堂外的大草坪上，舒展身体，翩翩起舞，沉浸在无边的遐想中……我们完全有理由相信，这时的何小萍是幸福的、自由的、是心满意足的，总而言之，是符合“美的规律”的。

在冯小刚的电影《芳华》中，舞蹈《沂蒙颂》完全形式化和美学化了，成为时代精神的某种传声筒。《沂蒙颂》所起源的历史事实,历史上解放军战士和老区人民的军民关系,以及当代现实中关爱、牺牲、奉献,和为了崇高的目标共同奋斗的刘峰、何小萍们等等"历史真实"都在美轮美奂的舞蹈《沂蒙颂》的热烈演出场景中,隐退到历史的纵深之处。但是,歌曲《沂蒙颂》的不断响起,事实上激活了现实中许许多多的刘峰和何小萍们,让他们感受到悲剧人文主义的存在。

"红色乌托邦"与"乡愁乌托邦"相互依存、相互联系的"双螺旋结构",向观影者和现实中与苦难的命运不断抗争的人们呈现出丰富的内容,其中也包括那些不同于席勒式的美,即,人与人之间真正的理解、关心、帮助、奉献或者说人性的爱。当艺术作品激发出现实中的欣赏者、批评家的这种审美经验的丰富性和完整性的时候,我们说悲剧人文主义就诞生了。

2011年,导演周晓文完成电影《百合》(英文名 Lost)。在我们看来,这个作品在当代中国社会的情感结构表达方面,正好弥补了冯小刚电影的重要缺陷:现实世界的整体缺失。在《百合》中,周晓文向我们展示了一个名叫王百合的农村姑娘在中国改革开放的前沿城市深圳生活并追求自己梦想的故事。在《百合》中,电影通过开放性的叙事,把当代中国社会底层人民对新生活的梦想,以及实现这种梦想的艰辛等等都艺术地呈现出来。王百合是中国北部山区的农村姑娘,有一手做拉面的好手艺,她做的拉面特别好吃。在中国社会现代化过程中,城镇化的过程迅速发展,使王百合改变自己的生活和命运,成为一个城里人的愿望成为可能。在深圳打工生涯初始期,"通过做拉面的手艺赚钱,然后成为一个城里人"的梦想还没有实现,她却因为单纯善良,不了解现代社会的复杂和险恶,失身于一个香港开卡车的长途运货司机。不幸的是,在怀上这个叫龙仔的卡车司机的孩子之后,在被龙仔在身上文上象征着奴隶身份的龙的形象之后,龙仔却失踪了,再也没有回来。百合苦苦寻找,也不再能够有一点点关于龙仔的消息。百合开始靠打工和用休息时间做手工来维持自己和孩子的生活。然而孩子不久就出现了先天性心脏病的症状,如果不能筹集到足够数量的医疗费治疗儿子的疾病,百合的儿子将面临不治而亡的悲剧性命运。百合开始了改变儿子命运的悲壮努力。百合尝试了寻找丈夫的各种途径,在漫长的努力失败之后,又尝试了应征婚姻和通过社会工作者的努力呼吁社会关注等办法，但是都没有筹集到数额不菲的医治款。在举目无亲的现代都市，陷入绝境的王百合并没有消极愤世，她仍然天真善良，仍然对身边的每一个人笑脸相迎，尽自己的努力给予他们应有的帮助。在没有一丝希望亮光的现实中顽强地努力。为了抢救儿子弱小的生命，百合做出超过常人能够想象的悲壮努力，让每一个观看电影的人心生敬意，并且为百合儿子的命运操心。我们认为，在当代社会语境中，百合是《沂蒙颂》中红嫂的当代存在，因此，她的悲剧就显得更为沉重了。

在影片的最后，周晓文设计了开放性的结局，一种可能性是，百合自愿到一个台湾富人家里做情妇和保姆，用自己的身体、青春和劳作赚取儿子治病所需要的医疗费用；另一种可能是，出于无奈，百合参与了贩毒，被公安部门抓捕入狱，为了拯救儿子，她完全牺牲了自己；电影还呈现了另一种带着温馨的人性色彩的结局，长年为底层妇女争取权利和权益的社会工作者，通过各种途径向社会上募集资金，努力援手给孤苦无援的百合以必要的帮助。当他筹集了所需的医疗款，兴奋地打电话告诉百合的时候，一脸绝望、完全变了一个人的百合在电话中告诉她，他儿子已经死了，生活彻底丧失了它的全部意义。

由于对现代化过程中的“恶”和残酷没有任何免疫力，因此，农村人在离开他们的故乡和具有血缘关系的文化母胎而进入都市社会之后，凭着农耕社会的规范和伦理，冒险进入以“丛林法则”为基本规则的现代社会，必然陷入失败和天生的悲剧性命运。在中国社会的现代化进程中，像百合这样怀着美好愿望进入现代化都市却又误入歧途的形象是具有一定典型意义的。百合的悲剧在于，中国社会的现代化过程是断崖式跳跃的，没有一个自然发展的渐变过程。百合祖祖辈辈生活在农耕社会的山区，她没有时间适应这个社会规则。国家的社会主义制度和社会主义意识形态，使仅受过初等教育的她，对市场经济和资本的残酷逻辑完全没有抵抗力。因而出现现实存在与认同对象之间的严重断裂，使她在进入市场经济的社会丛林时，仍然用农耕社会的认同模式和价值观念去面对充满恶意和血腥的市场经济社会。百合形象的感人和美好在于：在百合的内心深处，有一种对人和生活的深度信任，或者说，个体与他人，个体与自然，女性母亲与儿子之间，甚至少女与男性的都市青年之间，百合始终心怀敬意，认同一种

"天人合一"的文化理念。我们在百合的悲惨命运中,观望到一种美好的形态,一种朴素的天真,以及坚忍不拔的巨大刚毅。这对于现代社会中的我们,是一种久违的天真,朴素而高尚,优美而不可战胜。从百合身上,我们看到历史并不是一个一维性的过程,进步中包含着衰退,合理中包含着荒谬。因此,善良和信任他人,乐观地面对人生的各种意外和苦难的古典价值观,呈现出诗意的光辉,成为在现代化的进程中顽强地坚守人性和人道伦理的人们心理上的慰藉。

因此,从以上对中国当代电影的个案研究中,我们可以得到以下两点启示:

第一,在中国社会的现代化过程中,由于社会转型的特殊性,也由于中国文化的特殊性,中国的现代悲剧观念是有自己的特殊性的。从文化人类学和美学的角度看,中国文化中仍然存在十分强大的文化仪式,仍然具有十分重要的功能和作用。进入现代社会后,中国传统文化中的仪式,并没有因为社会的转型而自动失效。因此,在我们分析和评论当代电影和当代艺术的时候,要把关于中国文化的特殊性、文化仪式的强大力量充分地呈现出来。在中国社会的历史上,礼制传统是一种仪式性很强的传统,包括王阳明心学所强调的"内在传统",其实质就是一种"心灵的仪式"或者说"情感的仪式",在这种仪式中,一种我们称之为"悲剧人文主义"的情感力量油然而生。

第二,中国文化的表达机制更偏重于声音形象。因此,音乐美学和当代电影的研究对于中国现代悲剧观念、对于当代中国审美现代性的研究都具有重要的意义。中国的民歌、传统音乐、戏曲、诗歌等,大多是以音乐性的表征机制为基本的表征机制。虽然在结尾上有许多是"大团圆"的结局,但是,大多采用悲悯的乐曲。从人类学的角度讲,中国文化中也有喜欢"热闹""喜庆"的传统,但是在中国文化中,"闹"大多是衬托"悲"的,"悲"是更为本质性的文化规定。这种"悲"的实质是一种不以宗教信仰为基础的人类学规定,而是以人对人的信仰为基础的悲剧人文主义。

四、简短的结论

本文以电影《芳华》和《百合》为例证,从"乡愁"与"现代悲剧观念"、文化记忆与审美现代性、在中国当代文化中重建悲剧人文主义的可能性等几个方面,对中国审美现代性的情感结构作了初步的分析和讨论,经过讨论,我认为可形成以下初步的结论:

(1) 对于当代中国的审美现代性研究和情感结构的研究而言,审美人类学的方法具有理论上的优先性和重要性。

(2) 对于当代中国人来说,文化记忆中包含着中国审美现代性"双螺旋结构"的关键密码。传统音乐中的"老歌",包括红色经典中的"老歌"是激活或者说打开这个"双螺旋结构"密码的重要方式。

(3) 在中国审美现代性的情感结构中,悲剧人文主义是至关重要的因素。因此,对于当代中国艺术批评而言,哲学人类学、审美人类学和新人文主义的研究具有十分重要的价值和意义。

注释:

〔1〕 关于乡愁乌托邦的分析,见《乌托邦的中国表达机制》,《探索与争鸣》2016 年第 11 期,第 4—10 页。

〔2〕 2012 年于英国曼彻斯特大学举办的第二届中英马克思主义美学论坛的会议综述见《马克思主义美学研究》第 5 卷第 2 期,中央编译出版社 2012 年版。

〔3〕《马克思恩格斯文集》第 1 卷,人民出版社 2009 年版,第 162—163 页。

〔4〕《马克思恩格斯文集》第 10 卷,人民出版社 2009 年版,第 176—177 页。

寻找母亲的仪式

——从《围龙》看当代中国小说的美学风格

文学作为一种十分敏感的意识形态，它的功能和作用是十分复杂的，对一种文学现象的理想和评价，事实上不仅决定于作品本身的审美价值，而且还取决于评价者的审美立场和价值观念。近年来，由于当代中国文学创作极端活跃以及一系列新的变化，理论界和文学评论界普遍加强了对当代中国文学现象的关注和评论。关于当代中国文学艺术现象的分析和评价，我个人主要有两个基本观点：一是注重审美分析和形式分析，从形式分析中把握作品的社会意义和文化意义，在方法上主张使用“叠合性”这个概念；其次，努力在当代作品中发现新的审美因素和审美品格，在理论上主张使用“余韵”这个概念。

程贤章的长篇小说《围龙》是一个极其丰富而且复杂的文本，评论家可以从不同的角度作出评价。在我看来，《围龙》最重要的审美意义不仅仅是用文学手法表现客家人和客家文化，而且在于通过对一系列生动形象的文学冲突的描述，使人们体验到现代生活的严重缺陷——对生命共同基础的体验，在这个意义上可以说文学是寻找母亲的仪式。这种仪式把古代社会和宗法社会人们相互联系的社会基础用颠倒的形式，或者说情感的形式向我们呈现出来，从而凸显生活应该具有的另一种意义。

《围龙》在客家文化的背景下以一个家族的兴衰折射出 20 世纪中国社会的巨大变

化，从这个意义上说，作者是以小说的形式来描写和表现 20 世纪中国社会的全面转型。从这个角度来解读文本，我们可以说作品的上卷表现了社会制度以及政治理想的转型，下卷则着重表现了经济基础以及价值观念的转型。如果说第一个转型的基本轨迹是从衰败走向辉煌，其美学特点是悲剧性的话，那么第二个转型的基本轨迹则是从悲剧性的崇高走向平凡而宁静的日常生活，其美学特点则是喜剧性的。在这里，上升的路和下降的路是同一条，它们构成了一个整体、一个圆，这个圆所产生的审美场可以把破碎的生活重新凝聚成某种整体性的东西。

作为一部规模较大的长篇小说，《围龙》有许多情节发展线索，作者的成功之处在于把这些线索处理得散而不乱，这自然得益于作者纯熟的叙事本领，更重要的，还在于作者无论写哪一方面或哪一种形象，总能隐隐地呈现出生活现象底层那种内在而统一的力量，这正是历史与文学的区别，也是庸俗艺术与真正的艺术的区别。在《围龙》中，有三个形象是至关重要的，这就是客家人的祖先程旻、黑猫以及程武，而这三个形象本来是同一个东西，在作品中作家用艺术手法把本来叠合着的东西打开、展布给我们了。

《围龙》的楔子是西晋末年南齐望族程旻率整个家族南迁梅州这一历史故事的缩写，南迁的成功和伟大之处在于中原文化与南方土著文化的冲突、融合以及重新组合。中国古代民族迁徙和人口流动一般沿长江、黄河的流向作东西向迁徙，由于中国特有的地理条件和文化结构，这种迁徙，一般不会出现文化结构的调整，而南北迁徙则必然导致文化的强烈碰撞以及文化结构的某种程度的调整和重组。客家人南迁带来了以祭天、祭祖仪式为外显形式的儒家文化，围龙屋是其日常生活形态或者说是南北文化相互碰撞的一种物质化形态及文化象征。围龙式民居可以看作是大海中的岛屿，也可以看作中世纪封建文化中的城堡，在它的外面是漫无边际、混沌而无序的南蛮文化。南迁之举的意义在于"给南粤蛮夷之地注进了中原文化的生机，推动了社会发展的步伐"[1]。在社会动荡、前途渺茫的情况下，避祸南迁可以看作中原文明的精华在社会压力下从中心扩散到边缘，其结果却是从边缘吸取活力从而得到了新的发展。一部《围龙》就是中原文化在南方吸取地气之后重新振作和发展的历史缩影。

张承志写过一部《心灵史》，以一个教派的发展历程呈现心灵成长的历史。在我看来，程贤章的《围龙》则以一个家族的衰兴、沉浮，呈现了某种精神和人格的发育过程。而这种发育又实实在在地得益于混沌而无序的南方文化。

南方文化好色而多情，巫风炽烈。程武作为南方文化浸泡出来的新一代客家人，他的成长历程既是对传统儒家文化的扬弃(在小说中表现为走出围龙屋的努力)，也是对浪漫而多彩的山野文化的超越，从这个意义上讲，程武的成长注定是苦难重重的。小说的起笔是很压抑的：戊戌变法的失败在这个家族生活中投下了浓重的阴影，阳痿这一事实说明社会的压力已经转化为身体的反应。文化更新的动力往往得益于非常规因素的植入。程武从一出生就被放逐，其文化内涵是意味深长的。程武出生后伴随着一系列奇怪的现象：其母频频梦见自己被黑狗叼到山洞门口，其父则屡屡看见一只目光炯炯的黑猫蹲在睡着的程武身上。与古希腊的俄狄浦斯相似，程武被测定为“有大吉大凶之祸”而被送出家门。与母亲的永久性分离给程武带来深刻的创伤，也赋予其巨大的活力。与西方神话不同的地方在于，程武并没有与其父亲——不管是血缘上的还是精神上的——为敌而是始终与自己为敌，其欲望发展轨迹也不是在自恋性的狭隘空间中旋转，而是向外释放和投射，在对象上气化，升华为某种饱含情感的象征。程武与其母亲的关系也不是简单地从爱到恨，从乱到弃，而是从恨到爱，从生理愉悦到伦理愉悦，最终获得中国特有的团圆结局。

程武出生后仅三个月就被送出进士第，从此就再也没有见到自己的母亲，在情感上和精神上寻找母亲或者形象的替代物，对程武来说成为永恒的渴望。在深刻的创痛和艰辛的生活中，性和宗教往往成为直接的解脱方式和手段。程武在他的自我意识还没有充分觉醒的年纪，就被他的养母拖入了色欲的泥潭。用肉欲的手段来超越现实的苦难，由于生理快感的短暂，其效果往往如同吸毒一样，会堕入顽强的依赖性并且对刺激强度的要求越来越大，最终突破身体的极限。对乱伦禁忌的恐惧使程武选择了宗教，上了老母山。然而老母山的寺庙实在是世俗化了，道士成了道具，其最主要的工作似乎是为香客们“侍寝”。经过短暂的“修炼”，程武看破了玄虚，把热血的追求转向了血与火的革命战场。

也许是历史老人有意开的玩笑，也许文化的发展确实需要用“颠倒”的方式获得新的发展，程武的精神发展经历了与程旻大体相反的历程：程旻是逃避战争由北南迁，由武转向文，程武则成长于南方文化，因为逃避乱伦的恐惧由文转向武，主动从军挥戈北伐。程武从军并且最终壮烈战死，表面上看是其雄心壮志的体现，然而，细读其军旅生涯的经历，在我看来，程武在血火激荡的战场上，一方面洗涤其乱伦血污带来的灵魂重负，另一方面，正是在战争这个险象丛生、激烈对抗的特殊氛围中，程武获得了最强烈的崇高感，在最悲壮的奋发中完成其寻找母亲的仪式。在这个意义上，《围龙》是非常富于悲剧性的。在《俄狄浦斯王》中，俄狄浦斯确证他所娶的女人是自己的母亲后，他刺瞎了自己的双眼，使自己沉入永远的黑暗并且流落街头，而《围龙》中的程武坦然清理夫妻关系的名分之后，走向前线壮烈捐躯。

> 炮弹爆炸了，船身开始猛烈震动，仿佛身边发生了七级地震，船身在震抖中坍塌了，而且熔化了。船上的三个英雄来不及呼喊一声，他们的血肉之躯立即与小船的铁板钉一道粉碎成尘埃。能说英雄死了吗？他们已羽化成民族的英灵，一种民族气节和永恒不灭的新的生命。此刻的夜空，谁也不知道他们牺牲前一刹那脸部的表情，但他又常常伴随在你们身边，或严肃，或微笑，都会令你备感亲切。[2]

在这时，崇高和优美非常奇妙地达到了一种统一，统一的基础不在于外在的事物或历史的事件，而在于主体用内在力量完成的某种仪式。

文学艺术的根本功能在于表征现实生活，但不应该仅仅反映现实的存在，而应该表征出现实中人们的情感和欲望。20世纪的中国，包括当下的中国现实，苦难和艰辛是生活的主要方面和特征，在人们还没有力量直接地全面征服和改造现实的时候，想象就成为人们表达欲望和情感的主要手段，文学艺术无非把这种表达加以概括并且对象化。仪式的功能在于整合人们散乱混沌的欲望，并指向一定的价值目标。寻找母亲的仪式作为一种内在的仪式，其基本内涵是超越现实的艰辛和苦难。20世纪中国文学画廊中的许多著名形象都与母亲的缺失相联系，例如《阿Q正传》《边城》等等，又如近期的小说《没有语言的生活》《哺乳期的女人》等，对温情与关怀的渴望和追求，成为20世纪中国文学美学风格的一个特征。

相对于北方文化来说,南方文化更多地保留着母系社会的遗风,《围龙》以一个家族遗弃者艰苦卓绝的苦难生活以及最终以其人格力量重振家族雄风的特殊历程为题材,出色地表达了温情和关怀的当代意义:使平凡的生活富于人性从而呈现出美丽。

注释:

[1] 《围龙》,花城出版社 1998 年版,第 9 页。
[2] 同上书,第 288 页。

略论当代中国文学的美学风格

——兼论《白鹿原》的美学风格

在丰富而复杂的现实关系中，当代中国的文学创作呈现出勃勃的生机，创作出了许多具有特殊风格的文学作品，表征了现实的矛盾和要求，丰富了人们的精神生活。一些难以用现成理论解释和评价、带有某种混杂特性的文学作品，向文学理论的现有范式提出了挑战。我以为，关于这种新的文学风格、新的文学问题的讨论，除了学理方面的探究之外，还需要对新的文学经验的价值意义作出理论分析。本文以陈忠实长篇小说《白鹿原》为个案，对当代中国文学的美学风格提出一些看法，并分析其理论意义。

一、关于《白鹿原》的美学风格

关于陈忠实的长篇小说《白鹿原》的美学风格，陈涌先生概括为"清醒的现实主义"；毛崇杰先生则概括为杂"现代性"与"后现代性"于一体的混合型风格。毛崇杰先生是这样表述的：

……这样的终局真有后现代主义"反目的论（相信历史定向进步的观点）"与"消解大叙事"的意义，"魔幻叙事"则为其次要之"后"特点。这种美学品质概而言之：杂"现代性"（其"自律"即对"启蒙—自由—解放"大叙事的肯定）与"后现代性"

于一体，其美学之非确定性与风格之驳杂性正是其美学与风格之独特性，为其赢得了略超乎后现代文本之可读与可说性。[1]

毛崇杰先生在这里把作品的美学风格问题与“现代性”“后现代性”等较为深层次的理论规定联系起来，因此，这里所说的美学品质也就是时代特征的美学表现。可以看出，毛先生努力用“美学—历史地分析”方法来分析和评价《白鹿原》。《白鹿原》的确具有复杂的社会背景和文化意义，问题不在于是否承认这一点，问题在于怎样说明文本的意义。“现代性”“后现代性”“自律”“启蒙”“消解大叙事”等范畴都是现代西方哲学术语，用这些概念来直接表述《白鹿原》的美学风格，很容易导致“本质”与现象的断裂，也容易把文学评论变成政治话语的简单套用，这是严肃认真的文学批评应该避免的。

对作品美学风格[2]的分析应该建立在文本分析的基础上。以中国新民主主义革命时期农村社会变迁为题材的小说，在《白鹿原》之前有许多成功的作品，与《白鹿原》同时期也有若干较优秀的作品。在我看来，《白鹿原》的成功，或者说《白鹿原》的特殊之处，既不在于对儒教伦理的文学再现（或者说对儒教的解构），也不在于消解了启蒙主义的“宏大叙事”；《白鹿原》的特殊之处在于表现了欲望表达在当代社会关系中的复杂性以及多种难以辨析的差别，凸显了在欲望混乱的泥沼中，个体经验升华和对象化的不同方式和不同途径。优秀的现代小说展现的是心灵的世界，以及在现实世界中心灵变化的特殊轨迹。小说不是直接的历史，这是早在亚里士多德那里就已经明确了的真理。

《白鹿原》的叙事主要有两种方式，或者说由两种类型具体展开。一种方式主要通过人物命运的沉浮，通过不同的事件和情境，展示出人物内心世界的不同层面以及丰富内涵；这种方式就像交响乐，在引子中就已给出主题，随后在几个乐章中不断地演绎和展开。在《白鹿原》中，白嘉轩、朱先生、鹿子霖、鹿三、冷先生都属于这一类形象。这一类形象的意义，在作品的开始和尾声中并没有本质的不同，只是丰满和外化的程度不同而已。在《白鹿原》中，这就是由前辈们所构成的世界，是下一代成长、变化的“背景”，或者说现实关系。《白鹿原》的另一种叙事方式则细致地描写了几种不同类型的人物和性格在长辈们所构成的世界中发展变化的过程。从开始时的简单类同发展成不同的个体人格,甚至走上截然相反的人生道路。在这种叙事方式中,黑娃(鹿兆谦)和白孝文无疑是最为典型的两个极端了,白灵、鹿兆鹏、鹿兆海、田小娥则成为他们精神和性格发展的坐标或参照系。《白鹿原》让人感到"大气"或者说"史诗"感的一个原因,在于作者把这两种叙事方式精心地编织起来,构成了一幅色彩斑斓的历史画卷。要较好地描写"一个民族的秘史",这两种叙事方式的结合恐怕是必需的。从艺术的创新或者美学风格方面说,我以为《白鹿原》的成功之处除了表现了儒家传统的现代魅力,再现了现代中国社会进步历程的复杂性之外,还通过一群个体的不同成长道路,展示出中国社会深层十分隐秘却非常重要的动因。

有一个细节在小说的末尾处被重新提起,说明作者是很看重这一情节的。在三个童年的伙伴已经成为对手和敌人并且长期争斗之后,鹿兆鹏、鹿兆谦、白孝文又重新碰到一起,鹿兆鹏说:"还记得咱们三个给徐先生到柳树林里砍柳木棍的蠢事吗?咱们砍的棍子头一遭就打到咱们三个的头上。"[3]在这里,作者把三个顽童淘气的事件,三个人截然不同的生活经历以叠合(或者套用电影的概念:闪回)的形式呈现出来,从而使叙事过程具有了某种符号学的意义。为什么在同一个人生舞台上,童年时期的三个好朋友会走上截然不同的人生道路呢?三个童年的伙伴的不同命运能够给当代人什么样的启示呢?这是每一个认真的读者都必然会思索并作出自己的解答的问题。在我看来,这种解答既是对中国现代史的思考,也是读者对自己人生道路的评价。写故事做到了这一点,就达到了艺术的境界,也才有可能谈到具有了某种风格。

关于《白鹿原》的美学风格,我不主张用"混杂性"[4]或者"拼贴式"[5]来概括,我认为《白鹿原》的文学形象和叙事方式以叠合性为特征,包含着古典风骨、后现代反讽、现实主义的真实、浪漫主义的幻想和冥想的多重叠合,这种叠合性的叙事和文学形象在《白鹿原》中达到了有机的协调,从而形成了《白鹿原》自身的美学风格,我倾向于用"余韵"[6]概念来表达。

二、《白鹿原》的社会符号系统

三个童年伙伴挨打的原因是在去砍柳树条的途中偷偷跑去观看配种场的牲口交

配。这个“原始场景”，启动了三个人物不同的心路历程。《白鹿原》以白嘉轩七次娶妻、六次丧妻的经历作为引子，其用意也是突出“人口生产方式”的象征意义。黑娃上山落草后，土匪头子“大拇指”曾谈到一个很深刻的哲理：人只有战胜欲望，才能在社会上立足和发展。他很形象地说，许多人出事都是管不住“老二”（意指性欲）而造成的。在小说中我们看到，“老二”是一种强大的力量，推动着芸芸众生走向了五彩缤纷的人生道路，而规范“老二”的不同方式，则为我们再现了不同的欲望转化方式，表征出不同的文化类型和文化结构。

阅读《白鹿原》最让人感到神秘的是“白鹿精魄”的意象及其价值意义，与白鹿相呼应的还有“白狼”和“黑鹿”等意象。如果结合作品中的人物形象和这些人物的文化符码来分析，可以看出《白鹿原》的一个特点是用色彩和动物形象来表征形象的社会意义。在小说中，黑色和动物标指欲望，白色和文字标指文明，小说呈现了这两种符码系统的对立以及交互作用的不同形态，由此折射出心灵世界的复杂性及悲剧性。可以将《白鹿原》的叙事简化为下图：

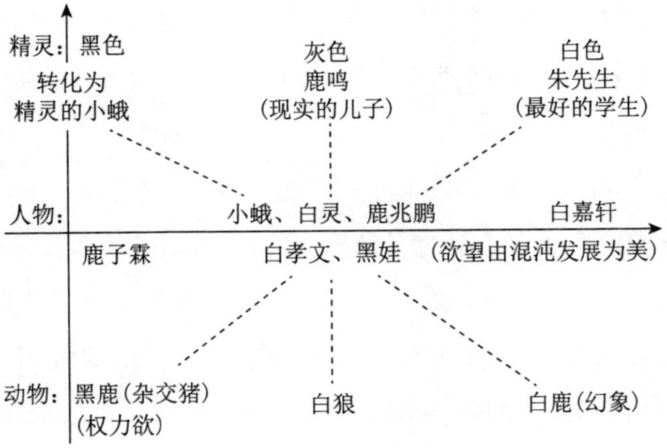

从这个简图中可以看出，《白鹿原》除了描写现实矛盾和人物性格在现实关系中的冲突以及历史进步的发展线索以外，还有许多条虚幻化的叙事线索（田小娥幻化为复仇精灵、朱先生幻化为白鹿，白孝文将杂交猪命名为“黑鹿”等），从不同的侧面展示了

人的复杂性，其虚幻化的表现手法表征着某种价值判断和社会意义，直接服务于作品的主题。

全面论述《白鹿原》的文化符号系统不是本文的任务，我在这里着重指出的是，作品中的朱先生明显地带有理想化的色彩，或者说是古典文化对当代社会仍然具有重要作用的象征，这个形象的抽象化和神秘化色彩正是古典文化在现代社会的存在方式和特征，简单冠以“新复古主义”的帽子恐怕是一种误读。如果这样提出问题和思考问题，那么马克思关于古希腊神话和莎士比亚戏剧具有永恒魅力的论述就难以理解了。在《白鹿原》中，朱先生的形象显然是经过陌生化处理的，表征着在物欲膨胀的现代社会中以宗族制度为基础的古典文化可能具有的影响和意义。在《白鹿原》中，以白色和精灵化为特征的形象还有白灵，那是具有现实性的理想形象，是与未来相联系的理想。因为有了这两类形象的存在，《白鹿原》中人物形象的发展变化才具有一个较为广阔的空间。如果把传统的作用坐实了，那么对以黑色和动物性为特征的欲望化形象的批判力量必将大大削弱，作品表现古典文化现代价值的努力也就没有意义了。在这个问题上，马克思很早就作了提醒：

> ……困难不在于理解希腊艺术和史诗同一定社会发展形式结合在一起，困难的是，它们何以仍然能够给我们以艺术享受，而且就某方面说还是一种规范和高不可及的范本。[7]

古典艺术和古典文化由于其社会基础已经解体，其形象与意义的联系必然断裂，如果它仍然具有审美价值，那么对这种价值及其意义的理解应该从当代社会关系中寻找答案。简单地批判这种审美形式“过去的”社会基础，很难真正说明作品的意义。

《白鹿原》写于 1988 年至 1992 年，正是中国特色社会主义道路的观念逐渐明晰并最终确定为我们党的指导思想的重要的历史时期，陈忠实以艺术家的敏感思考了历史所提出的重大课题：在物欲膨胀的社会现代化过程中，中国文化传统是否仍然具有价值，它以什么样的方式发挥作用？作家的答案不是包含在作品中某一个具体形象之中，而是通过作品中一系列人物命运的沉浮以及他们之间的相互关系，传达出作家对这一问题的思考。在作品中，白嘉轩是中国文化传统的一种形象化表征，朱先生、鹿子霖、黑娃等是其不同侧面的镜像存在,白灵、白孝文、鹿三则是其衍射形态镜像,这些形象之间的关系也就是作家对中国文化的理解。我们也可以把这种关系用“符号矩形”图式来表示:

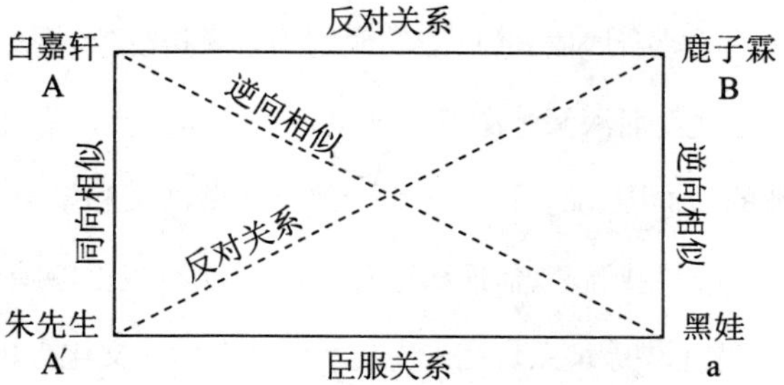

从这个图中可以看到,白嘉轩复杂的人格在《白鹿原》中大体上呈现为 A—a—A′和 A—a—B 两个三角形关系所组成的复合世界。鹿子霖是白嘉轩的对立面,事实上也折射出白嘉轩性格中与欲望、小农意识相黏连的一面的,因而,可以说朱先生作为白嘉轩人格的理想化和文化规范化升华,生动地表现了古典文化与现代化要求格格不入的悲剧性和崇高感。朱先生近乎超凡入圣的一生只能以失败告终;纯化为理想的存在,在现实中是缺乏根基和发展动力的。朱先生临终时的场景道破了这一点:

> 朱先生把额头搭在妻子的大腿面上,乖觉温顺地听任她的手指翻转他的脑袋拨拉他的发根,忽然回想起小时候母亲给他在头发里捉虱子的情景。……朱先生的脸颊贴着妻子温热的大腿,忍不住说“我想叫你一声妈——”朱白氏惊讶地停住了双手:“你老了,老糊涂了不是?”怀仁尴尬地垂下头,怀义红着脸扭过头去瞅着别处,大儿媳佯装喂奶按着孩子的头。朱先生扬起头诚恳地说:“我心里孤清得受不了,就盼有个妈!”说罢竟然紧紧盯着朱白氏的眼睛叫了一声“妈——”,两行泪珠滚滚而下……[8]

母亲是个体与外在世界相联系并达到和谐的最初中介,个体进入社会后,实现这种联系的方式可以是多种多样的。朱先生的情感和精神要求在现实中无法实现对象化,虽享有崇高的声望却“心里孤清得受不了”。这里面所包含的文化意味,较之王国维所说的“美人之迟暮”更增添了几分悲壮。

黑娃作为朱先生最好的学生是《白鹿原》中最能体现白嘉轩人格复杂性的颠倒的镜像，我甚至认为，黑娃是白嘉轩精神上的儿子。黑娃从小就没有母亲，父亲鹿三在他的精神成长方面没有起多少作用，倒是白嘉轩“挺得太直”的腰杆给了他巨大的精神影响。由于黑娃受压迫的社会地位，他只能以颠倒的方式接受这种影响，白嘉轩的儿子省下好吃的冰糖送给他反而深深地激怒了他就说明了这一点。黑娃是从自然欲望的苏醒和表达开始他的精神历程的，这一历程始终伴随着冲突和暴力，在残酷和动荡的社会中，黑娃左冲右突，寻找温情、信任和正义，但在社会巨变的激流中，他只能如一叶轻舟随波逐流，最终糊里糊涂地系舟在朱先生承继其血脉的文化大树上。黑娃的反抗和精神历程非常富于悲剧性，在我看来，其悲剧性强度不亚于田小娥的命运。

白嘉轩作为中国仁义文化的社会基础，或者说作为这种文化的典型表征，在社会的现代化过程中必然受到愈来愈强烈的冲击，朱先生把这一命运概括为“好人难活”四个字。白嘉轩一生所承受的打击和痛苦，远远超过了平常人所能承受的程度，黑娃“学为好人”，努力从黑色的世界走向白色的世界，他的老师朱先生在称赞他为最好的学生时，事实上也是深深地为他的命运担心。善良、温情、和谐和正义的古典世界，在社会的进步和现代化的过程中，必然如海德格尔的“精神家园”一样，从现实的存在退向“诗意的栖居”以及审美的世界。

“白狼来了”。

三、“白鹿精魄”的审美意义

在《白鹿原》中，白狼是一个价值多义的含混意象，但不管是表征农会运动、军阀，还是土匪，白狼都与暴力直接相联系。暴力是打破“耕读传家”祠堂文化的直接动因。对于天人合一、秩序井然的祠堂文化的世界来说，白狼是一个朦胧的意象，表征出人们对和谐世界即将解体的恐惧。在《白鹿原》所描绘的世界中，白狼意象一直悬在人们的头顶上，为整个作品营构了一个悲怆的基调。在我看来，《白鹿原》的深刻和成功之处，在于除了描写了半个多世纪社会的动荡和变迁给人们带来的各种冲击之外,还精心地描绘了在社会规范松弛的转型时期,各种类型的人们心目中的白狼——欲望的强大力量,以及由此在人们心中投下的巨大阴影。《白鹿原》成功地描写了形形色色、各种类型的性关系,然而,在作品中任何一对男女两性组成的个人世界中,都可以感受到恐惧的阴影,即使白嘉轩和仙草这一对古典和谐式的夫妻,在新婚伊始也伴随着恐惧的阴影。

黑娃、白孝文、鹿兆鹏这三个童年伙伴,对欲望的恐惧都根源于砍柳条事件所受到的重责,然而在后来的人格发展中,却形成了彼此不同的三种欲望表达模式,它们之间在理论上的区别是值得注意的。在三个童年的伙伴中,白孝文人格发展的心理环境最为"和谐",族长白嘉轩为其设计并且铺平了成长的道路,然而这个新一代的族长只是形似神不似,其中一个原因在于白孝文的欲望表达模式是那喀索斯式的,以自我中心为特征。如果说白嘉轩青年时先后七次娶妻的目的在于尽孝道的话,那么白孝文与妻子以及小蛾的关系则是谋取快感。在小说接近尾声时,他用不正当手段获取权力又用不正当手段报复黑娃,都是这种人格的典型表现。鹿兆鹏的欲望表达模式根本不同于白孝文,从一开始就表现出某种性冷淡的倾向,虽然关于他投身于革命斗争的心理动力小说没有给予充分的表现,但从他与白灵的关系中可以看出,他的欲望表达方式是被动接受式的,以对象的愉快和满足为目的。这是一种女性化和具有东方特色的欲望表达模式,斯皮瓦克将之称为"艾柯式"的欲望表达方式。[9]这是一种牺牲快感的欲望表达,具有古典美的品格。在三个童年伙伴中,黑娃的欲望表达模式最为复杂。如果说鹿兆鹏的情感模式具有古典文化的特征,白孝文的欲望表达模式具有社会现代化进程(浪漫主义文化)的基本特征的话,那么黑娃的情感模式和人格特征则是一种复杂的结构。黑娃与小蛾的结合也是被动的,但却是十分肉感的,具有强烈的快感。黑娃在小蛾那里找到了一个完整的世界,精神和肉体、自我和对象都水乳交融地联系在一起,构成了一个自足的世界,有了这个世界,他们不再需要寻找母亲,不再需要寻找精神的家园。是巨大的社会压迫和文化压迫使黑娃走上了反抗的道路。黑娃的反抗是一种本能的、个体化的反抗,具有小生产方式的典型特征。黑娃最后跪倒在祠堂里,以及拜朱先生为师“学为好人”,都与他在社会关系中的这一位置相联系。黑娃最后“学为好人”并且得朱先生精神之真传,以悲剧的形式说明了古典文化的魅力,以及它在现代化进程中的软弱无力。

从艺术形象创造和美学风格的角度讲,白孝文和鹿兆鹏的形象都不如黑娃的形象那样具有特性,那样较好地表达了当代中国社会生活的特殊性,简单地说,那样具有典型性。在《白鹿原》中,如果说白嘉轩的形象是一幅画的背景、基调的话,那么可以说黑娃的形象是这幅画的“画眼”。在一个“好人难活”的世界里,古典式的、以祠堂文化为基础的美不可挽回地开始解体,这是社会发展的必然,但那个必然解体的世界在破碎和瓦解时放射出来的光芒却是壮观和美丽的,它不仅能够给我们以丰富的审美享受,而且给人们以深刻的伦理启迪。在我看来,这就是“白鹿精魄”,或者说《白鹿原》的审美意义。

四、当代中国文学生产方式的理论规定

风格是与某种特殊性相联系的。关于某一作家特殊风格的分析,偏重于对作家个人体验和心理因素的探究,而对某一时代、某一民族文化风格和美学风格的研究和把握,则应该从其生产方式的理论分析入手。关于当代中国文学艺术生产方式的理论规定,大体说来包括以下几个方面:(1)社会主义初级阶段经济基础对意识形态的要求;(2)文化传统与现实的非对抗关系;(3)现实与未来的关系;(4)以上几个方面的叠合性共存或有机统一等。

关于社会主义的文化,特别是社会主义的文学艺术,维护和促进社会主义经济基础的发展自然是它最基本的要求。在文学艺术方面,经过浪漫主义文学运动和现代派文学阶段,文学形象和生活体验之间的联系断裂了,形成了保守主义和激进主义二元对立的文化格局,文学的世界也分裂为古典的、符号化了的过去,与激进的、情感化的当下体验之间的对立。如果说伽达默尔、列维-斯特劳斯、海德格尔等美学家已经明确意识到艺术形象与现代生活体验直接联系起来的重要性和必要性的话,那么我们可以

说，社会主义文学生产方式不仅提出了这种要求，而且实践了这种要求。通过审美转换这个范畴，社会主义文学理论把形式和现实内容、符号与现实生活体验结合起来了。审美转换不仅只有从现实内容到文学形式这样一种通常的方式，而且还包括从文学象征、文学形式到现实的、生动的文学体验这样一种方式。从理论上说，这两种方式都是现实主义的。在《白鹿原》中，虚静的情感模式、“白鹿精魄”的文化象征，以及黑白两色符号系统的对立和转换等，都通过叙事过程实现了向对立面的转化，表现为生动感人、审美意义丰富的文学形象。

当代中国文学生产方式的另一个理论规定，我以为可以表述为审美意象的多重叠合或者说有机统一，这个概念的理论基础是法国马克思主义理论家路易·阿尔都塞所提出的“多元决定论”[10]。社会主义初级阶段在经济基础方面的重要理论规定就是多种所有制形式共存。这种多质共存的经济结构归根结底是由生产力的发展水平制约的，也必然影响着文化结构的复杂性。文化结构和文化发展的“多元决定”理论把握了同质文化千姿百态的表现形式，以及经济和文化的不平衡发展关系；经济基础方面的多质共存结构则呈现出一个十分复杂的文化空间。这也是当代中国文学意象多重叠合特性的社会根源和理论根据。理论研究的任务不能停留在把这种现象贴上一个“后现代”标签的水平上，而是应该分析这种多重叠合现象或有机统一现象是否产生了新的审美效果，以及这种新的文学风格和审美风格在理论研究中的意义。关于当代中国文学意象的多重叠合现象，既可以用叙述学和形象分析的方法来分析，也可以用心理分析的方法作出解释。《白鹿原》的叙事过程除了历史的和现实的视点以外，还有两个十分重要的视点：一个是以农耕社会为基础的祠堂文化的视点，白嘉轩是其最典型的代表；再一个就是转化为精灵化或冥间化形象的视点，朱先生、死后的小蛾是其突出代表。这后一个视点不仅增加了小说的神秘性和命运感，也为跳出具体的历史语境评价人和事件提供了可能。多重视点并用在《白鹿原》中造成了一种很独特的效果：多灾多难的社会历史过程和酷烈的人生悲剧，并没有导致人们对历史和现实的否定性评价，而是产生出难以言传的复杂情感，引发人们抛弃一切现成的评价标准，以一种“实事求是”的情感态度对待作品所营构的世界。因此，我主张用“宁静的悲怆”来概括《白鹿原》的美学风格。

关于当代中国文学生产方式的第三个理论规定，也就是当代文学的现代性问题。我以为，当代文学的现代性主要通过文学形象表征未来而体现出来，其理论基础是历史哲学，而不是美学或伦理学。《白鹿原》以冤杀黑娃、白嘉轩一只眼睛失明和鹿子霖精神失常随即冻死作结。在黑娃审判会上，白嘉轩悲愤至极而"气血蒙目"，虽然被冷先生救起，但却从此瞎了一只眼睛。此后，白嘉轩对世界的态度发生了某种变化："一月后，白嘉轩重新出现在白鹿村村巷里，鼻梁上架起了一副眼镜……他的气色滋润柔和，脸上的皮肤和所有器官不再绷紧，全都现出世事洞达者的平和与超脱，骤然增多的白发和那副眼镜更添加了哲人的气度。"[11]《白鹿原》所体现出来的悲剧意识不仅具有浓郁的中国特点，在我看来，还具有十分强烈的当代色彩，或者说社会主义文学的某种特征。

文学的现代性问题虽然并不等同于哲学的现代性问题，但它们之间无疑存在着密切的联系。关于现代性问题，事实上不同的理论有不同的理解，其本身也是一个价值问题而不是事实问题。马克思主义对现代性的理解是十分辩证的：既包含着对生产力极大发展以及资本主义生产方式的赞扬——强调它是历史的巨大进步，又包含着对简单以物质生产发展为尺度的生产方式的强烈批判。所谓现代性也就是生产的社会化过程以及人类存在的个体化过程，它所带来的社会进步和两极分化现象同样令现代人震惊。马克思在《政治经济学批判・导言》中曾经说过："……进步这个概念决不能在通常的抽象意义上去理解。"[12]把社会的现代化过程置于一定的历史阶段，对它的不合理性提出批判和质疑，这就是马克思所理解的现代性。具体到文学方面，我以为西方文化中浪漫主义文学至现代派文学那种以想象为中心，把艺术的世界与日常生活世界割裂开来的美学原则，以及将审美价值作为最高真理或作为价值标准的观念就是文学现代性。它不仅是一种文学作品的生产方式，也是文学传播、评价、研究等的原则。马克思主义理解的文学的现代性，或者说马克思主义的文学态度，正是对自律性的纯文学观念的批判和否定。简单说来，马克思对文学现代性的理解，着重点在于文学把人们引向"未来"的能力。如果说现代派文学理论关于现代性的认识强调文学可以把握住人们对现代生活的真实体验，那么，可以说，马克思主义文学理论关于现代性的认识强调文学具有表征“未来”的能力。具有这种能力的作品就具有了社会主义文化时代的文学现代性。

关于文学生产方式这个概念，弗雷德里克·詹姆逊是这样论述的：

> 于是，这个新的对象——符码、标记系统，或标记与符码的生产系统——就成为研究一种整体的导引，它更大地越过那些更早的系统，即狭隘政治（象征行为）的，和社会的（阶级话语和意识形态元），以及我们在这个词的更广意义上所说的历史系统。这里的有机化的联合体就是马克思主义传统所指的“生产方式”。[13]

当代中国文学艺术生产方式的总体特征，事实上也就包含在社会主义初级阶段以及民族特色这两个理论规定性之中。我们仍然以《白鹿原》为例作出说明。《白鹿原》是一部反映社会现代化进程的悲剧风格的作品，但是把《白鹿原》与启蒙时期的巴尔扎克、司汤达，或者与柳青、老舍笔下的悲剧作品相比较，我们就能够感到明显的区别；或者把《白鹿原》与《第二十二条军规》《百年孤独》等作品相比，我们也能感受到巨大的差异。如果说启蒙主义时期的悲剧作品在相信社会必然不断进步的基础上深刻揭示了社会的不合理性，现代派作家则在对现实和历史彻底绝望的立场上描写了社会生活的悲剧性，以及其中所包含的美，那么，也许可以说，《白鹿原》是一种包含着内在乐观的悲剧。且不说黑娃之死平反有望，小蛾的冤屈在超常的复仇行动中得以宣泄，仅仅从《白鹿原》的叙事结构就可以说明这一点。《白鹿原》叙述了白、鹿两家历时半个多世纪的复杂关系。作家一方面细致地描绘了以白嘉轩为代表的祠堂文化不可避免地必然解体的命运，另一方面，又用生动的笔法渲染了欲望的“狂欢化”。《白鹿原》通过对两性关系丰富多彩的描写，呈现了生命的欢乐和倔强。在这方面，黑娃的经历也是很典型的，既不是命运悲剧，也不是性格悲剧，而是一种文化悲剧。黑娃“学为好人”虽然不识时务，但体现出一种巨大的精神力量，一种强烈的美，富于希望的未来必然承继其中合理的东西。宁静的悲怆是仁者的悲剧，它把我们这个时代复杂的矛盾和可能的未来都表征出来了。

注释：

[1] 《文学评论》1999年第1期,第27页。

[2] 我以为在本论题的范围内美学风格的概念较美学品质的概念要准确一些。风格是对文学事实的描述和理论把握,品质则包含了评价的成分。

[3][8][11] 《白鹿原》,人民文学出版社1993年版,第668、629—630、678页。

[4] 毛崇杰:《"关中大儒"非"儒"也》,《文学评论》1999年第1期。

[5] 特·伊格尔顿:《后现代主义矛盾》,*New Literary* History 1997年秋季号。

[6] "余韵"概念见王杰:《审美幻象研究——现代美学导论》,广西师范大学出版社1996年版。

[7] 《马克思恩格斯全集》第46卷(上),人民出版社1979年版,第49页。

[9] 佳亚特里·斯皮瓦克:《论艾柯》,*New Literary History* 1993年春季号。

[10] 见路易·阿尔都塞:《保卫马克思》中译本,商务印书馆1984年版。

[12] 《马克思恩格斯选集》第2卷,人民出版社1972年版,第112页。

[13] 弗·詹姆逊:《快感:文化与政治》,中国社会科学出版社1998年版,第79页。

第四辑　斜塔上的瞭望

六十年来马克思主义文论在中国的范式转换及其基本问题

中国马克思主义文论研究已经走过了一个多世纪的历史进程。回望这一进程，马克思主义文学理论在中国获得了深入的发展。在中国文论的现代视野中，马克思主义文论的重要性和关键地位日益突出，其理论影响和思想启发越来越重要。在探讨中国马克思主义文论历史发展的过程中，学者们往往赋予中国马克思主义文论一种历史的判断，认为马克思主义文论在中国的传播与接收更多的是一种历史的选择，体现了中国现代社会发展特殊的政治和意识形态诉求。不可否认，历史的选择因素在中国马克思主义文论早期发展中曾经起到过重要的作用，这意味着马克思主义文论在中国相比其他国度有特殊的线索。[1]总结和探索中国马克思主义文论的历史发展当然离不开这种特殊的线索，但是，我们也应该看到，马克思主义文论在中国的发展演变并非完全由历史所导致的"外来传输"的产物，更有着理论与观念变革的内在发展动因，即理论观念与思想意识层面的主观创构与理论范式转换因素。本文试图着眼于六十年来马克思主义文论在中国理论创构与范式转换的内在理论，深刻辨析马克思主义理论范式与中国文学研究的知识经验、基本问题与理论逻辑之间的联系，以突出马克思主义文论在当代中国的学术定位与历史责任。

一、“文艺大众化”与“中国经验”:马克思主义文学理论范式在中国的创构

中国马克思主义文论是在中国现代社会思想文化发生重大变革的时代开始被“引入”中国的。20 世纪 20 年代,李大钊、陈独秀、瞿秋白等人在中国特殊文化现实中开始初步译介马克思主义思想。在这期间,高尔基的《文学与现在的俄罗斯》(郑振铎译)、卢那察尔斯基的《俄国文学与革命》(沈雁冰译)、《托尔斯泰和当代工人运动》(郑超麟译)、托洛茨基的《论无产阶级的文化与艺术》(仲云译)、列宁的《论党的出版物与文学》(一声译)、马克思的《共产党宣言》(陈望道译)等一批理论著作最先被引介到中国,马克思主义基本观念得到了初步的介绍,马克思主义文艺思想也逐步开始传播。但是,由于独特的社会文化情势,自从马克思主义思想在中国开始传播那一天起,它就充满了新潮、先锋与激进的色彩,中国知识界关于马克思主义文论也并未获得完整系统的认识,而更多地将之视为一种直接介入社会的理论,这我们可以从当时翻译介绍的马克思主义著作的基本内容见出。当时翻译介绍的马克思主义论著,从内容上看,多是与苏联无产阶级革命理论、文艺状况密切相关的作品;从导向上看,则是更多地直接呼应中国当时的社会现实与实际问题的理论著作。虽然这些作品在当时具有明显的思想趋前色彩,但这种趋前性并非完全体现在文艺观念与审美观念上,而更多地表现为一种历史担当意识,这正体现了“中国化马克思主义文艺理论的依附性,也是它滞后的特殊性”,也说明马克思主义文论在中国早期的理论萌发更多地展现了社会时代诉求的外在性特征。

在 20 世纪 20 年代以后的发展中,马克思主义以及马克思主义文艺理论在中国的传播与接收更多地局限在文艺界的思想论争之中,因此也并没有形成系统性的理论理解。[2]就马克思主义文论的中国发展而言,是否形成完整系统的理论形态以及体系性的认识具有重要的意义,这是检视我们是否能够深入全面理解马克思主义思想精髓的一个重要方面。在 20 世纪的早期,马克思主义文论固有的“域外来源”的特征以及中国的独特现实决定了它在中国的接受困境,所以在当时即使有“五四”时期的思想启蒙

以及"革命文学"的呼唤与抗争，即便是有五卅惨案这样重要的"劳工事件"发生，但由于中国工人阶级文化经验的滞后性与工人阶级革命理论的天然缺陷，马克思主义在中国的接受仍然停留在"主义"的层面上。而就文艺领域的现实而言，马克思主义文艺观念在当时"民主"和"科学"的视野中也显得单薄，更难以真正发挥独特的作用。虽然在"五四"时期，中国现代文学在反封建的文学革命视野中已经开始强调来自社会底层民众的革命意识，但这种革命意识更多地具有民主主义色彩，在文学观念上仍然强调社会外因的促动，文艺观念与文学理念内部的变革还很微弱，真正意义上的马克思主义理论范式转换尚难发生。[3]在这种情形下，马克思主义文艺理论完整的理论形态与体系性的完善过程就显得更加重要，它成了中国是否真正拥有马克思主义理论范式的标尺，这种理论范式的创构毫无疑问是从20世纪40年代毛泽东《在延安文艺座谈会上的讲话》开始的。

在中国马克思主义文论发展中，毛泽东的《在延安文艺座谈会上的讲话》是一个标志性的理论进展。从它开始，马克思主义文论在中国的发展具有了不同于"五四"时期、"左联"时期的理论特征，开始拥有了自己的理论形态和美学形式。在《讲话》中，毛泽东从当时的社会现实与文艺实践出发提出了当时文艺工作的根本问题，这个根本问题用毛泽东的话说就是"一个为群众的问题和如何为群众的问题"，而要解决这个问题进而"把革命工作向前推进"，就需要"革命的文学艺术运动"和当时的革命战争相互结合起来，毛泽东据此提出了"文艺的大众化"的问题。从理论层面看，在中国文学发展历程中，"文学"与"大众"的问题并非是从《讲话》才开始提出的。从1928年鲁迅和郭沫若关于"普罗文学"的论争，到1930年瞿秋白、周扬等人提出的"大众文学"口号，以及次年上海文艺界开展的关于"大众文学"的讨论，中国文学在现代化历程中始终寻求"文学"与"大众"知识话语的连接。但在当时，这种连接的努力都集中在语法、文风、文体等文学的"表现形式"上，即文学如何表现大众的语言。在《讲话》中，毛泽东提出的"文艺大众化"则表达了全新的理论观念和具有原创性的理论追求，即在根本上，"文艺大众化"是文学的体验的大众化，也就是革命的文学要做到"大众化"，首先要做的是"感情起了变化""文艺工作者的思想感情和工农兵大众的思想感情打成一片"。这展现出了毛泽东在理解文学“大众化”问题与以往截然不同的一种角度和方式。从中国20世纪40年代的文艺现实来看，毛泽东对当时中国文学现实情形的判断以及“文艺大众化”问题的理论说明，不仅仅是在文学的“表达形式”与“书写内容”上提出了不同的要求，而是整体地表达了中国新民主主义革命之于中国文学经验的学理诉求，这也正是毛泽东“文艺大众化”理论不同于以往的地方。

毛泽东的《讲话》的发表，使马克思主义文论在中国的理论发展得到深刻的提升，在理论形态上表现出了一种从“形式→内容”到“内容→形式”的超越性变革，马克思主义在中国文学与理论界的实践影响不再仅仅停留在“文学革命”的“形式表达”意义上，也不再单单着眼于“文学革命”的“内容书写”上，而是马克思主义理论原则开始在文学精神的层面上与中国当时的文学实践相结合，并最终以“文艺大众化”的理论形式将中国文学普遍的知识经验融入中国新民主主义革命的进程中，从而完成了马克思主义文论在中国的理论创构。在这种理论创构中，马克思主义开始与中国特殊的“政治”相呼应，从而为中国无产阶级的“文化领导权”缔造了深刻的理论武器和斗争武器，而来自底层经验的“文艺大众化”方向则使中国马克思主义文论拥有了“人民性”甚至是“人民美学”[4]的表达方式。这一方面显示了马克思主义文论“中国化”的伟大意义，另一方面则衍生了中国马克思主义文论另一个重要的起源语境和特征：那就是更多地在文艺界的思想论争与政治意识形态的联系中孕育它的理论形态，文艺界的思想争辩和观念论争以及由此展开的艺术实践构成了中国马克思主义文论的知识经验，政治意识形态则不但影响着文艺界的知识经验，而且影响了知识力量的分化组合。[5]也正是从那个时候起，中国马克思主义文论在中国文学经验中发展出了一种不同于欧洲马克思主义的美学思想和理论形态，这种理论形态虽然在不同的历史条件下呈现出一定的变化，但它们具有某种共同的理论基础和思想内涵，那就是“怎样将中国的民间文化模式、中国人的审美经验模式结合起来，从而真实地表征出中国现代化进程中与社会主义目标相联系的情感和审美经验这一相对困难的理论要求”。而这正是马克思主义文论在中国创构的理论表征。

二、马克思主义文论在中国的范式转换及其理论意义

如果说以毛泽东《在延安文艺座谈会上的讲话》所确立的“文艺大众化”理论形态为标志，马克思主义文论在中国完成了理论范式的创构的话，那么从20世纪50年代到今天，六十年间，马克思主义文论在中国的发展早已摆脱了理论创构的初期特征，开始显现出实际有效的理论影响，理论范式转换的特征也更加明显。这同样是一个复杂、矛盾与充满各种思想交锋的过程，在某种程度上，它比马克思主义文论在中国的理论创构历程更加艰难。因为马克思主义文艺理论范式的转换不仅仅意味着理论学说在选择与接收中的单向传播，也不仅仅意味着理论形态的初期创构，而是意味着理论观念与思想精神的纵深发展，是一个关于马克思主义文学理念的综合变革的过程。具体而言，马克思主义文论在中国的范式转换，是从那种单一的“文化领导权”意义上的“文艺大众化”的理论范式走向深入发展综合创新的过程，同时也是作为一种思想指南与批判精神的马克思主义文学观念深刻贯穿于中国文学知识经验与理论研究过程的标志。因此，它必将引起接受方式与接收策略的自觉调整以及思想观念与思维模式的深层变革，同时更是理论建构的逻辑起点。

20世纪40年代毛泽东的《讲话》发表后，“文艺大众化”的理论形式曾经在很长时期成为了中国马克思主义文论的理论形态，而20世纪40年代中国文学的知识经验也更多地与“文艺大众化”的理论形式相呼应。比如，《讲话》之后解放区的许多文学作品，如歌剧《白毛女》、赵树理的小说《李有才板话》《李家庄的变迁》等，不但成了“文艺大众化”理论的成功范例，而且构成了中国马克思主义文艺理论对象化现实审美经验的有力方式。[6]而那时，来自中国社会底层人民群众的情感和愿望以及与此相联系的生活经验也表明，中国马克思主义文论要想获得理论范式上的合理表达必须更切实地面对来自人民的情感体验与知识经验，这是马克思主义文论之所以在中国发生范式转换的内在的理论规约，同时也是中国马克思主义文论的基本问题。20世纪40年代，中国文学中的“文艺大众化”实践曾经表达了受压迫最深重的底层人民的情感和愿望，并

且在现代中国文化发展与社会演进中发挥了重要的作用，甚至影响了现实社会的政治与意识形态的格局。[7]六十年间，马克思主义文论在中国的基本问题并没有改变，马克思主义文论仍然需要面对社会大众的生活经验与情感诉求，仍然需要在根本上呼应中国社会与中国文学的现实，并需要将之转化成内在的理论建构的内涵。[8]这正是马克思主义理论范式转换的起点。正是在这个起点上，六十年来，中国马克思主义立足于中国经验与中国现实，在整体、全面、系统地消化吸收马克思主义的经典文本的基础上开始了理论转换的过程。

我们曾经认为，20 世纪 20 年代开始的马克思主义文论中国化的早期历程展现的是一种“文学革命”的“形式化”过程，到了 20 世纪 40 年代，马克思主义文论在中国开始从“文学革命”的“形式化”阶段转向“文艺大众化”的理论创构阶段。无论在 20 年代还是 40 年代，马克思主义文论在中国的发展都具有单一的特征，知识谱系、话语方式与理论影响都不同程度地具有狭窄的一面。即使是在 40 年代，中国马克思主义文论在“文艺大众化”的理论观念中有效地熔铸了“文化领导权”观念而成为意识形态话语的有利的表达形式，它仍然没有摆脱“外来”与“送来”[9]的理论接受上的尴尬。如何摆脱这种“外来”与“送来”的尴尬正是马克思主义理论范式深入中国文学实践的首要任务。这里面首先还是一个“接受”的问题，也就是说在“接受”的层面上我们如何真正摆脱“他论”思维，真正把马克思主义的思想与精神融入我们自己的文学理解与文学研究之中。六十年来，中国马克思主义文论首先在接受方式与接收策略的基点上展现出了理论范式转换的重要成绩。马克思主义文论在中国的接受不再满足于“理论”“主义”“学说”的平面介绍，不再是对马克思主义的文本作有选择性的介绍和有实际问题针对性的评述，从 20 世纪 50 年代出版的周扬主编的《马恩列斯论文艺》到各种版本的马克思、恩格斯的全集、选集和文艺论著合集；从最开始的列宁的《论党的出版物和文学》，到马克思、恩格斯、列宁、斯大林、毛泽东、周恩来、邓小平等诸多马克思主义经典作家的理论著作，理论引介和研究展现出了更加多元和变化的趋势。其次，六十年来，马克思主义文论具体的研究过程呈现出了一种综合研究的局面。马克思主义不再是平面地介入社会与政治问题的理论手段，而成了真正深入文学领域的精神力量与思想力量。马克思主义作为一种整体观念开始与中国当代文艺问题、文学实践相融合，马克思主义文论的理论建构、体系建设与观念影响、思想指导也已经落实到了文学研究的具体过程。特别是从20世纪80年代以来，在具体的文艺研究与审美研究领域，不再将马克思主义的理论学说和观念简单机械地套用到文学阐释过程中，而是开始注意在文学与审美领域中真正践行马克思主义的思想精神与理论精神；不再将马克思主义的文艺思想孤立化、片面化、机械化和程式化，而注重在整体上将马克思主义理论观念融入中国语境与中国问题，走向马克思主义文论研究的问题领域。这意味着马克思主义文论在中国已经开始走出了理论创构的初期阶段，理论范式已经显示出了实际效力，马克思主义理论观念已经作为一种整体精神契入中国审美文化现实并展现出明显的思想启发。第三，六十年来，马克思主义思想观念在与中国当代文艺问题、文学实践相融合的过程中，中国马克思主义文论在理论研究与体系建设上也取得了重要的成绩。在文学与政治的关系、文学的人学观念与人性立场、典型化原则的梳理与接受、现实主义文学原则的理论探索、文学生产与文学消费研究等方面，马克思主义文学理论观念既发挥了重要的作用，同时也展现出了鲜明的理论建设的成绩。在文学主体性精神的探究、文艺学研究方法的开拓、人文精神的大讨论，以及审美意识形态研究、新理性文论、古代文论的现代转换、全球化问题、中国美学与文化多样性等重大学术问题的探索与辨析中，马克思主义文论所占的比重也是巨大的。这说明，马克思主义文论正在中国文学理论的知识生产与理论建构中发挥实质性的理论影响，马克思主义文论在中国的范式转换正展现出它重要的思想启发。这种启发就在于提示我们注意，作为一种理论范式的马克思主义文论不是一种独断性、排斥性、唯一性的理论观念与思想形式，因此我们不能再将马克思主义文艺观念绝对化和独白化，更应该强调在马克思主义与当代西方其他文艺观念的比较对话中找到马克思主义文论的更合理有效的应用形式，同时也要在马克思主义和人类思想的多种资源的比较对话中以更加积极的方式从事马克思主义文学理论研究的系统工程，这既是中国马克思主义文论走向深入发展综合创新的过程，也是马克思主义文论开始真正意义上展现出中国化、大众化与时代化的实绩的表现。

三、理论发展与综合创新:中国马克思主义文论的学术定位与历史责任

过去的六十年,马克思主义文学理论范式在中国已经由一元走向了多元,由封闭走向了开放,由单一走向了综合,马克思主义文论在中国发生了理论范式上重要的转型,这是马克思主义文论在面向中国问题与中国语境过程中所展现出来的生命力,同时也是中国马克思主义文论研究与建设的重要成绩。但是,我们也应该看到,六十年间马克思主义文论在中国的范式转换不仅仅是充满了希冀、欣喜与理论收获的喜悦,同时也是一个孕育危机、提出问题、面临挑战的过程,“克服危机的过程与解决和回答现存的问题是同步的”。马克思主义文论在中国的范式转换并非是直接而简单地发生的,而是裹挟着不同理论传统的矛盾与冲突、多种理论资源融合的压力与焦虑、不同理论话语趋同与求异的危机与挑战。即使在今天,马克思主义文论在中国的范式转换仍然面临着更加艰巨的任务。特别是从 20 世纪 90 年代以来,世界文论的大发展、当代西方各种文化思潮的不断涌现、种种思想裂变的冲击以及中国当下社会文化与文学实践的复杂走向,更给马克思主义文论建设增加了更大的压力。

在挑战与压力面前,中国的马克思主义文论需要进一步明确理论建构的原则与方向,同时更需要进一步增强实践性与批判性,实现理论的综合创新。这既是新的文化时代对马克思主义文论提出的理论任务,同时也是中国马克思主义文论的历史责任。在过去的六十年间,中国马克思主义文论研究呈现出了崭新的面貌,但我们不能想当然地认为中国马克思主义文论的建设与发展会是一帆风顺,不能笼统地认为只要我们坚持马克思主义的唯物史观,坚持马克思主义理论观念,中国马克思主义文论的理论成果就会不断地扩大。在新的历史文化语境中,首先需要我们要在当前社会现实演变与思想文化格局变换中对马克思主义文论的学术定位保持清醒的认识,在文化多样性面前对马克思主义文论历史责任作出认真的探索。从历史的角度看,马克思主义文论引入中国也是经过了较长一段时间才得到系统整理与消化的,马克思主义文论在中国是经过了六十年才逐渐形成目前的理论范式的,这也提醒我们注意,马克思主义文论

与中国问题、中国语境的融合贯通仍然是当前马克思主义文论在中国的理论范式转换的主要任务之一。另一方面,我们也要认识到,马克思主义文论在中国无论是从理论范式上还是从思想影响上,其接受道路都不是单一的,其阐释路径也是多维的。在一个较长的时期内,马克思主义文论在中国会与当代西方其他文化思潮处于大致相当的接受、传播格局中。而且,由于马克思主义文论引入中国较早、介入中国问题与中国语境的过程较深入、全面,人们对马克思主义文论的当代理解与当代阐释的方向与角度变化自然也最大,这对马克思主义文论在中国的发展既是有利的趋势同时也是阻力的根源。这就迫切需要中国马克思主义文论在与其他各种理论思潮的撞击、对话与交流中,更加表现出理论上的优势与效力。目前,我们不能绝对乐观地估计这种优势和效力会一如既往,马克思主义文论在中国的现实发展仍然面临着其他思想文化思潮的压力,这其中特别是要面对产生于20世纪60年代西方的"后学"思潮[10]的冲击。

目前,经过了近二十年的时间,中国当代文学理论界基本上完成了一个与"后学"思潮的相遇、接受、选择的过程,"后学"思潮的方法、观念部分地被中国当代文学理论所接受、阐释和应用,并且导致了中国当代文学理论研究在整体知识生产和知识建构层面上的变革,甚至影响了文学发展的态势与走向。"后学"思潮本身代表了一种思维方式和理论观念的展开方式,当它与具体的理论问题相遇之后,它提供的不仅仅是一种社会背景和语言环境,它自身包含的思维方式和理论观念也内在地融入了理论问题的研究过程之中。中国乃至世界文论中出现的"意识形态终结""文学理论的危机""反理论"的声音、"理论已死"的宣告以及媒介时代来临的各种预言,都与当代"后学"思潮的理论渗透、影响甚至干扰有关。由于社会历史语境、文化哲学传统、文学体验方式以及文学研究方法的差异,"后学"思潮与中国文学的相遇过程不可避免地产生了多重的接受矛盾,甚至至今为止仍然显示出理论融通与对话的困境。西方文论发展中的"后学"思潮有着它自身特殊的社会文化语境和现代性现实,当它在中国文论开启现代性历程之后被中国文论引介与应用之时,不可避免地在表达方式、理论体系、话语实践等诸多方面与中国文论话语产生"时空错位"。从中国当代文学理论开始受西方"后学"思潮影响的时候,中国文学理论研究就没有忽视这种"时空错位"所造成的理论误读及其应用性偏差。目前来看,清理这种误读与偏差不仅十分必要,而且构成了中国当代文学理论建构中的一项重要的内容。正是在这个意义上,当代西方各种具有“后学”思潮特点的文学观念和理论观念对中国马克思主义文论的建设才在构成挑战的同时也提供了契机。在这种情形下,中国马克思主义文论建设需要的不是粗暴强横的理论攻击和话语口角,也不是完全排斥性和唯我性的打击,需要的是冷静的学科反思和宽容的对话心态,需要更为客观地吸收当代西方文论的新现象、新思潮、新发展、新趋势,并有效地与中国当代文学现实相联系,在面向现实的过程中增强理论的生命力。这既是中国当代文艺学的当然选择,同时也是中国马克思主义文论的内在发展之途。

值得我们关注的是,六十年来,中国马克思主义文论研究没有将“建构”流于口号,而是充分体现出了理论范式转换的深刻影响,无论是经典马克思主义文论的整理与探析,还是西方马克思主义文论的理论探索,以及现代西方文学理论与美学理论的综合研究,都取得了卓有成效的理论实绩。在新的历史时期,马克思主义文论在中国的范式转换已经深入到了中国当代文学与文化现实的具体情境,也已经使马克思主义文论的学术地位更加突出。未来的发展之路,我们期望中国马克思主义文论能发出更强有力的声音。

注释:

[1] 荷兰学者佛克马、易布思就认为,中国马克思主义批评与苏联相比,存在着一个明显的不同之处,中国不像苏联那样纠缠于努力吸取欧洲文学遗产的问题。见佛克马、易布思:《二十世纪文学理论》,北京三联书店1988年版,第116页。

[2] 倒是当时的胡适在《四论问题与主义》中较早地谈到了马克思的唯物史观及其意义,但胡适不赞成马克思的阶级斗争学说(胡适当时称之为“阶级竞争学说”),认为马克思的“阶级竞争学说”太过强调“阶级的自觉心”,并认为这是“阶级仇视心”的来源和许多惨案的罪魁祸首。

[3] “左联”文学时期,茅盾、蒋光慈等人的小说已经具备一定的来自社会底层民众的革命意识,但这种意识更多地表现为从“文学革命”的“形式”到“革命文学”的“内容”的转换,这种变化仍然是在社会现实促发下发生的,马克思主义理论观念尚未对其产生实质性的理论影响。

[4] 冯宪光直接地称中国马克思主义美学是一种“人民美学”。见冯宪光:《马克思主义文艺学的当代问

题》,中国社会科学出版社 2005 年版。

[5] 当时很多城市出身的作家开始投入"文艺大众化"的创作,并发生了生活方式与文学理念的重要变化,并相信毛泽东说的:"最干净的还是农民,尽管他们手是黑的,脚上有牛屎,还是比资产阶级和小资产阶级知识分子都干净。"

[6] 赵树理的作品在当时曾受到郭沫若、茅盾的赞扬,被誉为"文艺大众化"过程中的"赵树理方向"。以往研究往往强调赵树理这类作家当时是"自觉地"践行"文艺大众化"的理论方向的。《讲话》以及"文艺大众化"在这些作家身上究竟产生了何种影响?其文学理念是如何受其影响发生重大变化的?这是目前我们探讨中国马克思主义文艺理论问题时忽略的一个理论盲点,即如何更进一步探索《讲话》以及"文艺大众化"在作家精神体验与审美感受方面的重要影响。

[7] 如"抗战文学"的理论形式其实与现实社会中的抗战方式有某种同构性,都是强调突出社会底层民众的经验与力量。

[8] 在中国马克思主义文论发展的早期阶段曾经有底层叙事的文学,如蒋光慈、柔石的小说,在当时,这种文学叙事还没有上升到理论层面,更没有与马克思主义的文学理论产生深刻的理论联系。就目前而言,中国文学上的底层经验与大众文化仍然在不断发展,文学实践中仍然拥有"底层经验"与"大众化"的起源语境,因此也需要马克思主义文论与美学研究在这方面作出呼应。

[9] 毛泽东在《论人民民主专政》中说:"中国人找到马克思主义,是经过俄国人介绍的……十月革命一声炮响,给我们送来了马克思列宁主义。"见《毛泽东选集》第 4 卷,人民出版社 1991 年版,第 1470—1471 页。

[10] "后学"思潮是一种较宽泛的说法,它一般指的是西方 20 世纪 60 年代以来兴起的"后现代主义""后殖民主义""解构主义"等文化思潮,也被称为"后学"(post-ism)研究。

关于马克思主义文学理论的中国特色问题

一

马克思主义文学理论以文学与社会的关系为基本研究对象，包括文本与现实相互转换机制的理论研究。在马克思主义的理论视野中，“社会”的理论内容包括历史和现实两个方面。文学作为一种特殊的意识形态，它的特殊性就在于，文本不仅仅简单地反映现实，而且通过文学修辞和美学变形，表征出历史与现实的复杂关系。

从学理上说，文本与现实的关系主要包括三个方面：(1)日常生活语言和形象经由“陌生化”而构成文学文本；(2)文本内部的矛盾关系与现实生活矛盾的区别和联系；(3)阐释文本的现实动力以及不同的审美需要所产生的不同的审美效果。在日常生活、文学文本和现实需求关系的三维空间中，文本似乎处于中心的地位。关于文本与现实的关系，俄国形式主义和英美新批评学派主要关注于文本与日常生活的敌对关系，着重研究了从日常生活到文学文本的陌生化机制；结构主义与符号学的研究则偏重于分析文本的复杂结构，以及多元话语共存的叠合性关系；后结构主义理论则着重分析了读者通过阅读而与现实交流的不同条件和方式。显然，局限在文本的内部不可能全面说明文本与现实的复杂关系，这里不仅涉及话语冲突的复杂关系，更重要的是，还涉及“陌生化”和美学变形的动力问题，没有对这一问题的彻底思考，文学理论就仍然是“灰色的”。

关于文本与现实的关系，马克思是这样思考和提问的：

> 困难不在于理解希腊艺术和史诗同一定社会发展形式结合在一起。困难的是，它们何以仍然能够给我们以艺术享受，而且就某方面说还是一种规范和高不可及的范本。[1]
>
> 因此，如果你不想把这种冲突简单地化为《葛兹·冯·伯利欣根》中所描写的冲突……你就能够在更高得多的程度上用最朴素的形式把最现代的思想表现出来……[2]

在现代文化中，“过去”具有某种特殊的意义。理论上的问题是，对于过去的历史事件，为什么除了歌德《葛兹·冯·伯利欣根》的表现方式之外，还可以有另一种表现方式，而且，为什么必须用与《葛兹·冯·伯利欣根》不同的表现方式，才能把最现代的思想表现出来？这种不同于《葛》剧的表现方式，它的美学变形机制究竟有什么特殊性？在理论上，仅仅指出前者为“席勒式”的，后者的特点是“莎士比亚化”，显然是不够的。我以为，马克思在这封信里，除了指出两种创作方法的区别以外，还包含着更为深刻的理论内容。

在《路易·波拿巴的雾月十八日》这部重要著作中，马克思讨论了过去的历史与现实相联系的两种方式。一种联系在于用过去来掩饰现实，另一种则通过历史来划破现实的假象，把人们的视线引向现实的内部。关于前者，马克思指出，资产阶级社会的斗士们，为了不让自己看见自己的斗争的资产阶级的狭隘内容，从过去的历史事件中找到了“为了要把自己的热情保持在伟大历史悲剧的高度上所必需的理想、艺术形式和幻想”[3]。根据马克思的意识形态理论以及马克思对艺术表征问题的理解，这就是《葛兹·冯·伯利欣根》式的，或者说“席勒式”表征方式的本质。在具体的艺术现象层面上，它仍然是生动、形象和富于激情的。关于后者，也就是对历史的真正的艺术表征方式，马克思写道，它“使死人复生是为了赞美新的斗争，而不是为了勉强模仿旧的斗争；是为了提高想象中的某一任务的意义，而不是为了回避在现实中解决这个任务；是为了再度找到革命的精神，而不是为了让革命的幽灵重行游荡起来”[4]。马克思认为，真正的艺术应该这样对自己提出要求。

因此,在某种意义上,关于文本与现实的关系也就转换为文学、历史与现实三者之间的关系。它包含着两个相互联系的方面:(1)现实在历史事件中的不同的投射关系。这一方面的深入研究将揭示出文本与现实生活关系不同层次的联系;(2)文学与时间的关系,即文本与历史延续性的关系。这一方面的研究有助于说明审美价值逆向增值的文化根据。在理论上,这两个方面都涉及对两种时间观念的辩证理解,以及对同一历史存在的不同的阐释关系。

关于历史,传统的社会科学把它理解为自然时间中事件的集合体。对于这种观念,马克思在《政治经济学批判·导言》中已经提出了质疑。马克思指出,“进步这个概念决不能在通常的抽象意义上去理解”。那么,应该在什么样的意义上理解历史呢?米歇尔·福柯认为,档案和文献中的历史已经是经过整理和整流过的,通过意识形态的转换机制,历史过程表现为一个自然的连续过程。然而,现实中的人是受多种因素影响和制约的,不同个体欲望在不同情境中的无穷差异性,构成了历史“合力”内部无穷多的异向“分力”。因此,对于历史的连续性而言,历史过程是充满着断裂的社会性过程,在这里,具体的人的行为和环境是历史得以存在的先决条件,是整个历史过程的基础。福柯将其称为历史的原级性(Positivity)。真正的文学艺术用列维-斯特劳斯称为“修补术”的文化表征方式来表达“意义”,内在地包含着历史的原级性。因此,在各种文化表意系统中,文学更具有“历史性”。

二

文学用文字表达历史的原级性,用语言符号表征流动性的现实生活体验。它是文化规范和具体的个人欲望之间的中间形态,是现实生活关系的文本转换。因此,任何文本的生产都与现实生活问题相关联。在西方现代批评的理论术语中,这个问题表述为话语(福柯、拉康、巴特)和社会文本(詹姆逊)等理论概念。事实上,这些概念都是意识形态概念的衍生概念,或者说,是文学意识形态研究的深化。这种深化借助于语言学研究的方法。阿尔都塞的意识形态研究指出，意识形态是个体与社会联系和交流的中介，由于社会关系对意识形态的制约，也由于文化自身的内在规律，意识形态必然发生“想象性变形”[5]。福柯则进一步指出，话语是个体与社会联系的具体形式，它是一种实践性力量，把符号化的文化与现实生活的原级性联系起来。话语既是两个彼此分离的世界的联系中介，又是一个相对自律性的整体，有着自己特殊的规律。对不同话语及其机制的深入研究，是现代人文科学的重要课题。福柯指出，话语实践的一个特点，在于话语的实践者不可避免地要“回归原始”，但是——这是至关重要的——话语实践的回归不是向现实生活体验以及历史的原级性回归，而是向话语创始者那里回归，“它永远是对文本本身的一种回归，尤其是对原始的、未加渲染的文本的回归，它特别注意那些在文本的空隙、空白和虚无中所表达的东西。我们回归到那些空的空间，而它们被省略掩饰起来，或者隐蔽在一种错误而令人误解的丰富性之中”[6]。因此，文本与历史的关系就必然是双重的：向文本的回归和向现实生活经验（历史原级性）的回归。困难的地方在于，向现实生活经验的回归并不能独立地实现，它往往是通过前一种回归来实现。因此，文本与历史的关系必然成为人文科学研究的一个中心。理论通过分析话语在现实文化中的传播、增值、旧属以及整合方式的浮动与变迁，最终说明话语表达方式与社会关系深刻的内在联系。

在关于文学与历史关系的理论讨论中，詹姆逊的重要性在于提出了“社会文本”(Social Text)的概念。詹姆逊指出，由于意识形态的变形机制以及支配性话语的广泛影响，对于个体来说，我们身处于其中的现实是需要解释的。只有通过正确有效的解释，我们才能把握社会的本质。在我们与社会的这种解释性关系中，历史的特殊意义就在于，它使我们与现实的支配性话语拉开一个距离。关于过去与现实的这种解释性关系，詹姆逊写道：“每一种阅读行为，每一种局部释义实践，都被认为是一种优越的媒介物，通过它，两种不同的生产方式相互对立，相互质疑。这样，我们个人的阅读，就变成了一种从根本上讲是两种社会形式集体对立的寓言形象。”[7]循着这一条基本的思路，在西方马克思主义近期的理论讨论中，话语的冲突关系、解释的冲突关系，就理论地转化为过去与现在的冲突性和对立性的关系。

在第三世界文学艺术中，这种对立关系的构成因素较当代西方文化更为复杂。对于当代中国文学所指涉的现实生活矛盾来说，除了过去与现在的对立性关系以外，还有西方文化与中国现实的对立性主题。由此产生出这样的理论问题：首先，在过去的传统、过去的寓言性形象与现实生活的对立以及在西方文化与当代中国现实的对立这两种对立性关系中，哪一个是更为重要的？其次，这两种对立性关系的交叉以及叠合，在文本的生产和解释关系方面会产生什么样的效果和影响？在问题的第一方面，我们的理论视野与西方马克思主义文学批评的理论前锋再次相遇，这就是第三世界文学问题的提出和研究，但是由于不同的文化语境以及不同的理论立场，使两种马克思主义文学批评偏向不同的主题。在问题的第二方面，由于当代文学理论面对的复杂难题和特殊的阐释关系，必然把文学批评引向更为深刻内在的理论层面，并且对“后现代”文化语境中的文学问题，做出积极的和建设性的理论解答，因为文学的真理始终在受压迫者的手上。

三

应该承认，我们在当代中国文学的美学特征的研究方面是相对薄弱的。理论思维的某种滞后使我们的文学理论内部逐渐积累起某种危机。现实生活关系发生了变化，理论仍然在自身内部的自治性轨道上滑行，其结果必然是理论退化为灰色甚至苍白，成为一种失去活力的空洞的符号体系。马克思主义对文学的现实主义要求，事实上也是人文科学的一个基本的原则，这是人文科学与自然科学相区别的一个地方。

在马克思主义文学批评的理论视野中，第三世界文学问题是西方马克思主义文学批评和当代中国文学理论共同关注的理论对象，在这个问题上，两种马克思主义文学批评存在着许多共同之处：马克思主义理论传统，对后期资本主义文化的批判态度，以及对受压迫的、非主流文学话语的同情和关注。看不到这一点，我们的文学理论就没有当代性可言。然而，将两者简单地等同起来，则又必然导致理论的窒息和对现实的背叛。

对于西方学术研究来说,第三世界文学问题以及东方文学问题都是作为理论思考的“他者”而存在的,是刺激文化活力的异质动因。这种研究的理论基础是文化人类学和文化多元论。对于我们的文化建设和理论思维来说,这种仅仅指出文化“差异”的理论,决不等于我们自己的理论研究和对问题的解决。在这种理论视野中,“差异”主要由民族的传统所决定,理论问题与现实问题难以建立起对话性关系。西方马克思主义文学批评的着重点在于对西方主流文化和审美意识形态的颠覆和解构,在他们那里,关于第三世界文学问题的理论研究,是这种解构的一个文化支点。他们的研究对我们的理论思考无疑具有直接的启发和借鉴意义。但是,由于理论立场和文化视点的不同,决不能用他们的研究来代替我们自己的理论思考。

马克思主义文学理论的中国特色是由现实的文学问题所决定的,换句话说,马克思主义文学理论的基本对象是当代中国文学问题。它以经典马克思主义、西方马克思主义美学和中国古代文学理论遗产为思想资源,但不等于这三个部分的综合相加。对于理论思考和建设来说,它的根本基础是当代中国的文化问题和现实问题。文学理论和批评的任务,就在于通过分析审美变形的特殊机制,从而在理论上说明文学文本与社会文本的特殊关系。因此,关于马克思主义文学理论的中国特色问题,首先是指基本问题的特殊性,在这个基础上,才谈得上理论主题的特殊性和理论倾向的特殊性。只有对这些问题作出确切的理论说明,才真正谈得上文学理论的现代发展。

关于审美意识形态问题,在现实的理论研究中,由于研究视角和研究方法的不同选择,可以有不同的理论概括和表达。考虑到中国文学传统和当代中国文学问题的特殊性,我曾建议把审美意识形态问题表述为审美幻象问题,在理论上主要基于以下两个理由:其一,审美幻象这个概念可以把以形象为表达媒介的造型艺术,以语象为媒介的文学,以音像为表达媒介的音乐和以影像为表达媒介的电影等不同艺术门类所提出的理论问题统一起来。审美幻象理论偏重于美学变形机制的文化研究,相对于以语言学为基础的文本研究来说,具有更大的理论普适性;相对于何国瑞先生提出的“艺象”概念,则突出了艺术与审美意识形态的复杂关系。其二,审美幻象这个概念以对象化理论为基础，通过研究对象化的欲望和体验，以及关于对象化机制的研究，在文化的层面上研究人与他人、个体与社会的复杂关系。由于现实、文化传统以及西方文化的投影，审美幻象内部必然包含复杂的矛盾和丰富的叠合性关系，这是美学和文学理论应该认真研究的。从学理上说，在理论上把这种叠合着的东西充分展开来研究，唯一的方法就是在结构分析的基础上引入历史分析。

关于当代中国文学问题，它的多重叠合性以及多元矛盾关系已经为学术界所注意，并作了不同角度的研究和说明。我这里想进一步提出的问题是，这种叠合性产生怎样特殊的审美效果？是否已经形成了一种总体性的风格？如果存在着这样一种总体性的特殊风格，它的基本文化意义是什么？这些问题对文学理论提出了较高的要求，重复西方的先锋理论并不等于问题的解决。

我认为，当代中国文学在传统和外在文化的双重压力下，并没有彻底崩溃而陷入西方后现代文化的“表征的危机”之中。虽然不同的文化“他者”在审美幻象的叠合层面上相互撕裂，但由于特殊的现实境遇以及人格力量的高扬，总体上形成了一种内在的文化凝聚力，在文学方面表现为“余韵”风格的形成。我们知道，在某种角度的光照条件下，断环的缺口处会呈现出特殊的光晕，使对象重新呈现出一种美丽的整体性。显然，对这种光晕的分析不能够仅仅局限在现象之环的断裂性特征上。在后现代文化和“全球性困境”的社会文化条件下，当代中国文学处于尖锐的文化冲突和众多的文化“他者”同时挤压又相互撕裂的文化漩涡之中，在表征现实关系，再度找到强有力的精神力量，形成新的文化凝聚力的过程中，文学艺术具有非常关键的文化功能。在这里，精弥力满的现实激情在“破碎了的历史形象”上获得了它的文学表达：文学的美学变形机制颠倒了历史发展的连续性和进步趋势的价值指向，把文学形象的价值指向和情感坐标扭向过去，但又不是遥远的、被充分神秘化的过去，因而并没有从历史过程和文化语境中剥离下来。这种同时表征两种价值要求的文学形象，构成了余韵风格的美学基础。某种美好的东西在现实中失去了(在文学中仍然存在着)牵动着我们的历史感，而价值关系的错位和价值层次的混乱，则在激发我们悲剧感的同时重塑着未来的规范。余韵风格的文学形象，把过去、现实和未来重新整合在一起，这一条整合的纽带贯穿在

《野草》《边城》《古船》《废都》《城南旧事》《黄土地》和《红高粱》等现当代作品之中。

在《机械复制时代的艺术作品》这篇经典性论文中，本雅明正确地指出，“韵”是整个古典艺术的基本文化和美学品格。它通过独一无二性和不可接近的距离感，在“移情”机制的作用下，把个体的情感世界引离矛盾而痛苦的现实，进入宁静、神圣、和谐的文化境界。在机械复制时代，艺术建立在机械复制的基础上，“韵”的文化基础解体了[8]。对于本雅明的观点，阿多诺曾经提出质疑。阿多诺认为，现代文化工业的魅力仍然以“韵”为基本特征，例如米老鼠的形象以及流行音乐中家庭温情的母题等。在文化工业中，“韵”不但没有解体，而且成为现代社会意识形态控制的重要力量[9]。对于当代中国文学艺术的基本风格，我认为，这两种理论都不足以作出正确的理论分析。限于篇幅，不可能在这里对“余韵”风格作出全面的理论说明，仅仅简要地提出一点初步性的结论。

余韵的基本文化品格就在于，它以断裂、荒败的艺术形象，表征出历史的内在连续性和文化整体性的强有力的声音。在情感表达方面，余韵以冷淡、虚静、拒绝性和绝望的形式，传达出对某种虽然微弱得不易分辨，但却充满魅力的东西的热烈追求。在美学变形的机制方面，余韵风格的作品往往在现实文化发展的必然趋势的背景上，把具有浓重韵味的艺术形象沿其既有的文化轨道推向极端，从而呈现出崩溃的必然及其轨迹，在放逐僵化的自我、毁灭过去的形象中达到一种狂欢和坦然。在这方面，鲁迅的《野草・题辞》是很典型的。在余韵风格的艺术作品里，现实文化的既有模式和完整的文化环处于断裂状态，在断裂的缺口处、在文本结束的地方，涌动出大量属于未来的东西。“韵”的基础是一定距离之外的形象，这个距离是神圣化魅力的根源，它的价值倾向是纯化和神圣化。新的异质性内容和文化动因的大量涌入，导致了韵的杂化和世俗化。在余韵风格中，对僵硬文化习俗和既有规范的破坏和消解，并不是以强化世俗性为基本手段来实现的，在打碎“韵”的审美范式和表征手段的同时，余韵传达出在“韵”的底部残留着的东西，以及这种东西对于人类生存的合理性和必要性。在古典文化必然解体，西方现代文明又不足依凭的语境中，人面对着绝境。文学和艺术穿透这种令人窒息的浓雾，“韵”的破碎表征出过去和现实的某种不合理性，透露出希望之光。余韵风格把这种光放大为完整的光晕，在这里，价值关系再度发生颠倒和转换，被文化符号所“石化”了的东西重新获得了流动性和真正的整体性。

余韵风格的艺术表达机制提出了许多新的美学问题和文学理论问题。这些问题的特殊性，内在地规定着我们理论讨论和建设的中国特色。当然，马克思主义文学理论的中国特色问题，还进一步表现在理论重心、理论特色、研究方法和范畴体系的中国特色等方面。我这里想强调的是，中国马克思主义文学理论的特殊性，最基本的规定在于研究对象的特殊性，而这种特殊性的理论把握，则在于对当代文学问题和审美问题的现实背景和文化前提给予必要的关注和冷静的分析。正是在这个意义上，我们的文学理论有必要重新讨论文学与历史的关系问题。

关于历史，不同的文学形象和风格提供了不同的阐释方式。事实上，不同的文学问题必然要求不同的历史观念，即使在马克思主义传统内部也同样存在着这个问题。在分析卢卡奇和本雅明在文学观点上的一系列对立以及在历史哲学的差别方面时，A·海勒这样写道：“进步的观念为我们提供了一种创造性的进步规范，而衰败的观念则为我们提供了一种在黑暗的世界中生活形式的规范。”[10]这是两种历史哲学，海勒认为，在历史唯物主义的较深层面上，它们是统一和互补的。在现实的文学问题讨论中，对余韵风格的研究是否也向我们提出历史哲学方面的理论要求呢？我想答案是肯定的。马克思主义文学理论的中国特色问题，事实上并不是我们主观选择的结果，而是现实的社会和文化的综合性因素所决定的。我们的文学理论应该牢牢地把握住这种区别。黄昏已经来临。在西方，在关于后现代文化问题的讨论中，密纳发的猫头鹰已经展翅。已死的大鹏鸟的精灵，何时能够听到你高亢的声音?!

注释：

[1] 《马克思恩格斯全集》第46卷(上)，人民出版社1979年版，第49页。

[2] 《马克思恩格斯全集》第29卷，人民出版社1975年版，第573页。

[3][4] 《马克思恩格斯选集》第1卷,人民出版社1972年版,第604、605页。

[5] 见路易·阿尔都塞:《意识形态及意识形态的国家机器》,《当代电影》1987年第3—4期。

[6] 米·福柯:《作者是什么?》,《最新西方文论选》,漓江出版社1991年版,第457页。

[7] 弗·詹姆逊:《马克思主义与历史主义》,《最新西方文论选》第421页。

[8] 瓦·本雅明:《机械复制时代的艺术作品》,《世界电影》1990年第1期。

[9] 见《阿多诺致本杰明的信》,载《新左派评论》1973年9—10月合刊。

[10] A·海勒《历史理论》,伦敦,Poultedge and Kegan Paul出版公司,1982年版,第301页。

马克思主义的提问方式与当代文学实践

马克思在1857年8月底撰写的《政治经济学批判·导言》中已经明确提出了现代性问题，这就是历史进步与它所付出的代价的关系问题[1]，对这个问题的思考构成了马克思主义社会和文化理论的历史哲学基础。关于审美现代性的有关思想，我们在《1844年经济学哲学手稿》中可以看到其基本思路和理论原则[2]。问题在于，在当时以及以后的很长一段时间里，资本主义上升时期的乐观主义情绪和工具理性思想的流行遮掩了马克思的声音，直到20世纪下半叶，马克思的声音才在哈贝马斯、詹姆逊、伊格尔顿等人的著作中产生巨大反响。

在现代社会生活中，充满魅力的古典文化以艺术作品的形式重新表达，成为现代人交流思想和感情的重要媒介。它的魅力事实上并不在于古典社会本身，而在于古典文化与现代社会构成的关系。关于审美现代性问题，马克思的提问方式和解答的理路与海德格尔等现代哲学家正好相反。在《导言》中马克思明确指出，古希腊神话时代已经一去不复返了。与现代社会创造的巨大生产力相比，古希腊神话失去了其原有的意识形态力量，升华成具有“永恒魅力”的文化形式。在马克思看来，古希腊艺术的特殊魅力不在于它的古典性，而恰恰在于它的“现代性”，即在于它在现代社会生活中的意义。已经转化为艺术作品的古希腊神话，已经不是一种意识形态，而是一种凝固的意识形式，只有当它与现实生活经验建立某种联系的时候，它才呈现出具体的意义，这个

“意义”的根源在于现实经验和现实关系。在我看来，马克思提出的问题不是探究古希腊神话怎样转化为艺术作品，或者说艺术作品怎样“起源”，而是思索并力图解答，通过艺术这种特殊的意识形态形式，现实中的个体怎样与现实关系交流从而改变主体本身。也就是说，在马克思看来，对于理论研究而言，重要的不是从现实到艺术的这个审美转换阶段，而是从艺术作品到现实体验这样一个审美转换过程。马克思在政治经济学研究中研究交换关系和交往关系的理论，对于我们理解马克思的美学思想具有十分重要的意义，如果我们说以往的美学家(包括海德格尔)仅仅是关注美是怎样来的以及美是什么等问题，马克思则要求我们思考“美”有什么用处？因此，在马克思主义理论框架中，审美的现代性问题也就是审美意识形态的现代作用问题。

在马克思的理论视野中，审美意识形态的现代作用主要包括三个方面的理论内容。首先，在现代社会中，由于社会生活的异化，意识形态，包括审美的意识形态必然发生严重的扭曲和异化，审美意识形态与它所表征的社会关系发生某种程度的脱节甚至断裂。在《路易·波拿巴的雾月十八日》这部重要著作中，马克思指出：“资产阶级社会的斗士们找到了理想和艺术形式，找到了他们，为了不让自己看见自己的斗争的资产阶级的狭隘内容、为了要把自己的热情保持在伟大历史悲剧的高度上所必需的自我欺骗”[3]。这就是审美意识形态的最常见和最直接的内容与含义，在当代社会，这就是各种大众文化的主要意义，幻想化和形式化是其主要特征。其次，由于审美活动是以个体的审美经验为基础的，在社会已经充分个体化了的现代社会，个体意识形态与主流意识形态必然形成诸多的差异，这就为审美启蒙并且重新把握现实生活关系提供了可能。在马克思看来，理论的任务不能停留在描述这种可能性上，问题的实质和关键在于说明为什么能够产生这类差异和意识形态的偏离，以及这种审美活动的社会意义，在这里，陌生化或审美变形(转换)是其主要特征。在《路易·波拿巴的雾月十八日》中马克思写道：“使死人复生是为了赞美新的斗争，而不是为了拙劣地模仿旧的斗争；是为了在想象中夸大某一任务，而不是为了回避在现实中解决这个任务；是为了再度找到革命的精神，而不是为了让革命的幽灵重新游荡。”[4]通过审美转换，艺术的形式与现实关系的要求结合起来。第三，两种意识形态的关系问题。审美活动的一个显著特点是审美经验的个体性与审美对象的共同性的有机统一。在马克思的理论视野中,这种统一的基础是审美关系。审美关系不是简单指审美主体与审美对象的关系,而是指由现实的生产方式所规定或由一定的意识形态所规范的情感模式,包括情感需要、情感表述和情感满足的一整套习俗和制度。在不同的生产方式、社会制度和文化传统的条件下,审美关系也互不相同。由于审美关系的不同,共同的审美对象或文学文本可以产生出不同的审美效果,在理论上也就是两种审美意识形态的关系问题。在社会主义文学生产方式出现之前,两种审美意识形态的关系问题被马克思表述为古希腊艺术的永恒魅力问题,在社会主义文学生产方式出现之后,在理论上进一步提出了新的问题和理论要求。

应该承认,西方马克思主义美学家们在解答马克思提出的问题这个方面做了大量建设性的努力,推动了马克思主义美学和美学基本理论的发展。在西方马克思主义美学的众多学说和理论模式中,大体上可以划分为卢卡奇的美学理论、法兰克福学派的美学理论、阿尔都塞学派的美学理论,以及英国马克思主义美学学派的理论等四种类型。对于马克思的提问,如果说卢卡奇的美学和法兰克福学派主要回答了马克思所提出问题的第一层内容的话,阿尔都塞学派的马克思主义美学理论则着重回答了问题的第二个方面。英国马克思主义美学和中国的马克思主义美学则努力回答马克思提问的第三个方面。众多的学者和理论家从不同的方面探讨和发展了马克思主义美学理论,我们不应该用实用主义的态度简单化地对待这些思想资源和研究成果。

由于社会关系的变化,西方的美学和艺术思潮在 19 世纪末 20 世纪初发生了很大的转折,经济基础与文化、艺术由不平衡关系转化为对抗性的关系。启蒙主义的理想和信念破碎了,虚无主义和悲观主义成为最有影响力的声音。法兰克福学派的美学家们以惊人的智慧和勇气,在令人绝望的社会和文化条件下顽强地坚持着启蒙主义的基本信念,努力寻找在现代生活和现代文化的条件下,实现审美启蒙的条件和可能性。法兰克福学派对“文化工业”的批判以及对现代艺术的研究和阐释,把马克思对审美现代性问题的思路和理论原则鲜明系统地表达出来,对审美问题的研究和探讨成为进入现代社会内在矛盾和文化核心的一条捷径。本雅明和阿多诺的理论至今仍然是后现代理论和现代性问题讨论的基本思想资源就是一个证明。阿多诺和本雅明从事学术研究的社会背景是纳粹法西斯的兴起和猖獗,这是人类历史上最黑暗的一页。本雅明和阿多诺等人的理论研究告诉人们,即便在这样的条件下,理论研究仍然可以有所作为。

本雅明和阿多诺的理论重心在于对晚期资本主义时代审美意识形态的批判。它们对于艺术给予大众的审美启蒙作用寄予了过高的期望,忽视了审美关系对于审美效果的潜在支配作用。阿尔都塞的哲学理论和美学思考正是针对这一不足而展开的。艺术与意识形态的关系问题,或者说两种审美意识形态的关系问题是阿尔都塞学派美学理论的基本问题[5]。

在阿尔都塞看来,如果说艺术与科学认识的区别只是一种"差异"的话,那么艺术与审美意识形态的区别则是本质性的,它们虽然表面上相似而实际上导致截然相反的价值意义:启蒙或者蒙蔽。然而正是在这个需要进一步展开的地方,阿尔都塞中止了论述。在我看来,阿尔都塞在这里的沉默与马克思在《政治经济学批判·导言》末尾的沉默一样引人注目。

阿尔都塞的理论工作在他的学生那里得到了继续。法国的马歇雷、美国的詹姆逊、英国的伊格尔顿从不同的角度展开和阐发了阿尔都塞所提出的思想和理论,以马克思主义为旗帜参与了后现代主义问题的讨论。阿尔都塞的意识形态理论着重讨论了主体的再生产机制问题。在现代社会和现代文化条件下,情感表达的模式和机制在某种意义上已经成为主体实现再生产的关键环节,这就是"艺术的意识形态"或审美的意识形态。在这个意义上,阿尔都塞学派的理论家们对审美现代性亦持明确的批判性态度。对于马克思主义美学的发展而言,问题不在于指出审美现代性与社会现代化之间的一致关系(这一点卢卡奇和法兰克福学派已有系统的研究),问题在于怎样理论地说明审美意识形态与艺术的区别及其相互转化机制,在现代性问题讨论的语境中,也就是审美现代性与后现代性的关系问题。对这个问题的解答,马歇雷在阿尔都塞理论框架的基础上提出了"文学是意识形态的一种形式"的命题,用"多元决定论"的理论原则说明艺术产生于诸意识形态的冲突和意识形态的"断裂"之中。詹姆逊在系统地研究了晚期资本主义文化逻辑的基础上,提出了“文学生产方式论”的理论模式。关于文学生产方式的理论规定,詹姆逊主要论述了两点:(1)文学生产方式是把文学作品中不同因素统一起来,凝聚为一个有机整体的机制[6];(2)任何文学生产方式中都包含和残留着以往几种生产方式的痕迹和“系统变异体”,在一定的生产方式中,甚至可以包含着未来的因素,可以据此实现文学阅读中视点的游移[7]。

由此,在理论上就可以作出界定:仅仅表征出现存生产方式的文本是审美意识形态,而表征出过去、未来、现在诸生产方式的复杂状态的文本才是艺术。用文学生产方式的概念和方法来理解审美现代性问题,批判的态度、辩证的方法和以未来为立场就是不言而喻的了。我们看到,在后现代问题的讨论中,社会主义文学生产方式已经成为詹姆逊理论阐述的基本立场[8]。

伊格尔顿在七八十年代是阿尔都塞学派在英语世界的主要代表,80 年代后期开始,伊格尔顿回归其导师雷蒙德・威廉斯的理论思路,从感性经验和身体话语的角度思考和阐发了马克思所提出的问题。伊格尔顿把理性、意志、欲望(情感)的分裂并且相对自律性发展作为现代性的主要特征。在伊格尔顿看来,所谓审美现代性就是审美的自律化以及由此实现的对现代化矛盾的“想象性解决”。与马歇雷和詹姆逊的理性主义理论不同,伊格尔顿努力从主体内部,从人的身体自然蕴含的伦理因素来说明审美现代性的不合理性,从较为深刻的学理层面思考和阐发了马克思所提出的问题[9]。伊格尔顿明确地提出,社会主义文学才能超越审美现代性问题[10],使人的存在获得完整性,使彼此分裂的价值重新联系起来。

在东方马克思主义美学传统中,毛泽东的美学思想是最具有独创性的。波林・琼斯曾经把马克思主义美学传统概括为“意识解放的日常生活基础”,这个看法有其合理性[11]。在我看来,毛泽东美学思想的核心问题也是审美的现代作用问题。与西方马克思主义美学的一个重要区别在于,在毛泽东的美学思想中,主体不是现代工业社会中孤独的个体,而是反压迫、反殖民化斗争中的民族大众。马克思主义把美学关注的焦点从艺术家(天才)转到了大众(接受者)、从想象问题转入审美转换方面。三四十年代,在西方马克思主义美学诸如法兰福学派和英国的雷蒙德・威廉斯等人认真研究大众文化的同时，毛泽东以冯雪峰、胡风、周扬等东方马克思主义者从另一个维度开展了关于大众文化的研究。所不同的是，法兰福学派和威廉斯等人研究和剖析的是资本主义生产方式基础上的大众文化，其基本问题是主体间性问题；毛泽东等人构成的延安学派的美学思想则是从被压迫民族的解放和社会进步的立场出发，着重探讨审美意识形态在建设新的社会关系方面的巨大作用，其基本问题是文化（意识形态）的特殊性和反作用性问题。在这种理论模式中，审美意识形态成为改造社会关系的范型和先导。东西方马克思主义美学由于问题不同、目标不同，决定着理论形态的区别。在毛泽东的美学思想中，文化，特别是审美文化成为人民大众手中的精神武器，而且精神的力量能够转化为物质力量。在这里，审美的最终目的是把握可以实现的未来。

马克思在《政治经济学批判·导言》中论述了物质与精神（文化）的不平衡发展规律。对于历史发展的必然性，马克思的态度是辩证而深刻的：既承认分裂以及不平衡发展的必然性和合理性，又对超越不平衡发展提出了要求。马克思是从超越资本主义生产方式的高度来审视现代化进程，从人类社会在未来所能达到的合理性状态的角度，评价和分析审美意识形态从政治意识形态、伦理意识形态等其他意识形态中分离出来对个体生活与社会发展的影响，在这里，对现代化过程的批判本身是与未来联系在一起的。在我看来，这就是马克思对现代性的看法。在未完成的《政治经济学批判·导言》中，马克思提出了问题，但很快就戛然中断了，这是十分遗憾的。

在19世纪中叶，社会主义文学生产方式和审美交流模式远没有出现，也就是说，马克思思考的一些问题，其现实基础还不存在。当代中国文学艺术实践最突出的特点就是社会主义文学生产方式的雏形已经形成并且不断发展[12]，这就为我们今天深入研究马克思所提出的问题，真正解答美学与历史之谜提供了最重要的条件。

在社会主义条件下，艺术与意识形态的关系无疑已经发生了重要的变化，这是理论研究应该作出解答的。

由于生活本身是千姿百态的，因而社会主义文学生产方式也多种多样，形成不同的风格和类型。如果说高尔基、布莱希特都成功地创造了具有特殊性的社会主义文学风格和表现方法，那么在20世纪90年代中国这片广泛流传着“春天的故事”的热土上，理所当然地应该产生风格独特、同时又充满活力的文学表达方式来。我以为，正是在风格的特殊性这个意义上，广西青年作家东西的中篇小说《没有语言的生活》是值得注意的。从意识形态理论的角度讲，这部小说具有十分鲜明的时代特征。在社会生活的某些方面已经全球化的今天，边远山村带有古朴色彩的生活成为人们生活中具有诗意的“他者”。小说引人注意的地方在于，作家营造了一个人与人之间高度隔绝的生活情境——一个由聋子、瞎子、哑巴组合而成的三口之家——叙述了在这个情境中寻找并且获得幸福的故事。这种幸福的获得除了作品主人公的聪颖之外，最重要的还在于其自尊、善良，以及与一切非正义力量顽强抗争的勇气。这是超越资本主义生产方式，超越主体间性的重要基础。在这个意义上，《没有语言的生活》同时也是经济全球化时代的一个寓言，不仅寓意了这个时代的深刻危机——人与人之间的深度隔膜——而且用文学的方式表征了克服这种危机的可能性。在小说的最后一部分，这个由三个身体严重残疾的人组成的家庭齐心协力抵御外来的侵略，他们团结协调得像一个人一样，成功地战胜了利用他们的残缺占便宜的侵略者。

在优秀的当代中国文学作品中，“未来”并不是一个空洞的乌托邦观念，而是可以感受的具体存在，虽然它还不普遍，但已经是可以感受的存在。再举一个例子，铁凝不久前出版的长篇小说《大浴女》以“文革”对人们心灵的严重创伤为背景，描写了“大灾难”之后人与人之间的冷漠和敌意。小说细致地描写了三个受创伤的女性在各种各样的“爱情”境遇中苦苦挣扎的故事。小说写了许多赤裸裸的欲望追求以及追求的幻灭……然而尹小跳并没有重演包法利夫人、安娜·卡列尼娜、电影《芳名卡门》中的卡门等女性形象的命运。在经过几种不同类型的爱情遭遇之后，尹小跳获得了精神境界的升华，超越了严重的心理创伤，在痛苦中感受到甜蜜，在孤独中“闻见心中那座花园里沁人的香气”。对于这一心路历程，我们当然可以用东方文化的特殊机制来说明，这的确也是问题的一个方面，但是，在我看来，最重要的还是现实生活关系方面的诸多变化，细致地解读文本就能看到这一点。对这一类文学现象的深入研究并对其作出理论上的概括，我们就有可能对社会主义文学生产方式做出更为全面的理论阐述。

注释：

[1] 马克思在《导言》中指出："进步这个概念决不能在通常的抽象意义上去理解。"见《马克思恩格斯选集》第2卷，人民出版社1995年版，第27页。

[2][9] 见伊格尔顿：《美学(审美)意识形态》，广西师范大学出版社1997年版，第8章，第8、16章。

[3][4] 《马克思恩格斯选集》第1卷，人民出版社1995年版，第586页。

[5] 见《西方马克思主义美学文选》，漓江出版社1988年版，第524—525页。

[6] 詹姆逊：《快感：文化与政治》，中国社会科学出版社1998年版，第79页。

[7] 詹姆逊：《晚期资本主义的文化逻辑》，三联书店1997年版，第188—189页。

[8] 见詹姆逊的著名论文：《跨国资本主义时代的第三世界文学》，以及《时间的种子》《布莱希特的方法》等著作。

[10] 伊格尔顿：《后现代主义的矛盾》，《东方丛刊》1998年第3辑。

[11] 琼斯：《马克思主义美学》"导言"，《南方文坛》1987年第3期。

[12] 见拙文《简论社会主义初级阶段文学生产方式》，《文艺研究》1999年第4期。

当代中国语境中的审美意识形态理论

20 世纪 80 年代以来,审美意识形态理论在自身的发展过程中渐渐取得较审美反映论、艺术(文学)生产论及以人类学为基础的马克思主义文艺理论更为明显的学术影响力,成为新时期以来文学理论和美学领域马克思主义中国化的一种理论形态。作为一种建设性的理论努力,审美意识形态概念的提出,继而在文艺学教材中的普遍使用,使这个概念具有了某种不证自明的地位,但是由于理论立场、理论资源的不同,以及理论取向的多元化,造成国内学术界关于审美意识形态的理解在理论基础、理论内涵、方法论等问题上存在严重分歧。这种分歧一是由于 20 世纪 80 年代以来中国社会审美关系处在转型期,若干种审美关系的相互纠缠,造成了理论上特有的"叠合"现象;二是由于我们对马克思主义基本理论特别是马克思主义美学的基本理论研究不够深入,这在一定程度上造成了理论内涵和现实要求相脱离。

对审美意识形态问题的研究,一方面要积极地研究、批判性地借鉴国外马克思主义美学、文学理论的相关思想和成果;另一方面,要认真、深入地研究当代中国的审美经验和审美关系,获取中国马克思主义美学在审美意识形态问题上的具体性和现实性,从而准确地分析和把握其中的理论意义。只有在这两个方面都有深入的研究,我们对马克思主义的理解才具有当代性,我们对基本理论的阐释才会具有中国特色。

一、审美意识形态概念的理论含义

从意识形态的角度分析文学和艺术的意义是马克思主义美学的基本特征。关于艺术与意识形态的关系问题，马克思本人的基本论述主要体现在《政治经济学批判·序言》《政治经济学批判·导言》《路易·波拿巴的雾月十八日》和《致拉萨尔》的信中。但是，由于历史条件等原因，马克思当年并没有系统地阐释关于艺术、文学与意识形态的全部的复杂关系。这个方面的理论重要性在20世纪马克思主义的理论视野中逐渐凸显，成为马克思主义美学的中心概念和核心命题之一[1]。

在《政治经济学批判·序言》中，马克思写道：

> ……随着经济基础的变更，全部庞大的上层建筑也或慢或快地发生变革。在考察这些变革时，必须时刻把下面两者区别开来：一种是生产的经济条件方面所发生的物质的、可以用自然科学的精确性指明的变革，一种是人们借以意识到这个冲突并力求把它克服的那些法律的、政治的、宗教的、艺术的或哲学的，简言之，意识形态的形式。我们判断一个人不能以他对自己的看法为根据，同样，我们判断这样一个变革时代也不能以它的意识为根据；相反，这个意识必须从物质生活的矛盾中，从社会生产力和生产关系之间的现存冲突中去解释。无论哪一个社会形态，在它所能容纳的全部生产力发挥出来以前，是决不会灭亡的；而新的更高的生产关系，在它的物质存在条件在旧社会的胎胞里成熟以前，是决不会出现的。[2]

在这里，马克思是在经济基础与上层建筑的关系的总的框架下，提到意识形态的几种主要形式。从整个论述的语境看，马克思把意识形态不同形式的总和看作意识形态，或者说看作上层建筑，极简明地论述了现实的社会发展与意识形态诸形式之和的一般关系。对于艺术与社会关系以及艺术与作为复数的意识形态的关系，马克思在此之前的《政治经济学批判·导言》中作了一个复杂些的论述：

> 物质生产的发展例如同艺术发展的不平衡关系。进步这个概念决不能在通常的抽象意义上去理解。就艺术等等而言……困难只在于对这些矛盾作一般的

表述。一旦它们的特殊性被确定了，它们也就被解释明白了。[3]

《政治经济学批判·导言》是一部未完成的作品，马克思正是在论述物质生产与艺术发展的不平衡关系时中断了写作，这种中断和理论上的沉默意味深长。

在《路易·波拿巴的雾月十八日》中，马克思对问题的理解和表述又有了某种变化，马克思认为：

> 在不同的占有形式上，在社会生存条件上，耸立着由各种不同的、表现独特的情感、幻想、思想方式和人生观构成的整个上层建筑。整个阶级在它的物质条件和相应的社会关系的基础上创造和构成这一切。通过传统和教育承受了这些情感和观点的个人，会以为这些情感和观点就是他的行为的真实动机和出发点。[4]

马克思显然把情感、幻想本身以及以此为基础的思想方式和人生观看作上层建筑的一部分，或者说看作意识形态的诸种形式。但是他并没有论述真正的艺术作品与这种情感、幻想的意识形态是什么样的关系。由此，在艺术、意识形态和社会关系三者构成的复杂关系中，马克思只是提出了问题，并没有系统地表述其历史唯物主义的美学理论。

卢卡奇是第一个在历史唯物主义理论的基础上结合新康德主义等丰富的思想资源，系统研究马克思主义美学思想的人。卢卡奇概括和表达了以意识形态为核心概念的马克思主义美学理论，他用“异化”与对异化“审美超越”的理论模式，对马克思主义美学思想做了富于辩证精神的理论阐释，启发和影响了法兰克福学派和萨特等马克思主义美学理论家。在批判资本主义社会的审美关系、剖析资产阶级审美意识形态现象的虚幻性以及揭露审美意识形态与统治阶级意识形态的“共谋”关系等方面，卢卡奇提供的理论模式发挥了巨大的批判性力量，推动和促进了马克思主义美学的发展。然而，正如阿尔都塞曾经指出的，卢卡奇的意识形态理论有一个重要的理论错误，这就是简单地认为异化的社会关系必定导致意识形态现象的异化，因而在某种程度上把文学、艺术等特殊的意识形态形式的复杂性和充满辩证精神的丰富性给忽略了[5]。阿尔都塞认为，艺术作为一种特殊的意识形态，它的产生、发展和作用都必须放到历史唯物主义的高度去理解和说明，才能得到合理的解释[6]。在阶级社会中，阶级斗争的理论视角就是一个基本的前提，“如果不采用阶级斗争观点的话，谈论生产关系再生产的整个实现过程就仍然会是一种空想,因此,要采取再生产观点,就要最终采取阶级斗争观点"[7]。我们可以区分出伦理道德的、法律的、政治的、美学的等不同的意识形态,这些意识形态都以想象性为特点,服从于生产关系以及主体再生产的要求。在意识形态的类型中,科学和艺术是两种最为特殊的形式,它们与主流意识形态的关系也最为复杂,因此在理论上也最为困难。在《抽象画家克勒莫尼尼》一文中,阿尔都塞写道:

> 每一件艺术作品,都是由一种既是美学的,又是意识形态的意图产生出来的……一件艺术作品能够成为意识形态的一个成分,就是说,它能够被放到构成意识形态、以想象的关系反映"人们"(在我们的阶级社会中,即社会各阶级的成员)同构成他们"生存条件"的结构关系保持关系的体系中去。也许人们甚至可以提出下述这样一个命题,由于艺术作品的特殊职能是通过它同现存意识形态(不论以任何形式出现)的实在所保持的距离,使人看到这种实在,艺术作品肯定会产生直接的意识形态效果,因此,艺术作品与意识形态保持的关系比任何其他物体都远为密切,不考虑到它和意识形态之间的特殊关系,即它的直接和不可避免的意识形态效果,就不可能按它的特殊美学存在来思考艺术作品。[8]

阿尔都塞的理论在马歇雷的《文学生产的理论》和特里·伊格尔顿的《批评与意识形态》等著作中得到了进一步的阐释。值得注意和重视的是,阿尔都塞在讨论艺术与意识形态的关系时,除了使用美学意识形态之外,并没有使用审美意识形态的概念。在国外马克思主义美学理论的发展过程中,直到20世纪80年代和90年代初期,美国马克思主义文论家和美学家保罗·德曼和英国马克思主义文论家和美学家特里·伊格尔顿才先后出版以"审美意识形态"命名的学术著作[9]。这两位学者都曾深受阿尔都塞的影响,因而,可以把审美意识形态理论看作马克思主义美学当代发展的一种理论形态。

保罗·德曼和特里·伊格尔顿关于审美意识形态的研究在研究思路和研究方法上较阿尔都塞的理论都有了很大的发展,他们不约而同地从阿尔都塞的"结构"研究和"关系"研究转向了历史的研究,即从审美意识形态的形成、发展以及马克思主义美学与审美意识形态的复杂纠缠关系等方面展开研究。在批判的对象上,他们都把矛头指向了康德美学和形式主义美学。伊格尔顿对康德、席勒、海德格尔等人的研究和批判不是进行简单的学理分析，而是把这些美学家的理论放到历史发展的过程中去说明其理论与现代化过程的具体联系和特殊性，因而具有强大的理论力量。伊格尔顿认为，文化和意识形态的基础是现实中人的身体。在西方现代化过程中，历史进程表现为由原来作为整体存在的人的身体分裂为：作为劳动的身体、作为意志的身体以及作为欲望的身体，这种分裂是以社会生活的分工和分裂为基础的，在意识形态方面就表现为价值的分裂，其中最为基础的就是认识价值、伦理价值和审美价值的分裂以及相对自律化[10]。

二、中国的审美意识形态研究

在中国，对审美意识形态问题的研究和把握要复杂和困难得多。用意识形态的方法研究和阐释文艺现象和审美问题是从马克思主义传入中国开始的。中国马克思主义美学和文艺理论从一开始就是新民主主义革命事业的一部分或一个重要的方面，在很长一段时期，其中重要的理论家也是党的事业的组织者和领导者。例如陈独秀、毛泽东、邓小平、瞿秋白、冯雪峰、张闻天、胡风、周扬等人都直接参加了新民主主义革命，这与20世纪20年代开始兴起的西方马克思主义有所不同。佩里·安德森在《“西方马克思主义”探讨》中指出，这一时期西方马克思主义的理论家一般在大学从事教书和研究工作，与工人运动是相脱离的[11]。中国马克思主义文艺理论家和美学家的这种理论优势在于，中国的审美意识形态研究更重视其建构作用，强调一定审美意识形态对社会进步与历史发展的积极作用。在现实的社会生活中，多种社会矛盾相叠合并互相作用的结果，使意识形态，包括审美意识形态发生不同程度的变形，从而产生出与社会生活的多种关系。这一点在中国近现代文艺现象和文化思潮的发展中表现得十分鲜明和突出。审美意识形态的矛盾叠合性和复杂性是中国社会自“五四”运动以来文艺现象和审美经验的基本特征，由此决定着中国马克思主义美学的基本问题和基本理论指向[12]。

与西方马克思主义美学相比，中国马克思主义美学的一个重要特点是理论联系实际。在文艺理论和美学上，对于理论联系实际通常理解为联系文学艺术作品的实际。文艺理论与美学的研究对象首先应该是审美经验和艺术体验，这一点在西方现代美学理论中（从现象学到实用主义美学）都已有所论述，但是，在更深一层的意义上，理论联系实际应该是研究和分析处在社会矛盾的焦点上和社会底层中被压迫、被奴役的人民大众的审美经验与情感体验，而这正是中国马克思主义美学的优点之一。以毛泽东《在延安文艺座谈会上的讲话》为标志，中国的马克思主义美学从中国社会现实的文化冲突以及审美体验的基层中，提出了自己的问题以及思考和解决问题的基本方法。其中有一个理论现象是值得注意的：与《在延安文艺座谈会上的讲话》同一时期写作的《矛盾论》，后来成为阿尔都塞在研究意识形态问题时提出的“多元决定论”的直接理论来源，《在延安文艺座谈会上的讲话》则成为马歇雷文学观点的主要理论来源[13]。我认为，中国马克思主义美学提出的理论问题，到目前为止，还远没有完成它的理论概括和学理论证。毛泽东、瞿秋白、胡风、周扬等人在理论工作中实践的思路和观点，不仅引发了蔚为壮观的文艺运动，产生了一批如《黄河大合唱》《白毛女》等经典作品，而且在中国革命的过程中发挥了巨大的“团结人民、鼓舞人民、打击敌人、消灭敌人”的作用。在很长一段时期里，因为毛泽东晚年的偏误以及极“左”思潮在文艺发展中带来的消极后果，中国马克思主义美学所提出的问题以及这个问题的巨大理论价值都被遮蔽在“文革”的阴影中，甚至被当作斯大林式马克思主义美学的中国版而广遭批判。马克思曾经说过，当一种生产方式的合理性没有全部发挥出来之前，这种生产方式即便有多少不合理性也不会灭亡，审美意识形态问题也是如此。因此，对于当代马克思主义美学家和文艺理论家来说，明确审美意识形态的中国问题，并且努力将中国问题和中国经验放到当代国际性的学术背景中做出理论化的表述，无疑具有十分重要的意义。这种研究和表述在我看来主要包括三个层次：中国马克思主义美学和文艺理论的基本问题，包括其与马克思主义经典作家提出的问题是怎样的关系，与西方当代马克思主义美学的基本问题又是什么样的关系，等；关于当代中国审美关系的理论分析以及在审美关系基础上的社会主义文学艺术的生产方式研究；当代中国马克思主义美学的理论范畴和理论方法，等。在基本方法、基本观念大致相同的前提下，应该充分尊重和鼓励理论家们的理论创新和理论实践。

如果说西方马克思主义美学是从批判资本主义文化的角度来研究和思考审美意识形态理论的话，那么可以说，中国的马克思主义美学和文论研究主要是从超越资本主义这一角度来开始自己的理论思考的。这种超越的现实基础是近百年来中国人民的现实生活和现实经验，其实质不仅仅是启蒙问题，也不仅是救亡问题，而是一种新的生活方式、新的社会制度的创造和发展所带来的问题。这体现在美学方面，也就是文学艺术“怎样为人民大众服务”的问题，在这里，精英主义的文化立场从一开始就受到了深刻的质疑。事实上，中国马克思主义美学以自己的方式探讨了艺术与意识形态的关系，即讨论了不同于西方马克思主义美学家的另外一种关于大众文化的思想和理论。

马克思主义美学理论的中国特色是由现实的审美关系所决定的。换句话说，中国马克思主义美学的基本对象是当代中国文学艺术问题，它以经典马克思主义美学、西方马克思主义美学和中国美学传统为思想资源，但又不等于这三个部分综合相加。对于理论思考和建设来说，它的根本基础是当代中国的文化问题和现实问题。美学理论的任务就在于，通过分析审美变形的特殊机制，说明文学艺术文本与社会文本的具体关系。因此，关于马克思主义美学理论的中国特色问题，首先是指基本问题的特殊性，在这个基础上，才谈得上理论主题的特殊性和理论倾向的特殊性。而只有对这些问题做出确切的说明，才真正谈得上马克思主义美学理论的现代发展。

与西方马克思主义美学的基本问题相比，中国马克思主义美学是在阐释大众文化的审美意义这个基础上研究审美意识形态理论的。在审美意识形态诸多理论问题中，审美意识形态与社会经济基础的关系在新的历史和文化条件下正在发生一系列新的变化。20世纪30年代以来，中国文学艺术实践最突出的特点就是社会主义文学生产方式的雏形已经形成并不断发展，这就为中国马克思主义美学深入研究马克思所提出的问题，努力解答历史和现实所提出的美学问题提供了十分重要的条件。

毛泽东美学思想的核心问题也是审美意识形态的现代作用问题。20世纪三四十年代，在西方马克思主义美学深入研究大众文化的同时，毛泽东等中国马克思主义者从另一个维度开始了关于大众文化的研究。所不同的是，西方马克思主义学者研究和剖析的是资本主义生产方式上的大众文化，其基本问题是审美意识形态与主流意识形态的关系；中国的延安学派则是从半封建、半殖民地以及被压迫民族的解放和社会进步的立场出发，着重探讨审美意识形态在建设新的社会关系方面的积极作用，其基本问题是文化（意识形态）的特殊性和反作用性。在这种文化模式中，审美意识形态成为改造社会关系的范型和先导。在毛泽东的美学思想中，审美意识形态成为人民大众手中的精神武器，而且精神的力量能够转化为物质力量——因此，审美意识形态的最终目的是把握可以实现的未来。

国外马克思主义理论中，有关审美意识形态的复杂性和特殊性问题，经过布拉格学派、法兰克福学派、阿尔都塞学派以及英国马克思主义学派的发展从不同角度对问题的思考，审美意识形态的多层次性及其与现实生活的多重关系等理论问题都得到较为充分的论证和说明，事实上已成为 20 世纪马克思主义美学理论的中心问题。然而，西方马克思主义美学各流派对审美意识形态问题的研究，主要侧重于研究审美意识形态与占统治地位的支配性意识形态的共谋关系，强调审美意识形态与资本主义生产关系的内在一致性。西方马克思主义美学虽然也深入研究了审美启蒙在异化的社会生活条件下产生的多种可能性等十分重要的问题，从美学角度批判和解构了现代性与资本主义的文化制度，但是对审美意识形态的积极作用以及其中所包含的创造未来的可能性的研究则相对薄弱。在审美意识形态积极作用的理论阐释方面，虽然英国马克思主义美学和文论研究对此有所贡献，相比之下，中国马克思主义美学和文论中的理论问题则出现了新的因素，因而更值得注意。

社会主义文学生产方式的出现，是 20 世纪马克思主义美学和文学理论史上具有重要意义的现象。社会主义文学生产方式决定着与此相应的审美意识形态的性质和特征。在中国新民主主义革命时期，秧歌、二人转、民歌等民间艺术形式，呈现出一种直接表达情感、合作性的审美经验模式。在这些艺术形式中，当下的艺术经验就直接体现了人与人之间的一种新型关系。这种新型关系经过艺术表达，成为人们现实生活关系更理想、更强烈的表达，成为未来生活的“原型”[14]。艺术与生活的关系不再是分裂和对立的，艺术和审美体验成了未来生活的“预演”；审美和艺术的核心机制不是将个体从日常生活经验中“震惊”和“断裂”出来的“陌生化”，而是把情感和朦胧的理想放大、显影的“典型化”。从学理上说，这种“典型化”与亚里士多德式“典型化”存在着区别，这种区别就在于，后者是以历史的或然性为基础的，而前者却是以历史的必然性为基础的。在社会主义文学生产方式的基础上，现实美以及对现实美的体验从可能变成了现实。

对于马克思主义美学的建设而言，中国的美学问题在两个方面具有重要的理论意义。首先，当代中国的社会结构和意识形态结构非常特殊，不仅多种生产方式相互碰撞或彼此重叠，而且在意识形态方面似乎汇集了所有艺术生产方式和形象话语，构成了一个巨大的反应堆和试验场。在现代传播媒介的帮助下，西方文艺舞台上刚刚出现的艺术创新，用不了多久就有可能融入中国的艺术生产过程，而其他的情感模式和艺术话语因具有现实基础而仍然保持着生命力。这种多话语共存以及不同形象体系彼此叠合的状态，极大地刺激了20世纪中国文学艺术的创造力，也向美学理论提出了寻求内在统一性的要求。其次，中国艺术表达机制的特殊性，在多重话语叠合与碰撞的状态中显示了它的某种优势，即以碎片表征整体、以寓言性的形象表征生活的本质、以余音缭绕的缠绵托起历史的沉重和生命的悲剧性。从理论上说，中国文化传统中以交感为特征的审美模式、以韵为内核的艺术表达机制，有可能改造深陷在肉体化感知模式中的现代西方文化的价值导向[15]。

对于文学艺术来说，表征社会主义生产方式的要求，促进人的全面发展，既是社会发展的现实要求，也是“美的规律”的要求。因为在经济全球化的社会和文化条件下，对“未来”的感受和思考已成为一个全球性的问题。在把审美与现实生活对立起来的西方现代文化中，审美的乌托邦不具有现实的必然性，现实的审美文化（审美意识形态）又不具有伦理的合理性。而相比之下，社会主义初级阶段的中国文学艺术因其来自于现实的要求，是对现实生活的“更高、更强烈、更有集中性、更典型、更丰富，更理想，因此，更带普遍性”的表达[16]。

三、当代中国审美意识形态研究中的具体问题

当前关于审美意识形态问题的理论论争涉及对意识形态的理解以及马克思主义对审美问题的理解。对审美意识形态理论的理解,应在马克思主义经典作家论述的基础上,充分吸取卢卡奇以来国外马克思主义研究的积极成果。其次,关于审美问题的理解。由于改革开放以来中国的具体社会条件和文化语境,在关于审美的性质及意义的理解方面,一些学者倾向于在马克思主义的理论框架中引入康德理论的思维模式和概念系统来论证马克思主义的美学问题。事实上,马克思主义的美学理论与德国古典美学的关系极为复杂,决不是简单的继承和发展。例如关于"美的规律",马克思的思想显然不同于莱辛《拉奥孔》里的论述,也显然不是在康德理论框架中所能真正阐释的。在马克思对浪漫主义美学的论述中,我们过去往往只注意到其论说的显在一面,即浪漫主义美学与资本主义生产方式的敌对关系,却忽略了马克思的言外之意——既然浪漫主义美学是西方工业文明的产物,那么它的哲学基础、理论成果乃至论说方式就与而且只与西方文化的某一发展阶段相联系。马克思主义美学在充分重视和强调经济关系对审美关系的决定性作用的基础上,突出地论证了人在现实关系压力下巨大的文化创造力,以及这种创造力对社会发展的积极作用。同时,马克思主义美学也重视艺术与日常生活经验的关系,强调艺术所具有的启蒙能力和解放作用的根据和力量最终都产生于现实的日常生活经验。因此,深入研究日常生活经验及日常生活经验所产生的审美需要,特别是研究作为文化创造者的人民大众的审美需要及其在当代中国文化中的表达机制,应该成为当代中国马克思主义美学的主要任务。

马克思主义对美学问题的提问方式不是探究艺术作品怎样起源,而是思索并力图解答:通过艺术这种审美意识形态形式,现实中的个体是怎样与现实关系交流从而改变主体自身的。因此,从审美意识形态的角度来反思和建设中国马克思主义美学,审美意识形态的现代作用应该成为理论研究的重心。在马克思主义的理论视野中,审美意识形态的现代作用主要包括三个方面的内容:首先,在现代社会中,由于社会生活的

异化，意识形态包括审美意识形态与现实生活关系必然发生某种程度的脱节甚至断裂，审美意识形态成为统治阶级利益和意志的体现，这就是审美意识形态最常见的和最直接的内容与含义。在当代社会，这就是各种大众文化的主要意义，幻想化和形式化是其主要特征。其次，由于审美活动是以个体审美经验为基础的，在社会已经充分个体化了的现代社会，个体意识形态与主流意识形态必然形成诸多差异；差异导致视点和立场的游移与转变，这就为审美启蒙并且重新把握现实生活关系提供了可能。问题的关键在于说明为什么能够产生这类差异和意识形态的偏离，以及这种审美差异的社会意义，陌生化或审美变形(转换)是其主要的理论内容。第三，两种审美意识形态的关系问题。审美活动的一个显著特点是，审美经验的个体性与审美对象的共同性的有机统一。在马克思主义美学的理论视野中，这种统一的基础是审美关系，即由现实生产方式所规定或由一定意识形态所规范的情感模式，包括情感需要、情感表达和情感满足的一整套习俗或审美制度。在不同的生产方式、社会制度和文化传统的条件下，审美关系也互不相同。由于审美关系不同，共同的审美对象或文艺文本可以产生出不同的审美效果，在同一个社会中也可以产生出两种甚至若干种审美意识形态，这体现在理论上也就是审美意识形态间的关系问题。而在社会主义初级阶段文艺生产方式出现之后，在理论上则进一步提出了新的问题和理论要求。

在中国马克思主义美学的发展历程中，文艺与政治的关系始终是一个无法回避的问题。这个问题的复杂性受到“文革”极“左”思潮的影响，一度使当代中国学者对马克思主义的阶级分析方法和意识形态理论产生了某种误解和偏见，然而，从当代中国文艺实践来看，文艺与政治的关系仍具有现实意义。其一，文艺、审美必然具有政治性。这个命题所揭示的是，政治性只是审美、文艺的一个属性，但它决不等于文艺，审美必须为政治服务。文艺不被规定为“为政治服务”时，文艺仍然具有政治性或者意识形态性。其二，什么是“政治”？政治并不能被简单地界定为“党派政治”，政治并不狭隘地局限于政党之间的争权夺利。相反，当代社会直接的政治斗争具体、广泛地以文化冲突的形式在作品文本中得到曲折表现。在文化研究中，这种冲突以文化领导权的范畴取代党派政治。社会政治关注的核心是人际间存在的权力关系，这种权力关系只要有两个以上的人存在就必然存在，如不同社会群体间的权力政治，不同民族的种族政治等。其三，在马克思主义美学看来，现实生活中人与自然界、个体与社会、人的内在要求与外在现实相统一。马克思主义美学的重要性在于，它要求我们在正视现实矛盾的前提下，把生产力的巨大力量以及个体的心理内驱力转化为与人类幸福生活这个目的相一致的建设性力量。美学通过对艺术和审美现象的分析而把握现实关系，通过改变人们的价值观念、生活态度而实现对现实的改造。我认为，中国马克思主义美学理论必须以具体的审美关系为基础，认真研究当代中国社会审美经验模式、艺术生产方式的特殊性及其在审美表征方面的体现，这无疑是十分艰难的理论工作，任何对这种关系的简单化理解都将导致理论的偏差。

20 世纪 80 年代以来我国一些学者关于审美意识形态的阐释带有较为浓重的康德美学和海德格尔美学的色彩，这种理论上的杂糅对于解决现实中的问题也许是有效的，但是，由于在基本理论方面的暧昧态度，造成了理论内在的矛盾性和不彻底性。在美学和文艺学研究领域，对马克思主义美学基本理论问题做深入研究，事实上是非常困难的工作，其困难不仅在于必须面对现实文化实践所提出的问题，而且要进行细致、缜密的学理分析，在学术问题上的盲从只能使问题始终悬而未决，因此，我们有必要重提马克思当年的要求："这里必须根绝一切犹豫；这里任何怯懦都无济于事。"[17]

注释：

[1] 见王杰：《审美现代性：马克思主义的提问方式与当代文学实践》，《文艺研究》2000 年第 5 期。

[2][3][17] 《马克思恩格斯选集》第 2 卷，人民出版社 1995 年版，第 33、27—28、35 页。

[4] 《马克思恩格斯选集》第 1 卷，人民出版社 1995 年版，第 611 页。

[5][7] 路易·阿尔都塞：《意识形态和意识形态的国家机器》，载齐泽克编：《图绘意识形态》，南京大学出版社 2002 年版。

[6] 路易·阿尔都塞：《保卫马克思》，商务印书馆 1984 年版，第 142 页。

[8] 陆梅林编：《西方马克思主义美学文选》，漓江出版社 1988 年版，第 537 页。

[9] Paul de Man, *Aesthetic Ideology*, University of Minnesoat Press, 1996(该书为论文集，主要论文发表于 80 年代，1996 年由 Andrzej Waminski 编辑出版。)Terry Eagleton, *The Ideology of the Aesthetic*,

Verso, 1990。

[10] 特里·伊格尔顿:《审美意识形态》,广西师范大学出版社 2006 年版。

[11] 佩里·安德森:《"西方马克思主义"探讨》,人民出版社 1981 年版。

[12] 见王杰:《东方马克思主义美学:问题与理论》,载《马克思主义美学研究》第 4 辑,广西师范大学出版社 2001 年版。

[13] 埃·巴列巴尔、皮·马歇雷:《论作为一种观念形式的文学》,载弗·马尔赫恩编:《当代马克思主义文学批评》,北京大学出版社 2002 年版,第 62—77 页。这里的"观念形式"应译为"意识形态"。

[14] 此处的"原型"不是荣格的精神分析概念,而是以现实关系某种新的因素为基础的、新的形象和新的审美关系,近似于雷蒙德·威廉斯的"新兴文化"的内涵。

[15] 特里·伊格尔顿、弗雷德里克·詹姆逊都注意到了这一点并作出了自己的分析。见伊格尔顿《文化的观念》、詹姆逊《跨国资本主义时代的第三世界文学》等。

[16] 毛泽东:《在延安文艺座谈会上的讲话》,《毛泽东论文艺》(增订本),人民文学出版社 1992 年版,第 58 页。

中国审美经验的理论阐释与文艺美学的发展

中国文艺美学研究在热了一阵后,近年来逐渐降温,学者们开始认真面对一系列重要的理论问题。从中国古典美学中寻找具有现代美学理论意义的工作虽然十分重要,却碰到了重重困难,要将中国古典美学十分丰富的理论资源转化成为当代形态的文艺美学理论,成为在学理上具有不同于西方美学的传统和范畴体系,最大的困难是:要在学理上建立起一个不同于西方美学理论框架的中国文艺美学的理论框架,只有这个问题真正解决了,文艺美学才能摆脱徘徊不前的困顿,取得实质性的发展。

我认为,文艺美学的进一步发展首先要摆脱两个观念上的混乱或者误区,否则研究工作很难得到实质性的进展。

第一,在目前的学科分类体系中,甚至在国务院学位办制定的学科目录的框架内讨论文艺美学的学科定位及其理论框架是误区之一。众所周知,文艺美学是 20 世纪 80 年代以来中国学者根据中国的美学问题和文化资源创造性地提出和发展的,有鲜明中国特色的美学学科。因为现实的需要以及一批学术界领军人物的积极倡导,文艺美学很快在制度化的学术体系中获得了自己的地位,这就是在中国语言文学一级学科下,文艺学二级学科下的一个三级学科方向并且被部分学者确定为新兴学科和交叉学科。关于文艺美学学科定位的许多讨论就局限在这样一个思路内。作为新兴学科和交叉学科,需要突破旧的学术规范和学术体制,不然,真正的理论创新将无从谈起。而且,随着后现代社会的发展,在现代人文社会科学的发展格局中,美学和文艺美学正逐渐占据重要的地位,研究方法和理论流派也呈现多元化的格局。美学和文艺美学与心理学、社会学、认知科学等众多学科的学科交叉互动日趋活跃,因此,局限在"中国语言文学",甚至"文艺学"的学科理念中讨论文艺美学的理论框架和进一步的发展,在某种意义上说很难成功。

第二,将文艺美学看作以研究艺术经验为对象,以研究文学艺术的美学规律为主要内容的理论学科,这种观点在学术界目前有相当大的影响,但我认为也是可以讨论的。我认为,这个研究思路把"美学"和"文艺美学"两个概念混淆了,实际上是用西方现代化过程以来产生和发展起来的美学理论来研究和阐述文艺美学。这样,文艺美学的特殊问题和特殊学理机制很容易被遮蔽掉,文艺美学很容易成为只是美学或艺术哲学的另一种名称或中国化的名称而已。王国维、宗白华、蒋孔阳等老一辈美学家开创的事业一直是努力找到中国美学的特殊性,包括特殊的问题、特殊的艺术表述机制以及特殊的理论形态。这种理论追求在20世纪80年代中国思想解放和现代化的大潮中明确化为系统的理论形态,这就是文艺美学。其理论追求十分明确:这就是建立中国形态的美学理论。因此,文艺美学的学理探讨应该以比较文化学和比较美学为基础。

因此,我们在研究和思考文艺美学的进一步发展时,首先,应对其学科归属有一个正确的估计和判断;其次,应该在深入研究当代中国文艺学、美学学科危机的基础上,对文艺美学的基本问题、现实意义、学科资源等问题做出实事求是的分析,在此基础上才可能谈到文艺美学进一步发展的有关问题。

文艺美学的基本对象是审美经验或艺术体验,这是学术界已经取得共识的看法。但是,在把文艺美学当作是一种普世性的美学理论模式,还是一种以中国经验为基础、具有特殊性的美学理论模式等问题上,学术界是有分歧的。这个问题需要慎重对待,它涉及我们从事学术研究的理论立场和价值判断。我的基本看法是:在西方以视觉性形象为基础,以"视觉性隐喻"为理论框架的美学理论已经出现深度危机的情况下,建立在中国文化和中国审美经验基础上的以流动性的声音性形象为基础(乐、诗、词、曲等），以“韵”和“意境”为核心范畴和表征机制的“中国美学”具有越来越重要的理论价值和意义。“中国美学”首先是对以中国文化为基础的丰富多彩的审美经验和艺术体验的理论概括；其次，从某种理论层面和某种意义上，如果我们能在现代学术方法和学术理念的背景下加以理论化和系统化，“中国美学”是具有普世性的，可以成为日益多元化的世界美学发展潮流中一种重要的学术资源和理论发展的动因。正是在这个意义上，文艺美学的理论研究具有十分重要的意义，这也是我们不同意将文艺美学的理论问题理解得过于狭隘或过于宽泛的原因。关于西方美学和中国美学在文化特征上的区别，我曾用“内卷文化”和“外播文化”两个概念作了比较分析，在文化类型上，中国文化将审美经验和艺术体验置于文化的核心位置，使这种文化呈现出丰富性、流动性以及在不同语境中“随物赋形”的文化机制，在文化全球化危机的社会历史条件下，中国文化，特别是中国少数民族文化中保存和延续着的文化资源具有十分重要的意义。在《美学研究的人类学转向和文学学科的文化实践——以南宁国际民歌艺术节的初步研究为例》一文中我曾作过一个简单的比较分析：

借用格尔茨“内卷文化”的术语，我以此来描述将宗教作为最重要的认同和表述手段的文化，而将以艺术和审美作为最重要的认同和表述手段的文化称为“外播文化”。与前者相比，外播文化因为较少受到宗教神圣性的束缚而具有更大的变异性和包容性，同时仍然保留了对现实生活的超越和批判。

当然，这还只是一个初步的学术概括。我认为，中国文化作为一种具有较强开放性的“外播文化”，它的表征机制及其哲学基础还没有得到充分的研究。根据张光直的研究，音乐和美术性的特殊形象在中国早期文化仪式中具有十分关键的基础性作用，是“表征”和实现“天人沟通”的基本工具和媒介。据此可以认为，中国古代美学思想是建立在对感性经验的神秘性，甚至神圣性的解释基础之上的，具有强大权威性和认同机制的“仪式”在中国文化以及审美经验的表征机制方面具有关键性的作用。这与古希腊文化通过自然哲学的研究来获得整理和表征现实经验的文化传统不同。古希腊哲人认为，宇宙的法则具有最高的必然性，它是远离情感和日常生活经验的。这就为美学提供了一个形而上学的基础。因为，这种关于世界的一般理论，使人和自然相互之间紧密联系起来，根据人的行为和价值来判断世界，这就为建立关于美的艺术的专门学科奠定了良好的基础。比较而言，在中国，美学问题不是从诗与哲学的关系或者内容与形式的关系这个角度来提出的，而是以“象”（含音象、视象等）的神秘交流能力和超越能力的解释为开端，在中国古代文化中，艺术以及最高形态的美（“大音希声”“大象无形”）与神话时代的祭祀仪式存在着密切的联系，这已经为人类学研究所证明。在进入文明社会和阶级社会之后，作为一个地域辽阔、人口众多的多民族的大国，对于中华文化而言，如何保持和加强文化的凝聚力和权威性就成为一个重大的问题。由于多方面的原因，中国文化通过阐释“象”的神奇力量，来证明审美经验的超越性和普遍性。因此，在中国文化中，少有哲学性的美学，却存在着十分丰富的与审美经验和艺术体验相联系的“文艺美学”，或者说文艺美学的前学科形态。

在中国文化中，“仪式”从未真正解体和消失，只是以不同的形式存在和发挥作用。关于仪式，在人类学的研究中事实上有很多种类型和模式，“内卷型文化”也建立在某种仪式的基础上。在中国文化中，与审美活动相联的仪式是以“祭天”仪式为基础的，“天”以自然为本，但又是一个超自然的存在。通过“仪式”的作用，审美的力量得以激发和强化，个体内在的情感得以投射并按照一定的模式加以表征和对象化。在我看来，在中国传统文化中，最重要也最具有现代美学意义的审美表达机制是“韵”。它不是一个简单的美学和文论范畴，也不同于西方文化中的“移情”“视觉性隐喻”，它有中国文化特殊性的审美和情感表达机制。

韵的学理分析是一个非常困难又十分重要的理论问题[1]。从美学的角度讲，韵是“大象”的一种形式，它以优美和“自然”为特征，我们知道，作为人的内在世界的形象化表征，审美幻象是个体与外在世界相联系的关键，它既是主体与外在世界进行交流的桥梁，也是主体自我确证、进行再生产的根据。从理论上说，关于韵的分析主要包括两个方面：首先，韵的特殊性以及学理根据；其次，“韵”这种艺术表达机制在不同的历史条件、生产方式以及文化背景中的变化与更新。

王国维已经开始从近现代哲学的角度对韵这个审美范畴的特殊性作出了思考。他在《人间词乙稿序》中写道：

文学之事，其内足以摅己，而外足以感人者，意与境二者而已。上焉者意与境浑，其次或以境胜，或以意胜。苟缺其一，不足以言文学。原夫文学之所以有意境者，以其能观也。

关于境界，王国维强调了两个要点：内在世界与外在世界的统一；对象化的存在。关于内在世界与外在世界相统一的境界，王国维又划分为三个层次，在第三个层次也就是最高的层次，达到“非归与归与之叹与”的状态，用一个具体的意象来描述便是：“众里寻他千百度，蓦然回首，那人却在灯火阑珊处。”这种境界作为一种审美表达机制也就是韵。

王国维之后，韵的特殊性问题引起了许多学者的重视，钱锺书释之为“远出”的声音；宗白华先生释之为“潜伏着”的“音乐感”；周来祥、孙玄常先生释之为“和谐与节奏”[2]，他们不约而同地都涉及到了韵的一个重要的学理根据——时间性。

审美经验在时间(历史)中的状态是一个从理论的角度很难把握的问题。审美幻象的流动性事实上是个体内在欲望的流动性、现实世界的历史性以及意识形态镜像的“永恒性”相互作用的结果。在不同的文化背景或同一文化的不同发展阶段，由于意识形态镜像的不同，欲望流动性的转换方式也不相同，我们也可以用审美变形的典型媒介来标志欲望与历史的不同联结关系。在确定性的视点之外，必定存在着一个视线的消逝点，在视线消逝点之外，存在着一个无限的世界。对于主体来说，这个世界是一个充满着死亡阴影的难以与之交流的世界，也是现实生活关系的藏匿之地。在西方文化中，透视规律的发现及其在艺术和现实生产中的普遍运用，正好与人的存在从自然人逐渐转化为劳动力的过程同步，这决不是历史的一种偶然。视觉性思维的特点是外向的，它指向外在的自然和客体化的现实，在这里，颠倒成像的机制以一种较为直接的形式存在着，艺术与日常生活世界的二元化关系是非常清晰、明确的。比较而言，听觉性思维的特点是弥散性和回旋式的，它既不简单指向外在的自然或客体化的现实，也不简单指向主体性的自我，它以回旋式的对象化方式在放弃中收获，以冷淡表达激情，以简单实现丰富，以“远出”达到日常生活中不可能实现的交流。在这里，虚幻的非现实世界成为欲望的目标和价值指向，在颠倒化机制的作用下，审美幻象呈现为一种特殊的“自然”。由于这种颠倒化机制是内在的和隐蔽的，因此，艺术与日常生活状态似乎可以重合。中国古代文明最为基本的观念是天人合一的宇宙观。在这个宇宙世界中，自然界的一切，从一粒石头、一片落叶到朝代的更迭和世事的沧桑，都与混沌的、具有内在连续性的“天”密切联系，从而彼此联结成一个博大精深、无限宏大的宇宙有机体。

关于“天”这样一个神秘的幻象体系，《道德经》是这样描述的：

有物混成，先天地生。寂兮寥兮，独立不改。周行不殆，可以为天下母。吾不知其名，字之曰道，吾强为之名曰大。大曰逝，逝曰远，远曰返。

因为它混沌而包容一切，所以，一方面，个体既在这个幻象体系之内，又在这个巨大而又神秘的世界之外；另一方面，它的存在，既是个体的内在世界，又是个体的外在世界。和谐是一种超个体生命的存在，这个存在是个体生命、人生幸福以及社会价值的根据。对于现实中的个体来说，最为根本的交流目的就是与这个世界相沟通，最大的恐惧是与这个世界分离。在古代中国，掌握着进入这个世界的媒介和手段是一种重要的权力，而幻觉性则是这种媒介和手段的基本特征：

鬼神的降临和巫和王的升天须以何种方式完成，尚不十分清楚，但音乐和舞蹈显然是这种仪式的一个组成部分。饮酒也可能与此有关：殷人就以嗜酒而著名，许多商代青铜礼器都为酒器的造型。或许酒精或其他药料能使人昏迷，巫师便可以在迷幻之中做想象的飞升？

在这里，欲望与对象的关系是建立在祭祖先神和祭“天”仪式的基础之上的。在这种仪式的基础上，情感和欲望的价值指向与社会历史的现实发展方向正好相反。情感和艺术在天人沟通中的重要作用，决定了艺术在中国文化结构中处于较为关键的地位。这种与外在世界自然规律正好相逆的情感表达机制，却使个体在恶劣的历史条件下，利用最小的条件来实现内在世界与外在世界的联系，建构起“中间性的形象”。

在中国的文化传统中，音乐和舞蹈是祭天仪式或者祭祖仪式的重要组成部分。音乐对情感有刺激作用，能够把具体的身体和物质性的场景幻化为精灵性的存在和流动性的形象，成为与祖先相沟通及其他非现实性存在交流的基本媒介。“大音希声”“大象无形”，欲望的表达借助幻觉而深深地楔入存在的本体，这既不是视觉性形象的“再现”，也不是主体性情感抒发的“表现”，而是一种交感性[3]，始终黏联着感性经验的“远出”。视觉性形象的“远出”，结果是物象纯化为精神性的心象，而在交感性的“远出”机制中，通过形象的幻化回旋，从而达到“味象”的感性丰富[4]。味觉是身体与世界具体接触的感官，它与人类的现实经验直接联系着，味觉式的交感形象在“远出”的机制中升华为优美纯粹的形象，达到“大象”的超越性存在的和谐。这种存在在主体方面对个体提出了很高的要求，在审美效果方面则具有极大的弹性，能够在极端险恶的历史条件下，为主体提供一种依托，保持住美好、善良的人性。

在中国文化的发展过程中，随着欲望的表达，媒介逐渐从音乐、舞蹈转向诗词，“味象”的概念也就逐渐转化为“韵”和意象。研究和分析中国古典文化审美表达机制，要注意到这样一个悖论：在以“韵”为核心的审美表达机制中，为什么“远出”不仅不会趋向冷漠化，或者抽象为纯粹精神性的概念，相反，它却回旋向主体，更深地楔入主体的内部，唤起更大的激情，获得更加感性化和更为经验性的形式？这是一个有趣的现象，用西方的美学理论模式显然无法作出说明。在西方艺术漫长的历史发展中，基本的思考路线是从缺乏和空无开始，经过对象性的真实而达到情感化的存在。相反，中国古典艺术表征机制却从完满与和谐开始，经过缺乏和虚静这个中介而达到另一种境界的完整与和谐。

我们这里尝试从个体与对象关系的角度，对中国艺术表达机制的特征及其学理根据做微观的分析，因为，个体与对象的关系是文化的最微观的表达，从这个角度分析研究，较容易直接进入问题的实质与核心。

在柏拉图的著作中，有一个关于人的古老寓言。说的是在很早以前，人处于一种两性同体的状态，后来不幸被神一劈两半，其中的一半只有在另一半中才能找回他自己的完整性。在奥维德的《变形记》中，这个寓言形象地转化为埃科和喀索斯命运的故事。个体与对象的关系，在哲学中是认识与真理的关系，在审美活动中是欲望和形象的关系。柏拉图认为，日常生活现象本来是散乱而蒙昧的，由于纯粹的精神或美的“理式”而获得某种秩序。最高的“理式”如同一块磁石，把散乱的现象联结成一个完整的链条，循着从低级向高级的阶梯上升。“美本身”存在于世俗性世界的界限之外，在个体欲望和终极目标之间，存在着难以逾越的屏障和鸿沟。在古希腊文化中，喀索斯和埃科的形象表征了对于这种矛盾的两种解决方式。喀索斯是自恋性的，他的欲望对象就是他自己的形象，只有当这个对象存在于自己的身体之外时，欲望才能得到对象化，只有拥有这个对象，才能实现身体与欲望的再度结合。喀索斯因迷恋自己水中的影像而落水身亡，转化成了水仙花。在现实生活中自恋的对象是虚幻的，所以，自恋的欲望永远也不可能得到实现。埃科属于另一种类型的存在和欲望表达方式。由于受到不公正的惩罚，埃科只能重复别人对她说过的话，对于个体的欲望表达来说，这是令人绝望的悲惨命运。她只能倾听，通过复述话语中丰富的歧义来表达自己的欲望，并且唤起交流。喀索斯的拒绝态度在于他看不到外在世界的美好和丰富。如果说喀索斯的不幸在于自恋，那么埃科的不幸则在于爱上了喀索斯。对于喀索斯，埃科只能执着地固守，因为，她的存在以及欲望的表达都依赖于外在的力量，埃科对喀索斯说："放弃了你的力量，也许我会死去的。"喀索斯落水而亡后，埃科的身体也逐渐消失，转变成一种精灵般的声音在空旷的世界中飘荡[5]。

喀索斯和埃科的悲剧，归根结底在于他们不能用完整的感官去感受世界并完整表达自己的欲望。这种不完整性不仅与主体的价值目标和价值态度相联系，而且也根源于他们两人关系之外的强大力量。喀索斯的自恋是对现实深感失望的结果，而朱比特的非分欲望和朱诺的嫉妒则决定着埃科欲望要求的难以表达。在现实生活中，现实关系是一个摆脱不掉的阴影，它强有力地控制着现实的个体及其欲望表达。埃科的可贵之处，就在于她努力反抗这种无形的强大力量，由此呈现出人性的光辉，体现了温情和善良的价值和意义。埃科这种女性化的欲望表达方式，近似于中国古典文化中怀柔守拙的传统以及对韵的强调。在西方文化中，美本身被推向无限遥远的幻象屏幕之后，欲望表达的目标与具体形象的关系因此而断裂，分裂为两种相互矛盾的表现形式。在中国文化中，"韵"的基本词源意义指和谐的声音，在《文心雕龙・声律》篇中，刘勰是这样说的："异音相从谓之和，同声相应谓之韵。韵气一定，故余声易遗；和体抑扬，故遗响难契。"由此可见，韵的现象学特征，一为和谐，二为"远出"。所谓"余声易遗""遗响难契"之"余声""遗响"均是"远出"的具体形式，通过"远出"而达到和谐。这种"远出"

是一种回旋的声音，即所谓余音绕梁，它以交感式的欲望表达方式为基础，把感性的存在转变成具有灵性或神性的审美对象。这也许是中国艺术表达机制的特殊性所在。

以“视觉性隐喻”为基础的欲望表达机制，其基本前提为主体与对象之间的空间距离，社会通过一系列的制度、仪式，以及话语规范等意识形态形式，来调节不同个体欲望之间以及个体欲望与社会发展方向之间的对立和冲突。在视觉性形象的审美表达中，通过对客体的模仿，主体得以摆脱物质性和身体性的缺陷和局限，达到精神升华的目的。那么，在听觉性形象的审美表达机制中，为何其基本的价值手段不是缩小乃至弥合分裂和对立之间所存在的距离，而似乎正好相反呢？我认为，形成这种区别的原因之一，就在于审美表达媒介的不同。欲望的视觉性表达机制以透视规律为基础，主体与对象、精神和身体、欲望和欲望目的在透视规律的作用下自然地划分开来，其优点是真实、清晰、准确，缺点则在于静止而僵硬、主体的自由度相对较小。在听觉性的形象表达机制中，声音的流动性、浸润化的特点，以及声音与身体的直接联系使欲望的流动性、弥散化的整体性都得到较好的保留，然而缺乏外在性，在中国艺术的审美表达机制中，这种特点是很明显的。在学理上，如果埃科也陷入自恋性状态，不仅难以自拔，而且外在的力量也难以对之进行拯救。埃科式的主体若泯灭欲望，放弃对象化的冲动，其结果是真正灾难性的。至悲莫过于心死。由于中国文化和艺术重内省而又偏于混沌性的特点，对于审美形象来说，把物质性的声响与精神性的音乐区分开来，使声像获得外在性，就成为个体欲望和审美经验得以表达以及实现交流的关键。

从学理上说，把声响和音乐分开有两种可能的方法和途径：其一是通过技术的进步及乐器的发明和改进，使声响得以纯化和形式化，从而增加其精神内含以及审美丰富性；其二是通过内省性的修炼，排除欲望的杂质和非人性的内容，用内在世界的和谐来呼应外在自然的和谐，从而达到天人合一的交融境界。因此，“虚静”和“远出”就成为中国审美经验基本的表达手段，成为欲望升华的前提。

在后现代文化条件下，中国艺术面临着特殊的挑战和困境，其尖锐程度是空前的。然而，从另一个角度看，危机和压力同时又为中国化的艺术表达方式的自我更新创造了可能和条件。后现代主义文化事实上就是喀索斯文化的极端形态，它的最深刻的危机就是“表征的危机”,或者说交流的危机。在后现代主义文化场景中,“影像”作为对现实的复制,在现代技术手段的基础上,简单的模仿机制被推向无以复加的极端。形象的无节制膨胀正如货币的无节制膨胀一样,其结果只能是现实感的丧失以及内在自我的萎缩。因此,探索形象的意义,重建个体审美经验与人类整体目的性的联系,就成为人类获得拯救之可能性的追问和思考。在这个意义上,埃科的话语所拥有的人性内涵,以及“韵”与现实生活关系的内在联系,就成为我们仍然有能力穿越人欲横流的幻象集市,达到苦难而又真实的现实的一种凭证。对于中国的艺术和艺术表达而言,只有保持住抒情风格中真正属于人的、不可摧毁的东西,在无情的荒漠中恢复温柔的对视和倾听,我们才会重新聆听到来自历史深处、来自现实底层的声音,具体地感受到世界只是为我们而存在、仅仅因为我们的存在而具有意义那样一种真正属于人的幸福。在我看来,文艺美学的建设和发展,使我们对这种幸福的追求具体化了。

注释:

[1] “韵”既是一个中国古典美学的概念,也是一个现代西方美学的概念,当然在内涵和外延等方面都有很大的区别,但在学理上也有一致的地方。在瓦尔特·本雅明的美学中,“韵”就是一个重要的概念,可见《机械复制时代的艺术作品》《发达资本主义时代的抒情诗人》等。亦可见田明:《论技术与光韵之间的张力——对本雅明重建审美经验的思考》,载《马克思主义美学研究》第10辑,中央编译出版社2007年版。

[2] 见宗白华:《美学与意境》,人民出版社1987年版;周来祥:《论美是和谐》,齐鲁书社1987年版;孙玄常:《美术史论丛刊》1982年第3期。

[3] 关于交感范畴的内涵和演变,刘纲纪先生在《中国美学史》《周易美学》中均有论述,可以参阅。

[4] 美国解剖学家戴维·玻利拿已经从人的皮肤细胞中分离出了信息素。科学研究的结果表明,人类和大多数动物一样可能会通过皮肤散发大量无嗅无味的化学物质:信息素,也叫外激素。这种化学物质可以向其他人传递信息。在不知不觉中,人类的很多基本的行为都受到这种化学物质的影响。见《中国科协报》1994年5月5日。

[5] 有关喀索斯和埃科关系的分析见佳亚特里·斯皮瓦克:《论埃科》,凌学东译,《马克思主义美学研究》第8辑,广西师范大学出版社2005年版。

当代美学的基本问题及其理论阐释模式

在当代中国学术界，由于多方面的原因，“当代美学”是一个内涵模糊外延混乱的理论概念。这种理论上的模糊和混乱造成对当代文学艺术的理解、对当代文学艺术意义的理论阐释呈现出众说纷纭的局面。因此，在理论上研究和阐释当代美学的基本问题和重大问题，厘清当代美学问题与当代批评形态的关系，就具有了理论上的重要性和迫切性。

除了历史不断发展变化的原因之外，还有两个原因造成了目前学术界当代美学概念的模糊和混乱。首先，随着现代大学制度的发展，美学以通识教育或博雅教育的形式被置于大学教育的基本目标之中。随着现代化过程的展开，“以美育代宗教”的理念在中国现代文化发展中具有十分重要的地位。在学术上，美学成为一个越来越全球化和跨国界的学科，美学的经验性与理论的普遍性的矛盾成为难以克服的理论困境。自黑格尔美学体系的权威性被打破之后，这种理论困境尤为凸显出来。其次，美学的发展同时是一个文化地理学的概念。随着资本主义生产方式和生活方式的拓展，美学从欧洲传遍世界各地，自新文化运动以来，更是在中国获得了很大的发展。在中国社会的现代化过程中，美学与艺术批评一直是通过文化改造社会的最强劲有力的理论形态。作为一个发展中国家，在相当长的一个历史阶段，中国美学的基本理念与方法主要来自欧洲的美学。我们可以清楚地看到，从启蒙主义、浪漫主义、现实主义，再到现代主义和后现代主义的发展阶段论和理论框架，成为整个美学界思考和阐释中国文学艺术的基本理论工具，自 80 年代以来，康德美学的阐释模式雄霸整个中国美学界。理论工具和理论模式与中国审美经验的矛盾一直伴随着中国社会现代化过程的发展和中国美学的发展。

一、当代美学理论范式出现转型

值得注意的是，随着世界历史的发展，特别是自 20 世纪 90 年代以来当代社会和文化的发展，以德国美学为核心，以法国理性主义美学和英国经验论美学为两翼的欧洲美学系统所构筑的理论大厦已经大部分坍塌，并且在继续坍塌。因此，我们看到，在世界范围内，比较美学以及关于非欧洲美学理论重要性和合理性的研究持续发展，美学的多元格局、非欧洲模式美学传统的重要性及其当代意义等，正在引起美学界和人文学科其他领域的广泛重视。

美学的转型，或者说美学的当代复兴正在引起学术界的普遍关注。如果不抱理论偏见地看待近三十年美学的发展，那么，我们看到一种新的美学思维，一种新的关于社会生活和审美经验的审美认知模式正在静悄悄地发展着，这就是马克思主义美学的形成及其当代发展。随着文化问题重要性的凸显，美学在马克思主义理论传统中具有了越来越重要的地位。早在“红色三十年代”，马克思主义美学在苏联、欧洲和中国都开始了某种理论上的自觉。自卢卡奇之后，马克思主义美学在德国、法国、英国、东欧和中国都获得了不同形式的发展。例如在前南斯拉夫，20 世纪 60 年代末至 70 年代以来，在哲学方面关于“实践哲学”和“文化哲学”的讨论中，在艺术批评方面关于滑稽剧和现代派艺术的讨论中，发展起了一种新的美学；在中国，随着改革开放的推进，马克思主义美学也从不同的路径，以不同的方式获得了自己的发展。这种新的美学观念和理论的发展，很自然地引起了美学内部的某种危机，因此造成了当代美学理论的某种模糊和混乱。

作为一种新的美学理论和认知模式，马克思主义美学比欧洲的现代主义美学更为复杂，它延伸至人文学科的不同领域，在发展的过程中，与社会学、管理学、经济学、人类学和心理学等实证性社会科学也较好地融合，并且与当代艺术实践有了一种结合，从而呈现出一种新的理论形态，美学的功能也正在发生某种变化。简单地说，美学在当代对现实生活的介入逐渐加深，当代美学在改变世界的过程中正在发挥着越来越重要的作用。

大约从20世纪80年代末90年代初开始，美学与当时的艺术事件相互结合。在此之前美学是艺术和文学的附庸，或者说阐释者。新的变化开启了美学与世界更为复杂、更为多样的关系。对于当代美学研究而言，有两个变化已经客观地发生了。首先，在当代理论中，美学研究的中心或者说重心已不再是艺术而是文化，当代美学讨论的中心已经逐渐从文学艺术转向文化，或者更确切地说，当代美学在讨论艺术的时候，事实上是指向文化的。随着物质文化遗产和非物质文化遗产的全面艺术化，当代美学的研究中心不可避免地指向文化，包括媒介、技术、地方性知识和时尚产业。由于文化的相对性以及过于宽泛的内涵，以文化研究为基本模式的当代美学在一系列重要问题上都面临着重大的挑战，提出了许多新的问题，例如，当代美学有没有共同的"基本问题"，如果有，是什么？如果没有，那么当代美学作为一般性的哲学理论的学理基础在什么地方？当代美学是否还存在着统一的审美标准和核心价值？其次，在当代美学研究中，由于社会历史和文化语境的复杂性和多样性，在文化全球化状况下，同一艺术作品的审美意义往往因为不同的文化语境和社会历史语境而呈现出不同的意义。因此，理论上需要当代美学与艺术批评的直接结合，即在具体的语境中阐释艺术作品并研究和阐释美学理论的发展。离开具体的语境和艺术批评，当代美学很容易陷入空洞的理论，从而丧失其应有的批判力量和文化建设的力量。因此，对于当代美学而言，用更有说服力的理论去有效地解释和阐释当代艺术和文化现象，跨越艺术与文化产业之间的鸿沟和对立，正是当代社会的重大理论问题，也是当代美学的关注所在。

美学问题的当代性不是一个物理时间上的概念。在学理上，美学的"当代性"主要指在文化经济时代，用一种新的理论框架或者说用一种新的认知方式，研究和阐释当代社会的美学问题，努力将当代审美经验和艺术实践中新的积极因素加以系统化和理论化。对于中国美学而言,也就是在美学的维度上实现中华民族文化的再创造,或者说实现中华美学精神在当代文化中的创新性呈现。

自20世纪80年代以来,中国美学界一直积极回应社会现代化过程所提出的美学问题,对当代美学重要的研究领域作了不同类型的理论研究,形成了建立在马克思《1844年经济学哲学手稿》基础上的"实践美学"和"后实践美学",建立在历史唯物主义理论基础上的"审美意识形态理论";建立在生态文明及环境科学基础上的"生态美学";以文化人类学为方法论的审美人类学和艺术人类学,以及对文化消费主义和文化产业现象的美学批判等,这些研究推动了中国当代美学研究的不断发展。因此,随着社会全面向"文化经济时代"转型,随着中国特色社会主义事业的发展,基于中国当代审美经验、基于当代社会和文化中产生出来的新的艺术现象和美学问题、基于中国当代艺术批评实践、基于当代社会审美需要的"当代美学理论"及其研究方法,就成为一种十分重要的社会需求,也是美学理论自身进一步发展的需要。我认为,这些问题可以从以下几个方面去展开和落实:

在文化经济时代和全球化的背景下,美学和艺术成为社会发展和变迁的重要动因。在当代美学多元化和研究方法日益多样化,综合性、跨学科研究强劲发展的条件下,深入研究当代美学提出的一系列新的问题,以及当代艺术出现的一系列新现象,努力在理论上确定当代美学的基本问题,并对这一基本问题的复杂形态以及它与当代批评的关系作出深入的研究,可望对当代社会价值重建,当代文化政策的制定,以及当代批评实践提供理论上的支持,对享乐主义文化的美学基础给予深刻的分析和批判。

由于社会进入"文化经济时代",在西方社会相应的进入社会发展的"审美资本主义"阶段,在中国,建设有中国特色的社会主义也进入一个全新的历史阶段,美学和艺术在社会发展和文化建设过程中扮演的角色也相应变化,对艺术以及艺术批评的评价不再是个人的情感和非功利的文化形式。在当代社会,审美评价和艺术批评成为人们表达平等意识,参与文化共同体建设甚至包括改变文化治理方式的基本方式和基本内容。历史唯物主义以及当代社会的政治经济学批判,可以为当代美学的理论阐释和当代艺术批评提供某种理论基础。

当代美学研究在本体论研究上的困境，是与具体的历史和文化语境相联系的。在全球化时代，随着文化多样性的深入研究，当代美学在一定程度上解决了美和艺术与一定的文化以及意识形态的关系，但是，在多重语境叠合的情况下，审美对象的本体阐释及其理论意义的分析就缺乏足够的理论支撑。在当代中国的美学和艺术批评中，多重语境叠合是一个基本事实，这与当代中国社会在生产方式层面是一种混合经济所有制，审美关系处在多种文化语境叠合的状况这一客观现实相联系。因此，有必要在当代美学问题研究中引入社会学和人类学的方法，通过对审美制度的深入研究，在当代人的感觉结构和"情感结构"的层面，研究艺术的审美表达以及文化制度对审美活动的影响，从而在当代文化语境下对当代艺术的复杂机制，以及艺术与社会变迁的相互作用机制作出理论的阐释。据此，当代美学必须走出自律美学和他律美学相互对立的理论视野，成为既符合"美的规律"又具有改造社会能力的现代形态理论学科。

积极开展当代美学及艺术批评的形态和功能研究。当代艺术批评需要当代美学的支持，没有理论高度和价值判断的艺术批评只能沦为技术的说明或者市场的奴隶。彻底改变这种现状有赖于当代美学理论的发展。我们认为，在文化经济时代或者说审美资本主义时代，艺术批评只有善于捕捉并把握人民大众的感觉结构，以及这种感觉结构与人民大众日常生活的关系，才能把当代艺术批评发展成为实现中国文化再创造，推动社会进步和变迁的强有力的文化力量。艺术批评是艺术作品与文化共同体实现深层联系的桥梁，在当代文化的建设和发展中，这一点已经变得十分重要。

文学批评和艺术批评的功能是马克思主义美学的一个重要研究领域。在考德威尔、卢卡奇、本雅明、阿多诺、路易·阿尔都塞、雷蒙德·威廉斯、特里·伊格尔顿、雅克·朗西埃等人的美学著作中，在毛泽东《在延安文艺座谈会上的讲话》和习近平在文艺座谈会上的讲话中对此都有重要的论述。在当代社会，审美经验、艺术和日常生活密切结合起来之后，由于当代社会文化语境的复杂性，也由于当代艺术本身价值意义的复杂性和流动性，美学和艺术批评的功能变得十分重要和关键：当代艺术批评事实上是当代文学艺术（含当代先锋艺术）与广大人民大众审美启蒙并获得文化解放的重要中介。这一现实要求不仅对美学界和批评的主体提出了更高的理论要求和观念上的要求,也需要对当代批评在文化体制和社会结构中的地位、作用和功能作更进一步的认识。事实上,在当代社会发展和文化格局中,美学和艺术批评承担着引领公共文化建设,推动文化共同体的发育的重要作用,是共同文化建设的关键力量。

二、当代美学的"当代性"理论规定

建设一种新的公众文化,首先要从澄清流行和误传的各种"幻象"开始。2015 年 11 月,由我担任首席专家的国家社科基金重大项目获得批准立项,项目名称为"当代美学的基本问题及批评形态研究"。这个项目的一个基本判断是:在文化经济时代和审美资本主义时代,美学出现了重要的转向,这就是当代美学的政治转向。这种转向是美学复兴中的一个重要特征。有学者认为,在中国美学和文学评论的发展过程中,自 20 世纪 30 年代"左联"和 1942 年毛泽东《在延安文艺座谈会上的讲话》以来,一直存在着"反映论"和"审美论"的理论斗争,反映论在学术形态上与专制政治有一种内在的联系,在学术上和理论上是错误的。当代美学的当代性仍然是康德美学所提供的,启蒙主义美学的基本原则仍然是当代美学的基本主题等。这里涉及许多的基本理论问题,现作简要分析:

首先,以康德哲学和美学为基础的"审美论"并不是一个少女般纯洁的美学理论,它与一定的社会意识形态,与一定的社会思潮是密切联系的,对此,特里·伊格尔顿在 1990 年出版的《美学意识形态》、托尼·本尼特同年出版的《文学之外》已有很好的分析。[1]把康德的"审美功利论""纯粹的形式等于自由""只有天才才能创作和理解真正的文学"等观点作为当代美学和评价当代文学论争的理论基础,实在是学术观念的陈旧。作为在欧洲启蒙时期美学上的代表性理论,康德的美学理论的确十分重要,它开启了从学理上认真研究美学问题的理论方向,为从启蒙主义美学至现代主义美学的发展奠定了基本的理论范式。在康德哲学和美学的直接影响下,在欧洲和美洲发展起了英美"新批评""形式美学"的各种理论。但是,近三十年来,随着后结构主义、解构主义,特别是马克思主义美学的发展,康德哲学和美学的理论大厦已经瓦解。在"文化经济时代"和"审美资本主义"的文化模式中,康德在美学上论证的一系列"二律背反"均被现实的发展所冲垮。在一个全球化文化创意的时代，在全民创意性生产的时代，“每一个人都可以成为艺术家”的理想正在变成现实的时代，还抱着康德的“天才论”和“审美自由论”不放，认为只有康德理论才是美学的“正典”，颇有自我封闭的嫌疑。

美学研究是一种学术研究，它自然不应该是“宣传”，但也不是文学性的“比喻”，概念的准确严谨、问题意识的学理基础是任何学术研究和学术讨论的基本前提。把从事马克思主义美学研究等同于苏联模式的马克思主义，把研究文学反映论和审美反映论的学者称为“原教旨”主义者，本身就站在某种意识形态立场之上，只是正方和反方的区别，其思维的基本模式是“冷战思维”。我们知道，当代美学研究如果不走出这种二元对立性思维，是不可能得到实质性发展的，更不用说坚守时代的良知了。

其次，在学术上怎样评价“文艺反映论”？有学者认为在中国文艺界长期占支配地位的“文艺反映论”在学理上来自列宁的哲学著作《唯物主义与经验批判主义》，经过苏联学者波格丹诺夫、毕达可夫等人的理论化，成为社会主义现实主义的理论核心；在中国，从“左联”到毛泽东的《在延安文艺座谈会上的讲话》都是这种理论的执行者；这种理论从1949年开始带来灾难性的影响，一直到80年代，中国学术界开始反思和“走出反映论”。我认为这是一个比较武断的判断。我们先来看几个基本的理论事实：

文艺反映论是西方文论和美学的一个重要传统，从古希腊到亚里士多德一直到今天的詹姆逊、齐泽克、伊格尔顿、朗西埃都是这一传统的重要学者。苏联模式的文学理论和美学如果说有理论的缺乏和不足，主要也不在“文艺反映论”上面。此外，以卢卡奇为理论代表的马克思主义传统中的文艺反映论，在西方文论历史上和马克思主义美学历史上都是有重要贡献的，是一种重要的理论模式和批评模式。如果说它带着时代的局限性，那也是人类认识历史的一个阶段的局限性，应该实事求是地分析。把文艺反映论污名化，甚至称之为“原教旨”主义，同时又把康德的审美论奉为至高的真理，在理论上也许“创新”过度了。

社会主义现实主义文艺理论是苏联斯大林时期的文艺理论，对这一理论中存在的错误和不合理性的批评在三四十年代的苏联就有，高尔基、马雅可夫斯基都做过这一理论工作；在中国，“左联”时期的瞿秋白、胡风也都作过思考。对“文革”的思考也有

“三中全会”和陈涌、程代熙、林焕平等学者的理论工作,而不是像有些学者所言,从80年代早期才开始的,这不符合学术史的基本事实。

乌托邦作为社会主义目标的一种文化载体本身是欧洲现代化过程中的一种文化现象,随着“鸦片战争”和“甲午战争”的失败,中国社会被动性地开始了现代化的历程,乌托邦也以不同的形式传入中国,并获得了中国式的表达方式。乌托邦本身在500年的发展过程中也经历了许多变化,在当代社会,乌托邦有许多形态和变体,但好像没有学者使用“人格乌托邦”和“思维乌托邦”这样的概念。乌托邦是16世纪英国学者托马斯·莫尔创造的词,1516年,托马斯·莫尔发表《乌托邦》一书,该书的全名为《关于最完美的国家制度和乌托邦新岛的既有益又有趣的金书》,乌托邦分明是关于理想社会制度的描述,指一个理想和完美的地方,虽然尚不存在于现实世界,但也可能存在于未来。“人格乌托邦”和“思维乌托邦”并不存在于500年来的乌托邦家族谱系。

再来看从当代美学的角度怎样看待和评价“文艺反映论”和文艺学社会学。在特里·伊格尔顿和米尔恩教授编的《马克思主义文学理论读本》导言中,伊格尔顿系统梳理了马克思主义文学理论的四种基本模式,并分析了各自在理论上的贡献。按历史的顺序分别是以普列汉诺夫为代表的人类学模式、以乔治·卢卡奇为代表的政治学模式、以路易·阿尔都塞为代表意识形态模式及以雷蒙德·威廉斯为代表的经济学模式,各种理论模式都有其理论合理性及贡献,有自己的理论对象和任务。在当代美学理论的发展中,文艺反映论也仍然在发展,以新的形态研究和解决当代的美学问题,例如关于审美认知模式的研究就是这种发展的形态之一。

有学者把建国之后中国文艺理论和美学的发展,判定为均受“反映论”支配和影响,然后在1985年“方法论热”的背景下发生了转折,从反映论转向了“主体论”;在方法论上,则从哲学反映论转向了“文艺心理学”的情感本体论,因此认为,在1985年之后,文艺心理学扮演了新时期文论新潮的主角。这一判断也颇武断。

文艺心理学是指用心理学方法研究文学艺术美学特征和社会意义的学科,在20世纪80年代曾经有一定影响,金开诚、鲁枢元、童庆炳都有专著和论文出版。但是,由于中国文艺学学界和美学界对心理学的了解和掌握比较肤浅,基本停留在普通心理学的认知水平上，因此，在知识创新和学术拓展方面并无实质性的建树，更没有成为80年代以来中国文学理论和美学发展的主潮。80年代以来中国文学理论和美学的创新性发展，在理论本体论方面有实践美学、后实践美学，以及审美意识形态理论；在方法论层面有“文化研究”“艺术人类学”和“审美人类学”；在研究领域拓展方面有“生态美学”和“技术美学”等，而文艺心理学和自然科学方法论的美学都已成为过眼云烟。金开诚、童庆炳和鲁枢元都不再继续文艺心理学研究，黄海澄也不再从事系统论、控制论和信息论的美学研究，当代形态的文艺心理学的学科并没有创建起来。

美学的当代性是一个十分重要的理论问题，其理论内涵是一个需要进一步深入研究的美学问题。我们从雅克·朗西埃、特里·伊格尔顿、托尼·本尼特等国际一流学者的研究中都可以看到，用审美经验的改造和文化的改造来推动人类的更合理发展，也就是说通过审美活动来改造社会是一个主流趋势，文学、音乐、美术、电影与现实的相互作用已经是当代社会生活的基本文化事实。这就是我们所说的美学的政治转向。

三、当代美学理论阐释模式的基本设想

当代美学的基本目标是对20世纪末至今形成的文化经济这样一种社会转型（或称之为审美资本主义）提出的美学问题作出理论的思考。新的历史时期，在美学领域表面的危机和混乱中，一种新的、积极的因素正在成长。由于这个问题涉及到社会生活的多个领域，在西方文化和中国文化中，它的表现形式又有某种差异，因此理论的多元化格局是正常的现象。我们力求站在历史与现实的角度，在多元性、叠合性、滑动性的当代语境中探寻当代美学的“物质基础”。在文化经济时代，历史唯物主义和当代社会的政治经济学批判仍然具有重要的理论价值和方法论意义。具体而言，从雷蒙德·威廉斯开创的把美学和文学问题放到社会系统中认识和把握的理论方法，用社会学和人类学的方法研究多重文化语境中的“滑动的审美意义”，通过对“感觉结构”的分析和阐释来

分析和解释文学和艺术的意义的研究思路和方法，在理论上具有某种“优先性”。

其次，在文化全球流动、跨文化交流日益频繁的当代社会，地方性审美经验，以及不同文化传统与审美习性的密切关系，对当代文学艺术的意义具有十分重要的影响，当代美学不可能忽视这种文化关系的制约作用。对于当代中国美学的研究而言，高度重视当代中国审美经验的特殊性，注重分析中华美学精神在当代社会的创造性发展和呈现，对当代文学艺术的美学风格、审美表征机制以及审美认同的社会基础作出理论分析和概括，从而形成有中国特色的当代美学理论具有着十分重要的理论意义和社会意义。在这个意义上，作为方法论的审美人类学值得特别关注。

最后，当代中国美学和文学理论界，解构主义仍占主导的学术潮流和学术格局是一个充满着混乱和社会歧义的理论集市。通过当代美学的基本问题研究，重申美学本体论作为一个美学的重要问题并没有在真正意义上死亡和消失。20 世纪 40 年代以来，在冷战思维的主导下，美学界先后讨论过“悲剧之死”“乌托邦之死”“作者之死”和“文学之死”，然而，如果我们不抱偏见地放眼世界，文学艺术在现实的土壤中，在人民的生活里，在当代文化的建设和发展中，仍然支撑着人们的生存，影响着每一个人的“感觉结构”和“情感结构”。乌托邦冲动和文学艺术所牵引的“美学革命”仍然是人类向善、向往光明和自由、向往人与人之间的友好相处的重要动力。在哲学人类学意义上，当代美学正在呼唤着美学的复兴。当然，原来的“理论创新”因为与当代人的感觉结构并不相符合，只能成为一个“石化”了的存在。

让我们从当代美学具体问题的研究开始，从当代文学艺术的评论和分析入手，从对当代文学和美学的话语清理入手，从基本理论问题的是非辩证入手，开始对当代美学理论进行建设，努力把这种建设性的工作自觉地结合到中国文化的再创造过程中去。

注释：

[1] 可见〔英〕特里·伊格尔顿：《美学意识形态》，中央编译出版社 2013 年版；〔英〕托尼·本尼特：《文学之外》，人民出版社 2016 年版。

文学自律性:斜塔上的瞭望

一

一位海外学者从朱光潜先生三四十年代的美学活动中拈出了一个活脱脱的意象:斜塔上的瞭望。有趣的是,朱先生理论的深层意义,经过漫长的蛰伏,才在20世纪80年代的当代中国文坛上,发出轰隆隆的回响。从朦胧诗到沈从文热,从文学向内转到关于现代意识的呼唤,从某种意义上说,都在朱光潜先生瞭望镜的视野之内。当文学创作凝视临产的浮躁、聆听新生的愉悦时,理论却发现自己的视野一片模糊,于是努力调整焦距,寻求一种新的眼光。

当反思文学与理论一起反思"文革"造成的历史悲剧时,批评界关于社会主义时期悲剧问题的讨论,在理论上却有所发展,理论仍然显出超前的优势,批评还维持着权威的地位。

在现实主义理论不断收获并力求完善自己的体系时,另外一种理论倾向也在悄然地聚集着力量。首先,在文学创作上,出现了像王蒙的意识流小说、汪曾祺的风情小说等,不能完全纳入已有的现实主义理论框架。更有通俗文学的汹涌势头向传统现实主义的挑战。与文学创作的繁荣相一致,理论和批评也出现了"全方位的跃动"。在躁动、反动、跃动的理论气氛中,批评分化为两个方面发展。一是框架式的理论写作,二是追随文学创作发展轨迹,为创作的蜕变作理论说明。这种批评倾向追求批评的情感化和艺术性,努力扫清作品和读者之间的各种障碍,切入到作品的审美活动中去,为作品,也为读者作出一种权威性的解释。不求在理论的论证和逻辑的关系上说明自己切入作品和人生的视角、基本的理论态度和文学主张。黄子平、吴亮等批评家的写作正是以自己对作品的感受而获得了理论的价值和意义。

然而,文学毕竟是一种最复杂的社会现象,批评和理论为了说明文学现象,需要一个整体把握文学现象的高度,也就是说,必须引入理性的思辨,作出抽象。评价近年来的批评和理论,我们应该毫不讳言地承认这样一个事实,近年文艺理论的各种新观点都以国外批评理论的介绍和引进为背景。客观地说,近二三十年,苏联和西方的文学理论批评都十分繁荣,成就颇为令人眼花缭乱。审美价值论、开放的社会主义现实主义、艺术形态学、接受美学、新批评、原型批评、现象学批评、存在主义批评、结构主义批评、解构主义批评、文学阐释学等等,各以观察文学的独特视角为立论根据,在理论上既不能相互驳倒,也不能彼此取代。在这种理论背景上,我们的文学理论建设要真正成为站着的理论,不被各种强大的理论场所吞没,的确需要极大的智力和非凡的理论勇气。

一种新的文学观念,一种新的批评眼光,都属于文艺学体系内在和深层的东西,不是一朝一夕所能形成的,也不是一篇文章、一本书就能够改变的,然而转变的契机却往往带着几分唐突。当文艺学从现代自然科学的方法论中引入了系统论、控制论、信息论、模糊数学、耗散结构理论时,理论突然发现自己获得了一种新的眼光和角度,许多问题似乎得到了新的理解。然而,严格地说,把自然科学奉为最高的权威,把自然科学的方法看作唯一正确的方法,也是一种文化偏见。现代大工业促成的以实证主义为哲学基础的科学主义思潮,实质上是一种经验主义。把自然科学方法论引入文艺学以后,我们既看到一批文风清新、视野开阔的论著,也看到大量拙劣的平庸之作。在我看来,新方法热潮的真正功绩不在于理论上的建树(这方面的收获并不像一般评论估价的那么丰硕),而在于动摇了以往陈旧的、脱离了文学发展实践的文艺学批评体系。

文学是一种感性文化,它的生命力和全部秘密也许就在于它的现象性。现象就是本质。现象学美学的这个理论原则在当代中国文艺学建设中成为颇具建设性意味的批评原则。以往带有机械论色彩的文艺思想,在理论交锋中逐渐显露出空洞和贫乏。然而,建立新的文艺学体系既缺乏足够的思想资料,又无强有力的理论准备。因此,在美学界掀起规模巨大的美学热潮时,文学批评却出现了一个理论的真空。这种真空状况持续了较长一段时间,一时间文学评论上重感觉、直觉描述的经验主义倾向成为主流。吴亮、黄子平等青年评论家,以新颖独特的文学感受方式和情感化、散文化的笔调,写出了一批漂亮、优雅但难以说很科学的评论文章。字里行间,流露出对真实的艺术、真实的艺术感及对真实的人生的痛苦追求。这种不要理论框架的文学批评,首先是为了拒斥长期以来已经僵化的理论框架,强调艺术体验的真实性,并希望把这种体验传达出来。由于找不到一种满意的理论框架,用以吸收对全部作品的丰富体验和感受(实质上这是理论的奢望),因此,干脆以批评上的经验主义为旗帜。

从理论上说,我们可以把这种批评上的经验主义倾向看作文艺学向内转的最初呼声。在我看来,文学创作摆脱政治和伦理等非文学因素,把文学自身的价值或者说文学的艺术价值作为衡量作品的唯一尺度,这意味着一个转变,一种文学眼光的转变。然而,重要的是对此作出说明,因为,文学本身与我们对文学的评价和解释是两回事。批评要说明文学就应该站在比文学现象更高的高度。在文学批评进一步向内转的过程中,理论本身的特殊要求也逐渐显露出来。文学自觉以后,理论也缓慢地发生变化,对批评的地位、批评的功能以及批评存在的特殊性开始进行深刻的理论反思。

二

当代中国,改革的沉重翅膀正拖着庞大的身躯艰难地起飞,而文学和文学理论却从虚玄的天空降到温暖而富于人性的土地上,向人们内在世界的隐秘深处开掘。这种强烈反差是我们的理论吸取国外理论养料,寻求文化内驱力的基本理论背景,也是我们分析和评论文学理论向内转的基本参照系。

18 世纪欧洲的浪漫主义文学和 20 世纪西方世界的“新浪漫主义运动”基于这样一

个基本的社会事实:大工业和现代文明造成个体与社会(群体)间联系纽带的断裂,个人成了在茫茫世界中孤立无援地苦斗着的个体。在浪漫主义诗人和作家身上,我们时时可以看到一种深刻的矛盾:孤独的个体创作着具有普遍性激情的作品,诗人从现实生活中异化出来,像荷马创作史诗那样的时代氛围失落了。浪漫主义作家耽于幻想,借助直觉的力量来超越现实。从理论的特征和实质上说,现代主义文学中的“新浪漫主义,强调激情和想象的力量,强调文学的自律性,是浪漫主义的标准现代形态”。[1]

新时期文学向内转的倾向中是否存在着浪漫主义呢?回答是肯定的。季红真认为,中国目前最活跃、处于创作高峰时期的青年作家,譬如:阿城、贾平凹、莫言、张承志等,都多多少少是在浪漫主义的前提之下,表现自己对世界的理知、感觉、理想与愿望,铸造出自己独特的艺术世界。从理论上说,分析一个作家群或一种文学现象,特别是对一种文学思潮作出理论概括,决不能仅仅根据作家们的主观追求和发表的宣言,严格地说也不能仅仅根据作家们使用艺术媒介时表现出来的某种外在特征。从学科的角度讲,对一种文学现象作出理论概括不可能在“内部研究”的范围内得到彻底完成,还必须结合外部研究,特别是从内部和外部的整体关系上作出说明。然而,这一点正是浪漫主义理论所忽视了的。

在走出理论真空、建设现代形态文艺理论的努力中,刘再复同志为了说明新时期的文学现象,把浪漫主义文学理论的两个关键概念引入到文艺学体系中来,一是自由的至上性,二是情感的至上性。这两个方面合起来,就是浪漫主义所使用的“想象”概念。

刘再复的理论建设以“文学是人学”为基本的逻辑起点。在刘再复看来,文学的主体性规定,在于文学是一个自在自为的独立世界(相对现实世界而言),因此,文学就不是对现实的一种简单反映。文学利用自己的独特存在方式而超越现实关系的束缚,达到对自己的把握和确证。他写道:“作家主体性的真正实现,是打开内宇宙的大门,用内宇宙去感应外宇宙的脉搏,使内宇宙与外宇宙相通,并且具有外宇宙的巨大投影,负载外宇宙的壮丽图景,因此,作家主体力量的实现,必须使自己的全部心灵、全部人格与时代、社会相通,必须‘推己及人’,把自己的精神世界中一切最美好的东西推向社会，推向整个人类。”在《论文学的主体性》一文中，刘再复提出了内宇宙和外宇宙的二分法。我们生活的现实因为是非理想的、异化了的，因而是不自由的。文学的特殊性在于超越现实，达到作家的内在自由，“作家的主体意识，首先是作家超越意识所造成的内在自由意识”。通过把自由这个概念引入到文艺学中来，理论的视野也就从外宇宙转向了内宇宙。

浪漫主义文学理论深入地探讨了“天才”“艺术家”的特殊性，从一个方面深化了我们对艺术的理解。在远古的神话时代和现在仍然活着的神话中，没有天才或艺术家这类概念。西方文学史中最早的“诗人”就只是行吟诗人，他整理并演唱着流传下来的传说和故事。不是荷马创造艺术，而是神话创造了荷马。神话作为原始初民把握世界的方式，建立在巫术和神秘的典仪基础之上，艺术的童年时代即以此为基础。然而，资本主义现代文明挖掉了艺术的这个基础。浪漫主义文学理论通过确立天才的权威性和至上性，努力为艺术确立一个新的基础——个体的自由。如果审美状态是对自由的体验，那么个体与群体也就沟通了。在这个意义上说，文学主体性理论与浪漫主义的亲缘关系是一目了然的。

其实，浪漫主义思潮自1978年以来就在我国文坛上和思想界蔓延开来。最突出的现象就是美学热。马克思在《1844年经济学哲学手稿》中所阐述的主体—客体的模式，自由—异化—自由的历史逻辑，以及“自然的人化”的历史指向，为美学讨论提供了一个极富张力的理论空间。此外，哲学上的庄禅热、尼采热、萨特热都不同程度促进了文学主体性理论的形成。而李泽厚先生的“主体性实践哲学”更是文学主体性理论的直接理论动因。李泽厚写道：“我用‘主体性实践哲学’相当于‘人类学本体论’，也接近卢卡奇晚年提出的‘社会存在的本体论’概念，既以主体的人(人类和个体)为探索对象。因之，‘主体性’概念包括两个双重内容和含义。第一个‘双重’是：它具有外在的即工艺—社会的结构面和内在的即文化—心理的结构面。第二个‘双重’是：它具有人类群体(又可区分为不同的社会、时代、民族、阶级、阶层、集团等等)的性质和个体身心的性质。”[2]把这种观点贯彻到文学理论的研究中来，我们就可以看到，文学存在于主体性的内在方面，即存在于主体性的文化—心理的结构面。所谓文学理论转向“内部研究”的理论原则也是在这个意义上提出来的。在主体性的第二个双重含义上,浪漫主义文学偏重于“个体身心的性质”,这就是文学“内宇宙”的理论依据。

新时期文学理论建设的困难,首先在于文学是什么这样一个基本问题一直没有清楚明白地解决。近年来,中国文坛上关于文学是什么这个简单问题的回答,其答案之纷繁,语义之混乱,的确令人瞠目。有文学是一种上层建筑的(蔡仪)、有文学是一种特殊的意识形态的(朱光潜)、有文学是一种自由的精神生产的(童学文)、有文学是艺术的(罗大冈)、有文学是形式的(伍蠡甫)、有文学是人学的等等。透过纷繁的理论迷雾,从这种全方位跃动的理论呼声中,我们看到一种基本的理论追求:说明文学的特殊性。

文学主体性理论建立了“文学内宇宙”的理论模式。文学内宇宙的属性,一是情感,二是自由。根据情感至上性的基本前提,文学主体性理论强调审美体验可以从现实的不完满性中,从认识的、道德的束缚中解脱出来。这种理论与席勒的《审美教育书简》在精神上具有某种一致性。两者都强调文学的审美体验是人作为文化创作者的基本目标,只有在审美体验中方能从现实和异化了的状况中解脱出来。现实不能满足我们,它使我们产生距离感和孤独,因此,我们用想象、幻想、变形等艺术手段,把我们的“内宇宙”推向“外宇宙”,建立起一个自己的世界。这种观点无论在席勒那里还是在刘再复那里,都带有浓厚的乌托邦色彩。如果我们进一步追问,在艺术作品中,到底是什么东西能够确保我们从异化的状况,从“有缺陷的现实”的镣铐中解放出来呢?回答是,在于作品的主体性,也就是作品的自主性。然而文学作为想象、幻想的产物,它的真实性并不是它的现实性,从形式上说,它是一种虚构,因而,文学主体性理论就是以超越现实的态度来创造和体验艺术。看来文学主体性理论拒绝相信人类有力量在现实和文化中建立起一个现实的自由世界,一个实实在在的自由王国。

理论是灰色的,生活之树长青。如果我们跳出纯粹的理论思辨,就会发现这样一个事实:理论上不够严谨,甚至可以说存在着若干理论缺陷的文学主体性理论却具有深厚的创作实践为基础。其中最为突出的是,创作主体切入生活的视角以及题材、语言媒介等方面都出现日趋多样化的倾向,作家的创作个性鲜明地体现出来了。如军事题材,这是新中国成立以来描写得最多的领域,形成所谓“五老峰”。然而,随着创作个性的发挥，近年来军旅文学仍然佳作迭出，如果说《高山下的花环》巨大的审美效果来自正义战争中凸显的人性美，那么莫言的《红高粱》透露出来的精神气质，却没有直接的现实来源。这是一个隔了两代人的故事。悠久的岁月淘尽了历史的、伦理的纠缠，剩下的是历史吞不掉的记忆，转化为一种精神性的象征。红高粱象征着中华民族生命力量的执着和沉重、历史的幸和不幸。这是一个火的神话，是中华民族幸和不幸的见证。与《花环》不同，莫言的笔触把我们带到一个充满感觉、想象，甚至幻觉的天地。进入了这个天地，我们不再是精打细算的个体户，也不再是忙忙碌碌的行政干部，既不是一般的军人，也不是一般的学者。在这个天地中我们都是中国人，一个聆听和感受古老神谕的中国人。诺·弗莱在《批评的剖析》这部名著中描述了类似的审美效果："在但丁和莎士比亚最伟大的时刻，在《暴风雨》或《炼狱》的高潮中，我们有一种为了共同的利益而结合起来的感情，正是这种感情使我们准确地看清了我们的整个文学体验，正是这种感情使我们进入词序的中心。"[3] 在不同的作品中，词序的中心自然有所不同，例如在琼瑶的小说中它是虚幻的柔情，在近年的许多报告文学中是现实的冷峻，然而，在《红高粱》《棋王》《金牧场》《古船》等作品中，我们却达到了类似于老庄的"道"新柏拉图主义的"一"那样的境界。没有创作主体的多样化，也就不可能产生这些作品和窥探"道"的独特角度。

用"文学内宇宙"来把握作品中的这个中心，也就是把握文学之所以为文学的特殊性。然而文学主体性理论也正是在这里陷入了某种失误。老庄的"道"是什么？新柏拉图主义的"一"是什么？这个问题在哲学史上讨论了上千年也没有解决，弗洛伊德的心理学提出了一种新的解释：里比多，应该说这是一种相对狭窄的概念。莎士比亚的《哈姆莱特》决不仅仅是恋母情结的表现，《红高粱》也不是展览原始的生命力。然而刘再复却过于简单地接受了精神分析的理论，把文学内宇宙的中心简单地与"情欲"画上了等号。这样说来，《红高粱》就比不上《男人的一半是女人》，阿城也就比不上琼瑶了。

那么，文学主体性理论在哪里产生了这样的理论失误呢？在我看来，一是刘再复放弃了思考文学问题的历史眼光，把文学作为一个静态的模式来剖析。在理论上表现为很善于划分"层次"，从不同的层面作出分析，时间的河流却在外在于主体性理论的地方奔流。在这一点上,刘再复的自由观与马克思的自由观也许存在着一定的差别。二是对文学的研究仍然停留在哲学思考的水平上,用刘再复自己的话来说,就是仍然只研究了文学的外部规律,在深入文学的特殊存在方式,文学语言的特殊性、想象在文学活动中的作用等方面仍然不够。从总体上说,主体性理论属人文思潮,缺乏深入细致的实证研究。文学主体性理论主要继承了审美人道主义传统,这是一个从康德和柯勒律治开始,经尼采和柯林伍德,至今仍在西方现代文明中占一定地位的社会思潮和文学思潮。文学主体性理论所体现的这种人道主义,带着一种孤独和出世的情调,吸收了从庄子禅宗到王国维以审美和情感为逻辑的思维方式。所有这些也就决定了文学主体性理论的历史地位:开拓并论证了文学的新视野——浪漫主义文学观——影响了一批优秀作品的产生,但却无力说明这些作品,也就是说,仍然说明不了《红高粱》与关于战争的报告文学之间存在的本质区别。

三

如果说文学主体性的理论模式忽视了时间这重要的一维,那么在鲁枢元等的文学研究中,时间植入到文学理论的建设中来,由此而引发的问题首先就是文学的现代性问题。

任何时代,在文学的标题下总包括着各种形形色色的内容和形式,现代派文学也是如此。在西方现代文学的发展中,既有现代形态的现实主义,也有现代形态的浪漫主义,当然也有一味追求现代技巧、但并不具有深刻精神内涵的“伪现代主义”。从中国当代文学与西方现代派文学的接触和交融看,在这三个层面上都发生流动,而且还出现跨层面的流动。这种状况大大刺激了文学的活力,但也产生出一些意想不到的问题。例如,对“纯文学”的追求从一开始就表现出危机,这里说的危机,不是指“纯文学”受到的理论批评,而是指文学和文学接受者之间出现日益强化的断裂和分离。

现代派文学产生的社会背景是物质生产和精神生产的极度分离,个体与群体的日益疏远以及作家和社会的异化关系。在这种背景下,作品中内容和形式也发生了某种程度的游离。形式变成了“有意味的形式”,内容则受到唾弃。不容否认,真正的现代作品之所以具有强烈的社会力量而不同于咖啡馆中的歌曲和色情小报的故事,关键还在于它与异化的现实存在着精神上的深刻联系、一旦脱离了这种联系,形式就不再具有意味,文学也就变成一种智力游戏。

目前国内关于现代主义问题的研究仍然着眼于形式、技巧、传统、风格等因素的研究,其中最具代表性的是“三无”(无主题、无情节、无人物)“三淡”(淡化时代、淡化思想、淡化性格)的理论命题。这里有必要提出两个理论问题:首先,新时期的优秀作品以及西方的现代派作品是否都容纳在“三无”“三淡”这一公式中?其次,这种文学公式在理论上是否站得住脚?这两方面的问题把我们引向鲁枢元专攻的理论领域:文艺心理学。

从理论意义上说,鲁枢元的文艺心理学研究深化了文学主体性的讨论,不管人们愿意与否,也不管人们接受与否,意识问题在当代中国具有越来越重要的地位已成为一个不容否认的事实。在改革开放和建设有中国特色的社会主义的历史进程中,当代中国人的灵魂承受着两个方面的巨大压力。从外在方面讲,资本主义现代文明与古老中国落后的农业文明形成强烈的反差,西方的现代价值标准无情地挤压着古老的、东方的价值尺度。虽然“痛苦是快乐的源泉”,但毕竟是那样苦涩而沉重,在《人生》《厚土》《清高》等作品中,我们可以感受到这一点,从内在的方面讲,“文革”在人们心中投下的巨大阴影仍然像恶魔一样缠着人们,文学也就在历史与现实的纠缠中寻“根”。这两个方面交织在一起,形成改革进程中无比沉重的心理负担。不管文学是否自觉,解除人们的这些心理负担仍然是文学的任务之一。古希腊悲剧的“净化”作用,实际上就是以艺术的形式解除人们走出神话世界时沉重的心理负担。

心理学意义上的心理阴影是不能通过闭上眼睛或扯起自己的头发来摆脱的。荣格证明了这种心理阴影是一种集体无意识,人的意识力量对其无能为力。因此,心理学的研究提出正视阴影以克服阴影的办法。在这一点上,不管是弗洛伊德、荣格,还是马斯洛,都没有找到解决问题的根本途径。只有马克思才指出,通过改造我们的文化、改造我们生活于其中的现实,来实现崭新人格的创造。仅仅从心理学的角度观察文学现象,当然看不到这一点。

在创作上重复自己是创造力衰退的表现。从这个意义上说,引进、吸取现代派文学的创作技巧,无疑有助于繁荣我们的文学事业。近年来,西方现代派文学对我国当代文学感知方式、艺术技巧的影响如此直接,以至于不需要深入剖析就能发现。然而重要的也许还在于怎样说明这种影响。西方现代派文学产生于否定现代资本主义意识形态的激进需要,因而在技巧上往往天马行空,独往独来,奉行禅宗“学我者死”的创作原则。一旦某种创作技巧变成一种公式,也就堕为“伪现代派”,成为现代资本主义文化工业的一部分。然而,为什么这些技巧和手法对中国文学创作上的影响并没有使这些作品堕为“伪艺术”,而是成为具有一定艺术水准的艺术呢?显然,这个问题不是仅仅用文学向内转就能解释的,这里涉及一种文化与另一种文化的契合方式的问题,涉及现代派技巧在中国文坛上产生审美效果的情感指向问题。

西方现代派文学审美效果的情感指向主要是否定人与社会相异化的状况。虽然这种解释把丰富复杂的现代派文学说得简单了一点,但毕竟把握了现代派文学思潮的精神实质。关于文学向内转的理论说明恰恰忽视了这个实质。从最广泛的意义上说,以改革和对外开放为现实背景的当代中国文学正处于艺术上的黄金时代,这里充满着从痛苦走向欢乐的悲剧精神,而不是像西方现代文学近几十年发展的那样,处处以阴冷的反讽和辛辣的热嘲对待世界,对待人生。

四

以上,我们讨论了新时期文学理论批评的发展线索。如果说这些理论的共同特点是斜塔上的瞭望,那么这个斜塔就是文学的自律性。文学为了塑造新的价值尺度,造就看待世界和人生的全新眼光,必然要求自己是自由的、自律的,也就是说,是高于生活的。然而,这并不等于说文学的自律与现实无关,也不是说文学可以不来源于生活。斜塔上的瞭望显然看不到这一点。文学应该走出斜塔,站在大地上瞭望生活,也瞭望我们的未来。

理论的新生需要深邃的历史意识和广阔的文化眼光。文化的眼光俯视物质生产和精神生产的全部领域，整体把握历史过程。季红真的《文明与愚昧的冲突》《中国近年小说与西方现代主义文学》等论文，正是凭着这种眼光，对新时期的文学现象作出了自己的分析和说明。

总体上说，近年来文学理论与批评有一个总体特征，即深沉的历史意识和对现实仍抱希望的失望交织在一起，因而表现出双重的困惑：既想超越以往的僵化模式，摆脱各种非文学因素的束缚，实现文学的向内转，又恋恋不舍充满痛苦和力量的改革现实；理论和文学既想在文学的自足世界中休息，寻找自我抚慰的绿洲，又时时受到现实与文学自身的暗示：文学不是自足自律的，并努力干预生活。理论登上了瞭望的斜塔，也付出了痛苦的代价：悲观主义。

在当代中国的历史条件下，文学的先锋作用使它高于生活，高于现实。从莫言的《红高粱》中，我们感受到中华民族的巨大内凝力，这种力量是我们对民族和现实抱着很高希望的根据。在王蒙的小说中，我们看到一种深沉的惶惑，这种惶惑是我们仍然真实地生活着的证据。在扎西达娃的《系在皮带扣上的魂》《去拉萨的路上》里，我们神秘地体验到民族的古老声音，文学再次成为古老神谕的传授者。在阿城、汪曾祺、林斤澜的作品里，我们融入到一种寂静却充满力量的巨大存在之中……文学找到了与现实相联系的独特形式。刘再复、鲁枢元、刘晓波希望把这种特殊性归结为文学的自律性，在我看来存在着某种根本性的错误。虽然我们在刘再复那里看到了热情，在鲁枢元那里找到了真诚的冷峻，在刘晓波那里感受到力量，但这些理论的基本错误仍然那么触目，那么令人遗憾。

文学自律性理论的基本错误在于它二元论的哲学基础，在于它高人一等的优越感，在于它对现实的丧失信心。所谓文学自律性，就是努力证明文学是一个自足的世界，文学的自由度不是来自外部现实，而是来自内在的精神世界，来自作品本身的透明度。文学的确具有特殊性，但它仍然是人类生存的一种需要，而不是相反。精神生产与物质生产的分离，个体与群体的分离，可能性与现实性的分离，以及在某种意义上自由与必然的离分，的确使社会产生出一种排斥文学的力量。然而，理论既不是现实也不是现象,理论应该说明现象,阐释现实。文学把现实和现象赋予意义,理论应该对此作出解释。中肯地说,在文学自律性理论中仍然缺少这种眼光。为了说明文学,说明文学的特殊性,说明文学与现实的特殊关系。我们应该走出斜塔,站在历史和现实的山顶上。

“会当凌绝顶,一览众山小。”

注释:

[1] 见《文学评论》1985年第6期。

[2] 见《社会科学院研究生院学报》1985年第1期。

[3] 转引自《新批评之后》,芝加哥大学出版社1980年版,第15页。

[4] 见《文学评论》1986年第4期。

[5] 见《中国》1985年第10期。

中国马克思主义美学的基本问题与理论模式

在中国的现代化过程中，马克思主义美学一直扮演着十分重要的角色，这主要是由中国社会的现实关系所决定的。在以农耕自然经济为主体的社会结构向现代化发展的过程中，现代化的诉求既是社会的理想和乌托邦，又作为侵略和压迫的“他者”而呈现出残酷的一面。马克思主义既是作为改造半殖民地半封建社会的强大力量，又是作为对现代性和资本主义制度和资产阶级文化的抵抗和批判力量被引进和介绍到中国来的。在政治上，马克思主义与中国革命实践相结合，在实践中走出了一条中国式的社会主义革命和建设的道路。在美学上，由于马克思主义美学的特殊性，也由于马克思主义美学与社会革命的复杂关系，特别是由于中国文化问题的复杂矛盾性，马克思主义美学的中国化进程呈现出更多的矛盾和困难。上层建筑与经济基础的关系在中国社会的现代化过程中呈现出多层次叠合性的复杂现象。因此，中国的马克思主义美学一方面呈现出种种“早熟的”征象，跨越了“审美的”和“形式的”自律性美学阶段，从一开始就强调表征和阐释人民大众审美经验的“文化研究”，毛泽东的《在延安文艺座谈会上的讲话》是这种特征的明显标志；另一方面，中国马克思主义美学在理论的系统化和学理化阐释方面，又表现出某种不成熟，近年来关于“审美意识形态”的论争就是这种现象的一种表现。

在中国的现代化进程中，马克思主义美学的重要性和关键地位，在某种程度上也是由文学艺术的特殊性所决定的。文学艺术作为情感和想象的产物，既来自现实又不同于现实。文学艺术与现实的多重复杂关系，特别是文学艺术作为现实的某种乌托邦形象或者说对“未来”的某种表征，使它成为不同类型社会激情的试验场。在中国的现代化进程中，不同的社会运动和社会变革都在文学艺术上最先表达并且在理论上转化为不同美学原则的论争，这的确是一个值得认真研究的现象。在理论上，我们应该对马克思主义美学中国化进程中提出的基本问题，其中的文化基础和解决这一理论问题的不同方法作出适当的分析和论证，只有当这种研究达到严谨而系统的时候，我们关于中国马克思主义美学正确性和创造性成就的评价才是可能的和有效的。在全球化的今天，不同国家的马克思主义美学呈现出不同的理论模式和理论形态，我们不应该简单地用一种理论去评价另一种理论，而应该实事求是地研究在不同的现实条件、不同的文化传统、不同的语境中形成的不同形态的马克思主义美学理论，在充分尊重“差异”的情况下，坚持并且发展马克思主义美学的传统。

一、马克思主义美学中国化的基本问题

特里·伊格尔顿和德雷·米尔恩 1996 年出版了《马克思主义文学理论读本》，在该书的导论中，伊格尔顿根据马克思主义美学和文学理论在欧洲和美国的发展情况，将马克思主义美学和文学理论划分为人类学的模式、政治学模式、意识形态论模式以及经济学模式。人类学模式的马克思主义文论以普列汉诺夫为代表，政治学模式的马克思主义文论以乔治·卢卡奇为代表，意识形态论模式的马克思主义文论以路易·阿尔都塞为代表，经济学模式的马克思主义文论以雷蒙德·威廉斯以及英国的文化研究为代表[1]。伊格尔顿在这里对马克思主义文论模式的划分不同于他在 20 世纪 70 年代的小册子《马克思主义文学批评》中的划分。伊格尔顿认为，不同模式的马克思主义文学理论是马克思主义在不同的历史条件下回答不同的现实问题所形成的。令人遗憾的是，中国马克思主义文学理论和美学的理论模式没有进入伊格尔顿和米尔恩的视野。其中的原因也许是，在伊格尔顿看来，中国的马克思主义文学理论和美学只是借

鉴或重复不同模式的马克思主义美学理论，还没有形成自己的理论模式，我认为这是一种较为狭隘和偏颇的看法。在本文中，我将对中国马克思主义美学基本问题及其理论模式作出初步的分析和论述[2]。

关于中国马克思主义美学的基本问题，也就是马克思主义美学中国化问题，或者说马克思主义美学在中国的现实语境中所面对的问题，这是我们研究和阐释中国马克思主义美学的基础。李泽厚曾将中国马克思主义美学问题概括为“救亡与启蒙双重变奏”以及救亡在最终意义上压倒启蒙的观点[3]。这种看法将中国马克思主义美学放到具体的现实语境中去，有其一定的合理性。中国马克思主义美学的确是中国现代化过程以及社会主义革命过程的一部分，它的审美合理性是与政治正确性密切联系着的。鲁迅和“左联”在译介马克思主义美学的有关材料时就已经十分明确地表达了这样的观点。早在20世纪20年代末鲁迅就已经提出“为革命起见，要有‘革命人’，革命文学倒无须急急，革命人做出来的东西，才是革命文学”[4]。后来到了40年代，毛泽东在《在延安文艺座谈会上的讲话》中将这一观点经典化和系统化。文学艺术的倾向性甚至政治立场的正确性是中国新民主主义革命进程中马克思主义者对文学艺术的要求，这个要求有其历史的合理性和必要性，但是在学理上，却不是对中国马克思主义美学问题的准确表达。

冯宪光等学者在研究中提出中国马克思主义美学是一种人民美学，是一种以表达广大受压迫者的情感和愿望为基本目标的美学[5]。这种理论概括和把握了中国马克思主义美学的一个重要特征，这是重要的和合理的，但是在理论上，这种概括并没有把中国马克思主义美学所面对的问题的特殊性，以及对这种问题的理论解答的基本模式理论地呈现出来。事实上中国马克思主义美学在近一个世纪的理论发展中，在将马克思主义美学原则与中国的文学艺术实践相结合的过程中，在实践中发展出了不同于欧洲马克思主义美学的美学思想和美学理论，这种理论在不同的历史条件下呈现出不同的形态，但它们都有某种共同的理论基础，这就是怎样将中国的民间文化模式、中国人的审美经验模式与马克思主义美学的理论原则结合起来，从而真实地表征出中国现代化进程中与社会主义目标相联系的情感和审美经验这一相对困难的理论要求。

文化领导权的建立和巩固是马克思主义美学中国化所面对的关键问题，理论上十分困难的是，马克思主义美学本身在马克思主义理论体系中相对滞后，理论形态的马克思主义美学主要是在20世纪马克思主义的理论发展中发展起来的，因此，中国的马克思主义美学并不是马克思主义美学理论的中国化，而是马克思主义基本理论与中国的审美经验和艺术实践相结合的产物，这种状况一开始就决定了中国马克思主义美学走了一条不同于西方马克思主义美学的发展道路，也决定了这条道路的艰难曲折。

中国马克思主义美学是20世纪二三十年代经日本和苏联传入中国的，由于当时国际共产主义运动的实际情况，中国马克思主义在早期阶段就受到“拉普”派和斯大林模式的马克思主义美学的影响，这种理论模式强调美学问题的阶级属性和意识形态斗争，突出文化的断裂或者说“批判性继承”。在“左联”时期的美学和文学理论著述中，这种理论特征是十分显著的。但是，与欧洲马克思主义美学在长期发展过程中与工人阶级运动以及社会主义事业相脱离的情况不同，中国的马克思主义美学从一开始就始终与社会革命以及社会主义运动密切联系在一起，革命实践调整了马克思主义美学在理论上的某种不足。正是现实的需要使中国的马克思主义美学迅速找到了自己的理论问题并且开始了自己的理论阐释。这个重要的转折点也是理论上的起点就是毛泽东的重要著作《在延安文艺座谈会上的讲话》。毛泽东等中国共产党领导人早在30年代既已明确意识到文化领导权对于无产阶级革命事业的重要性，并且通过撰写一系列文章，创办鲁迅艺术学院，召开延安文艺座谈会，开展文艺队伍的整风运动，组织群众性的文艺活动等来努力争取无产阶级在文化领域的领导权，这显然是未受到葛兰西的文化领导权理论的影响。早在1938年2月，毛泽东等中国共产党领导人在发起创立鲁迅艺术学院时即明确看到“艺术——戏剧、音乐、美术、文学是宣传、鼓动与组织群众最有力的武器”[6]。《鲁迅艺术学院成立宣言》也指出了鲁艺的成立，“是为了服务于抗战，服务于这艰苦的长期的民族解放战争”，“使艺术这武器在抗战中发挥它最大的效能”[7]。1939年中共中央又进一步明确了鲁艺的教育方针是“以马列主义的理论与立场，在中国新文艺运动的历史基础上，建立中华民族新时代的文艺理论与实际，训练适合今天抗战需要的大批艺术干部，团结与培养新时代的艺术人才，使鲁艺成为中国文艺政策的堡垒与核心”[8]。鲁艺的创办吸引了一大批优秀的艺术和文学人才到延安工作，创作出了《黄河大合唱》《白毛女》《太阳照在桑干河上》《小二黑结婚》等优秀的文艺作品，极大地鼓舞了革命队伍的士气，推动了革命事业的发展。在当时，不少人就是看了文艺宣传队的演出或阅读了这些作品而毅然报名参军，走到革命队伍中来的。

1942 年春天前后，延安的文学艺术队伍和文学艺术机构都已经达到了相当的规模，来自大都市的文学艺术家和在山沟里成长起来的文学艺术家在文艺的一系列问题上产生了严重的分歧，不同的艺术观点形成了矛盾和冲突。在艺术与社会的关系，文学艺术为什么人服务，文学艺术的主要功能是什么，怎样评价一部文艺作品的好坏等一系列重要问题上，具有不同艺术倾向的作家和理论家有着不同的看法和意见。一些文学家和理论家坚持艺术审美原则和文学艺术的乌托邦性质，赞成强调马克思主义的批判性立场，高度评价批判性的艺术家所创作的作品，这种现象不仅引起了文艺界内部的争论，甚至影响了前方作战将士的情绪。毛泽东等中央领导人经过一段时间的调查和讨论，于 1942 年 4 月至 5 月召开了文艺工作的座谈会，毛泽东的报告就是著名的《在延安文艺座谈会上的讲话》。通过发表《在延安文艺座谈会上的讲话》以及随后开展的延安“整风运动”，新民主主义革命在文化领域的领导权得以确立，在很大程度上也加速了抗日战争与新民主主义革命胜利的进程。我认为，毛泽东《在延安文艺座谈会上的讲话》以理论的形式提出了中国马克思主义美学的基本问题，这就是：半殖民地半封建的中国要成功地实现社会主义的革命，走跨越“卡夫丁峡谷”[9]的另一条现代化过程的道路，文艺领域的领导权是非常重要的，这种领导权的实现不是通过技术的进步导致审美模式的变化来实现，而是通过对艺术家情感和内心世界的改造和进步来实现的，也就是说，主要是通过价值观和意志的转变来实现的。在历史进步要求的整体格局中，这种要求和转变有其合理性和必然性，但是从文学艺术自身的规律来说，这种要求和转变明显地又具有某种简单化的倾向，例如把主体的复杂性这个现代性的核心问题简单化为与工人大众相结合的问题。

从学理上分析和归纳，毛泽东《在延安文艺座谈会上的讲话》主要提出了以下几个方面的问题：

(1) 在社会主义革命事业中,文学艺术是十分重要的一部分,只有确保党在文学艺术领域的领导权,新民主主义和社会主义现代化事业才能取得胜利。领导权主要通过转变艺术家的情感立场和文学艺术的生产方式来实现。在这里,前提是党的文艺政策与社会发展的"历史必然要求"是吻合的。

(2) 文艺作品的社会作用主要是激励和鼓舞现实的革命斗争和革命队伍,"团结人民,打击敌人"是其直接的效果。

(3) 对艺术作品的评价,审美的标准要服从于社会的标准和政治的标准,实践的要求和社会进步的要求是评价文学艺术的最终标准。

(4) 民族形式和大众化形式是文学艺术作品的主要形式,艺术作品的形式与人民大众的"情感结构"[10]相吻合是艺术作品成功的基础。

这显然是一种不同于法兰克福学派、英国文化研究、阿尔都塞学派美学理论,也不同于斯大林模式社会主义现实主义的马克思主义美学模式,这里面所包含的文化基因是十分复杂的,我们这里只能从意识形态理论的角度做一个简要的分析。

二、审美意识形态理论的中国模式

在我看来,毛泽东《在延安文艺座谈会上的讲话》提出了一种中国模式的审美意识形态理论,它把文学艺术作为社会的对立面和批评性力量的存在方式转变为社会变革和社会变革服务的上层建筑力量。然而,由于"审美"以及"意识形态"这两个概念在马克思主义理论系统中都是十分丰富和复杂的概念,因而"审美意识形态"在马克思主义美学理论中的含义也成为众说纷纭的理论概念了。雷蒙德·威廉斯在《马克思主义与文学》中写道:

> "意识形态"这一概念并不是马克思主义首创的,也不限于马克思主义专用。但它显然是马克思主义关于文化——特别是文学和思想观念——的整个理论思想的一个重要概念。而难点在于,我们不得不对马克思主义著作中有关这一概念的三种常见的说法加以区分。概括地说来,这三种说法是:

(1)“意识形态”是指一定的阶级或集团所特有的信仰体系；

(2)“意识形态”是指一种虚假的信仰体系，即由虚假的观念或虚假的意识所构成的体系，这种体系同真实的或科学的知识相对立；

(3)“意识形态”是指生产各种意义和观念的普遍的过程。[11]

如果说，布拉格学派和法兰克福学派主要是在(1)和(2)相结合的意义上理解“意识形态”的概念以及艺术和意识形态的关系，主要从“反对资本主义”和批判资产阶级意识形态的意义上理解和阐释艺术的存在及其社会作用，英国的“文化研究学派”的马克思主义美学主要是在第(3)种观点意义上理解和研究问题，那么也许可以说中国的马克思主义美学主要是从(1)和(3)两种观点的结合上研究和说明文学艺术与社会生活的复杂关系。在中国马克思主义美学的理论视野中，“反对资本主义”的力量主要转化为对受压迫和边缘化群体情感和愿望的合理性做出辩护。相比较而言，同样是对人民大众审美要求和愿望的理论阐释，英国的文化研究主要是在市场经济充分发育的条件下，对由技术所带来的新的审美和情感空间的理论辩护，而中国的马克思主义美学则在激烈的民族解放斗争和对“冷战”的反抗中为人民大众的情感和愿望作出理论上的论证和说明。在学理上，如果说卢卡奇的意识形态理论是建立在哲学人类学和反映论的基础上，法兰克福学派的马克思主义美学是建立在伦理学和社会学的基础上，阿尔都塞学派的美学理论建立在哲学本体论的基础上，而英国的马克思主义美学和文化研究学派是建立在传媒研究和经济学基础上，那么，中国马克思主义美学则更多地应该以人类学和社会学的研究成果和理论方法为基础。对于中国马克思主义美学而言，其中必然涉及一个十分重要而复杂的问题，这就是在全球化条件下，后发展中国家和地区怎样走向社会主义的问题。对此，马克思本人在晚年曾有所思考，这就是著名的跨越“卡夫丁峡谷”的可能性问题，在当代学术视野中，也就是全球化条件下发展中国家和弱小国家的发展道路问题。

在马克思主义理论传统中，意识形态理论有一个漫长的概念和理论发展过程，其中卢卡奇和阿尔都塞的研究都是十分重要的，如果我们无视他们的研究成果仅仅对马克思恩格斯著作中的概念进行文本分析，关于意识形态的研究以及关于审美意识形态的研究事实上是难以深入的,也很难做出创造性的理论建设。

卢卡奇是在哲学人类学的意义上阐释意识形态理论的,他根据马克思主义的历史唯物主义原则以及《1844年经济学哲学手稿》中的异化理论,着重阐释了资本主义社会意识形态的扭曲机制及其虚幻化的效果。卢卡奇所提出的日常生活的普遍异化的概念,以及在这种异化了的日常生活中启蒙意识或者说无产阶级意识产生的途径和方式的思想成为西方马克思主义美学的基本主题。在我看来,阿尔都塞的意识形态理论是欧洲新马克思主义关于意识形态研究的重要基础。阿尔都塞指出,意识形态是经济基础、文化传统以及自身机制等因素所"多元决定"的复杂现象,意识形态不仅仅是一套观念体系,而是渗透和浸润社会生活一切方面的实践性力量和机制,意识形态的作用是维系社会的运作以及保障主体的再生产。在阶级社会中意识形态既是统治阶级维护其阶级利益的工具,也是受剥削和压迫的人们反抗和斗争的工具。在现代社会,只有科学和艺术可以始终存在、弥漫在社会生活一切方面的意识形态立场中游离出来,获得主体的更新和自由。因此,在阿尔都塞看来,在学理上具有科学性的"理论"和因为审美经验而具有特殊性的"艺术"在现代意识形态的"战争"中具有格外重要的意义[12]。阿尔都塞的意识形态理论经过马歇雷、伊格尔顿、詹姆逊、福柯、本尼特等学者的研究和阐释,从不同的方面和维度大大推进了马克思主义美学的建设和发展。值得注意的是,阿尔都塞意识形态理论的重要概念"多元决定"与毛泽东的《矛盾论》有关,而马歇雷的著名论文《论作为一种意识形态形式的文学》中的核心观念则来自毛泽东《在延安文艺座谈会上的讲话》[13]。

毛泽东《在延安文艺座谈会上的讲话》把艺术和审美领域的意识形态转型这个马克思主义美学的重要问题理论的提出来了,但是毛泽东并没有从艺术的规律和特殊性的角度论证这个问题,因而,在一定程度上带有简单化的色彩。毛泽东指出:

> 我们讨论问题,应当从实际出发,不是从定义出发。
>
> ……
>
> 现在的事实是什么呢?事实就是:中国的已经进行了五年的抗日战争;全世界的反法西斯战争;中国大地主大资产阶级在抗日战争中的动摇和对于人民的高

压政策;“五四”以来的革命文艺运动——这个运动在二十三年中对于革命的伟大贡献以及它的许多缺点;八路军新四军的抗日民主根据地,在这些根据地里面大批文艺工作者和八路军新四军以及工人农民的结合;根据地的文艺工作者和国民党统治区的文艺工作者的环境和任务的区别;目前在延安和各抗日根据地的文艺工作中已经发生的争论问题。——这些就是实际存在的不可否认的事实,我们就要在这些事实的基础上考虑我们的问题。

那么,什么是我们的问题的中心呢?我以为,我们的问题基本上是一个为群众的问题和一个如何为群众的问题。不解决这两个问题,或这两个问题解决得不适当,就会使得我们的文艺工作者和自己的环境、任务不协调,就使得我们的文艺工作者从外部到内部碰到一连串的问题。[14]

毛泽东《在延安文艺座谈会上的讲话》显然不能在康德美学和黑格尔美学的理论范式中去理解,如果我们从康德美学的角度去阐释毛泽东在《讲话》中提出的问题,其理论论证必然是错误的。从意识形态理论的角度讲,《讲话》是在完全不同于康德式美学和自律性的形式主义美学问题框架中提出问题和思考问题的。对于毛泽东的美学思想而言,在康德美学范式中处于核心地位的关于艺术家至高无上的神圣地位,通过想象和“纯粹美”所达到的精神自由,以及由此形成的对不合理的现实的批判力量等观念,都应该放到不同的问题框架中去理解和阐释。毛泽东的《讲话》提出的“问题框架”是以现实世界的合理性、必然性以及现实美是真正的美为基础和前提的,因此,现实的世界和想象的世界并不存在着实质性的区别,更不会是对立的和彼此反对的。在《讲话》中,文学艺术是一种以情感和艺术形象为媒介的意识形态,或者说审美的意识形态,在社会现实关系转型的过程中可以发挥巨大的积极作用。在《讲话》中,毛泽东十分明确地提出了文化领导权的问题,为了获得新民主主义革命的文化领导权,需要文学艺术家和文艺理论工作者在情感结构和情感立场等方面实行某种转变。在西方近现代美学范式中,这种美学观是难以理解的。在西方近现代社会的现代化过程中,美学与艺术是现代化机制的一部分,以自律性和审美特权的形式获得并且保持着文化上的领导权[15]。《讲话》的学理基础在于超越或者说跨越将艺术自律化和神圣化这样一个审美意识形态阶段，或者说超越资本主义经济至上的原则和审美超功利原则的二元结构的社会关系结构[16]，这种超越一方面是建立在现实的社会主义文学生产方式的基础之上，另一方面则是建立在不同类型的文明及其社会发展具有不同的途径和模式的人类学研究的基础之上。在抗日战争的最艰苦阶段，以毛泽东为代表的中国共产党人从现实的经验中概括出文学艺术的意识形态功能必须实现某种根本的转型才能适应现实的革命要求的理论观点，在理论上它是符合马克思主义的历史唯物主义原则的，但是后来党的文艺政策在执行过程中由于“左”的干扰也存在把文学艺术的丰富功能以及文学艺术与社会的多种多样关系的可能性的问题，为此在审美的维度方面历史付出了沉重的代价。

詹姆逊曾经深入地研究过马克思主义关于文学生产方式的理论，他指出，在马克思看来，在任何一种生产方式中都同时并存着过去诸种生产方式，现实中占支配地位的生产方式与过去的生产方式以及未来的生产方式的某种特殊叠合，这种复合体与具体的现实语境可以形成不同的解释关系或者说价值关系，由此可以产生出不同于现实、超越现实的某种批判性力量。雷蒙德·威廉斯在分析文化的复杂性时也指出可以将文化区分为占统治地位的主流文化，代表着未来的新生的文化，以及已经逝去但以某种形式存在和延续的“残存的文化”。在《讲话》中，毛泽东强调了新生文化的价值和作用，对新生文化与“残存的文化”结合的可能性和必要性也作了很好的分析，在运用文化的武器来反对资本主义的不合理性方面，创造性地发挥了马克思主义美学思想。

在中国社会的现代化过程的早期阶段，对资本主义制度的抵抗和批判主要不是借助科学和生产力发展方面的力量，主要是借助民族文化中的某种力量来批判和抵抗现代资本主义制度的不合理性以及帝国主义的侵略和压迫。这种抵抗模式的合理性一方面来自政治上的正确性，另一方面则来自某种形式的边缘文化或者说“残存的文化”中所包含的不同于现代性体系的对人的存在合理性的承认和肯定。毛泽东在《讲话》中所要求的文学艺术家实现情感立场的转变，一方面是根据现实的革命事业合理性的要求，另一方面则是通过对民间文化的发掘，重新找到将底层人民的情感和愿望表达出来的媒介和途径。《黄河大合唱》《白毛女》、延安时期的木刻艺术、周立波的小说等都是将受压迫最深重的底层人们的情感和愿望表达出来的成功范例。中国三四十年代解放区文艺的实践证明,边缘文化特别是与生活在社会最底层的人民群众的情感和愿望相联系的民间文化,在与现代社会运动和文化运动相结合的过程中能够释放出强大的力量。

马克思晚年在回答俄国《祖国纪事》编辑部的问题时曾经设想过,对于生产方式没有充分资本主义化的民族而言,如果条件具备,有可能跨越资本主义生产方式所带来的巨大痛苦和不合理性。马克思认为,在现代资本主义所带来的生产力的基础上,将现代管理制度与某种前资本主义文明的文化模式相结合,有可能在现代化的意义上跨越资本主义制度的"卡夫丁峡谷"而建设和发展起社会主义的社会[17]。马克思的设想在某种意义上为中国的新民主主义革命所实践,毛泽东的《在延安文艺座谈会上的讲话》就是一个例证。从美学理论的角度讲,从"左联"时期的理论工作到毛泽东的《讲话》,跨越了审美现代性将审美价值与社会生活其他诸种价值割裂开来的康德美学范式。在中国的语境和社会生活中,审美意识形态是新民主主义革命和社会主义建设事业的积极力量。因此,在中国马克思主义美学的理论范式中,美学问题具有十分重要的地位和意义。值得注意的是,马克思晚年在对人类学和俄国问题深入研究的基础上,对能否跨越"卡夫丁峡谷"持十分慎重的态度。比较而言,毛泽东在《讲话》中对审美意识形态的理论转型和实践改造都持更为积极主动的态度,从历史的角度看,《讲话》在学理上不是那种纯学术性的表达方式,但所提出的问题却是深刻而正确的,这就是说,在中国的现代化过程中,审美经验的伦理基础不是个体性的自由情感,而是社会性和大众性的阶级情感、共同的生活经验和日常生活中共享的文化形式,最广大人民群众的情感成为区分艺术作品好坏的标准。对于中国马克思主义美学而言,理论的任务不是论证现代社会中异化的个体情感的真确性与自由境界的曲折联系,美学的中心概念不是异化及陌生化,而是认同和典型化。情感化的个别性的艺术形象为什么能表征和体现千千万万人民大众的内在情感和伦理要求?社会底层人们的情感为什么能传达出"历史的必然要求"?美学理论若不能在学理上最终论证这些问题,也就不可能说明和论证人民群众文化领导权的合法性及其基础。正是为了解答和论证这些基本美学问题，中国马克思主义美学发展出了蔡仪的“典型论美学”，李泽厚的“积淀论美学”，朱光潜和蒋孔阳关于“共同美”的美学理论，周来祥的“和谐论美学”，刘纲纪的“实践论美学”，钱中文、童庆炳、王元骧等人的“审美意识形态论美学”等不同的理论形态，从不同的角度回应和阐释了人民美学的理论问题。

三、中国马克思主义美学的当代形态

中国马克思主义美学至今已经走过了将近一个世纪的历史，经历了新民主主义革命时期、建国初期、文化大革命时期和改革开放以来四个大的发展阶段，在这个过程中，国内各种社会和文化矛盾，国内和国际各种社会和文化矛盾交织在一起，加上不同美学家在研究方法、理论兴趣等方面的因素，使中国马克思主义美学呈现出不同的形态，自然也打上了时代的烙印以及某种理论上的局限性。我们这里暂时不讨论这些问题，我所关心的是，中国马克思主义美学的基本问题在历史的发展过程中有没有形成某种相对稳定的理论结构以及自己的理论传统？

从马克思主义美学发展的整个历史过程看，马克思主义美学的基本问题可以表述为审美意识形态问题，它的哲学基础是历史唯物主义，核心问题是艺术和审美领域的文化领导权问题，文化领导权的基础在于审美启蒙，启蒙的动力来自人民大众现实生活中的审美经验。由于生活的复杂性和文化的复杂性，事实上人民大众的审美经验及其表达模式都具有十分不同的形式。对于马克思主义美学而言，基础与上层建筑的关系以及意识形态与审美的关系是其理论基础。在资本主义生产方式的基础上，由于文学艺术等上层建筑与经济基础的相敌对关系，艺术和审美以相对自律性表达对异化和分裂的资本主义现实关系进行批判和超越。在马克思主义美学的视野中，艺术的“陌生化”原则不仅是对资本主义现实关系不合理性的评判，也是对作为意识形态国家机器的上层建筑机制的抵抗和批判。正如伊格尔顿所分析指出的，现代化的过程也是一个价值分裂的过程，人的身体在现代化过程中逐渐分裂为作为劳动的身体、作为欲望的身体和作为意志的身体，相应地，在人文科学领域，认识价值、审美价值和伦理价值呈现相互断裂甚至对立[18]。在美学和艺术方面，这种断裂的结果是艺术和审美的形式越来越符号化和空洞化，从而丧失表征现实生活关系的能力。在后现代主义文化图景中，审美符号和自律性艺术形式正越来越丧失其批判性，成为某种保守性的意识形态，这也就是在西方马克思主义美学视野中的审美意识形态。与法兰克福学派和萨特式的马克思主义美学不同，阿尔都塞学派的马克思主义美学研究和英国以"文化研究"为特色的马克思主义美学在近三十多年的理论研究中，逐渐分析和证明，对意识形态现象的评价与对市场经济和现代管理机制一样，不能简单地和抽象地加以判断。事实上，意识形态特别是审美意识形态是一种十分复杂的文化机制。因为审美意识形态与现实审美经验的密切联系，也因为审美意识形态在不同的文化传统和文化机制中可以呈现出十分丰富复杂的意义，因而对审美意识形态的言说和解释也应该放到具体的现实生活关系中去把握。任何把审美意识形态与具体的现实生活关系割裂开来的方法和理论，事实上都偏离了马克思主义。

在中国，马克思主义美学对审美意识形态的研究和把握与西方马克思主义以及欧洲的新马克思主义都有所不同，这种不同具体表现在：

(1) 自毛泽东《讲话》以来，中国马克思主义美学视野中的审美意识形态的现实基础是社会主义的生产关系，人民群众的情感及其表达是审美意识形态的主体。

(2) 中国的文化传统在审美与伦理，审美与认识价值等方面的有机联系仍然存在。这种文化的整体性不仅存在于文化符号和艺术符号之中，也存在于人们情感和心理世界的"情感结构"之中，因此具有一种辩证的表达能力，即，一方面能够抵抗和批判资本主义生产方式以及意识形态现象的不合理性，另一方面又能够表征出"历史的必然要求"。

(3) 人民群众作为现实中创造文化和运用文化的主体，一方面处于全球化巨大压力的最底层，多层次累积的现实暴力和文化暴力使他们的现实经验孕育着、表达着最强烈的抵抗情绪和最大胆的"拿来"和"挪用"的智慧；另一方面，以某种血缘关系为纽带的族群和宗族关系，使"大众"的概念呈现出复杂的多层次性。

正是因为中国马克思主义美学在现实基础、提出的理论问题上都与西方马克思主义美学和欧洲马克思主义美学存在某种差异，也因为在中国的具体语境中，审美意识形态概念在内涵上不同于欧洲马克思主义美学的理解，因此中国马克思主义美学具有与欧洲马克思主义美学不同的理论形态。

在中国近一个世纪的理论发展中，中国马克思主义美学经过了不同的发展阶段，在对现实所提出的美学问题的研究和阐释过程中，创造性地形成了各具特色的理论模式，丰富和发展了马克思主义美学。由于研究方法和研究重点的不同，中国马克思主义美学在自己的理论发展中产生了实践论美学、和谐论美学、文艺美学和人类学美学等具有中国特色的马克思主义美学的理论模式和理论学派。回顾中国马克思主义美学的发展历程，精英知识分子的立场与广大人民群众的观点和立场的矛盾，大众文化的民族形式与普遍性审美形式的矛盾，政治上的正确性与审美合理性的矛盾等众多矛盾相互交织，在科学方法论和自然哲学不具有普遍性的中国近现代文化格局中，审美符号的矛盾性和美学理论的矛盾性成为中国社会现代化过程中社会矛盾和社会关系的文化表征和理论表征。在中国的现代化过程中，在我们今天的现实生活中，美学始终处在社会生活漩涡的核心，承载着复杂的社会意义，这也是五四运动以来美学在中国始终是一门显学的原因。马克思主义美学因其特别擅长于分析和说明艺术形式中的社会冲突和社会意义，而成为中国近现代美学中居绝对优势的主流形态。

由于与现实矛盾和社会冲突的较为直接的联系，中国马克思主义美学在对个体情感的复杂性，人的情感世界和精神世界的无限丰富性和唯一性，以及个体审美自由的合理性和必要性等方面，缺乏足够的重视，也正是在这个意义上，随着改革开放和社会主义市场经济的发展，关于文学艺术审美特征及其规律的研究得到了空前的发展和繁荣。但我认为，在中国社会初步解决现代性矛盾的根本困境之后，中国马克思主义美学提出的理论问题仍然存在，只是在理论的侧重点上有所变化，但基本问题并没有改变。今天，中国的马克思主义美学不仅要倾听并阐释底层人民大众的情感和审美经验，将之转换成“反对资本主义”“反对文化全球化”的文化力量，而且要成为使弱小者能够充满尊严地生活的守护者和代言者，成为激活民族民间文化“活化石”的实验者。也许在这个意义上，中国马克思主义美学还要继续做大量艰苦的理论工作，在理论观点和理论模式方面,我们仍然要坚持"百花齐放,百家争鸣"的方针。由于审美意识形态概念在马克思主义美学中的核心地位,也由于审美意识形态在马克思主义美学发展的不同历史阶段以及不同的国家具有不尽相同的含义,也由于中国的现代化建设以构成和发展具有中国特色的社会主义和谐文化为主要目标,特别是全球化和新媒介发展所带来的种种挑战,使今天中国的马克思主义美学研究者面临严峻的考验。只要我们认真地研究现实提出的问题,创造性地解决现实中的种种难题,在方法论上将研究问题科学化,在学理上将研究结论系统化,中国的马克思主义美学就能形成当代的形态并在国际学术界赢得尊重。

注释:

[1] Terry Fagleton & Drew Milne (eds.), Marxist Literary Theory: A Reader; Oxford, UK: Blackwell Publishers Ltd., 1996.

[2] 文学理论是美学理论在文学方面的具体化,从学理上讨论问题应在美学层面上弄清问题。因此本文以下的讨论主要集中在美学层面,而不是文学理论层面。

[3] 见李泽厚:《中国现代思想史论》,东方出版社 1987 年版。

[4] 《鲁迅全集》第 3 卷,人民文学出版社 1981 年版,第 418 页。

[5] 见冯宪光:《马克思主义文艺学的当代问题》,中国社会科学出版社 2005 年版。

[6][7] 文化部党史资料征集工作委员会编:《延安鲁艺回忆录》,光明日报出版社 1992 年版,第 1、3 页。

[8] 李维汉:《鲁艺的教育方针与怎样实施教育方针》(1939 年 4 月 10 日,延安革命纪念馆文献资料),转引自《延安文艺丛书·文艺史料卷》,湖南文艺出版社 1987 年版,第 786 页。

[9] 关于跨域资本主义制度所伴随的巨大痛苦和不合理性的可能性问题,是晚年马克思思考和研究的一个重要问题,马克思在回答俄国《祖国纪事》编辑部的提问时曾提出过自己的初步思考(见《马克思恩格斯全集》第 19 卷,人民出版社 1963 年版,第 126—131 页)。

[10] "情感结构"是雷蒙德·威廉斯提出的概念,指随着社会进步而变化着的人们的情感和想象的模式和机制(Cf. Raymond Williams, Marxism and Literature, Oxford: Oxford University Press, 1977)。

[11] Raymond Williams, Marxism and Literature, p.55.

[12] 见路易·阿尔都塞《保卫马克思》,顾良译,商务印书馆 2006 年版;《列宁和哲学》,杜章智译,台湾远流出版公司 1990 年版。

[13] 见弗朗西斯·马尔赫恩编:《当代马克思主义文学批评》,刘象愚等译,北京大学出版社 2002 年版,第 39—61 页。

[14] 《毛泽东文艺论集》,中央文献出版社 2002 年版,第 55—56 页。

[15] 特里·伊格尔顿:《审美意识形态》,王杰等译,广西师范大学出版社 2001 年版。

[16] 丹尼尔·贝尔:《资本主义文化矛盾》,赵一凡等译,三联出版社 1992 年版。

[17] 《马克思恩格斯全集》第 19 卷,第 126—131 页。

[18] 见特里·伊格尔顿:《审美意识形态》,第 8 章。

马克思主义美学可以再度成为公共话语吗?

马克思主义与新世纪中国美学的关系问题,无疑是当代中国美学乃至人文学科都应该重新面对和思考的一个十分重要的命题,也是中国美学进一步发展的重要基础。在中国社会和经济迅速发展的当下,中国的社会责任、中国文化和中华文明在与世界其他文明对话中的学理依据,当代中国自身的意识形态建构和核心价值建构等诸多问题,在我看来,都不仅需要马克思主义与中国美学的积极参与,而且需要一种新的美学即马克思主义美学的积极介入。当我们思考中国社会和文化应当如何进一步发展,或者说,思考"中国社会和文化有没有未来? 如果有,是一种什么样的未来"这样一些重大的问题时,美学是一个重要的角度,而马克思主义美学则是一种切实的理论资源,而且很可能是找到"'真实'的希望"最重要的理论资源。

鸦片战争以降,中国社会和文化走过了一条十分艰难的道路。美学在中国现代化进程中发挥的作用应该是十分重要的,然而令人遗憾的是,这一点并没有得到充分的认识,特别是没有得到美学之外的知识分子和社会的充分认识。为此,我们已经付出而且正在付出某种沉重的代价。从文化与社会关系的角度看,美学和文化批评一直为中国社会的现代化发展提供最重要的思想资源和文化资源。中国社会的现代化发展有两个重要的阶段,一个是从五四运动到 1949 年;另一个是 1978 年到现在的中国社会和经济发展奇迹。从思想史的角度看,从"五四"到"左联"时期的新文化运动,以及

1980年代的美学大讨论,事实上都成为中国社会迅速发展和推进现代化进程的思想前提和文化基础。也许可以这样说,没有“五四”到“左联”时期的左翼文艺思潮和思想启蒙运动,就没有抗日战争和解放战争的胜利;没有1980年代的思想解放和美学大讨论,就没有近三十年中国社会和经济的持续快速发展,这是能够从思想史和社会学的角度证明的。

事实上,从1919年到1949年这几十年的新文化运动中,左翼思想特别是马克思主义美学和文化理论的相关思想发挥了十分重要而且关键的作用,1980年代的美学大讨论亦是如此。值得注意的是,自1992年开始加快改革开放,美学,特别是中国的马克思主义美学出现了十分复杂的局面,马克思主义美学陷入低潮,出现了“西马化的马克思主义美学”“没有马克思的马克思主义美学”以及以文化理论形式出现的美学和马克思主义美学的多样化局面。传统意义上的马克思主义美学不再担任第一小提琴,也不再演奏“主旋律”。我们面对的情况是:马克思主义美学面临十分艰难而且百般交集的复杂局面,马克思主义美学似乎丧失了文化发展的内在驱动力,丧失了表征和描述“未来”的能力,另一方面,传统中国美学在“国学热”的风潮中被某种民粹主义倾向的声音所遮蔽,也丧失了话语的公共性,或者说逐渐退出实践型知识分子的论域。因此,马克思主义美学,特别是中国的马克思主义美学能否在当代重新成为公共话语,就成为我们今天面临的一个极具现实性的理论问题。

在我看来,在当代中国,马克思主义美学重新成为公共话语不仅是可能的,而且是必要的。作为一种全球性现象,美学正在重返公共学术话语的中心位置。丹尼尔·贝尔在《资本主义文化矛盾》一书中早就指出,审美动因是资本主义社会最基本的文化动因之一。在资本主义发展的很长一个历史阶段,经济的动因和审美的动因在社会中是互相矛盾的。大约在21世纪初,在西方社会和文化结构中,这种情况发生了重要的变化:审美的动因成为当代西方经济增长的动力!这个现象其实也是今天我们在日常生活中已经感受到的。大约是受浪漫主义美学影响太深的缘故,我们一直把审美和艺术看作抵抗经济中心主义和异化现象的基本依托。因此,在市场经济发展的过程中,特别是在全球化的社会生活条件下,美学的立场和理论基础变得混乱而模糊。但是,在文化全球化的条件下，资本主义或者现代化进程发展到一个被命名为“审美资本主义”的阶段，美学怎样回答现实所提出的一系列问题，诸如，在艺术和时尚相结合成为主要潮流的情况下，审美活动还有没有独立性和批判性？审美的动因与经济相结合，审美经验中的乌托邦因素是否仍然存在？审美经验中的快感和具有超越性品质的“艺术之韵”之间的区别是否不再存在了呢？如果这种区别仍然存在，那么，在今天的文化中，什么东西仍然在表征着与“被审美化了的日常生活”所不同的“另一种存在”呢？这是当代美学必须回答的问题，也是美学要重新成为公共话语的前提。

从学理上说，康德在启蒙主义时代所提出和试图回答的问题与当代美学面临的问题已经完全不同了。审美自由不是在主体的内部通过精神的纯粹化就可以实现和完成的。审美自由实际上是人性在现实经验中的某种表述，是现实中的乌托邦存在，是主体在现实的悲剧性冲突中呈现出来的人的特殊气质和生存境界。审美自由是一种崇高而不是优美，是现实的某种存在状态而不是某种心理形式，是现实性的、世俗性的，而不是虚构的和彼岸世界的幻象。文学和艺术是人类勇敢“直面”现实的方式，虽然在形式上是想象性的和感性的，但在实际上是“真实”的和形而上的。在对现实生活的意义等当代文化的关键问题上，美学无疑比经济学、社会学具有更多的“公共性”和理论上的正义性。康德式的美学，或者浪漫主义美学没有能力解释当代文化和艺术，更不可能为当代社会生活赋予意义。马克思主义美学是一种发展中的理论，因为马克思以及马克思的后继者们并没有在理论上一劳永逸地建立起“马克思主义美学”这样一种理论或者这样一个学科。但是，作为一种不同于“康德式”的美学，不同于浪漫主义美学的美学思想和美学范式无疑又是存在的。自卢卡奇发表《历史和阶级意识》以来，西方马克思主义理论家发展起了形态多样的“马克思主义美学理论”，从法兰克福学派的“批判理论的美学”，到法国的“阿尔都塞学派的美学理论”，到英国雷蒙德·威廉斯创立的“文化唯物主义”等等。马克思主义美学事实上一直在发展并且具有极强的生命力和对现代文化的解释能力。应该说，在西方学术界，马克思主义美学一直是一种公共话语，只是它以文化激进主义的形式存在罢了。对于当代中国马克思主义美学而言，能否对当代文化和艺术现象做出具有公信力的解释，是马克思主义美学能否重新成为公共话语的关键。

坦率地说，中国马克思主义美学的现状并不让人乐观。以我担任副会长的全国马列文论研究会为例，早在研究生时期我就参加这个学会的年会暨学术研讨会，学会当时汇聚了一大批美学界和文艺理论界的精英人才，学术活动办得有声有色，所提出的问题在社会上引起广泛讨论。但是，近几年来，学会在学术界的影响力，对中青年优秀学者的吸引力都在逐渐下降。关于这种情况，原因是复杂而深刻的，与中国社会的发展，与全球化的进程都直接相关。面对这种情况，在《马克思主义美学研究》杂志的编辑方针上，我们作了适当的调整。主要是加大力度介绍和引进国外马克思主义美学的研究成果，开展中国学者与国外学者的交流和对话，刊物才得以逐渐提升其质量和影响力。中国马克思主义美学面临的艰难局面与当代中国意识形态问题的复杂性直接相关，随着改革开放的进一步发展，随着全球化进程的进一步推进，社会对当代中国文化和美学问题的理论要求就越高，这一基本趋势为马克思主义美学成为一种公共话语提供了可能性和巨大的理论空间。特别是随着中国特色社会主义的发展和不断实践，国外马克思主义者对中国的美学和文学艺术的兴趣迅速上升，这就为中国学者与国外马克思主义美学及批判理论的各种观点交流与对话提供了良好的基础。另一方面，中国改革开放的实践，中国特色社会主义的美学经验也需要得到理论的概括和总结。

如果用比较宽泛的观点来定义马克思主义美学，应该看到，中国马克思主义美学的发展已呈现出多样化甚至多元化的趋势，实践美学、后实践美学、审美意识形态论、文艺美学、存在论美学、审美人类学和文学人类学、生态美学等不同的理论都在积极的发展中，初步形成一种百花齐放的新局面。目前，理论上的发展和探索主要局限在学术领域内，一些重要的论域正在形成，但还没有成为公共话语、我认为，随着中国马克思主义美学的进一步发展，随着不同的理论在对现实重大问题的深入研究中得到进一步发展和系统化，特别是随着马克思主义美学面对当代社会价值危机提出建设性的思路，对当代文化低俗化现象（审美资本主义的伴生现象）的批判和理论解释能力的提高，随着马克思主义美学自身的进一步学理化，中国马克思主义美学就能够重新成为公共话语，从而担当起批判现实和改变世界的历史责任。

文化经济时代的马克思主义美学

在1861年至1863年撰写的《剩余价值理论》中，马克思曾经提出过“艺术和诗歌等精神生产部门与资本主义生产方式相敌对”的著名命题[1]。这个命题与浪漫主义美学传统有着十分内在的联系。然而，在马克思对现代性问题思考的理论框架中，这个命题具有与浪漫主义美学并不相同的理论内涵。关于诗歌、艺术和审美活动在现代化过程中的地位、意义和作用，从马克思和恩格斯开始，就在马克思主义美学传统中处于理论核心的地位；从雷蒙德·威廉斯开始，这一思维框架又被表述为文化与社会的关系。如果我们了解拉法格、李卜克内西、普列汉诺夫等早期马克思主义美学家的研究工作，了解一直到当代马克思主义美学和文化理论的各种理论，就可以发现他们始终关注的理论核心是：艺术、诗歌和审美活动在资本主义生产方式中的结构关系。

随着后工业社会的发展，现代社会在生产、交换、消费和生产的结构性关系方面也发生了很大的变化。一个十分突出的变化是：艺术、诗歌和审美活动与现代社会生产方式在结构性关系上不再是相互敌对性的了。随着休闲经济、体验经济、文化经济的兴起和发展，诗歌、艺术、审美从否定和批判资本主义生产方式的文化形式，转变成为当代资本的一种形式，成为当代消费型社会进步和发展的一种具有强大推动性的力量。在当代社会，随着创意经济和消费经济的发展，整个社会的生产方式，包括审美关系也随着社会关系的变化发生了一系列重要变化。它的基本力量特征是：在社会系统中，审美和艺术从一种异质性的文化存在，转变成为当代社会结构的基本构成原则之一，也就是说，是它的本质规定之一。因此，经济的原则、效率的原则与审美的原则之间的关系，在当代社会结构和生产关系中，与马克思在写作《资本论》和《政治经济学批判大纲》时相比，已经发生了很大变化，经济、技术、主体的情感结构等，都在新的关系和新的规则下重新组合。从美学的角度讲，审美符号、审美资本、审美能力、审美效果、审美意义等概念和范畴，自然具有了它们在浪漫主义美学理论框架中不同的含义。对于当代马克思主义和当代马克思主义美学而言，文化经济时代，或者说审美资本主义时代所提出的理论问题是必须认真研究并作出理论上的回应的。

从现象上看，当代中国电影、美术、音乐、网络文学、时尚性的先锋艺术等新的现象，用既有的美学理论，包括西方分析美学和文化研究，或者身体美学和女性主义的美学理论，都难以作出准确的理论定位和理论分析。例如，侯孝贤的电影《刺客聂隐娘》、吴京导演的电影《战狼 2》、冯小刚的电影《芳华》等，在审美评价和审美意义方面都引发了广泛的社会争论就是一个明证。本文试图从理论方法、文化经济时代美学的社会基础、文化经济时代的审美关系的特点以及文化经济时代马克思主义美学的社会功能及其作用等方面作出一个初步的分析。

一、文化经济时代的美学问题及其方法

早在第二次世界大战之前，德国的马克思主义理论家阿多诺、霍克海默、瓦尔特·本雅明就发现了一个重要的文化现象：以现代传播技术的发展为基础，用于大众直接审美需要的生产和消费的方式出现了。霍克海默和阿多诺将之定义为“文化工业”，也就是文学、艺术和审美活动被有效地纳入整个社会现代化大生产的系统和结构中。文化工业与汽车、服装等工业产品在市场经济格局中具有共同的理论规定，也具有十分不同的产品形式和文化功能。从文化工业的兴起开始，美学结束了它曾经十分辉煌的浪漫主义运动时代，文化工业产品也具有了丰富的想象、独特的个性、对弱者的同情以及对不合理社会的抗议等特性。因此，在阿多诺和本雅明的时代，在马克思主义美学

视域中，一个重要的理论问题就以十分尖锐的形式提出来了：在资本主义生产方式中，在机械复制成为基本的艺术生产方式的时代，真正的艺术以什么形式存在？它在形式和内容方面是怎么样的？

文化工业的社会受众是现代社会的大众，随着电视、电影和各种现代传播手段的发展，大众的审美消费成为一个巨大的消费市场。十分有趣的是，不仅新的艺术形式在大众文化的范畴里不断发展，而且美学和人文学科许多新的理论问题也在“大众文化”这个离市场消费和意识形态支配最近，离纯粹非功利审美活动、纯粹美、终极关怀以及“绝对命令”之类的高雅审美品位相对最远的文化领域，生机勃勃，充满活力，创造了20世纪60年代以来的一个又一个文化奇迹。随着大众文化的勃兴，英国伯明翰大学“当代文化研究中心”迅速崛起，大众文化中来自民间、来自底层、来自青年、来自边缘人群的文化创造力及其创造的文化形式，随着“文化研究”的迅速崛起、扩张，催生了自20世纪六七十年代以来美学和文学艺术研究最为活跃也最为重要的研究领域和研究理念。从霍加特与雷蒙德·威廉斯开始，英国的文化研究学派把文学艺术从一种贵族性的特权性文化转变成为一种生活方式，转变成为一种以某种技术和物质性材料为基础的具有不同于“日常生活”庸常性的另外一种生活方式。这种具有审美品质的生活方式以审美经验的获得或者实现为基础。从伯明翰学派开始，大众文化中积极的、建设性的文化力量得到了深入而持续的研究。对于美学和文学艺术理论研究而言，大众文化的研究提出了一系列深刻的理论问题：什么是艺术作品？艺术作品在整个现代社会的整体结构中处于什么样的位置，发挥着什么样的作用？艺术作品真的是与社会生活、经济关系、政治活动以及个体的欲望无关的超验性的精神活动？我们看到，在20世纪下半叶，几乎所有的哲学学派都在这个问题上留下了思考的痕迹，从本雅明、海德格尔、路易·阿尔都塞、雷蒙德·威廉斯一直到詹姆逊、朗西埃和阿兰·巴迪欧，都在这个方面有所论述。

2013年，联合国教科文组织发布官方报告指出，在世界范围内，人类已经进入了文化经济时代[2]。因此，对于人文学科而言，沉溺于消费主义时代文化精英主义全面崩溃的痛苦，或者用社会学统计数据论证当代社会仍然存在着残酷的剥削和压迫，事实上都是软弱无力的。只有认真研究和思考文化经济时代所提出的理论问题,才能在混乱的理论和文化的迷雾中,重新找到理解现实并且通向未来的途径。

随着社会生产方式和现实生活关系的变化,自20世纪中叶以来,美学和文学艺术理论先后发生了“图像化转向”和“人类学转向”,研究的问题和理论的重心也发生了一系列的变化。在美学理论本身的层面,这种变化事实上就是美学的文化转向,即从文学文本的研究转向文化文本的分析和批判,从形式美学和纯粹美的分析转向对“情感结构”和文化表征机制的研究,从以诗歌、小说和架上油画的研究和评价为核心对象,转向以电影、流行音乐、纪念性雕塑,甚至时尚品牌为对象的美学研究。审美和艺术评价的主体,也从专业性和贵族性评论家,转向了社会学意义上的人民大众。这无疑是美学上的深刻变革,而且是一种基本结构和理论范式的转型,使当代马克思主义和马克思主义美学在理论上与方法上也随之作出了重要的调整。近二十年来,在国外马克思主义美学研究领域,将政治经济学批判与文化人类学、社会心理学以及拉康的精神分析方法相结合,在开拓美学研究的新领域,研究和阐释当代社会所提出的新问题方面,取得了一系列重要的研究成果;在分析和批判当代审美资本主义的审美关系和艺术作品的意义方面,展现出极为强大的理论阐释力量。其理论的关键在于,分析和说明在当代社会已经高度叠合化的语境下,艺术作品审美意义形成的机制及其公共性基础。显然,当代美学的理论视域超越了康德和黑格尔仅仅从主体角度提出问题的边界。

2008年,雅克·德里达的学生、法国时尚学院的哲学教授奥利耶·阿苏利出版了《审美资本主义:品味的工业化》一书,对文化经济时代的美学问题作出了自己的思考。在书中引言部分,作者写道:

> 是否该承认资本主义要成长或生存,则必须在其当代历史的某个时刻转向消费的审美化呢?在这个假设中,审美手段的应用构成了21世纪初后福特主义经济的“认知性”转折的特征……几个世纪以来,尤其是在启蒙运动之后,出现了艺术评论、艺术家、公众、公民、媒体和消费,审美品位逐步摆脱成规的枷锁。然而必须质问,审美品位的解放是否构成了另一种桎梏。事实上,自从审美品位因其是

享乐的关键而被反复用作诱导消费的催化剂,审美资本主义的博弈就超出了纯粹享乐的领域。审美,绝不再仅仅是若干艺术爱好者投机倒把的活动,也不是只触动消费者的那种无形的说服力,品味的问题涉及整个工业文明的前途和命运。[3]

阿苏利以马克思关于资本主义条件下的异化理论为基础,将劳动异化的有关问题扩展到审美的领域,指出审美(品味)作为人类存在的一种重要方式,在资本主义条件下必然发生异化。因此,对于当代人文学科而言,至关重要的问题就是找到导致审美自主权丧失的社会原因和美学自身的原因,为人类在审美资本主义条件下获得合理生活寻求方法和途径。

2014年,彼得·墨菲(Peter Murphy)和爱德华多·德·拉·富恩特(Eduardo de la fuente)出版了另一部学术专著,书名也叫《审美资本主义》。墨菲和富恩特认为,随着高科技由创新变为守旧,信息时代已然远去,随之而来的是审美资本主义的时代。艺术与商业在21世纪握手言和,创造力和想象力成为最大的经济动力。事实上,现代资本主义基于供给创造需求的前提,已经包含了一个审美的前提,即生产必须维持趣味性。商品必然是功能价值和趣味性价值的结合,从而产生一种迷人的共通感,购买某件品牌产品意味着加入到这个品牌拥有者的想象性集体中去。资本主义能看到事物中非其所是的东西,从而赋予它一种移情的能力,而这就是市场经济的"微妙"之处。另一方面,对商品的美的形式的追求和迷恋,又总是指向物质之外的超越世界。资本主义的审美维度提出了如何区分资本主义社会的世俗性与神圣性的难题。审美资本主义是一个复杂而多维的现象。

在该书的导论部分,墨菲和富恩特写道:

符号代表其他的东西,这是审美资本主义中"审美"一词的核心。一杯咖啡象征的是爱,一沓世俗的钞票,代表神圣不可侵犯的关系。人与人之间的关系有时候被理解是悲剧的,有时候是喜剧的,戴维·洛奇的小说《好工作》中,企业家与女权主义者之间的喜剧性的邂逅就是一般审美关系的范例。事实上,喜剧不仅存在于小说中,也在实际工作场所中发生。事情会这样是因为美学就是关于古怪矛盾的组合。任何一种审美关系的核心都是"区分—共谋"。美学促使相同或不同的事物融合，有时候会造成喜剧性混淆。这产生了有趣的，有吸引力的，迷人的共通感(sympathies)。资本主义的创新也是如此，它产生相互同情的奇怪组合。谈论资本主义时用“相互同情”似乎有些奇怪，因为大量的著作都说它是冷漠友情的。然而事实上，它的确产生了强大的共通感，这并不是说它只是简单引起同情心。[4]

如果说在社会现代化早期阶段，劳动异化造成的残酷剥削和非人道主义的压迫是社会的主要矛盾和问题关键所在的话，那么在审美资本主义时代或者文化经济时代，美以及欲望表达的异化造成的问题，就是当代美学和人文学科应该着重解决的理论问题。在文化经济时代美学问题研究的基本方法上，我认为马克思的思想方法仍然具有指导意义。

在美学问题的研究上，马克思与康德一样都是以哲学人类学为基本的观照视野的。康德是从人作为最高的存在类型和内心具有“绝对命令”(道德律令)这个角度思考美学问题的。在康德那里，美是个乌托邦，是可以达到自由的象征。与康德不同，马克思将人的合理存在的可能性放到人类历史过程中去考察。在理论方法上，马克思不仅把人的存在与动物界相比较，而且把人在现实中的合理存在与古希腊社会相比照。在这个双重的比较中，人的存在和美的意义，都具有了现实的具体性，因此，也就有了人间性和人民性。

《1844年经济学哲学手稿》中包含着丰富的美学思想，在其论述异化劳动和私有财产的一节中，马克思对德国古典美学提出的“美的规律”作出了一种哲学人类学意义上的解释，提出了人类创造艺术和文化乃至人类社会生活的基本原则，即“按照美的规律来构造”。在我看来，在审美资本主义时代，这个理论原则的重要性显得更为突出了。

马克思写道：

> 诚然，动物也生产。它为自己营造巢穴或住所，如蜜蜂、海狸、蚂蚁等。但是，动物只生产它自己或它的幼仔所直接需要的东西；动物的生产是片面的，而人的生产是全面的；动物只是在直接的肉体需要的支配下生产，而人甚至不受肉体需要的影响也进行生产，并且只有不受这种需要的影响才进行真正的生产；动物只生产自身，而人再生产整个自然界；动物的产品直接属于它的肉体，而人则自由地

面对自己的产品。动物只是按照它所属的那个种的尺度和需要来建造，而人却懂得按照任何一个种的尺度来进行生产，并且懂得处处都把内在的尺度运用于对象，因此，人也按照美的规律来构造。

因此，正是在改造对象世界中，人才真正地证明自己是类存在物。这种生产是人的能动的类生活。通过这种生产，自然界才表现为他的作品和他的现实。因此，劳动的对象是人的类生活的对象化；人不仅像在意识中那样在精神上使自己二重化，而且能动地、现实地使自己二重化，从而在他所创造的世界中直观自身。[5]

马克思在《1844年经济学哲学手稿》中的论述，在中国20世纪60年代和80年代的美学大讨论中都曾经历过深入的分析，甚至理论上的论辩。而在我看来，在文化经济时代，马克思的这一段论述可能更为直接地提出了文化经济时代美学和艺术生产的真正原则，因而也更为重要。在文化经济时代或者说审美资本主义时代，马克思关于"美的规律"的思想，对于当代文化建设、当代美学研究乃至当代艺术批评，都具有十分重要的理论规范和思想引领作用。在当代文化语境中，我主张把马克思在这里表达出来的思想表述为审美人类学理论的基本原则，概括起来包括以下的重要思想和理论方法。

第一，在理想的意义上，或者说在乌托邦的意义上，人类的全部活动，包括从艺术、友谊、爱情到物质产品的生产，都应该按照"美的规律"来构造，这是人区别于动物的一个本质规定。符合美的规律的人类活动，才是具有哲学人类学意义上的人类活动和人类生活，才是有意义的，或者说，才具有真正意义上的美。

第二，在资本主义生产方式条件下，人的社会生活不可避免地发生异化。在社会现代化的不同阶段，异化的形式和内容都有所不同。在早期资本主义时代，异化主要表现为劳动的异化，创造者和生产者沦为贫困甚至无产，剥削者和占有者并不面对直接的生产过程，内容和形式处于严重的断裂状态。人类存在方式的二重化，与美的规律和特点也是一致的。在这个意义上，审美资本主义所带来的异化是更深刻和更严重的异化。

第三，"美的规律"包括人在生物学意义上和社会学意义上的尺度和规律，最重要的是，还包括以“任何一个物种的尺度”以及整个自然界的尺度和规律来生产、创造、活动。这是一个趋向无限的尺度和要求，真正的美体现着这个规则，其中包含了人性所可能达到的精神规定以及美学所包含的人类感性存在的无限丰富性。

第四，在研究当代美学及其意义上，有必要找到一种有效的方法，将哲学人类学意义上的人类特征与本质规定和具体的美学分析结合起来。通过实证研究、艺术批评、文化分析等各种现代学术研究的方法和形式，将艺术作品的形式、各种物质和文化产品的美学形式的分析，与人类存在的意义有效地结合起来，找到人类在具体的语境中“按照美的规律来构造”的具体形式，从而获得当代人类存在的具体性和真实性。

在全球化运动的早期阶段，马克思从政治经济学研究转向了文化人类学和比较文化学研究，努力回应资本主义生产方式全球化发展所提出的新问题：对于非欧洲的国家而言，社会现代化过程是否可能走不同于欧洲的现代化发展道路？这是马克思晚年倾注全部心血认真研究的问题。在美学和文学艺术理论方面，我们看到，被特里·伊格尔顿称之为“最有雄心”的审美人类学方法影响下的理论模式的持续发展[6]。在马克思主义美学思想发展史上，恩格斯、拉法格、普列汉诺夫是这一理论传统的早期实践者。在整个20世纪马克思主义美学思想的发展过程中，我们可以看到一条时隐时现，但始终存在的用人类学和比较文化学的方法和理论研究和思考美学与艺术问题的传统，乔治·卢卡奇、瓦尔特·本雅明、路易·阿尔都塞、雷蒙德·威廉斯、特里·伊格尔顿等，都是如此。在我看来，用人类学的思想方法研究美学和艺术问题在文化经济时代具有更为重要的理论意义。这是因为，在文化经济时代，一方面资本主义生产方式高度发展，人从外在物质生活条件到包括主体欲望和情感表达等方面，都发生了深刻的异化。在人类学意义上，个体更为孤独和“碎片化”。在这种条件下，要做到“按照美的规律来构造”自己以及自己的对象，的确是一个更为困难的要求。在纷繁复杂的现实语境中，我们常常陷入焦虑和痛苦。问题的解决首先要面对问题并且努力找到当下语境中个体面对问题的具体性。在全球化和逆全球化并行的时代以及在文化经济时代，用审美人类学的方法，将哲学人类学和艺术人类学的方法论结合起来，以马克思从

"美的规律"高度提出的基本问题作为理论框架,用实证的人类学研究,具体分析多重文化语境下人类活动和审美经验的实现方式,找到将每一个"孤独的个体"(马克思语)的审美经验与"按照任何一个种的尺度来进行生产,并且懂得处处都把内在的尺度运用于对象"的方式结合起来,应该就可以获得审美经验的完整性,从而获得人在现实关系中的感性存在,或者说,实现个体在现实世界的真正意义,成为真正意义上的人。几年前,台湾导演魏德圣拍过一部电影《赛德克·巴莱》,表现在台湾原住民的生活信仰中,只有通过生命中的重要仪式,才能成为"真正的人"的人类现象。从人类学意义上讲,在审美资本主义时代,不是任何艺术对象或者审美活动都具有这样的仪式功能,因此,一个十分凸显的现象就是,在文化经济时代,真正"按美的规律来构造"实现的审美活动,反而是一种稀有的现象。

因此,在哲学人类学的意义上,以人类学的角度深入研究个体获得审美经验完整性的条件,研究真正实现"按照美的规律来构造"的机制,是当代马克思主义美学研究的主要任务。

二、当代美学的政治转向:以人民为中心的美学

早在20世纪30年代,瓦尔特·本雅明就提出当代批评家的任务是从对权力政治的文化批判转向"推动并且参与大众的文化解放"。2009年,英国马克思主义文学批评家和美学家特里·伊格尔顿出版了以描述他一生的理论研究和批评工作的著作,书名就是《批评家的任务》[7],再次强调了马克思主义美学的这个主题。2003年,法国哲学家和美学家雅克·朗西埃在哥伦比亚大学举行的学术会议上发表了论文《感觉的共同体:重新思考美学与政治》,论文收入同名会议论集,于2009年由美国杜克大学出版。在这篇论文中,雅克·朗西埃指出,艺术、美学、政治都是可感知与理解性框架的"感觉共同体"形式,以艺术自律的同质性为核心的现代主义美学范式,与在模糊艺术边界的基础上宣称"美学终结"的后现代主义范式,都是对美学的政治之原初悖论的遗忘。美学诞生于法国大革命的时代,一开始便与平等紧密相关。事实上,现代社会中存在着

两种互相矛盾的平等形式:一是打破等级体系和界限限制的平等,最终带来艺术与生活之间的相容性;二是艺术作为艺术自身的平等,将艺术建构为一种人类经验的分离形式。相应地,也就有两种审美政治形式:一是审美的革命的方案,旨在将审美经验中的平等和自由转化为共同体的集体存在形式;二是强调两种平等的感觉共同体之间不可通约的对立面。真正具有现实影响力的政治艺术是这两种审美政治之间的"第三条道路",强调艺术的自律与他律之间的协商与"拼贴",艺术与非艺术之间关系的移动和辩证冲突,等等。当代艺术实践中的伦理转向,消除了审美歧见的辩证法,将政治艺术带向了一种共识危机,新的希望由此出现[8]。

在文化经济时代,由于艺术及审美活动处于社会发展变化的关键位置,人类在从社会组织到个人品位的各种层面上,全面实现"按照美的规律来构造"的设想成为可能,正是在这个意义上,马克思主义美学在当代社会的文化建设和社会发展过程中具有重要的意义。对于文化经济时代社会与审美关系的变迁过程,我们可以从以下两个方面来认识和研究。

第一,重新认识美学与政治的关系。在美学发展的历史过程中,包括在马克思主义美学发展的历史长河中,美学曾经长期是精英主义的领地,艺术被视为天才们特殊的语言和特权。而后由于文化经济的发展,人类社会的文化治理模式和自由治理模式发生了重要而深刻的变化。随着新媒体技术的发展以及文化经济在社会生活中的逐渐形成,人民大众中蕴含的无比巨大的创造力得以表达和释放出来,成为社会发展的重要力量。在文化经济时代,这种文化创造力的涓涓细流,在社会大生产的平台上汇聚和组合,已经成为推动社会变革的重要力量。通过审美的革命而牵引和带动的社会变迁,正在互联网经济、休闲经济、广告时尚文化、现代影视等文化经验的实践中,成为一种不可忽视的社会力量。

第二,人民大众审美品位的重要性。自有阶级社会以来,对审美品位的评价一直是由上层贵族所垄断的,这是阶级社会统治者维持社会关系的一种重要的文化力量。在文化经济时代,文化格局发生了实质变化,曾经长期存在的"文化霸权"已经难以通过文化的形式维持。对于电影院、博物馆、美术馆和电视节目而言,文化的领导权已经从政治权力以及政治权力加资本权力的统治中挣脱出来。在日益丰富多元的文化格局中,不同的地域文化、族群文化以及各种各样的亚文化所构成的文化生态,成为人民大众"按照美的规律来构造"自己的诉求、情感和愿景的广泛空间和肥沃土壤。按照路易·阿尔都塞的理论,在文化经济时代,文学艺术和审美活动,正在成为新的意识形态斗争的"战场",许多新的文化形式,包括对未来社会的乌托邦想象和社会改革实验,都在文化和艺术领域中先期进行。在这一新的历史条件下,人民群众无比丰富巨大的创造力以坚定的形式向前发展。如果说,在马克思生活的历史时期,社会革命是历史的火车头的话,那么,在文化经济时代,这种革命的内容就是文学、艺术和文化活动中的创造性实践。

在《审美资本主义》导论的结尾部分,墨菲和富思特指出:"现代资本主义连续呈现出疯狂的繁荣时期的普罗米修斯式的能量释放和制定预算底线时的优雅克制。它制造美丽物品的同时也制造丑陋的物品。它的制度有时候是精简的,有时候是繁冗的。审美资本主义的'审美'起到的作用是,它让我们记住这种重合叠加,以及在资本主义所生产的机构和物品的灵魂中,存在着最好的艺术品的内敛、高尚和冷静,同时并存的还有各种无价值的、无聊的、不适当的时刻。生活是复杂的,审美在商品的生产和销售中所扮演的角色也一样复杂。"[9]

在文化经济时代,人民大众的审美需要也呈现十分复杂的状态。正如精神分析学家雅克·拉康和布拉格学派的后期代表A.海勒曾经分析过的那样,人民大众的审美需要包含直接的需要和真实的需要两种基本类型。直接需要也就是人们在没有达到人的"类存在"的意义上,只是按照他们所属的那个时代的社会阶层的"尺度和需要来构造"的需要。这是一种被市场、权力、个体的生物学本能和文化习性等混合状态所支配的审美需要,虽然直接有效,引领时尚,影响影片的票房,甚至成为某些批判型知识分子论证社会问题的根据,但是,从社会意义上来说,它是一种虚幻的审美需要,因为它与人民大众真实的社会关系,同那种努力改变不合理、不完善的社会生活状态的真实的审美需要是矛盾的和不一致的。例如,由管虎导演、冯小刚主演的电影《老炮儿》,虽然获得了票房的成功,也受到许多观众的喜爱,甚至得到部分学者的高度评价,但是，从马克思主义美学的角度看，它所表达的是当代社会生活肤浅而庸俗的审美需要，在核心价值观上是混乱的，没有达到历史和美学的真实，也不表达人民大众的真实需要，其审美意义是消极的[10]。

2014 年 10 月，在中国社会现代化过程的关键阶段，在联合国教科文组织发布关于“文化经济”报告一年之后，中共中央召开了“文艺工作座谈会”。习近平总书记发表了《在文艺工作座谈会上的讲话》，对文化经济时代文化的重要作用，特别是文学艺术及批评理论的重要性给予了高度的重视。在对文化经济时代文艺工作中出现的诸多问题作出分析时，习近平总书记指出：

> 改革开放以来，我国经济发展很快，人民生活水平提高也很快。同时，我国社会正处在思想大活跃、观念大碰撞、文化大交融的时代，出现了不少问题。其中比较突出的一个问题就是一些人价值观缺失，观念没有善恶，行为没有底线，什么违反党纪国法的事情都敢干，什么缺德的勾当都敢做，没有国家观念、集体观念、家庭观念，不讲对错，不问是非，不知美丑，不辨香臭，浑浑噩噩，穷奢极欲。现在社会上出现的种种问题病根都在这里。这方面的问题如果得不到有效解决，改革开放和社会主义现代化建设就难以顺利推进。[11]

在文化经济时代的美学意义上，习近平总书记提出的问题是一个全球性问题。在当代美学的问题域中，审美资本主义的社会生产机制使审美经验符号化。在只有符号化才能获得更大经济利益的社会生产机制中，在符号化的审美经验因为叠合着的文化语境而导致社会意义滑动的文化氛围中，在审美价值往往以悖论性的相反相成形式出现的艺术消费模式中，审美的问题已经成为从生产方式到文化建设，再到关系整个社会的前途和命运的重大问题。如果我们对改革开放以来中国社会条件下艺术和审美与社会价值观念的变化之间的关系作一个全面的社会调查，我相信，大量的事实会证明，美学理论和艺术批评内在价值观的混乱，是许多严重社会问题的根源之一。例如，许多优秀的党员干部为什么会堕落为腐败分子，审美观念的错位和失范，应该是其中重要的原因。在我看来，在文化经济时代，美学问题的关键已经不是简单地进行“文化批判”就能解决的。由于审美意义的多义性和滑动性，在当代社会和文化语境中，在当代美学理论视域和理论前提下，对当代艺术作出有理论意义的批评，就成为当代美学家的主要任务之一。《在文艺工作座谈会上的讲话》的最后一段，习近平总书记也从当代批评家的任务，强调了这一点。习近平指出：

真理越辩越明……要以马克思主义文艺理论为指导，继承创新中国古代文艺批评理论优秀遗产，批判借鉴现代西方文艺理论，打磨好批评这把“利器”，把好文艺批评的方向盘，运用历史的、人民的、艺术的、美学的观点评判和鉴赏作品，在艺术质量和水平上敢于实事求是，对各种不良文艺作品、现象、思潮敢于表明态度，在大是大非问题上敢于表明立场，倡导说真话、讲道理，营造开展文艺批评的良好氛围。[12]

在文化经济时代，文学艺术批评被推到了理论的前台。由于这是一个价值失范的时代，也是一个文化转型的时代，因此在多重语境下艺术作品的意义问题，事实上超越了美学和艺术批评的范围，成为当代人文学科应该面对的理论问题。

三、中国现代性的情感结构及当代批评家的任务

在当代美学界，艺术批评的相关理论问题首先来自由中国文化语境中美学和艺术批评提出的理论问题。随着经济和社会的持续发展，中国社会现代化过程的特殊性和文化机制也引起了全世界许多人文学者的关注。一个十分有意思的现象是，在中国社会现代化过程的不同历史阶段，文艺和审美始终处在社会变迁的前列。从五四运动以来关于文艺问题的不断讨论和争论，始终牵动着整个社会的神经，而且重大的社会变革，往往以文艺论争和美学大讨论为先导。例如，1942 年中共中央举行的延安文艺座谈会、毛泽东《在延安文艺座谈会上的讲话》发表与中国新民主主义革命胜利的关系，20 世纪 80 年代美学大讨论与中国社会迅速现代化进程的关系，都是较为典型的现象。对于文化经济时代中国社会持续高速发展的内在动力，我个人认为，美学是一个重要的理论维度。近年来，随着中国社会进一步现代化，随着市场主体地位在中国社会转型过程中的全面确立，也随着当代中国文学艺术发展过程中美学风格的形成，中国社

会审美现代性的特殊性也逐渐引起学术界各方面的关注和重视。在此,我提出一个理论的假设:现代中国社会的情感结构是一种双内核的动态双螺旋结构,其中的审美意义是由具体的语境所制约并决定的。两个关键内核分别是"红色乌托邦"和"乡愁乌托邦",它们同时产生,互相影响,形成中国审美现代性的基本情感结构。以下我作一个初步的论证。我们首先来看看影响中同社会现代化进程的几个关键时间节点。

1894 年至 1895 年,中日两国海军在中国黄海水域展开激战,战役最终以装备精良的"北洋水师"大败而告终。次年,中日两国政府签订《马关条约》,清廷割让中国台湾、澎湖列岛等,赔款白银 2 万万两。甲午战争的失败沉重打击了中国洋务运动和已经开始发展的中华文化的现代化转型。在这个异常沉重的打击之下,中国社会和文化转向了以科学和技术优先发展的现代化道路。"科学救国"成为整整一个时代中国青年知识精英的首要目标。文学家和教育家李叔同,教育家马君武,文学家鲁迅、郭沫若,文艺理论家林焕平等青年学子赴日本留学的专业都是工程技术或医学等。甲午战争以惨败告终,中国社会精英开始了对中国社会结构和未来发展的深刻反省,北洋公学(1895 年,今天津大学)、南洋公学(1896 年,今上海交通大学)、求是书院(1897 年,今浙江大学)相继创办,"科学救国"成为中国高等教育办学的基本理念。甲午战争若干年后,时任中华民国大总统的孙中山先生给南洋公学的题辞,就是"强国强种"四个字。

在文化方面,甲午战争失败后,中华文化在形式和内容方面都开始了深刻转变。1915 年,南洋公学特班学生李叔同创作了歌曲《送别》。这首用美国作曲家约翰 · P · 奥德威谱写的歌曲形式,以中国文化和中国诗歌的"乡愁"意象和隐喻为内容,为艰苦生活中的李叔同本人,也为中国社会现代化进程中的许多普通中国人,提供了情感上和心灵上的慰藉。一种精神的寄托,一种对中华文化的深深依恋,一种在无奈中转身、迎向扑面而来的现代化重压的刚毅,一种对依稀的未来的向往等,都在这首《送别》中表达出来了。我将这样的一种情感结构概括为"乡愁乌托邦"。这是一种通过退回过去,依凭"乡愁"而勇敢刚毅地面对现代化磨难的复杂情绪[13]。李叔同在他圆寂之前写下的"悲欣交集"四个大字,在我看来,也是中国审美现代性的一种表达,是中国现代化进程中基本情感结构的概念化表达。

甲午战争20年之后，1915年《新青年》在北京创刊，自由主义、无政府主义、马克思主义、实用主义、进化论等各种西方现代化思潮涌入中国，“中国向何处去”，中国怎样才能实现民族独立和现代化，成为整个知识界的共同问题。蔡元培“以美育代宗教”的社会现代化方案就是在这个背景下提出来的。从1920年代到1930年代，蔡元培在他人生的最后阶段，一直为美育在中国的实行而努力奔走，为推动中国早期的文化现代化作出了卓越贡献。

1918年及以后，李大钊相继发表《法俄革命之比较观》《庶民的胜利》《布尔什维主义的胜利》《我的马克思主义观》《再论问题与主义》等文章，介绍马克思主义和社会主义思想进入中国现代文化。从1920年代至1940年代，自由主义、无政府主义、马克思主义、社会达尔文主义、实用主义等西方现代思潮在中国思想界展开了诸多争论和对话。1937年7月7日，抗日战争全面爆发，民族救亡问题上升到最为重要也最为迫切的高度，各种“主义”在民族利益之下统一起来。在文艺上持左翼文化立场的马克思主义和持文化保守主义立场的自由主义成为其时贯穿整个中国社会现代化进程的基本思想脉络。在美学上，我们把这两种文化的基本观念表述为“红色乌托邦”和“乡愁乌托邦”。在我们看来，在中国社会的现代化进程中，这两种乌托邦始终存在，呈现为一种双核驱动的双螺旋结构。这种结构也是中国社会现代化过程中的基本情感结构。“以美育代宗教”的设想最初是文化保守主义和自由主义对中国审美现代性问题的解决方案，但是，后来被中国共产党人接过去并加以改造，成为红色乌托邦的一种美学形式。

1942年4月，在抗日战争最艰苦的阶段，中共中央主要领导坐下来用一个多月的时间专门讨论文艺问题，把文艺问题提高到决定抗日战争能否取得胜利的高度。中共中央政治局主要成员、八路军高级将领与在陕北延安的文学艺术家的领袖人物进行了长达40余天的讨论和辩论，最终达成共识。1942年5月13日，毛泽东作了结论性的报告，这就是著名的《在延安文艺座谈会上的讲话》。《讲话》在理论上论证了文艺与红色乌托邦的关系，指出在中国现代化过程的第二阶段，也就是新民主主义革命阶段文化领导权的重要性，明确要求用文艺的形式表达红色乌托邦，使其成为人民大众的共同理想,或者说共同的情感结构。毛泽东指出,能否做到这一点,直接关系到中国革命事业的成败。1949 年 7 月,在中华人民共和国建立之前,在北京召开了两个重要的会议:一个是“全国各党派政治协商大会”,另一个就是“第一次全国文艺工作者代表大会”。从 1942 年至 1949 年,在短短的 7 年时间里,中国社会进步力量分别取得了抗日战争和解放战争的胜利,中国社会的历史进入了一个“新的阶段”。在如此短的时间里把广大人民大众充分发动起来,使他们自觉投入社会解放和文化解放的伟大斗争并实现如此巨大的跨越式发展,如果离开了文学艺术的积极作用,离开了中国共产党人对文化领导权的高度自觉,离开了共同理想的强大力量,是不可想象的!

1966 年 5 月 16 日,中共中央下发《关于开展无产阶级文化大革命的通知》,标志着文化大革命的全面爆发。从审美现代性的角度看,中国的文化大革命是一个复杂的现象,是毛泽东晚年进行的一次范围广阔的“社会实验”。我们都知道这个“社会实验”以失败告终,但是从思想史的角度看,这个实验所提供的许多经验教训值得马克思主义理论家和马克思主义美学家深刻反思并作出理论上的解答。无产阶级文化大革命是从对若干文学艺术作品的分析和讨论开始的,它以 1976 年 10 月“四人帮”被捕和 1978 年中共十一届三中全会决定改革开放以及 1981 年《关于建国以来党的若干历史问题的决议》为结束的标志。自 1978 年开始,中国社会进入“改革开放”的新时期。

1982 年,在中国改革开放的早期阶段,由中国第四代导演吴贻弓导演的电影《城南旧事》获第二届马尼拉国际电影节最佳故事片金鹰奖。这是自 1949 年建国后第一部获国际电影节大奖的中国电影。《城南旧事》以 1930 年代的北京为背景,通过一个叫小英子的小女孩的视野,表达了中国社会现代化进程的情感结构。在这部电影中,李叔同的《送别》歌声 7 次响起,用“声像蒙太奇”形式,把中国社会现代化进程特有的沉重和坚毅表达了出来。我个人认为,在中国社会的现代化过程中,乡愁乌托邦把中华文化的特质与现代化进程的悲剧性较好地结合起来。在《城南旧事》中,现实生活中的惨烈和历史的无情悲剧,通过一个小女孩的眼里呈现出来,就像经过时间的过滤和净化，苦难生活呈现出诗性的旋律，在成长和奋斗的小英子及许多青年学子的心胸中徘徊回荡，成为现实中的个体刚毅地面对悲惨世界、勇敢“直面”惨淡人生的感情依托和精神支柱。

自1990年代以来，随着市场经济的发展，文化产业化的政策导向与“日常生活审美化”的理论相互呼应，中国美学的批判锋芒被大幅削减，“审美意识形态”理论的矛盾内涵就是社会现实的一种理论反应[14]。

20世纪80年代以来的市场化进程，推动了中国社会的深层次转型。这个转型由于带有强烈的反思意识和自我批判精神，因而具有强烈的悲剧性。我认为，在当代中国，悲剧人文主义是中华文化实现再创造和现代转型的核心概念，马克思主义美学的悲剧观念和悲剧理论是解释当代美学问题和当代悲剧观念的理论基础。关于现代中国的悲剧观念，如果说王国维在明确意识到中国社会不可避免地开启了现代化进程，传统中国文化的许多内容和形式将必然走向灭亡，从而提出了中国现代悲剧观念的话，那么可以说，蔡元培、鲁迅和周来祥等学者，都是以一种积极的悲剧人文主义理论立场推动中国美学从“大团圆”式的和谐美学，向“把有价值的东西毁灭给人看”的现代悲剧美学形态发展。他们的共同文化目标都是在甲午战争之后，对中国文化的现代转型作出的理性思考。正是在这个意义上，蔡元培的“以美育代宗教论”和周来祥的促进和推动美学上的“对立和崇高”，努力走出伪古典主义的“和谐文化”的理论思考都具有重要的思想史意义。对于当代中国美学的建设和发展，我们认为，马克思主义的现代悲剧观念以及关于悲剧人文主义的思想在理论上具有十分重要的意义。需要解决的问题主要是：从马克思主义悲剧观念到当代中国文化的再创造的文化链条中，中华文明以什么样的方式介入当代中国的艺术创造，并影响中国文化和中国社会的未来发展？如果这是当代美学问题的关键和实质所在，那么，比较文化学和审美人类学的研究方法就具有理论上的优先性。关于中国、印度和俄罗斯等非西方社会的现代化问题，马克思在他的晚年曾经以巨大的热情投入研究，十分遗憾的是，马克思和恩格斯本人都没有完成这项任务，后来的西方马克思主义理论家也基本没有再回到这个理论问题上来。

对歌谣传统的再现以及理论上的阐释,是中国审美现代性的一个主要形式。早在1915 年,甲午战争失败 20 年之后,李叔同就以《送别》这样一首现代歌谣,探索了中华诗词传统的现代转型。与《新青年》创刊几乎同时,北京大学和中国南方的中山大学分别成立了研究歌谣的专门机构。在 1940 年代的延安,随着土地改革和新文化运动在乡村社会的推进,"扭秧歌"这种歌舞形式成为红色乌托邦的文化载体,伴随着八路军的发展而"爆炸性"传播,最终成为新中国建国初期最具大众性的文化形式。以声像的回旋性表达的文化机制,事实上是中国审美现代性的文化基础,也是中国现代社会情感结构的一个关键内核。

"大音希声""宁静致起""一唱三叹""高山流水"等成语是中国古典音乐美学思想的概括性表述。在古代中国,音乐是与礼制相联系的,经过一整套的文化制度,成为现实中的人与最高的"神"——天——相互交流与沟通的中介。自李叔同创作《送别》以来,由于"天"的内涵和形式都有了实质性的改变,中国文化也开启了审美现代性的形式。十分有趣的是,从李叔同的《送别》开始,中国的审美现代性就包含着对以西方文化为代表的社会现代化方式的怀疑和审慎批判。在乌托邦理念进入中国之后,它就取代了中国传统文化的"天"的存在方式,成为中国文学和艺术悲剧性表达的终极价值。因此,悲剧人文主义在红色乌托邦和乡愁乌托邦组成的双螺旋结构中得以重建。值得特别注意的是,如果说红色乌托邦是社会主义目标和社会主义理念的显性表达的话,那么乡愁乌托邦则是社会主义目标和社会主义理念的隐性表达。而且,由于中国文化传统的特殊性,这种隐性表达恰恰因为它的"希声""宁静",或者说否定性的表达,而抵达了"会当凌绝顶,一览众山小"的境界[15]。

简短的结论

在文化经济时代,或者说审美资本主义时代,当代美学问题重新提出了整个人文社会科学共同关注的理论焦点。由于文化经济时代审美问题的矛盾性和复杂性,目前这还是一个众说纷纭的论题。从马克思主义美学的角度看问题,我认为,马克思在

《1844年经济学哲学手稿》中所提出的人类是“按照美的规律来构造”的思想，特别是关于将整个人类和自然的尺度及要求都运用到“按照美的规律来构造”的各种社会活动中去（包括艺术创造和艺术批评）的思想，其问题意识和理论方法无疑具有十分重要的意义。由于现实生活条件下人的二重化，相应地造成了美的二重化现象。美既可以是人类达到审美经验完整性的状态，也可以是异化和空洞符号化的艺术。因此，在文化经济时代，以当代艺术批评为核心内容的当代美学研究，有责任担负起“积极参与并且唤醒大众的文化解放”这一历史使命。

注释：

[1] 《马克思恩格斯全集》第33卷，人民出版社2004年版，第346页。

[2] 见联合国教科文组织官方网站。

[3] [法]奥利维耶·阿苏利：《审美资本主义：品味和工业化》，黄琰译，华东师范大学出版社2013年版，第8—9页。

[4] Peten Murphy and Eduardo de la Fuente edited: *Aesthetic Capitalism*, BRILL 2014 Leiden and Baston.

[5] 《马克思恩格斯文集》第1卷，人民出版社2009年版，第162—163页。

[6] Terry Eagleton and Drew Milne edited, *Marxist Literary Theory: A Reader*, Cambridge: Blackwell Publishers, 1996.

[7] [英]特里·伊格尔顿、马修·博蒙特：《批评家的任务——与特里·伊格尔顿的对话》，王杰、贾洁译，北京大学出版社2014年版。

[8] [法]雅克·朗西埃：《当代艺术与美学的政治》，谢卓婷译，《马克思主义美学研究》第18卷第2期，中央编译出版社2016年版。

[9] [澳]彼得·墨菲和爱德华多·德·拉·富恩特：《审美资本主义》，许娇娜、黄漫译，《马克思主义美学研究》第18卷第2期，中央编译出版社2016年版，第49页。

[10] 见王杰等：《情感与正义：多重语境叠合下看电影〈老炮儿〉》，《上海艺术评论》2016年第3期。

[11][12] 习近平：《在文艺工作座谈会上的讲话》，人民出版社2015年版，第22—23、29—30页。

[13] 乡愁乌托邦是我于2016年提出的一个描述中国化的审美现代性的理论概念，见王杰：《乡愁乌托邦：乌托邦的中国形式及其审美表达》，《探索与争鸣》2016年第11期。

[14] 2005—2008年，在中国美学界曾经爆发一场关于“审美意识形态”的理论论争。部分理论家用康德美学的概念阐释“审美意识形态”理论，该理论是否属于马克思主义美学成为引发论争的原因之一。

[15] 王杰：《乡愁乌托邦：乌托邦的中国形式及其审美表达》，《探索与争鸣》2016年第11期。

中国当代文艺政策的美学基础

在理论上，“当代中国文艺政策”无疑是一个新的课题。在中国，文艺政策是文艺理论、文艺思想与文艺创作，以及文化治理之间相互联系的主要方式，也是重要的中间环节。关于文艺政策的调整和变迁过程的历史研究，有助于解释当代中国文学艺术的创作、发展与社会生活的直接而复杂的联系。按照英国学者雷蒙德·威廉斯的观点，文学和艺术是人们生活方式的一种表达，不仅受到社会的各种条件和因素的制约，同时，因为情感和想象的缘故，文学艺术可以表征出一个时代，一个群体，以及具体个人对他所生活于其中的社会和生活方式的感情和情绪。在一个时代，一个历史时期，人们会有某种共同的“情感结构”，[1]当然，在历史的许多时期，以及在同一个历史时期的不同文化语境中，人们并不具有某种共同性的“情感结构”。在这个意义上，“感觉结构”是理解和阐释文学艺术的重要基础。在现实的社会发展过程中，由于人们在经济、种族、性别、年龄、信仰等方面的差异，同一时代人们之间的生活方式是有所区别的，因而，“情感结构”也有所区隔。然而，在社会发展的某些时刻，某个具体的历史时段，社会的矛盾和社会性的情感得以聚焦，形成某种共识，这时的文学艺术创作常常具有相当大的普遍性和共鸣，表现出某种“情感结构”的共同性。伟大的文学艺术创作者的特殊之处在于，因为他们特别敏感，因此在社会发展的常规状态下，通过他们的创作和作品，表达了某种人们心中共同性的“情感结构”。当然，要达到这一点是十分困难的。

整个人类文学艺术发展的历史证明，这种具有“永恒魅力”的艺术创作是可能的，而且在某种意义上说，这种魅力正是它达到这种境界的证明。[2]

因此，文学艺术创作既是艺术家个人的事业，也是全社会的“共同文化”，文学艺术始终在文化—社会这个理论视野中存在和发展。自从国家出现之后，特别是现代意义的国家出现之后，艺术家、社会（国家/社会群体）、共同文化（感觉结构）之间，就构成一种充满张力的复杂关系，艺术和艺术家在现代社会结构中一直处于十分特殊的地位。在现代社会，文艺政策既是政府管理者对艺术家、艺术与社会关系的调节手段，使艺术创作和艺术家的情感和想象在这个场域中成为一种社会生活发展的积极力量；另一方面，文艺政策又是政府管理者宏观调控大众与社会的政治、经济、文化导向关系的重要手段，以文化领导权为基础，通过文艺政策，政府管理者可以有效地推动文化的发展，进而影响社会的变迁。因此，对于现代社会的发展和治理而言，文学艺术是社会治理的一部分，而不是抵制和破坏性的力量。对于现代社会的治理而言，文艺政策的制订和不断调整是社会发展和变迁的重要阀门，具有重要的意义。

在当代中国，随着对文化治理合理性要求的提出，文艺政策的研究就在理论层面上提出来了。以现代治理的视角回顾中国当代社会文艺政策的调整过程，研究和总结其中的经验和教训，对于中国社会的未来发展，对于中国文艺的未来发展无疑都具有十分重要的意义。

当代中国文艺政策是中国共产党取得政权之后，在文艺领域实施领导，进行引导的有关政策、方针和法规等，是社会主义文学理念通过现代社会政府管理在文学艺术领域的具体实施。1949 年中国新民主主义革命胜利之后，中国共产党在文化领域面临一项新的巨大的工作，即系统和全面地实现在文学艺术领域上的文化领导权，有效地引导文学艺术创作的新繁荣和发展，进而推动社会向社会主义社会转型。

1942 年，毛泽东《在延安文艺座谈会上的讲话》发表时，[3]正是抗日战争最艰苦的阶段，中国共产党人对文艺的一系列重大理论问题作出的系统回答，为新的文艺发展和文艺政策制定，作出了较为系统并符合当时中国革命实践的理论规定和理论表述。当代中国文艺政策的发展历史经过了不同的历史阶段，在内容和表现形式上有许多变化甚至相互矛盾的地方。但是，从总体的理论问题和运作机制上看，我们认为，整个当代中国文艺政策的发展，可以看作毛泽东《在延安文艺座谈会上的讲话》所提出的美学原则在中国社会主义建设历史阶段不断变化和逻辑发展中调整的过程。一个值得注意的重要现象是，俄苏和欧美左翼文论与当代中国文论、文艺政策之间，始终存在着密切的联系，有着一种复杂的互动。不论是三四十年代乔治·卢卡奇的现实主义文论和关于“表现主义的论争”，[4]五六十年代关于社会主义现实主义[5]的讨论，还是六七十年代路易·阿尔都塞的“意识形态批评”和审美意识形态理论，[6]以及八九十年代至今英美两国的“文化唯物主义”[7]的理论和文学批评范式等，都对当代中国的文学理论、美学研究，以及文艺政策产生了重要影响。另一方面，毛泽东《在延安文艺座谈会上的讲话》的美学思想和理论原则在社会现实的发展过程中，由于社会语境的变化而呈现不同的侧重点，这种调整也是通过文艺政策的变化来实现的。因此，当代文艺政策史一个十分重要的研究背景就是，在中国社会从新民主主义革命胜利到进入全球化生产和消费格局这样一个跨越很大的历史变迁过程中，不同历史阶段的社会现实和具体语境，就成为文艺政策发展变化的基础。一个基本的文艺观念和文艺政策，在不同的社会基础和文化语境中会产生出许多意义上的变化，这种变化是内涵上的，不是概念和文字上的，因此极易造成理论上的混乱。也许这是当代中国文艺政策的一个重要的特征，它的基础是中国语言文字在不同语境中的多义性，只有把这种历史关系梳理清楚，我们关于文艺政策、文艺创作和文学理论的理解才是正确的。

一、何谓“当代”及当代中国文艺政策史分期问题

关于“当代”的理解，一般学者采取编年史的方法，即以 1949 年 10 月 1 日中华人

民共和国成立作为起点，一直到当下的中国社会历史发展过程，一些当代文学史也采用这种分期方法。

我们认为，“当代中国史”和“当代中国文艺政策史”是两个不同的理论概念。前者描述在当代中国社会发展和变迁的物理时间中，当代中国文艺政策的历史过程，后者则是从理论的层面分析“当代中国文艺政策”的理论内涵，探讨其具体语境与学理方面的依据。由于文艺的意识形态属性，也由于文学艺术的特殊性和前瞻性，文艺在中国社会现代化的过程中往往与“先进文化”相联系。在中国，具体地说，就是与社会主义目标相联系，[8]与理想冲动相联系。不容置疑的问题是，当代文艺政策的学理基础和政治合理性，一直是当代中国文学研究和美学理论研究中相对混乱和模糊不清的领域，也是许多文学论争的根源。因此，有必要作较为深入的学理分析。我们注意到，对于当代中国文艺现象而言，一个重要的现象是：近代的、现代的、后现代的、当代的诸种文化语境在同一时空中以叠合的形式呈现，这种叠合性造成了文学艺术及批评理论“意义”的滑动，对于理论分析而言造成了相当大的困难。从文艺政策的角度讲，政策的相对宏观和抽象，也为不同的文学艺术思潮和创作方法提供了足以发展的相对空间。应该看到，文艺政策既不同于文学创作中的经验问题，也不同于文艺理论和美学中的理论问题，但与这两者都直接相关。在艺术家，社会和政府这个现代美学的三角结构中，文艺政策处在政府这一端。但是，在现代社会的复杂治理机制中，文艺政策又偏向自由治理和个人情感这一端。这就是文艺政策复杂难解的原因。从“当代性”的角度讲，当代中国文艺政策的第一个重要文献是毛泽东 1942 年 5 月的《在延安文艺座谈会上的讲话》。在当代中国文艺政策的发展过程中，《在延安文艺座谈会上的讲话》的基本原则，始终是当代中国文艺发展在不同的历史时期制定文艺政策的理论依据。根据这一基本判断我们提出，当代中国文艺政策的历史分期，分期的原则是“史论结合”的原则，即以重大的历史事件为标志对文艺政策的发展过程作不同阶段的划分。这种划分只能是从我们的理论视野对问题的理解，以及对复杂的历史过程作相对清晰的概括和把握的必要性的角度作出的，因此，只能是相对的，随着理论视域的转换，这种划分方法将作相应的调整。

当代中国文艺政策的历史分期表(1949年7月—2015年12月)[9]

当代中国文艺政策史分期	重大事件	性　　质
第一阶段:1949—1965年	中华人民共和国成立,第一、二、三次文代会→"文化大革命"爆发	社会主义文艺的转型时期"文化大革命"时期
第二阶段:1966—1978年	《部队文艺工作座谈会纪要》→"文化大革命"结束	(文艺政策重大调整)中国特色社会主义初级阶段文艺时期
第三阶段:1979—1989年	邓小平祝词,《关于建国以来党的若干历史问题的决议》→1989年政治风波	第二阶段中国特色社会主义文艺新时期
第四阶段:1990—2011年	中共中央《关于文化体制改革的决议》→党的十八大	(文艺政策"回归"性调整)
第五阶段:2009—2015年	十八大→《习近平在文艺座谈会上的讲话》及中共中央《关于繁荣发展社会主义文艺的意见》	新时代中国特色社会主义文艺时期

从历史角度看,有三种意义上的"当代性"作为目前我们研究当代文艺政策语境中的问题:

第一,毛泽东《在延安文艺座谈会上的讲话》所提出的对当代文艺的理解和理论的要求。我们把毛泽东《在延安文艺座谈会上的讲话》所提出的理论原则,看作中国马克思主义美学在文艺问题上的基本要求和终极目标。在学理上,毛泽东《在延安文艺座谈会上的讲话》是关于社会主义文艺的理论的基本原则,它不应该直接成为文艺政策。因此,在当代中国文艺和文化发展过程中一个十分值得注意的重要的现象是,在不同的历史语境下,由于《在延安文艺座谈会上的讲话》的具体运用有一个很大的空间,因此,其事实上成为不同时期文艺政策的基础,如果脱离具体语境简单化的理解和运用,自然会造成某种错误和理论上的混乱。

第二,一般当代中国史和当代文学史对"当代性"的理解。如果把从第一次全国文代会(1949年7月)至今的文艺政策史作为"当代文艺政策史"来理解,把六十七年来不同的文艺政策和理论意义放在一个"当代性"的概念之下,那么理论上的自相矛盾和混乱是明显的。我们看到,在20世纪80年代出现了一次文艺理论和文艺政策的转向性调整,以及十八大以来从法治和现代治理的角度重新讨论文艺政策问题。如果说,十八大以来文艺政策的调整也是一种理论转向的话,它与20世纪80年代发生的那次转向在理论内涵上是有很大区别的,不能简单作统一的理解。我们用"当代文艺政策史"

这个概念来表述这个维度的历史过程，以及重大“事件”所产生的深刻而持久的影响。按照历史发展的逻辑，从1949年到2015年，在66年的历史发展过程中，有不同形态的“当代文艺政策”，这种不同形态的“当代性”发展变化的过程，是我们应该通过历史研究加以呈现的。因此，在理论上有必要区分当代史、“当代性”这两个概念。

第三，在理论上，文艺政策“当代性”的基础应该是当代的“感觉结构”。这是个既不等于社会经济结构的概念，也不等同于情感自由和纯粹形式的现实存在，并发展变化着的一种文化形态。对当代中国社会“感觉结构”的分析和把握，并与社会主义文学理念相联系，应该是当代中国文艺政策的基础。在当代社会生活条件下，只有在对当代中国社会“感觉结构”理论把握的基础上，才能真正实现对文艺政策“当代性”的准确理解和理论阐释。本文将结合现代治理以及当代共同文化的建构，在当代文艺政策的学理基础这个意义上使用“当代性”这个概念，并且将这个当代性限定在“当代中国”的理论意义上。

二、当代中国文艺政策的理论基础及历史语境

（一）文艺与政治的关系及其在现代文化治理中的表达

当代中国文艺政策的理论基础是毛泽东等老一辈无产阶级革命家在延安时期创立并奠定的。这一理论原则在1949年中华人民共和国建立后，经历了不断地丰富和完善，成为当代中国文艺政策的核心理论。这一理论的核心是:倡导文艺与社会主义目标的联系，或者说文艺在价值取向、表达形式等核心问题上，要求文艺在内容与形式等一系列方面，均实现一种审美范式的转换，努力达到社会主义文艺的高度。在社会主义生产方式和文化制度没有完全形成的历史条件下，这无疑是一个很高的理论要求。因为在马克思主义美学理论中，这个要求是以社会的充分现代化为基础的。在社会现代化没有充分发育和发展的条件下，人为地加速这个过程，在现实的发展中会出现某种偏差，在这里，文艺政策的调节作用是十分重要的。因此我们看到，随着中国社会现代化过程的发展，特别是随着市场经济的发育和发展，围绕着毛泽东《在延安文艺

座谈会上的讲话》的美学原则的认识和评价，一直是当代中国文艺政策和文艺思想争论的焦点。争论的关键始终围绕着文艺与政治的关系问题。这种争论本身就是文艺政策调整的表现，也是文艺制度发挥调节机制的表现。另一方面，这一系列争论也说明问题的复杂性以及文化语境的不断变化。我们不同意对历史问题的简单化理解或贴标签式的方法，[10]因为这种方法只能使本来已经非常复杂的问题变得更为复杂，使本来应该是学术讨论的问题充满意识形态斗争的色彩和意味。

我们应该看到，毛泽东《在延安文艺座谈会上的讲话》提出的理论原则，在中国社会的现代化过程中有一个具体化的过程。在具体现实语境中落实具体的文艺政策，就需要根据中国社会现代化发展的情况，结合现代治理的系统发展而不断地发展、丰富化和具体化，其中有较大的调整和侧重点的变化，以适应变化了的社会需要。社会文化语境的多重叠合与文艺政策的关系问题是中国当代文艺政策的一个具有明显特殊性的现象。在理论上这个问题不解决，或者解决不好，就会遇到许多具体的理论上的难题，也难以制定切实可行的文艺政策以指导文艺的健康发展。我们注意到一个有趣的可比较的现象：欧美左翼文论在 60 年代“五月风暴”之后走出了一条“政治上失败，在学术上取得胜利”(伊格尔顿语)[11]的道路。在路易·阿尔都塞的意识形态理论的基础上，欧美左翼文论在现代派文学理论、后现代理论、先锋派研究、大众文化研究、文化认同问题研究、乌托邦文学研究等一系列重大问题上，都取得重大的理论进展，在西方学术界获得了理论上的话语权。而且，十分重要的是，从路易·阿尔都塞、马歇雷、弗·詹姆逊，到特里·伊格尔顿、阿兰·巴迪欧、雅克·朗西埃等左翼理论家，都不同程度受到毛泽东文艺思想的影响，受到《在延安文艺座谈会上的讲话》的某种影响，而且这一理论传统直到目前都处在理论的不断发展中。这一条理论发展线索，应该是中国特色社会主义文艺话语体系建设和发展的重要理论参照系，具有高度的可比较性，应该引起我们的高度重视。因此，在理论上，关于当代中国文艺政策的研究和解释，应该从学理上作深入的展开和系统的研究，不应纠缠对具体历史现象的解释，更不能用某个历史现象的不合理而否定整个理论的目标，或者说文化的目标。从历史的角度看，删除社会主义理念，以及由此引发的社会运动，整个中国的当代史是无法得到正确解释的。

(二) 当代中国文艺政策的若干现象及经验教训

通过对当代中国文艺政策史的研究和回顾,我们可以作出以下几点理论总结:

第一,在社会尚未充分现代化的条件下,从事社会主义现代化建设对文学艺术提出了很高的要求。这是一个十分深刻的历史悖论:对于中国这样的发展中国家而言,社会主义无疑是历史的必然要求,也是人民大众所热望的。但是生产力水平和现代化程度的有限,又使得社会主义的要求变成现实时,存在一个巨大的历史断裂。由于文学艺术的想象性的特点,社会主义文学生产方式无疑就是这个历史悖论的一个纠结点。事实证明,在这样一个特殊的历史条件下,文学艺术具有十分重要的社会功能,同时具有高度的复杂性。在这个历史条件下,政治与文艺始终紧密地联系在一起,文艺政策在很大程度上成为政治的风向标和晴雨表。事实证明,在这个漫长的历史阶段,在文学艺术领域坚持与社会主义目标、文学之间的联系是一件非常难的工作,稍不小心就会出现偏差,在当代中国的现实语境下,文学艺术领域很容易出现"左倾"思潮。文艺政策是一个重要的调节阀,因此,在当代中国,在不同的语境下,恰当的文艺政策常常成为推动社会发展和文学艺术繁荣的关键。

第二,马克思在美学范式上提出的"美学的革命"的思想,[12]是一个理想远大的目标,但是,由于中国社会现代化过程中社会文化条件的复杂性,因此在文艺与政治的关系、文艺的人民性、文艺的意识形态属性、文艺的"百花齐放"、文学批评的标准、文艺在社会"文化共同体"建设过程中的作用等问题上,在社会发展的不同阶段和不同的文化语境下,其理论内涵和理论重心都会发生很大的变化,这就造成许多政策在实行过程中存在着某种偏差和左右摇摆的现象,在一些特殊的历史阶段(例如"文化大革命"),这种偏差会被推向某种极端,造成严重的社会后果。因此,将文艺政策建立在严谨的学理基础和法律规范的基础上,通过文化治理的系统发育和不断调整,确立动态的,不断调整的文艺政策,在中国特色社会主义的建设过程中是必要的,也是必然的,只有以"实事求是"的态度,根据具体的社会文化语境制定相应的文艺政策,文艺的繁荣和"文化共同体"的形成才会逐渐得到实现。

第三，当代文艺政策的一个重要特点，是以对大众文艺为研究和阐释对象，或者说是以文艺的大众性为基础的。这里有两个十分重要的理论问题：一个是对大众文艺，以及相应的“文艺共同体”的理论阐释和论证；其次，在大众文艺为主导的文化格局中，精英文学和先锋艺术处于什么样的位置，它应该发挥什么样的作用？精英文学和先锋艺术在什么样的条件和语境下可以大众化？等等。这两个理论问题不解决，当代文艺政策的理论基础就是不扎实的，许多政策在操作过程中就会出现这样或那样的偏差，由此造成不良的影响，甚至巨大的灾难。

三、文艺政策两次调整及其理论基础

20 世纪 80 年代的改革开放是从美学大讨论和文艺政策的转向性调整开始的。

1975 年，邓小平在中国作家协会第四次代表大会上发表了著名的“祝词”，明确提出创作自由的概念。这是一个十分重要的政策性调整，引发了当代中国 20 世纪 80 年代的先锋派运动和美学的大讨论，进而中国社会进入了市场经济具有重要作用的“中国特色社会主义的经济改革时期”，从朦胧诗讨论开始崛起的美学原则迅速在整个文化和社会生活层面传播开来。这次美学大讨论，带动了文艺观念和文艺政策的重要调整。文艺的特殊性、个体精神世界的重要，以及审美情感和审美经验在社会自由治理方面的作用得到了重视。与此相联系，以表达当代中国社会审美经验和情感经验的实验性小说试验戏剧，以及先锋派美术都得到了迅速的发展。

在这一个历史时期，国家和政府层面对文艺政策作了重大的调整，个体性、主观性的审美经验通过诗歌、小说、戏剧、电影、音乐、美术等不同的艺术形式表现出来，出现了文学艺术百花齐放的局面。中国艺术文学开始在国际上传播，在各种最高层次的国际艺术评奖活动中频获重要奖项。当代中国文学艺术的繁荣，推动和促进了改革开放的进一步发展。这个时期文艺的政策对文艺的发展和社会的现代化转型起了积极的作用。

值得注意的是，这一次美学转向和文艺政策的调整伴随着许多理论的争论：包括关于马克思《1844年经济学哲学手稿》中的美学思想与审美人道主义思想的争论，关于文学主体性的争论，关于审美意识形态理论的争论，关于实践美学与后实践美学的争论等等。美学和文学理论的争论较好的开拓了人们关于文学艺术的性质，特殊性、文学与社会的关系，大众文化的价值和意义等方面的认识，促进了文艺政策向文化治理方向的转化和发展，文学艺术的相对自主性，人们审美趣味的广泛性和多样性开始得到尊重；文学艺术的知识产权，文艺管理的规范和边界逐渐得到了法律的保护；审美自由、情感平等，对个体情感的尊重等人民大众的审美需要问题，在具体的艺术实践中得到更为具体的落实。

作为社会现代化过程的一种必然现象，文艺的自律性理论有其学理上的合理性，但并不是唯一正确的理论。从更广阔和更深刻的理论意义上说，康德的美学和海德格尔的美学模式是有理论缺陷的，在美学学理上不具备中国当代性，不足以作为当代中国文艺的理论和政策的基础。康德美学，形式美学和海德格尔的美学理论强调审美自由的价值绝对性，强调个人内心世界与外在现实世界的不相等同，重视内在体验，是现代主体性觉醒的重要体现，但也存在着忽视现实世界，否认人是世界的一部分的理论缺陷。文艺与社会生活的丰富和多维度的联系被人为地割裂之后，文学艺术的社会功能和社会责任就被悬置起来。在社会全面进入市场经济的条件下，在消费文化和西方后现代文化的影响下，文学艺术的精神内核在市场冲击下变得软化和脆弱了，“文学艺术的危机”甚至“文学之死”之论在学术界逐渐响起，[13]“反乌托邦”的文学艺术表现得到了广泛的社会响应。

在中国改革开放的深入发展时期(西方学术界称之为“后社会主义时期”)，面对市场经济和文化产业化带来的整个社会的信仰危机和伦理危机，在宏观和微观层面对文艺政策再调整，美学和文学批评的政治“回归”就是必然的，也是合理的了。

康德的美学和海德格尔的美学都是关于审美现代性的一种理论表述，这种审美现代性本质上是反现代性的，社会主义目标的基因自然没有包括在其中。随着改革开放和中国特色社会主义的深入发展，在文化和经济领域，美学重归人文学科和社会科学的视野，重新成为关注和争论的焦点。对于社会进步和文化治理的发展而言，人的文化习性进步和人性化程度的不断提高才是正常的现象,也是社会机体仍然生机勃勃的表现。当代美学问题的实质是情感公平,以及与情感直接联系的人性问题,这是社会现代化和进步的真正目的。在中国,由于中国深厚的诗教(审美教育)传统,关于社会进步的新的观念、新的感觉结构往往通过艺术的形式表现出来,在社会文化层面则往往通过美学的讨论的形式表述出来。因此,美学的革命是中国现代化过程的一个重要的现象,这是中国社会现代化过程的特殊性所决定的。

文艺政策的再调整和美学复兴的一个关键问题是:美学与政治再次重新联系起来。近年来甚至在政治学、经济学、社会学等领域,都不约而同地出现向美学的转向,这是不同于"语言学转向"的一次更深刻、更重要的转向。这个转向具有人类学的意义,是一种元哲学或元美学意义上的转向。需要指出的是,这次转向不同于 20 世纪 80 年代的美学和文艺政策的转向,因为那是一次补课意义上的转向,许多的理论问题和政策问题都有国外成功经验和成熟的理论可以借鉴。这一次转向的社会背景和现实基础是"文化经济"或者说"审美资本主义"时代的来临。这一次当代中国的美学和文艺政策的"回归"和调整,是与国外发达国家的相关调整大体同步的。因此,没有现成的成熟理论可以借鉴。我们必须走自己的路。

为什么说这次转向是一种回归呢?

首先,美学在它的早期阶段就是与政治结合在一起的。不管是英国哲学家伯克的美学理论,还是德国古典美学家席勒关于"美学的革命"和审美教育的理论,[14]都十分鲜明地把审美趣味的变化与社会的政治变革联系在一起。在现代中国,社会的现代思想虽然在中西体用之辩方面陷入许多纠缠,但实质性的社会进步还是美学的政治功能所推动的,从五四运动,到延安新文化运动,到 20 世纪 80 年代的美学大讨论,再到当下中国社会的文艺复兴和美学的复兴都是如此。

其次,在中国古代的美学思想和美学传统中,文学艺术也是与"载道""美刺"等重要的政治功能密切联系在一起的。"诗言志"就是这种理论传统的概括和表达。在现代中国,社会的现代思想,特别是马克思主义美学传入中国之后,"文化与社会"之间关系的传统得到了现代意义的重视和发展。

第三，当代美学重新转向社会生活。当代美学和当代艺术重新回归现实的复杂性和矛盾冲突之中，重新强调人民大众审美经验的重要性，突出和强调情感公平的社会意义，这既是对现实重大社会问题的文化回应，也是对毛泽东《在延安文艺座谈会上的讲话》所提出的美学原则的某种回归。当然，这种回归是在充分认识到自律性美学和形式论美学的理论合理性意义上的回归，是美学理论的进步和当代发展。

文艺政策是文艺美学理论在具体文艺工作环节中的实现，在当代社会，这是一个十分复杂的系统。我们认为，文学艺术所涉及、表达的人们的感觉结构和文化心理系统是比经济现象、经济系统更为复杂的系统。审美治理一方面与社会关系和社会生活的复杂内容相联系，另一方面与个体的审美自由和审美趣味相联系。因此，当代社会的文艺政策应建立在对当代社会经济结构、文化结构和主体的感觉结构的深入阐释和科学研究的基础之上。文艺政策应该建立在文艺制度（审美制度）和文化习性、审美趣味，时尚等研究基础之上。当代美学以社会学和人类学的研究视角为借鉴，为说明文学艺术的当代性，分析当代文学艺术的独特魅力，说明当代文学艺术在社会发展和变迁中的作用等，当代美学必须提供建立在现实经济基础和社会关系的美学维度的理论证论，从而为文艺政策的制定提供扎实的基础。

当代中国的文学艺术实践，包括它的创作方面和作为制度的政策方面，都已经走出了自己的道路，得到了包括国际上一流学者的尊重和承认。问题是，我们似乎还没有成熟的理论对当代中国文艺创作和文艺政策的实践给予理论化。这是一个严酷的现实，也是一个重要的理论挑战，每一个美学和文学批评学者都应该面对这个现实。事实上，当代中国美学和文学理论复兴的希望也许正在于此。

注释：

[1] “感觉结构”最初由雷蒙德·威廉斯提出来，用于表征类似于审美意识形态的概念，但更侧重于文化唯物主义的内容。在当代美学的发展中，随着精神分析、社会学、人类学等学科理念的引入，“感觉结构”已经发展成为“情感结构”的概念，并被赋予了更为丰富而复杂的内涵与意义。[英]雷蒙德·威廉斯：《马克思主义与文学》，王尔勃、周莉译，河南大学出版社 2008 年版，第 136—144 页。

[2] 例如马克思曾指出希腊艺术和史诗“仍然能够给我们以艺术享受,而且就某些方面说还是一种规范和高不可及的范本”。见《马克思恩格斯文集》第8卷,人民出版社2009年版,第524页。

[3] 关于《在延安文艺座谈会上的讲话》的历史背景,见《毛泽东选集》第3卷,人民出版社1991年版,第853页。

[4] 见张黎:《表现主义论争》,华东师范大学出版社1992年版。

[5] 见《社会主义现实主义论文集》第1集,上海:新文艺出版社1958年版;《社会主义现实主义论文集》第2集,上海:新文艺出版社1959年版。

[6] 见[法]阿尔都塞《一封论艺术的信》,载陆梅林等:《西方马克思主义美学文选》,漓江出版社1988年版,第537页。

[7] 见[英]雷蒙德·威廉斯:《马克思主义与文学》,王尔勃、周莉译,河南大学出版社2008年版。

[8] 我是在雷蒙德·威廉斯将文化划分为三种类型——主流文化、剩余文化和先进文化的意义上使用这个概念的。见[英]雷蒙德·威廉斯:《马克思主义与文学》,王尔勃、周莉译,河南大学出版社2008年版,第129—136页。

[9] 当代文艺政策史的历史分期问题是一个专门的理论问题,它不简单地等同于当代史或当代文学史。有关的理论问题我将另文专门论述。

[10] 见夏中义:《“脑外科手术”是如何实施的——追问“苏联理论模式在中国”》,《探索与争鸣》2012年第4期。

[11] 见[英]伊格尔顿:《后现代主义的幻想》,商务印书馆2000年版,第28页。

[12] “美学的革命”最初是由席勒提出的概念,经由马克思的美学思想与历史唯物主义和意识形态理论的结合得以系统化和具体化,指文学艺术和美学观念由于社会结构的变化而发生革命性变化,随后这一“感觉结构”逐渐演化为社会运动,从而带来社会的改变的思想。这在雅克·朗西埃、阿列西·艾尔雅维奇等学者近年的著作中有系统的论述。见[法]雅克·朗西埃:《文学的政治》,南京大学出版社2014年版;《词语的肉身:书写的政治》,西北大学出版社2015年版;[斯洛文尼亚]阿列西·艾尔雅维奇:《美学的革命》,姚建彬译,《马克思主义美学研究》2010年第1期。

[13] 关于此问题的详尽解释见[意大利]基阿尼·瓦蒂莫:《现代性的终结》,杨恒达译,河南大学出版社2015年版,第77—98页。

[14] 见[德]席勒《审美教育书简》,张玉能译,译林出版社2012年版。

第五辑　寻找乌托邦:思想者之间的对话

“我不是后马克思主义者，我是马克思主义者”

——特里·伊格尔顿访谈

一

王　杰：伊格尔顿教授您好！首先，非常感谢您在百忙之中抽出时间接受我们的访谈。我想从您的著作《理论之后》在中国的影响谈起。一方面，您的这部著作在中国学术界产生了广泛的影响。我所工作的南京大学人文社会科学高级研究院2006年先后邀请了三个著名的外国文学理论研究专家盛宁、王宁和张旭东前来讲学，他们不约而同的议题都是您在2003年出版的《理论之后》。我很想了解您写这本书的主要意图。另一方面，中国文学理论和美学界自2006年以来开展了一场关于“审美意识形态”与马克思主义关系的讨论。很有意思的是，这个讨论涉及对Aesthetic ideology这一概念的理解，这个概念也是您1990年出版的一本书的书名。我是这本书的汉译者之一，但有中国学者认为我把书名给译错了。我想请您谈谈aesthetic和aesthetics这两个概念的区别。

伊格尔顿：我认为从意识形态的观点看，美学是一个很含混的概念。它既能服务于统治者的权力，也能够表达艺术作品的力量，能够表现某种解放了的未来。因此审美意识形态不仅仅局限于马克思主义，但我可以说关于审美意识形态的著作大多属于马克思主义范畴。至于 aesthetics 和 aesthetic 的区别，我想两者并没有像你刚才所说的那样有很大不同。aesthetics 通常指艺术研究或关于艺术的科学；而 aesthetic 可以做形容词，比如 aesthetic experience（审美经验）。就作为名词而言，两者经常可以通用，谈到美学研究或者艺术研究时，我们用 aesthetic；但如果谈到一个人关于艺术的观点，则可以用 his aesthetic，即他的艺术观念。我想这是两者唯一的区别所在。

徐方赋：这么说来人们无需为此争论了。

伊格尔顿：我想没有必要为此争论，这两个词有一些区别，但这种差别很小。

徐方赋：好的，那这个问题解决了。接下来请您谈谈我们刚才提到的您写作《理论之后》的一些想法好吗？

伊格尔顿：好的。在西方，人们很长一段时间内没有认识到文化理论的高潮已经过去近二十年。虽然人们感觉上不是这样，但实际上德里达、巴迪欧等理论家的主要著作离当今社会至少有二十年之久，而且他们的著作主要与 60 年代末的政治事件紧密相关。某种意义上，理论是那些政治事件的继续，是在这些运动结束之后，让那些观点保持热度的一种方式。因此，我在书中试图提醒人们注意这样一个事实：我们目前谈论理论，实际上是在谈论历史现象；之所以如此，部分原因是理论的兴起同西方左派的上升紧密相关。应该说 20 世纪六七十年代是一个乐观的时期。如果你注意一下具体时间，各种主要的理论都产生在这一个时期。所以，在某种意义上，本书是在那些具有永恒价值的东西和变化了的现实之间寻找一种平衡。

徐方赋：那是否意味着这些理论高峰之后出现了一个静止期？

伊格尔顿：20 世纪 60 年代，大量理论产生于当时的政治事件，然后在很长时间内发挥作用，即在那些政治事件之后的大约十五年左右，所以说这些理论有一种后续力量。但是在目前的条件下，可以说主要理论高峰期已经结束。所以我的那本书主要是探讨我们将何去何从。我们不能简单地回到那些理论中去，由于这些理论赖以产生的历史条件已经不复存在，因此我们必须重新思考。

徐方赋：说“重新思考”便是《理论之后》所体现的核心理念，对吗？

伊格尔顿：我想是这样。

王　杰：有学者认为，理论在60年代的兴起同当时马克思主义的影响有关。在目前条件下，由于多方面原因，马克思主义似乎面临着某种危机和挑战。在中国，这个问题引起学术界的普遍关注和讨论，我想了解您对马克思主义进一步发展的可能性是怎么看的？

伊格尔顿：总的来看，西方马克思主义的发展遭到了重大挫折，有些人认为这是苏联解体造成的，但我想事情并不那么简单。事实上，在上世纪80年代后期各种事件发生之前的很长一段时间里，马克思主义在西方已经不再时兴。因而马克思主义的低潮不单单是东欧事件造成的，其部分原因是里根和撒切尔夫人执政期间整个西方向右转后的政治气候所造成的，这种政治气候使得左翼观点失去了生存的土壤。还有一个原因是西方社会发生了变化。在西方，传统意义上的工人阶级从规模上比以往小了很多，经典意义上的工业无产者正在逐渐消失。此外，还有我们称之为后现代主义的种种变化。后现代主义产生出不同政治利益集团，尤其是我们称之为“认同政治”的各种团体，像妇女解放运动、同性恋运动、民族斗争，等等。由于以上种种原因，马克思主义不再像过去那样具有重要地位了。另一方面，某种反资本主义运动正在西方兴起，这种运动尽管包含马克思主义的因素，但不一定是马克思主义运动。不过我认为，这些运动传承着左翼的传统；而且，从长远意义上看，这种运动将成为广泛的民众运动，特别是它们能够吸引年轻人参与。西方马克思主义文学批评的低潮与整个马克思主义政治运动的低潮密切相关。在当今社会的历史条件下，我认为西方的霸权主义、西方势力过于强大。因此，如果我们希望看到马克思主义文学批评能够复苏（我想这是可能的），我们就必须把握政治形势的变化。

王　杰：我很同意您的看法，要认真研究变化了的社会生活条件。另一方面，我也在思考，怎样才能既适应变化了的社会生活条件又能坚持马克思主义的基本原则和基本精神？我们知道阿尔都塞的意识形态理论是对1968年法国“五月风暴”思考和回应的结果。阿尔都塞的思想刺激了70年代的理论繁荣。随着理论的衰微，“五月风暴”的影响是否也一并消失了呢？今年正好是法国“五月风暴”四十周年，我注意到在曼城参加纪念活动的人并不很多。在您看来，“五月风暴”在今天是否仍然有它的影响和意义?

伊格尔顿:我刚才说到,类似“五月风暴”那样的活动从政治层面上说已经过去,但由此而产生的某些理念、由此而产生的价值观和生活方式的变化却依然延续至今。不过从那以后,西方高等教育日益融入了资本主义体制。在60年代学生运动高涨的时期,这两者并不相容,那个时代大学和学生可以作为一种批判力量而存在,大学当时是一个批判的平台,在那里你可以有批判的空间,我认为现在这种空间是越来越小了。在西方,这成了令学生生活更为悲观的原因。目前,西方各国的大学非常像资本主义的公司,管理上更多地引入公司机制,关注的焦点经常是投资,高校对学生教育采取非常机械的态度,只是进行纯粹的职业教育。这样学生就只好起来反对。上周在曼彻斯特大学有一个关于教育的集会,我看到你们都参加了。你知道学生们关心什么,我想这种情况在世界各地都存在。大学日益融入资本主义体制这一现象从西方开始迅速向全球传播,包括南非、澳大利亚、美国等都是如此(也许在中国也是如此)。我想西方各国高校面临的危机是,大学作为批判和讨论中心的传统理念处于被抛弃的危险。从这个意义来说,学生运动的发展是大有希望的。

徐方赋:您认为校方会对学生的要求予以足够的关注吗?

伊格尔顿:1968年学生运动就最终迫使政府给予关注。但与此同时,只有当学生的要求与人民的要求相联系的时候才会引起重视。我们知道,1968年“五月风暴”期间,工人和学生形成一种联盟。我想校方往往非常担心自己的公众形象受损,他们对于这样的公众宣传是十分敏感的。

王　杰:中国也出现了马克思主义研究多样化的局面,现在的问题是怎么样发展出一种适应现实要求的马克思主义,这里面无疑有很多问题。近年来中国文学理论界争论比较多的是关于审美意识形态的理解问题。简单地说主要有三种观点:一种观点是在马克思基本理论的框架内用康德式的美学观念来说明文学的本质,认为文学是偏向审美的意识形态;其次是用经典马克思主义的观点来看待这个问题,它认为文学是审美意识形式,因而审美意识形态是一个错误的概念;第三种是用伊格尔顿教授的观点来看待文学的本质问题,但是对伊格尔顿教授的观点又有不同的理解。能否请您再比较明确地谈一谈从马克思主义的观点来看,您认为应该怎样理解 Aesthetic ideology 的本质?

伊格尔顿:好的。首先我很吃惊康德式的审美观在中国仍然有很大的影响,因为在西方学术界康德的审美观并不重要了;其次我认为并不存在一种称为"马克思主义文学批评"的统一理论。我想马克思主义文学批评存在于不同层面。其中一个层面是对于艺术作品本身意识形态的批评,即对具体作品进行分析。在这个层面上,西方批评家关注的一个重要方面是所谓的"形式意识形态",也就是说,这种"形式意识形态"并不是文学或艺术作品中的意识形态,它不仅仅体现在作品的内容之中,同时也体现在作品的类型、风格、结构和叙事方式等等形式之中。因此我认为,西方对马克思主义文学批评感兴趣的学者一直在关注作品的形式属性与意识形态之间的关系,我想这是一个层面。同时,西方也有学者在研究所谓"文化生产"的观点。这种理论运用了马克思主义关于生产的一般概念,并在此基础上提出了文化生产方式的观点。这种观点把意识形态批评与观众、类型等相联系,简而言之,在这样一种关系中,文化本身就是一种社会机构,它不只是将各种互不联系的文本收集在一起,而实质上,其本身就是一种社会实践。这个观念在我的导师威廉斯的著作中占有重要地位,他认为,文学作品本身是物质现实的社会实践,而不是对其他社会实践的反映。还有一个很有意思的层面是越来越重视读者的作用。过去,大量的文学批评和美学著作,包括马克思主义美学著作,往往更多地关注作品的作者或者是作品的社会语境,但并不关注读者。现在这个情况有所改变,出现了接受理论。我想这个理论中包含一些马克思主义的因素,比如说分析哪些因素影响对作品的接受、哪些社会和历史因素影响对作品的解释等等。在我看来,所有这些都可以看作是马克思主义美学的分支。由此可见,意识形态问题可以从许多不同层面进行研究。我认为,即使从经典马克思主义文学批评或者是美学的角度来看,也不存在所谓纯粹的马克思主义学派或方法论,原因在于,一方面文艺批评和美学不是马克思本人建立的一个学科;另一方面,马克思主义著作中关于文艺的论述是零散的而不是系统的。因此,我想我们研究文学的方式和方法反倒可以更加灵活、更加多样化,这是很好的事情。西方目前文学研究的状况大抵如此。另外,你可能注意到,一种可称之为马克思主义多样性的现象正在发展。简单地说,例如我自己的著作中表现出来的对马克思主义分析方法的兴趣始终与我对女性主义、后结构主义、接受理论、符号学等的兴趣相联系。我认为所有这些研究在方法上并不是互相排斥的。显然詹姆逊的著作属于马克思主义,但他同时运用了许多不同的文学研究方法。我认为这种趋势可能会持续下去。

徐方赋:是否可以这么理解,不存在所谓"马克思主义方法"和"非马克思主义方法"的问题,大家都可以使用各种各样的方法来进行研究?

伊格尔顿:嗯,研究方法是可以共享的,我是说,马克思主义者可以采用解构主义的方法;而结构主义者也不一定是马克思主义者。是的,这里面有一个方法上相互交叉的问题。这就很难准确地说什么叫马克思主义文学批评,对此我们可以展开探讨,比如说马克思主义和精神分析法的关系(精神分析在西方是一种十分重要的分析方法)。不过马克思主义对方法论的特别贡献还是在于对意识形态的关注,即提出了"人们的观念、信仰、价值观同权力密不可分"的观点。除了女性主义批评和后殖民主义理论之外,这一现象在其他研究方法中没有得到重视。虽然不只是马克思主义关注观念与权力之间的关系,但这确实是马克思主义一贯重视的问题。所以说,研究方法是开放的,不同的方法往往为不同团体、不同的研究者所共享。

二

王　杰:在中国有很多学者都关心您的学术研究。我认为您近年来关于爱尔兰的研究很重要。目前中国也是处在一个类似后殖民主义的语境中,在 2005 年的一篇访谈中,您提出近年来一直在思考如何既反对殖民主义同时又不陷入民族主义的问题。我想了解您的爱尔兰研究和马克思主义民族观是一种什么样的关系。对今天的第三世界国家,像我们中国这样的国家,您的理论有什么一般性的意义。

伊格尔顿:爱尔兰是 20 世纪第一个后殖民的国家,也是 20 世纪初首先从英国赢得独立的国家。当然,爱尔兰并没有获得完全独立,这也成为爱尔兰斗争不断的根源和原因，我真诚希望这种斗争已经结束。你们可能知道，我是爱尔兰人，我希望这种斗争结束。我研究爱尔兰的原因，一方面是由于在政治上爱尔兰对英国具有重要意义，爱尔兰作为英国近邻一直以来都让英国难以安宁；另一方面是爱尔兰研究的迅猛发展。二十年前，英国几乎没有多少爱尔兰研究，但现在它已发展成为一个规模庞大且创造力旺盛的产业。之所以如此，是因为在美国有大量的爱尔兰人，爱尔兰研究在美国就非常普遍，而且美国往往在这些方面敢为天下先，爱尔兰研究就呈现出强劲的势头和强大的活力。但是爱尔兰研究和民族主义之间的关系、它和爱尔兰民族主义之间的关系，的确非常非常复杂。我想爱尔兰革命民族主义是爱尔兰研究中规模很小但影响很大的一个思潮。在爱尔兰研究中，大部分爱尔兰人并不把自己看作民族主义者，事实上，他们中的一些人显然是反民族主义者。大部分爱尔兰历史学家是反民族主义者，爱尔兰文化研究中有一定的民族主义因素，不过这种因素并不占主导地位。但另一方面，似乎可以说有的人比较虚伪，因为在世界各地，经常有非常理性的人对民族主义很感兴趣，当然我指的是对革命的民族主义感兴趣。英国学者坚持研究马克思主义与民族主义的关系问题。这种兴趣的原因首先在于，20 世纪像中国革命等实践证明，革命民族主义是最为强大、最为成功的革命运动：这种运动的范围波及全球，一个又一个国家从传统时期和殖民统治中解放出来。西方后殖民研究获得成功的部分原因在于他们坚持从全球规模的解放运动中汲取力量。当然，这些解放运动的结局各不相同、有时甚至让人困惑。但毕竟整个现代时期以来，不光是 20 世纪，最成功的革命运动还是革命民族主义。但是你也知道，民族主义具有两面性，内涵十分模糊。因此，我认为，19 世纪后期，马克思主义成为支持欧洲反殖民解放斗争的第一个政治力量，这个意义非同小可。同样，在 19 世纪后期和 20 世纪初期，马克思主义又成为支持妇女解放斗争的第一个政治力量。当然，马克思主义是在阶级、资本主义和社会主义的大背景下看待反殖民解放斗争的；而今天的后殖民运动则不是这样看问题。这么说吧，反殖民运动原来作为西方马克思主义所关注的焦点，现在已经变成认同政治的一个方面。在这种条件下，原来受质疑的民族主义的一些问题变得更为突出，而马克思主义则始终从社会的角度支持反殖民运动，马克思主义不是将这些运动仅仅看作人们为了满足获得身份认同的需要，而是将它们放到更大范围的经济、社会和政治背景下去考察。现在情况不同了，固然仍有一些从事后殖民研究的马克思主义者沿用这一传统，但是我认为绝大多数从事爱尔兰研究和后殖民研究的人们对民族主义持怀疑态度，对马克思主义同样持怀疑态度，所以说有很多不同流派。

徐方赋：2008 年上半年在世界各地和中国国内有学生抗议西方媒体对奥运火炬传递中发生事件的歪曲报道，西方媒体将这种抗议活动称为“民族主义”行为，您认为这种评价是否妥当？

伊格尔顿：人们支持自己的国家不一定非要有民族主义的动机，这里面有重要的区别。当然在西方有很多反华情绪，针对奥运会进行示威，有些实际上是支持藏独，也有些人不过是地道的机会主义者。

徐方赋：在西方关于中国的报道中，“民族主义”似乎是一个贬义词。

伊格尔顿：我想，在西方，“民族主义”是极为矛盾的一种政治现象，因为在某种意义上它包括纳粹主义。也正因为如此，西方人对民族主义忧心忡忡，因为西方曾经为反对日本的民族主义、意大利的民族主义、德国的民族主义等极端的民族主义而进行过世界大战。不过另一方面，他们忘记了民族主义也可以是革命的民族主义，像在越南和古巴。因此民族主义是一个最矛盾的政治术语，它可以有许多不同的内涵；“民族主义”这个词可以是褒义的，也可以是贬义的和中性的。

王　杰：您从 90 年代初开始研究和阐释爱尔兰以及爱尔兰文化，我认为这个研究非常重要，在全球化的条件下更是如此。我也注意到您的研究不同于其他一些后殖民主义理论家，如赛义德等等。能否请您谈谈您的研究在理论上有没有概括出某种一般性的东西，有没有建设性的发展和贡献？

伊格尔顿：我认为赛义德对爱尔兰研究的兴趣是把爱尔兰作为民族主义研究的一个例子，显然他最关心的还是阿拉伯问题。不过对我来说，我研究爱尔兰大概有三个原因，首先，我是爱尔兰人；其次，最近几十年以来，爱尔兰一直是一个政治动荡的社会；第三，在文化上和政治上都有意思的是，在英国面临身份认同危机的时候，爱尔兰文化成了英伦群岛中最具魅力的文化。爱尔兰因其革命历史，已经成为英伦群岛中最有意思的部分。这是我这段时间侧重研究爱尔兰的原因。你知道,很多有意思的文化和文学现象,都产生于爱尔兰,时间大概是20世纪初爱尔兰独立战争时期。这个时期出现了乔伊斯、叶芝等一大批爱尔兰重要作家,我认为他们的作品是政治事件、政治运动在文化上的反映。爱尔兰独立后,英国和北爱尔兰摩擦不断,随即又产生了许多诗人和作家。一个很有意思的现象是,20世纪初,欧洲出现了伟大的现代派实验性文学——先锋派文学,而英国几乎没有先锋派、现代派文学。英国的现代派文学大多来自爱尔兰,像叶芝、乔伊斯等,人们观念中的英国现代派作家大部分来自爱尔兰。我认为,这同复杂的政治环境和动荡的社会形势相联系,正是这种复杂的政治环境和动荡的社会形势促进了现代主义的产生。

徐方赋:也就是说,政治上的动荡有助于产生现代主义文学?

伊格尔顿:我的意思是,我们可以用许多不同的方式来考察欧洲的现代主义,但是最伟大的作家和重要的作品大约都出现在第一次世界大战时期,如果我们研究劳伦斯、乔伊斯、海明威等作家,你就会发现,他们都处在整个欧洲文明陷于某种危机的历史时期,这种文明的基础正遭遇考验,受到动摇。我认为现代派文学大多渊源于这种观点。人们普遍感到,面对新的现实、新的恐惧、新的技术等的严重挑战,古老的、现实的各种传统都将难以为继,这就要求有新的艺术形式来反映和表达新的现象。但我认为,英国本土很少产生原创性的现代派作家。如果你考察英国伟大的现代派作家,如王尔德、詹姆斯、艾略特等等,他们当中没有一个是英国人。英国只是像一块磁石,吸引了这些现代派作家。他们或移居、或流亡,从四面八方来到英国。但英国本身似乎并不产生现代派。

徐方赋:从这一点看,能不能说英国是一个更传统的社会?

伊格尔顿:是的,这正是其魅力所在。英国社会更为传统,意味着它不产生太多的现代派,同时也意味着英国对于那些颠沛流离、寻求安居的人来说充满魅力。比如康拉德是从波兰逃过来的,乔伊斯来自爱尔兰,因此英国实际上成为了现代派作家的归宿,但不是故乡。

三

王　杰：您曾经指出，当前的左派为了更好地战胜右翼势力，应该更多地借用伦理学和人类学资源。我注意到您最近的一些著作，像《甜蜜的暴力》《神圣的恐怖》等都比较多地运用人类学的材料和方法来讨论问题，您在《马克思主义文学批评》一书导言中谈到马克思主义文学理论有四种模式，其中就包括人类学模式。您认为在今天的学术背景下，从人类学角度研究文学艺术有何特殊的意义？

伊格尔顿：我想在英语中，"文化"这个词一直既包含有美学的意义又有人类学的意义。关于文化理论的讨论实际上存在着许多困难。人们一直试图综合不同的意义，或考察关于"文化"的各种意义之间的相互联系。在西方，文化可以指艺术作品和智力作品，也可以具有更广泛、更多的人类学意义，实际上可以指整个生活方式。你知道，我对研究人类学意义上的文化概念和美学意义上的文化概念之间的关系也很感兴趣。美学意义上的文化概念十分重要，但是超越狭隘的审美意义而拓展文化的概念更为重要，比如说将文化概念扩展到整个生活方式。人类学研究对文化感兴趣的另一个原因在于，它把文化看作整个生活方式，将其用于研究制度、社会关系、亲属关系、生产模式、符号形式等。如果我们将这样一种文化概念反过来用于研究自己的社会、自己的制度等，就可能发掘出许多有趣的东西。也许文化理论中更保守或流行的因素是，这种理论企图维护狭义的文化概念，将其与作为整个生活方式的文化观念相对立，从而使文化成为某种最高价值的载体。这种文化理论对于"文化即整个生活方式"的观点持完全否定的态度。对于传统的文化理论而言，"文化即整个生活方式"的观点显然是一种民主化的批判，是一个挑战，没有这种批判和挑战，传统的文化理论就可能成为某些精英的专利，成为一个狭隘的、排他的概念。所以我想在威廉斯和我本人开展批判之后，大量批判随之出现。我们努力拓展文化概念的内涵，人类学方法即是其中的一种。此外关于社会学和文化关系等的研究也取得了长足进步，日益重要。因此，这是文化的不同定义之间的一场战争。

王　杰:您的新著《生活的意义》,对英国人,特别是年轻人有重要的意义,我认为对中国也很有意义。虽然中国和英国有许多不同的地方,但是在经济快速发展的过程中,究竟生活的意义是什么的问题也十分尖锐地提出来了。许多年轻人失去了生活的方向,物质利益湮没掉许多真正重要的东西。所以我想了解:您写作这本书的初衷是什么?

伊格尔顿:是啊,我的这本书试图提出为什么现代生活会缺少意义的问题。现代社会中,关于生活意义的问题变得尤其尖锐和严峻。某种意义上,每一个人都会以某种方式提出这个问题,而从现代化以来,这个问题显得更为突出。我的兴趣在于解释其中的原因:当代工业、技术、都市和资本主义的环境并没有像过去社会那样为人们提供生活的意义或者说深度的价值。我的这本书,用了很大一部分篇幅来探讨这究竟是不是一个真问题,我试图从哲学高度去分析关于生活意义的问题是一个真问题还是伪问题,有的人会认为这是一个伪问题,而我则认为这是一个真问题。同时我想这个问题同马克思主义的联系在于,马克思主义是一种非常具体的历史批评,在我看来,马克思主义不是一种宇宙哲学,它有非常具体的关注焦点;一旦完成了这个任务,它的历史作用也就消失。马克思主义的存在是为了完成某种任务,而不是为了提出深刻的形而上学问题,这些形而上学问题有待马克思主义继续探索。此外,显然我的这本书所受的影响之一是神学。我是从一个业余神学家的角度开始写这本书的。我对神学,具体地说,对基督教神学、耶稣基督教神学始终充满兴趣,这些概念在我的著作中起着更为核心的作用。例如在我关于悲剧观念的著作中就是如此。因为悲剧提出了非常深刻的问题。它不仅涉及马克思主义,而且还涉及神学、人类学、精神分析等众多其他领域。这本书实际上就是探讨这些问题的。你谈到在中国和其他国家一些年轻人感到生活没有意义,需要回答这个问题,我想这本书就是试图促使人们思考,为什么生活的意义会溜走、会从人们的生活中蒸发掉等问题;思考日常生活没有多少价值的社会是一个什么样的社会等等问题。

徐方赋:人们常说生活没劲。

伊格尔顿:是的,确实如此。也正因为如此,生活就会从一种意义滑到另一种意义，我想在西方这就是所谓新时代的特点。你知道，在西方，人们试图尝试各种哲学、心理学等，以求填平情感上的鸿沟和精神上的空虚。然后人们在生活中寻找解决的方法，结果是不约而同地转向一种叫做"享乐主义"的东西，即寻求一种能够获得快乐的方式。因此，在我看来，人文主义理论，包括马克思主义理论的作用之一是不停地提出生活中出现的各种问题：不光是生活的意义是什么，还包括人们为什么要提出这样的问题，他们生活中缺乏什么，如何改善人们的政治和文化环境以便他们感到更为充实，等等。我并不试图回答这个问题，我只是把这个问题提出来。

王　杰：您在关于悲剧观念的著作中分析了在古代悲剧的崇高世界中生活和生命的价值和意义等问题，在今天的现实中，悲剧精神的丧失的确是一个很大的问题。

伊格尔顿：从某种意义上说，我对悲剧研究的兴趣之一在于说明否定性、痛苦、绝望的终极意义。西方悲剧传统的显著特点之一在于悲剧中体现的肯定性，这种肯定性使得悲剧英雄在无奈之中恰恰能够超越无奈而找到力量的源泉、价值的源泉。因此，当生活中的无可奈何、消极颓废或价值缺失达到顶峰的时候，悲剧则恰恰会在这个顶点上，以某种似乎神秘的方式，成为你找到出路和发掘能力的一种形式，从而帮助你摆脱那种无可奈何、消极颓废或价值缺失的状态。所以说悲剧是价值的源泉，这听起来奇怪，因为在西方的语言中，悲剧意味着可怕的灾难性事情，但同时，它也是一个价值的源泉，尽管显得有些神秘。因此我所感兴趣的问题是，通过采取什么样的实际办法让人们的生活感到更充实、更有意义？也就是说，生活中应该怎么去做、生活方式应该做怎样的改变，才能使人们的生活感到更充实、更有意义？

四

王　杰：从我到英国以后的观察以及同您的接触看，目前在英国，马克思主义处在一个比较低潮的阶段。中国和英国一个不同的地方在于，在中国，政府提倡研究马克思主义。但中国的马克思主义研究也没有同工人生活或者说社会主义运动比较直接地结合起来。我感觉英国也是如此，马克思主义似乎成为一种学术化的马克思主义。

我认为当代马克思主义要继续发展，就像您所说，要找到它的现实基础，这是我很困惑的问题。能否请您进一步谈谈在我们今天这个社会条件下，马克思主义的物质基础是什么？德里克认为绿色革命、女性主义运动等方面都可以找到，但我觉得这些都是小话题。此外，您认为您自己是否是“后马克思主义者”？从文学理论的角度看“后马克思主义者”在今天条件下主要关注一些什么问题？

伊格尔顿：首先，我不把自己看作是“后马克思主义者”，我是马克思主义者。在我看来，“后马克思主义者”是指那些在某些方面保留着马克思主义，但总体上已经从马克思主义转向了其他学说的人们。当然，在中国、英国乃至整个西方，马克思主义或许成了基本上只是局限于学术领域的东西，但也不尽然。可以说，美国的马克思主义几乎完全是纯学术的东西。但在英国，由于其强大的工人阶级传统，马克思主义就不只是局限于学术活动。昨天晚上我还作了一场报告，听众来自工人教育协会，他们都是为普通工人朋友授课的教师，这些听众大部分本身就是工人阶级。同时，在英国仍然有一些政治团体把自己看作马克思主义团体。每年在伦敦都会有一个大型的集会（“马克思主义者节”），一般有四五千人参加，包括系列演讲、艺术展览、各种演出等。参加这个活动的大多数人都不是搞学术的，而是普通的劳动者。我想说的是，虽然马克思主义在英国经历了严重的挫折，很难说有多少真正的马克思主义研究了，然而，英国的马克思主义活动仍然不只是局限于知识界和学术界，它依然是国家政治生活中的一支力量，尽管这支力量越来越小。除此之外，英国还有左派运动，一种反对资本主义的左派运动。西方激进政治活动中产生的现象之一，就是这种激进活动从马克思主义运动发展成为反资本主义运动，这听起来很有意思，也很奇怪，我指的是这些运动出现时间不长，吸引了很多年轻人，他们关注环境、民权等问题，他们把这些运动称为反资本主义运动，但并不把自己看作马克思主义者，这是区别所在。激进的政治活动并没有消失，但是这些活动从关注焦点、行为风格、活动名称到组织方式等，都发生了改变。在整个反对资本主义的阵线中，我们可以发现马克思主义活动仍然作为一支较小的力量而存在，但并不是其中坚力量。

徐方赋：这么说来，马克思主义仍然具有某种实践上的意义？

伊格尔顿:是的。一旦遇到需要维护社会公正、发生罢工等情形,你常常可以发现一些左派团体(马克思主义团体)参与其中。我本人就是两个这种团体的成员,而且我是非常积极地参与其中活动的。因此,我想英国的马克思主义并不只是学术界、知识界的活动。但美国的情况则不大一样,由于美国工人运动的传统相对薄弱,它的马克思主义确实只是学术界、知识界的活动。

王杰、徐方赋:非常感谢您接受我们的访谈!

时间:2008 年 5 月 2 日上午

地点:曼彻斯特大学艺术、历史与文化学院特里·伊格尔顿办公室

“我的平台是整个世界”

——特里·伊格尔顿访谈

2008年5月15日上午,星期四,正在英国曼彻斯特大学访学的王杰教授和徐方赋教授在该校艺术、历史与文化学院对特里·伊格尔顿教授进行学术访谈;这是特里·伊格尔顿在曼彻斯特大学工作的最后一天,显得比平时格外忙碌。他将于次日回到爱尔兰的家休整一段时间,随后赴美国继续他的学术生涯。

王　杰:早上好!伊格尔顿教授,我想先说一个具体的事情,我的同事付德根副教授让我转达他对您的问候。他正在翻译您1991年出版的《意识形态导论》,预计今年10月将由中国的知名出版商商务印书馆出版。付德根很希望您为即将出版的这个中文版撰写一个前言,我也可以把这个前言的中译稿发表在我主编的《马克思主义美学研究》第12辑上。

伊格尔顿:从媒体上得知中国发生了罕见的大地震,影响了很多人,首先我想向灾区人民表示诚挚的慰问。不知道你们两位的家人是否受到影响?

徐方赋:非常感谢您的慰问,这两天我们每天头一件事情就是关注关于地震的新闻,同时以我们自己的方式表达对灾区遇难同胞的哀悼以及对灾民的关爱。所幸的是,我们自己的家人和亲戚都没有受到地震的直接影响。谢谢您的关心。

伊格尔顿:那好。接下来我回答王教授的问题。为《意识形态导论》的中文版写一个前言真是一个不错的主意，我很高兴译者有这个想法，同时我也很高兴能在您的杂志上发表这个前言。我会记住这个事情的，咱们保持联系。

王　杰：我正在做英国马克思主义文论研究，希望在英访学期间能够进一步了解英国马克思主义文论研究的最新发展，能否请您谈谈这方面的情况。

伊格尔顿：实事求是地说，目前真正的马克思主义研究已经很少，它已经被后现代主义和后殖民主义所取代。这两个思潮在政治上都属于左翼，比较激进，但两者对马克思主义均持批评态度。所以确切地说，今天的英国并没有多少人、没有多少文学批评家称得上马克思主义者。我认为，马克思主义研究主要在30年代到70年代之间，现在有一种现象可称作后马克思主义，这些人对马克思主义有所了解，或者曾经是马克思主义者，但后来成为后马克思主义者。所以研究英国的后马克思主义，可以包括后现代主义和后殖民主义。

徐方赋：能否谈谈马克思主义研究衰落的原因？

伊格尔顿：20世纪70年代初，英国左派备受褒扬。但大约从70年代末期马格丽特·撒切尔执政开始，左派开始衰落。所以说马克思主义文学批评的衰落同左派的衰落直接相关，是从70年代中期开始的。我的那本《批评与意识形态》发表于1976年，恰好在左派开始衰落之前。我想说的是，到80年代，无论在英国、还是某种程度上说在美国，马克思主义研究就大大减少了（而70年代则十分盛行）。我想这是因为70年代中期左派开始衰落的缘故。然后就出现了后殖民主义等政治批评思潮，但不一定属于马克思主义。

徐方赋：您是说这些新的思潮不局限于马克思主义？

伊格尔顿：是啊，它们同马克思主义并无密切联系，或者说对马克思主义持否定态度。在英国以及其他许多国家和地区，马克思主义文学批评的盛衰同社会主义运动的命运密切相关。比如说，20世纪30年代，社会面临严重的危机，包括政治和经济危机，在这种形势下，马克思主义文学批评就比较流行；二战以后，社会趋于稳定和繁荣，马克思主义文学批评就很少出现；然后到了60年代，在学生运动、民权运动和反越战运动等的推动下，马克思主义文学批评在60年代后期又得以复兴，直至大约70年代中期。所以我们可以据此绘出一个轨迹。

王　杰:关于近年来西方发展了一种“反资本主义运动”,而且这种运动继承了1968年“五月风暴”的某些传统,能否请您具体谈谈这个运动?

伊格尔顿:这个“反资本主义运动”,有时也称作反全球化运动。这种运动组织上比较松散,有的人非常关注环境问题、有的人则关心和平问题,这是一种新型运动,因为它并没有严密的政治组织,比如说社会主义工人运动。这是一个多元化的运动,他们会在某些时候、某些地方制造一些冲突,各种各样的冲突,吸引了相当一部分年轻人。由于运动本身的多元化特点,参加这些运动的人很难就某一具体政策问题提出一致意见。在英国乃至整个西方,左翼运动都从马克思主义转向了反资本主义,这并不是一个很大的转向。不过如果要用一句话来概括目前西方的形势,是不是可以这样说,这种运动从马克思主义(上世纪70年代比较兴盛)到今天(马克思主义不如从前兴盛)转向了非马克思主义。但这不等于说对资本主义没有了批判,资本主义依然面临各种批判,只是这种批判力量的组成更趋多元化,而马克思主义只成为其中的一个流派。这个多元化的反资本主义运动同时也是一个民主运动。它反对领导阶层,反对等级制度,包含某种无政府的因素。

王　杰:马克思晚年在给俄国《祖国纪事》杂志回信时曾经谈到,像俄国这样的国家有可能跨越资本主义制度的“卡夫丁峡谷”,而进入一种更合理的社会,这也是中国现在“建设有中国特色社会主义”的理论依据,但事实上俄国没有成功。您认为在理论上存在这样一种可能吗?

伊格尔顿:我想这是一个非常重要的问题。西方很多人,尤其是左翼人士,都会说“不会”或者“不大可能”。我认为20世纪人类经历的灾难之一就是社会主义制度在最需要、有必要,但最不可能的国家建立起来,这是一个悲剧。

徐方赋:您好像在《理论之后》提到过这一点。

伊格尔顿:哦,是吗?这么说吧,首先,所有伟大的马克思主义者,包括马克思、恩格斯、列宁、托洛茨基等,他们都认为社会主义制度只能建立在生产力高度发达的基础上。关于社会主义有可能在某个落后国家建立起来的观点实际上起源于斯大林,这是修正主义理论。我想当代西方社会主义者大多会认为你可以在经济落后的国家建立起社会主义制度，但这种制度需要得到发达国家的支持。而这恰恰是俄国布尔什维克面临的问题，当列宁意识到俄国得不到发达国家的支持时，他深知十月革命面临着巨大危机，会面临失败，我支持这个观点。我有时半开玩笑地说，社会主义道路只有富人才能走通。记得马克思好像说过，在经济落后的国家建立社会主义，只会扩大物质匮乏。我认为问题之一在于，在经济落后的情况下建设社会主义，就必须加速发展生产力，而加速发展生产力则会催生集权政府以驾驭经济发展，这样就很难有民主的产生。西方大多数人会说社会主义和民主是密不可分的，绝对密不可分。社会主义意味着政治民主向经济领域渗透。所以说在经济落后的国家建立社会主义本身会陷入自我矛盾之中：它会促进经济发展，同时会运用政治体制来遏制民主。西方很多左翼人士会将这样一种体制称作斯大林模式。这种模式不仅仅指斯大林本人的做法或者俄国的社会主义，它指的是一种特殊的社会主义模式。如果社会主义革命采取这种模式，你就有陷入斯大林模式的危险，除非你能得到其他方式的援助。

王　杰：我想这个问题比较复杂，有许多值得进一步探讨的地方。下一个问题是，您知道马克思在他的晚年放下了《资本论》二、三卷的修改而转向研究人类学，旨在探讨不同于西方的社会发展模式，在当今全球化的背景下，地球上的资源越来越紧张，西方政府普遍向右转，在这种情况下我们如何期待一个更加美好的未来呢？

伊格尔顿：哦，其实马克思不只是在晚年才开始关注人类学和人类学问题。年轻时代的马克思就开始关注这个方面，《1844年经济学哲学手稿》中，马克思就已经开始关注人性、劳动观念、大自然和种族等问题。后来，马克思开始撰写《资本论》后，暂时中断了人类学研究，但我认为人类学研究一直是马克思关注的课题。比如我感到，马克思确实相信关于人性的一些观点，不过他所相信的是唯物主义的观点。所以我认为马克思本人的研究中蕴含了一些人类学因素，这是十分有意思的事情。西方左派对于马克思著作中的这些因素十分感兴趣，如人本主义因素、文化因素，等。1968年以来，这些因素在西方很长时期内占据主导地位，对马克思的研究不只是停留在经济学或者政治学概念上。有许多著作对马克思主义伦理学和美学进行了研究。我本人就对马克思主义关于美学的观念十分感兴趣,比如说美学的基础是什么等。所以过去三四十年间,马克思主义在西方更多的是被当作一种一般理论、一种视野和人类学兴趣进行研究,而不只是从经济学角度进行研究。

王　杰:记得您曾经说过,西方的女性主义文学批评和美学与马克思主义有着密切的联系。近年来女性主义批评在中国也有很大发展,但似乎有某种商业化的倾向,批判性不强,因此我认为中国在这个方面有很大的理论空间,我很想了解您在这一方面的看法和观点。

伊格尔顿:我第一次去中国是在 1984 年,然后和我的太太结婚,太太是一个女性主义者,她当年应邀在北京做一个关于女性主义的报告。西方女性主义有些是和马克思主义相联系的,但并不全是。70 年代女性主义在西方刚刚兴起的时候,有许多重要辩论围绕这些议题展开,所以女性主义和马克思主义之间有一些天然的联系。但与此同时,女性主义者也担心女性主义会被马克思主义所取代,会变成马克思主义的一个分支,这种担心是可以理解的。所以有许多女性主义者激烈反对马克思主义,力争使女性主义成为一个独立的运动、建立自己独立的理论和自己的政治组织。有些女性主义者一提到马克思主义就很紧张,所以两者之间有冲突。同时,也有些女性主义者自称为马克思主义女性主义者,有马克思主义女性主义运动,但同时两者有诸多冲突。

徐方赋:这样说来,马克思主义女性主义只是女性主义运动的一个分支?

伊格尔顿:是的,是一个流派。而且在目前,这个流派力量不大。问题之一是,如果说女性主义运动在中国刚刚兴起,那么在西方,我们已进入后女性主义时代。“后”的意思不是说女性主义运动中断了,而是说我们在已经学到了一些东西的基础上,又出现了另一些东西。从价值观和信念角度上说,西方有许多妇女,或者说大多数受过良好教育的妇女都是女性主义者,但并不是激进的或者说政治上的女性主义者。而在三十年前的 70 年代,西方很多妇女都比较激进、比较关心政治。现在的妇女不再激进或不再关心政治大概基于两个原因:一个是她们的要求有些已经得到满足,这是积极方面的原因;另一个是我们这个时代不是一个激进和关心政治的时代。

徐方赋:能不能这么理解,在后女性主义运动时代,她们更关注自身的日常权利?

伊格尔顿:可以这么说。不过她们赢得一些成果以后,就不再像从前那么积极了。在西方,女性主义和精神分析之间有着重要的关系。马克思主义女性主义是一个流派,而弗洛伊德女性主义这个流派则更为强大。

王　杰:有评论说您的《理论之后》以及之后的著作并没有提出建设性的东西。我不同意这种看法。我注意到您近年的著作试图在作重建形而上学的努力,从您关于悲剧的研究、关于牺牲的阐释以及对人生意义的思考都可以看出这一点,请问有什么概念可以概括这种建设性的东西?在您的近期著作中经常出现"God"一词,它的真实含义是什么?

伊格尔顿:你们可能知道,我是相信基督的。60年代初我还在剑桥求学的时候,就参加了基督教或者说天主教左翼运动,当时我们就创造了一个新事物,即探索政治和神学的关系。后来拉美出现了一场新的运动,叫作"解放神学运动",在这场运动中,左翼的基督教友和僧侣们运用马克思主义和拉美的帝国主义作斗争。我一直对研究神学(形而上学)和政治之间的关系感兴趣。我的著作曾一度离开这个主题,但近年以来,我又回到这个主题。我不知道为什么,或许是年纪大了。

徐方赋:也许是您的研究上升到了更为哲学的层次。

伊格尔顿:是的,更为哲学的层次;同时也许是因为左派力量的削弱,这听起来奇怪。左派力量的削弱对我当然是坏事,但同其他许多事情一样,坏事也有好的一面。我认为,左派力量削弱这件坏事所产生的一个好的结果就是,六七十年代左派力量上升时期,它往往忽略或者搁置那些同当时政治形势无关但实际上十分重要的一些问题;然后,左派力量衰退的时候,它反而会有时间从更为广阔的视野来看待问题。不光我是如此,所有左翼人士都是如此。我们对哲学、神学、形而上学、文化、艺术等产生兴趣,都有赖于我们有一个这样的时代,要求我们从不同的角度进行思考,在这样一个时代,左派不再对自己的兴趣自以为是,它需要许多新的创意。因而,我想我最近几年的著作,甚至我对悲剧的关注(悲剧也许是同形而上学观点十分接近的一种文学形式),都重新回到了这些层面。同时,听起来也许奇怪,在整个西方,神学领域也有一些流派非常激进、政治上非常激进。与人们常识相左的是,西方神学经常是先进思想出现的领域。是的，要是观察一下，在这个楼里就有好几位研究福柯、马克思、女性主义运动的专家同时也是神学家。原因之一是，他们习惯于用一些最基本的观念来思考问题，不怕提出各种深奥的、根本的问题。今天晚上我在曼城大教堂有一场演讲，题目就叫作"耶稣是不是一个革命者？"这些问题我们重新开始探讨。晚上 7:30，非常欢迎你们光临。

徐方赋：谢谢，我们俩都会去参加的。您的论述让我想起了一个相关的问题，我想王教授也感兴趣，在中国，我们所受的教育是马克思主义和神学是不相容的，如果你相信了马克思主义，那么你就不可能再去相信神；而在西方，好像不存在这样的矛盾。

伊格尔顿：在西方不存在这样的矛盾。西方许多马克思主义者，像瓦尔特·本雅明就是犹太教的。当然马克思主义和神学会有一些矛盾，但也有不少人可称为马克思主义神学家，或者叫作对马克思主义感兴趣的神学家。

徐方赋：这么说两者是可以结合的？

伊格尔顿：哦，是的。我想两者结合已经有相当一段历史了！尤其是在拉美，其人口中的大部分信仰基督，但与此同时他们又面临帝国主义的压迫，所以就产生了所谓"解放神学"的运动，这个运动同马克思主义密切相关。实际上，如今对神学感兴趣的马克思主义者也不会在许多宗教具有压迫人民的本质这个问题上和马克思唱反调。马克思关于宗教的论述，主要观点是正确的；但我们知道，他是将宗教作为意识形态进行探讨的，而在神学中，宗教是批评意识形态的。

王　杰：雷蒙德·威廉斯是您的老师，从威廉斯到您，英国的马克思主义文学批评有了很大的发展。在您看来，您和威廉斯研究马克思主义文学批评的主要特点是什么？

伊格尔顿：威廉斯是我的老师，他指导我做科研，同时我也跟他一起从事教学。在英国，威廉斯被称为"新左派"。"新左派"的出现有三个背景：首先是核武器出现以后若干年内出现了和平运动；其次是苏联入侵匈牙利，导致西方大规模的反对苏共运动，许许多多的人离开共产党；第三个背景是反对帝国主义，即西方入侵苏伊士运河。在这种复杂的背景下，就出现了一种既反对帝国主义又反对苏联的社会主义运动。这就是新左派运动，我把它叫作社会主义的人文主义运动，威廉斯是这个运动早期的重要人物。而我也继承了老师的社会主义人文主义立场。这个运动的特点就是既反对西方帝国主义，又反对苏联社会主义（或者别的什么叫法）。当"第三世界解放运动"在越南、柬埔寨等国家兴起的时候，这个社会主义人文主义运动获得了很大发展，成为其中的一部分。同时，这个运动非常非常重要的贡献，尤其体现在威廉斯的著作中，还在于它第一次将文化作为主流、社会主义的主流引入研究。所以我在文化和文学领域的研究很大程度上归功于这一段历史。我想说的是，新左派作为一场运动已经成为过去，但这场运动所推崇的社会主义的概念依然影响广泛。

徐方赋：那么这个运动有没有继承者？

伊格尔顿：有很多团体、很多运动，包括许多不同的左翼、马克思主义团体，这些团体和运动消消长长，他们都受到早期新左派运动的影响。

徐方赋：那么说新左派运动的影响仍然存在。

伊格尔顿：是的，很有影响。

王　杰：下面这个问题是关于您个人的。几年前伯明翰大学的当代文化研究中心遭到关闭，而今年，曼大要求您退休。请问您怎么看待这两件事情？

伊格尔顿：我想这两件事情并没有什么联系。伯明翰那个研究中心关闭，我不大清楚其中具体的原因，不过我知道它最后几年是比较边缘化的。这个中心的研究工作曾经非常出色。至于我退休的事情，我想并没有什么特殊的政治上或者政策上的原因。我是说，我到了校方规定的退休年龄。如今有些单位、有些高校允许职工（到退休年龄后）继续工作，但从法律上讲，这些单位也可以不让他们继续工作。我们希望法律能够得以修订。比如在美国，人们只要愿意，就可以一直干下去。所以我想我的情况不足为虑。有些人想利用这件事情对校方的政策提出批评。但我想这并不是为了我个人的，部分原因是，我的著作增加了学校出版物的数量，同时为学校带来很多收入和其他效益。所以有的人就不大理解学校为什么不让我继续干下去，因为要是我继续干下去，学校可以继续受益。同时，学校目前还实行一个叫做"提前自愿退休"的政策。我想我是学校财政困难的一个牺牲品。所以我退休不是一个政策或者政治问题，而是一个经济问题。

徐方赋：我跟有关教授提到这件事情时，她说学校真不应该让您走。

伊格尔顿：衷心感谢同仁的支持。实际上很多人都在支持我。那天就在对面那个餐厅里的一个师傅还跟我说她"很惋惜"呢！有这么多人支持，我感到很欣慰。我知道学生的愿望。学生很气愤，当然不光是为了我，而是为了他们自己的际遇。当然，现在这个时代不同于1968年那样的时代，但学生的那种心情和愿望依然存在。

徐方赋：学生只是希望多学到一些东西。

伊格尔顿：是啊。对我而言，我的平台不只在曼大，我的平台是整个世界。我到处走，走到哪里都有学生。即使我在牛津待了三十年，我也没有觉得我只属于牛津，那只是我常待的地方。因为我们所研究的问题，无论是文化、艺术还是政治，这些都是全球性的问题、国际性的问题，这些问题绝不囿于曼大这样一个平台。

王　杰：您的著作有十多部已经译成中文在中国出版，也就是说您在中国同样拥有大量读者，他们同样也关心您的研究和未来。您能对他们说点什么吗？

伊格尔顿：非常高兴我的书在中国有众多读者，中国读者一直对我给予巨大支持。我去中国时非常高兴见到很多中国学生，将来有机会再去中国，希望见到更多的中国学生。

王　杰、徐方赋：非常感谢您在离开曼大前接受我们的访谈，衷心祝愿您离开曼大后一切顺利，希望将来有机会和您再见！

美学·社会·政治

——托尼·本尼特访谈

一、马克思主义与后马克思主义

王　杰:非常高兴您专程来南京参加这个学术研讨会,我们翻译了您的《文化与社会》(*Culture and Society*),出版后在中国学术界引起了很大反响,已经有多篇学术论文、硕士和博士学位论文研究您的著作。这表明中国学术界对您的研究和著作越来越感兴趣。兴趣点之一在于您早期对卢卡奇马克思主义美学的研究,能否谈谈您早年的研究背景以及这种研究同马克思主义美学的关系?

本尼特:我对马克思主义美学产生兴趣有一个曲折的过程。我的学术道路并非始于文学艺术和美学,而是社会学,正是这一背景为我后来开展美学研究提供了一个有利条件。我从牛津大学获政治学、哲学和经济学学士学位,从萨塞克斯大学(University of Sussex)获文学硕士,专业是文学社会学。正是在攻读硕士学位时,我首次对卢卡奇的著作产生了兴趣,而且这一兴趣一发不可收,一路引领我到撰写博士学位论文时,直接就把选题确定为研究卢卡奇的"文学现实主义"及"阶级意识"这两个概念的关系。这是上世纪60年代的事情,在那个年代,无论是英国还是美国,人们对欧洲大陆的西方马克思主义兴趣倍增。阿多诺、本雅明、葛兰西和卢卡奇等马克思主义经典作家的著作纷纷被译成英语，在英语国家，人们如饥似渴地研读这些著作并展开热烈的讨论。而与此同时，马克思的早年著作《1844 年经济学哲学手稿》首次被译成英语并广为流传，这部著作代表了马克思的历史美学和人文美学的萌芽。随之而来的是，诸多非正统的解释融入了新左派的理论和政治，英语国家的知识分子对马克思主义理论重新表现出巨大的热情。

正是在这种背景下，一大批左翼知识分子对卢卡奇的著作产生了浓厚的兴趣，主要原因在于苏共二十大以后，卢卡奇在苏共内部开辟新的批判领域中起到了十分重要的作用。比如他在 1956 年匈牙利事件及此后在短命的纳吉政府中的作用，再如卢卡奇 1956 年的著作《当代现实主义的意义》对正统文学批评理论所提出的挑战等。我接触卢卡奇的马克思主义美学只是后来的事情，因此我对卢卡奇著作的兴趣并非源于他对马克思主义美学问题的诠释。我刚才提到，我对卢卡奇著作的兴趣来源有两个，一是他在上世纪 30 至 50 年代发展起来的文学现实主义理论，另一个是他在 1923 年的早期著作《历史与阶级意识》中所提出的阶级意识理论。我在阅读《历史与阶级意识》时发现卢卡奇运用了黑格尔的方法：他对马克思主义进行了重新解读，认为马克思主义在哲学层面体现了历史的自我意识。同时，卢卡奇认为，人类历史辩证法的作用只有无产阶级才能实现，这些观点在那个时代颇具魅力；只有无产阶级的世界观才能衍生出一种历史和哲学立场，并使人类最终理解其自我发展历史进程的整体性；在这一进程中，无产阶级同时既是客体又是主体(即作为历史发展产物的无产阶级，能够认识到自身在历史进程走向共产主义这一必然过程中的重大作用)。尽管现在看来，这些观点很成问题；但在那个时代，这些思想十分令人鼓舞，因而深受当时胸怀理想的青年学生喜爱，也就可以理解了。不过具体而言，我那个时候所做的研究主要遵循两条轨迹，一是探索卢卡奇的文学现实主义理论发展的不同阶段，尤其是从批判现实主义到社会主义现实主义的发展过程中，如何遵循一个基本一致的理论框架；二是搞清楚卢卡奇在苏联期间，如何能够顶住巨大的政治压力，将批判哲学融入自己的社会主义现实主义理论，因为一般说来，批判哲学同斯大林式的马克思主义很不相融。

徐方赋：那么除了卢卡奇，您的研究还受哪些人的影响呢？

本尼特:这是我正要接着说的问题。尽管卢卡奇的著作在上世纪60年代产生了很大影响,这种影响不久便趋于消退,原因是随着当代法、德、意等国家的社会理论译成英语后大量传播,其他马克思主义流派以及对马克思主义持批评态度的各种学术思潮,均对卢卡奇理论赖以产生的前提提出了质疑。其中影响最大的马克思主义流派大概要算路易·阿尔都塞,或者说阿尔都塞学派。尽管之前我对卢卡奇的著作怀有极大兴趣,但很快我就发现,无论是卢卡奇还是他所代表的黑格尔和人文主义方法,在理论上和政治上都走入了死胡同。阿尔都塞对这些传统理论的批评从诸多方面动摇了卢卡奇学说的基础。阿尔都塞将卢卡奇等人诠释马克思主义时所运用的概念称为"表现式整体性"(expressive totality)并加以批判,这种批判给了卢卡奇学说以毁灭性的打击,并产生了深远影响。在卢卡奇看来,社会整体性由某种形式的社会整体所左右、由整体中的各个组成部分所表达,并通过其所属的社会整体得以实现。而在阿尔都塞那里,构成社会形态的各个层次和各个部分之间存在着各种不同的关系,从而展示了更加灵活的可能性,因此卢卡奇的这种"整体性"便告破裂。这并不是说阿尔都塞学说主要针对卢卡奇理论,但我们能够明显看出,阿尔都塞的观点确实适用于对卢卡奇著作的批判。与此同时,卢卡奇观点的政治局限性亦日渐凸显。刚才说到,卢卡奇关于无产阶级成为历史主客同体的观点在当时看来颇具魅力,但人们越来越清楚地认识到,这一观点从根本上看无异于无产阶级自身的期盼,它试图在马克思—黑格尔理论体系中占有一席之地,而这一理论体系本身的逻辑性有待进一步完善。卢卡奇试图通过满足无产阶级需求赋予其解决历史矛盾的重任,而雅克·朗西埃(Jacques Rancière)则认为,这一逻辑代表了当时知识分子阶层的一种政治倾向,而且在布尔什维克革命所激发的政治热潮中,很多卢卡奇同时代的知识分子都认为这是显而易见的事情。但实际上,卢卡奇赋予无产阶级的这一历史重任只有哲学意义,舍此无他。卢卡奇关于无产阶级的理论更多地关注无产阶级本身的观点,而不是历史的现实和阶级斗争的特点。事实上,他的著名概念"Klassenbewusstsein",即"强加于身的阶级意识"清楚地表明,马克思主义应更多地从哲学层面关注工人阶级本身的意识,历史上马克思主义有这个愿望,实际上却没有做到。

徐方赋:这是否表明卢卡奇的马克思主义学说实际应用价值不大?

本尼特:不是说应用价值不大,而是应用范畴不同,这个区分很复杂。不过在当时,将卢卡奇理论应用于对共产党和普通群众关系的讨论,确实为列宁主义的观点提供了精到的哲学解释:由于共产党集中体现了无产阶级的思想并正确了解其历史利益,因而在特定历史条件下违背工人阶级的意见和意愿也可能是合理的。然而,回到我们刚才讨论的文学和美学问题上来,阿尔都塞理论对这些问题的分析采用完全不同的方法,而且我发现这种方法较之卢卡奇的人文主义和历史主义美学更有意思、更有活力。这一分析方法部分地由阿尔都塞本人所创立,尽管他只在两三篇文章中简单地提到,而他的学生、后来成为其合作者的皮埃尔·马歇雷(Pierre Macherey)则对这一方法进行了充分发挥。在阿尔都塞看来,他本人关于文学艺术和意识形态关系的论述为研究文学和美学问题开辟了全新的方法。当然,卢卡奇也有其分析方法,在卢卡奇那里,真正伟大的文学作品不同于其他二流作品,他认为此类作品的伟大之处在于其能够表达进步社会阶级的世界观,这些作品对人类在社会结构中作用的再现使其能够在某个特定时期表达最高层次的历史自我意识,从而区别于统治阶级片面而带有限制性的艺术视角,即意识形态视角。阿尔都塞对文学艺术和意识形态关系的分析采用了完全不同的方法。简言之,其观点可大致表述为:文学艺术作为观察意识形态作用的一种途径,将意识形态的作用过程呈现于世、供人评判、使之为人可见,从而使意识主体有可能摆脱意识的束缚。不过,阿尔都塞同样关注如何将文学艺术同科学区分开来,如同将其与意识形态区分开来一样。他进行这种区分的基本方法是提出了这样一个观点:科学(显然指马克思主义)让人们了解意识形态如何通过一系列概念发挥作用,而文学艺术则让人们能够观察并强化意识形态的这种作用,从而使我们能够摆脱意识形态的束缚。在阿尔都塞看来,意识形态可以描述为一种产生"主体"的机制,能够让人们各归其位、赋予其不同的身份,从而使其认识到自身属于某一群体中的成员:这个群体可以是某个阶层、某个民族或者是整个人类。由此可见,从这个意义上说,卢卡奇以人为中心的美学理论将美学看成人类进步和发展历史中一种既成的、符合某一阶段特点的自我认识范畴。在阿尔都塞看来,卢卡奇学说本身即是一种意识形态,因为这种美学同样是一种产生“主体”的机制,即运用“主体中心”的历史过程发展理论,根据一定的归类方法,将不同人群定位于某一群体和身份。

因此,我们也可以说不管卢卡奇出于何种兴趣和目的,其美学理论在当时没有太多的实际意义。这样说并非要表明阿尔都塞的文学艺术和美学理论没有任何局限。我开始接触阿尔都塞著作的时候,同时还对俄罗斯的形式主义理论家产生了兴趣——这批20世纪初文学理论家的著作代表了结构主义和后结构主义的文学和电影理论,在70年代引起了广泛兴趣。我同时阅读这两类著作,惊奇地发现,阿尔都塞关于文学和意识形态关系的分析同俄罗斯形式主义理论家关于文学作为一种“陌生化实践”(a practice of defamiliarization)的观点惊人地相似。这些形式主义理论家认为,所谓“文学性”,即文学文本中关键性和区别性的效果在于设法使更早时代的传统文学表现形式显得陌生和久远。他们将文学看成陌生化早期形式、开辟看待世界新时空的一种形式。诚然,这种关于“文学性”本质的观点同阿尔都塞把文学看作摆脱意识形态歪曲作用的一个机制的观点并不完全一致,但两者却有很多相似之处,我的第一部著作《形式主义与马克思主义》(*Formalism and Marxism*)就是研究其中的相似性。我在后来的《文学之外》(*Outside Literature*)中做了两件事情。第一,我对其中旨在将美学的区别性特征描述为人类观察和认知不变模式的各种研究的有效性提出怀疑,指出需要明确美学的定位,将其看作一种特定的判断力形式、一种随历史发展而变化的能力。第二,我认为即使运用以上概念建立美学理论并将其区别于科学和意识形态,那么,马克思主义美学的任务也应该关注具体的社会和历史条件,使这种独特的美学理论产生一定的效果。马克思主义美学还有很多理论家,这些理论家的思路即使不完全相同,也十分相似,最著名的代表也许是皮埃尔·马歇雷。我想这些理论实际上都源于阿尔都塞主义理论,因为阿尔都塞十分清晰地指出,马克思主义美学的范畴和分析方法均依赖于其试图超越以往的思想体系。

王　杰:福柯曾经说过,马克思主义理论中包含了一定的美学因素,但并不存在一种可以称为马克思主义美学的理论,对此您怎么看?

本尼特:我不大清楚福柯具体在哪篇著作中提出这个观点,但我认为这个说法的两个方面无疑都是正确的。刚才说到，整个试图建立马克思主义美学的历史都显得困难重重。毫无疑问，马克思的政治理想——即设想共产主义社会是一个自由王国，其基础来自由社会生产力巨大发展所带来的、对必然王国限制的历史超越——实际上是对康德和席勒关于美学属于自由发挥范畴理论的一个特定历史解读。但我发现福柯本人对美学问题的论述似乎有些让人莫名其妙。他的早期著作中广泛地讨论美学问题，比如他研究雷蒙德·鲁塞尔(Raymond Roussel)和勒内·马格利特(René Magritte)的文章都不乏对美学问题的研究。不过在我看来，福柯对美学问题的研究没有超越同时代其他法国学者研究文学和美学问题时所运用的概念。而且可惜的是，在他后来宣称自己改变了学术研究方向后，再也没有对这些问题进行有影响的持续研究。他关于知识考古学的理论、在性史研究著作中表现出来的对权力技术和自我技术之间关系的关注、他关于治理性尤其是政府及其同自由之实践的关系等问题的著作等，所有这些研究同他早年关于美学的论述均有很大差异，至于这些差异他本人怎么看，这些差异对美学问题有何影响——实际上他自己是否想过这些问题——我们都不得而知。

但也有例外，主要是他在研究康德和有关启蒙运动著作时发展起来的"存在美学"概念，以及他对批评和自由之实践关系的阐发。不过这两个理论并不讨论传统上专属于文学和艺术的美学理论，而是研究日常生活的各种方式无论通过艺术还是其他途径而产生的一种批判性关系，即日常生活可以创造性地集中反映自由观念指导下的自我改造行为。所以说，"存在美学"同关于审美只存在于天才艺术家创造的伟大艺术作品之中的美学理论风马牛不相及。尽管如此，福柯的美学理念依然没有跳出康德理论的框架。康德认为，审美的作用在于它能够使人的各种能力达到自由协调；而且我不清楚福柯对于美学和自由问题的研究方法同他研究其他知识在构筑自由中的作用时所运用的概念是否一致，他认为其他知识所构筑的自由有助于实施自由政府产生的各种权力。

王　杰：有人认为福柯和布迪厄都属于后马克思主义者，您是否也这么看？

本尼特：福柯的情况很清楚，他毫无疑问是后马克思主义者。我不知道他本人是否明确地表达过这个意思，但他的很多著述都表明他考察了马克思主义思想中诸多重大的概念性缺陷,同时他明确表示,他关注的焦点是指出马克思主义的历史局限性,而并非要从整体上采取反马克思主义的立场。所以福柯不是反马克思主义的。因此,他对马克思主义思想中的“工人主义”因素提出批评,因为他所关注的很多政治问题,如性别问题、囚犯权利问题等都无法从阶级政治的视角加以理论上的说明或解决。进一步说,福柯的《词与物》对他认为马克思思想中不合时宜的各个方面提出了明确的批评。比如马克思关于劳动的理论在福柯看来只是19世纪众多政治经济学理论中的一个流派,没有超出李嘉图关于劳动的观点。在后来的访谈和文章中,福柯还表示,他认为马克思关于意识形态的分析几乎在所有方面都是根本错误的。他在对阿尔都塞进行直言不讳的批评中明确指出,他认为将意识形态看成主体中心从而同科学相区分的思想一无所用。从更根本的意义上说,福柯反对马克思主义意识形态学说中将真理和谬误截然分开的思想,他认为这种区分无助于他所谓的真理政治(the politics of truth),即存在于特定知识体系之中并通过这些体系起作用的权力形式。在阿尔都塞那里,意识形态始终如一地通过意识形态国家机器中的主体机制发挥作用,而且始终区别于他称为科学的知识形式,这种形式可以脱离主体;而在福柯那里,真理与谬误之间、科学与意识形态之间并不存在像被中国万里长城隔开那么大的区别,福柯更强调具有社会意义的知识体系如何作为真理发挥作用的工具在社会上产生具体而真实的权力效果。因此福柯同阿尔都塞或者说马克思的思路完全不同。与此同时,我早年研究卢卡奇时就已经发现,卢卡奇和其他学者对马克思主义进行人文主义解读时提出的人本思想(man-centered structure),福柯亦予以坚决反对。在这一点上,福柯的观点又同阿尔都塞的反人文主义理论大有相似之处。马克思将历史看作人类发展过程的人本思想以及黑格尔和卢卡奇美学中的人本思想,福柯都持有异议,他认为,必须通过考察使“人”成为知识客体的历史发展进程以及话语机制的相对变化来取代人文主义思想。

徐方赋:既然福柯对人本主义提出批评,那么他有没有提出美学应该以什么为中心的观点?

本尼特:没有。福柯及其同时代理论家们所持有的鲜明观点是,我们不能将历史解读为一种以主体为中心的过程,历史只能解读为非连续过程,而不是连续的过程。而按照马克思主义学说,历史是一个连续的过程,诚然,这个连续过程之中会有革命产生的断裂,会有深刻危机的产生,甚至会有倒退,但马克思主义认为,在种种断裂的背后,社会生产力和人类生产能力的稳定发展构成的永恒动力推动着历史整体过程永不停息地从一个阶段向下一个阶段前进。福柯反对这一逻辑,他将历史看成一个不连续的过程,因此他同样反对关于社会各组成部分均属于某个统一的权力中心的观点。这一立场成为后福柯思想的一个重要方面,比如成为了吉尔·德勒兹(Gilles Deleuze)著作中的一个核心部分,很明显德勒兹受到福柯的很大影响。福柯认为需运用"去中心化方法"(de-centred approaches)重新分析权力的理论最为简明的表述体现在他的一句口号当中,即我们需在政治理论上"砍掉国王的脑袋",也就是说,在研究权力时要有新的思路,不要以为当今社会条件下权力的组织依然等同于西欧历史上的绝对君主制度,在这一制度中权力集中于君主。所以在福柯看来,君主权力作为一种特定的权力组织形式是同西欧历史上专制政体相联系的,在这一政体中权力集中于君主;这并不等于说当今社会中君主权力已经完全被其他权力组织形式所取代。实际上,"砍掉国王脑袋"的政治理念指的是不再将君主权力当作唯一的权力组织形式,反言之,应该认识到权力的存在呈现多元化趋势、权力的运行呈现多渠道趋势,这一理念同样同马克思主义有很大区别。在福柯看来,当今社会中权力作为资本权力的政治表达,并不集中于资本或者国家。当然这并不是说国家或资本对于权力的组织和运行无足轻重,而是说两者并非仅有的权力中心。

在这个问题上,福柯关于"治理性"(governmentality)的论述尤为重要,因为其中首创性地分析了通过不同知识体系起作用的不同权力形式,尤其是同人口管理相关的权力形式。这也是福柯早期著作的关注焦点之一。比如,在《疯癫与文明》中,他指出要了解19世纪至20世纪初欧洲社会对待被称之为"疯人"的新方法,就得考察由心理学和精神分析法等构成的知识体系如何通过各种途径在其特定机构(如疯人院等)中发挥作用,以其特定的方式将"疯癫"作为一类问题加以表征,因此产生了一批专家。诚然,福柯承认对待疯癫方式的发展同各种经济关系组织的相应变化是有联系的;但他同时认为应将这种发展视为独立的历史过程中发生的一系列变化，这种变化同其他历史活动的交错关系应予以具体剖析，而不应只是进行先验和笼统的理论概括。新型医学权威和技术的发展同区分和管理“疯人”方式的发展密切相关，而考察这种发展应将其视为独立的知识和权力范畴、依据其自身的理论体系独立进行。我的观点与此类似，即尽量把文化分析同意识形态的复杂问题区分开来，认为文化是由不同知识体系和技能构成的范畴，并用来管理人们的行为，而这种管理的具体途径不能简化为某种统一的国家概念或者经济活动的要求。

徐方赋：那么布迪厄呢？他是否也是后马克思主义者？

本尼特：我想布迪厄同福柯一样，也没有明确表示他自己是一个后马克思主义者。他的著作在很多方面更接近于马克思主义理论，因为在布迪厄那里，社会阶级问题依然是其著作的核心。福柯很少探讨社会阶级的问题，也很少谈到在当今社会不平等形式中，阶级起了什么作用。在《必须保卫社会》(*Society Must Be Defended*)一书中，福柯确实谈到了阶级，但只是从历史的视角关注西欧各国历史上“阶级”“种族”和“民族”的划分如何相互重叠和交织；同样，在其《生命政治学的诞生》(The Birth of Biopolitics)一书中，福柯探讨了新自由主义的发展、社会排斥的政治实践以及对这种实践造成社会不平等之根源的道德分析之间的相互关系，只是在探讨这些关系的过程中，福柯对“阶级”提出了一些很有意思的观点。与此相反，在布迪厄的著作中，“阶级”则是贯穿始终的焦点，从他早期关于教育社会学的著作，到关于阶级和文化的名著《区隔：对趣味判断的社会批判》(*Distinction: A Social Critique of the Judgement of Taste*)，一直到他后期关于住房问题的著述，他的研究始终没有离开阶级的视角。同时布迪厄还运用阶级视角研究文学艺术的发展。但是请注意，布迪厄研究阶级问题的思路并不一定采用马克思的方法。他将阶级看作一种文化结构群体，而不单纯是由经济决定的职业群体，这一观点实际上更多地受到马克斯·韦伯(Max Weber)的影响。布迪厄不是将阶级矛盾看成历史发展的动力，而是更多地关注由不同的阶级地位所带来的人生机会的不平等。这一点清楚地表现在他关于经济资本、社会资本和文化资本在决定人生机会中起不同作用的论述中。布迪厄首创的核心概念“文化资本”主要关注人生机会的不平等如何得以延续和传承,这种传承的原因在于出身于中产阶级的人们,由于熟悉为教育制度所认可和褒奖的各种文化知识和实力,有能力将自己的特权和资产(比如教育资产和优势)传递给自己的子女。基于此,中产阶级的子女们在学校里往往比工人阶级的子女更加优秀,他们有更多机会上大学并有上乘表现,同时毕业后更有可能进入地位高、薪水高的中产阶级行业和管理岗位,这样,中产阶级就成功地将文化资本传给了自己的子女,从而开始了另一个传承循环。

徐方赋:能不能这么理解,中国有句老话,叫做“龙生龙、凤生凤、老鼠生儿打地洞”,这话听起来土气,但好像符合布迪厄的文化资本传承理论。

本尼特:可以这么说,这是一个很有意思的概括。而且你可以看出,布迪厄十分重视阶级的概念,而这并不意味着他十分信奉阶级政治。同福柯一样,布迪厄对各种试图以工人阶级利益为中心协调所有社会斗争的观点持批评态度,并且经常对工人阶级的局限性提出尖锐批评。他反对“工人主义”,这就是说,在法国各种产业活动中,他经常支持工人阶级政党和工会运动,但他不像卢卡奇那样支持工人阶级的一切言行,卢卡奇认为工人阶级(在理想状态下)可以成为真理的源泉,而布迪厄并不这么认为。比如,在关于殖民政治和移民政治等许多问题上,布迪厄强烈地反对法国部分工人阶级反移民的立场和观点。所以说,布迪厄的大部分实证性研究都没有将工人阶级理想化,而是致力于揭示产生社会不平等的机制如何令工人阶级陷入严重贫困的生活方式和生存条件,同时布迪厄同样致力于揭示产生和传承特权的各种机制。

二、文化研究的新方法

王　杰:接下来能否谈谈您学术兴趣的发展,或者说您最近的研究重点是什么?

本尼特:过去三四年中,我的研究主要集中在两个课题,一个课题是从布迪厄那里受到的启发,而另一个课题则采用福柯的思路。第一个课题是一个集体项目,我同英国开放大学和曼彻斯特大学的很多同仁一起从事这项研究,内容是通过长期和大规模实证调查,研究当代英国社会各种消费行为之间的关系以及阶级关系的组织形态。这项研究的最终成果刚刚由英国 Routledge 出版公司出版，书名为《文化、阶级、区分》(*Culture*, *Class*, *Distinction*)，本书详尽考察了当代英国社会中阶级、文化资本和特权传承机制之间的关系，就是我们刚刚谈到的那些内容；同时，本书还研究了年龄、性别和民族性等因素如何使以上关系进一步复杂化。当然，我们在对这些问题进行实证研究的同时，对布迪厄的主要概念，比如习性、文化资本和场域等等也展开了研究，以探讨在当今社会科学理论框架下这些概念有哪些需要修正的地方。其中我尤为关注的一个方面是布迪厄关于康德式的"无功利"审美和"工人阶级文化"的基本品位[1]之间关系的论述，以及这一论述作为美学与社会实践关系的一种历史学说所起的作用。布迪厄在这个问题上的观点当然富有创新，但其局限性亦是多方面的，主要是因为他仅仅将美学理论和实践同阶级不平等相联系来考虑问题，以此研究美学理论和实践的社会表现，而如果我们从治理性实践的角度来研究美学理论和实践的作用，则会展开一个大不相同的社会和政治历史视野。当然，研究美学和治理性的关系可以有不同的方法，雅克·朗西埃的著作就提供了另一种研究视角。但我更感兴趣的是福柯关于自由政府(liberal government)的著作为研究美学历史和治理性实践的关系所提供的视角，这个视角构成了我刚才说到的第二个研究课题的部分内容。该课题取名为《构建文化，变革社会》(*Making Culture*, *Changing Society*)，核心是研究福柯的治理性理论对文化研究具有何种影响和作用：即对此如何进行界定和研究。比如，不同形式的文化技能和知识同福柯所称的"行为管理"(the conduct of conduct)的组织有何联系？这些知识和技能在构建不同形式的文化中发挥何种作用？所构建的不同形式的文化与不同人群行为的管理有何联系？不同形式的文化与社会积极行为[2]之间联系的机制是什么？这些文化形式具有何种改造或者调节的效果？所有这些问题旨在分析诸如美学、历史、人类学、社会继承研究以及文化研究等不同的文化知识体系如何在特定的机构环境中构建不同形式的文化，这些机构包括博物馆、艺术馆、电台、电影院等，其本身同社会积极行为的关系各有自己的诠释。

运用福柯关于自由政府的理论来研究这些问题，意味着关注文化在构建和组织特定形式的自由中的作用，而各种形式的自由政府则通过自由的这些形式得以运作。本课题同样是一个阵容强大的集体项目，合作者是我多年来一直共事的英国开放大学"社会文化变迁研究中心"的同仁们，这个中心由英国经济和社会研究委员会资助。在整个大项目中，我的主要研究内容是文化知识和技能等各种具体形式的社会分布如何构成被称为"自由文化技术"的各个组成部分，这些技术从根本上作为一种工具促使人们积极地、自由地参与监督、调节和改变自身行为的过程，而且这种监督、调节和改变的方式同政府特定理性规范的要求相吻合。根据福柯的自由政府概念，自由成为政府的核心理念和组成部分，即成为一种治理机制，那么文化在生产自由作为一整套技术得以体现的齿轮和机器中起到何种作用呢？这种自由，当然不是自由哲学家们所议论的那种自由，而是一整套社会和物质技术和条件组成的自由。我和课题的合作者正是根据福柯的理论，通过这样一个视角来研究美学的。当然，将美学和自由相提并论并非我们首创，康德才是首创。但我的研究主要在于搞清楚这种相提并论如何构成由物质、机构和话语技能组成的独特历史的一部分，这些技能为艺术作品及其生产者和使用者所运用，构成了某种形式的自由，而这些自由形式形成了独特的治理形式。当然，这种研究需在一个更广阔的研究视野中才能进行，也就是说，我们同时要研究美学作为一种特定技能，在生产和分配自由机制支配下的自我管理形式方面，如何同其他形式的文化技能（如历史学、人类学等等）既相辅相成又有所区别。所有这些文化技能作为文化知识的具体形式，通过各种独特的行为方式，在社会中发挥作用并产生影响，从而通过博物馆、继承性机构和社区艺术实践等各种复杂的机构体制以不同方式改变着社会行为。我说要将美学研究放在一个广阔的视野中，当然是在西方美学理论，尤其是康德理论的框架下，探讨从美学视角思考和构建艺术作品及其生产者和消费者之间的关系。

王　杰：是的，不过您的分析和研究是基于西方语境。在中国，关于美学问题的思考语境大不相同。以博物馆为例，中国和英国都有很多以战争为主题的博物馆，但通过博物馆表达的理念却有很大差异。中国的战争博物馆大多表达英雄主义的主题；我们在英国也参观了不少战争博物馆，例如曼彻斯特的帝国战争博物馆，我感到这些博物馆表达的主题更为多样化，更为关注战争的残酷性和毁灭性。

本尼特:英国的战争博物馆不同于中国,而是更加注重表现战争的残酷性和毁灭性,这是当下博物馆表现的主题,应该说这一倾向的历史并不很长。比如您提到的曼彻斯特帝国战争博物馆,刚刚建立时候也是大肆歌颂沙文主义和帝国主义思想指导下的英国英雄主义和军事实力。后来对战争的歌颂逐渐减少,但并没有消失。从 60 年代开始,英国和其他许多西方国家的博物馆才真正减少了炫耀民族主义情结的元素,眼界更加开阔,开始以一种审视的态度来看待战争、民族主义和殖民主义。这种变化是当时博物馆因遭到多方批评(比如种族政治学)而变得更为开放。而如果你在上世纪五六十年代去参观英国、美国或澳大利亚的人类学博物馆,你可能会看到其中的展品着力表现的理念就是西方人在本质上比其他人种更为优秀。如果说现在情况不同了,部分原因在于所谓"新博物馆学"的发展。"新博物馆学"根据当时博物馆面临多方批评的形势,吸收了众多学科的最新发展,对早期博物馆的理念以及关于种族关系、性别关系等问题进行了反思和检讨。从这个意义上说,"新博物馆学"是对新左派运动的一个回应——新左派运动抛开原先只注重阶级政治的立场,同时关注种族政治、性别政治和民族政治等问题。在这样的大背景下,原先的博物馆成了政治激进派的众矢之的。女性主义者聚集在博物馆前,甚至冲到里面,抗议博物馆把妇女描绘成男人的附庸,只是生儿育女和操持家务,如此等等;与此同时,英、美国内的博物馆还受到来自非裔美洲人的强烈抗议,他们批评英美博物馆抹杀非裔美洲人的文化并且一直将非裔美洲人描绘成劣等种族等等。这些政治运动产生了仍在变化发展的博物馆政治学,不但影响了"新博物馆学",而且对其他学科的理论也产生了影响,比如文化研究和社会学,而这两个学科为人们理解博物馆同社会和政治过程的关系均做了大量富有创新的重要工作,这些工作体现在目前的大学课程中,为博物馆长和其他博物馆工作者提供培训,以使西方国家的博物馆业者熟悉这些问题并保持敏感性。

以上情况表明,在当今条件下,博物馆成为了运用新型文化知识和技能、通过多种途径影响社会变革的场所。当然,早期历史的残余影响并未完全消失。大英博物馆和法国卢浮宫等机构总是认为其作为全球性调查研究之用的博物馆,从理论上说能够满足各国文化素材回归本国的需求,这些文化素材,如埃尔金石碑[3],比置于其原所在国具有更为重要的象征意义和价值。这种观点显然带有机会主义色彩。如果能够看到中国进一步开放,使文化研究等学科接受引入批评视角,博物馆行业引入“新博物馆学”,并推动以博物馆作用为主题的类似西方的政治性探讨,那将是一件很有意思的事情。

三、关于中国美学与文化研究

王　杰:过去三四十年以来,美学在中国的现代化进程中发挥了十分重要的作用。在西方,基督教成为人们生活的精神支柱,以及对现代化进程的某种制约作用;而在中国,宗教并没有起到这种作用。因此,我们有学者认为在中国美学也许可以替代宗教。在考察中国美学发展的时候,我们发现我们的美学发展在研究方法上同西方有很大不同,我们更侧重思辨性研究,从观点到观点,从书本到书本;而你们则更多地进行实证研究,运用社会学和人类学来展开研究。能不能就此对中国文化研究和美学研究提出一些建议?

本尼特:您提到在中国有“美育代宗教”理论的情况我很感兴趣。因为 17 世纪末和 18 世纪初美学在英国兴起的时候,实际上同它具有代替宗教而成为调节社会秩序的另一种工具的可能性有某种关系,当时的社会条件是英国王权在英国内战后急剧削弱,同时更重要的是 17 世纪末和 18 世纪是一个市场经济在英国第一次得到迅速发展的时期。在市场经济的冲击下,原先调节社会秩序和社会区分的各种传统形式趋于瓦解,因此美学为组织统治阶级和被统治阶级的关系提供了一种新途径。那个时期,美学理论和实践作为对牧师和国王权威的一种挑战,成为提高贵族社会地位的一种新途径,这些贵族以其精细的审美判断和鉴赏力,通过一种专门的政权行使方式,表达自己的诉求。美学同不平等权力关系的这种渊源构成西方历史上美学理论和社会实践作用的一个重要方面。与此相反,另一方面美学在历史上也曾作为获得解放的形式和资源而被称为反对政治权力的力量源泉。我认为这些说法需要审慎对待,应将由美学帮助构建的各种自由理解为独特的自我管理形式,理解为一定历史条件下通过自由实现治理的若干具体方式，这些观点也许可以为具体考察现代中国美学的作用提供一些颇有意思的途径。我不大了解中国儒教、佛教和道教的历史，不大了解这些教派在中国社会秩序组织过程中的作用同基督教在西方社会秩序组织过程中的作用之间有何区别，也不大了解这些教派同中国历史上封建制度的关系以及同国民党时期和共产党时期的关系。但就现时中国美学的社会作用而言，可能有两个关键问题需要回答，一是根据福柯关于政党治理形式的概念，美学同中国共产党的治理形式之间有何关系？二是在中国市场经济快速发展、并向全球化进程开放的条件下，美学发挥的是怎么样的作用？要回答这两个问题，需要学者真正做一些实证研究，进行卓有成效的探索。

福柯的理论可以为解答这两个问题提供一个思路。由此我想到了他关于存在美学的论述。尽管存在美学并不局限于艺术，但也研究艺术问题，比如艺术实践可以作为一种自由空间在组织日常生活中发挥作用，因为它可以为日常生活创造一整套摆脱由道德或认识论权威引领的自我塑造实践。那么，这种创造性实践的创新空间如何随着中国的文化商业化浪潮而开启，又如何同执政党的治理理念相提并论呢？同时也可以运用布迪厄的理论从另一个角度研究中国经济快速发展的社会和文化意义，研究这种发展如何导致各种新的不平等，尤其是中产阶级规模急剧增长、消费能力大大提高，其消费模式不但在中国国内起着关键性作用，而且还影响了全球经济发展的前景。这些中产阶级的消费方式很多同西方中产阶级相类似，比如对汽车、媒体和家用电器的需求等等，同时他们对各种文化产品的需求亦趋于增长。在中产阶级出现和发展的过程中，各种新的文化消费方式起了何种作用？他们的社会地位是否像布迪厄所说的那样，依赖于文化资本的获取和跨代传承机制？您刚才提到中国学界如何运用实证方法从而使美学研究超越从观点到观点的模式，我想布迪厄的理论正好能够为我们考察中国社会长期存在的社会和政治问题提供一个思路：中国成长中的中产阶级是如何获得赖以巩固和发展其特权的必要条件的？在中产阶级、执政党、市场和教育体制的复杂关系中，中国的特权和不平等现象是如何产生和延续的？

王　杰：这个建议很有意义，我想我们也许可以朝这方面努力，在我们制定今后的研究计划时采纳。在昨天的会议上，您集中论述了人的文化习性的改造与社会进步的关系，这也是我一直困惑的一个问题。几年前我在中国西南地区靠近中越边境的地方做少数民族审美文化的调查和研究，这是一个很特殊的个案。由于政府机制的作用，一个叫黑衣壮的壮族分支的山歌得以登上“南宁国际民歌艺术节”。由于这个族群一直生活十分古朴(primitive)，对突然面临的后现代文化和价值观无法适应。我一直在想：像黑衣壮这样的少数民族如何能够实现现代化？他们的习性如何能够得到改造？这种文化改造的内在驱动力是什么？

本尼特：在谈论其他文化时一般都会碰到这样一个困难，即“primitive”这个说法可能会引起的反应。我近期关于博物馆的研究课题中有很大一部分集中在西方人类学的历史及其同殖民主义的关系上，显然，用“primitive”来描述殖民地居民的文化并在博物馆中按照这一观念展示其文化构成了殖民权力的一个重要方面。早期西方人类学的这种倾向，从20世纪初弗朗兹·博厄斯(Franz Boas)创立人类学开始，到整个20世纪乃至进入21世纪人类学的发展，一直受到学界内部的批判。根本问题在于将其他民族的人说成“原始”这个观念本身遭到了强烈反对，因为这个观念表明从“原始”到“文明”似乎只有一条路。目前普遍接受的观念是不同文化之间的关系不能单纯按照发展的时序加以分析。不同文化的发展可以根据其自身的情况和水平选择不同的道路，承认文化发展多元性而不只是将不同文化按照等级次序进行排列是当前西方人类学的主要特征。我可以用一个具体事例来说明这一点。你们知道，我曾经于80年代和90年代生活和工作在澳大利亚，而且几个月后我将再回到那里工作和生活。诚然，在很长一段时期内，我们曾经令人遗憾地将大洋洲土著居民看作不但是原始的，而且是所有民族中最原始的人群。但如果现在还有人将大洋洲土著居民称为原始人群，他们的愤怒和震惊程度会超出你的想象。大洋洲土著居民曾经进行漫长的斗争，反对将他们称作原始人群，他们认为这是殖民者的观念。土著居民的抗争和信念无疑是正确的，西方人类学工作者也基本上接受了这一事实，因为一个民族技术发展水平较低并不能说明他们的信仰体系、思想体系和知识体系水平同样较低。

徐方赋：但我们刚刚说到的黑衣壮族居民同您说的大洋洲土著居民情况稍有不同，他们并没有像大洋洲土著居民那样受到外族入侵和统治，他们只是同外界隔绝。

本尼特：我刚才也说到，我对你们说的这个民族的历史不了解，所以无法针对这个具体问题提出我的意见。不过我的基本看法是我们在提出某一人群的习惯比较落后因而需要加以改变等类似观点时，必须十分谨慎。毫无疑问如果政府欲实现若干具体目标，则相应的具体习性需要得以改变：比如垃圾管理和降低温室效应等等。但此类规划不等于说我们需要改变某些特定人群的所有习性。而且(我想同样适用于王教授研究黑衣壮居民)，如果不深入了解和尊重边缘民族的信仰、了解和尊重他们坚持自身生活方式、生活习惯和风土人情的权利，这些民族的生产关系无论如何都得不到发展。再有，我清醒地认识到，大洋洲土著居民生活中关于"黄金时代"的宇宙神话和实践活动对于他们在漫长而痛苦的殖民统治历史中保持其独特的身份和文化具有极为重要的意义。西方人类学家们一开始将这种"黄金时代"活动看作一种原始的信仰体系，认为其不够精细，称不上宗教，因而予以否认。但后来，由于土著居民在政治上和文化上进行了激烈斗争，"黄金时代"活动逐渐被认为是一个具有自身独特复杂性和完整性的知识体系，一种同西方宗教一样发达的宇宙哲学。回顾一下历史，土著居民对殖民者反驳道：你们来到这里告诉我们说我们对"黄金时代"和祖先的信仰是一个原始的信仰体系，但同时你们又告诉我们说耶稣基督是通过"无沾成胎"诞生的(an Immaculate conception)，谁傻呀？凭什么说我们的信仰就比你们的更为原始或者更不可信呢？在我们看来，你们的耶稣基督说才不可信呢！你们的神话同我们的神话有什么不同吗？

所以我认为关于一个民族的习性是原始的或者落后的说法、关于如果这些民族要发展就必须根本改变其习性的说法不会产生多大作用。但与此同时，正如王教授的研究所揭示的那样，我也认识到改善边缘化人群物质生活的社会和政治努力有时候会劳而无功，令人无奈和伤心，这不是因为这些人群的习性问题，而是他们经常用来将外力拒之门外的一种反抗方式，是他们逆反心理的一种表现。这种反抗和逆反心理使政府处于无奈，各种援助项目，无论是资金援助还是物资援助，经常无法真正改善当地状况，其真正原因在于这些受援人群没有走出他们试图走出的历史阴影。

王　杰：是啊，这个问题十分复杂，需要作进一步探讨，我也准备对此进行更深入的研究，然后和您继续交流。接下来我们讨论今天的最后一个问题。您在前天晚上的报告和昨天的研讨会上都提到您对审美意识形态的理解和特里·伊格尔顿有所不同,能否具体谈谈?

本尼特:我想在这个问题上我和伊格尔顿的分歧实际上反映了福柯方法论和马克思主义方法论的差异,或者至少是同我所诠释的福柯方法论的区别,我曾经提到,这个方法论有时候也意味着以福柯反福柯(Foucault-contra-Foucault)。来南京前我从这期《马克思主义美学研究》上看到了你们两位对特里·伊格尔顿的访谈录,注意到在访谈中特里·伊格尔顿提到他依然认为自己是马克思主义者。

徐方赋:顺便问一下您对自己的看法,您是否认为自己是马克思主义者?

本尼特:不,我不这么认为,我要是那么说会显得有些傻,因为我的研究对马克思思想的很多方面都提出了批评,所以如果我那么说叫人无法相信。不过另一方面,我确实受到马克思和马克思主义传统的影响,但我不再把马克思主义作为一个完整的信仰体系来追求,因为面对当今许许多多社会和文化矛盾,如性别问题、性问题、宗教问题等等,马克思主义理论都显得僵化、囿于19世纪的观念,因而无法对这些问题加以充分分析。马克思主义在学术界遭到很多强烈批评,如女性主义者、种族和民族学领域的学者,像福柯、德勒兹这样的学术流派等等,都对马克思主义提出过批评。应该说马克思主义在当代仍然是我们分析阶级和资本主义动态等问题的重要理论源泉。所以不是说马克思主义在现时社会中没有学术价值,而是光有马克思主义远远不够,在很多无法运用阶级理论分析的问题上,马克思主义可资我们参考的东西不多。

您说得对,特里·伊格尔顿确实将自己的研究置于马克思主义理论框架当中,他将审美作为意识形态的研究方法就清楚地说明了这一点。他对西方美学发展史上若干关键时期研究的许多见解都很深刻、能够激发人们思考,在这一方面我们可以从伊格尔顿的著述中学到很多东西。我的不同意见集中在他进行理论研究的视角上。他的"审美意识形态"主要有两个观点。一方面,伊格尔顿试图说明审美是一种意识形态,即作为一种知性实践,审美会以这种或那种方式通过泛化将资产阶级的一整套价值观和自我塑造实践掩盖起来、隐藏起来,审美同其他任何意识形态一样产生了一种特殊主体,这些主体往往错误地认识自身和真实历史的关系,这种错误认识进而错误地泛化了资产阶级价值观。这是美学的消极方面。另一方面,伊格尔顿则试图说明美学作为一种反意识形态孕育了解放的预言。从这一思路出发,在伊格尔顿的描述中,一方面,历史上美学是传递并同时掩盖某些阶级和性别权力的机制,另一方面美学所体现的价值观念——人类成长过程中的价值观念——有可能为反对和批判现有统治形式的各种社会活动所接受。这些观点当然有其正确的一面。后康德美学理论无疑影响了马克思关于历史进程成为推动人类实现潜能的观点,此类观点影响了 19 世纪末 20 世纪初英国相当一部分工人阶级的文化实践活动。但这些实践活动实际上受马克思主义的影响较少,更多的则是受到后康德理论的影响,比如后康德理论中关于艺术和自由关系的论述对威廉·莫里斯(William Morris)的美学理论和工艺美术运动[4]均产生了很大影响。当时人们对文学艺术的兴趣作为挣脱工厂制度奴役的一种武器曾经同工人们日常生活中为获取自由进行的斗争联系在一起。乔纳森·罗斯(Jonathan Rose)曾经为英国工人阶级这方面的知性生活进行十分动人的描述。但我始终认为你不能用一套自相矛盾的概念——即美学既反映了资产阶级价值观,又预言了工人阶级的解放——来讨论美学理论在任何条件下对于决定文化和艺术实践效果所发挥的作用。

我认为这是伊格尔顿观点中最大的弱点,因为这意味着他无论研究哪个阶段的美学史都要运用这个矛盾来得出几乎相同的论点。关于美学始终为这一基本矛盾所左右的观点意味着无论你走到哪里,都会看到这对矛盾在起作用,因而这种观点最终将成为一种无视历史的观点。结果是,伊格尔顿的"历史唯物主义"根本没有历史观点,而成了口头唯物主义。在我看来,这就是伊格尔顿《审美意识形态》的重大缺陷。在探索意识形态矛盾在历史长河不同阶段中的不同表现时,他的眼光只集中于这一矛盾的一般方面,而没有仔细考察美学理论同具体历史条件下具体社会和物质机构相联系的不同途径。简言之,我认为伊格尔顿的方法过于强调美学的历史由某个一般性理论框架所支配,而且太过于在观念层次上做文章,他很少超越最好称为哲学史观的一般层次而深入考察在不同背景下美学得以实质参与的各种经济、社会、文化和政治关系。如果我们研究一下运用福柯的视角分析美学早期历史的文学史家如玛丽·普维

(Mary Poovey)的著作,就不难发现在关于美学、市场社会发展和早期自由政府形式发展之间关系的论述中,这些文学史家的分析要比伊格尔顿的分析更有洞察力、更有历史差异性。福柯理论的魅力在于它允许、或者说要求研究者提出研究历史的新问题。在这个问题上,福柯的观点有一定作用,他将历史重新界定为一个一脉相承的系统工程,有助于我们以史为鉴研究现在,用新的方法来揭示历史的问题和走向,而不是将历史看成一个从源头走来而一成不变的过程。而伊格尔顿关于审美意识形态的观点恰恰遵循了追寻源头矛盾的逻辑。

王　杰:我想这些意见对中国学者的思考和研究会很有启发。虽然我们还有问题要探讨,但下午您还有工作,我们的访谈只能先到这里。谢谢。

本尼特:不客气。很高兴跟你们探讨这么多很有意思的问题,你们的研究对我同样很有启发。

注释:

[1] 原文为"the working-class culture of the necessary",本尼特解释,即由其经济必然地位所决定的必然文化品位。

[2] 原文为"the social",本尼特提供了福柯的定义,指为谋求某一群体人们的福祉和社会保障而应该加以组织的社会行为。

[3] "Elgin Marbles",大英博物馆所藏古希腊大理石雕刻。

[4] "The Arts and Crafts Movement",又称"手工艺运动"或"自由建筑运动",代表人物是拉斯金和莫里斯。

当代马克思主义问题

——与迈克·桑德斯博士对话

王　杰:早上好！桑德斯博士。我想从英国马克思主义文学批评以及马克思主义的最新发展谈起。在此之前,我们对特里·伊格尔顿教授做了访谈,伊格尔顿教授认为,在英国,马克思主义美学和马克思主义文学批评经历了一个低迷的时期,在这个问题上您怎么看?

迈克·桑德斯:我想从1984年至1985年英国矿工的罢工谈起,这是英国工人阶级最近的一次大规模行动。作为马克思主义受到挫折的一个标志,从那以后,马克思主义的观念在学术界和在更广泛的文化领域都失去了原来的地位。那次矿工罢工的失败标志着左翼思潮的失败,我们至今还没有从所受挫折中恢复过来。当然,这次挫折包括其他一些复杂因素。在国际上,苏联的解体产生了一定影响;在国内,英国左翼阵营进一步解体。从历史的角度看,在英国,共产党规模相对较小,但它与工党左翼一直保持着紧密的联系。20世纪70年代,您可以明显看到这一点,在那个时期,英国工会采取"新经济战略"(Alterative Economic Strategy),这种战略实际上是英国共产党一系列政策建议的一部分。在那一次矿工罢工失败之后,英国共产党陷入了分裂。与此相联系,英国共产党与英国工党左翼的联系也告破裂,因而失去了马克思主义思想进入劳工运动主流的主要渠道。同时,在学术界,后结构主义和后现代主义成为时尚,出现了从阶级政治(被认为已经过时了)向性别和种族等身份政治转变的倾向。而且我认为,对于一些知识分子而言,后结构主义理论提供了一种比马克思主义理论更大的政治可能性,与马克思主义相联姻的产业工人阶级在英国正迅速消失。可以肯定地说,作为社会的本质方面,这并不意味着阶级斗争在西方资本主义世界消失,但是阶级斗争的形式有了相当大的转变。作为马克思主义者我们一直努力适应这种局面。

一般而言,英国大部分 20 世纪马克思主义理论比较直接地把工会、组织起来的产业工人阶级看作社会变化的主体(major agent),因而这些理论的政治策略是以用马克思主义的观念影响这些团体为基础的。我认为今天,工会在英国政治舞台上仍然发挥着重要的作用,但是不再处于他们曾经占据的中心地位,因此构建一个反对资本主义的联盟就成为必要。这个联盟不同于那种在资本主义体制中受到良好教育和训练的工人阶级运动模式。艾吉兹·阿曼德在他 90 年代出版的《理论之中》(*In Theory*)中有一个章节论述了西方马克思主义知识分子,特别是 1968 年那一代知识分子。他注意到,在美国和英国,在 1968 年起突出作用的许多青年知识分子并不是来自工人阶级背景的家庭,其结果是他们与组织化的劳工运动没有直接的联系。阿曼德指出,激进主义的学生运动在 70 年代衰落的时候,这些知识分子显得束手无策,因为他们与有组织的劳工之间没有组织化的联系。阿曼德认为这就是这些知识分子转向后结构主义以及福柯式立场的原因。同样,在英国高校体制中缴费制度的引入,必然使得来自优越家庭的学生在学校中享有特权,从而进一步强化了向右转的倾向。这些学生通常对马克思主义不感兴趣,因为马克思主义的理论和哲学对他们所享受的特权构成挑战,即便他们采取激进立场的时候,他们也倾向于非马克思主义的激进主义。然而,对马克思主义知识分子而言,他们有责任在学术上找到一种与这些学者和学生进行对话的方式。显然,我们考虑这些学者和学生需要向我们学习的同时,也必须思考他们身上有我们需要学习的东西。可以乐观地说,这个基础始终存在,希望的源泉始终存在。雷蒙德·威廉斯曾经指出,希望的源泉十分重要。我认为,事实上这种对话已经开始。有一种共识认为马克思主义需要接受一些身份政治所提出的问题;同时,我的大部分马克思主义同行认为,身份政治运动需要更多地思考关于压迫的物质基础问题。

王　杰:非常感谢您的专业分析。您刚才提到雷蒙德·威廉斯,他是特里·伊格尔顿的导师,他们俩都是马克思主义者。有意思的是他们都在英国最好的大学任教并且在各自的领域里取得了很大成就。他们的学术命运显然不同于马克思和恩格斯所处的时代,马克思和恩格斯从未在大学里工作。您怎样评价这种区别?此外您怎样看待马克思主义与英国社会的关系?

桑德斯:简单地说,在高校学术界,文学研究和历史研究之间存在一个十分有趣的区别:一般而言,文学批评界并不与马克思主义文学批评相敌对。正如您所说,雷蒙德·威廉斯在最好的大学(剑桥大学)获得很高的位置,伊格尔顿教授也是如此(牛津大学、曼彻斯特大学)。马克思主义历史学家的经历则与此相反,20世纪50年代至60年代,马克思主义历史学家很难在英国大学谋到职位,例如E.P.汤普森(《英国工人阶级的形成》的作者)就长期被高校拒之门外。我认为直到现在他的贡献的重要性都没有得到充分的认识。由此可以看出在英国的体制中,历史比英国文学更为重要。我认为这是因为英国文学看起来离政治权力中心要远一些的缘故,这就使一些马克思主义文学批评学者从中受益,在英国,文学批评活动享有更大的自主性。

就马克思主义对英国文化的广泛影响而言,还得说共产党发挥了关键作用。从20世纪20年代一直到70年代,共产党虽然规模不大,但组织良好,且极为活跃,成为马克思主义观念影响英国文化的主要渠道:劳伦斯与威沙特(Lawrence & Wishart)的出版机构出版马克思主义著作;同时在共产党的推动下,有关马克思主义的理论杂志坚持出版,一家报纸坚持发行——时称《工人日报》,即现在的《镜报》——这都是推广马克思主义观念的途径。随着共产党影响力下降,我们已经看到马克思主义观念的影响力在主流文化中正在缩小。然而,一个很有意思的现象是:从某种意义上说,我的大部分学生,根据其基本哲学取向,都是“准马克思主义者”。例如,如果你问他们“是社会存在决定社会意识还是社会意识决定社会存在,他们一般会肯定前者;如果你问他们人类对衣、食、住的需要是否优于从事文化活动的需要,他们会回答“是的”;如果你问他们,他们所生活的社会是不是一个政治权力和经济权力不平等的社会,他们也会说“是的”;然而,如果你问他们是否把自己看作是一个马克思主义者,却没有人承认自己是马克思主义者！正如我向他们指出的，事实上他们赞成马克思主义哲学的这三个核心原则。他们不愿意面对作为一个马克思主义者所带来的区别和变化，因而这只是马克思主义的一种消极同化作用。马克思主义对资本主义的批评被广为认同，但许多人并没有认识到这是一种马克思主义的批判。马克思主义认为我们所栖息于其中的历史过程是可以改变和转换的，包含打破历史过程而进入一种更高级的社会组织形式，先进入社会主义，然后进入共产主义都是可能的，马克思主义这些观点的积极方面被迅速地接纳。伊格尔顿教授曾经指出，西方明显存在着一种反资本主义运动，但那并不是社会主义的运动。因而我们处在一个很有意思的历史位置上，我对此倍感兴趣，因为我的研究方向是19世纪40年代的宪章运动，这也是一个反对资本主义运动，但又不是社会主义的运动，我非常感兴趣这两个历史时期的某种相似性。

徐方赋：您提到您的学生认同马克思主义的核心观念但不承认自己是马克思主义者，我对这种现象感兴趣。你认为他们是不知道这一点还是不承认这一点，我认为这里面有一点微小的区别。

桑德斯：我认为他们是没有认识到这一点。

徐方赋：他们只是不想承认自己是马克思主义者吗？

桑德斯：他们还不是马克思主义者，因为他们不接受马克思主义辩证法的积极方面。许多学生会说："你知道我们的确生活在一个以财富和权力不平等为标志的社会，这种财富和权力是我想得到的。"他们说："我的确喜爱财富和权力。"如果你对他们说"平等的社会不是更好吗？"一般他们会回答："那只是个美好的梦想，但是不可能实现。"因而他们的态度是："我们生活在一个贫富不均的社会，因此重要的是努力使自己成为富人，而不是想着怎样改变社会的本质使贫富成为没有意义的范畴。"

徐方赋：在某种程度上中国学生的态度也大抵相同。

桑德斯：这是很有趣的。在英国，这种态度由撒彻尔政府培养起来，他们鼓励个人主义而不关心社会后果。

王　杰：伊格尔顿教授认为斯图亚特·霍尔和托尼·本尼特不是马克思主义者，您怎样评价这两位学者？

桑德斯:斯图亚特·霍尔曾经是一个马克思主义者,通过当代文化研究研究中心发表过很有意思且颇为重要的著作。但是80年代,霍尔加入《今日马克思主义》工作,当时这是一家由英国共产党主办的理论杂志。但滑稽的是,该杂志很少探讨马克思主义理论。我认为斯图亚特·霍尔的确转向了激进的后结构主义。

徐方赋:因而他离开了马克思主义。

桑德斯:是的,我认为他离开了马克思主义。

徐方赋:那么托尼·本尼特呢?

桑德斯:我不熟悉托尼·本尼特的著作,我的印象中他也离开了马克思主义。

徐方赋:许多马克思主义者离开马克思主义成为了一种趋势,是吗?

桑德斯:是的。

徐方赋:这种趋势仅仅在英国还是整个世界都有?

桑德斯:只是在英国,部分原因是一段时间以来,在英国学术界,某些理论成了时尚。在西方,人们喜欢购买整套的新款套装,与此相似,学术界也有一些人喜欢拿一套新理论包装自己,过了一两年,宣称烦了,再换更新的,这是一种浮躁的做法。这里有一个基本问题颇为重要,一般而言,新理论的出现往往是对马克思主义理论中某一特定弱点的理论回应,从这个意义上说,这些新理论具有某种合理性。但是,我坚持马克思主义的原因恰恰在于我认为这些新理论的整体分析能力都不如马克思主义。

徐方赋:也就是说,您认为马克思主义在分析社会方面具有优势。

桑德斯:是的。后结构主义和后现代主义理论常常能很好地描绘当代西方社会的某些具体特征或方面,然而无法解释社会整体,马克思主义理论的力量之一就是坚持分析整体性,坚持分析文化表象与深层的经济和社会发展之间的内在联系。在这一方面,我认为后结构主义的各种理论不具备马克思主义同样的分析能力。

王　杰:您能分析一下马克思主义美学和文学理论与文化研究的关系吗?

桑德斯:好的,从历史上看它们之间有着密切的联系。在英国,人们普遍认为文化研究奠基人是三位学者:即雷蒙德·威廉斯、E.P.汤普森和斯图亚特·霍尔,因此,在文化研究领域马克思主义始终是颇具影响力的思潮。自从60年代以来,在文学研究领域马克思主义也曾产生很大的影响。但一般认为,马克思主义的重要性在于根据具体历史语境提出问题,而不是从美学角度提出问题。因此马克思主义理论的主要贡献在于阐明文学作品存在于具体的社会中,是具体历史环境的产物。一些马克思主义学者花费大量精力挖掘这种联系,例如雷蒙德·威廉斯的著作(特别是《文化与社会》和《城市与乡村》),影响尤为重要。由此形成一种相当有趣的传统,成为一种新的历史主义。自上个世纪80年代以来,这种传统在英国和美国学术界产生了相当大的影响,这更像我前面提到的关于马克思主义的消极同化作用:新历史主义已经出现并且说"你绝对没错,我们需要考虑历史语境,要把文本看作某一历史瞬间的产品"。但与马克思主义文学批评不同,新历史主义往往割裂历史和现在,因而他们研究文学文本时较少考虑政治因素。

英国马克思主义理论所面临的巨大挑战实际上在于如何严肃对待美学问题。总的说来,我们不善于探讨美学问题,我们曾经长期陶醉于意识形态批评,解释意识形态如何塑造了作品、或者产生于文学作品。考察一下英国马克思主义美学传统,你会发现这是一个非常不均衡、不连续的传统。早期为此作出贡献的是一位叫克里斯托弗·考德威尔的批评家,他于20世纪30年代出版了《幻想与现实》,试图通过把马克思与弗洛伊德结合起来以发展马克思主义美学。考德威尔是国际纵队的成员,在西班牙内战中牺牲,只有二十多岁,着实可惜。作为年轻学者,考德威尔才华横溢,著作不同凡响,但是没有机会发展他的思想,由此我们失去了发展马克思主义美学机会。从那以后,英国马克思主义很少注意美学问题,而更加关注历史语境和意识形态问题,这种状况一直持续到伊格尔顿教授出版《审美意识形态》。在这部著作中伊格尔顿把英国马克思主义与更广泛的欧洲马克思主义传统(卢卡奇、本雅明、布洛赫、阿多诺等)联系起来,严肃对待审美形式、类型、风格等美学问题。我认为英国马克思主义文学理论正重新回到这些审美形式问题上来,努力探索这些问题如何发挥作用、产生何种社会影响。我自己关于宪章派诗歌研究的著作也非常关注于这个方面,我感到必须回答的一个关键问题是,为什么这样一个政治运动要花这么多时间来创作诗歌?他们显然把诗歌创作看作是政治运动的重要组成部分。我想这同当时的认识有关,即在资本主义制度下审美能力一般是退化的。如果你生活在发达的工业资本主义社会，你的审美经验经常主要来自广告。巨额资金用于制作精美广告。有许多例子表明许多人以拍电视广告起家，后来成了好莱坞的电影导演。用马克思主义的观点看来这种现象，广告是一种审美退化：在广告中，审美成了利益驱动的奴隶而不再为释放人类潜能服务。这又是我们努力探索的一个主要问题。我认为，审美是开启人类潜能的钥匙，审美所关注的是需要发掘、需要解放、需要释放的某种人类潜能。我想我们需要研究艺术形式如何去关注这些审美功能，同时需要研究应提倡何种艺术形式，以更好地理解审美在文化中的积极作用。

王　杰：我很赞成您的思考和努力。关于您的研究，您认为宪章运动期间人们在诗歌创作中是否具有更为明晰的审美观念？您刚才提到目前的审美作品更多地存在于广告之中，因而被商业化了，但是在宪章运动时期并没有很多的商业化行为。

桑德斯：实际上那时已经开始商业化了，但局限在印刷业中，仅存在于文字和图像中，而不是存在于电影形象中罢了。

徐方赋：那时还没有很多的广告媒体。

桑德斯：是的，那是广告发展的早期阶段。宪章运动时期有两个因素使审美问题具有重要性。一个是手工艺劳动，手工艺理念在当时很重要。工业革命的后果之一是故意降低工人的技术水平，尤其是在纺织工业领域，技术工人因为掌握着很少人具有的技术，因而有效地控制着生产过程和行业准入，以保持其技术的稀缺。这些工人能够确保自己得到很高的工资。因而工业资本家始终非常关注的问题是"我能通过开发机器来摆脱你的劳动技术吗?"实践表明，这些资本家在发明此类机器方面取得了巨大成功。所以审美观念包含了手工生产中对美的欣赏：手工劳动不像工业生产那样使人异化，这种生产方式包含了美，因为在这种生产方式中，个体工匠和妇女能够感受产品经过自己的双手而形成，因而能够在自己所创造的产品中看到自己的技术。可是现在，这种感受只能通过专业审美经历才能实现，例如画家通过欣赏绘画、音乐家通过聆听音乐来欣赏自己的技术。而 19 世纪 40 年代，普通工人也可以在自己的普通经济劳动中获得类似的自豪感，并欣赏到自己的技术。我认为这是审美愉悦和审美享受的重要源泉。随着工厂和机械生产体系取代手工生产,工人离产品越来越远,于是人们只能通过其他途径寻找这种审美满足。就英国工人阶级而言,他们找到的两个新途径是诗歌和体育。宪章运动中有许多产业工人创作诗歌的例子,我的研究发现了至少三百名宪章派诗人,其中许多人曾经是工厂的工人。此外,审美愉悦存在的另一个领域是体育。你可能会说当代文化面临的一个问题是,体育中的审美愉悦已被商业化,而存在于诗歌、音乐和绘画中的那种审美愉悦则已衰落。

徐方赋:而日常劳动中的审美愉悦已近乎消失。

桑德斯:在许多劳动形式中的确如此。不过我觉得在电脑游戏产业不一定,前提是如果该产业能够继续重视创造性。就多数形式的劳动而言,你说得绝对没错,很多劳动形式非常程式化、标准化,没有乐趣可言。

王　杰:我注意到您的研究兴趣从女性主义研究转向工人阶级文学,您能谈一下这种转变有什么意义吗?

桑德斯:我不认为我的研究方向发生了改变,只是对同一个问题研究角度不同罢了。英国女权主义运动一个最积极的影响是它指出了传统马克思主义在谈论工人阶级时,一般只限于工人阶级中的男性,因而至少工人阶级中的50%,即工人中的女性常常被忽视。所以我受女权主义的启发,开始思考性别与阶级的关系。我原先就曾对各种身份政治运动进行过研究,并提出这些运动应该同马克思主义建立联系,我认为其他理论学派在诸多方面正确地指出了马克思主义理论的弱点,其中一个领域即性别问题。为了回归这些研究和思考,我希望找到一个途径,能够尽可能包括女性视角,将妇女视为工人阶级的重要组成部分而不是像19世纪那样只是将妇女看作工人阶级的附属品。我做的第一件事就是出版您提到的《19世纪妇女与激进主义》。我认为标题中的妇女和激进主义同样重要,我在书中详尽探讨了妇女的激进传统对宪章派运动、工会运动和女权运动的贡献。

徐方赋:因此只是同一语境中的不同问题。

桑德斯:我认为总体而言这些运动都属于马克思和恩格斯所探讨的范畴,即人类解放问题。

王　杰:在您关于工人阶级写作的研究中曾使用本雅明的“星座化”概念,我对这个概念也很感兴趣,但在中国学术界对这个概念的理解和解释较为混乱,能不能谈谈您对这个概念的理解?以及今天的后现代主义和消费社会中“星座化”起一种什么样的作用?

桑德斯:首先声明我不是研究本雅明的专家,只能谈谈我对本雅明“星座化”概念的理解。我认为本雅明特别感兴趣、也特别受困惑的概念是他所称的“同质虚无时代”(homogeneous empty time),本雅明将此看作资本主义现代性的特征。我想本雅明是希望通过这个概念描述某一时代中所有历史瞬间的同质性。在伊格尔顿教授论本雅明的著作中对此有重要的论述,他指出,从本质上看,同质虚无时代类似于商品的体验,正如所有商品可以互相交换,所有的历史时期亦可互相交换。从交换价值的角度看,所有商品都没有区别;而从人类经验的角度看,不同的历史时期同样具有同质性。在当代西方条件下,马克思主义批评家尤为感兴趣的课题是他们认为(F·詹姆逊是其中的先驱之一),资本主义后期,即后现代主义语境中的一个文化特征是抹平历史记忆。资本主义鼓励人们生活在永恒的现在,认为万事皆现在,所以号召你购买现在、拥有现在、研究现在——即使过去和未来可能同现在大不相同,人们也不去思考,我认为这就是本雅明同质虚无时代的含义。在任何这样一个时代,人们都被迫置身于商品消费的永久循环之中。据此,本雅明又提出了 Jetetzeit 的概念,指的是一个形势发展可能大不相同的时代,本雅明把这种不同称之为“星座化”。在那个时代,批评家从过去捕获一个瞬间,不仅用它照亮现在,帮助我们确定现在的意义,也向我们展示事物可以与现在不同的样子。因此,“星座化”的概念包含了变化的观点,认为变化是可能发生的。我对这个概念特别感兴趣,是因为我所研究的宪章派诗人杰罗德·迈锡(Gerald Massey)持有相同观点,比本雅明几乎早了一百年。迈锡在他的作品中对历史的过去非常感兴趣,他一直在思考以某种方式把过去的活力,民众斗争的经验,历代人民为经济、社会和政治权利而斗争的经验传到现在。宪章派诗人在 19 世纪 40 年代提出的观点同本雅明在 20 世纪 20 年代的观念不约而同。我对此非常感兴趣,试图把两个概念放在一起加以比较,也正是受到本雅明的启发。还有未来问题,迈锡诗歌常常努力挖掘过去、现在和未来事件的同质性，给人以启迪。把这三个不同的时间点联结起来就是星座化。最后，本雅明还对“救赎”问题很感兴趣，我认为在本雅明那里“救赎”就是人类解放工程。本雅明认为，救赎是未来的事情，但不会自行产生，人类得救不会是历史发展的必然产物。根据本雅明的观察，第二国际的错误观点在于认为资本主义可以“无缝衔接”(seamlessly)地进入未来的社会主义，可以很自然地过渡到社会主义。本雅明认为这种观点忽略了历史的教训，不同社会经济模式转换过程中发生的各种运动是由于各种模式之间的断痕造成的，即这种运动不是出于社会发展的连续性，而是出于社会发展的断痕。因而我们需要牢记过去，铭记这种不连续性的重要性。同时，我们也需要思考未来，因为我们需要了解我们为之奋斗的东西、我们的目标。因此星座化努力探索的不仅仅是现在如何同过去相联系、是过去发展的产物，同时也在于探索现在的发展道路，即引导人们如何为了实现自己的目标而寻找正确的发展方向。

王　杰：因为中国的情况我很关注“民族寓言”这个概念，我想请您谈谈“星座化”概念与“民族寓言”概念的关系。

桑德斯：这问题非常有意思，引人入胜，我恐怕没有想过，原因之一是我一直觉得詹姆逊关于民族寓言的观点有些邪乎。如果没有记错的话，我记得詹姆逊曾经说过，第三世界的文学作品大多都是民族寓言。我在第一次读到詹姆逊的那篇文章时，就感到他的说法有些怪怪的，因为我认为绝大部分美国文学才是民族寓言，大部分美国文化产品，特别是好莱坞电影，都是民族寓言。因此我琢磨只要你作足够的研究，是不是所有的文化产品都可以说是民族寓言？如果所有产品都是民族寓言，那么这种理论作为批评工具就没有什么用处了，你就会陷入这样一个结局。黑格尔把这种现象描绘为“在夜里所有乌鸦都是黑的”——即无法区分不同的作品。也许在其他更积极的意义上民族寓言这个概念还是有用的，在宪章派运动的经验中，英国历史上的某个过去的瞬间可以成为面向更美好更平等的未来的一个点，在我看来把这描述为建构一种民族的大众传统会比民族寓言的概念更恰当一些。

王　杰：我了解到您的专著《宪章派诗歌：政治与美学》即将出版，请问您在下一步的研究计划上有什么打算?

桑德斯:《宪章派诗歌》将在今年的夏末由剑桥大学出版社出版,我现在忙于一个具体历史时期的研究。

徐方赋:是哪一个历史时期?

桑德斯:1842年,那年发生了第二次宪章请愿运动。不过我对1842年特别感兴趣的原因是因为那年发生了很多产业工人罢工,特别是在英国西北部和曼彻斯特。实际上1842年发生的是一种总罢工,罢工者有经济要求、有政治要求,也有关于宪章的要求。这是一个非常有意思的时期,我认为这一时期在马克思主义理论发展过程中具有相当重要的作用,恩格斯在他的《英国工人阶级状况》一书中提到这个时期,因为他正好在罢工即将结束时来到曼彻斯特,对所看到的情况感到十分兴奋、非常感兴趣。如果你读过恩格斯的这部著作你就会了解到,恩格斯从1842年宪章运动中获得的认识对他关于英国政治斗争发展轨迹的判断产生了很大影响。我也对这一个时期非常感兴趣,因为如果谈到宪章运动,谈论它的具体时间和年份,人们一般会提到1848年或者1839年。1839年是第一次请愿,1848年是第三次也是最后一次请愿,这两次宪章运动对国家权力构成的威胁遭到了轻而易举的遏制,而1842年的宪章运动则没有那么遭到轻易遏制。1839年宪章运动遭到了失败,1848年的运动更是毫无疑问地遭到了失败,而且是最终的失败。可是1842年的运动并没有失败,通常人们只记住了1839年和1848年,却忽略了1842年,我对这种现象很感兴趣,因此我的新课题是挖掘对1842年宪章运动的记忆。

徐方赋:这是一个研究宪章运动的新视角。

桑德斯:是的,没错。

徐方赋:您是希望挖掘那一年宪章运动的积极因素?

桑德斯:那一年宪章运动的确有一些非常积极的东西。

王　杰:您知道我对伊格尔顿教授以及他的研究十分感兴趣,我看到西方学者有评论,说苏联解体和中国进行改革开放之后,只有特里·伊格尔顿还在坚持马克思主义和社会主义,您怎样看待这种观点?

桑德斯：我同意关于伊格尔顿教授是马克思主义者和社会主义者的说法。我不熟悉中国的情况，不大好谈论。不过在我看来，中国进入了一个很有意思的发展阶段，从历史比较的角度看，是不是可以这么说，中国目前的状况类似于第一次世界大战之后列宁在苏联推行"新经济政策"时的状况，列宁明确指出，新经济政策就是要重新引入部分资本主义方式，因为必须迅速夯实经济基础。根据我对中国的了解，我认为某种资本主义形式的所有权关系被重新引入中国，同时共产党希望对资本家加以限制，以控制资本主义的发展。我感兴趣的是直接印证这个政策是否成功，控制资本主义的发展是否可能；在经济中引入某种资本主义方式之后，这些方式能否在今后更高的发展阶段得以清除，抑或资本主义因素会像病毒那样扩散到经济的其他方面？作为社会主义者，我同样对古巴、对卡斯特罗执政期间所进行的改革颇感兴趣。这是所有走社会主义道路的国家都要面临的二难选择：一方面要提高经济生产力水平，另一方面你又要支持社会主义者对社会平等的追求。但是在历史发展的某个阶段，你不可能两者同时兼得，不可能同时既实现平等又实现经济的快速发展，因为经济快速发展本身会产生不平等。我想我们这些英国左派人士中有一部分人寄希望于中国，认为中国能够找到解决这历史难题的途径，因为历史证明这个难题还没有哪个社会主义国家能够解决，改革导致了前苏联和东欧其他社会主义国家的解体，这些你们都知道。此外，我对拉丁美洲的发展也很感兴趣。虽然英国的新闻界很少提及，但是观察一下委内瑞拉发生了雨果·查韦斯领导的玻利维亚式革命、玻利维亚和巴西经选举产生了进步政府、阿根廷拒绝了新自由主义政策等等，我们是否可以说，我们开始看到这些国家出现了向社会主义转变的另一种方式呢？因此那种说社会主义已经不复存在的观点并不符合事实。即使在英国这样的国家，我们也有一些社会主义社会的组织形式的痕迹。我的意思是，英国的全民医疗服务体制尽管有很多弊端、很多问题，但它能在需要时提供免费的医疗服务，这便是社会主义原则的一种体现。

徐方赋：所以有人说英国社会主义因素比在中国还要多。

桑德斯：是啊，这是一个很有意思的观察。在英国还有合作化运动，那是一种由工人控制、消费者为主人的运动。所以说，英国仍然存在社会主义的因素。你知道，作为社会主义者，我们感到困难重重、身陷重围，但我们仍然存在！

王　杰：在伊格尔顿教授离开曼彻斯特大学前我与他会见了三次，他现在已经从曼彻斯特大学退休(现在在兰开斯特大学英文系担任讲座教授)，我们听说对此有一些议论，您是怎样看待这个问题的?

桑德斯：我想在英国这个问题具有广泛性，绝大部分学者都得在六十五岁退休。

徐方赋：这是个法律问题。

桑德斯：是的。然而也有许多人对此颇有微词，认为许多优秀学者在六十五岁时仍然精力旺盛、热情饱满，非常忠诚于他们的教学和研究工作，却被迫退休，这是毫无道理的。我的许多同事和我都认为我们也许应该像美国那样并不明确规定退休年龄。

徐方赋：在中国这方面的制度要灵活一些，大部分学者是六十岁退休，博士生导师可以工作到六十五岁，还有少数顶级学者可以根据自己的情况和意愿一直工作下去。您认为伊格尔顿的退休对英国马克思主义文学批评的发展会有所影响吗?

桑德斯：我相信伊格尔顿教授退休后不会停止笔耕，他会继续推出新的观点，继续成为英国马克思主义学者的楷模。你知道他的著作我们都在研读。在曼彻斯特大学英文系是一个很有意思的集体，除了伊格尔顿教授之外至少还有三个学者认为自己是马克思主义文学研究的学者，我是一个，戴维·安德森是第二个，还有罗伯特·斯宾塞是第三个，还有很多同事虽然不自称是马克思主义者，但是理解马克思主义观点并对之感兴趣，我们正在曼彻斯特大学内组织一个研究团队。因此，在伊格尔顿教授退休之后曼彻斯特大学将继续成为发展马克思主义文学理论的阵地。

徐方赋：这是很令人鼓舞的。我从媒体上了解到，整个欧洲，包括英国都在向右转，这种形势影响你们的马克思主义研究吗?

桑德斯：是的，这种影响不一而足，其中之一就是随着欧洲政治重心的迅速右转，马克思主义更容易遭到忽视。你会经常碰到马克思主义观点遭到粗暴否定的情况，理由是苏联经验“证明”这些观点经过实践检验都站不住脚。另一种观点认为，马克思主义对于19世纪工业资本主义社会的分析有些意义，但我们现在生活的世界迥然不同，因此马克思主义观点只有历史意义而没有现实意义，这种对马克思主义的草率否定是目前相当普遍的现象。在右翼霸权和新自由主义霸权的社会条件下，从观念上看，马克思主义更容易被边缘化，马克思主义思想家也更难找到自己的听众，因为在你向人们演讲的时候他们已经“知道”你的观念是陈旧的、落伍的。比如说，许多学生并没有阅读马克思的著作就“知道”马克思没有什么价值。

徐方赋：现在马克思主义学者在申请研究资金方面是不是更为困难了呢？

桑德斯：那倒不是。研究资金虽然是政府提供的，但是把基金给哪一个项目是由研究机构决定的。

王　杰：诺丁汉大学的麦克唐纳·戴利博士正在牵头合作编辑一个马克思主义美学的文库，我对这个项目十分感兴趣，并且想参与其中的工作，例如可以提供关于中国马克思主义美学方面的信息和资料，我想了解您对这个项目的看法和意见。

桑德斯：这是一个很好的消息，这种合作工作是很有价值的。很遗憾我不了解戴维博士的这个项目，这也说明在英国相应的组织机构还十分薄弱，在没有统一的马克思主义政党的条件下，马克思主义学者们常常不了解本领域的其他学者。例如，我了解谁在研究维多利亚文学，因为这是我的专业领域，所以对英国文学研究领域的情况比较熟悉，但我不了解国内其他马克思主义者的研究情况。

徐方赋：这是很自然的，因为马克思主义研究是一个十分宽广的领域。

桑德斯：是的，我们缺乏把大家聚到一起相互交流的论坛，我想这是一个问题。

徐方赋：马克思主义学者只是分散地从事自己的研究，这是一个问题。

桑德斯：我同意你的看法。

王　杰：您能介绍一下在美学和文学批评领域有影响的专家并谈谈他们的主要研究兴趣吗？

桑德斯：好的。对我产生过最大影响的学者中，最重要的无疑是雷蒙德·威廉斯，我想英国每一个马克思主义者，尤其是文化领域的马克思主义者，都特别受惠于雷蒙德·威廉斯。从理论角度看，他的最宝贵遗产是为我们提供了可以用于分析的一系列概念，同时他也提出了许多我们需要进一步研究的问题。第二个对我的思想产生重要影响的是伊泽贝尔·阿姆斯特朗，她不是马克思主义者，而是研究维多利亚时期诗歌的教授，在伦敦大学柏克贝克学院任教，她写了一本非常重要的著作，叫做《激进美学》。她属于那种对马克思主义观点很感兴趣但本人不是马克思主义者的学者。不过她的美学思想具有十分重要的地位，是当代最优秀的美学思想家。在英国，美学领域的所有马克思主义者都需要参考她的著作。对我产生重要影响的第三个学者是克里斯多佛·考德威尔，虽然他的著作写于 20 世纪 30 年代，但他是英国马克思主义传统中非常有意思的思想家，我认为他的著作在英国并没有得到完全理解，我想我们对考德威尔著作的主旨如何理解仍然处在探索当中。

徐方赋：我想我们已经完成了所有的学术问题，非常感谢您。

桑德斯：不用客气。

马克思《1844 年经济学哲学手稿》与人道主义、美学

——凯文·B·安德森教授访谈录

王　杰：在过去的几天里，我们听了您的主题演讲和发言。在此，我们想请教您一些我们认为许多中国学者可能感兴趣的问题。我了解到您是MEGA《马克思恩格斯全集》其中一卷的主编，许多中国学者的研究工作都依赖于这一版本，那么在您看来，《全集》的研究工作对现代马克思主义研究的价值体现在哪些方面？

安德森：许多人认为如今马克思主义研究工作的一个重要方面就是读懂马克思和恩格斯各自表达了什么内容，同时明白两者之间的不同。例如，《全集》收录的《资本论》，出版方公布了《资本论》的原始手稿，同时又出版了恩格斯编辑的《资本论》第二、三卷，这样，研究者们就可以更加清楚马克思的真实意思。除此之外，《全集》中还增加了许多马克思研究者都未曾了解的新内容，我自己也从事这一新内容的编辑工作，这些新内容从《全集》的第四部分开始，它们都是马克思研究成果的笔记。

王　杰：许多版本的出版物都竞相界定谁更接近马克思的原意。今天，您在演讲中介绍了马克思主义和人道主义在美国的情况，演讲过后，人们提出了关于马克思主义和人道主义之间有何联系的问题。我不知道您是否清楚，在中国，马克思主义和人道主义之间的联系是一个十分重要和敏感的话题，关于这个问题已经引发了许多讨论

和激烈的辩论。我想听听您对马克思主义和人道主义之间联系的看法?

安德森:我毕业于美国马克思主义人文学院,它是由杜娜叶夫斯卡娅创办的。杜娜叶夫斯卡娅是一位出生在俄罗斯的美国哲学家,我师从于她,她有两本书被翻译成中文,分别是《哲学与革命》《马克思主义与自由》。但是,两本书的中文版皆忽略了对于毛泽东同志的批判性讨论。此前,在20世纪50年代,确切的时间是1958年,杜娜叶夫斯卡娅是将《1844年经济学哲学手稿》翻译成英文的第一人,在20世纪70年代到80年代,我跟随她一起学习研究。按照当时的主流观点,马克思始终是被定性为一个人道主义者,但是,在《手稿》中却公开明确地颠覆之前的思想,我们可以在他随后的著作《资本论》中感受到他的商品拜物思想。并且,这一思想持续了很久,这就是为什么马克思在后期没有公开地表达他的人道主义思想的原因。

另一个与人道主义有关的话题是黑格尔主义。同样,《手稿》与黑格尔主义的联系也是明确的,如果你了解黑格尔,同时,你也熟悉《手稿》,那么,你会发现这些思想始终贯穿着马克思的研究工作。有些人自称是马克思主义的结构主义者,或者是马克思主义分析主义者,以此类推,我将自己称作马克思主义人道主义者。

王　杰:您可能知道,1989年,路易·阿尔都塞曾在中国产生了巨大的影响。即使是在20世纪80年代,每逢中国学者研究《手稿》时,阿尔都塞这方面的研究成果都具有十分宝贵的参考价值。他认为《手稿》中的马克思是一位人道主义者,而不是一个马克思主义者。由此,他提出了马克思创作的两面性。您认为阿尔都塞对马克思的理解是否正确?

安德森:他对马克思的很多思想的理解是有误的。我不认为可以将青年时期的马克思和后来的马克思进行分离。例如,阿尔都塞认为《德意志意识形态》代表的是真正的马克思,而《手稿》则是年轻时期的马克思。但是继《德意志意识形态》出版的两年后,1848年,马克思和恩格斯出版了《共产党宣言》,在对《共产党宣言》进行研究时,阿尔都塞提到了阶级斗争,当然,他也谈到了另一个观点,就是“个人的自由是实现所有人自由的前提条件”。同时,当阿尔都塞谈到《资本论》时,他认为如果读者想读懂《资本论》,就应该先读其他的著作。我的第一本书是关于列宁的,列宁认为为了理解马克思的《资本论》,读者必须读完整部的《黑格尔逻辑学》,但是,阿尔都塞将列宁的观点本末倒置:他认为真正的涵义是,为了读懂黑格尔,你需要先读马克思。从笛卡尔开始,就有许多法国理性主义者,而阿尔都塞理论仅仅是法国传统理论的一部分,也仅仅是马克思主义的一部分。阿尔都塞想要的那种绝对性与辩证法有时是不相容的。而阿尔都塞实际上很少写关于辩证法的文章,他几乎是完全避开了这个词,最多也就是谈谈矛盾。但是,什么是矛盾? 在黑格尔和马克思看来,矛盾和双重否定是有联系的,但其不仅仅是否定,而是朝着肯定的方向转变。阿尔都塞对马克思在《资本论》结尾引用黑格尔的双重否定这一术语表示反对。所以,我认为阿尔都塞只是片面的马克思主义者,他的思想当中还包含着法国理性主义思想的成分。

王　杰:您认为阿尔都塞在理论上有误吗?

安德森:他对马克思的理解是有误的,错的部分比对的部分多。

王　杰:在我看来,阿尔都塞的观点来自马克思基本理论的一个方面,即《共产党宣言》中提到的:马克思主义者必须彻底与资本主义传统及传统的资本主义生产方式决裂。阿尔都塞和中国的许多反人道主义者认为,马克思主义者应该与具有传统思维方式的人道主义者相断裂,诸如莎士比亚和席勒。马克思在《宣言》中表达了这样的观点,您怎么看待这两个"决裂论"呢?

安德森:我认为至少有三种人道主义。首先包括以莎士比亚以及意大利的马基雅维利和达·芬奇为代表的人道主义学说,它们都是文艺复兴时期的人道主义思想。这种人道主义关注的是人的现实,它是唯物主义的,或者是包含着唯物主义成分的。但是,它确实没有提出一个从根本上改变人的本质和如何才能使人的本质变得更好的途径,这有点与现实不符。第二种,就是启蒙时期的人道主义,他们提倡理想社会,认为我们是生而自由的,我们的本性是好的,是社会摧残了我们,因此,我们应该回归人类最初的状态。然而,启蒙人道主义也具有前瞻性,它要创造一个更好的人类,一个更好的世界,因此,启蒙时期的人道主义是革命性的,当然,你也可以说这太过理想化。所以说,第一种人道主义太过现实化,而第二种人道主义过于理想化。

然后,从黑格尔开始,再到后来的马克思,都倡导建立一个人道主义的社会。不是追求是否足够理想，而是力求是否足够现实。当然，在马克思看来，这是一个资产阶级统治无产阶级的社会。在《宣言》中，他支持资本主义，反对旧的封建主义，这是一个比较现实的理念，但仍有许多理想主义的成分。我知道，马克思总说他是唯物主义者，但在1844年，他也承认，他同时也是一位理想主义者，因此，我认为马克思主义的辩证法是唯物主义和唯心主义的结合，其中有理想主义的成分，否则，也仅仅是现实主义的人道主义。但是，什么才是真正的人道主义者？使人真正地称之为人。什么是现实可能性，而不只是梦？这一切都开始于黑格尔，因为黑格尔是历史哲学家。

王　杰：您不断地把马克思和恩格斯相比较，是否认为马克思和恩格斯在人道主义方面有着相同的看法？

安德森：是的，他们之间有很多观点是一致的，我觉得我们应该着重强调这一点。就拿辩证法为例，从根本上说，黑格尔和马克思在辩证法上的观点是一致的，马克思曾在《资本论》中说过，黑格尔的辩证法是所有辩证观的源头。这并非早期马克思的观点，马克思认为约翰·斯图亚特·穆勒的错误在于，他并没有真正理解什么是辩证法。但是，马克思和恩格斯在同一时期的侧重点是不相同的，马克思关注的是整个人类，精神、身体和其他一切。例如，黑格尔在《精神现象学》中谈到奴隶的时候，他对奴隶十分同情，痛恨奴隶主。在他看来，批判意识是他们作为奴隶阶层追求的最终结果，奴隶阶层们在社会中所遭受的一切的必然结果就是对社会形成一种更强烈的批判意识。那么，黑格尔在这一章中所写的最终结果是什么？就是奴隶阶层形成了自我意识。但马克思看重的是奴隶们是否获得真正意义上的自由。我们需要批判意识，但更需要现实的自由。对黑格尔来说，这些现实的斗争最重要的结果就是获得一种更强烈的意识。黑格尔也重视人类真正实际的自由，但认为自由终究是低于意识的。从某一点来说，黑格尔是一位唯物主义者，例如，关于斯多葛学派，黑格尔认为在罗马帝国时期，它在哲学领域上的进步有重要意义。那是当时可以拥有的最高成就的思想，然而，在当时现实生活中，却没有人是真正自由的。因此，黑格尔记录下这一历史事实。虽然在今天看来，那并非哲学突破，但是在黑格尔时期，或是在1 500年前，它一定是一个伟大的思想。黑格尔认为哲学是受制于现实的，从这一点看来，黑格尔与马克思也并非完全不同，黑格尔同意马克思的观点，即哲学是受制于社会和现实的。

恩格斯在这些问题上提出了一个很大的异议，在 1886 年的一篇关于费尔巴哈的文章中，恩格斯提出哲学家主要包括两种类型的观点，分别是唯物主义者和唯心主义者，我们则是前者。然而，许多唯物主义者是反动的，像法西斯也是唯物主义者。再者，一些唯心主义者可能是反动的，也可能是进步的。然而，这一切被黑格尔描述得过于简单。例如，什么是艺术？艺术只是单纯地反映世界的事物吗？美学和社会是同一个概念吗？艺术有一个独立于社会形态的相对自律的模式吗？这些都取决于社会形态，但有时也违背社会形态。当你谈到希腊艺术时，你将其记录到手稿中去了吗？马克思在《〈政治经济学批判〉序言》里指出，艺术是建立在现实基础之上的。这就是恩格斯的问题关键所在，恩格斯自以为理解了黑格尔，但是他在试图通俗化黑格尔辩证法的过程中遇到了难题。如果你看到我有关论述列宁的书的前面部分，你就会找到关于这些问题的看法。

王　杰：您提到马克思和恩格斯是有不同点的，在您看来，就美学而言，马克思和恩格斯之间的不同点是什么？据我所知，马克思和恩格斯都曾对拉斐尔·霍林希德的戏剧剧本有过评论，您认为马克思和恩格斯对艺术的观点是相似的吗？他们对人道主义的观点是不同的吗？

安德森：首先补充一点，我并不反对恩格斯，但我不认为恩格斯在美学上有重大贡献。我认为一些哲学家如让·保罗·萨特对恩格斯的看法太过消极了，认为恩格斯对马克思造成了负面影响。或者如卢卡奇一样，认为辩证法就其本质来说是不存在的，恩格斯的观点是错误的。有些西方马克思主义学者认为恩格斯的观点是错误的，但我并不这样认为，我认为恩格斯做出了许多贡献。在我的新书《马克思在边缘》中谈到了这个问题，恩格斯关注波兰和爱尔兰，对民族压迫和民族主义运动十分敏感，对民族压迫和少数民族歧视十分重视，像英国的爱尔兰民族，他反对殖民主义，他是除了马克思之外，第二个写到中国鸦片战争的人。

其次，恩格斯对农民问题很敏感，这一点从他书里对德国农民战争的描写中可以看到，他认为 16 世纪农民的起义是十分重要的。恩格斯的第三个贡献是他对《资本论》第二卷和第三卷的编辑，用今天的眼光来看，你可能会质疑恩格斯编辑的方式，可是，如果没有他的努力，我不认为我们能够掌握马克思主义思想的实质。你可以提出质疑，但那项工作是十分必要的。如果没有恩格斯的奠基，像考茨基这样的后继研究者是不可能用这样的方法来编辑马克思文献的。此外，恩格斯是在马克思之前从事政治经济学工作的，与此同时，恩格斯在《手稿》中关于曼彻斯特工人阶级的描写是真实的，也是特别重要的，所以，这些都是恩格斯工作中的重要部分。然而，我并不认为在马克思之后的例如恩格斯、列宁、托洛茨基，更不要说毛泽东和阿尔都塞，能够和马克思相提并论。马克思是真正的思想家，是人类历史上屈指可数的思想家。所以，如果我们要真正理解马克思，我们就也应该关注这些后继者们的思想，同时，也要阅读马克思原著。我们将会发现许多新的内容和空白点，但是我们不应该对此感到畏惧。

王　杰：您是十分熟悉《手稿》的，马克思在1844年提出的一个理论引起了许多中国学者的讨论，马克思在论述人类生产力时，他将人类和动物作比较，马克思强调，生产力是建立在美学基础上的，这在中国成为讨论的主题。我想先听听您对美的定义的看法，其次，马克思对美的看法和人道主义是否有联系呢？就我个人来讲，我认为是有联系的。

安德森：我认为，关于马克思的著作，有两部论著是需要阅读的，一部是《手稿》，另一部是《资本论》。在《手稿》中，马克思认为，自由劳动是人不同于动物的类本质（德语中为Gattungswesen），如果我是从事翻译的，我会将其翻译成种族本质，因为这就是我们一般对德文wesen的翻译，这就是人类有别于动物的地方，动物没有自由意志，动物的生存活动主要依赖于先天模式。当然，在动物的生产活动中也存在美，我认为动物所构建出来的美，是所谓的看上去很美，它不同于人类的创造，后者体现的是美的本质。我认为，马克思在英文版《资本论》的第七章中再对稳定物价措施和价值实现进行论述时也对这一话题进行了阐述，从这一章开始，在非常有名的一段阐述中，马克思比较了人类的劳动和蜘蛛、蜜蜂的劳动。马克思说，蜘蛛可以结出漂亮的网，但是，它每次只能重复同样的动作，然而，人类在构建一张网之前，可以利用自己的想象力和创造力。我们同样还有能力改变我们自然界的环境，同时也能改变我们自己。有时，我们创造出来的是丑恶的东西,但有时,我们创造出来的是比大自然更美的东西。有时,我们以为自己创造出来的是丑陋的东西,但也许等到一百年之后,我们会发现它是美的。这是因为有时候,它是由前卫艺术家所创造的,这就是所谓的前卫,它与先锋是同一个意思,就是与列宁所拥护的先锋党是一个意思。我不是一个美学家,这就是我所能说的全部。对不起。

尹庆红:我有一个关于《手稿》的问题。越来越多的与马克思有关且未经发表的文本被发现,您有没有与《手稿》有关却未曾发表过的资料,或者说,我们现在拥有的已经是完整的《1844 年经济学哲学手稿》?

安德森:我认为我们现在拥有的是完整的手稿。如果你看一下 20 年前出版的《马克思恩格斯全集》,你会发现有两个版本。在最原始的版本中,马克思在同一张纸上纵列写着不同的内容,然后,如何将这些内容整理在一起呢? 19 世纪 20 年代的俄文版成为《手稿》后续版本的基础,编者以《黑格尔的辩证法批判》为题,用数页的篇幅谈论了费尔巴哈并紧接着谈论黑格尔的《精神现象学》。在 1983 年版的《全集》中,马克思在《手稿》中对费尔巴哈的谈论要比黑格尔对其的谈论篇幅长。所以,在 20 世纪 20 年代,莫斯科曾经有人提出将这两部分合并在一起,但是,在新的《全集》中,我们可以看到是将其分开来的,这是一件事。

另外一件事就是《全集》中关于《手稿》的内容大约可以在十年前的版本中第四卷第三章的位置找到,那里收录了马克思从 1844 年到 1845 年间的许多关于政治经济学的笔记,通过这些笔记,你可以了解到马克思所关注的经济学学者,他们当中大多数学者是法国人,因为马克思的英文不太好,当时,他正在法国读亚当 · 斯密的著作,《手稿》与马克思在 1844 年到 1855 年间的笔记是有差别的,在笔记中,他所做就是引用其他作者的观点,然后进行自己的注解,有时,引用的话只有一句,马克思对其进行了长达五页的注解,你不能说这是手稿,这些只是他的研究笔记,从那个时候开始,这些内容大部分已陆续在 20 世纪 40 年代出版。

尹庆红:也许马克思在创作《手稿》的时候,他的内心还尚未形成完整的写作逻辑。

安德森:《全集》中的最初《手稿》文本和如今已出版的文本相比,缺乏系统性。但是，我认为它在中国的版本已经比较完整了。

尹庆红：在中国，1956 年之前只有极少数马克思“手稿”的内容被翻译出版。1956 年之后，马克思的“手稿”才以书的形式被完整翻译出版，从那时起，许多学者开始从事修改翻译本的工作。1979 年的中文《手稿》版本是马克思众多《手稿》版本中较精确的一个版本了。

安德森：如果是这样的话，1980 年来几乎所有人阅读的都是 1932 年的德文版。这个版本于 1932 年在莫斯科以德文的形式出版，正如我所提到的，在 1983 年的德国，另一个《全集》版本出版了，这个版本共有三卷。你不必要在从未发表的手稿中寻找它，因为它现在已经收录在《全集》中，我记得曾有一个中国教授告诉我，这个版本在大概十年前被翻译成中文，我认为是从《全集》中马克思和恩格斯的文本中翻译过来的。

王　杰：是的，我们从德文版翻译了 54 卷。

安德森：是翻译于马克思的短文集，还是《全集》？

王　杰：是翻译于《全集》。

安德森：也许这是全部了。因为《全集》一共有 120 卷，而现已出版的只有 50 卷。有生之年我可能看不到它出版了，不过你们年轻人是有希望的。

尹庆红：是否还有许多尚未出版的文本？

安德森：在德意志民主共和国，共有数百人从事《全集》工作，然而，因为没有足够的资金来支付研究者的工资和其他费用。现在，也只有少数人依然在从事这项研究工作。同样，黑格尔的《德国联邦国防军军刊》也没有完成编辑工作。有时，德国学者的工作进行得很缓慢，如果中国或者其他国家可以资助《全集》项目一些钱，我想工作完成得就会快些，德国政府也会资助一些钱，但是并不多。

尹庆红：去年，上海交通大学图书馆购买了一些《全集》。

安德森：我们甚至从美国得到一些捐助《全集》项目的资金。美国国家人文基金会捐助了可以进行《全集》一卷工作的钱，我们用来支付学者们的各项费用，我们和俄国、美国的研究组一起工作。我们研究马克思晚年所写的关于印度和其他前资本主义国家的笔记，但是这一卷还没有完成，我们依然在努力。我们已经为此花了很多钱，但我们仍然需要花更多的钱。每年夏天，我还有我自己的工作需要做，其他学者也是类似的情况。

王　杰：我们和麦克唐纳·达利还有世界范围内的其他马克思主义美学学者[1]一起讨论，您认为我们之间的工作有联系吗？

安德森：我认为直接的联系不太多。与我当时的情况不同的是，在20世纪，有这么多人在从事研究马克思主义和文艺的工作。在西方，美学和哲学总是有联系的，像马尔库塞、阿多诺，甚至是阿尔都塞这样的哲学家也写关于文艺的作品。也许我们可以从《全集》中获得更多马克思自己关于文艺的内容，我确定，这些笔记中一定包含有我们以前未曾看到过的内容，也许里面有关于莎士比亚的内容，我也不确定。许多内容我们不知道，因为在《全集》版中马克思的笔记本来有40卷，但目前已出版的仅有10卷。

王　杰：中国马克思主义翻译的成果都来源于俄国。

安德森：我认为《全集》的大部分内容会是中文版，我知道因为我们缺乏资金无法将其翻译成英文，我们准备将我负责的卷录翻译成英文，因为这一卷得到美国方面的资助，所以这并不代表其他卷也会翻译成英文。

王　杰：您可以谈一下关于您的新书《马克思在边缘》的核心思想吗？

安德森：这本书是一本记录和研究马克思对当时诸如印度、中国、印尼、北非、拉美等前资本主义国家的研究的著作，其中包含了对种族和国家之间问题的探讨，如英国的爱尔兰民族、爱尔兰岛、波兰和其他国家的解放运动，同时还谈到了美国南北战争期间的种族、民族解放运动。所以，它汇聚了马克思对民族、种族以及非西方国家和前资本主义社会的研究，同时还谈到了他对俄国的看法。这些观点是全书的核心内容，说明马克思并非只关注工人阶级，在以美国为例的国家中，他看到了工人阶级中、黑白人种中包含着的种族分裂。比如在英国这样的国家里，他看到了爱尔兰工人和英国工人之间的矛盾。在爱尔兰和波兰的两个实例中，他看到了我们之后称之为民族解放的现象。在他看来，这些都是全球范围内十分重要的反抗资产阶级的斗争。最后，他又在印度和俄国的实例中看到了以农民为主体的革命可能性，但是，这一切要在与西方工人运动相结合的前提下进行。马克思并不认为在俄国当时的农奴社会下可以建立起社会主义国家,如果当时俄国革命与西方工人运动相结合,也会有可能实现建立社会主义国家的愿望。列宁也涉及了这方面的问题,但是列宁着重关注的是全球的金融资本,他看到的是全球范围内的问题,而马克思关注的是阶级社会里的阶级斗争问题。他将数十年的精力花费在对爱尔兰、印度和俄国的研究上,他甚至学会了俄语,阅读俄国农业在 19 世纪 70 年代到 80 年代的详细文本。所以,马克思在革命、工人阶级方面的思想要比我们想象的更为复杂深刻。认识到这一点是十分重要的,因为像爱德华一样批评马克思欧洲中心主义的人,他们对于《共产主义宣言》的评论是片面的,并非完全正确。马克思在《新纽约论坛》上发表的关于印度的观点,存在着许多问题。但是,我期望通过我的书传达的观点是,马克思的思想一直在不断发展,后期很少有欧洲主义倾向了,而且同时吸收了更多的全球化观点。他在晚年写的更多的是关于印度的内容,而不是西方资本主义。从 1879 年到 1882 年期间,他也写了许多关于俄国的内容。一位德国思想家认为,马克思在晚年时期,更多地关注东方,虽然他没有过多地关注中国,却集中地关注着印度,从某种程度上来说,对印度尼西亚也十分关注,然而,也许我们不知道,马克思还有一些与中国有关但却未曾发表过的笔记。

王　杰:我也对马克思晚年的生活以及他对东方非资本主义社会的笔记很感兴趣。这似乎就是用人类学的方法来研究马克思主义与人道主义,有一种说法叫做马克思主义向人道主义的过渡。在马克思早期阶段,如 1844 年,似乎有一个概念叫作人道主义美学,它以哲学为基础,同时又将哲学与人类学相结合,一个典型的实例就是关于美的规律。我想知道马克思的哲学与人类学研究和美学与人类学研究是否与他后期研究的人类学和非资本主义社会的研究有联系,许多中国学者认为它们之间有联系,却无法用理论进行论证。

安德森:我也这样想,但我不能给出一个确切的答案。我猜想有一件事你可以提到,就是在 1844 年马克思的关注范围更广泛了,在他完成《资本论》的第一卷到第三卷和《剩余价值理论》后。19 世纪 50 年代到 19 世纪 60 年代,马克思将关注点放在政治经济评论上,在他生命的晚期,他的关注范围变得更加广泛。恩格斯在马克思死后看到他的笔记十分气愤和震惊，恩格斯说，马克思的笔记中写了这么多不同方面的内容，却没有完成《资本论》，如果他提前知道会有这样的情况发生，他会督促马克思完成《资本论》。20世纪90年代，最早编辑《马克思恩格斯全集》，包括《德意志意识形态》《手稿》以及其他著作的俄国编辑戴维·梁赞诺夫，发现了马克思的摘录笔记，特别是马克思在晚年对印度和印度尼西亚的关注，他也提出为什么马克思会将时间花费在这些不是很重要的主题上。梁赞诺夫认为，也许是因为马克思已经没有能力去继续从事政治经济学的研究工作，这就是欧洲中心主义观点。我将这些论点都引述在我的书中，今天，如果我们要真正理解马克思主义，就必须冲破欧洲中心主义的枷锁。

王　杰：感谢您的回答。

安德森：感谢您的提问。

注释：

[1] DOMA《马克思恩格斯全集》是著作 *Dodument on Marxist Aesthetics*，20世纪60年代最初计划由李巴克森德尔和斯蒂芬莫拉夫斯基编写的马克思主义美学著作，共分为12卷，其目的是通过记录和分析从19世纪中期一直到1925年，马克思和恩格斯在英国、法国、德国、荷兰、苏联还有美国发表的代表作品，分析古典主义时期马克思主义思想在文学、戏剧和文艺方面的发展和成就，大部分的编写工作都已完成。1999年，李巴克森德尔和斯蒂芬莫拉夫斯基诚恳地批准麦克唐纳·达利博士修改、重新出版、研究现存的文献材料，麦克唐纳·达利博士是一位马克思主义研究者，诺丁汉大学的高级讲师。DOMA的第一卷是《卡尔·马克思和弗里德·恩格斯与文艺》，这部文集由李巴克森德尔和斯蒂芬莫拉夫斯基共同编写，由斯蒂芬莫拉夫斯基撰写引言，于1974年由英国的国际通出版社出版。修订版名为《一个减缩版的马克思主义历史美学》，于2006年由英国诺丁汉文化批评与通讯出版社出版，修订版拥有完整的笔录、索引和新的引言，由麦克唐纳·达利撰写引言，王杰教授和麦克唐纳·达利博士在这个项目上达成了协作共识。

当代美学中的艺术与政治

——艾尔雅维奇教授访谈录

阿列西·艾尔雅维奇(Ales Erjavec)教授,国际美学学会前任主席,现任斯洛文尼亚国家科学院哲学与艺术研究所所长,《马克思主义美学研究》集刊编委。阿列西·艾尔雅维奇教授在关于先锋派艺术、当代美学问题、批评理论等方面均有深入的研究,在国际美学界具有很大的影响力。艾尔雅维奇教授的新著《美学革命与 20 世纪先锋运动》2015 年由美国杜克大学出版社出版,中译本将由东方出版中心于 2018 年出版。2016 年 1 月 8 日,艾尔雅维奇教授在浙江大学出席国家社科基金重大项目"当代美学的基本问题与批评形态研究"开题论证会期间,本刊特委托浙江大学传媒与国际文化学院王杰教授、上海交通大学人文学院博士研究生胡漫采访艾尔雅维奇教授,现整理出这篇访谈录以飨读者。

一、美学革命与先锋派研究

王　杰:近几年来,我和学生陆续翻译了一些您的文章,您的美学观点在中国学界已经得到一定的关注,2015 年杜克大学出版了您的新书《美学革命与 20 世纪先锋运动》(*Aesthetic Revolutions and the Twentieth-Century Avant-Garde Movements*),这本书也涉及到中国当代的美学和艺术问题。请您先谈谈这本书的基本观点,以及您为什么要写作和编辑这本书?

艾尔雅维奇:谢谢你问到这个问题。写作和编辑这本书有一系列的历史原因。早在20世纪80年代末,在我开始从事学术研究时,最令我感兴趣的就是先锋运动。80年代是学术滋长、运动频发的年代,特别是在欧洲,先锋运动复兴起来。所以,先锋派成为我的学术研究的出发点。而我研究先锋派艺术的路径与其他学者有所不同,我倾向于从多个角度,包括美学、当代政治以及当代艺术史等角度来研究先锋运动。这些研究成果最初汇集成《后现代主义、后社会主义及超越》(*Postmodernism, Postsocialism and Beyond*)一书,于2003年由美国加利福尼亚大学伯克利分校出版社出版。在那本书中,我讨论了社会主义国家和原社会主义国家的艺术,我发现他们的艺术生产流程和生产机制很相似。我认为现在这些国家的艺术互相模仿得很厉害,这种情况比80年代我开始研究时更为严重。于是,我在《后现代主义、后社会主义及超越》中试图整合社会主义国家和原社会主义国家的艺术,将之统称为"后社会主义艺术"。我认为如果想要理解或解释这些现象,就必须回溯到20世纪早期的先锋艺术运动,但并不是研究所有的先锋艺术,比如立体主义和表现主义就不在我的研究范围内。我的研究聚焦在超越传统艺术范畴之上的先锋艺术,也就是那些试图将艺术与生活联系起来、努力将艺术融入生活的先锋艺术。这种艺术想要突破20世纪欧洲现代艺术的框架,打破艺术应是自律的、非政治的这样一种传统观念。换句话说,我想将研究聚焦在一个极端的情形——具有政治性的艺术形式上面。与此同时,我还在以一种与法国哲学家雅克·朗西埃的美学思想有关的方式从事研究。我这本书受雅克·朗西埃的影响很大,但立场与他有所不同,我更多是以社会主义国家和原社会主义国家的先锋艺术为研究对象。

我在这本书里讨论了20世纪先锋运动中的艺术、行为、运动及思想观念等内容,介绍表现世界的新手法(例如,先锋派给艺术技法和风格带来的激进变化),呈现先锋派艺术不仅反映世界、更要改变世界的自我要求。

在某种程度上,艺术家总是通过艺术作品改变世界。然而,表现世界和改变世界是两个截然不同的目标，艺术家视两者为艺术的精髓和目的，但不同艺术家的侧重点有所不同。如果艺术家的第一需要是改变世界，那么他要对生活本身和整个社会进行改造。如果艺术家追求表现世界，那么他就要在作品中寄寓深意并解释真理。正如保罗·塞尚学习绘画的心得所言："洁白的桌布犹如新落的初雪。"这种创作的乐趣就像亚里士多德在《诗学》中所指出的："是一项共识"。

我在《美学革命与20世纪先锋运动》中的核心观点是，20世纪存在着一种先锋艺术，它特点鲜明，足以被归为一派，即"审美"(aesthetic)先锋派。"审美"在这里不是"艺术"的同义词，而是这个词的补充，从特定的艺术经验拓展到广阔的、整体的生存领域和想象经验，包含社会、政治、身体、技术等维度。"审美"这个词的含义与席勒相关，席勒将这一概念与政治概念结合起来，而不是单纯描述美和自律性的艺术，这个观点在当今已被普遍接受。

审美先锋派的艺术家的目标从再现群体转为改变群体，这个群体可以指一个民族、一个阶级，也可以是某些社会实体。这种审美把艺术与个人、社会三者紧密结合在一起，正如席勒在《审美教育书简》第十五封信中指出的，是美的艺术与生活的艺术。

我在研究中涉及了很多所谓的早期先锋派(又被称为传统先锋派或历史先锋派)、新先锋派以及"后社会主义"先锋派(即"审美"先锋派)。考察这些先锋运动，可以掌握20世纪激进运动的特征。因此，我认为20世纪发生了三场先锋运动，最后一场先锋运动由"后社会主义"先锋派构成，它存在于后现代主义艺术与全球现代性的中间地带。

在《美学革命与20世纪先锋运动》一书中，我从以下三个方面论证了这三场先锋运动。首先，先锋运动存在着趋于极端化的现象。先锋运动的一个极端是在艺术上引领新风格和新技法(比如立体主义和抽象主义)。它们致力于对现实世界进行新的表达，因此有可能引发一场艺术革命。它们把"纯艺术"作为一种理想。而另外一个极端是某些先锋运动旨在超越艺术并进入生活，致力于改变世界。研究者常常在后一种先锋运动前面加上以下形容词："极端的""政治化的""革命的""激进的""艺术—社会的""诗人政治的""审美—政治的"等。最终，后一种先锋运动被命名为"审美"先锋运动。审美先锋派的作品并不会刻意避开"艺术"特质，而是在"艺术"中突出"审美"，两者在以转变经验为导向的基础上整合在一个作品中。

其次,审美先锋派致力于美学的革命,也就是说,从根本上影响和改变我们体验和感受世界的方式,以必要的手段调整我们认知和体验现实的方式。审美先锋派侧重于以各种方式重新分配感觉。

最后,"后社会主义"先锋派,又被称为"第三代先锋派",特指社会主义国家或曾经的社会主义国家的先锋艺术,它们与20世纪其他先锋艺术有相似之处。由于与后现代性有相似之处,这种先锋艺术有时也被称为"东方后现代主义"(Oriental Postmodernism)或"后社会主义后现代主义"(Postsocialist Postmodernism)。一部分"后社会主义"先锋派由审美先锋派组成。

王　杰:谢谢!看来这本书讨论的问题很重要,也很有意思。这本新书的导言部分已经在《马克思主义美学研究》第19卷第1期刊出,引起了中国学者的强烈兴趣,现在与"美学革命"相关的问题在中国美学界已经有学者开展研究。

二、艺术与政治的关系

王　杰:在你的描述中,我注意到政治与艺术这两个概念,以及它们之间的关系是你关心的话题。政治与艺术的关系也让我很感兴趣,这个话题正好在目前的中国学术界充满争议。最近二十年来,中国在改革开放过程中出现过一种学术倾向,就是对苏联的美学和艺术理论、毛泽东文艺思想的批评与否定。否定的主要理由就是它们把艺术与政治过于紧密地联系起来。我很想知道,您对苏联的美学与艺术理论是如何评价的?对毛泽东文艺思想又是如何评价的?

艾尔雅维奇:我认为您提出的这些问题都非常复杂,对于这些问题的回答要依据问题的语境,那么我就从后一个问题开始,即我对于毛泽东文艺思想的看法。我认为毛泽东的文艺政策和文艺思想是在极端恶劣的条件下其个人能力的体现。中国共产党当时所处的情形与现在有着天壤之别,换句话说,毛泽东在20世纪40年代发表的《在延安文艺座谈会上的讲话》或许并不完全适用于我们当下的情形,因为两个时代所面临的问题完全不同。在当时,毛泽东必须摆明政治立场,这就是为什么他将政治与艺术或者说意识形态与艺术挂钩的原因。我并没有将政治与意识形态作太多区分,而当今学术界谈论的大多是意识形态,而非政治。政治在社会中发挥实际功能,并且回避了意识形态。如果回到政治这个概念,我们不得不提到雅克·朗西埃对政治的不同定义。朗西埃对政治的解读来源于亚里士多德的《政治学》。亚里士多德认为政治是对人类主体的背离。通过政治,人在社会中成为伦理的人、活跃的人,民主可能就由此产生。民主是政治的前提,它的价值在于你必须有社会系统和政治系统,它们会为没有话语权的民众发言,为那些没有政治地位的民众发言。正如朗西埃所说,没有民主就没有政治。但政治这一概念也有其他定义,不同地区对政治的定义也有所不同。例如,社区的政治就与村庄的政治或城市的政治大不相同。最近,我写了一篇名为《革命与先锋运动》(Revolutions and Avant-Garde)的文章,我在其中指出,19 世纪早期是一个意识形态的时代,人们提到政治与民主时总是将两者区别对待,但到了 20 世纪 60 年代,也就是后现代主义时代,人们倾向于将两者混为一谈。非常有趣的是,生活在社会主义国家的艺术家通常都希望远离政治,而生活在资本主义国家的艺术家却渴望参与到政治中来。

王 杰:这确实是个很有意思的现象,我也注意到了,包括美学研究也是如此。特里·伊格尔顿在《美学意识形态》中就强调美学和政治是密切相关的,但我们中国的许多美学家却一直强调美学与政治无关、与功利无关,这一点确实非常突出,从朱光潜直到现在。这在社会主义国家也许是个普遍现象,艺术努力与政治保持距离,美学也是这样,其实它们之间是有关联的。那么我想问,在你的理解中,为什么会出现这种现象?

艾尔雅维奇:我的观点是,我们为何想要有所作为?因为我们想要宣传自我、表达自我、想要在社会和群体中获得一席之地。人们想要确立社会地位,渴望为人所知,这就是朗西埃所说的政治。艺术同样如此,艺术家也想宣传自我、表现自我,获得成功,成为公众人物,这就是政治。这是一种在群体中发出自己声音的特殊方式。在资本主义世界中,艺术家的发声方式是在政治上表现活跃,而在社会主义国家中,艺术家的发声方式是远离政治。正如阿多诺所说,真正的艺术是远离政治的艺术。但是,也许两者的效果是相同的。

王　杰:我这里以中国的经验为例谈一点自己的想法。中国作为一个社会主义国家,它的艺术管理部门归属于政府,那么它和政府、政治的各种现象,包括一些不合理的现象,是联系在一起的。当艺术对这种现象作出批评时,它就要强调自己与政治无关,以便保护自己;而在资本主义国家,艺术与艺术管理部门都是民间的、在野的,所以艺术就可以直接说出其目的。其实在我看来,当代中国存在这种现象是可以理解的。令我困惑的是很多中国人对毛泽东文艺思想的认识和解释。刚刚您说的是一种原则上的意见,即根据具体的年代、政治条件来对待理论。在当代中国有两种对待毛泽东文艺理论的看法:一种认为毛泽东文艺理论很正确,不管情况怎么变,《讲话》提出的文艺思想都是正确的,这是一些捍卫毛泽东文艺思想的学者的观点。另外一种就是全盘否定毛泽东文艺思想。我的看法是,毛泽东文艺思想也在变化,是不断发展的。我同意您的观点,在不同的历史条件下,一个理论文本的意义会发生变化。《讲话》从发表到现在已经七十多年了,它还能不能解释当代艺术,或者说能不能完美、直接地解释我们今天的现实?这是一个需要认真研究的问题。但我又不同意这样一种观点,即认为毛泽东文化思想在延安时期就是错的。

艾尔雅维奇:简而言之,要解释清楚政治与艺术之间的关系是非常困难的。我认为,在20世纪40年代,毛泽东的文艺理论并没有什么太大的问题。他主张艺术家应该为人民服务。当时的民众普遍没有太多文化,并且还有很多残余的封建思想,而中国所处的国际环境也相当恶劣,这种种问题都是现实存在的。所以,在这样的条件下,我并不认为艺术家迎合政治目的有多大的问题。

王　杰:这个问题的确很复杂,总体上我同意您的看法。您多次提到朗西埃对您的影响,并在《美学革命与20世纪先锋运动》中讨论了您与朗西埃的不同观点。也就是说,您在朗西埃理论的基础上,在艺术问题上有了进一步的理解,那么能否具体地说一说您在朗西埃理论基础上有所发展的部分?

艾尔雅维奇:好的。关键问题就是革命的概念,我认为这在我的书中是重要概念。在朗西埃看来,法国大革命后发生的一系列艺术上的革命都可以看作是美学革命。这场革命延续了几十年，甚至长达半个世纪，在此期间，新的美学得以发展。美学革命的一个重要特征是艺术家可以独立发展出与以往不同的艺术。另一个重要特征是这一时期发展出朗西埃所强调的艺术的审美范围。所以，对朗西埃而言，法国大革命发生后的几十年是充满重大变革的时期，在艺术的发展史上也是具有历史性变革的时期。这种情况只发生过一次，并非每五十年或一百年就发生一次，在历史上它绝无仅有。这是朗西埃的观点和理论。虽然在 19 世纪末 20 世纪初，还有一些学者研究美学革命，但他们认为这一概念并不重要，而我始终坚持认为这一概念很有用，我的理论也是在此概念的基础上发展而来的。早在 19 世纪，德国浪漫主义者、哲学家弗里德里希·冯·施莱格尔，就使用了“美学革命”这一术语，我认为在当时这是一个批评术语。在 20 世纪，法国学者安德烈·马尔罗发展了这一概念，他认为“美学革命”发生在 19 世纪末。当时，欧洲人开始将此前不是艺术的物品视为艺术品，非洲、亚洲、澳大利亚等非欧洲文明的手工艺品被认定为是艺术品了。在此之前，这些东西与艺术毫不相关，属于文化而非艺术。马尔罗以金币为例，指出金币的价值在 19 世纪以前仅仅是黄金，人们将所有金币熔掉来获得黄金。19 世纪末，人们开始广泛搜集金币，因为它们被看成是艺术品了。因此，金币的价格十倍于同质量的黄金，这里面有一个重大的转折。朗西埃也谈及马尔罗所提出的问题，重新定义了一些概念，我并不是说他受了马尔罗的某些影响，但两者之间确实存在相似性。以上所说的都是历史背景。

我想充分阐释“美学革命”这一概念。美学革命是使审美可以被反复追问的根源，它并非历史上昙花一现的现象，就像意大利的未来主义、俄国的构成主义和情境主义，以及其他一些先锋艺术一样，它们作为美学革命可以重复出现。实际上，审美先锋运动的成果已经导致了这一革命。而研究革命的难点就在于革命可能会在今天或未来的某个时间节点上爆发。美学革命的典型特征在于，它们会根据特定群体而改变或转化他们的能力。这个特定群体可以是一个民族、一个阶级或一种文化。这就是为什么我使用“社群”(community)这一概念的理由，美学革命这个概念可以转变人们的感知方式，并且帮助我们看到我们目前无法看到的事情。

王　杰：我同意您的观点，同时还想补充一个例子。在我看来，从中国的五四新文化运动直到毛泽东的《讲话》,就是一场“美学革命”。它首先在音乐、小说、绘画、诗歌等领域出现,然后波及社会生活的广泛领域,并且在毛泽东将其理论化后成为推动中国社会发展的一种强大的文化力量。这里有许多创造性的东西爆发出来,包括新的艺术形式。根据这一简单的概括,我们是否可以说这就是朗西埃所理解的美学革命的内涵?他认为美学革命是一个社会变迁的普遍现象,所有的社会变革都是美学变革导致的。如果是这样的话,能否阐述一下得出这一结论的根据或者理由呢?为什么美学革命会在社会革命之前发生?它与社会革命又有怎样的必然联系?也就是说,美学革命发生后必然发生社会革命,这种联系是一定的吗?梵高的绘画应该说是一种艺术变革,那么这位画家是不是导致了社会的变化或革命呢?我觉得艺术的进程和社会的进程既有着密切的联系,比如新文化运动就与中国的社会革命有直接的联系,但有些美学革命与社会革命是否没有什么联系呢?我想就这些问题听听您的意见。

艾尔雅维奇:是的,这也是我在本书中特别强调的一点。一方面,我在一些章节里提到了朗西埃,他使用了同样的术语,并说过美学革命与社会革命有着紧密联系。这个有意思的观点已经由匈牙利的文学史专家米克洛斯·查博尔奇(Miklós Szabolcsi)论述过了。他在《先锋派、新先锋派、现代主义:问题与建议》(*Avant-Garde, Neo-Avant-Garde, Modernism: Questions and Suggestions*)中反复提到,没有艺术上的先锋派,就没有社会革命。换句话说,艺术既是特定政治事件的传单,也是真假革命的试金石。从一开始,它就是关键。在你说的例子中,你并没有发现先锋派参与其中,所以在某种程度上,你的说法不是很准确。当然,你说美学事件与政治事件有关联,这非常正确。但我们应该注意到美学革命与一般意义上的革命有一个重要区别,那就是美学革命不是艺术革命,比如,立体主义发展出了一种新的描绘世界的方式、新的看待图形的视角,提供一种新感觉,但它不是美学革命。而意大利的未来主义就属于美学革命的范畴。我并不是说美学革命不包括艺术革命,不是说立体主义和未来主义在艺术上并不出色,不能这样简单地对待问题。同样,我必须指出,在《美学革命与20世纪先锋运动》中,我从未说过美学革命与审美先锋派都是正面的、积极的。我所做的是将混乱的各种观点与先锋艺术区分开来,并且说明先锋运动分为两极:一个极端是美学革命,另一个极端是艺术革命。就像在19世纪西方艺术史上,一个极端是俄国构成主义,另一个极端是立体主义一样。我们不应该忘记这个理论的源泉来自席勒。正是朗西埃将席勒的地位凸显出来。在理论上,一直到朗西埃,席勒在浪漫主义传统中并不是众所瞩目的人物,朗西埃论证了他的重要性,这是他的贡献。

王　杰:在中国,新文化运动和延安时期的文艺,在形式上与欧洲艺术的确不同。在中国美学界,席勒的思想也没有得到充分重视。马克思在《致拉萨尔的信》中告诉拉萨尔:你不应像席勒那样写作,而应该像莎士比亚那样写作。所以,中国学界对席勒美学思想的理解,特别是对他的艺术与政治关系的理解,确实是负面评价多一些,批评的比较多,总认为席勒式的写作不好,莎士比亚式的写作方式才是好的,艺术不应该与政治有直接的联系。在中国这已经成了一个"常识"。所以我相信您这本书的出版对于中国学者重新认识席勒,重新认识艺术与政治的关系应该会起到很好的作用。

艾尔雅维奇:马克思本人基本上对席勒知之甚少。朗西埃使用并发展了席勒在《审美教育书简》中的观点,但马克思并不知道《审美教育书简》,也没读过这本书。

三、美学怎样思考未来

王　杰:下面我想请您谈谈阿尔都塞。朗西埃和巴迪欧都曾经是阿尔都塞的学生。阿尔都塞在中国的影响也是一个非常重要而且复杂的现象,他在中国是一个非常有争议的思想家。我想听听您对阿尔都塞的看法,您怎样看待阿尔都塞提出的美学的基本问题?阿尔都塞关于艺术的问题写得非常少,但在我看来,他在这方面的影响却非常大,也非常深远。

艾尔雅维奇:我认为阿尔都塞是个很重要的哲学家,他将意识形态理论进行希腊式的抽象思考,并且发展了意识形态在国家层面上的实践的理论,这是阿尔都塞最主要的成就。他的意识形态理论看起来与艺术关系比较大,但这些讨论并不是阿尔都塞哲学的主流。

王　杰:阿尔都塞和马歇雷在中国的影响都很大,也许是因为他们的理论满足了中国的实际需要。我认为他们两人在美学方面的论著少之又少,但他们确实从哲学和意识形态的角度提出了重要的问题,尽管没有予以回答,也许这促使巴迪欧和朗西埃沿着阿尔都塞的问题思路走下去。

艾尔雅维奇:我觉得他们可能从事的是不同的领域,朗西埃的理论和阿尔都塞的观点可能并无太多联系。在我看来,朗西埃更有趣些,我认为他更具理论生产性。巴迪欧基本上是个数学家,在他内心深处住着一位数学家。我对巴迪欧的兴趣仅限于此。在我看来,巴迪欧依托马克思而阐发出的思想有一半是错误的。在这里我不能指出具体细节上的错误,但他显然不能为当代艺术提供解决方案,而且他的艺术理论来源于马克思主义传统。他没有看到我们所处的环境与马克思当年已经有很大不同。在我看来,朗西埃更有前途。哲学家的黄金时代就是他被阐释得最多的时代,就是那些他的理论作为讨论出发点的时代。可以这样说,朗西埃可能不能回答阿尔都塞及其学派所提出的问题,但他的理论确实对当代艺术问题给出了强有力的回应。十分有趣的是,朗西埃的理论通常比他所评价的艺术传播得更远,这一点梅洛—庞蒂也做到了。

胡　漫:阿尔都塞也是这样的理论家,他关于戏剧《我们的米兰》的评论、关于抽象画家克勒莫尼尼的评论都比艺术作品和艺术家本人著名得多。我现在正在研究阿尔都塞的美学,他关于艺术的阐释的确非常少,有些人认为阿尔都塞没有自己的美学理论,对于这一观点您是怎样认为的?

艾尔雅维奇:我基本同意这一观点,这只是我个人的想法。阿尔都塞论述艺术的文章大概只有八篇,而且这些文章的写作背景大概是这样的:他应约为一些展览写前言或简介,不得不说些漂亮话。他所写的这些关于艺术的文章都不是其思想的真正产物。他自己也认为这类东西并不重要,但他确实要回应朋友们的邀约,他也就借此机会锻炼一下自己的社交能力。他为人谨慎,并不认为自己发展了某种艺术理论。值得注意的是,他在文章中提出一个命题,那就是:艺术是一种意识形态,并且使意识形态不为人所见。这是一个非常重要的命题,但他却没有继续论证。其他一些重要的艺术见解散见于他的学生皮埃尔·马歇雷的文章中。马歇雷使阿尔都塞变得重要,他与朗西埃、巴迪欧一起做过阿尔都塞的学生。是马歇雷阐发了文学的阶级性问题,这个问题在今天仍然有重要意义。

王　杰:我也认为,阿尔都塞提出了关于当代美学的重要问题,并且抓住了问题的关键,但他没有完成论证和阐释。巴迪欧和朗西埃他们虽然已经走得很远,但他们的理论还是以意识形态理论为基础阐发出来的,他们把意识形态理论变得更精致、更能够解释美学问题。据我所知,伊格尔顿有一本名为《文学事件》(*The Event of Literature*)的书,将文学作为一个事件,也许就是用巴迪欧的事件哲学来解释文学现象的。

艾尔雅维奇:我必须读了书才能有发言权,目前我对此一无所知。对一个哲学家是否熟悉,通常与学者的个性相关。我认为,朗西埃比巴迪欧更接近我的个性。我们都知道"事件哲学"的概念,毫无疑问,这是一个有趣的创新,但我认为巴迪欧缺乏对艺术的正确感知。一方面,我们拥有"事件"这一概念,美学革命如您所言是一个历史事件;另一方面,我们也有本雅明的相关理论。也许巴迪欧的哲学生产出新的可能性,但本雅明却说,在相当长的历史时期,知觉是被生产、被创造出来的。对我而言,重要的是,我们可以清晰地说出一场美学革命究竟发生了什么吗?

王　杰:我想再次回到您的《美学革命与20世纪先锋运动》这本书上来。此书讨论到中国和苏联的艺术,您称为"后社会主义"先锋派。此外,您还提到"双首先锋派"这个概念,您能否具体谈谈这个概念的界定以及如何解释"后社会主义"先锋派?这种先锋派与之前的先锋派有什么区别?

艾尔雅维奇:通常提到先锋派,就不得不提到彼得·伯格的理论,对于早期的经典艺术或历史先锋派研究,彼得·伯格是重要的,他对历史先锋派有与众不同的观点。这种先锋派在20世纪迅速传播。后来的新先锋派试图批判地继承历史先锋派的传统并将其政治化,但第二次世界大战后,两者都没有成功,因为它们主要发生在美国,并且很快在艺术殿堂中获得了一席之地,也就是说,丧失了先锋性。当先锋派已死的观点甚嚣尘上时,后现代主义出现了。后现代主义从产生伊始便被解读成先锋运动的终结者,即所谓的后现代主义之后再无先锋派。但我认为还有例外,这也是我在《美学革命与20世纪先锋运动》中着重讨论的。在西方先锋运动似乎终结的时候,在某些社会主义国家,一种新型的先锋艺术涌现出来,它与当代波普艺术相关,并且立即成为艺术殿堂中的一员。这种先锋艺术起源于苏联,你可以发现它们模仿了历史先锋派的作品,比如你可以在后现代主义的作品中找到早期先锋派的影子,这就是“后社会主义”先锋派。问题在于这种先锋派的主要特点是什么呢?是面向世界的未来吗?这种先锋派艺术并不在阶级、社群、共产主义等层面看待世界的未来,但它们确实有自己的方向。中国20世纪80年代的一些艺术家,例如徐冰,被诠释为试图延续中国古代的生活方式,或是延续中国的“文化改造”。我的观点是,“后社会主义”先锋派出现,然后以日常艺术或学院艺术的形式消失。这些现象并非发生在某一个国家,而是在一些国家普遍存在,例如苏联、古巴或中国先锋艺术都是如此。关于“后社会主义”先锋派,我谈及了它的路径及主要观点。事实上,这种先锋艺术才刚出现,就被称为“后媒介艺术”(postmedia arts)。我们以斯洛文尼亚的NSK运动(现代斯洛文尼亚艺术运动)为例。米斯科·苏瓦科维奇认为他们正在从事的就是后媒介艺术。那么他们做了什么呢?他们不再生产艺术品,而是构建了虚拟的国家、公民和机构。可以这样说,艺术以这种方式已经离现实领域很远了,转化为没有艺术功能的日常生活,人们可能参与其中却并未察觉。

我愿意就早期先锋派再做一些补充,早期先锋派发展到20世纪,出现两个方向:一是推动国家发展,比如意大利的未来主义;二是壮大阶级力量,比如俄国的构成主义。现在这两个方向达到了一种平衡。中国共产党的创始人陈独秀说过,世界上有两种国家,资本主义国家和工人阶级国家。在我看来,“后社会主义”先锋派不讨论阶级,也不讨论俄国或苏联,这些先锋艺术家不再提及布尔什维克,但他们仍然涉及国家问题,并且其作品一再表现出对国家的诉求,这是一种值得注意的现象。“双首先锋派”这个概念,实际上源于高名潞,他说中国的先锋艺术有两个头脑,一个是现代性,另一个是后现代性。为什么会这样?因为20世纪80年代以来,后现代主义和现代主义在中国同时发生。

王　杰:我们曾谈到汽车文明可能会带来的问题。在中国,汽车的大量生产和使用已经造成严重的问题,首先是道路拥堵,再就是雾霾,这些都和汽车有关,这是生态方面的问题和社会管理方面的问题。但在中国,好像还没有学者来思考汽车工业的发展有可能带来文明的衰退,我很希望听听您的看法和意见。

艾尔雅维奇:六十年前,情境主义者们注意到汽车文明成为一个大问题,但那时只有美国才有汽车文明，而且整个社会并不这样认为。现在，这一问题变得越来越严重，我认为汽车文明导致人类文明退化的现象正在发生。许多人每天花在车上的时间长达两到三小时，甚至更多。就像从原来您工作的上海交通大学闵行校区到达上海市中心，来回之间的路程开车需要两个小时以上，那是我们睡眠时间或工作时间的四分之一。每天我们花这么多时间在汽车上，意义何在？但我们从未认真思考过这一问题，我们显得如此的愚钝。而且我们在当代资本系统中已经无路可逃，只能拼命向前。如果你从上海交通大学闵行校区开车到市中心，你会发现几十公里的空间里只有混凝土和高速公路。十分遗憾，中国目前恐怕很难改变这种情况。十年前，您的同事告诉我中国面临两大难题：城镇化和环境问题。到目前为止，第一个问题正在进行解决，而生态系统却比十年前更为脆弱。如果中国都没有能力改变这一现状，那么谁能够呢？因为中国是目前世界上少数拥有强大的政府执行力的国家。在欧洲，这一现状根本无法改变，因为软弱的政府使问题没办法解决。

胡　漫：对于这一问题，我也深有同感。每天花在汽车上的时间大概也是睡觉时间的四分之一，但幸好现在针对这一情况开发了一批听书、听音乐的手机软件。您之前一直致力于视觉文化转向的研究，您是否认为未来的人类文明有转向听觉文化的可能性呢？

艾尔雅维奇：确实，我之前一直主张人类文明的视觉转向。就今天中国的现实情况而言，人们更愿意去读图、看电影、听音频，而不是捧着大部头文学作品进行阅读。我并非否定阅读，事实上我个人非常热爱阅读纸质书籍，但判断一种社会的发展趋势并不能依据个人喜好。这个社会的发展趋势就是文化传播越来越倚重视听媒介，而非文字。电影《活着》的受众绝对比小说《活着》的读者多，因为它传播信息更快、更高效，也更具娱乐性，这符合当今时代的特征，也符合资本运作的需要。无论你是否愿意，或是否承认，整个人类文化都必将迎来视听转向，这是我在自己的研究中十分重视的现象。

王　杰：这也是当代中国文化建设的一个重要问题，我们呼吁大家关注这个现象，思考这个现象产生的问题，并且积极地解决它。许多现代中国人把有没有车作为人生成功与否的标志，在我看来这是有问题的。上海这座城市越来越大，情况也越来越复杂，很多人在上海工作，却住在外地，或者在外地工作，却住在上海，人们必然依赖汽车，然而，家庭生活的质量却大不如前。应该说，已经有艺术家和学者在对这种现象的不合理性进行思考，对此问题的解决状况目前尚不乐观。我希望这种状况有所改变。最后一个问题是，能否谈谈您下一步的研究计划？

艾尔雅维奇：好的。我现在正在准备写一本关于先锋派的书，大概十一章，内容首先涉及《美学革命与20世纪先锋运动》这本书中提到但尚未深入展开的问题。比如，会讨论先锋派在以前是如何行动的，先锋派在革命中的作用问题，讨论这些现象在人类进程中是如何发生的，到底发生了什么等问题。其次，讨论先锋艺术的形式问题。第三，将关注国家和阶级问题。第四，会涉及朗西埃及其对政治的解读。总之，我想把目光聚焦在目前尚未获得足够关注的问题上，另外我还会谈谈艺术对生活的影响。有这样一种观点：艺术应该进入生活。这个观点到底是什么意思？历史上有哪些进入生活的艺术？这些问题都会在我的下一本书中涉及到。

胡　漫：我对您谈到的阶级这一问题很有兴趣，能否进一步阐发一下您的想法？

艾尔雅维奇：对于阶级的研究热潮出现在"一战"时期，在1918年，马里内蒂说一个国家就是一个政党，此外还有布尔什维克对阶级的阐释。20世纪初的第一代先锋派将国家与阶级看成是同等重要的，我将从这里入手讨论这种想法是如何产生的，以及它与当代艺术的关系，因为据我所知，迄今为止还没有人系统论述过这些内容。

王　杰：在当代美学研究中，这些问题的确需要在新的语境中重新研究，对于中国学者来说，这些问题也已经有所关注。谢谢您接受我们的访谈。

材料、技术与现代艺术

——约翰·鲍德温访谈录

王　杰:我想从你昨天下午所做的、引起在场师生极大兴趣的那场演讲谈起。你似乎形成了自己对艺术独特的理解,现在可以请你就这个问题做一个阐述吗?

鲍德温:我想,“艺术”这个词,所有人都可以随便使用,然而,没有人能够准确地定义这个术语,正如我们不知道它究竟来自何处,同样,现代艺术源自哪里也无人得知。西方艺术的基础起源于古代希腊、罗马等地。然而,古希腊语事实上并不存在“艺术”这样的词汇。古希腊确实存在真正的艺术和技术,但它们并未从手工艺中分离出来,当时,社会结构最高级的层面是诗歌和哲学,画匠在社会结构列表中排在倒数五名中,他们被与鞋匠、驯马师联系在一起。有人也许会因此说艺术家应该是那些有一技之长的人。后来,艺术的各个行业成为人类表意系统的一部分,我们所知道的艺术命名来自17世纪贵族圈子的创造。如果追溯绘画的发展,尤其是意大利绘画,你会发现,绘画与罗马天主教会的扩张与宣传有密切的关系。因此,在当代西方,我们的最终关注点始终集中在个体的自我表达上,当然,我承认这是十分狭隘的意念。这也是西方社会的影射:我、自我、首先的我、末后的我、无处不在的我,这种自我中心的结构造成了一种被奴役的状态,以至于我们所谈论的只是一种关于禁锢的状态。在自我为中心的市场化状态下,禁锢是如此地无孔不入,而在任何真正的精神层面,自我应该存在诸多替代物。我的一个看法是，作为一名艺术家应该拥有无限潜力，可以将形象引入世界并使之自由发展，他们并不宣告任何形式的所有权，而仅仅是出于智性层面的好奇，致力于追踪意识中的想象如何“着陆”。同时，作为艺术家的“我”又是如何理解这一过程的，也引发了我的兴趣。某种程度上，我所占有的资源十分有限，但我认为我仍然能够凭借这些进入以市场为导向的某些领域，赚点小钱。我之前确实这么干过，但一个商人的身份并不能使我满足。25年前我开始严肃地对待绘画，我将此看作一段旅程的开始，并留心这段旅程会将我引向何处。这样，20年后我来到了上海。

王　杰：这也使你的艺术生命更长久。

鲍德温：绝对是的。之前我从未想过自己会来到上海，并与你交流，这完全是不期而遇的，当然也是一个奇迹。

王　杰：就像你的绘画所展示的那些意想不到的效果那样。

鲍德温：是的，确实是这样的。如果我们剔除艺术的理念、剔除艺术这个词汇，仅仅将其称为材料。正是这些材料，成为我的艺术工厂里的一把双刃剑，它将我意想不到地带到了上海。因着这些材料，我得以结交新朋友、产生新想法，我的工作变得更有趣，也更有成效。但是，我们真的没有必要非得叫它艺术。事实上，你可能已经注意到了，我将自己描述成一个绘画者。你知道，在基础的技艺层面，我就是个画匠。我也确实努力避开这些所谓的艺术事件。我听到过艺术家们的谈论，我觉得艺术家的论调乏善可陈。我不想与别人一样，我确实对此不感兴趣。我的这种想法当然也有不利之处，然而，我确实有意识地将自己描述成一个绘画者，从而避免与欧洲或者英国那些通常被定义为艺术家的人为伍。

王　杰：所以，我的下一个问题是，你在何时成为切尔西艺术俱乐部(Chelsea Arts Club)的一分子？你可以简要地介绍一下，在进入俱乐部之前你的社会经历和艺术创作吗？

鲍德温：这要追溯到当我还是一个艺术系学生的时候。我不太记得我最初进入艺术领域的时间了，我就是想做个艺术家，所以去了艺术学校。我进入了艺术学院，但觉得在那里没得到任何东西。马克思说过一句名言，“历史会重复自身，首先作为悲剧，然后作为喜剧。”当时，“为艺术献身”这一概念进入英国，当我投身艺术创造的时候，它依然有着创造力，因此，那时的艺术是一个悲剧概念，现在它却成了一出残忍的喜剧。我是这出真实的悲剧—喜剧情景三个不同阶段的见证人。

那时，我想成为一个画家，但当时却没有一个可以被我定义为画家的人存在，好在还有很多从事这一行的匠人。我总是持这样的论调，正因为当时有那么多的画匠，才有一些人能够进入大学任教，剩下的大多数人就终日耗在小酒馆里度过。因此，我的那段经历没有什么特别的收获。我的意思是，那时我做了很多社会性事务，甚至出于好奇，我还在学校里修了生物课，曾将一只老鼠养在罐子里。我至今还记得，当时我拿着这个罐子晃来晃去，开玩笑说这就是一项艺术展示。然而，那个时候没人对这种行为感兴趣。人们热衷于谈论言论自由、解放学生思想等，但悖论是，你可以拥有言论自由，只要这被控制在知识分子与当权者的范围之内。你知道，我真实地看到艺术教育成为一项权利训练，而非一种对自由的追求。我还记得那个时候艺术领域的流行作品，那时，我开始对马克思主义感兴趣，因此也第一次发现了上述真相，并看到艺术教育是社会控制的一种手段：先是假设你拥有自由——当然，作为一个人，你可以将这些自由延伸至各个领域，然后，教育的铁拳就将这些自由打得粉碎。

我挺愤世嫉俗的，实际上，当我回顾这些人生经历时，我还很高兴它是不圆满的。我认为我没有被社会公平对待。我告诉过你，我设计过很多东西，生产过很多东西，做了很多不同的工作，但总体来说，我实际上是一名教师。

王：你教什么？

鲍德温：当然是艺术。除了艺术，我一无所知。我之前做过很多别的事情，但都没什么太大价值。只有一件事情吸引了我的注意力，使我从中发现了自我。那个时候，我还很年轻，头脑发热，很疯狂……最终，我的生命鲜活了起来。当我还算个商人时，我曾做过一次环球旅行。那个时候，旅行还是一件奢侈的事情，不是那么随随便便就可以成行的。我认为，即使到了 20 世纪 70 年代，第二次世界大战的经济影响依然存在，这能够从自本国携带多少钱财，甚至汇率也有严格控制这一事实看出来。因此，在当时，如果你只是出国旅行，大概最多可一次性兑换 40 英镑，但是，如果你有商人身份，并且你的护照显明了这一身份，只要证明用途是正当的，你可以携带的财物是没有上限的。

王　杰：那么，当时有一些限制？

鲍德温：是的，很多限制。当然，如果那时你有商人护照，你就不受此限制了。然而，不管怎样，我旅行了很多地方，每到一处，我自然会去美术馆参观。其他商人大概都会选择去打高尔夫娱乐，不管他们怎么选择，我是待在美术馆里的，我也借这个机会浏览了大量的绘画，比那个时候大学艺术讲座里所展示的绘画作品要丰富得多。然而，那个时候我很少从艺术等专业范畴去思考那些画作，我只是欣赏艺术品本身。我这么做只是因为我的兴趣。当我有钱之后，我确实还坚持过收集画作、购买画作之类的事情。

我一向对陶器感兴趣，这也是我为什么喜欢上海博物馆的原因。瓷器制造的秘密，曾困扰了欧洲很长时间。话说回来，我也制造陶器，我尤其钟爱制造陶罐。曾经一度我财政紧张，因此不得不为了筹钱而卖掉制造陶器的炉窑。潜意识里，我总是认为自己应该在经济上更为成功，有能力创办一个专门制造陶器的工厂。这样，每天走路去画室，我就会经过一个陶器窑炉，在窑炉里工作几个小时，然后再去作画。制造陶器改变了我的绘画形式。最终，当我还在外省住的时候，通过一些朋友，我进入了伦敦的一个反传统俱乐部，在那里我有了一个自己的画室，那地方很适合我。俱乐部里有很多社交活动，还有一个人可以想象得到的所有诱惑，那时我真的乐在其中。但在潜意识里，我始终惦记着我的绘画，而在艺术学校，我的那些灵魂深处的欲念、那些隐藏在心底的自由想象被扼杀了。在那里，我被迫感觉自己不能成为一个绘画者。这种自卑感存在我心底很多年。我曾经经历过一个精神危机，一个包括财政问题在内的许多事端的危机，我实在无法忍受就离开了。那些时刻有些像破产的感觉，不过，不是一个人们只能在黑暗的屋子里不能动的精神崩溃，而是一种与商业关系的彻底破裂，是一种不诚信、一种被操纵的感觉带来的，突然间一切都被破坏了。那时，我就想我该如何生存下去。我尝试过各种事情，但仍然沉迷于绘画。我决定从头开始，就这样开始了我所看到的这段了不起的旅程。曾经，潜意识里，我想象自己有很多钱，我以为我会有足够的钱为未来保本。然而，在两次金融危机之后，我几乎失去了所有的财产，连生活下去都成了问题。但我认定一些转机会发生。就这样，我以自己从未想预期的贫穷结束了这段商业营生，却也发现比自己预期的更享受绘画。我觉得自己很幸运。

然而，成为一个艺术家、一个画家的旅程要比我想象的复杂得多。我记得那段时间我读了《米德尔马契》(*Middlemarch*)[1]这本书。那是很久以前的事了，我都不太记得书中那些主人公的姓名了，但是记得一个来自大家庭的人，一个出身显赫的医生——这是小说的次要情节，他想在乡间的慈善医院工作，娶了一个富有、但并非出自贵族世家的女子。他有贵族头衔但贫穷，她没有贵族头衔但富有。她希望他成为一个成功的医生。婚后他们在各方面互相争强好胜，他在巴斯(Bath)[2]和巴黎成了一个成功的医生，但临终之时，他感觉自己的一生是失败的，是被操控的。在世时，他放弃了人生准则成就事业，但是临终前，他认为自己是个失败者，因为他并没有做那些他应该做的事情。我认为我做了自己想做的事情。

王　杰：那本书的名字是？

鲍德温：《米德尔马契》，乔治·艾略特的作品。我确信在中国也有类似的故事。那个人物形象一直在我脑中挥之不去，一个成功的人在临终时认为自己的一生是失败的。

王　杰：你想要找到自我，理解人生的意义？

鲍德温：是的，曾经有一个阶段我很成功，赚了很多钱，这个阶段持续了很久。想象一下，你赚了足够的钱，然后所做的投资又赚了更多的钱。就这样，一夕花光，接着会赚得更多。那时候，我身边所有的事情都与金钱息息相关。我曾有很多辆车，不过对我来说，它们也就新鲜两周，三周后新鲜劲儿就消失了。譬如，我曾乘专人喷汽客机去美国，在机舱里喝着香槟，享受那种速度快得像颗子弹的感觉。但那些都是转瞬即逝的。这就是我想说的。我所拥有的这些外在财富不足以与一个人灵魂的里子相衬。我还意识到这些诱惑相当巧妙、相当迂回地控制了一个人的生命。这就像在生意场上，我跟各种各样的人打交道，为了得到工作，有些不择手段地跟这个人竞争，接着跟另一个人竞争。——我在蹂躏其他人的自尊。后来，我意识到这些毫无意义，所以我拿起了纸和水彩。我意识到我必须做一个一生中最艰难的抉择,这个抉择当中包含着一件最珍贵的东西,使我可以保持自由的心灵。

王　杰:我觉得你的绘画有一种崇高感,很独特,有一种形式主义的强烈意味。我很好奇你的创作产生的过程,所以,你是如何产生这种绘画与微缩照片(microphotograph)相结合的理念的?

鲍德温:这是一个逐步演化的过程,这其实是一个发现的过程。我的意思是,保持开放的思想很重要,我开始了这段不知道将把我带向何处的旅程。周围的人对此众说纷纭,但有一个人成了我重要的朋友,他是一位科学家,他告诉我,我的绘画使他想起数学上的分椎体概念和混沌理念。

王　杰:我的另一个问题正与此相关。我想知道更多关于你的绘画与分椎体概念的关系。

鲍德温:也许我应该谈谈绘画的技术材料,这很重要。我决定从颜料走向丙烯酸脂类(acrylics)材料,新材料的使用为我的绘画提供了更多可能性。后来,我发现一些主要用于工业生产的丙烯酸酯类还不够完全吻合我的兴趣。最终,我决定自己制造可以控制密度的材料,一些不透明的材料,就像口香糖或者水彩那样感觉的材料。在市场上,有一系列新的、流体的丙烯酸酯类材料,大多来自美国,质量很好。我可以买来作为干粉颜料,不管分散的、固态的或者液态的都好,于是,我开始了用这些材料进行的实验,这确实为我打破传统绘画的严格定义提供了可能性。我开始用随意的技巧来绘画,我希望颜色是随机的,想法是不受控制的。这就像人生真实的存在状态那样:人们以为可以控制自己的人生,或者狭义地说,我认为我可以掌握自己的人生,其实我不能,外在的力量比想象的要巨大得多,所以,我认为应该打破绘画过程中的那种自负。因此,我需要找到一种与这种人生态度相符合的、新的绘画方式。

我对美国表现派艺术家杰克逊·波洛克感兴趣。我记得年轻时认识的一位美国著名的艺术家曾访问过英国,他叫乔治·布瑞切特[3],我记得他说,当他发现杰克逊·波洛克的绘画是如此随意时,他很失望。波洛克用小棍画画,笔锋随意,但对于画作全局仍然心中有数,可以说,他改变了绘画的语言,但仍然掌控着绘画的意义。我思考了他的这些技法，苦思冥想在绘画中自己如何才能摆脱掌控欲，或者说，如何让自己停止掌控的意图。后来，我意识到如果将颜料随意扔掷来作画，一旦颜料击中了画布，我将无法控制将要发生的情景，如果我将更多的颜料投掷到画布上，颜料四散开来，成为一百万个我无法预料的不同形状，这种尝试做得越彻底，绘画的结果越不可控。然后，我发现越是不可控制，越是有意思。因此，某种意义上，我在作画，然而将颜料抛在画布之后发生什么并不取决于我，那是材料漫过画布空间所带来的效果，那不是传统意义上画家用画笔在画布上静态地决定颜色和形式，那是飞掷的颜料划过空间在一个平面上形成的质感。这是我希望看到的结果，因为某种程度上，我赞成这种去神秘性的艺术观念。

因此，一旦你以这种眼光来对待绘画，就会创造出无数的可能性。这符合碎片理论(fractural idea)和混沌理论(chaos theory)，两种理论认为，一旦物质经过空间，就会变得脆弱，成为地球动力的一部分。这就像大家所知道的，詹姆斯·格雷克[4]书中了不起的实验与了不起的解释。在格雷克的书中，混沌理论是关于蝴蝶在日光下扇动一下翅膀、一个孩子在沙漠中踢了一脚沙子等不起眼的事情，这些事情发生无数次，然后就看似悄无声息了。然而，每一次的扇动翅膀，最终都会形成一次龙卷风。所以，就像所有这些突发性聚集到一起会产生意想不到的质变一样，伴随工艺材料的使用，不同的绘画理念迸发出来，最重要的是，我认为最了不起的是这个质变确实发生了，我看到并运用了这个发现。这看上去很偶然，我的相机上装着一个质量很好的镜头，是个微距镜头，分辨率很高。后来我遇到了伦敦泰特画廊的一个人，他在画廊里为画作拍照存档，他用的镜头跟我的相机上的是一样的。当初，我得到这个镜头纯属偶然，从此，效法他的样子，我也开始为我的画作拍照。这样，一旦为画作拍照并打印，就完全改变了原画的尺寸，随之而来的是，画作的意义也完全被改变了。在讨论艺术的著作中，编纂者常做的一件事情是用小图展示画作的局部。这很令我抓狂，我完全可以自己决定哪些局部值得细读，而不是让别人为我作决定，于是，我觉得可以拍照来展示我对画作的理解。我发现照片，尤其是微缩照片，也跟原作一样有独特的意味，所以，我找了一个朋友，用一个高倍相机拍了很多大尺寸的照片。然后，我举办了一个展览，展出那些大照片和原画。在那次画展上,我认识了一个在泰特工作的朋友,她为我介绍了一位在历史保存部门工作的朋友,通过这位工作人员,我了解到保存部门里有极为精密复杂的照相设备,我可以借来使用。我还记得,我第一次透过一个双筒显微镜观看我的一幅画的情景,在显微镜下,那幅画看起来有种奇异的感觉。我正为了这个惊人的发现激动得上蹿下跳时,他们都笑了起来。这就是事情的开始,接下来的发展就显而易见了。所以,一旦你掌握了这些技术,然后藉此展开工作,我直觉地认为,你几乎是下意识地开始了对事物走向的改进与发展。

王　杰:是的。那有没有其他的艺术家采用了相似的手法呢?

鲍德温:我不了解。我的意思是,我自己是差不多十五年前开始这么做的。我知道有些人也尝试过,但应该没有多大进展。我知道一些艺术家,特别是有位画家曾创作过一幅画作,透过显微镜,我看到这幅画采用了一些新的尝试,那就是我正在尝试的结构和材料。

王　杰:另一个问题是关于重力和颜色的。

鲍德温:是的,我注意到了这个方面,重力其实在前面曾被提及过。我的意思是重力作用影响了我的作品,就像影响大家的一样。你知道,我在地上作画,在这之前,似乎只有杰克逊·波洛克做过类似的尝试。不管我画什么,考虑到重力的因素,我最终都会选择在地板上创作。我意识到重力通常被认为是绘画中一个最基础的考虑因素……

王　杰:但是色彩更重要。

鲍德温:色彩非常非常重要。一个特别让我感动的艺术家是罗斯科[5],另一个对我影响至深的画家是现已年过八十的艾伯特·阿文[6],他是我在伦敦士得利园(Stepney Green)的传统犹太教学校公寓里住的时候认识的一位朋友,他已经在那里工作了好多年。我非常了解他的绘画风格,他常使用非常易辨识的色键(color key),他所受的影响可以追溯到泰纳[7]。泰纳不可避免地影响了英国以使用色彩著称的很多人,以及毕加索与马蒂斯[8]。马蒂斯也用丙烯酸酯类材料作画,我个人认为他的画非常奇特,我希望自己也能画出那样的作品。当然,我不能。我的使命不是像其他人那样作画，而是画出自己的风格。但我真的受色彩派画家的影响很大，色彩派画家这个术语通常与罗斯科与艾伯特联系在一起，两者均以画作尺寸巨大著称，且浓墨重彩。我之前亲自看过大师们如何创作这种巨型画作，亲眼观摩的感受很震撼。另外一点值得关注的是，我倾向于使用最新的、适合的颜料。纵观整个艺术史，可以看到，画家们总是尽量使用那个时代可获得的、最新的颜料，可见，技术的发展历来在艺术发展中扮演了重要的角色。

一个例证是关于某种高浓度的蓝色与文艺复兴时期画作的关系。这种蓝色的颜料异常昂贵，甚至比同等重量的黄金还贵，据说是马可·波罗带回威尼斯的。这种颜料产自阿富汗，被称作绀青色(ultramarine)，在拉丁语中的意思是“覆盖在海面上的”，在文艺复兴时期，如果有人要委托一位画家作画，在委托协议中必须特别注明使用多少计量的这种蓝色颜料，就要付出相同重量的黄金，因为这是全世界最贵的材料。一个可以替代这种蓝色的方案是，将蓝色的玻璃熔化，把这样得到的蓝色用在画作上，不幸的是，这样的蓝颜料褪色很快。19世纪的法国政府为了得到不那么昂贵的合成蓝色颜料，还专门展开了一场悬赏比赛，终于制成了我们今天广泛运用的蓝色颜料，这种颜料今天还常被称为法国绀青(French Ultramarine)。就是这个绀青带动了接下来的艺术革命，因为有了这种合成绀青，法国印象派画家才可以大面积地使用蓝色，而不用担心成本问题。我在这里想要说的是，技术、商业的发展与艺术的发展是紧密相连的。我感兴趣的还有一种颜料，是一种被称为喹吖啶酮(quinacridone)的洋红色系，它们不是传统意义上的不透明色，而是透明的那种颜料。这种颜料很符合我的画风，我的画作上部通常使用大量的白色，并掺杂少量一抹淡色，因此白色会将表面的光反射回去，使得画面色彩更鲜艳。得到这种颜色是一个偶然的机会，这种颜色也很适合拍照，这对我形成作为一个画家的独特画风起了重要作用。另外，引起我兴趣的还有镉金红色(Cadmium)，它是我们能分辨的亮色系中最红的颜色，19世纪早期才开始为人所用，英国伟大的画家泰纳曾被别人游说不要使用这种颜料，所以他没有使用过。这就给英国绘画史留下了一个谜团：如果泰纳使用了这种极其鲜艳的红色，他的画风会有什么样的改变？在我的画作里，你可以看到，总体来说，我惯于尽可能地使用浓重的颜色，只要这种重色调不与周围的色彩冲突。你知道，正如摄影家冲印照片一样，如果你问我该如何使用色彩，我会给你足够的重色调，然后让你自己拿起调色板。

王　杰：有没有一些色彩是你自己特别喜欢的？

鲍德温：我还从没想过这个问题。我想我应该最喜欢洋红色、紫红色，因为在摄影中这种颜色也最有使用的空间，这些是我最常使用的基本色，这些颜色与黑色调和后，我用得得心应手。是的，因为这些颜色的使用空间极大。我不知道这当中是否有什么感情因素在里面，但我真的很喜欢使用这些颜色。

王　杰：我的另一个问题是关于你的艺术创作与作为阿迪达斯艺术监制的关系。你最成功、最喜爱的工作是什么？

鲍德温：我不确定哪个是我最喜欢的工作，我的意思是我举办过几次展览，每次都会有人问我关于鞋品展览的情况，我也被人们认为是个与鞋子有关的家伙。但我真的不希望人们总是把我与鞋子联系在一起。十年以后，在上海，我们还是免不了要谈一下那些流行的运动鞋。它们就像影子一样跟着我。你知道，我想赋予鞋子灵魂深处的东西以及我在绘画中所能体现的深度。不管怎么说，对这个问题我没有多少可说的。

王　杰：我认为在鞋子与你的艺术理念之间存在某种联系。因为，如你所知，艺术是一个漫长的旅程。

鲍德温：我喜欢这个比喻，是的，我喜欢人们用这种比喻。在中国，鞋子、脚与生命有着极为复杂的联系，脚底的经络反映着身体各个器官的情况，因此还发展出一套足部信息，我想西方将此称为反射论。在我所住的中国酒店里，服务员总会准备好一双拖鞋。我知道在中国戏剧中有不同的靴子，还有不同的走路方式。这一切赋予了鞋子独特的意义。这是我的一些观察，鞋子本身真的很有意思。

我还记起来一件事。有一次，我在我的画室里作画，不知道什么原因，我画了一双鞋，到现在我也不知道自己为什么会画这双鞋。贾斯博·琼斯[9]曾画过一双鞋，我对此印象深刻。但是，我画这双鞋是出于很偶然的原因，有时候人做一些事情是脱离常规、无法解释的。我还试着跟我的学生一起画双鞋，这倒不是什么灵异事件，这只是一种巧合。那天，我起床后，就开始作画，画画是我那天最主要的工作，要不然我也不会突然想起来画双鞋。当时旁边并没有这样一双鞋子,我也没有意识到我必须画一双鞋,这就是个偶然事件。我相信,这整个事件就是因为我曾经记得荷兰一个博物馆里看过一次关于鞋子的画作展览。

王　杰:在荷兰?

鲍德温:是在荷兰。我想如果每天作画,就会被淹没在画作中,创作会从头到脚淹没了你。所以,艺术家的鞋子也是艺术的一部分——只是那个时候我对此还不甚明了。那次展览中就有一双我的朋友艾伯特·阿文创作的一幅关于鞋子的绘画。他是一位精力充沛的画家,曾画过一双硬壳的鞋子,媒体和新闻界都曾报道过此事。

不管怎样,我想得更多的是制造一座鞋子形状的雕塑。我喜欢打破绘画和建筑之间的鸿沟,喜欢使用商业产品的新理念,当然不是实体的东西,而是一些现代理念。我曾介入过一个著名的商业品牌阿迪达斯,那仅仅是出于我作为一个画家的好奇。我认为我更多地受贾斯博·琼斯的影响,他对我的影响可能比我意识到的还深刻。在创作美国国旗时,贾斯博·琼斯曾力图使用心灵可以辨识的形象——这并不是需要头脑费尽心力挣扎着才能明白的、崭新的形象,而是心灵熟悉的形象。我觉得这种理念,某种程度上,可以与我的想法产生共鸣。十年前,我在伦敦的一个展览上展出了一些鞋子,那正是泰特现代博物馆开放的前一周,人们驻足街头,有些吃惊地欣赏这些鞋子。所以,我觉得这与一些心理机制相关。我在阿迪达斯工作的朋友也来看这个展览,他很喜欢我的这个创意,许诺可以为我提供更多的样品。三、四天后,他们果然给我邮寄来了一大箱阿迪达斯的鞋子,剩下的你就知道了,我将这些鞋子画了下来。

王　杰:看起来你很有兴趣将商业制品融入艺术,还有一些人则致力于将艺术作品转化为商业制品。你认为两者之间的区别是什么?

鲍德温:这或许不是一个哲学问题。我曾在商店里看到有人在鞋子、甚至牛仔裤上面直接泼颜料的做法,我还记得就在去年我参加了一个会议,在那次会议上,有一个穿T恤衫的人,T恤衫上的图案就是我创作的一幅画的泼墨图。这件事很有意思。实际上,我画画的素材是由我的一个玩摇滚的朋友提供的,她有一件裙子就有泼墨画的图案。我很喜欢看到有人穿着类似画作这样的图案的衣服。

王　杰:接下来我的问题是关于马克思主义的。我创办了一本期刊是关于马克思主义美学的。在你的讲座中,你曾提到你对《马克思主义宣言》(*Manifestation of Marxist*)的一些阅读体验。这对你的创作有影响吗?

鲍德温:马克思主义者最根本的定位应该是哲学家,如果你对20世纪哲学感兴趣,马克思绝对是最适合阅读的一位哲学家。我母亲的家族里曾经都是社会主义者,我的祖父也是一个社会主义者,同时也是一位工程师。英国的社会主义传统为整个社会带来了很多益处。但现在的执政政府似乎想把社会引入市场机制,尤其是在国民医疗服务制度(National Health Service)方面。我母亲曾经在曼彻斯特的一所大学里面求学,她总是很骄傲地告诉我们,马克思就在这所学校附近的图书馆工作过。我想,我就是这样不可避免地,也是自发地接触了马克思主义。从政治层面讲,20世纪60年代的学生事件,马克思学说在其中起了巨大作用,我更希望的是越来越多的人学着去讨论马克思,而不只是停留在阅读的层面。

当我在筹备阿迪达斯产品展览的时候,我一直在思考消费品与艺术的角色到底应该是什么。我翻阅了一些手头的书籍,发现了一本自学生时代就收藏的《共产党宣言》(*Manifestoes of the Communist Party*)。那本书里已经预言了消费社会的泛滥,预言了人类对消费品、原材料的无限需求,预言了这种情形的全球化趋势。马克思的这本书写于1848年,而阿迪达斯展览是2000年。我之所以感到吃惊是因为,没有人会认为一个哲学家能为后世写出如此精确的预言。所以,我很愿意把这本书列入展览介绍的小册子里。我一直希望这种展览能够得到英国艺术委员会的赞助,跟我一起工作的画廊经理曾说过:“这是我见过的最应该得到艺术委员会赞助的展览”,但我没有得到一分钱。我并不认为援引马克思会对实际实践起什么作用,我觉得艺术委员会的专家们对类似事件普遍漠不关心、理解上存在失误,他们所知甚少,我认为他们不会明白我的根本观点。能使哲学直接地与实践联系,并且能够使民众理解,这是更重要的事情。我所思考的一个问题是,许多现代评论家将现实变得集中而复杂,但诸多重要的意义在其中被弄丢了。这种状况使得学术界看起来熙熙攘攘的,但其实并不会做出任何改变现实的事情。

王　杰:从你的介绍中,我看出你是一个有着入世情怀的画家,我知道你一直带着一份社会责任感。在这份强烈的社会责任感的驱使下,你曾经举办过一次大型艺术活动,那次活动的目的是为了使后人不要忘记第一次世界大战。据说,现在你正在为另一场纪念大屠杀的活动做准备。我们特别想知道的是,你是如何将你的艺术生涯与这些社会活动结合起来的?

鲍德温:是啊,怎么可能有人既是一个艺术家,同时又是一个与历史分离的人呢?我们刚刚提到了约翰·伯格[10],要是面对同样的问题,约翰会说:“一个人怎么能够脱离历史呢?那正是他自己的历史。”

我曾经对1914年至1918年间的第一次世界大战做过一次调查。一些人认为一战是第一次现代化或者工业化的战争,在那次战争中,第一架坦克投入使用,还有装甲兵、早期的战斗机和毒气都是第一次被使用,但是士兵还是被要求像一个世纪以前那样形成战略攻势。成千上万的年轻人被招募为士兵,卷进了这场战争,战争很快结束了,但是失去生命的痛苦却许多年不能平息。许多被征兵的年轻人就来自我所生活的那个工业城市,在第一场战役即索姆河战役(Battle of the Somme)[11]中,许多战士牺牲了,其中有占很大比例的牺牲士兵就来自我的家乡阿克灵顿(Accrington)[12]小镇,我祖父的弟弟就是战死者中的一员。一天当中,小镇上每个家庭都因为那场战役遭受了损失,每个家里不是有人牺牲就是有人受伤了。20世纪五六十年代,我还是个孩子的时候,乡亲们依然会谈起那场战役,不是1939年至1945年间的第二次世界大战,而就是第一次世界大战。我有一个了不起的叔叔,出生于一个贫穷的工人阶级家庭,住在一个跟马克思、恩格斯论文中描写得很相似的工业城市里,他最远去过邻近的小镇,但是战争的时候却被送到了欧洲。他死在了一场战役中,在那场战役里,英国军队使用了毒气,很不幸的是,因为风向突改,毒气被吹回了自己的队伍,毒死了很多英国士兵。

这就是我个人历史的一部分,这多少有点可怕。我的家人大多不能寿终正寝,我找得到他们的坟墓,然而,那根本不是坟墓,因为里面的遗体大都无迹可寻。人们知道某个士兵战死了,但是无法找到他的遗体来安葬。有一尊墓志铭写得让人潸然泪下,上面只镌刻着这样几个字:“上帝记得的某个英国士兵”。

王　杰:上面有名字吗?

鲍德温:一些墓碑上有名字,不过遗体大都无法辨认,只能匿名掩埋了。不过在纪念碑的匾额上可以找到蛛丝马迹。但是,人们对阵亡士兵的怀念却不会因此消减。在索姆河战役九十周年纪念日的时候,整个小镇举行了纪念仪式。我和一个朋友在阿克灵顿镇政府大厅和画廊组织了一个展览。我们使用了档案纪录片,也在战役发生地法国、比利时拍摄了一些短片。当拍摄完毕后,我回到我的画室开始作画,我创作了一组大型的、暗色调、浓墨重彩的油画。我记得我改变了在画板上的惯用色彩,我与色彩的关系发生了改变。六个月以后,我才向人们展示这些画作,观众意识到那些画作是如此的晦暗、阴郁。也许是不太明智地,我会被一些经历所影响,这些会在画作中展现出来。

有人告诉我,杜尚[13]曾说过艺术家是一个通灵似的存在,在某种意义上,我们在潜意识里随时拾取素材,并不自觉地被周围的事情所影响,这会在其后的作品中展示出来。我觉得这些判断在我的身上得到了证明。我现在最关心的一件事情是,当我从中国回国后,我的作品会发生什么样的改变?我会受到明显的、自己根本无法控制或预言的、潜意识里的影响吗?所以,这很有意思。

王　杰:你不想控制这种影响?

鲍德温:是的,我的意思是生命是无法控制的。我记得以前有过一场所谓的“概念派艺术家”(conceptualist artist)的革命,我并不想去做那种讨巧的事情。这场概念革命是为了谁?我为什么想用这些概念去展示我有多么聪明?比这更重要的是,我内心有一种表意的焦虑。哲学家的使命是改变世界,而不是向外界展示他们的头脑有多么聪明、智性有多么成熟。

王　杰:在你的画作中,色彩是一个重要的表达工具?

鲍德温:在这个问题上,我想说的是,现在我意识到色彩的作用比我曾经想象的还要重要。很可惜我一路走到上海才发现了这个问题。

王　杰:那么,你绘画中的形式呢?

鲍德温:形式是我在具体作画的过程中形成的,它是时间的积累,与我对颜色的使用直接相关。它在我的控制之外,我认为形式成为了我的绘画过程的一部分。在20世纪五六十年代有一场被称为泼洒画(Action Painting)[14]的运动,在行为绘画中,作画的过程本身变得重要,这决定了形式。

王　杰:这也会超出你的控制吗?

鲍德温:是的,我的意思是我不能真正地控制创作本身。我有决定作画时间、创作一定式样、创造一定形式的自由,但是在具体绘画过程中发生的事情、如何收尾等事件我是无法预料的。我很坦然地去接受色彩和形式都是产品这个事实,我可以开始一个绘画行为,但是我无法控制结果。我想这就是我创作的最好方式。

王　杰:所以,你在自己设计生产的鞋子与梵高的鞋子之间作了一个折衷。

鲍德温:在艺术批评领域也是这样。在创作那幅跟鞋子有关的画作时,我并没有想起梵高,但是在我已经完成了作品后,我们自然会想到梵高。你知道,作为产品被生产出来的运动鞋也有生命,我将材料放在生产线上,而不是像梵高那样赋予鞋子一种粗粝的生命。每一双鞋都有一个故事,它们比其他的衣物能告诉我们的更多。当然,我很高兴自己能与梵高相提并论,当我还是一个年轻人时,他是我最喜欢的画家,作为一个十几岁的孩子,我不可避免地被他与兄弟提奥[15]的感情所感动。跟与我同时代的许多艺术家一样,对我产生影响的第一人就是梵高。

王　杰:能请你谈一谈此次上海之行的印象吗?

鲍德温:好的。说到我这次旅程的印象,让我感到惊讶的是,我在上海感觉如此舒适。在英国,我住在英格兰北部海岸的一个小村庄里。我想象上海一定是一个世界上最大、人口最密集、最繁华的大都会,可以想到的任何形容词、任何形容大城市的词汇,都可以用到上海身上。但是,在这儿我就是觉得无比舒适,我来的那一天,我们去了学校,我遇到的每个人都那么和蔼、友善。所以,如果你喜待在一个地方,并且喜欢周围的人群,那么一切都很融洽,就像天然赋予的那样。是的,我喜欢上海,在这里我觉得很释放。当然,作为一个画家,我作画、谈论画作的方式与你谈论艺术、美学的方式,这其中有着不自觉的联系。这真的令人惊异。

王　杰:我们很荣幸邀请你来。你是否认为中国艺术家在国际上的影响力会越来越大呢？你能跟我们分享一些你对中国艺术的印象吗？

鲍德温:迄今为止,我与中国艺术家们还没有多少联系,所以我不知道该如何回答这个问题。我需要加强与他们的联系,我相信假以时日中国艺术家的影响力能够实现,我期待看到这一现象。我知道西方的商人与收藏家必然会开始接触中国艺术。我曾认识一些中国艺术家,不过它们是生活在美国的中国艺术家,我确信在那里将会涌现出许多有意思的中国艺术,而我们对此还一无所知。我很期待遇见中国艺术家们,不过,这一愿望还没实现,我只在这边待了四天,这四天是令人激动的时光。我期待能在这里多待些时间,与中国艺术家们展开对话。然而,仅仅是我们之间的这场谈话就带给我许多启发。我希望回国后重现开始全新的创作,对于我们能一起走向何处,我拭目以待。

王　杰:很感谢你!

注释:

[1] 乔治·艾略特的小说,创作于1869年,最初是连载形式,1874年单行本问世,副标题为"A Study of Provincial Life"。米德尔马契(Middlemarch)是一座虚拟的英国小镇的名字。这部小说以一个乡村小镇19世纪30年代的生活为背景,讲述的是政局动荡不安的19世纪英国,一个由爱情、政治和苦闷相互交织而成的故事,主要的线索有两条,表现的是同一个主题,理想在现实生活中的破灭。

[2] 英国城市。

[3] 乔治·布瑞切特(George Brecht, 1926—2008),福鲁克萨斯(Fluxus)运动早期成员,1926年出生于纽约,1958年到1959年参加John Cage在纽约学校的实验写作研讨会。随后的几年,他和许多艺术家成为好友,并成为日后的合作伙伴,共同阐释并定义了福鲁克萨斯运动的大部分风格。2005年,科隆的Ludwig博物馆组织了布瑞切特作品回顾展。2006年,获得柏林艺术奖。

[4] 詹姆斯·格雷克(James Gleick, 1954—),美国作家、记者、传记作家,著有 *The Information: A History, a Theory, a Flood and Chaos: Making a New Science*,多次获得普利策奖和美国国家图书奖。

[5] 马克·罗斯科(Mark Rothko, 1903—1970)生于俄国,十岁时移居美国,曾在纽约艺术学生联合学院学习,师从马克斯·韦伯。他最初的艺术是现实主义的,后尝试过表现主义、超现实主义的方法。画作以大尺寸与各种颜色的方形和矩形为人所知。以后,他逐渐抛弃具体的形式,于1940年代末形成了

自己完全抽象的绘画风格。

[6] 艾伯特·阿文(Albert Irvin),1922 年生于英国,英国抽象派表现主义画家。

[7] 约瑟夫·玛罗德·威廉·泰纳(Joseph Mallord William Turner, 1775—1851),英国最为著名,技艺最为精湛的艺术家之一,19 世纪上半叶英国学院派画家的代表,在西方艺术史上最杰出的风景画家,与约翰·康斯特布尔并称为“真正使英国风景画摆脱荷兰、法国或意大利绘画影响而走上自己独立道路的两个人”。泰纳以善于描绘光与空气的微妙关系而闻名于世。他在艺术史上的特殊贡献是把风景画与历史画、肖像画摆到了同等的地位。

[8] 亨利·马蒂斯(Henri Matisse, 1869—1954),野兽派代表人物,20 世纪最重要的法国画家之一,他的作品反映出不断追求的表现力与纯净、绚丽的色彩和简单的形式,自然逼真的演示往往会退到次要的位置。

[9] 贾斯博·琼斯(Jasper Johns, 1930—),生于美国佐治亚州奥古斯塔,主要创作油画和版画,被誉为美国最伟大的当代艺术家之一。其最著名的作品是《旗帜》(1954—1955),此作品是由他梦见的美国国旗所启发而作的。琼斯的作品常被划分为新达达主义,而并非波普艺术,虽然其创作材料经常包括流行文化的图像和物件。尽管如此,因其所运用的再次赋予一张已知图像或事物新意义的创作手法,许多关于波普艺术的介绍都会包括琼斯的作品。

[10] 约翰·伯格(John Berger),英国画家、艺术史家、小说家、公共知识分子,被誉为西方左翼浪漫精神的真正传人。1926 年生于伦敦,1946 年从军队退役后进入艺术中心和切尔西艺术中心学习,1948 年至 1955 年以教授绘画为业,曾举办个人画展。1952 年,他开始为伦敦左派杂志 New Statesman 撰稿,并迅速成为英国当代最有影响力的艺术批评家。他有多部艺术专著,如《观看之道》《看》《另一种讲述的方式》《毕加索的成败》等;回忆小说《我们在此相遇》获英国布克奖及詹姆斯·泰特·布莱克纪念奖。

[11] 索姆河战役即索姆河会战。第一次世界大战中期,英、法军队在法国北部索姆河地区对德军阵地的进攻战役。战役从 1916 年 6 月 24 日开始,至 11 月中旬结束。此战双方伤亡 130 余万,阵亡 30 万人,是“一战”中最惨烈的阵地战之一,也是人类历史上第一次把坦克投入实战。

[12] 阿克灵顿(Accrington)是一个小型前工业城市,位于英国兰卡郡的西北部。

[13] 亨利·罗贝尔·马塞尔·杜尚(Henri Robert Marcel Duchamp, 1887—1968),出生于法国,1954 年入美国国籍。对第二次世界大战前的西方艺术有着重要的影响,是达达主义及超现实主义的代表人物和创始人之一,一直是一位争议颇多的人物。有人称他是严谨认真的艺术家,是 20 世纪实验艺术的先锋,是现代艺术的守护神;也有人称他是高雅艺术的嘲弄者,是毁灭美的恶魔。第一次世界大战时期的屠杀现象令杜尚倍感绝望,他带领志同道合的艺术家掀起一场抗议的运动,也就是所谓的达达主义运动。“达”在法文中的意思是木马或婴儿的“无意识的语言”,后者似乎更合乎这个运动的精神。人们常认为达达主义有虚无主义的色彩,而它本身的目标也是在让世人明白,所有的既定价值、道理或者美感标准,都已在第一次大战的摧残下,变得毫无意义。1916 年到 1943 年这段短暂的流行期间内,达达主义激烈地散播非理性与反艺术思想,杜尚把签名与标题置于瓶架或铲雪机、小便池之类物品上,然后当成艺术作品展出。

[14] 也称为 gestural abstraction,一种抽象派绘画,是抽象表现主义艺术运动的几个成员采取的画法,出现

在1950年代早期的纽约。泼洒画是以冲动性的、不加控制的架势,完全没有预先的设计,把颜料淋或洒在画布上。“泼洒画”这个词是美国批评家哈罗德·罗森伯格(Harold Rosenberg)在1952年杜撰的,美国画家杰克逊·波洛克的所谓“滴画”(drip painting)体现得最好,这个术语也适用于包括弗朗兹·克莱因(Franz Kline)和罗伯特·马瑟韦尔(Robert Motherwell)等其他美国画家。

[15] 提奥·梵高(Theodorus van Gogh, 1857—1891),荷兰人,巴黎画商,著名画家梵高的弟弟。提奥是一个成功的画商,他是梵高一生中最大的也是最坚定的支持者与崇拜者,不管是经济上还是精神上都给予梵高以巨大的支持,梵高自己也在信(《亲爱的提奥》)中说,弟弟提奥是他的至亲、知音和支柱。

文化产业：艺术、技术和市场的契合

——司各特·拉什访谈录

司各特·拉什(Scott Lash),1980年获伦敦经济学院博士学位后任教于英国兰开斯特大学,1998年加盟伦敦大学歌德史密斯学院,任社会学和文化研究教授并任该校文化研究中心主任。著述颇丰,主要包括:*The Militant Worker*, *Class and Radicalism in France and America* (1984), *The End of Organized Capitalism* (1987), *Max Weber*, *Rationality and Modernity* (1987), *Sociology of Postmodernism* (1990), *Modernity and Identity* (1992), *Economies of Signs and Space* (1994), *Reflexive Modernization* (1994), *Global Modernities* (1995), *Risk*, *Environment and Modernity* (1995), *Detraditionalization* (1996), *Time and Value* (1998), *Another Modernity*, *A Different Rationality* (1999), *Critique of Information* (2002), *Recognition and Difference*: *Politics*, *Identity*, *Multiculture* (2002)以及*Global Culture Industry*: *The Mediation of Things* (2005)等。

徐方赋:对不起,拉什教授,让您久等了。咱们从您的《全球文化产业》(*The Global Culture Industry*)开始讨论吧,王教授希望跟您开展合作,如果还没有人向您要求这本书的翻译版权,我们可以做。这可以成为我们第一个合作项目。

拉　什:哦,那很好。我很高兴有机会跟你们两位合作。我和中国学者有很多合作，正在进行的一个研究项目叫风险文化（risk culture），研究资本市场，主要是考察人们的日常生活和市场风险，包括房地产市场、资本市场、投资市场、股票交易所。我很高兴你们在英国学习和研究，你们在英国待多久？

徐方赋：非常高兴听到您在中国有研究项目，也希望您有更多的合作伙伴。王教授待半年，我待一年。我们将在8月份先后回中国。

拉　什：王教授是南京大学的，我们正好同南京大学也有合作项目。我不只是从事文化研究，我读博士学的是社会学，1980年毕业，在伦敦经济学院（London School of Economics）。

我曾经受到马克思的很大影响，尤其是在80年代。我有两本书，一本叫*Sociology of Postmodernism*（《后现代主义社会学》）；另一本叫*Critique of Information*（《信息批评》），在台湾出版；这是我的博士论文，叫*The Militant Worker*（《工厂工人》），这些都是我早期的研究成果。后来我转向文化研究和哲学研究。将哲学、美学和经济相结合。《全球文化产业》专门有一章谈美学和经济，研究经济的美学化和美学的经济化（a sort of aesthetization of the economy and economization of aesthetics）。

徐方赋：哦，很独特，很有创造性。

拉　什：是的，很有意思。在中国、英国和世界各地都是如此。我刚刚签了两本新书的出版协议。一本是关于哲学和资本主义、信息和媒体等，这本书将在2009年2月出版；另一本书是来自我们在中国的研究项目，和几位中国同事合作，研究经济全球化背景下中国的股票交易所、风险市场、贷款市场等。

徐方赋：这本书在哪个出版社出呢？

拉　什：在英国的Routelege出版社。现在您可以向我提问了。

王　杰：首先，想请您谈一谈文化产业和艺术观念之间的区别和关联，您认为这两者是如何相关联的呢？

拉　什：这是个很值得探讨的问题，我想当今条件下很难将两者分开。如果您考察一下中国的艺术界名家，当然不是传统的儒家艺术家，而是当代艺术家，您就会发现这一点。杭州的中国美术学院专门有一个新媒体艺术专业，在这方面做得很好；他们有些知名艺术家,对全球文化产业和市场很有研究。

徐方赋:这是不是意味着而今没有纯艺术了?

拉　什:是的。

徐方赋:所以艺术不能与市场分离。

拉　什:是的,我想两者不可分离。当代中国艺术,比如说今年艺术发展最突出的就是文化产业。但如果您往前追溯到古代,毕加索他们是不喜欢、甚至憎恶产业的,他们确确实实不想要产业。

王　杰:在中国,一些学者认为文化研究可能与美学研究和文学研究相关,但是另一些学者不这么认为。您的看法是什么呢?

拉　什:我认为是相关的,而且这种相关研究是很好的。美学研究和文化研究相结合十分重要。我的确认为美学和文学须在文化研究中处于中心地位。但在我们这个 Goldsmiths 学院,我们更多地是从艺术维度、而不是从文学角度去研究文化,但是我非常喜欢文学。Goldsmiths 是很有名的艺术学院,我们这个文化研究中心,偏重艺术和文化的研究。

无论在哪里,要从事文化研究,你都要发挥自己的优势,例如南京大学有马克思主义美学、文学研究和社会学,而美学研究是它的强项。而 Goldsmiths 学院呢,我们的强项是艺术和媒体,情况稍有不同。但我认为我们和南京大学的共同之处在于:我们两个学校的研究领域和兴趣都不局限于文化,而是对经济、资本主义和全球化的综合研究。

《反思性现代化》(*Reflexive Modernization*)一书中关于美学的部分都是我写的,有专门一章,该书现已有中文版,由商务印书馆出版。我写的那一章主要研究日常生活中的美学。

所以,我认为美学对文化研究至关重要,当然,究竟哪个层次的美学同文化研究关系更密切一些,很难说清楚。我是说,无论是关于优美(the beautiful)的美学还是关于崇高的美学都不适合用于文化研究,因为"崇高"(the sublime)有些高不可攀,而优美主要研究比例,文化研究中的美学因素则另当别论,很有意思,这种因素也可能是科技。当今世界我们已经无法将美学和科技分开,两者已经密不可分。一个很有意思的现象是康德关于崇高和优美的美学来自比他早50年的伯克,而伯克在关于崇高和优美的美学中运用的是亚里士多德关于形而上学的概念,同海德格尔一样。所以,无论是在海德格尔《技术论》中的美学还是在伯克关于崇高和优美的美学中,他们都运用同样的理论。所以从伯克那里,我们可以思考如何将技术和艺术结合起来,也许有某种途径可以结合,我不大知道。我可以把我的这本新书送给你们,叫做《资本主义和形而上学》(*Capitalism and Metaphysics*)。在这本书中,我主要论述资本主义正成为一种形而上学的力量,无论是在文学、文化产业,还是日常生活中,资本主义的力量无处不在。我会给您寄一本。

王　杰:我注意到在《全球文化产业》中,您用了一些非传统的研究方法,譬如追踪、传记和艺术人类学。这些都是很实证的方法,很少有人在文化研究中加以运用。能否谈谈您在文化研究中运用这些实证方法的动因?

拉　什:好的。传统的文化研究方法可以分为两类,即人文科学的方法和社会科学的方法。社会科学运用实证的方法,即实地调查;人文科学的方法则名称多样,比如诠释学、现象学等,但无论叫什么,都是研究人类本身的基本方法。而我所运用的新的研究方法既不是前者,也不是后者,而是随着网络和全球化的出现而出现的新方法。例如,随着人文科学和社会科学的发展,两者的研究对象不再互相对立、互相分割,而是互相结合,社会学同时研究产业、人类本身和文化。社会科学运用实证方法研究产业,人文科学用批评方法等研究文化。但是,两者走到一起时,情况又会如何呢?社会科学和人文科学都开始全球化和信息化,当今社会,一切的一切都成为了信息,包括文本、图像、声音等,这些都是我们要研究的东西。我们的方法就是追踪(tracing and tracking),就像你在网上搜索一个东西,肯定会循着你的思路不停地追踪和搜索下去,这整个搜索过程就是追踪过程。过去我们是通过深入分析获得知识,而现在我们是通过搜索,发现一点,追踪下去;再发现一点,再追踪下去,这样不断追踪,不断发现,从而获得知识。这有点像学地理,所以追踪的方法就是地理学的方法。追踪的结果可能是发现一个产品或者一个传记,然后对这个结果进行加工,即可成为一部电影、一本书籍、一种宣传、一首歌曲或音乐等等，这一切一旦开始流动，即成为信息和文本。所以，我们认为当代文化研究适用于这种方法，因为当代文化研究具有全球性的特点：传统的文化研究是地域性的，但当代文化研究是全球性的。在英国，传统文化研究的奠基人是霍尔(Stuart Hall)。王晓明一开始只是继承了霍尔的传统文化学，但后来超越了这个传统，进入了一个新的维度。王晓明是一个十分优秀的学者，他研究的东西非常有意思。不过他的起点仍然属于霍尔的传统文化研究，带有地域色彩。但当代文化发展具有全球性的特点，并且同产业相结合，所以我们要采用不同的研究方法，要研究产业的美学化和美学的产业化。

徐方赋：发展的新特点要求我们运用新的研究方法。

拉　什：是的，一点没错。问题的关键在于各种现象并存，一方面我们有马克思主义、产业和文化，另一方面，我们有社会结构和上层建筑，而在当今语境下，所有这一切都在全球范围内流动。所以我们需要新的研究方法。

王　杰：您在书中提到，同阿多诺等人所分析的产业特点相比，当今全球文化产业大不相同，文化从传统的符号象征逐渐变成了人们日常生活的组成部分。我的问题是，在您看来这种变化趋势是否具有全球性？多年以来，我一直在研究一年一度在广西南宁举办的国际民歌节，却发现了一个同您的分析相反的变化趋势。对于壮族民众来说，民歌在过去实际上是他们生活中不可或缺的一个组成部分，但现在却已经变得符号化。所以在我看来，文化全球化也许有不同的形式，或者说，地方性文化走向世界的方式也许可以多样化。至少在南宁，过去同人们日常生活息息相关的民歌在今天的国际民歌节上实际上远离了当地人们的日常生活，仅仅具有了象征意义。

拉　什：哦，这倒十分有意思。

王　杰：是啊，民歌节花巨资从许多国家邀请众多通俗歌曲明星，请他们歌唱当地传统民歌。门票非常贵，高达 1 888 元人民币，比英国类似的音乐会贵很多。您知道，南宁不是很富有的地区。事实上，许多票都由大公司购买分配给员工，平民百姓根本支付不起。

拉　什：也许浙江人能够付得起，哈哈。我明白您的意思了。

王　杰：是的，我是说传统的艺术形式已经被人操控、已经商业化，成为了一种符号。

拉　什：王教授是说传统的艺术形式已经同日常生活失去联系，只是一种符号。这是个很好的观点。

王　杰：所以我的观点是文化发展和全球化可以遵循不同的方向。

拉　什：是的，没错。文化同日常生活会割裂开来，尤其是同某地的日常生活割裂开来，这种割裂产生的效果非常糟糕。我在2004年上海艺术节开幕式上发言时曾经提到，一方面文化同日常生活割裂开来，但是另一方面，年轻人对当代艺术充满憧憬，他们憧憬文化产业，憧憬当代设计理念。我参加了在上海人民公园举行的当代艺术博物馆剪彩仪式，大约有1 000观众，其中800外国人、200中国人。

徐方赋：这似乎不大正常。

拉　什：是啊，不大好玩。但我参加2006年度上海艺术节时，我发现基本上都是中国人。比如说大概有100外国人、2 000中国人，这是一个巨大的反差。每天会有很多中国人来，他们喜欢这个艺术节。这个艺术节的主题叫做“超验艺术、超验设计”(Hyper Art, Hyper Design)，Hyper这个词我不知道中文怎么说，英文中这个词有“超出”(beyond)、“高于”(above)的意思，这个词用在艺术中好像同让·鲍德里亚有关，他提出了“超验设计”(hyper design)、“超现实”(hyper reality)等理论。我们至少可以把“超验”(hyper)看成一种虚拟，最多可以将其看成一种极端，无论是“虚拟”还是“极端”，都不能用“好”“坏”的标准来衡量。“超验艺术”就是将艺术和设计融为一体。您知道，艺术是艺术，而设计则是日常生活中的事情，比如说这个茶几、这个桌子、这个椅子、这个电脑等，这些属于设计的范畴，而艺术则属于灵感的范畴，所以我认为设计更多地属于日常生活，而艺术则更具有专业性，但在上海艺术节中，两者融在了一起。正是这种融合，吸引了一大批年轻人，他们刚刚二十出头，不一定有辉煌的经历，不一定学过美学，但他们都从中有所收益，他们看到了艺术、设计和技术水乳交融，十分喜爱。所以说，一方面，在像您刚刚提到的民歌节中，文化退化成了符号和金钱，已经远离了人们的日常生活；而另一方面，文化也在回归日常生活。所以您说得也有道理，实际上

“远离”的趋势和“回归”的趋势是并存的,只不过方式不同。

王　杰:我还注意到在《全球文化产业》一书中,您认为在未来,发展中国家的文化产业将越来越全球化。对此我有两个小问题。第一,您认为什么是文化全球化,因为在中国,人们对此有不同理解。第二,与此相联系,这种文化全球化是否正在成为一种现实?

拉　什:这恐怕难以一概而论。我的意思是,您所说的“发展中国家”情况千差万别。据我了解,在中国,对文化产业倍感兴趣的大多是地方政府。许多城市,不但像南京、深圳、上海、北京这样的城市,而且像长沙等城市,都对发展文化产业怀有极大的兴趣。我将去重庆做一个关于后工业社会园林城市规划的演讲。这都是很有意思的事情。所以说发展中国家情况不一样,中国我比较了解,还有印度,印度的信息产业很强,比如南部的班加罗尔、北部的德里等等。这么说吧,像中国这样的发展中国家本身就是一个混合体,它既有很发达的地区,也有很不发达的地区,比如上海,非常现代化;而你到西安、山西、云南等地方,则会发现那些地方非常传统。地区差异如此之大,真正是有天壤之别。

徐方赋:是的,巴西的情况如何?地区差异也这么大吗?

拉　什:巴西的情况也很有意思,它的文化产业很强。它的情况我想与中国不同,巴西对私人产业的宣传力度很大;中国有很强的艺术产业,包括现代的、当代的、民族的、国际的等等,不一而足;但与此同时,你们的政府也很强大,我说的不是北京的中央政府,而是各地的地方政府,他们都有一套发展文化产业的战略,认为这种战略非常重要,他们对文化产业的重视程度甚至要大于我们英国各地的地方政府。在英国,我们也有主管文化产业的部门,但我们更关心的是发展知识经济。就在上周,深圳社会科学院的一个朋友问我:“深圳的文化产业如何才能提升其在价值链中的位置?”价值链是卡尔·马克思的一个观点,比如说你制作了一个塑料瓶,那只是在价值链的底端,而资金则在价值链的顶端。他们关心的是如何将深圳的文化产业从价值链的底端提升到顶端。因此他们就提出,“伦敦在价值链顶端,我们应该如何向它学习呢?”他们这个思路无疑是正确的,因为中国有很多文化产品确实处于价值链的底端。比如说,在深圳有一个大芬村，这是一个绘画村，大规模生产绘画产品，实际上只是复制绘画作品，这是一个名副其实的绘画产业。所以从某种程度上说，你们确实处于价值链的底端。但另一方面，你们有很多东西已经处于价值链的顶端。从文化产业的角度来看，各地方政府一个十分重要的理念就是所谓“推销城市”(selling the city)。如何去推销城市，吸引人们到你那里去呢？看看北京，你们有中央电视台、有奥运会的鸟巢，这些都是世界上最先进、最超前的建筑。我们比较一下两个城市，北京和迪拜，至少北京经济发展势头强劲，而迪拜所有的只是石油。但是，为什么发展中国家往往具有最先进、最宏大的文化发展战略呢？原因可能是他们起点不同，他们能够说，“好吧，我们来实践这些理念”。比如重庆那位朋友，他是通过一本叫做《城市中国》(*Urban China*)的杂志知道我的，他们要在重庆搞后工业社会园林城市规划，因此找到了我，同时还找了一位哥伦比亚大学的学者，我们都要去做讲座，探讨关于后工业社会园林城市规划的问题。

徐方赋：重庆市政府最近换了领导，这个新的领导很有一番雄心。

拉　什：是的，很有雄心。深圳好像也换了领导，也是雄心勃勃。我想他们的雄心是基于一种现实可能性，即他们有条件施展自己的抱负，也身体力行。我们英国则不行，我们比较保守，因为我们有太多的历史包袱，有太强的传统力量。所以你们能做的事情我们做不了。而且这些事情你们都在做，所以说发展中国家有时候能够领跑世界。

徐方赋：谢谢您精到的分析。以下几个问题是关于马克思主义理论研究的。第一个问题是，您的文化研究和传统的马克思理论有何关系？

拉　什：我受马克思主义影响非常非常大，尤其是马克思在《资本论》中关于资本的论述、关于劳动的论述。关于我的研究同传统马克思主义的关系，我想可以谈几点。首先就是我的研究有点属于新马克思主义，我认为随着商品性质发生变化，劳动的性质也随之发生变化。马克思在《资本论》中指出，“商品由抽象的同质劳动构成”，我想他老人家如果活着的话仍然会坚持这个观点。但我认为劳动不再具有同质性，而是具有了异质性：即各种商品所体现的劳动各不相同，因而更多的是不同性质的劳动。当今社会是创造差异的社会，我们今天推出一个新产品，明天又推出一个新产品，再明天又是一个新产品，后天、后天的后天，我们一直在制造新产品。所以我认为就目前而言，劳动的异质性多于同质性。因此传统的马克思主义的观点应该予以更新，以适应研究和了解商品和劳动差异性的需要。我们知道，历史上，资本主义只顾再生产，就像汽车运行一样不停地重复；而当今资本主义社会则像电脑，成为了一个具有自主管理功能的体系。

徐方赋：您是说当今资本主义具有了自主管理的能力。

拉　什：一点没错，正如《反思性现代化》(*Reflexive Modernization*)中所探讨的，资本主义具有了自我反省的能力，现在这个体制，就像汽车的动力不再来自外界，而是来自自身内部；我们具备了自我变革的能力，这样，某种程度上说，我们就具有了自主管理的能力。我认为这是当今资本主义的发展变化模式。

徐方赋：这是否意味着资本主义更具持续性了呢？

拉　什：很不幸，很可能是。但我想如果我们实行社会主义，这种社会主义制度也应该具有自主管理的能力。看看汶川地震后人们自主组织的力量吧。深圳的富翁们很快赶赴灾区，他们捐的钱比较多，因为他们比较富有。但是其他人也同样自主组织起来，所有的人都自发自愿地组织起来为灾区出力。没有人要求他们这样做，政府也没有要求他们这样做。但他们都自告奋勇地去做，只是邻里之间、朋友之间的互相鼓动。

徐方赋：人们具有高度的自觉性。

拉　什：是的，深圳人去甘肃，然后是大批工人和建筑师去，他们带去了建设规划，计划建造出更好的新建筑、更好的结构。这就是自主管理。所以我认为社会主义同样可以具有自主管理的能力，不只是资本主义。但是另一方面，我认为当今资本主义确实具有自主管理的能力。所以说当今的资本主义制度更为复杂。150年前马克思时代的资本主义是一种比较简单、比较极端的资本主义形式，现在的资本主义更加成熟、更趋于复杂，能够自主管理。

徐方赋：这使我想起一个相关的问题。在中国，我们自己认为我们是在建设有中国特色的社会主义，但是西方学者怎么看这个问题？

拉　什:中国的领导人是希望搞社会主义的,但是难度很大,因为要提升国家的实力就必须走快速发展的道路;而对于地方政府来说,谁发展快,谁就获得提升。中央政府会说,"别搞得那么快,我们要更关注社会平等!"

徐方赋:有时发展太快不一定是好事。

拉　什:是的,这个道理大家都知道。对于中国人民来说,他们希望有更好的生态环境,希望得到更多的平等;中国的情况一边是富人太多,另一边则是穷人太多。这就是一个矛盾,是一种体制。要实现社会公正,光有国家领导人在那里说"应该如何如何"是不够的,因为没有人响应。

徐方赋:是啊,地方政府有自己的关注点、自己的计划。

拉　什:是的,他们有自己的打算。但一旦民众起来抗争,要求更好的生态环境和更多的平等,情况可能会有所改观,所以也许在不久的将来,中国会有更多的社会主义因素,也希望如此。

王　杰:由于社会变革,马克思主义正经受巨大挑战。在当今历史条件下,您如何看待马克思主义对于文化研究和美学研究所产生的影响?首先是,这种影响是否仍然存在?

拉　什:马克思主义的影响当然存在。由两位意大利马克思主义者迈克尔·哈特(Michael Hardt)和安东尼·内格里(Antonio Negri)合著的《帝国》,探讨了马克思主义的发展和变化以及马克思主义对于异质性和自主管理能力的分析,在西方产生了巨大影响。我十分赞同其中的分析,因此,我在《反思性资本主义》这本书中,运用欧洲当代马克思主义理论(即新马克思主义)分析当今社会同时朝着两个方向发展的轨迹。我们知道,在德勒兹(Gilles Deleuze)写过的很多著作中,有两部是关于电影和影院的,其中一部名为《运动意象》(*Movement Image*),在这部著作中,德勒兹将文化和物质性相结合,在他看来,电影院不光是文化场所,从哲学意义上说,它也是物质和文化相结合的产物。在这个意义上,根据马克思主义的观点,可以认为电影院是上层建筑和经济基础相结合的重要方式。这一观点在德勒兹的《运动意象》和内格里的《帝国》里都有体现,所以说德勒兹对内格里的著作有很大影响。而德勒兹受斯宾诺莎美学思想的影响很深,即一元论,而不是辩证法,所以德勒兹理论是一种一元论的马克思主义,在他看来,万物皆一体(everything is together),所以我的这本书更多地是受德勒兹的影响。但就目前而言,海德格尔对我影响更大一些。我认为马克思的《资本论》和海德格尔的《技术论》是相通的,你可以将两者互相结合起来。因此海德格尔及其忠实继承者,将马克思主义和海德格尔主义相结合,产生了诸多文化理论。在当代法国,有一位非常优秀的哲学家叫贝尔纳·斯蒂格勒(Bernard Stiegler)。此兄坐过牢,政治上十分激进。多年前因为参加政治运动被抓后入狱,后来死于狱中。服刑期间,他博览柏拉图、亚里士多德的著作,同时,他应用马克思主义理论和海德格尔的技术论分析当代资本主义和新媒体。海德格尔有个重要概念"存在"(being):我们生活在这个世界,即存在本身。海德格尔关于"存在"的概念源于亚里士多德的"物质"(substance)。而在海德格尔的著作中,"物质"(substance)一词为"主体"(subject)所取代,所谓"主体"(subject),就是你、我、他,所有的人。亚里士多德认为,"物质"(substance)是永恒的、无限的。而海德格尔则认为,人类必有一死,是有限的。故而"物质"(substance)成了有限主体。我想这就是海德格尔的贡献,他在关于技术的论述中始终坚持这个观点。如果我们将所有这些论述综合起来,便可形成一种马克思主义观点。斯蒂格勒"有限主体"(finite subject)的概念来自古希腊亚里士多德。他将其用来分析海德格尔有限主体论和技术论时,运用了"技巧"(technique)的概念。他认为一切源于技巧,人类、动物、技术等所有事物源自技巧,当然他所运用的"技巧"是积极意义上的技巧。所以说我们的未来全球化,可能是一种美好的技巧,也可能是一种糟糕的技巧。

王　杰、徐方赋:还有些问题,但时间不早了,希望将来可以用email继续探讨。非常感谢您接受我们的采访。

拉　什:不客气,我们可以保持联系的。

时间:2008年7月22日下午

地点:伦敦大学歌德史密斯学院

后　　记

这是我第三本论文集《寻找乌托邦——现代美学的危机与重建》的增补修订本，也是我的自选集。前两本分别是2000年由人民文学出版社出版的《马克思主义现代美学问题》和2013年由北京大学出版社出版的《现代审美问题：人类学的反思》。《寻找乌托邦——现代美学的危机与重建》2016年10月由人民文学出版社出版，不久即售罄。在上海人民出版社的支持下，我对该书作了修订和增补，主要修订情况如下：在第一辑中增加《也论"东方情调"的审美意义》一文，在第二辑中增加《民歌与当代大众文化——全球化语境中民族文化认同的危机及其重构》《大地飞歌：民族审美经验的研究方法及其理论意义》《略论民族艺术在当代文明冲突下的作用》等文。在第三辑中增加《乡愁乌托邦：乌托邦的中国形式及其审美表达》《革命与乡愁——文化记忆与中国审美现代性的情感结构》《略论当代中国文学的美学风格——兼论〈白鹿原〉的美学风格》。在第四辑中删掉《审美意识形态与作为大众文化的文学》《第三种抵抗——〈讲话〉的美学及其现实意义》两文，增加《文化经济时代的马克思主义美学》一文。第五辑中删掉《"我的文化社会学视角"——约翰·B·汤普森访谈》《从伊格尔顿研究到新自由主义批判——大卫·奥德森访谈》，增加《马克思〈1844年经济学哲学手稿〉与人道主义、美学——凯文·B·安德森教授访谈录》《当代美学中的艺术与政治——艾尔雅维奇教授访谈录》《材料、技术与现代艺术——约翰·鲍德温访谈录》《文化产业：艺术、技术和市场的契合——司各特·拉什访谈录》。

这本论文集大体包括我从事学术研究以来的主要论文。这次增补,一是补充了原来因为编辑时较为仓促而遗漏的几篇自己认为尚可的论文;其次,还添加了我2015年底加盟浙大后撰写的论文中的几篇;再次,访谈部分也做了增补。

此时此刻我首先要感谢妻子林屏女士长期以来对我的学术研究和日常生活的支持、关心和照顾。这本文集中的许多论文她都是第一个读者,其中一部分论文是她为我打印的。在长期的生活经历中,我们一起走过许多艰难的岁月,也有许多终生难忘的美好回忆。这些都是我勇敢生活、继续努力工作的基础。

其次,我要感谢我们研究团队的同事们。从广西师范大学中文系,到南京大学文学院和人文社会科学高等研究院,再到上海交通大学人文学院,最后来到浙江大学传媒与国际文化学院,我的学术始终在与身边的同事以及整个团队相互切磋和交流中共同发展,有的论文是共同撰写完成的。在此感谢广西师范大学中文系的覃德清教授、海力波教授,华南师范大学文学院的段吉方教授,长沙理工大学的谢卓婷副教授,上海政法学院的张永禄教授等。愉快的学术合作是人生中值得珍视的友谊,在一切都商品化的后工业化社会,真诚的友谊仍然是存在的。

第三,要感谢徐方赋教授、尹庆红副教授、马海丽副教授、安宁博士、邵瑜莲副教授、胡漫博士、何信玉博士在我与国外学者做学术访谈时的帮助,以及翻译工作。这项工作自2008年起至今已经持续了整整十年,我与其中的一些学者成了朋友,有的还有进一步的合作,也是一种友谊。今年10月我妻子林屏女士因心脏病突发病故,在因悲痛而困难重重之际,他们中的一些知道消息后,第一时间来信或来电问候、安慰和鼓励我,让我感到友谊的力量,感受到生活的温暖和可爱。

最后,我要感谢张永禄教授为我的这本文集以及修订版所做的认真工作。感谢上海人民出版社舒光浩先生、屠毅力女士的支持与帮助,使这本集子得以顺利出版。

在《没有梦想就没有未来——论"中国梦"的美学维度及文学批评家的任务》等论文中,我讨论了中国乌托邦冲动的形式及其当代形态的问题,在我看来,乌托邦冲动就是对社会主义目标追求的冲动。对一个更理想、更合理社会追求的冲动,在今天,这无疑是最重要的。我希望这本小书中的论文和访谈,对人们从美学的角度思考乌托邦问题提供一些启发和批判性讨论的对象。大约在 1998 年,在写作《寻找母亲的仪式——从〈围龙〉看当代中国小说的美学风格》时,我注意到在中国文化中乌托邦冲动在审美维度表述方式的特殊性,注意到自曹雪芹的《红楼梦》以来,许多中国近现代文学作品的女主角是缺失母亲的。缺失母亲的女性与缺失母亲的男性对母亲的想象和欲望是非常不同的,其中的学理问题和伦理问题值得我们认真的研究和思考。

今年是我来到浙江大学工作的第三年。2015 年 11 月,我敬爱的父亲因病辞世。2018 年 10 月,我患难与共,携手一路走来的妻子林屏女士因心脏病突发不幸长辞人间。在写这篇后记的时候,杭州下起了几十年未遇的鹅毛大雪,整个杭州城银装素裹,我的内心复杂而沉静。我生命中最为挚爱、最为重要的两个人先后离开了。对于我,这无疑是沉重的打击!我希望,在痛苦中更加真实地感受生命的脆弱,体会人生的意义。

谨以此书献给敬爱的父亲王靖、献给陪伴我走过人生的艰难困苦,也共同享受过人生欢乐的爱妻林屏。感谢你们给我的爱、勇气和力量。

王　杰

于浙江大学紫金港　2018 年 12 月 9 日

图书在版编目(CIP)数据

现代美学的危机与重建/王杰著.—2版.—上海：
上海人民出版社，2020
ISBN 978-7-208-16888-6

Ⅰ.①现… Ⅱ.①王… Ⅲ.①马克思主义美学-文集
Ⅳ.①B83-53

中国版本图书馆CIP数据核字(2020)第267044号

责任编辑 陈佳妮 舒光浩
封面设计 胡 斌 刘健敏

现代美学的危机与重建
王 杰 著

出 版 上海人民出版社
(200001 上海福建中路193号)
发 行 上海人民出版社发行中心
印 刷 常熟市新骅印刷有限公司
开 本 720×1000 1/16
印 张 37.75
插 页 5
字 数 556,000
版 次 2020年12月第2版
印 次 2020年12月第1次印刷
ISBN 978-7-208-16888-6/B·1531
定 价 168.00元